二十四节气知识

江楠◎编

中国华侨出版社

图书在版编目（CIP）数据

二十四节气知识 / 江楠编. — 北京：中国华侨出版社，2013.8 （2014.7重印）

ISBN 978-7-5113-4008-5

Ⅰ.①二… Ⅱ.①江… Ⅲ.①二十四节气—基本知识 Ⅳ.①P462

中国版本图书馆CIP数据核字（2013）第208988号

二十四节气知识

编　　者：江　楠

出 版 人：方　鸣

责任编辑：泓　涛

封面设计：彼　岸

文字编辑：肖　瑶

美术编辑：玲　玲

经　　销：新华书店

开　　本：1020毫米×1200毫米　　1/10　　印张：36　　字数：689千字

印　　刷：北京德富泰印务有限公司

版　　次：2014年1月第1版　　2018年7月第3次印刷

书　　号：ISBN 978-7-5113-4008-5

定　　价：59.00 元

中国华侨出版社　　北京市朝阳区静安里26号通成达大厦三层　　邮编：100028

法律顾问：陈鹰律师事务所

发 行 部：（010）88866079　　传　真：（010）88877396

网　　址：www.oveaschin.com

E－mail：oveaschin@sina.com

如发现印装质量问题，影响阅读，请与印刷厂联系调换。

前　言

　　二十四节气是中华民族传统文化的重要组成部分，自古流传至今，广泛地影响着我国广大劳动人民的生产和生活。"春雨惊春清谷天，夏满芒夏暑相连，秋处露秋寒霜降，冬雪雪冬小大寒。"这首《二十四节气歌》在我国民间广为流传，可谓妇孺皆知，二十四节气的影响由此可见一斑。

　　二十四节气也是我国独创的传统历法，是我国历史长河中不可多得的瑰宝，上至风雨雷电，下至芸芸众生，包罗万象。在长期的生产实践中，我国劳动人民通过对太阳、天象的不断观察，创造出了节气这种独特的历法。经过不断地观察、分析和总结，节气的划分逐渐丰富和科学，到了距今两千多年的秦汉时期，二十四节气已经形成了完整的概念，并一直沿用至今。

　　起初，二十四节气及其相关的历法是为农业生产服务的。比如"芒种"这个节气，说的是这个时期小麦、大麦等有芒作物已经成熟，要抓紧时间收割。同时也是有芒的谷类作物（如谷、黍、稷等）播种的最佳时期，倘若耽搁了就有可能造成歉收。在这一时期，农民既要抢收，又要播种，是一年之中最忙的季节，因此这个节气又称"忙种"。渐渐地，人们发现二十四节气还影响着我们生活的其他方面，包括饮食、起居、养生、节日民俗等。科学证明，二十四节气的各个节气对人身体的影响不同，在各个节气中身体上都会出现不同的生理现象，人们根据身体的状况采取健身或是饮食的方式加以保养或是改善，使身体达到健康的状态。由此可以看出，二十四节气的影响是渗透到生活中的各个方面的。

　　二十四节气之中更是蕴涵着丰富的中华传统文化。北宋著名哲学家程颢有一首题为《偶成》的诗，诗中说："闲来无事不从容，睡觉东窗日已红。万物静观皆自得，四时佳兴与人同。道通天地有形外，思入风云变态中。富贵不淫贫贱乐，男儿到此是豪雄。"这是用自然的法则来表达人生的哲理。无论是"静观万物"，还是享受春夏秋冬"四时佳兴"，人生的道理都是一样的。要想达到"天人合一"的境界，必须按自然规律办事。从这个意义上说，二十四节气在讲述气象变化的同时，也在讲述人与自然的关系、人与人的关系，更是在讲述人类生存的基本法则。二十四节气直接和间接地影响着每一个人，人们总是在时间的交替中生活，随着季节的变化而改变着，这些都与二十四节气有关。太阳的升落、月亮的圆缺，这些自然现象和二十四节气都是分不开的。随着科技的发展、人们生活水平的提高，人们对于自然界和自身的联系、认识也更加深刻，于是二十四节气对人们来说就更为重要。不论你去到地球上的任何国度和地区，只要是中华儿女，就会有二十四节气相随而至。不但如此，受中华文化影响的地区和人们也都有二十四节气伴随他们。

由此可见，了解二十四节气知识，对于传承中华文化、服务百姓日常生活都非常重要。鉴于此，我们精心编写了《二十四节气知识》一书。书中首先详细介绍了二十四节气的起源，以及与之相关的历法、季节、物候、节令等内容，接着按照春、夏、秋、冬的顺序介绍各个季节的节气知识，包括农事特点、农历节日、民风民俗、民间宜忌、饮食养生、起居养生、运动养生、常见病食疗防治、民间谚语等，全方位解读二十四节气，带领读者领略传统文化的精髓。

这是一本浓缩了中华传统文化精华的知识宝库，又是一部极其实用的生活必备书、休闲书，集知识性、实用性、趣味性、科学性于一体。可以开阔视野、丰富知识储备、提高人文修养，使读者能够在工作中、休息时，无论身处何地都可以快速地汲取知识的营养。全书覆盖面大，涉猎面广，具有极强的参考性和指导性，一书在手，让你尽览中国传统文化全貌。

目 录

第一篇
二十四节气——中国独有的一种历法

第二篇
春雨惊春清谷天——春季的6个节气

第三篇
夏满芒夏暑相连——夏季的 6 个节气

第四篇
秋处露秋寒霜降——秋季的 6 个节气

第五篇
冬雪雪冬小大寒——冬季的6个节气

第一篇

二十四节气

——中国独有的一种历法

第一章

二十四节气来历：始于春秋，确立于秦汉

早在春秋时期，人们就确定出仲春、仲夏、仲秋和仲冬四个节气，以后不断地改进与完善。先秦时期，人们知道了表示冷热和四季的几个主要节气：夏至、冬至与春分、秋分。这四个节气是利用土圭测日影确定的。如今，河南省嵩山脚下还保留着一座完好的世界上最古老的"周公测量台"，它是土圭测日影的最好佐证。

随着劳动人民的不断发明和研究，二十四节气逐渐确定和完整起来，于秦汉年间，二十四节气完全确立。

二十四节气的丰富内涵

我国广大农民群众春播、夏管、秋收、冬藏，都是按照二十四节气来安排的，一年中气候冷热的变化，对于农业生产有着很大的关系。我国大部分地区处在温带，气候冷热变化很大。劳动人民为了农业生产上的需要，创造了二十四节气。从节气的名称上，我们就可以知道它包含的意义。二十四节气中，表示四季变化的有立春、春分、立夏、夏至、立秋、秋分、立冬、冬至八个节气名称；表示天气变化的有雨水、谷雨、小暑、大暑、处暑、白露、寒露、霜降、小雪、大雪、小寒、大寒十二个节气名称；表示农事和其他的有惊蛰、清明、小满、芒种四个节气名称。

二十四节气是根据地球围绕太阳公转划分的，太阳从黄经零度算起，沿黄经每运行15°所经历的时日称作一个节气。每年运行360°，共经历24个节气（每个月两个节气）。其中，每月第一个节气为"节气"，即立春、惊蛰、清明、立夏、芒种、小暑、立秋、白露、寒露、立冬、大雪和小寒等；每月的第二个节气为"中气"，即雨水、春分、谷雨、小满、夏至、大暑、处暑、秋分、霜降、小雪、冬至和大寒等。"节气"和"中气"交替出现，各经历时日15天，后来人们习惯把"节气"和"中气"统称为"节气"。

二十四节气的基本含义如下：

立春——春季开始。

雨水——降雨开始，雨量渐增。

惊蛰——春雷乍动，惊醒了蛰伏在泥土中冬眠的动物。

春分——分是平分的意思，表示昼夜平分。

清明——天气晴朗，草木繁茂。

谷雨——雨量充足而及时，谷类作物能够苗壮成长。

立夏——夏季的开始。

小满——麦类等夏熟作物籽粒开始饱满。

芒种——麦类等有芒作物成熟。

夏至——炎热的夏天来临。

小暑——天气慢慢开始变热。

大暑——一年中最热的时候。

立秋——秋季的开始。

处暑——炎热的暑天即将结束。

白露——天气转凉，露凝而白。

秋分——昼夜平分。

寒露——露水已寒，将要结冰。

霜降——天气渐冷，开始有霜。

立冬——冬季的开始。

小雪——开始下雪。

大雪——降雪量将会增多，地面可能会有积雪。

冬至——寒冷的冬天来临。

小寒——气候开始寒冷。

大寒——一年中最寒冷的时候。

二十四节气的科学合理测定

广大农民群众为了搞好农业生产，在远古时期就很重视掌握农时。因为只有掌握农时，才能按照农时从事农事活动，才能够获得较好的收成。掌握农时就是掌握节气气候的变化规律。最初人们是从观察"物候"入手，就是根据观察自然界生物和非生物对节气、气候变化的反应现象，从而掌握节气气候特征。人们以物候为依据从事农事活动。大约在距今6000年的黄帝（轩辕）时代，已初制"物候历"。其内容大概是："燕子是春分来秋分去，伯劳鸟是夏至来冬至去，青鸟是立春来立夏去，丹鸟是立秋来立冬去……"

较早的古历书《夏小正》，书中有物候的详细记载。《夏小正》全书虽然只有五百余字，却以全年十二个月为序，记载了每月的天象、物候、民事、农事、气象等方面的详细内容，说明我国古人对于星辰，特别是北斗的变化规律研究已经达到了一定的水平。

不久以后，人们发现以物候来掌握节气气候还是显得粗放和不稳定。于是便求助于对天象的观测，通过观测星象的变化，找出了星象和节气变化的规律，如《吕氏春秋》中记载有关北斗星斗柄的指向描述："斗柄东向，天下皆春，南向天下皆夏，西向天下皆秋，北向天下皆冬……"

紧接着人们又发现，以"天象"观测来掌握节气气候，仍然显得比较粗疏、缺乏准确。于是到了距今2700多年的周朝、春秋时期（公元前722～前481年），人们意识到日照人的影子长短可能与太阳的位置和气候变化有某种关联。劳动人民经过反复地实践探索，获得的经验是：用土圭来测量太阳对晷针所投影子的长短，即土圭测日影的方法确定了春分、秋分、夏至、冬至节气的准确日期。

关于土圭测影，就是利用直立的竿子在正午时刻测其影子的长短，把一年中影子最短的一天确定为"夏至"，最长的一天确定为"冬至"；两至中间（"冬至"到"夏至"、"夏至"到"冬至"）影子为长短之和一半的两天，分别定义为"春分"和"秋分"。

土圭原本是一支垂直地立在地表面的杆子，中午时分去观察杆子的影子长度，一年中杆子的影子夏天短冬天长。经过长期的反复观测，人们发现在夏天的某一天正午，杆影达到最短，而后杆影越来越长，天气越来越凉，进入冬天后，又有一天其正午的杆影达到最长，人们定义为

"日至"。"至"就是达到的意思,后来又把夏天的日至,称作日南至,或夏至;冬天的日至称作日北至,或冬至。夏至到夏至,或冬至到冬至,正好是太阳公转一周,即阳历的一年。在夏至到冬至和冬至到夏至的两个时段里,有两天的白天和夜晚一样长,起名为"秋分"和"春分","分"表示昼夜平分。

随着"两至"、"两分"的确定,立春、立夏、立秋、立冬,表示春、夏、秋、冬四季开始的四个节气也相继确定。这样"四立"加上"两分"、"两至",恰好把一年分为八个基本相等的时段,把四季的时间范围定了下来。《吕氏春秋·十二纪》中详细记载了八个节气,而且还有许多关于温度、降水变化的内容,以及温度、降水变化所影响的自然物候现象等内容。

随着铁制工具的普遍利用和农田水利灌溉的大发展,农事活动日益精细与复杂,耕地面积日益扩大,这就使得在天时的掌握上,要有更多的主动性和预见性,以便及时采取措施。于秦汉时代,黄河中下游地区的人们根据本区域历年气候、天气、物候以及农业生产活动的规律和特征,先后补充确立了其余十六个节气。这十六个节气是:雨水、惊蛰、清明、谷雨、小满、芒种、小暑、大暑、处暑、白露、寒露、霜降、小雪、大雪、小寒、大寒。至此,历时三四千年,终于形成了完整的二十四节气。西汉《淮南子》一书就详细记载了完整的二十四节气内容。

从此以后,人们对二十四节气的探索随着生产力的提高而发展前进。对于那些对农业生产有特别意义的时段,有了更细致的阐述,并且在不同气候和农业生产特点的地区应用时,产生出大量的农谚、民谣。二十四节气的深刻含义,已经不仅仅是节气的名称所能表示的了。

第二章

二十四节气和历法：太阴历、太阳历和阴阳合历

节气与太阳历

太阳历是世界上大多数国家、地区和民族通用的历法，简称阳历，又称"公历"。

太阳历是基于地球环绕太阳运行的规律制定的。把地球环绕太阳运动一周年称为一个"回归年"，它是太阳历的一年。起初确认一个回归年是365日，随后经过科学精密计算是365日5小时48分46秒。

大约在4000年前，太阳历形成于古埃及。古埃及人依据天狼星的出现和尼罗河泛滥的日期规律，计算出一年是365天，分12个月，每月30天，多余的5天为年终节日，这就是古埃及的太阳历，也就是西方最早发明的太阳历。

古埃及的太阳历经过两次组织修改，才形成当今世界通用太阳历。第一次是在公元前46年，古罗马的恺撒大帝主持修改历法。以古埃及的太阳历为基础，修改后实施四年一闰，即"恺撒历"。第二次是在公元1582年，罗马教皇格列高里十三世又一次组织修改历法，这次修改的历法称"格列历"。格列历规定每400年减去3个闰年，也就是当今世界广泛应用的太阳历，即公历。

古埃及的太阳历一年有12个月，1、3、5、7、8、10、12月为大月，大月为31天；2、4、6、9、11月为小月，小月中除2月份外均为30天。2月份平年是28天，闰年（四年一闰）是29天。公历纪元，相传是以耶稣基督诞生年为元年。中国于公元1912年正式开始采用公历。

二十四节气也是太阳历。二十四节气按照历法的定义也是一种历法，可以称为"节气历"，它和古埃及的太阳历可谓并驾齐驱。距今4000多年前的夏朝，先民们通过土圭观察日影的变化确立了"二至"、"二分"节气，又通过二至、二分节气的回归计算，得出了一个回归年大约是365～366天的论断。又根据日影长短变化的规律，结合气候寒暑变化的规律，相继确定了"四立"节气。仅凭这"二至"、"二分"、"四立"八个节气，便勾画出了一年四季完整的图像。《尧典》说："三百有六旬有六日，以闰月定四时成岁。"鉴于节气历是依据日影变化的规律所制定，本身又能直接表达一年四季的轮回，后来又发展为15天左右一个节气，一周年为12个月，这足以说明"二十四节气"是中华民族在4000年前创建的中国式的太阳历。

节气与太阴历

太阴历，简称阴历。据可靠史料记载，世界上一些文明古国，都是在数千年前先后制定和运用了太阴历。我国在4200多年前便有了太阴历。太阴历是依据月相的变化周期来制定的，比较直观，容易掌握，故为世人最先采用。我国的先民们把月亮圆缺的一个周期称为一个"朔望月"，把完全见不到月亮的一天称"朔日"，定为阴历的每月初一；把月亮最圆的一天称"望日"，为阴历的每月十五（或十六）。从朔到望，是朔望月的前半月；从望到朔，是朔望月的后半月；从朔到望再到朔为阴历的一个月。一个朔望月为29天半，实际上是29天12小时44分3秒。

阴历一年有12个月，单月是大月（30天），双月是小月（29天），全年共有354天。12个朔望月共为354.367天，二者一年相差0.367天。若不予以调整，经过40年后，其朔望日期便完全颠倒。因此阴历需要安排"闰年"来调整，办法是每30年中给规定的11年中的每年最后一月加1天。阴历经过这样的自我调整以后，每30年和月相的步调差16.8分了。并且，由于月亮围绕地球运转和地球围绕太阳运转均非匀速运转，为保持朔日必须在阴历每月初一，也要进行必要的调整。因此，有时会出现连续两个阴历大月或连续两个阴历小月的情况。

节气和阴历是我国古代的太阳历和太阴历。它们同时产生于4000年前夏朝的前期，当时曾一度对两种历法分别并用。用节气历来记述一年之中寒暑、季节、气候、物候以及农事时段的演变规律和特征；运用阴历主要来记述月、日时段，如每月的初一、十五以及诸多的民族祭祀日期，如春节、元宵节、端午节、七巧节、中秋节、重阳节以及除夕等。沿海地区的人们根据阴历月相判断海洋的潮汐日期和时间等。

直到今天，在我国还有不少人仍然将节气和阴历分别并用。

节气与阴阳合历

把太阴历和太阳历二者配合起来的历法叫作"阴阳合历"。在我国的夏朝后期，将阴历和节气历结合起来制定了"阴阳合历"。阴阳合历是在夏朝制定，因此在历史上长期称其为"夏历"，近代改称为"农历"。阴历改革成阴阳合历，其具体改进之处是：运用节气历给阴历设置闰月的办法。

一个节气历一年是365天，而阴历的一年是354天，二者一年相差11天，经过一定年限后，在阴历的年月中寒暑的日期则完全颠倒。改进的方法是给阴历增加天数、设置闰月，设置闰月的阴历年份称作"闰年"。

刚开始时采取三年一闰，但还剩下三四天；后来采取五年两闰，却又超过了四五天；又采取八年三闰，仍差两天。经过反复观测实践，终于确定了"十九年七闰"的办法。那么"十九年七闰"，闰月设置在哪年哪月呢？经过验证考虑，闰月设置于阴历的年、月份中没有"中气"的月份。

由于节气的相间日数是15天左右，而阴历的一月是29.5天，因而在阴历月份里的节气日则逐年逐月向后移动，大约每过2.8年，就有一月的"中气"移出该月的月末，形成该月没有"中气"。这就是无中气的月份，于是便以此月为闰月，并以紧靠的上一月的月号为闰月的月号。例如，紧相连的上一月是阴历的四月，那么闰月便是闰四月。其他的调整办法依次类推。

在阴历的每十九个年份中，将会出现七个年份中有一个月没有"中气"，于是在十九年中则设7个闰月，即七个闰年，这就是"十九年七闰"的由来。将阴历和节气历相结合，设置闰年闰月，十九年七闰，最大的好处是使阴历的年月变化和寒暑的变化基本协调一致，将不会出现"寒冬"腊月挥扇过春节、穿着棉衣过"三伏"的现象。

节气在阳历、农历中的日期

二十四节气和阳历历法，均是基于地球绕太阳运行的周期规律确定的，因此，二十四节气在阳历月份中的日期是相对稳定的，变动不大。

节气在阳历中的日期一览表

月份	日期	节气	月份	日期	节气
2	4～5	立春	8	7～8	立秋
	18～20	雨水		22～24	处暑
3	5～6	惊蛰	9	7～8	白露
	20～21	春分		23～24	秋分
4	4～6	清明	10	8～9	寒露
	20～21	谷雨		23～24	霜降
5	5～6	立夏	11	7～8	立冬
	21～22	小满		22～23	小雪
6	5～6	芒种	12	7～8	大雪
	21～22	夏至		21～23	冬至
7	7～8	小暑	1	5～7	小寒
	22～24	大暑		20～21	大寒

二十四节气反映了太阳的周年规律运动，因此，节气在现行的阳历中日期基本上是固定的，上半年在每个月的6日或21日，下半年在每个月的8日或23日，前后相差1～2天。

二十四节气在农历月份中的日期相对不稳定，历年变动较大。因为农历的月、日是以月相来确定的，12个月只有354天，逢闰年，又增加了29天或30天。因此，二十四节气在农历中的日期变动很大，同一节气日甚至相差20余天，不同年会在不同的月份，比较紊乱，不易记忆，应用起来不是很方便。例如，立春节气日在阳历中均是2月4日，而在农历中的日期变化很大，有的在正月的从初一到十五日，有的在十二月的十六到二十九日。如果遇到闰年，则是正月和十二月份两头立春，闰年的第二年，农历全年又没有立春节气，或者只是到了农历十二月才有立春节气。农历闰年后的第三年又恢复到仅在正月有立春节气等现象。

第三章

二十四节气和季节：四季的形成和四季季节风

二十四节气气温变化形成四季

四季一般是根据二十四节气来划分的：把从低气温走向高气温的季节叫作春季，把气温高的季节叫夏季；把从高气温走向低气温的季节叫作秋季，把气温低的季节叫作冬季。

春季——由立春开始，到立夏止。包括：阴历正月、二月、三月；阳历二月、三月、四月。

夏季——由立夏开始，到立秋止。包括：阴历四月、五月、六月；阳历五月、六月、七月。

秋季——由立秋开始，到立冬止。包括：阴历七月、八月、九月；阳历八月、九月、十月。

冬季——由立冬开始，到立春止。包括：阴历十月、十一月、十二月；阳历十一月、十二月、一月。

现实生活中春、夏、秋、冬四季，我国各地区开始的时间并不相同，四季的长短也不一致。例如，有些地区4月中就开始炎热的夏天了，而有些地区到5月初才感到春暖。这与按照节气划分的季节相差很大。因此，用温度参数来划分四季才会更合理适用。把平均气温在22℃以下、10℃以上的时候定义为春季和秋季，把平均气温在22℃以上的时候定义为夏季，平均气温在10℃以下的时候定义为冬季。

二十四节气和四季季节风

由于中国东部沿海与太平洋相邻，西南部又与印度洋相距不远，再加上大气环流的作用，海陆热力性质的差异以及冬夏风带的南北推移，形成了明显且普遍的季风现象，并对一年中的节候变换产生了重要的影响。

关于季风现象，古人早有较为详细的记载。《史记·律书》中有著名的"八方位风"在不同月份吹来的描述："不周风居西北，十月也；广莫风居北方，十一月也；条风居东北，正月也；明庶风居东方，二月也；清明风居东南维，四月也；景风居南方，五月也；凉风居西南维，六月也；阊阖风居西方，九月也。"由此证明，古人早已经认识到一年四季中冬季吹偏北风，春季吹偏东风，夏季吹偏南方，秋季吹偏西风。《淮南子·天文训》中有以"方位风"对应"八节"的明确记述："距冬至四十五天条风至，距立春四十五天明庶风至，距春分四十五天清明风至，距立夏四十五天景风至，距夏至四十五天凉风至，距立秋四十五天阊阖风至，距秋分四十五天不周风至，距立冬四十五天广莫风至。"可见，古人对季风现象的研究是不间断的。

有关季节风（八节风）的风名、风向（卦位）、控制的节气与时间详情如下：

（1）春季季节风

①风名：条风。

风向（卦位）：东北（艮卦）。

控制的节气与时间：控制立春、雨水、惊蛰三节气，约45天。

②风名：明庶风。

风向（卦位）：东（震卦）。

控制的节气与时间：控制春分、清明、谷雨三节气，约45天。

（2）夏季季节风

①风名：清明风。

风向（卦位）：东南（巽卦）。

控制的节气与时间：控制立夏、小满、芒种三节气，约45天。

②风名：景风。

风向（卦位）：南（离卦）。

控制的节气与时间：控制夏至、小暑、大暑三节气，约45天。

（3）秋季季节风

①风名：凉风。

风向（卦位）：西南（坤卦）。

控制的节气与时间：控制立秋、处暑、白露三节气，约45天。

②风名：阊阖风。

风向（卦位）：西（兑卦）。

控制的节气与时间：控制秋分、寒露、霜降三节气，约45天。

（4）冬季季节风

①风名：不周风。

风向（卦位）：西北（乾卦）。

控制的节气与时间：控制立冬、小雪、大雪三节气，约45天。

②风名：广莫风。

风向（卦位）：北（坎卦）。

控制的节气与时间：控制冬至、小寒、大寒三节气，约45天。

第四章

二十四节气与物候：七十二候和二十四番花信风

二十四节气和七十二候

二十四节气不但在历法方面有所创造表现，而且与节气物候也有密切的联系。为了科学、有效、更切合实际地划分、界定二十四节气，也为了寻找到各个节气之间相互衔接、起始的"物化标志"，于是便有了从时序上，每月六候（候：古代以一候为五日，具体用鸟兽草木等的变动来验证月令的变易）、一年七十二候的区分，才出现了各种应时的"物候现象"。这些以气象、水温、地温、土壤、地表、动物、植物等变易为其验证的物候，既是古代长期社会生产（主要是农业）、生活实践经验的感性认识的总结，又是古代农学、天文学、气象学、节候学等领域的重要科研成果。

七十二候的基本内容：

（1）立春

初候，东风解冻；阳和至而坚凝散也。

二候，蛰虫始振；振，动也。

三候，鱼陟负冰。陟，言积，升也，高也。阳气已动，鱼渐上游而近于冰也。

（2）雨水

初候，獭祭鱼。此时鱼肥而出，故獭先祭而后食。

二候，雁候北；自南而北也。

三候，草木萌动，是为可耕之候。

（3）惊蛰

初候，桃始华；阳和发生，自此渐盛。

二候，仓庚鸣；黄鹂也。

三候，鹰化为鸠，鹰鸷鸟也。此时鹰化为鸠，至秋则鸠复化为鹰。

（4）春分

初候，玄鸟至；燕来也。

二候，雷乃发声；雷者阳之声，阳在阴内不得出，故奋激而为雷。

三候，始电。电者阳之光，阳气微则光不见，阳盛欲达而抑于阴。其光乃发，故云始电。

（5）清明

初候，桐始华。

二候，田鼠化为鴽，牡丹花；鴽音如，鹌鹑属，鼠阴类。阳气盛则鼠化为鴽，阴气盛则鴽复化为鼠。

三候，虹始见。虹，音洪，阴阳交会之气，纯阴纯阳则无，若云薄漏日，日穿雨影，则虹见。

（6）谷雨

初候，萍始生。

二候，鸣鸠拂其羽，飞而两翼相排，农急时也。

三候，戴胜降于桑，织网之鸟，一名戴鵀，阵于桑以示蚕妇也，故曰女功兴而戴鵀鸣。

（7）立夏

初候，蝼蝈鸣；蝼蛄也，诸言蚓者非。

二候，蚯蚓出；蚯蚓阴物，感阳气而出。

三候，王瓜生；王瓜色赤，阳之盛也。

（8）小满

初候，苦菜秀；火炎上而味苦，故苦菜秀。

二候，靡草死；葶苈之属。

三候，麦秋至；秋者，百谷成熟之期。此时麦熟，故曰麦秋。

（9）芒种

初候，螳螂生；俗名刀螂，说文名拒斧。

二候，鵙始鸣；鵙，屠畜切，伯劳也。

三候，反舌无声；百舌鸟也。

（10）夏至

初候，鹿角解；阳兽也，得阴气而解。

二候，蜩始鸣，蜩，音调，蝉也。

三候，半夏生，药名也，阳极阴生。

（11）小暑

初候，温风至。

二候，蟋蟀居壁；亦名促织，此时羽翼未成，故居壁。

三候，鹰始挚；挚，言至。鹰感阴气，乃生杀心，学习击搏之事。

（12）大暑

初候，腐草为萤；离明之极，故幽类化为明类。

二候，土润溽暑；溽，音辱，湿也。

三候，大雨时行。

（13）立秋

初候，凉风至。

二候，白露降。

三候，寒蝉鸣。蝉小而青赤色者。

（14）处暑

初候，鹰乃祭鸟；鹰，杀鸟。不敢先尝，示报本也。

二候，天地始肃；清肃也，寒也。

三候，禾乃登。稷为五谷之长，首熟此时。

（15）白露

初候，鸿雁来；自北而南也。一日：大曰鸿，小曰雁。

二候，玄鸟归；燕去也。

三候，群鸟养羞。羞，粮食也。养羞以备冬月。

（16）秋分

初候，雷始收声；雷于二月阳中发生，八月阴中收声。

二候，蛰虫坯户；坯，音培。坯户，培益其穴中之户窍而将蛰也。

三候，水始涸。国语曰：辰角见而雨毕，天根见而水涸，雨毕而除道，水涸而成梁。辰角者，角宿也。天根者，氐房之间也。见者，旦见于东方也。辰角见九月本，天根见九月末，本末相去二十一余。

（17）寒露

初候，鸿雁来宾。宾，客也。先至者为主，后至者为宾，盖将尽之谓。

二候，雀入大水为蛤；飞者化潜，阳变阴也。

三候，菊有黄花。诸花皆不言，而此独言之，以其华于阴而独盛于秋也。

（18）霜降

初候，豺乃祭兽；孟秋鹰祭鸟，飞者形小而杀气方萌，季秋豺祭兽，走者形大而杀气乃盛也。

二候，草木黄落；阳气去也。

三候，蛰虫咸俯。俯，蛰伏也。

（19）立冬

初候，水始冻。

二候，地始冻。

三候，雉入大水为蜃。蜃，蚌属。

（20）小雪

初候，虹藏不见，季春阳胜阴，故虹见；孟冬阴胜阳，故藏而不见。

二候，天气上升，地气下将。

三候，闭塞而成冬。阳气下藏地中，阴气闭固而成冬。

（21）大雪

初候，鹖鴠不鸣，鹖鴠，音曷旦，夜鸣求旦之鸟，亦名寒号虫，乃阴类而求阳者，兹得一阳之生，故不鸣矣。

二候，虎始交；虎本阴类，感一阳而交也。

三候，荔挺出。荔，一名马蔺叶似蒲而小，根可为刷。

（22）冬至

初候，蚯蚓结；阳气未动，屈首下向，阳气已动，回首上向，故屈曲而结。

二候，麋角解；阴兽也。得阳气而解。

三候，水泉动，天一之阳生也。

（23）小寒

初候，雁北乡；一岁之气，雁凡四候。如十二月雁北乡者，乃大雁，雁之父母也。正月候雁北者，乃小雁，雁之子也。盖先行者其大，随后者其小也。

二候，鹊始巢；鹊知气至，故为来岁之巢。

三候，雉雊；雊，句姤二音，雉鸣也。雉火畜，感于阳而后有声。

（24）大寒

初候，鸡乳，鸡，水畜也，得阳气而卵育，故云乳。

二候，征鸟厉疾；征鸟，鹰隼之属，杀气盛极，故猛厉迅疾而善于击也。

三候，水泽腹坚。阳气未达，东风未至，故水泽正结而坚。

二十四节气和二十四番花信风

大自然的生物都是按照一定的季节时令生长发育的，例如植物的发芽、生长、开花、结果和凋谢，动物的冬眠、复苏、始鸣、繁殖和迁徙等现象，这些都与气候变化息息相关。日复一日，年复一年，人们参照这些情况变化把一年分成二十四节气。

　　与二十四节气同样有重要意义的还有二十四番花信风。二十四番花信风是应花期而来的风，简称"花信风"。它既是测量花开时期的一种方法，也表示了气候的变换。由小寒到谷雨共八个节气，历时四个月，一百二十天风。八个节气中，每个节气十五天，一个节气又分三候，八个节气共分二十四候，每一候对应一种花信风，一一对应，二十四候代表着二十四种花期。

　　二十四番花信风的详细内容如下：

　　小寒时节：一候梅花，二候山茶，三候水仙；

　　大寒时节：一候瑞香，二候兰花，三候山矾；

　　立春时节：一候迎春，二候樱桃，三候望春；

　　雨水时节：一候菜花，二候杏花，三候李花；

　　惊蛰时节：一候桃花，二候棣棠，三候蔷薇；

　　春分时节：一候海棠，二候梨花，三候木兰；

　　清明时节：一候桐花，二候麦花，三候柳花；

　　谷雨时节：一候牡丹，二候荼蘼，三候楝花。

　　二十四番花信风是我国劳动人民的智慧结晶，不仅反映了花开与时令的自然现象，更重要的是人们可以利用这些自然规律来掌握农时、安排农事活动。

农历十二个月候应姊妹花

　　除二十四番花信风之外，人们还根据农历十二个月的花开花落编成《十二姐妹花》歌谣，这也是对农历十二个月候应姊妹花最恰当不过的阐释：

　　正月梅花凌寒开，二月杏花满枝来。

　　三月桃花映绿水，四月蔷薇满篱台。

　　五月石榴红似火，六月荷花洒池台。

　　七月凤仙展奇葩。八月桂花遍地开。

　　九月菊花竞怒放，十月芙蓉携光彩。

　　冬月水仙凌波绽，腊月腊梅报春来。

　　姹紫嫣红的百花绽放，所展示的自然美必然是非常诱人的。因此，举不胜举的文人墨客对花儿极为钟情，他们玩味和吟咏百花，因而便有了经典的十二月花神之说：一月兰花屈原，二月梅花林逋，三月桃花皮日休，四月牡丹欧阳修，五月芍药苏东坡，六月石榴江淹，七月荷花周濂溪，八月紫薇杨万里，九月桂花洪适，十月芙蓉范成大，十一月菊花陶潜，十二月水仙高似孙。

　　我国地大物博，由于各地的地理位置不同，南北气候差异较大，各候对应之花可能会出现不完全相同的现象。因此，《十二姐妹花》歌谣也会因为地域不同而产生内容略有不同之处。

第五章

二十四节气和节令

人们在运用二十四节气从事农业活动的过程中，结合天气的变化，确立了一些类似节气的日期，或长或短，且具有一定气候特点的时段名称，称作"节令"。例如"三伏"、"入梅"等。

"春社"和"春汛"

立春日后的第五个戊日为"春社"。而春汛是指桃花盛开时节发生的河水暴涨。

"热在三伏"

三伏是整个夏季、最炎热的一段时间。古人确定这段时间的标准是："夏至三庚数头伏，第四庚日数中伏，秋后的庚日数末伏。"何为"庚日"？中国自古就常用"天干地支"来记述日期和时间。"干"即：甲、乙、丙、丁、戊、己、庚、辛、壬、癸；"支"即：子、丑、寅、卯、辰、巳、午、未、申、酉、戌、亥。把天干与地支按顺序相配排列，天干在前，地支在后，即甲子、乙丑……正好六十次循环一周，用来记述年、月、日、时。凡是带有有庚字的序号日期就是庚字日，简称"庚日"。

天干地支（六十花甲子）配合法一览表

1甲子	2乙丑	3丙寅	4丁卯	5戊辰	6己巳	7庚午	8辛未	9壬申	10癸酉
11甲戌	12乙亥	13丙子	14丁丑	15戊寅	16己卯	17庚辰	18辛巳	19壬午	20癸未
21甲申	12乙亥	23丙戌	24丁亥	25戊子	26己丑	27庚寅	28辛卯	29壬辰	30癸巳
31甲午	32乙未	33丙申	34丁酉	35戊戌	36己亥	37庚子	38辛丑	39壬寅	40癸卯
41甲辰	42乙巳	43丙午	44丁未	45戊申	46己酉	47庚戌	48辛亥	49壬子	50癸丑
51甲寅	52乙卯	53丙辰	54丁巳	55戊午	56己未	57庚申	58辛酉	59壬戌	60癸亥

搞清楚了"庚日"的概念，我们就会很容易理解"夏至三庚数头伏，第四庚日数中伏，秋后的庚日数末伏"的意思，夏至节气以后（包括夏至当日）的第三个庚字日开始数头伏，第四个庚字日开始数中伏，从立秋日以后（包括当日）的庚字日开始数末伏。由于每个庚字日相隔是10天，因此头伏、末伏均为10天，而中伏有所不同。若立秋当日或立秋以后的庚字日是夏至后的第五个庚字日，中伏也是10天，全伏便是30天；若是夏至后的第六个庚字日，中伏则为20天，全伏便是40天。所以历年的三伏天分为30天和40天两种情况。末伏后的第一个庚字日称作"出伏日"。

人们常说的"热在三伏"，意思是全伏都很炎热，并非只是指第三个伏天天气炎热。为什么"热在三伏"呢？原因是每年从春分节气以后，太阳的直射点越过地球赤道，向北回归线移动，北半球的白昼越来越长，黑夜逐渐缩短，直至夏至这天，北半球的白昼达到最长，黑夜缩到最短。地面白天吸收的太阳热量不断增加，远远大于夜间散发的热量，故天气逐渐炎热起来，但还未达到最热程度。夏至后的一个多月，虽然白昼越来越短。黑夜越来越长，而白昼仍然长于黑夜，地面的热量仍然在继续积累，到了阳历的八月中下旬，甚至八月上旬，地面热量的积累达到最大极限，出现了小暑和大暑的炎热天气，因此，"三伏天"是全年中天气最炎热的时段。

"入梅"和"出梅"

江南地区把每年春末夏初时节梅子成熟的一段时间称为黄梅季。在这段时间，我国的长江中下游地区多连阴雨天气，把这段时间的雨称为黄梅雨。因雨天多，空气潮湿，衣物等容易发霉，故将黄梅雨又称霉雨。这一时期气候特殊，对人们的生产、生活影响较大，因此又称这时期为"黄梅天"。黄梅天的开始日期称作"入梅"，终止日期称作"出梅"。

古代人民经过长期观察发现，每年的入梅日期是芒种节气日后的第一个丙日，出梅时期是小暑节气日后的第一个末日。按阳历日期计算：入梅日期大致是在6月6~16日之间，出梅日期大致是7月8~19日之间。整个黄梅天长达30~40天。实际上，黄梅天是以连阴雨日期的长短来决定的。梅雨天过长对人们的生产和生活都不利，特别是没有做过防锈处理的金属器具容易生锈，没有晒干的粮食容易霉烂等。

"秋社"、"秋汛"、"秋老虎"

秋社：有一部分历书上列有"秋社日"。按照民间传统规定，立秋后的第五个戊日为"秋社"。秋社这天祭灶，感谢农业丰收。

秋老虎：一般情况下，每年立了秋，天气逐渐变凉，人们常说："一场秋雨一场寒。"在正常年份阳历的8月8日（或7日）立秋后，8月中旬的平均气温普遍比8月上旬的平均气温下降了1.5℃左右，截断了暑期气温持续攀升居高不下的趋势。虽然气温下降得还不算多，但人们已经感到凉爽了许多。但是，气候的变化也有异常的时候，某些年份虽然立了秋，但是，从北方来的冷气流势力还是很微弱，或者姗姗来迟，于是高温闷热的天气将会一直持续，气温仍然居高不下，或者气温下降微乎其微，人们仍感到天气闷热，汗流不止，人们便把这种异常的气候现象称作"秋老虎"。

秋汛：秋汛是指立秋到霜降的这一段时间内发生的河水暴涨。

"秋霖"和"秋封"

秋季的长时间的阴雨天气被称作"秋霖"，秋霖常使应该秋季成熟的农作物贪青晚熟。秋季

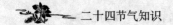

的突然降温，会使应该秋季成熟的农作物生长发育立刻终止，农作物不能完全成熟的现象被称作"秋封"。

"冬九九"和"夏九九"

（1）冬九九

"冬九九"是指从冬至节气日这天开始算起，冬至日为第一天，每九天为一九，"头九"、"二九"、"三九"、"四九"……直至"九九"。共八十一天。也就是从12月21日（或22日）开始数九，直数到次年的3月11日或12日为止。"九九天"也称"冬九天"，是一个回归年中天气较冷的一段。其中处于阳历1月份的"三九"、"四九"为最寒冷时段，故有"未到三九莫言寒"之说。关于"冬九九"的歌谣很多，常听到以下几种歌谣：

"一九、二九不出手，三九、四九冰上走，五九、六九看青柳，七九、八九河开口，到了九九遍地耕牛走。"（关中一带流传的歌谣）

"一九、二九不算九，三九、四九冻破石头，五九、六九沿河发柳，七九、八九河开口，九九八十一，下河洗澡去。"（陕南一带流传的歌谣）

为什么北方阳历1月份三九、四九最冷？

主要原因是：冬至太阳光直射地球的南回归线，对北半球斜射的角度最大，北半球的白昼最短，黑夜最长。白天地面吸收的太阳热量最少，而夜间散发出去的热量最多，地面的热量是"入不敷出"。尽管这个时期气温迅速下降，但因有夏、秋季节积存的热量的补偿，因此气温还不至于下降得很低，天气还没有到十分寒冷的时候。到了阳历的1月中下旬，三九、四九时期，地面原来积存的热量已经消耗尽了，白天从太阳吸收的热量很少，晚上散失的热量却很大，在这种"入不敷出"日渐加剧的情况下，气温下降的速度加快，加上来自西伯利亚和蒙古高原的强冷空气不断入侵，使气温急剧下降，常常会出现全年气温的最低值，天气达到极冷。也就是人们常说的"三九、四九冻破石头"的时候到了。

（2）夏九九

"夏九九和"冬九九"相反，是形容夏季炎热程度变化的一个节令。它是从阳历6月21日或22日的夏至这天开始数九。和冬九九一样，每九天为一九，共九九八十一天，直数到阳历的9月10日或11日为止，也就是人们常说的将会出现子夜寻棉被的时候。

"夏九九"的三九、四九是夏季最热的季节。它与"冬九九"形成鲜明的对照，"夏九九"也生动形象地反映了日期与物候的关系，人们流传的《夏至九九歌》就能翔实地说明这一切：

夏至入头九，羽扇握在手；二九十八，脱冠着罗纱；三九二十七，出门汗欲滴；四九三十六，卷席露天宿；五九四十五，炎秋似老虎；六九五十四，乘凉进庙祠；七九六十三，床头摸被单；八九七十二，子夜寻棉被；九九八十一，开柜拿棉衣。

"倒寒"和"倒春寒"

每年的阳历2月份内的倒寒天气被称作"倒寒"，而阳历3~4月份内的倒寒天气则被称作"倒春寒"。

第二篇

春雨惊春清谷天

——春季的6个节气

第一章

立春：乍暖还寒时，万物开始复苏

立春节气是二十四节气之一，又称"打春"，"立"是"开始"的意思，中国以立春为春季的开始，每年公历2月4日或5日太阳到达黄经315°时为立春。

立春气象和农事特点：春天来了，开始春耕了

1. 大地开始解冻，万物渐渐苏醒

人们把立春节气的15天分为三候，即"初候东风解冻，二候蛰虫始振，三候鱼陟负冰"。从这三候的名称就可以明白立春的季节变化特征——告别了寒冷的冬天，春天已经到来，然而冬天的寒冷却还未能一下消失殆尽，天气需要经过较长的一段时间预热才能慢慢暖和起来，东风送暖，大地开始解冻，万物渐渐苏醒，这就是"初候东风解冻"。五天后，蛰居的虫类因感受到了春天的温暖，而蠢蠢欲动地向外界活动，这就是"二候蛰虫始振"。再经过五日，水面厚厚的冰也逐渐开始融化了，水底的鱼儿迫不及待地要到水面上来吸吸氧气，感受一下春天的气息，于是便有了"三候鱼陟负冰"的说法。此时的气候特点，虽然还不能让人们立刻感受到春天般的温暖，但却使人明显感受到春天的脚步近了。

2. 北方顶凌耙地、送粪积肥，准备春耕

立春时节，北方地区顶凌耙地、送粪积肥，并做好牲畜防疫工作。在华北平原，则要积极做好春耕准备和兴修水利。在西北地区，要为春小麦整地施肥，尤其是西北和内蒙古牧区仍要加强牲畜的防寒保暖，防御牧区白灾的发生，确保弱畜、幼畜的安全。西南地区则要抓紧耕翻早稻秧田，做好选种、晒种工作以及夏收作物的田间管理工作。

3. 南方紧抓"冷尾暖头"及时春耕播种

南方地区则是"立春雨水到，早起晚睡觉"，春耕春种要全面展开了，南部早稻将陆续播种，各地要密切关注天气变化，抓住"冷尾暖头"及时下种；同时须采取有效措施防范烤烟、蔬菜等作物遭受霜冻或冰冻危害，并应注意加强经济林果及禽畜、水产养殖的防寒保暖工作。长江中下游及其以南地区，要及时清沟理墒，确保沟渠畅通，避免作物发生渍害。四川盆地应加强对小麦锈病等病虫害的监测与防治，积极预防春季病虫害的发生与流行。

4. 立春暖为什么不利于冬小麦生长

立春节气每年都是阳历2月4日或5日，即阳历的2月上旬。如果此时气候过于温暖，冬小麦麦苗会纷纷提前返青。但是这个时段的天气多变，气温很不稳定，在北方冷空气的影响下，常易发

生"倒寒"，气温又突然下降到0℃以下。此时刚刚返青的嫩弱的冬小麦幼苗如果遭到低温的袭击，不仅返青中止，而且要冻坏部分麦苗。因此，立春暖会造成不利于冬小麦生长的结果。

5. 为什么说"立春雷坟鼓堆，惊蛰雷麦鼓堆"

"立春雷坟鼓堆，惊蛰雷麦鼓堆。"顾名思义，就是说立春雷不吉利，去世的人可能比较多，坟墓成堆；而惊蛰雷吉利，小麦丰收，麦子堆成鼓堆。立春打雷不吉利，惊蛰打雷吉利有什么依据呢？原来这是因为雷声间接反映了天气气候的变化。每年的气候变化规律是，开春以后天气日渐变暖，待暖到一定程度，高空有了雷雨云，便有可能打雷。立春前后（阳历2月）打雷，说明当年气候回暖早，再加上冬九雨雪少，气候干燥，病菌容易繁衍传播，从而引起流行性感冒，年老体弱之人比较常见的哮喘病、心脏病、高血压病等也易发作加重，甚至导致死亡。这就是"坟鼓堆"的说法的原因。相反，如果是在"惊蛰"节气时打雷，说明气候回暖期基本正常。这时雨水也增加了，不仅人们不易感冒发病，而且冬小麦也进入了正常的返青时期，小穗得到充分分化，能长大穗，自然也能获得丰收。这就是"麦鼓堆"的说法的原因。虽然这种说法不是十分科学合理的，但是从参照节气养生、从事农事活动也有较大的参考价值。

立春农历节日：春节——华夏儿女普天同庆

1. 大人戴上口罩，楼上楼下清扫灰尘——除陈布新

据《吕氏春秋》可靠记载，在尧舜时代我国就有春节扫尘的风俗。按民间的说法：因"尘"与"陈"谐音，新春扫尘有"除陈布新"的涵义，其用意是把一切穷运、晦气统统扫出家门。这一习俗寄托着人们破旧立新的愿望和辞旧迎新的祈求。每逢春节来临，家家户户都要打扫环境，清洗器具，拆洗被褥，洒扫庭院，掸拂尘垢，疏浚沟渠。随处可见农家小院里，大人们戴上口罩或者嘴上蒙着围巾拿着笤帚，或者清扫天花板、或者清扫墙壁，除陈布新。处处洋溢着欢欢喜喜搞卫生、干干净净迎新春的欢乐氛围。

2. 小孩子踩凳子贴春联、贴"福"字和贴门神——祝愿美好未来

小孩子踩着凳子，手里拿着浆糊刷子和春联往门上贴。贴上以后，往往还让过路的大人看看是否端正，小孩看着贴好的对联，想着马上就要穿新衣、戴新帽，还要吃可口的饺子，甭提心里有多高兴。

春联的别名很多，有的地方叫门对、春贴，有的地方叫对联、对子。无论城市还是农村，家家户户都要贴春联。春联的种类比较多，依使用场所可分为门心、框对、横披、斗斤等。"门心"贴于门板上端中心部位；"框对"贴于左右两个门框上；"横披"贴于门楣的横头上；"斗斤"也叫"门叶"，为正方菱形，大多贴在家具、影壁中。

春节人们在屋门、墙壁、门楣上贴"福"字，是我国由来已久的风俗。"福"字指福气、福运，寄托了人们对幸福生活的向往，对美好未来的祝愿。为了更充分地体现这种向往和祝愿，多数人干脆将"福"字倒贴，表示"幸福已到"等寓意。

春节前一天下午，人们将绘有门神的画贴于门板上。这个习俗已有两千多年的历史。先期是为了驱邪镇鬼，近世多为增添喜庆欢乐。旧时，民间一般喜贴钟馗打鬼的门神；有些地方喜欢张贴盖有大印的钟馗门神和秦叔宝、尉迟恭画像，以祈求一年平安无事。

3. 摆供桌祭神、祭祖、接财神和迎喜神——祈求一年喜事不断

（1）祭神

春节祭神是一种遍及东西南北的习俗。浙江湖州在天刚亮的时候，摆下天圆地方糕、顺风团、净水以接天神。在四川成都，正月初一子时，迎接诸神下界。江苏淮安一带，迎接天地神是春节的第一件大事。在陕西洛川，人们"悬黄纸、挂灯笼于长竿，云接天神"。在吉林，初一早上，"男至院中，上置供物，焚香点烛，桌北堆谷草少许，上置纸箔及大馒头二、饺子四，其侧立木架，悬鞭其上；同时，燃草，焚纸箔，点（鞭）放炮，男子按辈各集桌北，南向跪拜，以表迎新送旧之意"。在甘肃灵台一带，初一鸡鸣时，"主人肃衣冠，率弟子熏柏香、放花炮、燃灯球、击锣鼓，并杂陈肴馔、果酒于中庭，安设天地、神祇牌位，及于本宅灶君、土地各神位前，以次焚化表纸，谓之'接神'"。在辽宁、黑龙江等地，"时方交子，俗谓新神下界，家家衣冠致敬，凡天地、灶神、祖先位前，各焚香燃烛，然后设香案于庭，陈祭品，焚纸马，诵祝词，鸣爆竹，曰'接神'"。总的来说，全国各地祭神习俗大同小异，但是目的均相同，不外乎祈求神灵保佑风调雨顺、五谷丰登、万事如意、大吉大利……

（2）祭祖、拜喜神

祭祖一般情况下在祭神后进行。福建厦门一带常常中午祭神、晚上祭祖。祭祖时定要有一碗春饭。春饭以平常吃的饭为主，只是上面插一朵红纸做的玫瑰花一样的春花。在江苏苏州一带，春节这天每家都要悬挂老祖宗的遗像，摆上香烛、茶果、粉丸、年糕等物，一家之主率领家人，每天依次瞻拜，直到元宵节的晚上结束。亲戚朋友之间，也相互瞻拜尊亲遗像，叫作"拜喜神"。在浙江绍兴一带，祭祖要到宗祠里去，若是没有宗祠，就在祖先堂前叩谒，称作"谒祖"。

（3）迎接财神

迎接财神这个习俗流行于北方地区，而且各地迎接财神的时间、仪式各有不同。黑龙江、吉林等省是在除夕子夜接财神。接财神前全家一起包饺子，一到子夜，主妇便下厨房煮饺子，此时屋门大开。男主人提灯走到户外，按皇历上说的财神所在方位去接财神，如果这一年财神位置在正东，出门便向东走，适可而止，放下灯笼，点燃香烛，跪拜，然后回家。在家中庭院中设立供桌，点香放炮，男主人跪拜后，从户外走进室内，室内人齐声问："迎来财神了？"男主人要虔诚回答："迎来了！迎来财神了！"家中最小的孩子事先要躺在叠得高高的被子上，听到男主人问："小日子起来了吗？"孩子就坐起来高声回答："起来了，小日子起来了！"表示财神已经迎到家里来了。女主人把煮熟的饺子先捞出一碗来供献财神，然后把其余的饺子摆放在饭桌上，全家人开始欢欢喜喜吃过年饺子。

（4）迎喜神

民间传说春节天上必降"喜神"。谁家迎到喜神，谁家全年就会万事如意。河南农村正月初一天未亮时就摆香案摆供品祭家神（祖宗），祭完三叩首。一家之主起身翻查历书看新年"喜神"将降临何方，于是打开大门，携香表、鞭炮径直朝那个方向迎去，途中不回头，凡遇上男女老少或飞禽走兽，均须焚化香表，长鸣鞭炮，叩头作揖，做完这一切转身回家，表示已经成功地迎到了"喜神"，一年内将喜事不断、心想事成。

4. 吃水饺、吃汤圆和吃年糕——寄予新年团圆发财

（1）吃水饺

北方过年多数地区吃水饺。水饺又叫扁食、水角儿、角子、馄饨、煮饽饽等。清代有史料记载："每年初一，无论贫富贵贱，皆以白面做饺食之，谓之煮饽饽，举国皆然，无不同也。富贵之家，暗以金银小锞藏之饽之中，以卜顺利，家人食得者，则终岁大吉。"说出了初一食水饺的普遍和有关习俗。在辽宁，早晨煮水饺，合家而食，称为"元宝汤"，黑龙江则多称为"揣元宝"。在河北、河南等地，初一早晨的饭一定是水饺，而且盛水饺时要先给家中长辈盛。另外，包水饺时，常在水饺里放一枚硬币，预测吉祥，吃中者为全家当年最有福之人。

（2）吃汤圆、元宵

汤圆和元宵外形相似，但制作工艺不同，汤圆是包出来的，元宵是摇出来的。浙江绍兴初一早餐，是除夕夜供奉神祇和祖先的汤团，含有"团团圆圆"的意思。江苏淮安这天早晨吃的欢喜团子，就是汤团。在河南开封一带，春节这天五更时候既吃饺子又吃元宵。

（3）吃年糕

春节家家吃年糕，主要是因为年糕谐音"年高"，再加上美味可口，几乎成了家家必备的应景食品。方块状的黄白年糕，象征着黄金、白银，寄寓新年发财的意思。年糕的口味因地而异。山西、内蒙古等地过年时习惯吃黄米粉油炸年糕，有的还包上豆沙、枣泥等馅。山东一带喜欢使用黄米、红枣蒸年糕。北京人采用江米或黄米制成的红枣年糕、百果年糕和白年糕。河北人喜欢在年糕中加入大枣、小红豆及绿豆等一起蒸食。北方的年糕以甜为主，或蒸或炸，南方的年糕甜咸兼具，例如江苏苏州和浙江宁波的年糕，使用粳米制作，味道清淡。年糕除了蒸、炸制作以外，还可以切片炒食或是煮汤。甜味的年糕多以糯米粉加白糖、玫瑰、桂花、薄荷、素蓉等原料制作，并且可以直接蒸食或是沾上蛋清油炸。

5. 守岁、给压岁钱、燃放爆竹——迎新贺岁

（1）守岁

除夕守岁，有的地方（豫西）叫"熬年"，也是最重要的春节活动之一，守岁含有两层意思：年长者守岁为"辞旧岁"，有珍爱光阴的意思；年轻人守岁，是为延长父母寿命。最早记载见于西晋周处的《风土志》：除夕之夜，各相与赠送，叫"馈岁"；酒食相邀，叫"别岁"；长幼聚饮，祝颂完备，叫"分岁"；大家终夜不眠，以待天明，叫"守岁"。这种习俗后来逐渐盛行，到唐朝初期，唐太宗李世民写有《守岁》诗："暮景斜芳殿，年华丽绮宫。寒辞去冬雪，暖带入春风。阶馥舒梅素，盘花卷烛红。共欢新故岁，迎送一宵中。"直到今天，人们还习惯在除夕之夜守岁迎新。全国多数地方守岁，女的包饺子、洗菜、准备大年初一的饭菜，或者准备全家的新衣服，男的打扑克牌、麻将，或者喝酒娱乐至天亮，或者一家人一起看春节联欢晚会节目。

（2）给压岁钱

压岁钱是春节前晚辈及小孩子梦寐以求的大事。压岁钱也叫"压岁钱"、"压祟钱"、"压胜钱"、"压腰钱"。除夕吃完年夜饭，由尊长或一家之主向晚辈分赠钱币，并用红线穿编铜钱成串，挂在小儿胸前，希望孩子平安。清代富察敦崇《燕京岁时记》中说："以彩绳穿钱，编作龙形，置于床脚，谓之压岁钱。尊长之赐小儿者，亦谓之压岁钱。"这个习俗自汉魏六朝开始流行。《宣和博古图录》中记载："钱形长而方，上面龙马并著，俗谓佩此能驱邪镇魅。"因为"岁"与"祟"谐音，"压岁"即"压祟"，所以称为"压岁钱"。因为是守岁夜给钱，所以又称"守岁钱"。山东部分地区，还有农家用芝麻壳替代铜钱，按小儿岁数串起来系到衣带上，取"芝麻开花节节高"的吉祥意思，预示小儿长命富贵。如今民间仍然流行此俗，不过取而代之的是纸币，改用红纸包钱，已经去除封建迷信，在小孩心目中成了长辈春节发钱的规矩。

（3）燃放爆竹

"爆竹声中一岁除，春风送暖入屠苏。千门万户曈曈日，总把新桃换旧符。"宋朝政治家王安石的这首诗也提到了春节燃放爆竹，可见春节燃放爆竹习俗由来已久远了。

在春节到来之际，家家户户开门的第一件事就是燃放爆竹，以噼哩啪啦的爆竹声除旧迎新。爆竹亦称"炮仗"、"鞭炮"、"炮"等。在翁源，开门一定要在吉时良辰，并有开大门、开小门之别。大门是"出野外的门"，小门是屋内的房门。开门有先后顺序，一般先开大门再开小门，也有先开小门再开大门的。开大门，多用大花炮，开小门多用满地红和电光炮。在江苏苏州，新年开大门时放爆竹三声，取"高升三级"的寓意。在无锡，人们迷信开门炮早放会早发。在湖南湘潭，把放鞭炮开门叫作"开财门"。在四川名山，开门时放十二响爆竹，希望全年十二个月都吉祥平安。在福建闽西客家，开门放爆竹是一年当中的头等大事，极受重视，大多由一家之主或年纪大的长辈来做，一般不让小孩和年轻人插手。

6. 拜年、逛庙会、舞龙、舞狮、踩高跷——欢庆丰年、祈求吉祥

（1）拜年

大年初一清早，大人小孩穿着节日的盛装，出门走亲访友，相互拜年，恭祝新年大吉大利。拜年一般从家里开始。初一早晨晚辈起床后，先向长辈拜年，祝福长辈健康长寿，万事如意。家中拜完年后，人们外出相遇时也要笑容满面地恭贺新年，相互道"恭喜发财"、"新年快乐"、"四季平安"等吉言。

在中原河南开封，人们出去拜年的第一家尽量是兴旺之家，即父母俱在、兄弟无故、求财得财、求利得利的人家。同样的，亲友也都希望第一个来拜年的客人来自兴旺之家。

广州人拜年习惯是在家吃过早餐后，再到亲戚朋友家拜年。见到客人彼此行礼后，主人一般会拿出一个八果盒，中间是红瓜子，周围有莲子、马蹄、椰丝、莲藕等食品。主人请吃时，要说"拗金"，再请吃时要说"拗银"。如果是没有结婚的少年或小孩拜年，受拜者一定要说这句话。女人拜年时，都预备一个漆篮，里面盛满瓜子、红橘子等食物，赠送给受拜者，而受拜者要回赠大致相同的东西。在潮州，春节去亲戚家拜年时一定要带上柑包，以表示送上吉利，受拜者要还以柑包，互致好意。

在东莞，同事朋友路上相遇，互道"恭喜"，客人来了，要用攒盒请他，叫作"食大橘"。若有小孩来拜年，要拿包有钱币的红纸包送给他们。在广西平乐，平时招待客人，一般只以烟茶相待，而春节待客则要加上槟榔，如果有小孩子一起到来，还要给孩子柑果、米饼、荸荠之类的小食品。

上海人拜年，相互祝贺后，主人一般以茶果招待客人，并敬上两只用糖水煮的"水泡蛋"。

春节拜年活动始于宋代，周密的《癸辛杂识》中有详细的记载。有些相交不深者同样要互祝新年，有时本人不上门。大户人家派仆人持红单名贴（相当于现代的名片）到别人府上投拜，答拜者也这样做，叫作"飞贴"。也有些人家在门口设"门簿"，就像现代的签到簿一样，到了签上名字，表示已经拜过年了。这种拜年活动从初一起可以一直拜到初十。今天，随着科技的进步，拜年形式也与时俱进，人们互相用电话拜年、手机短信拜年、电子邮件拜年、MSN、QQ、飞信拜年等。

（2）逛庙会

一提起逛庙会，就会想起北京春节的庙会，厂甸庙会、白云观庙会、莲花池庙会，人们蜂拥而至，处处交通堵塞，闹市区实行交通管制。庙会又叫"妙会"、"庙市"或"节场"。早期庙会仅是一种隆重的祭祀活动，随着经济的发展和人们交流的需要，庙会在保持祭祀活动的同时，逐渐融入集市交易活动。随着人们的需要，又在庙会上增加丰富多彩的活动。于是过年逛庙会就成为人们不可或缺的娱乐活动。部分地区，每年的庙会宗教色彩越来越淡化，只有娱乐性的仿祭祀活动表演，更多的是"有会无庙"，公园、体育场、商场等都成了庙会的举办场所。庙会也就渐渐地演化成为集娱乐和短期的集市交易为一体的民间活动。

（3）舞龙

舞龙活动最初主要用于春节祀神、娱神，后来发展成为民间文艺活动。舞龙又称"龙舞"、"龙灯舞"、"舞龙灯"等。龙是传说中的神奇动物，能在天上呼风唤雨，也能为人间隆福消灾。早在汉代就有舞龙祈雨的活动。当时四季祈雨，春舞青龙，夏舞赤龙或黄龙，秋舞白龙，冬舞黑龙。例如春早舞的大苍龙，长一丈八尺，放在中央，再做七条小龙，各长四尺，放在东面。龙首向东，龙与龙之间相距八尺。舞龙者是孩童的，先要吃三天斋，然后穿青衣舞龙。也有将舞龙用于娱乐的。《汉书·西域传》说："武帝……作漫衍鱼龙之戏。"这是一种由人用道具扮演巨龙和巨鱼的乐舞。汉代石刻中也有舞龙形象。宋代，人们创造了观赏性的草龙。明清各代，舞龙在各地十分盛行，清代范祖述《杭俗遗风》记载：杭州吴山，"山右有龙神庙，俗称.龙王堂.，灯节城厢内外所行龙灯于十二日到庙点睛参谒挂红，名曰龙灯开光。"其形状和表演形式，则因地而异，各具特色。大都由人手持起舞；也有少数是专供观赏的，如"灯板龙"、"首饰龙"。有些龙灯腹内可以燃烛，因此有日龙、夜龙之分。舞龙时，锣鼓喧天，爆竹齐鸣，场面十分热烈。每一个动作都有名号，诸如："二龙戏珠"、"二龙出水"、"黄龙过江"、"白龙出洞"、"穿越龙桥"、"打草惊蛇"、"银龙翻江"、"金龙倒海"、"海底捞月"。如果两队舞龙相遇，一定大摆龙门阵，争夺高下。有的地方，败北者一方要为胜者一方奏锣鼓、放鞭炮。云南、贵州的苗族，每年正月初一至十五舞龙，同时家家户户堂屋神桌上摆糯米糍粑和酒肉，点燃香纸蜡烛，敬奉"金角老龙"，含有欢庆丰年、祈求吉祥的意思。舞龙活动期间，小孩、大人忙得不亦乐乎，小孩架在大人的脖子上观舞龙，老人拄着拐杖踮起脚尖找龙，姑娘们呼朋引伴挤看热闹。

（4）舞狮

舞狮子活动在河南豫西一带称作耍狮子。耍狮子活动比较经典的动作有：狮子蹦上高桌、狮子过独木桥、狮子翻跟头。广东海丰盛行春节"听鼓手、看舞狮、听唱曲"。舞狮主要有麒麟、狮、客仔狮、外江狮四种，唱曲主要有西秦曲、白字曲、潮州曲等多种。鼓手就是唢呐，也叫大笛或吹班。每班由二人吹大笛，一人打铜钹，一人打小鼓。一般从除夕下午就开始到商铺里去吹打，一直到初三、初四才停止。初一、初二最热闹。舞狮子的队伍挨家挨户舞弄，到了人家门前，说声"恭喜"之后就开始吹奏起来，直到主人掏出红包，带队的拿到红包才离去，紧接着到下一家去舞狮。

（5）踩高跷

踩高跷娱乐活动历史悠久，《列子·说符篇》里记载："宋有兰子者……以双枝长倍其身，属其胫，并驱并驰。"汉魏六朝百戏中称"跷技"，郭璞《山海经》注称为"乔人"。宋代叫"踏桥"。清代以来称为"高跷"。踩高跷亦称"踏高跷"、"扎高脚"。表演者双脚绑扎木制1～3尺高的跷棍，扮演成各种滑稽人物表演古怪动作。踩高跷，北京称作高跷或高跷会，陕西、甘肃、河南等黄河流域称作"扎高脚"。踩高跷有文跷、武跷两种活动之分。文跷以边走边唱为主，夹杂有简单的舞扭动作，武跷则表演倒立、跳高桌、叠罗汉、劈叉等高难度动作。

立春民俗：欢庆春回大地，祈求一年吉利

1. 鞭打春牛：打去牛的惰性，宣告春耕大忙开始

打春仪式，鞭打春牛。通常在立春时刻或立春日早晨举行，打春仪式最高由皇帝亲自主持，太监执行。地方上也主持打春仪式，但是各地稍有不同。

相传古代东夷族首领少暤氏率领民众迁居黄河下游，让百姓由游牧民改为农民，从事农业生产，并派他的儿子句芒经营这番事业。句芒在寒冬即将逝去前，采河边葭草烧成灰烬，放在竹管内，然后守候在竹管旁，到了冬尽春来的那一瞬间，阳气上升，竹节内的草灰便浮扬起来，标志着春天来临了。于是句芒下令大家一起翻土犁田，准备播种。可是帮人耕田的耕牛却仍沉浸在"冬眠"的甜睡中，整日吃吃喝喝、优哉游哉，懒得爬起来耕地。随从便建议用鞭子抽打耕牛，句芒不同意，说耕牛是我们的帮手，不许虐待它们，吓唬吓唬就行了。于是他让随从用泥土捏制成牛的形状，并且故意制造很大的声势，然后挥舞鞭子对之抽打，意在杀鸡给猴看，鞭响声惊醒了耕牛，一看伏在地上睡觉的同类正在挨抽，吓得都站起身来，乖乖地听人指挥，下地耕田去了。由于及时春耕劳作，当年获得了较好收成，原先以畜牧为生的人们纷纷改弦更张从事农业生产了。随后，句芒被尊为专行督作农耕的神祇，鞭打春牛逐渐成为人们及时春耕大忙的仪式。

随着农业经济的普遍推广，鞭打春牛活动正式列为国家典礼。每逢立春前三日，天子就开始吃素沐浴，到了立春那天，亲率公卿百官去东郊迎春，而判断立春节气来到的方式，基本沿袭句芒的办法。此外，又预先塑制好和真牛一般大小的春牛送到东郊，等到确认已迎来春天后，便用鞭子抽打春牛，表示督牛春耕。到了唐宋时代，这套礼仪演练成举国上下同时进行的活动：每年夏季，即由官方预测来年立春的准确时间，并根据年月干支，决定取哪一方向的水土做成一条春牛和一尊句芒神像。此后，各级地方官方都据此规定和样式，也照样塑制好一套。到了立春那天，皇帝率领百官在京都先农坛前迎春鞭牛，各级地方官员带领百姓在城郊迎春拜牛。如果立春是在农历腊月十五之前，句芒就摆放在春牛的前面，表示农事早；如果立春正值岁末年初之际，就让句芒和春牛并列，表示农事平；如果立春在正月十五以后，句芒就被摆放在春牛身后，表示农事晚。人们根据句芒神的塑像和春牛摆放位置来安排立春农事活动的早晚。

鞭打春牛的场面极热闹，依照惯例是首席执行官用装饰华阳的"春鞭"先抽第一鞭，然后依官位大小，依次鞭打。最终是将一头春牛打得稀巴烂后，围观者一拥而上，争抢碎土，据说扔进自己家田里，就能丰收吉兆。此外，亦有纸扎春牛的，并预先在"牛肚子"里装满五谷，等到"牛"被鞭打破后，五谷流出，亦是丰收的象征。清朝后期，封建政府已不再把农事放在重要位次，迎春鞭牛渐渐由官办变为民间举办的迎春活动。农民自己组织鞭打春牛活动，更加热闹了，增添了抬着句芒神和春牛游行、唱迎春歌等许多内容。春牛享受披红挂彩、招摇过市的待遇，虽然最

终不免被打得稀烂，但是内容过程更加丰富了。直到现在，部分地区还保留着鞭打春牛的风俗。

例如，在辽宁义县，立春之日，人们鞭牛"打春"。打春牛时，拿着纸鞭鞭牛三下，打第一鞭时唱"一鞭风调雨顺"，打第二鞭时唱"二鞭国泰民安"，打第三鞭时唱"天子万年春"。一来打去牛的惰性，二来告诉大家春耕开始了。

2. 掷米打春官，中了一年吉利

迎春打春官活动流行于浙江一带。每年由当地管农事的胥吏，有时是乞丐扮演春官，头戴无翅乌纱帽，身穿朝服，脚登朝靴，坐在四周围上红布的明轿中巡游街市，表演幽默风趣的动作。也有拿着"春鞭"边走边表演赶牛的。人们前呼后拥纷纷向春官掷米，谁掷中了便一年吉利。

3. 咬春：咬食生萝卜、吃春饼解除瘟疫

咬春又叫"食春菜"，盛行于北京和河北等地，每年立春之日，无论贵贱，家家咬食生萝卜、吃春饼解除瘟疫，取迎新之意，民间认为吃生萝卜免疥疾和解除春天困乏。吃春饼，春饼以麦面制作，以小面团擀成薄饼，烙制而成。春饼原料很多，要顺利地吃入口中不散，功夫全在春饼的卷法上。卷春饼时，将羊角葱、甜面酱、切好的清酱肉、摊鸡蛋、炒菠菜、韭菜、黄花粉丝、豆芽菜等依次放在春饼上码齐，把筷子放在春饼上，将春饼的一边顺着筷子卷起来，下端往上包好，用手捏住，再卷起另一边，卷好了放在盘子上，再将筷子一根一根地抽出来即可。

4. 煨春：烧食春茶升官富贵

煨春是在每年的立春之日，人们烧食春茶的习惯。煨春民俗流行于浙江温州一带。最早时的做法是：将朱栾（柚的一种）碎切，再搭配白豆或黑豆，放在茶中食饮，随后改用红豆（方言，"豆"与"大"同音）、红枣、柑橘（"柑"与"官"、"橘"与"吉"同音）、桂花（"桂"与"贵"同音）、红糖合煮，煨得烂熟，称作"春茶"。饮前先敬家中祖先，然后与家人分食。民间相信吃了春茶，可以明目益智，并取其升官、吉祥、富贵之意。

5. 小孩帽上、胸前或袖上戴春鸡、佩燕子预示新春吉祥

戴春鸡是立春之日古老的风俗。每年立春日，人们用布制作小公鸡，缝在小孩帽子的顶端，表示祝愿"春吉（鸡）"，预示新春吉祥。未种牛痘的孩子，春鸡嘴里还要衔一串黄豆，以鸡吃豆来寓意孩子不生天花、麻疹等疾病。还有用线穿豆挂于牛角，或用麻豆撒在牛的身上，认为这样做，可以使幼儿免患麻疹。前者称为"禳儿疹"，后者称为"散疹"。

佩燕子是陕西一带人民的风俗。每年立春日，人们喜欢在胸前佩戴用彩绸缝制的"燕子"，这种风俗源自唐代，现在仍然在农村中流行。因为燕子是报春的使者，也是幸福吉利的象征。所以许多人家，都在自己厅房正中或房檐下，修建燕子窝，只要你能在房檐的墙壁上，搭上一小页垫板，上写"春燕来朝"四字，燕子就可自己建筑起窝来。燕子是候鸟，春天飞到北方，秋天飞到南方。"不吃你家谷子，不吃你家糜子，只在你家抱一窝儿子。"所以向阳人家都喜欢在自己院落房舍里，让燕子繁殖生息。每年立春这天，人们都喜欢佩戴"燕了"，特别是小孩，父母早就给他（她）们准备好了，他们戴在胸前，手舞足蹈、到处炫耀。

6. 送穷节：祭送穷鬼（穷神）

送穷节是古代民间一种很有特色的岁时风俗。传说穷神是上古高阳氏的儿子廋约，他平时爱好穿破旧的衣服，吃糜粥。别人送给他新衣服穿，他就撕破，用火烧成洞，再穿在身上，宫里的人称他为"穷子"。正月末，穷子死于巷中，所以人们在这天做糜粥、丢破衣，在街巷中祭祀，名为"送穷鬼"。到了宋朝，送穷风俗依然流行，但送穷的时间提前了，定在正月初六日。《岁时杂记》书中记载在人日前一日，人们将垃圾扫拢，上面盖上七枚煎饼，在人们还未出门时将它抛弃在人们来往频繁的道路上，表示已经送走穷鬼了。

送穷节，在山西大部分地区的人家讲究"喜入厌出"。这一天，要打扫院落，忌讳到别人家借取东西。寿阳等县讲究早晨从外面担水，称为填穷。这一天的饮食多为吃面条。晋南地区讲究用刀切面，煮而食之，名为："切五鬼"。妇女这一天忌讳做针线活，担心刺了五鬼的眼睛。

7. 人类的生日（正月初七）：女娲第七天造出了人

大年初七是中国传统习俗中的"人日"，是人人的生日。传说女娲造人时，前六天造出了鸡、狗、羊、猪、牛和马，第七天造出了人，因此，汉民族认为正月初七是"人类的生日"。正月初七日的"人日"，俗称"人齐日"，即"七"的谐音。这一天是一个忌讳出门远行的日子，全家人尽可能团团圆圆，外出的人也要尽量赶回来住。如遇要紧事，也得早晨出门，晚上赶回。等全家人齐全，一个也不缺，才算过好"人日"节。陕西关中地区，初七的早上，家家户户要吃一顿长寿面，让人们长寿，让老年人"福寿长存"；让小孩子长了再长，"长命百岁"。陕北一带还有"用糠著地上，以艾炷炙之，名曰救人疾"，俗为"疾七"的习俗。"疾七"取"疾弃"、"疾去"之谐音，隐含祛凶求吉之意。

在古代，"人日"还有戴"人胜"的习俗。"人胜"是一种头饰，又叫"彩胜"、"华胜"，从晋朝开始有剪彩为花、剪彩为人，或镂金箔为人贴于屏风或窗户、戴在头发上的习俗，因此，"人日"也称"人胜节"。

南方一些地区还保有人日"捞鱼生"的习俗，大家都希望在"人日"这一天，越捞越高，步步高升。捞鱼生时，往往多人围一圆桌，把鱼肉、配料与酱料倒在大盘里，大家站起身，挥动筷子，将鱼料捞动，口中还要不断大声地喊道："捞啊！捞啊！发啊！发啊！"，并且要越捞越高，寓意步步高升，年年有余。

8. 老鼠嫁女的传说

老鼠嫁女，亦称鼠婆亲、鼠纳妇、老鼠娶亲等，是传统民俗文化中影响较大的题目之一，是在正月举行的祀鼠活动，其情节"版本"不一。具体日期因地而异，有的地方在正月初七，有的地方在正月初十，也有的地方在正月十四的夜半，有的地方在正月二十五。

传说很久很久以前，一对年迈的老鼠夫妇住在阴湿寒冷的黑洞里，眼看着自己如花似玉的女儿一天天长大。夫妻俩许诺，要为闺女找一个最好的婆家，要让闺女摆脱这种不见天日的生活。于是，老鼠夫妇出门寻亲。刚一出门，看见天空中雄赳赳的太阳。他们琢磨着，太阳是世间最强大的，任何黑暗鬼魅，都惧怕太阳的光芒。女儿嫁给太阳，不就是嫁给了光明吗？太阳听了老鼠夫妇的请求，皱着眉头说："可敬的老人们，我不是你们想像的那样强壮，黑云可以遮住我的光芒。"老鼠夫妇哑口无言。于是，来到黑云那里，向黑云求亲。黑云苦笑着回答："尽管我有遮挡光芒的力量，但是只需要一丝微风，就可以让我.云消雾散.。"老鼠夫妇寻思着，找到了克制黑云的风。风笑道："我可以吹散黑云，但是只要一堵墙就可以把我制服！"老鼠夫妇又找到墙，墙看到他们，露出恐惧的神色："在这个世界上，我最怕你们老鼠，任凭再坚固的墙也抵挡不住老鼠打洞，最终崩塌。"老鼠夫妇面面相觑，看来还是咱们老鼠最有力量。两个老人商量着，我们老鼠又怕谁呢？对了！自古以来老鼠怕猫！于是，老鼠夫妇找到了花猫，坚持要将女儿嫁给花猫。花猫哈哈大笑，满口答应了下来。在迎娶的那天，老鼠们用最隆重的仪式嫁出最美丽的女儿。意想不到的悲剧发生了，花猫从背后窜出，一口吃掉了自己的漂亮新娘。

在北方部分地区，老鼠嫁女的这天晚上，人们早早休息。家家户户不点灯、不出声的意思是为老鼠嫁女提供方便，生怕惊扰了它们嫁女的好事。

立春民间宜忌：结婚、挑水和掏灰有讲究

1. 正月初一忌讳杀鸡

正月初一是农历新年之始，年初一不杀鸡，其实不止于此，初一还禁杀其他任何动物。正月初一不能杀鸡主要有以下三个缘故：

第一，人们认为大过节的，如果杀鸡的话，必然会流血，而流血意味着破败、衰落，不吉；而且"鸡"与"吉"同音，鸡象征吉祥如意，杀鸡同样意味着不吉，这与过年特别是大年初一的喜庆气氛极为不协调，非吉即忌。

第二，据说古代有一种重明鸟，能辟邪。人们相信鸡就是它的化身，于是在过年时剪贴鸡形窗纸，镇鬼避邪，还把岁首日定为鸡日。另外在古人眼里，鸡具有五德，如头上有冠是文德；足

后有距能斗是武德；敌在前敢拼是勇德；有食物招同类是仁德；守夜报晓准时是信德。鸡既然德才兼备，所以有初一的鸡日不杀鸡之俗。其实这表明鸡与人类日常生活联系密切，是人们对这种家禽赋予道德化符号、并确认这种亲密关系的结果。

第三，人们认为"年初一，不杀鸡"与过年放生的习俗有很大的关系。放生，就是把原来的野生动物放回大自然，让它们自由生活。历史上就有春秋时期赵简子和汉代刘邦正月初一放生斑鸠的故事，由此衍生出在过年期间禁止杀生的习俗。

2. 正月初一不吃稀饭

"年初一不吃稀"，即正月初一不吃稀饭，类似的忌讳还有：不以开水淘饭，也不能用汤淘饭，否则来年出门必遭雨淋。之所以有这样的禁忌还有其他说法，如年初一吃稀会影响到下一代的智力。不少地方称稀饭为"粥"或"糊涂"，很容易让人想起"发昏"或"不清醒"等含义。尤其对于小孩子来说，如果过年吃稀，就可能读书不聪明，识字犯糊涂，不会干活，或者可能忘记娘舅家的亲戚。其实，更直接的原因就是，"稀"意味着"薄"，年节吃稀就使人联想到一年会吃喝不足，人们为了表明对丰衣足食的未来充满信心，所以立下了"年初一，不吃稀"的食俗禁忌，无非图个吉利，起到心理安慰的作用。此外，过去的穷人衣食无保，平时只能吃稀饭充饥，所以在年初一的饭一定要吃干不吃稀，以显示自己家里富有或至少不比别人差，所以再穷也要想法让全家人过年时吃饱喝足，否则被人笑话。

民间有些地方，正月初一除了不吃稀饭外，还有早上不吃荤和不吃药的习俗。传说大年初一是万神盛会之时，所有的神都要出来拜年，为了表示尊敬，人们要吃素不吃荤。另外，除了重病情况需要急诊进医院瞧病外，大年初一还忌讳吃药，以求新年身体健康。在饮食上大年初一还有其他禁忌，如吃饭忌无鱼，有鱼忌讳全部吃光，这是为了讨个"有余（鱼）"的吉利；吃骨头忌说"骨头"，吃饱了切忌说"我不吃了"，另外尽量吃双不吃单，例如可以吃6个或8个饺子，不要只吃5个或7个饺子等。双数比单数好，图个吉利。

3. 正月不理发

民间依照旧的风俗，正月不能理发，一直到农历二月初二日，方才可以理发。对于正月不理发说法的传说有好多种。最有代表性的一种认为这种禁忌与舅舅的性命无关，而是在利用"舅"与"旧"谐音来影射明末清初的一段历史，它的本来面目是"正月不剃头——思旧"。当年清军入关刚刚站稳脚跟，摄政王多尔衮颁布剃发令，要求汉人剃发示忠，否则一律处死，所谓"留发不留头，留头不留发"。这种强硬执行剃发令的作法，一时遇到了不少阻力，特别是在南方的扬州和嘉定等地。因为汉族男子自古有蓄发之俗，《孝经》中记载并且宣扬"身体发肤，受之父母"，人们一般对头发不敢妄动或轻易损伤，这样一来剃发无异于要他们的命。此令颁布后，为了剃发的问题，无数拒剃者人头落地，幸存者则一改旧有的束发发式，剃发结辫。但这种发式带来的耻辱与亡国者对故国旧俗的怀念没有一下子消失，并以一种潜在的方式表达，即每到新年正月，在江南、山东、河北、河南、湖北以及一带，特意让自己的头发"任之短长"，以纪念明朝的灭亡。

随着时间的不断流逝，剃发渐渐也成为安之若素的习俗了。这样，冠之以"思旧"的正月不剃头就失去了赖以存在的心理基础，故退而求其次地代之以"死舅"继续传承，一直到今天。

4. 没有立春年不宜结婚

没有立春年就是当年农历年份没有打春的年份，也就是所谓的"寡妇年"。安徽西南部将当年没有打春的年份称为"瞎年"，传说瞎年是不宜结婚的，否则婚后将不会得到幸福的日子。其实，没有立春年只是立春时节在农历与阳历的日期之间转换时的一种常见情况，本身与凶吉无关，也不可能影响人的生活和前途命运等。

5. 立春日忌讳挑水和掏灰

山东部分地区立春之日，忌讳挑水和掏灰，说是挑了水，一年当中精神不振，昏昏欲睡，光打瞌睡，没有精力做事，也做不好事情；掏了灰，即讨到晦气，处处倒霉，一年的好运就让晦气抵消了。因此，家家户户在立春日之前，水缸挑满水，炉灶灰也早早掏干净，以免第二日即立春之日挑水和掏灰。这只是民间传说，并无科学道理。

6. 立春之日忌讳吵架

民间传统观念认为立春之日忌口舌，否则全年不吉，是非麻烦缠身，诸事不利。因此立春之日忌讳吵架，不要口出污秽言语，要和和气气，喜迎新春。以和为贵是华夏民族的美德，要牢记我们的优良传统，立春乃一年之始，在这一天，要自我调剂好情绪，度过立春之日，开开心心迎接新的一年。

立春饮食养生：少酸多甘，平抑肝火

1. 补充阳气，多食甘辛、少食酸冷

立春时节饮食养生应以补充阳气为主。《黄帝内经·素问》中记载："春三月，此谓发陈，天地俱生，万物以荣。"这一时节要注意多吃一些补充阳气的食物，以升发体内阳气，气虚症者更应该采取此法饮食养生。

常见的甘辛食物如大枣、柑橘、蜂蜜、花生、香菜、韭菜等能助春阳，此时可适当多吃，而酸、涩、生冷、油腻之食物此时应尽量少吃。另外首乌肝片、人参米肚、燕子海参等药膳具有升补之效，可适当选食。红枣、薏米补气养血，也很适合春天食用。阳气虚弱者也可酌情药补，人参或西洋参、党参、太子参、冬虫夏草、黄芪等药物都是不错的选择，它们有提高人体的免疫力和抗衰老的作用。总之，立春时节饮食应以补充阳气为主，多食甘辛、少食酸冷。

2. 养护阳气，适当吃些韭菜

立春时节适合养护人体的阳气，应适当食用些韭菜。韭菜能增强人体对细菌、病毒的抵抗能力，甚至可以直接抑制或杀灭病菌，有益于人体健康。韭菜以颜色嫩绿，茎叶新鲜多汁者为上品。初春时节的韭菜品质最佳（《本草纲目》记载"正月葱，二月韭"），晚秋次之，夏季最差。为了避免营养的流失，在烹调前应将韭菜快速清洗，在下锅前现切。另外要特别注意，隔夜制作的熟韭菜不能食用，以防吃坏肚子。

韭菜虾仁粥

材料：韭菜、虾仁各25克，大米100克。

调料：盐、味精、鸡汤各适量。

制作：①韭菜淘洗干净，切成段；虾仁去虾线，洗净，焯水，切末；大米淘净，用冷水浸泡30分钟，捞出沥水。②砂锅中倒入适量鸡汤，放入大米，大火煮沸后改用小火熬至黏稠。③下入虾仁煮至熟透，加入韭菜段、盐、味精，大火煮沸即可起锅食用。

3. 食用韭菜虾皮炒鸡蛋，清洁肠壁、促进排便

韭菜含有大量膳食纤维，经常食用可以清洁肠壁、促进排便。立春时节可以食用韭菜虾皮炒鸡蛋，既营养丰富，又含热量低，并且温中养血，温暖腰膝。

韭菜虾皮炒鸡蛋

材料：韭菜适量洗干净、鸡蛋2～3个、盐、虾皮适量。

制作：①韭菜洗净切小段，鸡蛋破壳后打匀。②炒锅上火，植物油烧温热后，放入虾皮煸炒至香。③然后倒入打匀的鸡蛋，待鸡蛋炒得稍有固定形状后将韭菜倒入。④煸炒一阵后加盐、姜末、味精，再进行翻炒即可食用。

4. 平衡消化，多食粗粮、少食油腻

立春时节要平衡消化，多吃谷类粗粮，如玉米、燕麦等，生菜、芥菜、芹菜等富含膳食纤维的新鲜蔬菜也应多吃。一些调味食品如葱、姜、蒜等具有祛湿、避秽浊、促进血液循环、兴奋大脑中枢的作用，也可适量食用。还应多吃一些多汁的水果，以消热滞、和湿滞、平衡消化。经过冬季的长期进补，立春之时人体的肠胃一般积滞较重，为了避免助湿生痰，甚至阴津耗损、阳气外泄。此外，立春时节也不宜多吃油腻食物。

5. 平抑肝火，多吃蔬菜、少吃羊肉

立春时节，肝火较盛，为平抑肝火，饮食方面应多吃性平味淡的蔬菜、野菜和食用菌，可以平抑肝火，有益养生；而野菜、食用菌大多含热量较少，且富含维生素，多吃也不会过多增加人体热量。羊肉具有温胃御寒的作用，但是过了立春就不宜再多吃羊肉了，多吃极易上火，导致胃疼、便秘、咳嗽、黄痰、烦躁、失眠、乳房胀痛等症状，尽量少吃羊肉。

6. 养护肝脏，可以吃些黄豆芽

鲜嫩黄豆芽不但具有清热解毒作用，而且还具有疏肝和胃的功效。立春时节适当食用黄豆芽。一是可以有效地养护肝脏，二是还可以预防维生素B_2缺乏症。

豆芽平菇汤

材料：黄豆芽、平菇各150克。尽量挑选芽长2厘米左右的黄豆芽，这样的豆芽营养价值最高。

调料：盐、味精、香油适量。

制作：①黄豆芽洗净，平菇洗净，撕成条。②锅中倒入适量开水，放入黄豆芽大火煮3分钟，再加入平菇条煮2分钟，下入盐、味精调味，淋上香油即可。另外，烹调时加少量食醋能防止豆芽内的维生素B_2流失。

7. 食用家常木须肉，清热排毒

冬春之际，食用木耳有清热排毒的功效。食用家常木须肉，瘦肉和鸡蛋的加入为人体补充了丰富的蛋白质，这样组合起来脂肪含量较少，春天吃既不会长肉又享受了美味。

木须肉

材料：黑木耳、瘦肉、鸡蛋2个、黄瓜、油、料酒、花椒、酱油、盐、鸡精、淀粉、葱、姜、蒜末儿适量。

制作：①黑木耳泡发洗净，撕成小块，黄瓜切片；瘦肉切片放入碗中，倒上少许料酒、酱油和一点点淀粉或嫩肉粉，拌匀渍一会儿；②鸡蛋磕入碗中，打散；炒锅置于火上，放油，油热后把鸡蛋摊熟，打散，盛出；③再添些油，油热后下花椒，待花椒变色出香味后把花椒捞出，放肉片翻炒，断生后放葱、姜、蒜末儿、酱油翻炒，上色后把鸡蛋、木耳、黄瓜倒入继续翻炒，加少许盐，也可以加点汤或水，最后放些鸡精，炒匀即可食用。

8. 食用豌豆炒牛肉粒，提高抗病能力

牛肉营养丰富，能迅速提升体力，豌豆富含人体所需的各种营养物质，尤其是含有优质蛋白质，可以提高机体的抗病能力和康复能力。由于牛肉富含粗纤维，能促进大肠蠕动，保持大便能畅，因此食用牛肉还能起到清洁大肠的作用。提高机体抗病和康复能力可以食用豌豆炒牛肉粒。

豌豆炒牛肉粒

材料：豌豆、牛里脊肉、新鲜红尖椒、酱油、白糖、生粉、胡椒粉、盐、料酒、花椒粉、大蒜瓣、食用油。

制作：①先将牛里脊肉切成丁，放入碗中加入酱油及一点白糖、料酒和胡椒粉、清水拌匀，再加入生粉继续拌匀。②烧开水，加入一小勺油及一点盐，将洗净的豌豆倒入烫1分钟，捞出后放入冷水中浸泡至凉备用。③红尖辣椒切片，锅内倒油烧热，将牛肉粒中加一勺食用油拌匀后下入热油中，翻炒至牛肉粒约七分熟时盛起备用。④锅内的余油中下入辣椒煸炒出香味时，再将大蒜瓣剁碎成茸入锅内一同煸炒出香味时，将余烫好的豌豆和炒好的牛肉粒一同下入锅中，翻炒均匀，撒上一点花椒粉、盐调味，最后淋上一点味汁关火，趁着锅中的余温再翻炒一下盛盘即可食用。

立春起居养生：夜卧早起，多活动

1. 立春要晚睡早起

立春时节作息要"晚睡早起"，《黄帝内经·素问》中记载了关于立春时节养生要晚睡早起的说法，民间也有"立春雨水到，早起晚睡觉"的民谣。立春以后，天气转暖，阳气回升，万物

升发。随着时间的推移，白昼时间越来越长，晚上时间随之变短，我们的作息也应随着这种变化而做出相应的调整，所以此时"晚睡早起"就变得很有必要。这样做可以防止人体受到春天气息的震荡。"晚睡早起"事实上是一种顺势而为的养生方法，否则会产生诸多不良后果。例如会导致人体内的阳气受到抑制，从而使人体气息不畅，邪气也会趁虚而入，造成"上火"，还可能伤害到肝脏，使肝气不畅。而因为阳气受到抑制，到了夏天还可能产生寒性病变，导致能量不足，引发一系列疾病。因此说，立春时节"晚睡早起"能够给人体一个生发的机会，是一种比较科学的养生之道。

当然，"晚睡早起"也要适可而止，不要极端化，晚睡也不宜过晚，早起也不宜过早。立春时节睡眠的最好时间是晚上23至早晨6点多。

2. 立春尽量少接触宠物

在万物复苏的立春时节，宠物有可能成为肌体健康的杀手，轻者会引起皮肤过敏，重者可能会引起过敏性鼻炎、过敏性哮喘、过敏性结膜炎、荨麻疹等病症。因此不要小看宠物对肌体过敏的影响。在家庭饲养的宠物中，猫和狗是占比重最大的，也是最容易引起人体过敏的两类动物。对猫狗过敏主要表现为过敏性鼻炎、过敏性结膜炎、过敏性哮喘以及特异性湿疹等，此外，猫狗的过敏源长时间飘散在空气中，极易被人体吸入呼吸道，引起哮喘。猫的过敏源主要是由皮脂腺、唾液腺、皮毛、泪腺、尿液中分离出来的，常常会集中在皮毛的根部，黏附于一些较小的颗粒表面，漂浮在空气中。狗的过敏源相对稳定，可以在灰尘中存在很长时间，猫的致敏性较强，因此一旦出现过敏，应该及时就医。为了避免上述情况发生，可以采取以下预防措施：

（1）不要让宠物进入卧室

想方设法在家里给宠物安排一个单独的空间作为宠物的生活乐园，并且要尽量远离卧室。由于卧室是人们休息的地方，因此对清洁度的要求比较高，为了避免出现过敏反应，禁止猫狗等宠物进入卧室活动，尤其忌讳猫狗接触被褥和内衣。

（2）房间及时清理、消毒

宠物的毛、尿液等常常携带过敏源细菌等，平时房间要及时清理、消毒。在日常生活中，尽量不要让宠物的毛发沾染家具，定期用吸尘器清扫房间，开窗通风，保持室内空气新鲜、清洁。

（3）定期定时给宠物洗澡

平时保持宠物身体干净卫生，才能减少人体出现过敏症状的概率，因此要定期定时给宠物洗澡。同时还要注意经常给宠物梳理毛发，梳理时最好选择在户外，并且尽量选择没有刮风的时间，梳理完毕后要妥善处理现场，避免毛发脱落四处张扬，招惹出其他麻烦事情。

3. 立春性欲萌动，切忌任意放纵

立春时节，万物萌生，人体的性腺也进入活跃期。性腺可以分泌激素，使人感觉精力充沛，同时容易使人产生性冲动，此时如果不对性欲进行节制，频繁进行性生活，则会耗气伤精，损伤阳气，严重的还有可能导致阳痿。因此，立春时节应当随着四季节气的变化而合理控制性生活的频率，在立春时节，则应适当节制性欲。如果性生活已经很频繁，但仍然无法得到满足，则应该到医院就诊。中医称之为"阳事易举"，认为这种症状属于性欲亢进。现代医学认为，这种症状的原因是内分泌失调。如不及时治疗，不仅伤害身体，而且可能会影响到夫妻感情。

立春运动养生：散步、慢跑、踏青

1. 勤散步奋精神，疏通气血、生发阳气

春天是一个万木争荣的美好季节，立春之时，春日到来，人亦应随春生之势而动。立春日出之后、日落之时是散步健身的大好时光，散步地点以选择河边湖旁、公园之中、林阴道或乡村小路为好，因为这些地方空气中负离子含量较高，空气清新。散步时衣服要宽松舒适，鞋要轻便，以软底为好。散步时可采取全身活动，例如合擦双手、揉摩胸腹、捶打腰背、拍打全身等动作，以利于活血化瘀、通气血、生发阳气。

散步不要拘泥于常规形式，应量力而行决定活动速度快慢、时间的长短，应以劳而不倦、轻微出汗为度。散步速度一般分为缓步、快步、逍遥步三种。老年人以缓步为好，步履缓慢，行步稳健，每分钟行60～70步，可使人稳定情绪，消除疲劳，亦有健胃助消化的作用。快步，每分钟约行走120步，这种散步轻松愉快，久久行之，可振奋精神，兴奋大脑，使下肢矫健有力，适合于中老年体质较好者和年轻人。逍遥步，散步时且走且停，时快时慢，行走一段，稍事休息，继而再走，或快走一程，再缓步一段，这种时走时停、时快时慢相间的逍遥散步，适合于病后康复期的患者或缺乏体力活动者。

2. 慢跑增强免疫力，改善心肺功能、降血脂

立春时分，万物复苏，休息了一个冬天的身体也该动一动了，而慢跑活动正是一个不错的选择。慢跑是一项简单而实用的运动项目，它对于改善心肺功能、降低血脂、提高新陈代谢能力和增强机体免疫力、延缓衰老都有较好的作用。慢跑还有助于调节大脑皮质的兴奋和抑制，促进胃肠蠕动，增强消化功能，消除便秘。慢跑前应做3～5分钟的准备活动，如伸展肢体及徒手操等。慢跑速度掌握在每分钟100～200米，每次锻炼时间以10分钟左右为好。慢跑的正确姿势为两手握拳，步伐均匀有节奏，注意用前脚掌着地不要用足跟着地，慢跑后应做整理运动。锻炼时间以早晚为宜，宜选择绿化带较多、空气新鲜、道路平坦、机动车辆不多、人行道与机动车道界限分明的路段进行。

3. 踏青时要预防花粉过敏

立春时节，是外出郊游、放松心情的最好时光，但是在享受大自然带给我们的惬意气候之外，也不能忽视这个季节所带给人们的一些季节性困扰，避免出现季节性过敏症状。立春前后，春风拂面，此时正是人们到户外透透气的好时节，但是户外活动也会带来一些意想不到的麻烦，例如空气中漂浮的花粉就是造成身体过敏的罪魁祸首。不少人都会对花粉过敏，因此在外出时要避免近距离地接触花粉，如果肌肤上出现小红斑、水泡、瘙痒等过敏症状时，要及时医治。花粉过敏，人们能够普遍意识到，但是很少有人意识到树木也会使人在春季引起皮肤过敏。如随处可见的柳树就是此季节常见的过敏源。柳树发芽之后会有一些毛茸茸的柳絮，春风刮起，这些柳絮就会随风飘荡，吹到人脸上或者其他暴露在外的肌肤上就极有可能引起过敏反应，如果吹到眼睛周围，还有可能会引起过敏性眼炎；鼻子吸入之后也会引起过敏性鼻炎。因此，这个时节不但要预防花粉过敏，而且还要注意柳絮过敏。

立春时节，常见病食疗防治

1. 流行性感冒饮用姜茶饮防治

立春过后，流行性感冒便进入了高发阶段，它所引起的并发症和死亡现象比较常见。流行性感冒是由流感病毒引起的一种传染性强、传播速度快的急性呼吸道感染性疾病。其主要通过空气中的飞沫、人与人之间的接触或与被污染物品的接触传播。流行性感冒的临床表现为急起高热、全身疼痛、显著乏力和轻度呼吸道症状等特征。

流行性感冒患者可以饮用姜茶饮来解表发汗防治。姜茶饮可以祛风发汗，防治流行性感冒、风寒感冒。在日常饮食上还要摄取足够的维生素和矿物质，食用具有抗病毒作用的新鲜蔬菜和水果，如：芥蓝、西兰花、柑橘、柠檬等富含维生素C。

姜茶饮

材料：姜、红糖各25克。

制作：①姜切成片；红糖捣碎。②锅中倒入适量水，放入姜片，大火煮开，随后改用小火煲25分钟，加入红糖，调匀即可饮用。

流行性感冒预防措施：

（1）根据天气预报掌握天气变化，适时增减衣物。

（2）积极锻炼身体增强体质和免疫力，随时适应气候环境突变。

（3）饭前便后勤洗手，防止病从口入。

（4）用冷水洗脸，增强鼻黏膜对空气的适应能力。

（5）早晚开窗换气，室内定期进行熏醋消毒。

（6）不去人口稠密的地方凑热闹。

2. 过敏性鼻炎多吃维生素含量丰富的食品

过敏性鼻炎是日常生活中一种常见病，并可引起多种并发症。立春时气候变化较快，空气中悬浮着很多花粉和其他粉尘，很容易诱发过敏性鼻炎。过敏性鼻炎主要表现为打喷嚏、流清涕、鼻塞、鼻痒，大多数患者还伴有脸部和眼睛的瘙痒症状。

过敏性鼻炎患者要注意均衡营养，尽量少吃或不吃油腻、辛辣食物及甜食，还应该戒烟戒酒。要多吃柑橘、卷心菜、洋葱、大蒜等维生素含量丰富、可抵抗过敏症的食物。另外，每天适量饮用豆浆也可以改善过敏性鼻炎。

过敏性鼻炎可以食用玉米须蚌肉煲来防治，玉米须蚌肉煲可以提高机体免疫力，防治过敏症状。

玉米须蚌肉煲

材料：玉米须、薏米各50克，蚌肉300克，料酒、味精、鸡精、盐、姜片、葱段各适量。

制作：①把玉米须、薏米缝入纱布袋内，蚌肉切片。②砂锅内放入蚌肉、药袋，加入盐、姜片、葱段、料酒、味精、鸡精，倒入2500毫升清水，大火煮开，改用小火煲30分钟即可食用。

过敏性鼻炎预防措施：

（1）春季空气中花粉、灰尘较多，外出时佩戴口罩，防止吸入过多花粉、灰尘。

（2）坚持体育锻炼，增强抵抗力，促进鼻腔内的血液循环。

（3）加强营养，少吃寒性食物，适量补充维生素A和B，以增强体质。

（4）注意居室环境卫生，消除蟑螂等害虫。

立春耳熟能详谚语

1. 一年之计在于春——凡事预则立

"一年之计在于春"是我国流传最为广泛的格言式谚语之一。它出自于《增广贤文》："一年之计在于春，一日之计在于晨，一家之计在于和，一生之计在于勤。"一年之计在于春，强调的是在一年的春季，要做好详细可行的计划，起个好头，为全年的工作打牢坚实的基础。

无论做任何事情要想成功，一定要预先做好准备工作，打好坚实的基础，按照计划和步骤，按部就班地做好每一步。也就是平常所说得凡事预则立，不预则废。

首先，要明确目标。在制订计划之前，首先要清楚自己的最终目标是什么。如果目标不明确，计划制订得再具体、再完美都是徒劳无功的。

其次，要制订一个详细可行的计划。如果你的目标需要较长的时间才能达到，你可以在制订了计划后，再把这个计划切割成几个小部分，然后分段逐步去完成。

最后，建立一个完整的追踪机制。有了目标、计划，就开始实施了，然后就应该想个办法，随时让自己知道计划实施到了哪一步，任务完成了多少，还有多少需要完成，其间遇到了什么问题，以后需要如何改进等完善机制。

2. 早春孩儿面，一日两三变——随机应变、相机而行

立春时节，虽然南方已经比较暖和了，但是北方还是寒冷的，尤其东北三省还是冰天雪地。这个时节南北的温度差别很大。北方的冷空气和南方的热空气常常发生摩擦冲突，形成锋面，从而发展为气旋。气旋来了，天就下雨；气旋去了，天又转晴。春季的气旋是全年中最多的，天气也就变化无常，好像孩子的脸，忽哭忽笑的样子。有经验的人们常说"早春孩儿面，一日两三变", 是形容早春气温复杂多变的特征。因此, 人们采取保守的办法春捂秋冻, 以不变应万变。

日常生活中, 各种事物瞬息万变, 就如同早春的天气一样, 让人防不胜防。依葫芦画瓢、刻舟求剑的生存习惯已不能适应信息化时代的旋律。做人不妨合情合理地"势利"些, 随机应变、相机而行, 收获往往会更多些。随机应变, 相机而行这一谋略的实质是当事物在不断地发展变化时, 要采取能够随着时间、地点、主客观条件等变化而机智地做出相应的选择, 掌握主动, 把握成功的机会, 博取最大的劳动成果。

3. 误了一年春, 三年理不清——一步赶不上, 步步赶不上

"误了一年春, 三年理不清"这句农谚强调的是要抓住春天适时播种的大好时机, 倘若延误了春天播种, 那么秋收就要遭受较大损失。如果形成恶性循环, 三年也挽回不了巨大的损失。农业生产的过程是一个按照自然界的季节规律进行农事活动的过程, 要严格按照节气气候实际情况安排农事活动, 否则一步错, 随后步步跟着错, 数年不能调整到位。

人们常说: 一步赶不上, 步步赶不上。不仅仅是走路、奔跑, 人生的许多方面都是这样的, 比别人行动慢了一个节拍, 随后将永远赶不上别人的节奏了。因此人生在世, 要有危机意识, 要有努力拼搏只争朝夕的精神, 不等不靠。有时机会稍纵即逝, 要防止懈怠, 防止只想不做, 要时刻做好准备, 一旦碰到机会就要毫不犹豫把握住, 步步紧随、紧跟时代的主旋律, 这样才能不会被社会淘汰掉。

4. 春打六九头、春打五九尾

"立春在六九的第一天, 为春打六九头; 立春在五九的最后一天, 为春打五九尾。""春打六九头", 由于农历每个节气15天, 冬至到立春间有小寒、大寒两个节气, 三个节气45天与五个九的日数相同, 立春之日在六九的头一天, 所以说"春打六九头"。不过不是绝对的, 也有"春打五九尾"的时候。有些年份是"春打五九尾", 即立春之日在五九的最后一天, 例如2008年的立春日是在冬至后五九的最后一天。一般来说, "春打六九头"或"春打五九尾"是不规则交替的, 多数年份是在六九头立春, 少数年份在五九尾立春。

立春时间前后差一天, 民间传统观念认为年景是不一样的。"春打五九尾, 家家迈不开腿; 春打六九头, 家家喂上牛", 这句民谣的意思是春打五九尾年景困难, 春打六九头年景好人们生活宽裕。这些主观臆断是没有科学依据的。

第二章

雨水：一滴雨水，一年命运

雨水节气是二十四节气中的第二个节气，表示降水开始，雨量逐渐增多。雨水节气一般从2月18日或19日开始，到3月4日或5日结束。太阳到达黄经330°时交"雨水"节气。雨水，表示两层意思，一是天气回暖，降水量逐渐增多了，二是在降水形式上，雪渐少了，雨渐多了，《月令·七十二候集解》中说："正月中，天一生水。春始属木，然生木者必水也，故立春后继之雨水。且东风既解冻，则散而为雨矣。"雨水时节，气温回升、冰雪融化、降水增多。雨水和谷雨、小雪、大雪一样，都是反映降水现象的节气。

雨水气象和农事特点：春雨润物细无声，麦浇芽、菜浇花

1.江南春雨开始滋润万物，华北地区雪渐少雨渐多

雨水时节，全国各地的气候总的趋势是由冬末的寒冷向初春的温暖过渡。除了云南南部地区已是春色满园以外，西南、江南的大多数地方还是一幅早春的景象：日光温暖、早晚湿寒、田野青青、春江水暖。在华南地区，此时平均气温多在10℃以上，已是桃李含苞，樱桃花开，春意盎然。在华北地区，雨水之后气温一般可升至0℃以上，雪渐少而雨水渐多；西北、东北地区天气仍然寒冷，还是以降雪为主。

2.冬小麦、油菜普遍返青，进入最佳春灌时期

雨水前后，冬小麦、油菜普遍返青开始生长，对水分的需求量较大，适当的降水对作物的生长非常重要。但是在我国的华北、西北以及黄淮地区，降水量一般较少，常不能满足农业生产的需要。如果早春缺乏降水，雨水前后应及时进行春灌补充水分。

雨水时节是最佳的春灌时期。春灌提倡早春灌，早春灌有利及早缓和旱象，及时满足冬小麦、油菜返青、起身时对水肥的需求，使小麦、油菜苗尽早发育。如果春灌过晚，一方面不能满足小麦、油菜苗的需求，另一方面将使地温回凉，不利冬小麦、油菜的生长发育。而且春灌过晚，开春后使土壤湿度过大，小气候湿度过高，反而有利于作物病虫害的孳生和繁衍。"春雨贵如油"，春水同样贵如油。春灌应实行节水灌溉，防止大水漫灌。实行沟灌、畦灌，节约水源。每次雨后，要中耕除草，破除板结，这样做既有利农作物的生长发育，也有利于土壤保墒、贮存水分。淮河以南地区，则以加强中耕锄地为主，同时搞好田间清沟沥水工作，以防春雨过多，导致湿害烂根。此时华南双季早稻育秧已经开始，应注意抓住"冷尾暖头"，抢晴播种，力争一播全苗。此外，雨水时节，是全年寒潮过程出现最多的节气之一，天气忽冷忽热不定，对已萌动或

者返青生长的农作物生长危害极大，因此要时刻注意做好农作物防寒防冻工作。

3. 雨水时节，春雨往往会在夜间降临

春天常常是白天天气晴朗，夜间却淅淅沥沥地下起了雨。这是什么原因呢？原来我国处在季风气候区域，冬天，气流从大陆吹向海洋；夏天，气流又从海洋吹向大陆。冬去春来，北方冷空气势力逐渐减弱，向北转移；西太平洋一带的暖湿空气不断活跃、纷纷北上，同时将海洋上空的水汽源源不断地带到我国大陆上空，使云量大增。白天，由于太阳光照射强烈，云中的水汽被大量蒸发，云层变薄乃至消失，成为万里晴空。然而到了夜晚，由于没有了太阳光的辐射，云中的水气便大量积聚，云层越聚越厚，而云层上部温度降低，下部由于本身的遮盖阻碍，地面的热散发甚少，上冷下暖，这样就引起空气对流而凝结成了春雨。因此，春雨常常会在夜间降临人间。

雨水农历节日：元宵节——张灯结彩，万家灯火

元宵节民间俗称较多，又称作"上元节"、"元夕节"，有的地方叫闹元宵节，简称"元宵"、"元夜"、"元夕"等。元宵节是我国的传统节日，东汉永平（公元58～75年）年间，明帝为提倡佛教，于上元夜在宫廷、寺院"燃灯表佛"，令士族庶民家家张灯结彩。此后相沿成俗，成为民间盛大节日之一，也是春节之后的第一个重要节日。

1. 闹元宵——民间敲锣打鼓，成群结队游行，期望吉祥如意

元宵节闹元宵，就节期长短而言，汉朝是一天，到了唐朝已经定为3天，宋朝则长达5天，明朝时间更长，自初八日点灯，一直到正月十七的夜里才落灯，整整10天。与春节相接，白昼为市，热闹非凡，夜间燃灯，蔚为壮观。特别是那精巧、多彩的灯火，更掀起春节期间娱乐活动的高潮。到了清朝，又增加了舞龙、舞狮、跑旱船、踩高跷、扭秧歌等丰富多彩的内容，只是节期的时间缩短为4~5天。

元宵节当天以及前后几天，民间敲锣打鼓、结队游行闹元宵，人们对此加以庆祝，也是庆贺新春的延续。明代万历《海盐仇志》中记载："上元节前后，里中年少合金鼓管弦为乐，曰闹元宵：其乐有《太平鼓》等。"（里中，指同里的人）。顾禄《清嘉录·闹元宵》记载："元宵前后，比户以锣鼓铙钹，敲击成文，谓之'闹元宵'。"（比户，即家家户户。）

宋代孟元老的笔记体散文《东京梦华录》中描述元宵节：每逢灯节，开封御街上，万盏彩灯垒成灯山，花灯焰火，金碧相映，锦绣交辉。京都少女载歌载舞，万众围观。"游人集御街两廊下，奇术异能，歌舞百戏，鳞鳞相切，乐音喧杂十余里。"大街小巷，茶坊酒肆，灯烛齐燃，锣鼓声声，鞭炮齐鸣，百里灯火不绝。

每年正月十五前后，人们手持锣鼓铙钹，沿街敲打，鼓点节奏明快，气氛热烈。至今，人口比较多的地方元宵节期间，民间自发组织闹元宵，晚上举行灯会、灯展、游行，以通宵达旦张灯，供人观赏为乐。灯会、灯展场面人山人海、大人们扶老携幼，年轻人和小孩呼朋引伴，争先恐后跟着游行的队伍凑热闹，伸长脖子看稀罕。

2. 猜灯谜——灯笼上附有谜语，供路人猜测

元宵节猜灯谜是我国特有的富有民族风格的一种文娱形式，元宵节期间举办专门的灯谜会，设下奖品，鼓励人们积极参加。人们张挂灯笼的时候，常常会在灯下或灯上附有谜语，供路人猜测赏玩。猜灯谜这种智力游戏始于宋代。宋代周密《武林旧事》中说："以绢灯剪写诗词及旧京诨语，戏弄行人。"宋代吴自牧《梦粱录》中说："商谜者，先以鼓儿贺之，然后聚人猜谜。"宋代耐得翁《都城纪胜》中说："来客念隐语说谜，名打谜。"这就充分说明了猜谜的游戏的确起源于宋代，但究其渊源，可上溯到春秋时期的庾辞，在《国语》、《左传》里都有庾辞实例。进入汉代，人们便改庾辞为谜语。

到了晚清时期，灯谜有曹娥、增损（离合）、苏黄、谐声、别字、拆字、皓首、雪帽、围棋、玉带、粉底、正冠、正履、分心、卷帘、登楼、素心、重门、间珠、垂柳、锦屏风、滑头

禅、无底囊、会心等二十四格，上自文人雅士，下至目不识丁的文盲，甚至婴幼孩童，都有适合各自水平的谜语可猜。灯谜的格，是有关灯谜猜制的某种格律、规则。其实，灯谜的格律、规则在灯谜本身中已有所存在，谜格的提出不过是人们对文义谜某些特殊规律的总结和扩充罢了。它的作用主要是为了充分运用汉语言文字材料来制作灯谜，这样使谜面与谜底更贴切地相扣合。

3. 放烟火——元宵节燃放烟火自宋代开始

元宵节燃放烟火的习俗自宋代就已经开始了。多数城市在1992年至2005年曾禁止燃放烟火，近年来政府实行禁改限，虽然燃放的地点有明确的强制性限制，但是燃放的规模越来越大。许多城市，每年一进入腊月，城区内就辟出临时花炮专营销售点，出售各种各样的烟花爆竹。

在福建上杭一带，燃放烟火颇具特色。烟火被装在盆中，"置案上燃之，火光喷出，作兰菊各种形状，须臾花止，以水淋之，花复喷出，真奇观也。又有高升爆，形如纸爆，而长倍之，插以尺许之粟茎或竹茎下垂，儿童两指捻而放之，有直上数丈而放炎光者，曰'三级浪'，亦名'三点灯'。又有黄烟爆，烟作黄色，儿童手燃之以写字。"在湖北孝感一带，"花炮有起火、砖花、纸花。以丝横系而旋者，曰'金盘银盏'。投于水中而复出者，曰'水老鼠'，又名'水鸭'。'落地金银'、'落地桃'，皆以水湿地，药垂下有声。'赛月明'无花，但出二刃于空中若月。'云菱炮'，以纸作小菱形，实药其中。'滴滴金'，以灯红纸为小筒，实药燃之，有小花"。在山西，烟火分礼花和土烟火两个品种。土烟火在山西燃放独具特色。土烟火形形色色，其中晋中地区的"架火"耐人寻味。它是用十三张大方桌叠垒起来，高约四五丈，用八条大绳牵拴。方桌装饰成亭台楼阁，里面布置有各种景观。每层外悬三十六颗特制的大爆竹，共四百颗左右；八条大绳，也都用花炮装饰。整个造型，像十三级宝塔一样，称为"主火"。主火周围，又有许多小玩艺，与主火用火药捻子相连。整个架火点燃以后，主火辉煌璀璨，四周炮声隆隆，令观众目不暇接，如进入空中楼阁仙境般感受。

4. 吃元宵——元宵节的应节食品

"元宵"作为一种吉祥食品，在我国由来已久。元宵由糯米制成，或实心，或带馅。馅有豆沙、白糖、山楂、芝麻、果料等，食用时煮、煎、蒸、炸都可以。起初，人们把这种食物叫"浮圆子"，后来又叫"汤圆"或"汤团"，这些名称与"团圆"字音相近，取团圆之意，有团圆美满、和睦幸福之意，人们也以此怀念离别的亲人，寄托了对未来生活的美好期望。元宵节的应节食品，在南北朝是浇上肉汁的米粥或豆粥，但这项食品主要用来祭祀，还谈不上是节日食品。到了南宋，就出现了"乳糖圆子"，明朝时，人们用"元宵"来称呼这种糯米团子。刘若愚的《酌中志》记载了元宵的具体做法："其制作法，用糯米细面，内用核桃仁、白糖、玫瑰为馅，洒水滚成，如核桃大，即江南所称汤圆也。"近年来，元宵的制作日渐精致。光就面皮而言，有江米面、高粱面、黄米面和包谷面。馅料更是甜咸荤素，应有尽有。制作的方法也南北各异，北方的元宵多用箩滚手摇，南方的汤圆多用手工揉团。元宵可以大似核桃，也可以小似黄豆。煮食的方法有很多种，例如带汤吃、炒着吃、油氽、蒸食吃等，都同样老少皆宜、美味可口。

5. 饮元宵酒——团圆喜庆，祈求太平

饮元宵酒，古往今来被文人骚客们赋予了太多美好的寓意。辛弃疾用"东风夜放花千树"描绘的火树银花，李商隐以"香车宝盖隘通衢"呈现的锦绣团簇，都是人们对这个节日的特殊情怀的释放。尤其是蒲松龄的"雪篱深处人人酒"，将饮酒与上元佳节的温馨团圆结合一起，做了恰如其分的点缀。虽然过节饮酒是中国礼仪文化约定俗成的一部分，但是元宵节饮酒，不仅仅表示团圆喜庆，而且也有祈求太平的意思。

元宵节来临，喜庆的花灯布满大街小巷，人们结伴赏灯的同时，还会置办年味儿浓厚的饮灯酒活动。如同浙江的"元宵酒"风俗一样，"饮灯酒"这一历史风俗保留较好的是广东省，"饮灯酒"在广东佛山市顺德区保留得最为完整。明末清初，顺德的"饮灯酒"开始在民间流行起来，并在每年正月初八至元宵节期间举行。由于这是一年中举家团圆、最令人高兴的时刻，家家户户在祠堂前张灯结彩，大摆宴席，父老乡亲们共聚一堂，互道吉祥、开怀畅饮。

"饮灯酒"的初衷是祭祀社神（土地），祈祷五谷丰登，事业兴旺；而时至今日，它演变成

为一项有利的公益活动。在"饮灯酒"的活动中，有一个叫作"投灯"的环节。广东民间的花灯丰富多样，且各取有吉利的名称，以象征兴旺。

6. 耍龙灯——六条蛟龙互相穿插舞蹈

耍龙灯的主要道具是用草、竹、木纸、布等扎制而成，龙的节数以单数为吉利，多见九节龙、十一节龙、十三节龙，多者可达二十九节。十五节以上的龙就比较笨重，不宜舞动，仅供观赏，这种龙特别讲究装潢，具有较高的工艺价值。还有一种"火龙"，用竹篾编成圆筒，形成笼子，糊上透明、漂亮的龙衣，内燃蜡烛或油灯，夜间表演十分壮观。耍龙灯的表演，有"单龙戏珠"与"双龙戏珠"两种。龙身由许多节组成，每节间距五尺左右，第一节称一档。组成龙身的"节"，一般都是单数（如九节、十一节和十三节等）。龙头部分也分轻重级别，一般重量约三十多斤。龙珠内点蜡烛的称"龙灯"，不点的称"布龙"。在耍法上，各地风格不一，各具特色。耍九节的主要侧重于花样技巧，较常见的动作有：蛟龙漫游、龙头钻裆子（穿花），头尾齐钻，龙摆尾和蛇退皮等。耍龙中，不论表演那种花样动作，表演者都得用碎步起跑。耍十一、十三节龙的，主要表演蛟龙的动作，就是巨龙追捕红色的宝珠飞腾跳跃，时而高耸，似飞冲云端；时而低下，像入海破浪，蜿蜒腾挪，煞是威猛。

民间耍龙灯不仅在本村耍，还要到外村表演，到镇上或城市宽阔的街头、广场去"赛演"。每当新春至元宵节期间，在此起彼落的锣鼓声、鞭炮声中，各个民间"舞龙"队大显身手，引得万人空巷。起源可以追溯到上古时代，早在黄帝时期，就出现过由人扮演的龙头鸟身的形象。耍龙灯也称舞龙灯或龙舞，随后又创新了六条蛟龙互相穿插舞蹈的、引人入胜的壮观场面。

劳动人民自古就崇尚龙，把龙作为吉祥的象征。在古人的心目中，龙具有呼风唤雨、消灾除疫的功能，风调雨顺对于生产、生活具有极为重要的意义，因此古人极力希冀得到龙的庇佑，由此形成了在祭祀时舞龙和在元宵节舞龙灯的风俗习惯。

7. 踩高跷——脚踩高跷舞剑、扭秧歌

踩高跷是古代百戏之一，早在春秋时期就已经出现了。据古籍记载，古代的高跷皆是木制，在刨好的木棒中部做一支撑点，以便放脚，然后再用绳索缚于腿部。表演者脚踩高跷，可以做舞剑、劈叉、跳凳、过桌子、扭秧歌等动作。北方的高跷秧歌中，扮演的人物有渔翁、媒婆、傻公子、小二哥、道姑、和尚等。表演者扮相滑稽，能唤起观众的极大兴趣。南方的高跷，扮演的多是戏曲中的角色，关公、张飞、吕洞宾、何仙姑、张生、红娘、济公、神仙、小丑皆有。他们行动自如、生动活泼、边演边唱、谈笑风生、如履平地。

传说踩高跷这种活动形式，原来是古人为了方便采集树上的野果，给自己的腿上绑两根长棍而发展起来的一种民间活动。

还有传说踩高跷是以滑稽著称的晏婴发明的，春秋战国时期，晏婴一次出使邻国，邻国君臣笑他身材矮小，他就装一双木腿，顿时高大起来，弄得那国君臣啼笑皆非。他又借题发挥，把邻国君臣羞辱一顿，使得他们更狼狈。从此以后，踩高跷活动便代代流传下来。

另外还有一种说法，是把踩高跷与同贪官污吏作斗争联系在一起。从前有一座县城，城里和城外的人民非常友好，每年春节都联合办社火，互祝生意兴隆，五谷丰登。不料来个贪官，把这看作是一个发财的机会，就私自规定，凡是进出城办社火，每人都要交纳一定的银两，否则不得进出城门。但是，这个规定并没有难住聪明的劳动人们。他们就发明了踩高跷，翻越城墙、过护城河，我行我素，继续欢度佳节。

8. 舞狮——勇敢和力量的象征

元宵节舞狮是中国传统民间活动。古时，人们认为舞狮可以驱邪镇妖，故此每年元宵佳节或重大集会庆典，民间都舞狮助兴。例如迎春赛会、开张庆典等，都喜欢敲锣打鼓，舞狮助兴。这一习俗起源于三国时期，南北朝时开始流行。随着历史的发展，狮子成为勇敢和力量的象征，舞狮还代表欢乐，代表幸福，代表人们心中的祝福。人们认为它能够保佑人畜平安，所以逐渐形成了在元宵节时及其他重大活动时舞狮子的风俗，以祈求生活平平安安、吉祥如意。

舞狮是一种高难度动作的民间传统表演艺术，表演者在锣鼓音乐下，装扮成狮子的样子，作

出狮子的各种形态动作。中国本身没有狮子，在中华文化中，"狮"本来是和"龙"、"麒麟"一样都只是神话中的动物。到了汉朝时，才首次有少量真狮子从西域传入，当时的人模仿其外貌、动作作戏，至三国时发展成舞狮；南北朝时期随佛教兴起而开始盛行全国。

舞狮分北狮和南狮，最初北狮在长江以北较为流行；而南狮则是流行华南、南洋及海外。近年来也有将二者融合的舞法，主要是采用南狮的狮子结合北狮的步法，创作出"南狮北舞"。

（1）北狮

北狮的造型比较逼真，酷似真狮，狮头较为简单，全身披金黄色毛。舞狮者（一般二人舞一头）的裤子、鞋都会披上毛，未舞看起来已经是惟妙惟肖的狮子。狮头上有红结者为雄狮，有绿结者为雌性。北狮表现灵活的动作，与南狮着重威猛不同。北狮一般是雌雄成对出现；由装扮成武士的主人前领。有时一对北狮会配一对小北狮，小狮戏弄大狮，大狮弄儿为乐，尽显天伦。北狮表演较为接近杂耍。配乐方面，以京钹、京锣、京鼓为主。表演动作则是以扑、跌、翻、滚、跳跃、擦痒等为主。

北狮的发祥地在河北徐水县。徐水县北里村狮子会创建于1925年，以民间花会形式存在，新中国成立后得以迅速发展。徐水舞狮的活动时间主要在春节和春季寺庙法会期间，表演时由两人前后配合，前者双手执道具戴在头上扮演狮头，后者俯身双手抓住前者腰部，披上用牛毛缀成的狮皮饰盖扮演狮身，两人合作扮成一只大狮子，称太狮；另由一人头戴狮头面具，身披狮皮扮演小狮子，称少狮；手持绣球逗引狮子的人称引狮郎。引狮郎在整个舞狮活动中具有导演的作用，他不但要有英雄气概，还要有良好的武功，能表演"前空翻过狮子"、"后空翻上高桌"、"云里翻下梅花桩"等动作。引狮郎与狮子默契配合，形成北方舞狮的一个重要特征。徐水舞狮的基本特征是外形夸张，狮头圆大，眼睛灵动，大嘴张合有度，既威武雄壮，又憨态可掬，表演时能模仿真狮子的看、站、走、跑、跳、滚、睡、抖毛等动作，形态逼真，还能展示"耍长凳"、"梅花桩"、"跳桩"、"隔桩跳"、"亮搬造型"、"独立单桩跳"、"前空翻二级下桩"、"后空翻下桩"等高难度复杂动作。

（2）南狮

南狮又称醒狮，其造型威猛，舞动时尤其注重马步。南狮主要是靠舞者的动作表现出威猛的狮子形态，一般只会二人舞一头。狮头以戏曲面谱作鉴，色彩艳丽，制造考究；眼帘、嘴都可动。严格来说，南狮的狮头不太像是狮子头，有人甚至认为南狮较为接近年兽。南狮的狮头还有一只角，传说以前有些狮头用金属打造，以应付舞狮时经常出现的格斗。

南狮的表演动作造型很多，有：起势、常态、奋起、疑进、抓痒、迎宾、施礼、惊跃、审视、酣睡、出洞、发威、过山、上楼台等等；舞者透过不同的马步，配合狮头动作把各种造型抽象地表现出来。故此南狮讲究的是意在和神似。南狮有出洞、上山、巡山会狮、采青、入洞等表演方式。以"采青"最为常见。相传"采青"原来是有"反清复明"之意，现时一般是取其意头，有"生猛"，生意兴隆的象征。"青"用的是生菜。把生菜及红包悬挂起来，狮在"青"前舞数回，表现犹豫，然后一跃而起，把青菜一口"吃"掉，再把生菜"咬碎吐出"，再向大家致意。为了增加娱乐性，采青有时还会用上特技惊人动作等。舞南狮时会配以大锣、大鼓、大钹。狮的舞动要配合音乐的节奏。舞南狮有时还会有一人扮作"大头佛"，手执葵扇。舞狮之前通常还会举行"点睛"仪式。仪式由主礼特约嘉宾进行，把朱砂涂在狮的眼睛上，象征给予了生命活力。

9. 划旱船——在陆地上模仿船行

元宵节划旱船是一种在陆地上模拟水中行船的民间舞蹈。传说是为了纪念治水有功的大禹而流传下来的民俗。划旱船也称跑旱船，演出时，一人立于旱船中，另一人手拿"连响"，相当于掌舵人员，其余人在边上敲锣打鼓（伴奏乐器：板儿、锣、鼓等），旱船便根据节奏的变化进行表演，一定时间后（大概几分钟）拿"连响"的表演者会穿插表演唱，在旁的伴奏人员也会在一定的时刻加入伴唱，但锣鼓声不停止。演员所唱曲调为花鼓调，其唱词在早些年代都有传统的唱本参考，内容多为古代神话传说等。近年来，唱词多为演员自编，内容多是歌颂党的富民政策好、神五神六圆满发射成功，2008年成功举办奥运会等改革开放以来取得的丰硕成果。

旱船下半部分是船形，上半部分有四根棍子，支撑起一个顶，以竹木扎成，再蒙以彩布，形状犹如轿顶，装饰以红绸、纸花，有的地方还装有彩灯、明镜和其他装饰物，把旱船装饰得艳丽不凡，然后套系在姑娘的腰间，如同坐于船中一样，手里拿着桨，演员腰上系有一根绸带，用于吊住旱船两边的船舷，以便使旱船跟随身体的摆动而舞动。女演员两手握住前面两根棍子，用于控制船动的幅度。整个旱船的表演主要有驾船、圆场步、碎步、横步、自转、正反葫芦、晃船步、平碾步（转船）等动作。整个表演围绕"快、稳、漂、转"的风格，极具地方特色。有时候还会有一个男子扮成坐船的船客，配合着表演，并且习惯扮演成小丑，以各种滑稽的动作来渲染剧情，逗乐观众。

10. 祭门、祭户——把杨树枝插在门上，将酒肉放在门前祭祀

七祀，是指周代设立的七种祭祀。祭门、祭户是其中的两种。祭祀的方法是，把杨树枝插在门户上方，在盛有豆粥的碗里插上一双筷子，或者直接将酒肉放在门前。

商代天子设立五祀，即门、户、灶、行（道路）、中雷（住室中央之神）。周代天子七祀，除商代五祀外，增加司命、泰厉。司命是主宰功名命运的星神，泰厉是没有祭享的游散鬼神。周代诸侯奉行五祀、大夫三祀、士二祀、庶人一祀。汉代随着阴阳五行说的流行，改七祀为五祀。春祭户、夏祭灶、秋祭门、冬祭井、六月祭中雷以顺五时。五时祭品亦各不相同。祭户用牛、祭灶用鸡、祭门用犬、祭中雷用豕、祭井用鱼。唐代改五祀为七祀。明又改为五祀。其祭祀等级均为小祀。宋代以后，诸侯以下祭祀在祭礼中废除。由于七祀或五祀均是祭祀住所之神以求居宅安宁，因此在民间根深蒂固，流传很广，并且逐渐演化为民俗。

11. 走百病——祈健康

元宵节走百病是民间一种祈健康的礼仪活动。走百病，也叫游百病、散百病、烤百病、走桥等。明清时，北京等地农历正月十五，妇女夜间相约外出行走，一人持香前边引路，且须去有桥处，又称"走桥"。参与者多为妇女，她们结伴而行或走墙边，或过桥走郊外，目的是祈健康。江南苏州一带称为"走三桥"。如今天津还保留着"走百病"的民俗。因为是在农历正月十六进行，当地称作"溜百病"。近年来，由于生活条件改善，多数妇女在这一天带着丈夫和孩子回娘家看望老人，然后美餐一顿。

12. 逐鼠——把粥放在老鼠出没的地方，它就不吃蚕了

元宵节逐鼠这项活动主要是针对养蚕人家的。因为老鼠经常在夜里把蚕吃掉，人们听说正月十五用米粥喂老鼠，它就不吃蚕了。于是，养蚕人家在正月十五熬上一大锅黏糊糊的粥，有的还在上面盖上一层肉，把粥盛在碗里，放到老鼠出没的地方，边放边诅咒老鼠再吃蚕就不得好死的话语，老鼠吃了米粥，就不愿意再去偷吃蚕了。

13. 送孩儿灯——娘家送花灯给新嫁女儿家，祝愿女儿孕期平安

元宵节送孩儿灯也称"送灯"，或"送花灯"等，即在元宵节前，娘家送花灯给新嫁女儿家，或一般亲友送给新婚不育之家，以求添丁吉兆，因为"灯"与"丁"谐音。这一习俗许多地方都有，陕西西安一带是正月初八至十五期间送灯，头年送大宫灯一对、有彩画的玻璃灯一对，希望女儿婚后吉星高照、早生孩子。如果出嫁的女儿怀孕，除了要送大宫灯外，另外还要再送一两对小灯笼，意思是祝愿女儿孕期平平安安。

14. 迎紫姑——女子做成紫姑之形，夜间在厕所间猪栏迎而祀之

紫姑也叫戚姑，北方多称厕姑、坑三姑。古代民间元宵节要迎厕神紫姑而祭，占卜年景好坏，甚至问自己婚配恰当与否。传说紫姑本为人家小妾，为大妇所妒，正月十五被害死厕间，成为厕神，所以民间多以女子做成紫姑之形，夜间在厕所间猪栏迎而祀之。此俗流行于南北各地，早在南北朝时期就有记载。古代一般的祝祷词是："子婿不在。云是其婿。曹夫人已行。云是其妇。小姑可出。"念这样的词，把紫姑的人形拿到厕所、猪圈和厨房旁边，如果觉得人形变沉了，就是紫姑显灵了，那么当年就会交好运了。

15. 约会、行歌——未婚男女借赏灯之机，为自己寻找意中人

元宵节不但是一个传统的节日，而且也是一个浪漫的节日。元宵节的灯会给未婚男女相交相识提供了一个交流平台：旧社会的年轻女子平日不允许出外自由活动，但是过节却可以结伴出游。每到元宵节时，未婚男女借赏灯之机，顺便为自己物色意中人。欧阳修《生查子》中记载："去年元夜时，花市灯如昼。月上柳梢头，人约黄昏后。"辛弃疾的《青玉案》中记载："众里寻他千百度，蓦然回首，那人却在，灯火阑珊处。"这两首词就是描述元宵夜男女相会的情景。因此，许多人将元宵节称为中国的"情人节"，有的地方灯市还设有乐舞百戏（中国古代体育活动中的技巧运动）表演，人们在灯下载歌载舞，进行"行歌、踏歌"活动。

16. 摇竹娘——希望孩子快快长大

元宵节摇竹娘这个习惯流行于福建、浙江一带，是一种希望孩子快快长大的祝愿仪式。夜深时，当地竹农让小孩单独去竹林，儿童三五成群地到竹林里选一株健壮青竹，双脚并立，在双手高举过头的地方，扶着青竹摇动，一边摇一边唱："摇竹娘，摇竹娘，你也长，我也长，旧年是你长，今年让我长，明年你我一样长。"人们期望儿童像竹子一样茁壮成年。

17. 间间亮——橘农为纪念戚家军的胜利，燃起红烛

间间亮是元宵节一种燃灯的形式，流行于浙江台州一带。相传明代嘉靖年间，有一年农历正月十四，戚继光在海边打垮了一股入侵的倭寇，残余倭寇逃到黄岩县时躲进了橘林和民房。戚家军和百姓一起点灯燃烛进行搜捕，顿时，整个县城内外都灯火辉煌。最后全歼倭寇。当地橘农为纪念戚家军的胜利，每年正月十四夜晚家家都要挂灯燃烛，橘篮灯、橘花灯，照得每间房屋通明雪亮；并且同时在城外每片橘林中，也燃起红烛，远远看去，整个黄岩县万灯竞放。

雨水民俗：撞拜寄、占稻色，望子成龙、望女成凤

1. 撞拜寄：认干爹干妈，希望孩子健康成长

雨水节气期间，撞拜寄是客家人的主要民俗之一。拜寄在中国北方也称认干亲、打干亲，南方多称为认寄父、认寄母、拉干爹等，其实也就是为孩子认干爸干妈，直白地说就是攀亲戚。

客家人多以树生、水生、地生、石生给男孩子起名，或以石娣、福娣（客家称土地为福德正神）给女孩子起名，这些名字寓意客家人将孩子拜寄给了有灵气、神气的事物，寄予了望子成龙、望女成凤的厚望。

这种选择自然之物作为拜寄对象的做法可谓历史悠久了，而且是人们的最初之选。古时候，在万物有灵的观念支撑下，人们由崇拜、敬畏，发展到用虔诚之心与自然攀上亲缘关系，甘为其子民。从风雨雷电、鹰豹虎狼到金木水火土，都有它们千千万万的儿孙。

在旧社会，科学不发达，人们缺乏客观认识事物，比较迷信命运，为儿女求神问卦，看自己的儿女好不好养，独子者更怕夭折，一定要拜个干爹，按小儿的生辰年、月、日时辰同金、木、水、火、土的相生相克关系，找算命先生占卜孩子的命运。如果命上缺木，拜干爹取名字时就要带上木字，以此来保佑孩子长命百岁。

雨水节气撞拜寄，一般在天刚亮的时候，大路边就有一些年轻妇女，手牵着幼小的儿子或女儿，在等待第一个从面前经过的行人。一旦有人经过，不管对方是男是女、是老是少，便拦住对方，把儿子或女儿按捺在地，磕头拜寄，给对方做干儿子或干女儿。撞拜寄事先没有预定的目标，撞着谁就是谁。有的时候如果希望娃娃长大有知识就拉一个知书识礼、有字墨的文人为干爹；如果娃娃身体瘦弱就拉一个身材高大强壮的人作干爹。被拉着当干爹的，有的扯脱就跑，有的扯也扯不脱身，就会爽快地应允，认为这是对自己的信任，相信自己的命运也会好起来。行完跪拜礼后，干爹就要为孩子取名，还得给干儿女赠送钱物，这就算是拜寄完成，今后两家就像亲戚一样走动。

撞拜寄找干爹、干妈的寓意，乃是为了让儿子或女儿顺利、健康地成长。如果实在没有机会将儿女拜寄给人，那么就只好将儿女拜寄给具有灵气的山、石、田、土、水、树等其他物体。撞拜寄只是父母望子成龙、望女成凤的厚望。

2. 雨水时节，妇女有回家的习俗

雨水是一个节气，但不是一个节日，但是在四川一带民间有妇女在雨水这一天回娘家的习俗，民间传说这样对妇女有好处。当地出嫁的女儿在这一天要带上罐罐肉、椅子等礼物回去拜望父母，感谢父母的养育之恩。久婚未孕的女儿，也要带上礼物回娘家，回到娘家后，母亲还要给女儿缝制一条红裤子，让其穿在衣裤里面，希望女儿早生贵子。

3. 占稻色：估测当年收成的好坏

宋代以前，农业生产甚至整个经济重心一直都在北方的黄河流域。宋代开始，随着经济重心的南移，中国南部的稻作文化（指人们以水稻种植为主要生存和发展方式的文化）逐渐成为中国农业文明的主体。由宋至元再历经明清，客家近千年地传承着有宋代特色的稻作文化习俗，雨水节爆糯谷花"占稻色"便是其中之一。元代娄元礼在《田家五行》中描述了当时华南稻作地区"占稻色"的民俗："雨水节，烧干镬，以糯稻爆之，谓之爆罗花，占稻色。""孛罗"即"车娄"，南宋范成大在《吴郡志》中记载："爆糯谷于釜中，名孛娄，亦曰米花。"范成大在《吴中节物诗》中记载"拈粉团栾意，熬稃膈膊声"的语句，诗人注释："炒糯谷以卜，俗名孛罗，北人号糯米花。"

传说从宋代开始，吴、越民间便有在正月十三、十四"卜谷"的习惯，将糯谷放到锅中爆炒，以谷米爆白多者为吉。客家人雨水节"占稻色"与吴越民间正月十四"卜谷"，具有同样的民俗意义，甚至是同一事物的两种形态。正月十四正值雨水节前后，时间上差距不是太远；爆谷所用材料、方法几乎没有什么差别。所谓占稻色就是通过爆炒糯谷米花，来占卜当年稻获的丰歉，即预测稻谷的成色。成色足则意味着高产，成色不足则意味着产量低。而成色的好坏，就看爆出的糯米花多少。爆出来白花花的糯米越多，则意味着当年收成越好；爆出来的米花少，则暗示着当年收成不好，谷米将要涨价。

赣南寻乌客家习惯在雨水节前后的正月十六、十七晚上，以晴、雨天气来占卜当年早稻的丰歉。民谣道："雨打残灯碗，早禾一把秆；雨打上元宵，早禾压断腰。"就是说，如果雨水节时刻在正月十五元宵节，则那一年早稻一定丰收在望；如果在正月十六、十七交雨水并且下雨，那么当年的早稻收成一定很差。

4. 转九曲是祭祀老子的一种活动

转九曲，也称"九曲会"、"灯游会"，在每年的农历正月十五前后举行，盛行于陕西延安、榆林一带，是祭祀老子的一种活动。"转九曲"活动阵地的摆法是按照传说中姜子牙《黄河阵》的阵式来摆的。组织者在广场上设东、西、南、北、中等九门。九门连环在一起。将三百六十根高粱秆等距离地栽成一个"四方形阵图"，俗称"柱头"；再将柱头与柱头连接起来点放三百六十七盏灯。中间那根柱头，点放七盏灯，叫作"七星灯"。就整个形式看，九曲就像一座很大的城郭。九曲十八弯，没有重复的路径。这大城郭内又有九个小城廓，小城廓的门径、走法各不相同。转九曲只能顺着围墙顺序走，只许前进不许后退，也不准拐弯抹角，转移方向。否则，你就走不出去。古时候的"转九曲"是一种祭祀老子的宗教活动。现在人们把"转九曲"当做一种益智娱乐游戏或一种健身活动。

5. 照田蚕活动原本是预测天气旱涝

照田蚕，是指古时候，在元宵节的夜晚，人们在田间插一根长竹竿，长竹竿上挂一盏灯，通过观察火的颜色来预测一年的天气旱涝情况。明代方鹏所撰《昆山志》中记载："元宵之灯火，火色偏红预兆旱，火色偏白预兆涝。"另外，农家还要将点灯的蜡烛余烬收藏起来，置于床头，认为这样能给主人家的蚕桑生产带来好运。后来照田蚕的时候，人们把彩灯做得越来越精巧，照田蚕也就失去了原本预测天气旱涝的意思，随后逐渐演变成一种灯展的娱乐活动。

6. 正月十五是姑娘们的"偷菜节"

农历正月十五是贵州省黄平地区苗族姑娘们的偷菜节。节日当天，女孩们成群结队去偷别人家的菜。偷菜与她们的婚姻大事有关，是不能够偷本家族和同性朋友家的。偷菜者不觉惭愧，失菜者反而还偷着乐呢。所偷的菜是大白菜。大家把偷来的菜集中在一起，做白菜宴。据说谁吃得最多，谁就能早得意中人，同时其所养的蚕最壮，吐出的丝也最多、最好。另外失菜者也可以沾偷菜者的福分。因此，每年正月十五，一些菜农故意不去菜地，以方便姑娘们的活动。

7. 巴乌节是彝族的传统节日

巴乌节是彝族人民的传统节日。"巴乌"意为"打猎归来"。每年的农历正月十五，当地人们要跳巴乌舞。巴乌舞由十二面木鼓、十二面铓锣和十二支唢呐组成乐队伴奏，由三十六名年轻女子披上虎、豹、熊、鹿、虎、兔、狐等的毛皮，或者头插锦鸡和各种鸟雀的羽毛，装扮成飞禽走兽围绕火堆踏歌起舞，模仿各种动物的姿态和叫声。猎手们则手持弓弩或钢叉，将"猎物"围住，朝"猎物"们旋转的相反方向，表演各种狩猎动作。节日期间，还有举行耍龙灯、狮灯、白鹤灯等活动。巴乌节主要是欢庆和祈望狩猎丰收。

8. 天穿节是纪念女娲补天

每年的正月二十是天穿节，又称"补天穿"、"补天漏"、"补天地"、"天饥日"。相传这一天为女娲补天日。远古时候，世界上只有女娲一个人。她十分孤单寂寞，于是用黄土为泥，捏造成人的形象，世界上才有了人类。这时，天上的神仙发生了冲突，打起仗来，把天踩塌了半边，露出个大窟窿，大地成了横一道竖一道的深坑。结果造成天崩地裂，火山爆发，洪水浩荡，猛兽巨鹰到处横行扑食人类，人类面临灭顶之灾。女娲为了保护自己的子孙后代，就采来五色彩石日夜冶炼，炼了七七四十九天后，也就是正月二十这一天，终于把破裂的天空修补好。为了结实起见，女娲还斩了乌龟的四只脚，作为天柱，撑住了天；并且杀死猛兽巨鹰，治退洪水，使百姓安居乐业。人们为了纪念女娲"补天补地"的神功，就在正月二十这天吃烙饼、煎饼，并要用红丝线系饼投在房屋顶上，谓之"补天穿"，这一天也被称为"天穿节"。天穿节随后也演变成了人们期盼风调雨顺、万物欣荣、农业丰收和安乐和平的节日。

9. 填仓节是纪念冒死开仓放粮的仓官

农历的正月二十五是填仓节，填仓节因"填"与"天"谐音亦称为天仓节。填仓，意思为填满谷仓。

传说古时候，北方曾连续大旱三年，赤地千里，颗粒无收。可是，皇帝不顾人民死活，照样强征皇粮，以至连年饥荒，饿殍遍地，尤其是到了年关，穷人更是走投无路。这时，给皇家看粮的仓官守着大囤的粮食，却眼看着父老弟兄们饿死，心里着急冒火，多次上书皇上禀报民情，杳无音讯。实在无法忍受，便冒死打开皇仓，救济灾民，仓官知道触犯了王法，皇帝绝不会饶恕他，于是他让百姓把粮食运走后，就放把大火把仓库烧了，自己也活活烧死。这件事发生在正月二十五日。后来人们为了纪念这个好心的仓官，重补被烧坏的"天仓"，于是相沿成俗，填仓佳话也因此世世代代流传了下来。

10. 新媳妇观灯有讲究

正月十五日是农历一年中的第一个月圆之日，古称上元日、上元节。因为这一天最热闹的时间是在晚上，所以又称元宵节。人们有在元宵夜挂彩灯、闹龙灯、观灯、猜灯谜的习俗，所以又叫灯节。根据习俗，正月十五是过大年的最后一个高潮，过了正月十五，年也就算过完了。在新年的最后一天，人们大多会尽情地狂欢，吃元宵、挂彩灯、放焰火、闹花会等等。企事业机关、团体、商家店铺和老百姓门前一般都会挂彩灯或宫灯，街头巷尾，灯火辉煌。小孩子们在大人的陪伴下，成群结队，手持各种形状的花灯到大街上嬉闹追逐，不会走路的小孩则由大人抱着，或者架到脖子上逛闹市区。

在这人山人海的观灯人群中，刚结婚的新媳妇们观灯是有严格的规矩，由于她们是要受到一些约束，即大家都在赏灯，而她们却要躲灯。许多地方有"出嫁闺女不看娘家灯"的习俗，俗称"躲灯"。这"躲灯"习俗，各地也不相同。有的地方是不能看娘家灯，出嫁的女儿必须在天黑点灯之前离开娘家，有的地方是在正月十四日就要回婆家，如安徽省蚌埠市的习俗是"闺女不看娘家灯，十五里头（即正月十五之前）不登门"；辽宁开原县也有出嫁闺女"不看娘家灯"之俗。有的地方是不能看婆家灯，如合水不少地方，新媳妇在当天必须回娘家或到邻家去；河北深泽县是"新媳妇三年不看婆家灯"；南阳一带的新婚男女在正月十五日这天夫妻相携到岳父岳母家去"躲灯";陕西一带新媳妇的"躲灯"是在正月十三或十四这天回娘家（娘家派新媳妇的哥哥或弟弟来接）或到亲戚家住几天，过了正月十六才能回家（陇县的新媳妇"躲灯"是既不在婆家，又不回娘家，而是要到丈夫的舅家或姑家住上几天，一般是正月十二去，正月十六返回）；青海人在正月十五这天，新婚夫妇要带上礼物到娘家去躲灯，但不能留宿。有的地方是既不能看娘家灯也不能看婆家灯，如东北三省一带，正月十五这天晚上，新媳妇要到姑母或姨母家或其他亲戚家去住，既不许看婆家灯，也不许看娘家灯。"躲灯"是针对新婚媳妇而言的，并不是所有的出嫁闺女都不能看娘家灯或婆家灯。很多地方是结婚当年躲灯，以后不必再躲，如陕西陇县。有的地方则是三年，有俗语"三年不看娘家灯"，"新媳妇三年不看婆家灯"等。黑龙江一带的新媳妇头三年要"躲灯"。三年以后就没有什么讲究了。

雨水民间宜忌：下雨和獭祭鱼定丰年

1. 雨水之日忌讳不下雨

雨水之日下雨是农民盼望老天恩赐的礼物。"春雨贵如油"，这时适宜的降水对农作物的生长特别重要。春天里，淅淅沥沥的小雨表示当年将是丰收的一年，所以雨水这天忌讳无雨。民谣："雨水不落，下秧无着。"意思为雨水不下雨，下秧就没有着落了，当年庄稼可能收成不好。

2. 雨水忌讳水獭捕不到鱼

雨水时节，有些地方忌讳水獭捕不到鱼。《周书》时训篇记载："雨水之日，獭祭鱼；后五日，鸿雁来；后五日，草木萌动。"水獭是水里的动物，样子像小狗，喜欢吃鱼，常常在捕了一条鱼之后，把它咬死放在岸边，再下水去捕，等捕来的鱼在岸边堆得够它吃一顿了，才美美把鱼吃下肚。因为鱼排列得像祭神时的供品，所以称之为"獭祭鱼"。《月令广义》也曾记载："雨水日，獭祭鱼，是日獭不祭鱼，国多寇贼。"雨水时节，看不到獭祭鱼，盗贼怎么会增多呢？獭跟盗贼有什么关系呢？《月令广义》中又说了，如果雨水节气大地还是冰封着，獭没办法下河捕鱼，表示岁时的秩序乱了，将会影响到农夫春时的耕种和秋时的收成，老百姓没有粮食吃，铤而走险的盗窃之事将会增多了，社会就会动荡不安。因此，民间忌讳雨水时节水獭捕不到鱼。

雨水饮食养生：调养脾胃，防御春寒

1. 滋养脾胃，多喝汤粥

时令进入雨水时节，人的脾胃往往容易虚弱，此时应该多食汤粥以滋养脾胃。汤粥容易消化，不会加重脾胃负担，山药粥、红枣粥、莲子汤都是很好的选择；如果将汤粥配上适当的中药做成药膳还能滋补强身。如可以根据初春时节肝气旺盛的特点，在药膳中适当加入沙参、西洋参、决明子、白菊花、首乌粉等升发阳气的中药材。

平时脾胃虚弱的人此时应避免进食饼干等干硬食物；由于干硬食物不仅不好消化，还可能给胃黏膜造成损伤。另外，老年人脾胃功能不好，此时应以流食和松软的食物为主，这类食物可以促进人体对营养的吸收。最后，晚餐要尽量少吃，如果晚餐过量，则有可能造成消化不良的后果，并且还会影响到睡眠质量。

2. 防燥热，不吃生冷不吃辣

雨水时节，由于空气湿度增加，虽然气温仍然很低，但是此时的天气寒中带湿。在这种环境下，人体往往郁热壅阻。此时若吃燥热的食物无异于火上浇油。郁热让人想吃凉东西，但吃凉过多，则会使脏腑为湿寒所伤，出现胃寒、腹泻等症状。所以，雨水时节饮食应以中庸为原则，不吃生冷之物，也不能吃大热之物。冷饮、辣椒都是应当慎食的，特别要慎重的是要少喝酒，尽量不喝白酒。

3. 御春寒，多吃高蛋白

雨水时节虽然是在春季，还属于早春，寒流经常光顾，昼夜温差也比较大。在寒冷的条件下，人体内的蛋白质会加速分解，从而使人的抗病能力降低。所以，此时人体就需要摄入足够的热量来保持体温，应对寒冷。鱼、虾、鸡肉、牛肉、豆制品等含有较高的热量和丰富的蛋白质，所以此时应该多吃。慢性肝炎、肝硬化患者此时饮食也应该注意多吃一些容易消化且富含高蛋白、高维生素的食品，例如牛奶、酸奶、蛋类、豆制品等。

4. 清心醒脾、明目安神可适当吃些莲子

莲子素有"莲参"之称。雨水时节，人体新陈代谢旺盛，多吃莲子可收到清心醒脾、明目安神、补中养神、健脾补胃、止泻固精、益肾涩精止带、滋补元气之功效。

雨水时节，清心醒脾、明目安神可以食用竹荪莲子丝瓜汤。

竹荪莲子丝瓜汤

材料：鲜莲子（挑选饱满圆润、粒大洁白、肉质厚佳、口咬脆裂、芳香味甜、无霉变虫蛀者为佳）、水发玉兰片各50克，水发竹荪40克，嫩丝瓜500克。

调料：盐和味精适量。

制作：①鲜莲子焯5分钟，去衣、心（烹饪莲子前最好先用热水泡一泡，这样可以使莲子迅速软化，增强口感，还可以缩短烹饪时间）；②竹荪洗净，去头，切块；嫩丝瓜洗净，去皮、瓤，切片；玉兰片洗净。③各种材料下锅后，加水小火煮30分钟，沥水，放汤碗中。④锅内放入盐、味精，大火煮沸后，倒入汤碗内即可食用。

雨水起居养生：春捂防寒是关键

1. 雨水时节，要注意"春捂"

雨水之前天气较冷，雨水之后我国大部分地区气温升高，天气变暖，可以明显地感觉到春天的气息。而这时也是寒潮来袭的时节，人们的情绪容易因为天气的变化而产生波动，往往对人们的健康造成不好的影响，特别是对高血压、心脏病、哮喘病患者更为不利。这个时节，要注意"春捂"。

"春捂"是说在春季气温刚要转暖时，不要过早仓促地脱掉棉衣。由冬季转入初春，乍暖还寒，气温变化又大。善于养生的医学家们都十分重视"春捂"的养生之道。民间常常流传着"二月休把棉衣撤，三月还有梨花雪"、"吃了端午粽，再把棉衣送"的俗语。专家认为，"春捂"这种民间的传统习惯有一定道理，过早脱掉棉衣，一旦气温降低，给体温调节中枢来个突然袭击，会使身体措手不及，难以适应，容易患上各种呼吸系统疾病和冬春季传染病等。

（1）春捂的好处

春捂有利于调节人体的恒定温度，因为无论气温如何变化，人的体温总要保持在37℃左右，人体保持恒定的温度，一是靠血管的收缩和皮肤的出汗来调节；二是靠增减衣服来维持。如果过早地减掉衣服，就会破坏人体正常温度的调节，影响到身体健康。

春捂有利于抵御风寒。人体同自然界一样，在春天开始复苏，原先处于"冬眠"的皮肤细胞开始活跃起来，毛孔张开。这时如果冷风袭来时，就会使人感到比较寒冷。

春捂有利于适应季节的变化，在初春时节，经常有寒流和强冷空气南下，导致气温急剧下降。在这种情况下，如果不"捂"着点儿，就很难适应忽冷忽热的变化，许多人甚至会患上感冒、气管炎、关节炎、甚至危及生命的疾病。

（2）春捂的策略

当冬季向春季交替时，人体防卫体系处于"冬眠"初醒之际，因此这一阶段不能急于一下子脱掉衣物，而应一件一件地减少，并根据不同体质，对外界冷暖变化的适应能力，因人而异增减衣物。

人们在长期的生活与劳动实践中琢磨出：寒多自下而生。因此古人提出了春令衣着宜"下厚上薄"的主张，这也与现代医学所认为的人体下部血液循环较上部为差，易受寒冷侵袭的观点相吻合。因此，春天还是遵循"下厚上薄"的原则，有利于身体健康。

"捂"要带有一点热的意思，也就是说衣服应适当多穿一些。由于春风比冬风柔和很多，因此可以选择一些宽松的款式，既挡风，又透气。但绝不是衣服穿得越多越好，如果衣服穿得很多甚至"捂"出了汗，冷风一吹反而容易着凉"伤风"。一般来说，15℃是春捂的临界温度，超过15℃建议脱掉棉衣，由于超出身体的耐热限度，体温调节中枢就会不适应了，这样就会对健康不利。

春季什么时间该捂，要根据天气灵活掌握。一般说，春季早晚气温较低，可适当捂一会儿。而晴日的中午，气温一般都较高，此时便可适当减一些衣服。

初春季节，因着凉而患病的人很多，其根源主要是"冷落"了下半身，而引发季节病或旧病复发，尤其是妇科，痛经、功能性子宫出血等病患者明显增多。每年冬去春来因爱美而受凉致病的女性急剧增加：出现下腹胀痛、月经不调、出血淋漓不尽症状者大有人在。

中医认为，防病如御敌一样。春捂只是被动防御。要想防疾健身，还必须从春天开始加强身体锻炼，增强机体的适应能力和抗病能力，并且还要讲究合理饮食和起居。

（3）春捂注意事项

"春捂"要捂好两头，即重点照顾好头颈与双脚，可避免感冒、气管炎、关节炎等疾病发生。由于寒气多自下而起，且人体下身的血液循环要比上部差，容易遭风寒侵袭，所以衣着宜"下厚上薄"。女性不宜过早地换上裙装，否则会导致关节炎和其他妇科疾病。

小孩子"春捂"要把握好时机，家长应根据气温变化及时给孩子增减衣服。也可多关注天气预报，若有冷空气到来，提前1~2天，就要给孩子增添衣物。当昼夜温差较大时，就需要捂一捂；若气温相对稳定时，则可以不捂了。气温回升后不能立即减衣，最好再捂一周左右，尤其对于免疫力弱的婴儿，最好再捂两周以上以方便身体慢慢适应。

2. 春天来临，要克服春困

"春困秋乏"的民间常识家喻户晓。春天人们容易犯困，总觉得没有睡够，这其实是人体随着季节和气候变化的正常反应。春天来临，气温升高，人体皮肤毛细血管和毛孔渐渐张开，血液循环加快，因此相对来说，供应给大脑的血液就少了，另外昼夜时长的变化和周围舒适的气温，都会让人感觉安逸，昏昏欲睡。一般来说，成年人每天最佳睡眠时间是8小时，睡眠时间过长或过短对人体都会有害，常常会使人精神萎靡不振，工作效率不高。

雨水时节，要想克服春困，作息安排要有规律，要劳逸结合。根据自然界的规律，随着四季的变化逐渐调整自己的日常作息。一是可以外出郊游、爬山，到野外感受自然之美，从而使人心情振奋，精力充沛；二是使用有清凉效果的牙膏刷牙，从而兴奋神经，激发活力；三是适当吃些有刺激味道的食物，如苦的、酸的或辣的，刺激神经，当然也可以泡杯茶或咖啡；四是选用一些可以提神的香水、精油，可以有效降低疲劳感；五是多参加一些体育活动，在运动中提高大脑兴奋度；六是休息时可以听一些节奏明快活泼的乐曲，闲暇时听听相声、看看小品也可以陶冶生活。上述几种方法，交替搭配着运用可以有效地赶走春困。

3. 空气湿度大，要预防湿寒之气

雨水时节，降水较多，造成空气湿度较大。而夜间气温降低，湿热空气很容易在此时凝成雨滴，导致夜间降水频繁。而阴雨增多使雨云遮挡阳光，所以此时白天地面光照也较少。同时，雨水到达地面，蒸发后会带走大量的热量，又会使地面空气温度进一步降低，造成既潮湿又寒冷的天气。这种恶劣天气对人体的神经系统、关节骨骼和各种器官都有很大影响。雨水时节，预防湿寒之气应该注意以下几个方面：

一是不要过早减少衣物。春季阳气生发，体热的人更容易感觉到暖和。此时如果过早地减少衣物就会导致体热外泄，将会使湿寒之气侵入人体，损伤关节或着凉感冒。

二是不要用冷水洗漱。雨水时节用冷水洗手会使湿寒侵入手部关节并且滞留其中，导致手指酸痛，严重的还会造成手指变形；如果用冷水洗头或洗脸的话，则湿寒之气侵入头部，容易导致头痛、感冒。

三是洗头后应及时吹干头发。洗头后如果不及时吹干头发也会导致湿寒之气入侵，从而引起头疼、头晕等症状。

4. 雨水时节性生活要防风寒

雨水时节，风雨多变，天气冷暖反复无常。因此这个时节性生活要注意不要受凉，并且不要过于频繁地进行性生活，以免机体虚弱而无法抵御"倒春寒"对身体造成的侵害。另外还要尽量避免在"倒春寒"时进行性生活，虽然在温暖的卧室不会受到风寒，但是性生活会消耗人体大量的热量，当人们外出时，便难免要受到寒流的侵袭而患病，大伤元气。

雨水运动养生：适量活动，不妨"懒"一点

1. 适量运动，循序渐进

冬去春来，进入雨水时节，伴随着气温的逐渐转暖，越来越多的人开始到户外参加体育锻炼。这个时节最适合运动，但也最要防止"运动过量"，否则不但起不到保健的作用，还会对身体造成不应有的损伤。因此，此时运动不但要把握一个"度"，而且还要循序渐进。

人们通过实践证明，过量的运动比不运动对人体的伤害更大，因为不运动虽然有很多坏处，但起码使人体保持了一个相对平稳的状态，而运动过量则会把人体固有的和谐打破，给人体造成更大的损害。过量运动会造成人的反应能力下降、平衡感降低、肌肉弹性降低，还会使人食欲减退、睡眠质量下降，导致情绪低落、易怒、免疫力降低，出现便秘、腹泻等症状。所以运动要适可而止、循序渐进。剧烈运动过后最好休息1~2天，以每周运动3次为佳。如果长期没有运动而突然运动则更要注意不能运动过量，控制好运动强度和时间，防止过量运动造成负面影响。另外，运动项目也要因人而异，还要根据自己的性别、年龄、身体健康状况等因素进行合理选择。

2. 向懒人学习一点——伸伸懒腰

雨水时节，春光明媚，和煦的阳光洒向大地，很容易让人困意顿生。尤其是下午，在经过了半天的紧张工作或学习后，人们会感到疲倦。如果这个时候站起身来伸个懒腰，就会像立刻充了电一样，顿时精神振作，感觉轻松自如，好像释放了什么重担似的。也会使人恍然大悟，原来伸伸懒腰也能解乏。

现实生活中，不少人认为伸懒腰是懒人的专利，其实这是一个误会，也是不科学的。人们伸懒腰的时候一般都要打个哈欠，同时头向后仰，双臂上举，这个动作会适度地挤压到心、肺，可以促使心脏更加充分地运动，从而把更多氧气运送到人体的各个器官，当然也包括大脑。而大脑一旦获得了更多的氧气，人体就会觉得疲劳顿无，神清气爽。另外，伸懒腰时伴随的扩胸运动还能使人增加呼吸深度，吸入更多氧气，同时呼出更多二氧化碳，提高人体的新陈代谢。伸懒腰的动作还可以活动人体的腰部肌肉，对腰肌劳损有一定的预防作用；其次，伸懒腰时人体向后伸展，还可以防止因脊椎长时间向前弯曲而形成驼背。由此可见，伸懒腰并非懒人的专利，雨水时节困意袭人，在工作学习之余，不妨向懒人学习一点——伸伸懒腰。

雨水时节，常见病食疗防治

1. 腮腺炎，饮用绿豆、黄柏金银花饮防治

流行性腮腺炎民间又称之为"痄腮"或"大嘴巴"，它是一种由腮腺炎病毒引起的急性呼吸道传染病，它主要经由空气飞沫传播。由冬入春后，是流行性腮腺炎的高发期，易感人群主要是5~15岁的未成年人，偶见成年人发病。腮腺炎传染能力最强的时期是腮腺肿胀的前后一周时间，

此病痊愈后患者便可产生免疫，一般不会再染上腮腺炎。

腮腺炎患者尽量少吃酸辣食物，因为酸辣食物会刺激唾液腺的分泌，从而增加患者的疼痛。患者日常饮食应以易消化的食物为主，并应多喝水。在接受正规治疗的同时也可进行食疗。例如绿豆金银花饮，具有疏风解表、清热解毒、消肿止痒的作用，适合腮腺炎患者饮用。详细配料制作如下：

材料：绿豆50克，金银花10克，白砂糖30克。

制作：①绿豆、金银花淘洗干净。②锅内放入绿豆、金银花，加入适量水，大火烧开，改小火煎煮30分钟，关火，去渣取液，加入白砂糖搅匀即可饮用。

腮腺炎传染病的一般预防措施：

（1）雨水时节，应及时注射疫苗可以有效预防腮腺炎传播。

（2）腮腺炎流行期间尽量少出门，实在要出门应戴上口罩，不要去人多的地方。

（3）经常开门窗通风换气，保持室内空气清新、流通。

（4）注意保持个人卫生，勤洗澡，多喝水，加强体育锻炼。

（5）一旦出现发热、上呼吸道症状应及时就诊。确诊后应听从医嘱，采取隔离措施进行静养。

2. 痔疮，多吃富含纤维素食物食疗

痔疮是人体直肠末端黏膜下和肛管皮肤下静脉丛发生扩张和屈曲所形成的柔软静脉团。痔疮又称为痔、痔核、痔病、痔疾。痔疮的发病率很高，常言道"十男九痔，十女十痔"。春秋两季，气压相对较高，是痔疮的高发季节，因此，痔疮患者在此时节应加强预防和治疗。

痔疮患者，为了确保排便通畅，应该多吃新鲜的水果蔬菜和其他富含纤维素的食物，尽量少食油腻和辛辣等刺激性食物，切忌喝酒。食疗对痔疮有非常好的预防作用，软炸香椿具有滋阴润燥之功效，适用于痔疮、大便干燥等症。

软炸香椿

材料：香椿200克，干淀粉、盐、蛋清、花椒粉、味精、植物油各适量。

制作：①把香椿淘洗干净；②在蛋清中加入干淀粉，顺着同一个方向搅匀，成蛋糊，放入香椿挂糊。③取一小碗，放入盐、花椒粉、味精，拌匀成花椒盐。④炒锅放植物油烧热，放入香椿，中火炸至金黄色，盛出蘸花椒盐即可食用。

痔疮一般预防措施：

（1）平时保持平静愉悦的心情。由于情绪不稳定会使气血侵入大肠，并集结成块，导致形成痔疮。

（2）及时排便，不要宿便。养成有规律的排便时间；避免久坐，定时适量运动；合理搭配饮食，多食富含纤维食物。

（3）保持卫生清洁，每天用温水清洗肛门；勤换贴身内裤。

（4）加强体育锻炼，增强身体免疫力。

雨水耳熟能详谚语

1. 春雨贵如油

如果头一年秋、冬两季的雨水很少，土壤墒情本身就不好，往往容易形成冬春连旱。春季正是越冬作物如冬小麦从开始返青到乳熟期，需要很多的水。玉米、棉花等，从播种到成苗，也要求充足的水，因而使春旱更显得突出。此时，如果恰逢雨水降临，那么就显得特别珍贵，因此有"春雨贵如油"之说。

2. 雨水有雨庄稼好，大春小春一片宝

一般对农业来说，雨水时节正是小春管理、大春备耕的关键时期。雨水节气过后，气温开

始回升，小麦自南向北开始返青，土壤中的水汽不断上升，凝聚在土壤表层，夜冻日融，开始返浆。因为降雨增多，空气湿润，天气暖和而不燥热，非常适合万物的生长，对越冬作物生长有很大的影响。农谚说："雨水有雨庄稼好，大春小春一片宝。"此时，广大农村要根据天气情况，对三麦等中耕除草和施肥，清沟埋墒，为排水防涝做好准备，以保农作物的茁壮生长。

3. 雨水民间谚语荟萃

雷响雨水后，晚春阴雨报。

冷雨水，暖惊蛰；暖雨水，冷惊蛰。

暖雨水，冷惊蛰，暖春分。

雨打雨水节，二月落不歇。

雨水不落，下秧无着。

雨水东风起，伏天必有雨。

雨水淋带风，冷到五月中。

雨水落了雨，阴阴沉沉到谷雨。

雨水落雨三大碗，大河小河都要满。

雨水明，夏至晴。

雨水南风紧，回春旱；南风不打紧，会反春。

雨水前雷，雨雪霏霏。

雨水清明紧相连，植树季节在眼前。

雨水日晴，春雨发得早。

雨水无水多春旱，清明无雨多吃面。

雨水无雨，夏至无雨。

雨水阴寒，春季勿会旱。

雨水有雨，一年多水。

雨水有雨百阴。

雨水雨水，有雨无水。

第三章

惊蛰：春雷乍响，蛰虫惊而出走

惊蛰是一年中的第三个节气，在公历3月5日或6日，太阳位置到达黄经345°，影长古尺为八尺二寸，也就是相当于现在国际单位制2.018米长。动物蛰藏进土里冬眠叫入蛰。惊蛰，民间原来的意思是：春雷乍响，冬眠于地下的虫子受到了惊吓而从土中钻出，开始了新的一年的活动。事实上，是因为惊蛰时节气温回升的步伐较快，当气温回升到一定程度，虫子就开始活动起来了。

惊蛰气象和农事特点：九九艳阳天，春雷响、万物长

1. 气温回升，土壤开始解冻

惊蛰时节，春雷响动，气温迅猛回升，雨水增多，正是大好的"九九"艳阳天，地温也随着逐渐升高，土壤开始解冻。经过冬眠的动物开始苏醒了。蛰伏在泥土中冬眠的各种昆虫，以及过冬的虫卵也要开始孵化。惊蛰时节，除东北、西北地区仍是银装素裹的冬日景象外，其他地区早已是一派融融春光了，桃花红、梨花白，黄莺鸣叫，春燕飞来，处处鸟语花香。

2. 春耕开始，农作物要及时浇水、施好花前肥

惊蛰时节是春耕的开始。华北地区冬小麦已经开始返青，急需返青浇水。一旦缺水，就会减产，所以此时对冬小麦、豌豆等要及时浇水。此时因土壤仍处在冻融交替状态，及时把地是减少水分损失的重要措施。江南小麦已经拔节，油菜也开始见花，对水、肥的要求逐渐多起来，应适时追肥，干旱少雨的地方适当浇水灌溉，雨水偏多的地方要做好防止湿害的工作。俗谚说"麦沟理三交，赛如大粪浇"、"要得菜籽收，就要勤理沟"，表明搞好清沟沥水的重要性。此时，华南地区早稻播种应抓紧进行，同时要做好秧田防寒工作。随着气温回升，茶树也开始萌动，应进行修剪，并及时追施"催芽肥"，促其多分枝，多发叶，提高茶叶产量。桃、梨、苹果等果树要施好花前肥。惊蛰时节，温暖适宜的气候条件既有利于农作物生长，也促进了各种病虫害的增加，防治病虫害和春耕除草工作也刻不容缓。俗话说："桃花开，猪瘟来。"可见，惊蛰时节家禽家畜的防疫工作不可疏忽大意。

3. 惊醒冬眠动物的不是雷声

人们常说，惊蛰时节，雷声"隆隆"惊醒了冬眠蛰伏的动物。其实不然，惊动冬眠蛰伏的虫类和其他冬眠动物的不是雷声，而是日渐转暖的天气、日渐升高的气温和地温。因为，冬眠蛰伏的虫类及其他冬眠的大小动物，对于温度的变化反应非常敏感。气温回升到一定程度，已经不适合它们继续冬眠了，根据它们的生物钟，此时非常适宜它们活动，因此蛰伏的动物开始出来活动

了。一般情况下，洞穴中、土壤中的气温回升到较高时，即使没有雷声，冬眠蛰伏的动物也会感到暖春已经来到，便纷纷出土出穴，开始觅食、繁衍后代。

惊蛰时节出土出穴开始活动的动物和昆虫，有些是有益的动物，如蛙、蟾、蛇类；有些是国家保护的动物，如熊类；更多的属昆虫类，如地老虎、棉铃虫、麦蚜、吸浆虫、蓝跳蝽等，它们分别以成虫、幼虫、蛹或卵的形式在土中、杂草根部蛰伏越冬，待开春后天气暖和了出土出穴危害农作物。对于越冬的害虫，应在惊蛰以前及时采取捕杀措施将其消除。对于有益的动物和国家保护的动物，应予以严加保护，保持生态平衡。

4. 华北地区"春雨贵如油"

华北地区由于春季雨水少、晴天多，春旱较为严重，又由于头一年秋、冬两季的降雨量很少，进入春季气温回升快、风天多、水分蒸发快，往往易形成秋、冬、春连续干旱。同时，此时正是越冬作物返青至乳熟期，需水量多，玉米、棉花等播种成苗，也要充足的水分，因而春旱显得尤为突出。此时，若能有雨水降临，自然就显得特别珍贵，因此在华北地区有"春雨贵如油"之说。

惊蛰农历节日：中和节（春龙节）——二月二龙抬头

惊蛰前后有一个妇孺皆知的农历节日，那就是农历二月初二的"中和节"，俗称"龙抬头"。此时春回大地，万物复苏，传说中的龙也从沉睡中醒来，俗称"龙抬头"。许多人迷信这一天理发吉祥。

1. 剃头——"龙抬头"（二月二）理发，福星高照

北方部分地区将农历二月初二理发称为"剃龙头"。另外还有禁忌，正月不理发，否则会带来灾难，有民谣说："正月不剃头，剃头死舅舅。"所以人们纷纷赶在"龙抬头"这天理发，想沾点龙抬头带来的好运，传说这天理发会使人吉祥如意、福星高照。

2. 妇女不做女红——避免做针线活刺伤龙眼

古时，妇女忌讳在农历二月初二这天做针线活，传说龙在这一天要抬头观望天下，使用针会刺伤龙的眼睛。

3. 引钱龙——用灶烟画一条龙，祈求祖先驱赶虫灾

山东中和节习惯画"引钱龙"，农历二月初二这天用灶烟在地上画一条龙，称作"引钱龙"。"引钱龙"有两个目的：一是请龙回来，呼风唤雨，祈求农业丰收；二是龙为百虫之神，龙来了百虫就会躲藏起来，有驱赶百虫作用，这对人体健康、农作物生长都是有益的。江苏南通白天用面粉制作寿桃、五畜，蒸熟后插上竹签，晚上再把它们插到坟地、田间，用来供奉百虫之神和祭祀祖先，祈求百虫之神和祖先驱赶百虫，更希望百虫不要祸害农作物，确保五谷丰登。

4. 敲财——敲打门枕、门框，期望财源滚滚而来

山东济宁一带农历二月初二日有敲财的习俗。当天吃过晚饭，各家孩子拿出事先准备好的小木棍，去敲门枕、门框，或其他的物件，边敲边唱："二月二，敲门枕，金子银子往家滚。二月二，敲门框，金子银子往家扛。"有些地方还组织小孩子到胡同或大街上比赛，看谁敲的花样多、唱的内容精彩。

5. 引龙回——从门外散播石灰进屋，预示吉祥发财

"引龙回"习俗流行于北京、山东等地区。农历二月初二日各家以户外水井为起点开始抛撒石灰，以屋内墙根灶脚为终点，石灰线看起来好像弯弯曲曲的龙蜿蜒入室，预示吉祥发财。也有的人家直接从门外散播石灰进屋。《析津志辑佚》中记载："二月二日，谓之龙抬头。五更时，各家以石灰于井畔周围掺引白道，直入家中房内，男子妇人不用扫地，恐惊了龙眼睛。"总之，撒石灰主要目的是祈盼好运，预示吉祥发财。

6. 打灰囤——寓意囤高粮满，预兆丰年

农历二月初二日"打灰囤"，又称作"打囤"、"打露囤"、"填仓"、"围仓"和"画仓"等，其具体做法是二月二早晨在庭院中撒上草木灰，构成仓囤形的图案。山东、吉林等地方首先用簸箕盛上草木灰，然后用一根木棒敲打边沿，让灰慢慢落下，边打边走，使灰线形成圆圈形，中间再放上少量的五谷杂粮。粮食有的直接放在地上，有的则在"囤"中挖一个小坑，把粮食放进坑里，有的将粮食放在坑里后还压上石块、砖头、瓦片之类的硬物。还有的在灰囤外撒灰成梯形，意思是囤高粮满，预兆丰年，因此有"二月二，龙抬头，大囤尖，小囤流"的谚语。江苏阜宁等地也有在二月二早晨进行这种撒草木灰的活动，称作"打露囤"。其目的都一样寓意囤高粮满，预兆丰年。

7. 试犁、下菜种——春种一粒粟，秋收万颗籽

山东农家在二月初二日这天开始试犁。海阳等地扶犁人边礼拜犁锒边唱道："犁破新春土，牛踩丰收亩。春种一粒粟，秋收万颗籽。"唱完歌后将牛牵到田间象征性地耕一耕。浙江一带习惯这天下菜种种瓜茄，正如民谣所唱的："二月二，百般种子好落泥。"

惊蛰民俗：驱虫求吉利

1. 吃梨："跟害虫分离"、"离家创业"、"努力荣祖"

人们平时忌讳分梨吃，即把梨切成几瓣分给几个人吃。在中国的传统节日中，在不少节日忌讳吃梨，比如中秋节、除夕晚上是不摆梨的，忌讳"离"字。不过，惊蛰节气要吃梨，因"梨"和"离"谐音，寓意跟害虫分离，也寓意在气候多变的春日，让疾病离身体远一点。惊蛰吃梨还有"离家创业"、"努力荣祖"之意。因此，民间有惊蛰吃梨的习俗。

传说著名的晋商渠家，先祖渠济是上党长子县人，明代洪武初年，带着信、义两个儿子，用上党的潞麻与梨倒换祁县的粗布、红枣，往返两地间从中赢利，天长日久有了积蓄，在祁县城定居下来。雍正年间，渠百川走西口，正好那天是惊蛰之日，他的父亲让他吃完梨后再三叮嘱："先祖贩梨创业，历经艰辛，定居祁县。今日惊蛰你要走西口，吃梨是让你不忘先祖，努力创业光宗耀祖。"渠百川走西口经商致富，随后将开设的字号取名"长源厚"。人们走西口也纷纷仿效渠百川吃梨，有"离家创业"之意，后来惊蛰之日也吃梨，多含有"努力荣祖"之寓意。

2. 射虫、扫虫、炒虫、吃虫：寓意除百虫

惊蛰时节，蛰伏的百虫从泥土、洞穴中爬出来，开始活动，并逐渐遍及田园、家中，或祸害庄稼，或滋扰生活。为此，惊蛰时节，民间均有不同形势的除虫仪式。如湖北土家族民间有"射虫日"，于惊蛰日前在田里画出弓箭的形状以模拟射虫的仪式。又如浙江宁波惊蛰日有"扫虫节"，农家拿着扫帚到田里举行扫虫的仪式，将一切害虫扫除。在传说中，扫帚什么都能扫，包括妖魔鬼怪、鬼魂、疾病、晦气、虫害等。古时江浙一带习惯将扫把插到田间地头，恳请扫帚神显灵扫除害虫。

惊蛰是沉睡很久的昆虫开始活动之时，客家人主张早期灭虫。客家人采用"炒虫"方式来达到驱虫的目的。惊蛰这一天，客家人炒豆子、炒米谷、炒南瓜子、炒向日葵子以及各种蔬菜种子吃，谓之"炒虫"。炒熟后分给自家或邻居小孩食之。客家人还有做芋子饭或芋子饺的习俗，以芋子象征"毛虫"，以吃芋子寓意消除害虫。传说如此一来可以消灭多种害虫，农作物不受虫害，能够确保当年五谷丰登。

北方民俗也有惊蛰"吃虫"之说。陕、甘、苏、鲁等省有"炒杂虫、爆龙眼"习俗。人们把黄豆、芝麻之类放在锅里翻炒，噼啪有声，谓之"爆龙眼"，男女老少争相抢食炒熟的黄豆，称作"吃虫"，喻意"吃虫"之后人畜无病无灾，庄稼免遭虫害，祈求风调雨顺。

3. 祭虎爷：生意人和小孩祭拜虎爷求吉利

祭虎爷又称作祭白虎、祭虎神。虎爷相传是土地公和保生大帝的将领，但坊间一般都将虎爷归于土地公掌管，称之为"虎爷"，而保生大帝所收伏的则称为"虎神"，另外也有人尊称"虎将军"。虎爷也可说是民间信仰中位居首位的动物神祇。古时候，具有神威能力者，民众都是随着主神供奉（土地公、保生大帝），而传说中因为老虎常仗其凶猛而危害人畜，后来被土地公所收伏才成为土地公的坐骑。传说嘉庆微服私访游台湾的时候，一天来到一家客栈，这客栈生意兴隆座无虚席，嘉庆一行人无处可坐，又不愿表明皇帝的身份，正在无奈的时候，嘉庆见桌上供着虎爷，顺口说了句："朕贵为天子都没位子坐了，你这虎爷竟敢高踞桌上？"在座客人听了此言纷纷下跪面圣，虎爷也不敢怠慢，便让了位子，从此只敢在桌下。也因为虎爷为动物之身，神格卑微常置于桌下，所以也称为"下坛将军"。虎爷同时也具有护庙安宅、祈福纳财的能力，而一般信徒则认为虎爷之所以被尊崇是因为虎爷张着大嘴可以叼来财宝，因此生意人也常常专门来祭拜虎爷。传说，除了会咬钱、纳财之外，虎爷也对小孩子的各种惊吓病症有所保护，俗称小孩子的守护神，因此也常有大人在祭拜土地公时，同时会让小孩子向神桌下的虎爷祭拜以祈求平安吉祥。

祭祀虎爷的供品一般都是采用熟鸡、鸭蛋、青肉与米酒，相传老虎是肉食性动物，为了不使其吃了肉后凶性大发，于是改用鸡蛋等素食祭拜以代替肉食，祭拜活动过后的贡品可以带回家里让小孩子吃，希望小孩健康成长。

4. 敲梁震房，驱赶蝎子蚰蜒等虫子

二月二龙抬头，时处二十四节气之一的惊蛰前后，是各种昆虫包括毒虫开始频繁活动的时期，这一节日里驱虫的做法便格外普遍。各地的人们形成了多种多样的驱虫方式。用棍棒、扫帚、鞋子敲打梁头、墙壁、门户、床炕等处，或者拍簸箕、瓦块、瓢等以驱虫，是曾经普遍流行的做法。与此同时，人们通常还要念唱歌谣，比如在天津，这天一早，农家主妇就用鞋或扫帚击打炕沿，口中轻声念着："二月二，龙抬头，蝎子、蜈蚣不露头。"在山东庆云，二日击炕，要边打边说："二月二日打炕沿，蝎子蚰蜒不见面。二月二日打炕头，蝎子蚰蜒全不留。"在山东菏泽，人们在击打房梁、床沿和破瓢时，边打边唱："二月二，敲房梁，蝎子蚰蜒无处藏。二月二，敲瓢碴，蝎子蚰蜒双眼瞎。"在山西新绛，家家鼓箕扫床，且唱道："二月二，拍簸箕，疙蚤壁虱不得上炕里。"河南淮阳有歌谣："二月二，拍瓦子，蝎子出来没爪子。二月二，拍大床，蝎子出来不螫娘。二月二，拍大辙，蝎子出来不螫爹。"在江苏徐州，老人早晨醒来，不起床先敲床桄，边敲边念："二月二，敲床桄。俺送香大姐（臭虫）上南乡。"起床后，又拿瓢敲，边敲边念："二月二，敲瓢碴，十窝老鼠九个瞎。"

惊蛰民间宜忌：惊蛰之日盼打雷

1. 雷打惊蛰谷米贱，惊蛰闻雷米如泥

惊蛰是开始"隆隆"鸣雷的时节。惊蛰日及惊蛰后听到雷声是正常的，人们常说："雷打惊蛰谷米贱。""惊蛰闻雷米如泥。"意思是惊蛰时节打雷，当年雨水就会多，就有利于农业生产，另外预示着一年风调雨顺，五谷丰登。

2. 未蛰先蛰，人吃狗食——忌讳惊蛰前打雷

江苏一带忌讳惊蛰之日前响雷。民间认为惊蛰是开始有雷鸣的时节。惊蛰日及惊蛰日后听到雷声是正常的，主年景好，风调雨顾，五谷丰登。但忌讳在惊蛰日之前响雷。江苏一带有民谣云："未蛰先蛰，人吃狗食。"也就是说如果在惊蛰日之前听到雷声，那么就预兆这年是凶年，收成不好，人们缺少粮食吃。

惊蛰饮食养生：新陈代谢提速，要加强营养

1. 维生素C使身体更强健

惊蛰时节，人体的新陈代谢逐渐加快，此时应该从饮食上加强营养。及时补充维生素C就是一种很好的饮食调养方法。维生素C能够抗氧化，还具有解毒作用，它不仅能降低烟酒及药物对

人体的副作用，还可以优化人的结缔组织，使人的皮肤、牙齿、骨骼、肌肉更加强健。维生素C还能促进胶原蛋白的合成，增强人体免疫力，有助于抵抗感冒。惊蛰补充维生素C蔬菜类可以选用小红辣椒、苜蓿、菜花、菠菜、大蒜、芥蓝、香菜、甜椒、豌豆苗等；水果类可以选择雪梨、红枣、黑加仑、蜜枣、番石榴、猕猴桃、核桃等。蔬菜和水果搭配着吃补充维生素C效果会更好些。

2. 惊蛰慎吃"发物"

惊蛰时节是植物生根发芽时期，同时也是多种疾病的"生发"时期。此时要注意禁食"发物"，以免旧病复发。什么是"发物"呢？发物是指富于营养或有刺激性，容易使疮疖或某些病状发生变化的食物。惊蛰时节，对于体质虚弱、慢性病、过敏体质以及皮肤病患者来说，狗肉、猪头肉、牛羊肉、韭菜、荠菜、香椿、朝天椒、生大蒜还是少吃为妙。

3. 惊蛰忌多吃糯米

惊蛰时节，切忌过量食用糯米制品。虽然已经进入惊蛰时节，但是在春节期间，人们大都经历了暴饮暴食的洗礼，人的肠胃功能会因不堪重负而变得虚弱。糯米是人们比较熟悉的美食，但是此时却不宜多吃，因为糯米过于黏滞，且难于消化，如果此时多吃会加重肠胃负担，造成消化不良，严重的还可能引起肠梗阻。老人和儿童消化功能比较弱，所以惊蛰前后应尽量避免食用糯米制品。对于健康的成年人来说，此时食用糯米食品也应量力而行，否则肠胃会不堪重负，容易引发出许多肠胃病来。

4. 惊蛰应吃的食物：雪梨、洋葱

（1）雪梨。惊蛰时节，天气还有些许寒冷，空气仍然较为干燥，而细菌开始加快繁殖，此时是上呼吸道疾病的高发期。雪梨可以止咳化痰、润肺、生津，并且维生素含量很高，是这个时节非常适宜食用的水果。雪梨挑食以大小适中、果皮细薄、光泽鲜艳、果肉脆嫩、多汁香甜者为佳。雪梨可以直接食用，也可以做成梨干食用，想治咳嗽的话还可以加入冰糖加工"秋梨膏"饮用。惊蛰时节，可以制作莲子炖雪梨食用。

莲子炖雪梨

材料：莲子100克，雪梨60克，冰糖末适量。

制作：①莲子洗净用清水浸泡12小时，去两端、心；②梨洗净，去皮、核，切片；②炖锅内放入莲子、梨，大火烧沸，改小火煮半个小时，加入冰糖末，拌匀即可食用。

（2）洋葱。洋葱营养丰富，具有杀菌的功效，惊蛰时节食用洋葱可以使病毒、细菌远离人体。同时，洋葱还可以促进血液循环、发散风寒、降血压、提神、对抗哮喘、治疗糖尿病。烹炒时要注意：切好的洋葱不宜立刻炒制，最好先放置15分钟再下锅烹炒；加热不宜过久，否则会导致营养成分流失，以稍微带些微辣味为最佳火候。惊蛰时节，可以制作圆白菜洋葱汁饮用。

圆白菜洋葱汁

材料：洋葱250克，圆白菜100克，红酒50毫升。

制作：①圆白菜和洋葱洗净，切碎；②榨汁机中放入圆白菜和洋葱，加适量凉开水，榨取汁液，倒入杯中。③加入红酒，调匀即可饮用。

惊蛰起居养生：注意保暖

惊蛰时节，虽然气温逐渐升高，但是波动仍然较大。有时会出现初春气温升高较快，而到了春季中后期，气温和正常年份相比反而较低的气候现象，这种现象俗称"倒春寒"。对于老年人来说，这种气候是非常危险的。曾经有研究表明，在低温的室内不动，老年人的血压会明显升高，可能诱发心脏病、心肌梗死；一些慢性病，如消化性溃疡、慢性腰腿疼等也比较容易复发或加重。所以当此种气候来临时，老年人一定要提高警惕，做好准备。在"倒春寒"时，老年人起居要注意以下几个方面：

（1）要关注天气预报。时刻根据天气气温变化，增添衣物保暖，对手部、面部等敏感部位要注意加强防护。

（2）少沾烟酒，科学调整饮食。可以适当选择茶、姜汤、膳食纤维含量高的食物，预防中风和心脏病。

（3）讲究卫生。日常多开门窗保持室内空气流通，勤洗手、打扫房间，预防疾病传播。

（4）保持良好的心态，注意多休息。劳逸结合，切勿过度疲劳，否则会使人体抗病能力降低，容易患病。

惊蛰运动养生：全身心健身活动

1. 惊蛰时节全身放松健走健身活动

惊蛰时节，如果没有遭遇"倒春寒"，气温就会逐渐升高，越来越多的人开始走出家门，到室外运动锻炼。但是，由于刚刚经过寒冷漫长的冬季，人体的各个器官功能还没有恢复到最佳状态，特别是关节和肌肉还没有得到充分的伸展，因此不宜进行过于激烈的体育运动。建议此时最佳的运动方式是"健走"健身。

"健走"是一种介于散步和竞走两种活动之间的运动形式。"健走"的动作要领是：前腿高抬腿、后腿用力蹬，这样两腿肌肉同时用力，大步、快速地向前行走。在春天的气息中，无论清晨还是傍晚，穿上一双合适的运动鞋，选择一条幽静的小道，健步快走，沉浸在鸟语花香中，徜徉于自然氧吧里，让全身在"健走"中得到放松。在不知不觉中，肌肉得以伸展，肺部得到清洁，血液循环加快，新陈代谢逐步改善，健康将会不期而至，精神抖擞、腿脚利索就不言而喻。

2. 多种运动组合，交替运动强身健体

惊蛰时节，人们的运动欲望逐渐被和煦的阳光勾了出来。运动是很奏效的养生方式，但是仅仅局限于一种或两种运动则过于单一，不能使身体获得全面均衡的锻炼，应该采用"交替运动"的方式，选择多种运动方式合理组合，对身体进行全面、均衡、多方位的锻炼。

（1）跑步、网球、羽毛球、俯卧撑交替运动。经常跑步可以很好地锻炼腿部肌肉，但是上肢却缺乏锻炼，因此应该有针对性地选择一些网球、羽毛球、俯卧撑等能够锻炼上肢的运动。

（2）"向前"、"向后"交替运动。日常生活中接触到的运动大多是"向前"运动的，如果平时多做些"向后"的运动，如后退走、后退跑，可以提高下肢灵敏度，活跃大脑思维，对人们常见的腰疼、背疼、腿疼也有很好的疗效。因此，有些活动可以考虑采取逆向运动，但是一定要注意安全第一、见好就收，千万不可走火入魔。

（3）左右开弓、交替运动。平时习惯用右手、右脚较多者可以尝试着用用左手、左脚；平时习惯用左手、左脚多者可以尝试用用右手、右脚。左右开弓可以使左右肢体更加协调，而且可以同时开发左右大脑，使大脑功能更加协调，并且能够使人越来越聪明。

（4）动静交替运动。我们平常所说的运动都是以动为主，如果每天利用一段时间让身心处于绝对平静的状态中，毫无挂碍，可以使人体的各个器官得到更好的放松。

（5）大脑锻炼和身体锻炼结合起来。打牌、下棋、猜谜等脑力游戏可以锻炼大脑；散步、跑步、打球等体力运动可以锻炼身体。假若将这两种锻炼科学地结合起来，那么既可以锻炼大脑也可以增强体质。

惊蛰时节，常见病食疗防治

1. 饮用红枣花生冰糖汤防治肝炎

春季高发的肝炎有甲型肝炎和戊型肝炎。肝炎主要有食欲不振、厌油、乏力、懒动、低烧、黄疸、肝区疼痛、腹胀等症状。

如果不慎患上了肝炎，就必须及时到医院就医。在接受正规治疗的同时，也可以通过食疗来辅助治疗，以达到更好的疗效。惊蛰时节，惊蛰时节，可以采取饮用红枣花生冰糖汤食疗防治。红枣花生冰糖汤具有补中益气，养血平肝功效，适用于急慢性肝炎。

红枣花生冰糖汤

材料：红枣、花生米各50克，冰糖适量。

制作：①红枣、花生米淘洗干净；②砂锅中倒入适量水，放入花生米煮沸，再加入红枣，再次煮沸后加入冰糖，煮至冰糖溶化即可饮用。

2. 食用胡萝卜防治桃花癣

惊蛰时节是"桃花癣"高发期。由于此时正是桃花盛开的日子，因而美其名曰"桃花癣"。"桃花癣"属于过敏性皮炎，此病易感人群是儿童或青少年，多数患者是在面部出现症状，发病时面部长出大小不等的钱币状浅色斑点。一般情况下，斑点表面干燥，并有少量细小的糠状鳞屑附着，少量患者还会同时伴有不同程度的疼痛、瘙痒或灼热感。另外，患者容易产生心神不定、坐卧不安、心烦意乱，更有甚者易引起家庭纠纷。

"桃花癣"患者可以采取食疗方法防治。在日常饮食中应该多吃新鲜蔬菜、动物肝脏和禽蛋，禁食或少食辛辣刺激的食物以及海鲜类产品。维生素A可以防治"桃花癣"，而胡萝卜中所含的胡萝卜素可以在体内被转化成维生素A，所以，对于此病的患者来说，胡萝卜是很好的食疗选择。"桃花癣"也可以饮用猪皮麦冬胡萝卜汤食疗防治。猪皮麦冬胡萝卜汤具有补血活血，促进新陈代谢，保护视力，润泽肌肤，抗衰老等功效。

猪皮麦冬胡萝卜汤

材料：胡萝卜、麦冬各50克，猪皮100克，猪骨高汤、姜片、盐各适量。

制作：①麦冬洗净，然后用温水泡软；②猪皮清理掉猪毛，洗干净，切成条；③胡萝卜洗净，切块；④先在汤锅内放入猪骨高汤，大火烧沸，再放入麦冬、胡萝卜、猪皮、姜片，再用小火炖煮1小时左右，放入盐调味即可食用。

惊蛰耳熟能详谚语

1. 雷打惊蛰前，二月雨连连

如果惊蛰前打雷，那么当年二月份的雨水就会较多，这一年一定是丰收年。否则春天可能降雨偏少。

2. 未到惊蛰雷先鸣，必有四十五天阴

如果没有到惊蛰时节，却提前打雷了（雷鸣于惊蛰之日前），那么这一年时常有大雨的可能性较大，并且阴天也比较多。惊蛰期间何时打雷对农作物具有很大的影响，多雨的天气对山区作物生长有好处，因此人们期盼惊蛰响雷声。

3. 惊蛰一犁土，春分地气通

惊蛰时节，在阳历3月份，此时气温已明显回升。地温回升，土壤解冻，人们称此时为"地气上升"。这个时候如果进行春耕，开犁松土，便会有一股热气从土壤里蒸腾起来。此意也就是农谚中所说的"惊蛰一犁土，春分地气通"。

4. 惊蛰不犁地，好似蒸笼跑了汽

在惊蛰时期，土壤开始解冻，地温也在回升，土壤里的水分顺着土壤毛细管上升而蒸发掉。为了防止水分蒸发，若有过冬小麦的农田，应及时耙糖，或用漏锄浅锄行间土壤；无过冬作物的农田，实行无铧浅犁。经过耙糖浅锄或浅犁，就切断了地表层的土壤毛细管，从而减少了水分的蒸发，否则像农谚中所说"惊蛰不犁地，好似蒸笼跑了汽"。

5. 惊蛰暖和和，蛤蟆唱山歌

因惊蛰时期气温回暖。当气温、地温回升到10℃左右时，蛰伏在地下的蛙类、蛇类便从土壤中、洞穴里爬出来活动。田野里便开始出现了蛤蟆的鸣叫声，这就是人们常说的"蛤蟆唱山歌"。

6. 惊蛰民间谚语荟萃

不用算，不用数，惊蛰五日就出九。

过了惊蛰节，耕地莫停歇。

过了惊蛰节，亲家有话田间说。

过了惊蛰节，一夜一片叶。

惊蛰不藏牛。

惊蛰不放蜂，十笼九笼空。

惊蛰不过不下种。

惊蛰不开地，不过三五日。

惊蛰打雷，小满发水。

惊蛰到，鱼虾跳。

惊蛰地气通。

惊蛰点瓜，遍地开花。

惊蛰点瓜，不开空花。

惊蛰高粱春分秧。

惊蛰刮北风，从头另过冬。

惊蛰过后雷声响，蒜苗谷苗迎风长。

惊蛰黄莺叫，春分地皮干。

惊蛰雷开窝，二月雨如梭。

惊蛰雷闹眼，五毒下了田。

惊蛰雷雨大，谷米无高价。

惊蛰没到雷先鸣，大雨似蛟龙。

惊蛰闻雷，谷米贱似泥。

惊蛰闻雷米如泥。

惊蛰乌鸦叫，春分地皮干。

惊蛰秧，赛油汤。

惊蛰云不动，寒到五月中。

惊蛰早，清明迟，春分插秧正适时。

惊蛰至，雷声起。

雷打惊蛰前，高岗能种田；雷打惊蛰后，河湾能种豆。

雷响惊蛰前，夜里捕鱼日过鲜。

冷惊蛰，暖春分。

前响惊蛰，后响拿锄。

未过惊蛰听雷声，四十五天雨难停。

未过惊蛰先打雷，四十九天云不开。

未蛰先蛰，人吃狗食。

第四章

春分：草长莺飞，柳暗花明

春分之日一般是每年阳历3月20或21日，春分时节是指每年的3月20日或21日开始至4月4日或5日这段时间。太阳到达黄经0度（春分点）时开始。这天昼夜长短平均，正好是春季90日一半，故称"春分"。春分这一天阳光直射赤道，昼夜几乎相等，其后阳光直射位置逐渐北移，开始昼长夜短。春分是个比较重要的节气，它不仅有天文学上的意义：南北半球昼夜平分；在气候上，也有比较明显的特征，春分时节，除青藏高原、东北、西北和华北北部地区外都进入比较温暖的春天。

春分气象和农事特点：气温不稳定，预防"倒春寒"

1. 东北、华北、西北加强春旱、冻害防御

春分时节，我国多数地区都进入明媚的春天，在辽阔的大地上，杨柳青青、莺飞草长、小麦拔节、油菜花香。在东北、华北、西北地区，抗御春旱仍是春分时节重要的农事活动。历史上华北地区出现过春分雪的年份，"春分雪，闹麦子"，是说春分下雪对麦子的危害极大。因此春分时节加强春旱、冻害防御尤为重要，常用解决办法及防御措施有选用抗寒良种，小麦播种深度要合理，增施钾肥，灌水或喷雾等等。

2. 进入"桃花汛"期，要注意排涝防洪

"桃花汛"是指每年的3月下旬或4月上旬黄河在宁夏、内蒙古地区的河段因冰凌融化猛涨的春水，由于这个时段正是两岸附近地区桃花盛开的季节，所以称作"桃花汛"。

长江以南地区进入"桃花汛"期，降雨量迅速增多，要注意做好清沟沥水、排涝防洪工作。同时，要谨防"倒春寒"天气的危害，抓住"冷尾暖头"天气做好早稻育秧工作。

3. 要预防"倒春寒"对农作物的危害

春季在阳历3～4月份天气回暖的过程中，常常会因为冷空气的侵入，使气温较正常年份明显偏低，又返回到寒冷状态，这种"前春暖，后春寒"的天气就称作"倒春寒"。比较严重的"倒春寒"不仅使早稻、已播棉花、花生等作物造成烂种、烂秧或死苗，还会影响油菜的开花受粉，以及角果发育不良，降低产量；有时还会影响小麦孕穗，造成大面积不孕或籽实质量低劣等严重农作物灾害。

春分农历节日：花朝节——百花生日

花朝节流行于华北、华东、中南等地，又称"挑菜节"，简称"花朝"。阳历的时间是3月，大致在惊蛰后春分前，农历节期各地不尽相同。北京、河南开封在农历二月十二日；浙江、东北地区在农历二月十五日；河南洛阳等地则在二月初二。相传该日是"百花生日"，花朝节时，民间举办赏花、种花、踏青和赏红等娱乐活动。

1. 花朝节：纪念百花仙子的节日

花朝节（农历二月初二）又称花王节、百花仙子节或花婆节，是广西宁明、龙州一带壮族人民的传统节日。花朝节是纪念百花仙子的节日，传说百花仙子于农历二月初二降临人间。百花仙子是壮族虔诚敬奉的一位女神。传说花婆神专管人类生儿育女，又是儿童的保护神，所以，婴儿出世后，多数人家就在卧室的床头边立一花王圣母神位，上置一束从户外摘回的花或以红纸剪扎成的花，每逢初一或十五日，须焚香敬拜；农历二月二十九日则大祭之，祈求儿女健康。

花朝节一般选在有高大木棉树的地方度过。青年男女们穿着民族盛装，从四面八方云集而来，怀揣五色糯饭、糍粑或粽子等食品，带上为情人而备的头巾、千针底新鞋等礼品，尤其不能少了精心绣制的绣球。人在绿丛中三五成群，对唱山歌，赞情侣，夸对方，求恋情，同时歌颂百花仙子的圣洁、美丽。唱到情深意醉，女子便带着无限的柔情，将绣球像彩虹一样抛向自己的心上人。人们按照传统习俗，从四周把绣球纷纷向木棉高枝抛去，于是出现一道道彩色的"闪电"，令人眼花缭乱。抛掷过后，木棉树上彩球累累，宛如仙子霓裳。人们用这样的方式纪念百花仙子和祈求百花仙子降福于人间。

2. 赏红：贴红纸条或挂红布条、剪红纸小旗

花朝节民间纷纷组织"赏红"活动。江苏、浙江、上海、湖北、湖南、江西等地区花朝节有"赏红"活动。在江苏，栽种花树的人家都要在花树枝上贴红纸条或挂红布条、剪红纸小旗，称为"护花符"。在浙江杭州，以农历二月十二为百花生日，以纸糊成花篮形悬挂在花树之上，也有只粘红纸条的，或缠系在花木枝上、插在盆中。这些活动有祝花木繁盛、人寿年丰的含义。

3. 蒸百花糕：邻里互赠，增进友情

花朝节，家家户户蒸百花糕。百花糕是花朝节的特色食品，人们采摘新鲜的花瓣，和着糯米粉，与家人一起动手做，更有节日气氛。做好后，邻里之间互相馈赠，增进友情。

4. 食撑腰糕：蒸食年糕，祈祷身体健康

撑腰糕，其实就是普普通通米粉做的糕，即用糯米粉制作成扁状、椭圆形，中间稍凹，如同人腰状的塌饼。上海、浙江等地在花朝节家家蒸食年糕，以隔年糕油煎食之，以求腰板硬朗，耐得劳作，故称"撑腰糕"。寓意祈求一年四季不腰痛。

春分民俗：多彩多姿祭拜活动，祈求春华秋实

1. 春分吃春菜——家宅安宁，身强力壮

春分时节，正是吃春菜的最好时期。春菜，顾名思义，是春天的蔬菜，但不唯春天独有。昔日岭南四邑（现在加上鹤山为五邑）开平苍城镇的谢姓人家，有个习俗，叫作"春分吃春菜"。"春菜"是一种野苋菜，乡人称之为"春碧蒿"，多是嫩绿的，约有巴掌那么长。逢春分那天，全村人都去采摘春菜。采回的春菜一般与鱼片"滚汤"，名曰"春汤"。清润可口，能清热降火、生津润燥，是有特色的简易靓汤，且男女老少皆宜。有顺口溜道："春汤灌脏，洗涤肝肠。阖家老少，平安健康。"春分吃春菜寓意祈求家宅安宁、身强力壮。

2. "春牛图"——寓意丰收的希望

春牛图是我国古时一种用来预知当年天气、降雨量、干支、五行、农作物收成等资料的图

鉴。春分到时，便出现挨家挨户送春牛图的现象，春牛图是将二开红纸或黄纸上印上全年农历节气以及农夫耕田的图样。送图者都是些民间善言唱者，主要说些春耕和吉祥不违农时的话。每到一家都会即景生情，见啥说啥，说到主人乐而给钱为止。言词虽随口而出，却句句有韵动听。俗称"说春"，说春人便叫"春官"。春牛图在人们心目中寓意着丰收的希望，幸福的憧憬以及对风调雨顺的祈求。它是民间最常见的吉祥图案，也是千百年来一直为人们喜闻乐见、长盛不衰的绘画内容。

3. 春分"竖蛋"——庆贺春天的来临

我国春分"竖蛋"的风俗起源于4000年前，当时是为了庆祝春天的来临。春分竖蛋，不仅在我国流行，现在每年春分，世界各地都会有数以千万计的人做竖蛋游戏，这一中国习俗已经演变为"世界游戏"。

春分竖蛋的有趣玩法：

（1）挑一个适合竖立的鸡蛋。要挑选一头大一头小的鸡蛋，立蛋时将大头朝下，这样重心会比较低，鸡蛋容易保持垂直竖立。

（2）巧妙寻找或者创造支撑面。想方设法找到合适的支撑面，尝试在桌面上涂上印泥，再把鸡蛋立在涂有印泥的桌面，可以惊奇地发现，能立住的鸡蛋，底部会有一个肉眼很难看清的平面，一旦重力作用线能经过这个平面，鸡蛋就能稳定地竖立起来。

（3）出手一定要稳。鸡蛋里的蛋黄位置也会影响鸡蛋的竖立情况，竖鸡蛋时，手的动作要尽量保持稳定，让蛋黄可以慢慢沉淀到鸡蛋下部，这样重心就能足够低，将会使鸡蛋保持平衡竖立起来。

春分之日鸡蛋能够竖起的秘密有好多种说法，总体比较后，以下两种说法比较合理：

（1）春分这一天，南北半球昼夜平分，地球地轴与地球绕太阳公转的轨道平面处于呈现66.5度倾斜角的一种力的相对平衡状态，比较有利于竖蛋。

（2）春分时节正值春季的中间，气候宜人、不冷不热，人们易于集中精力做高难度的动作事情，因此竖蛋比较容易成功。

4. 春分之日明清皇帝在日坛"祭日"

祭日仪式原为中国古代的祭奠仪式，表达人们对太阳的崇敬之情。周代时期，春分之日就有祭日仪式了。《礼记》中记载："祭日于坛"。孔颖达疏："谓春分也。"祭日风俗代代相传。清潘荣陛《帝京岁时纪胜》中记载："春分祭日，秋分祭月，乃国之大典，士民不得擅祀。"明、清两代皇帝春分日祭祀太阳就在日坛。日坛坐落在北京朝阳门外东南日坛路东，又名朝日坛。朝日定在春分的卯刻，每逢甲、丙、戊、庚、壬年份，皇帝亲自祭祀，其余年岁由官员代为祭祀。

祭日活动虽然比不上祭天与祭地典礼的隆重，但仪式规模也颇大。明代皇帝祭日时，用奠玉帛，礼三献，乐七奏，舞八佾，行三跪九拜大礼。清代皇帝祭日礼仪有迎神、奠玉帛、初献、亚献、终献、答福胙、车馔、送神、送燎等九项议程，也颇为隆重。

5. 古人栽"戒火草"——防备火患

梁代宗懔撰写的《荆楚岁时记》中记载，南北朝时，江南人们春分这天在屋顶上栽种戒火草，如此就整年不必担心有火灾发生了。从古代民俗角度看，此类说法不仅反映出古时候人们已经具有防备火患的意识并且非常重视，也体现了人们对平安生活的美好期望。

戒火草，即景天，《本草纲目》中有记载，有慎火、戒火、辟火等异名，相传是火灾的克星。《荆楚岁时记》记载，春分那天，"民并种戒火草于屋上"。明代《群芳谱》中记载，景天"南北皆有，人家多种于中庭，或盆栽置屋上，以防火"。像这样的风俗也常见于地方志，例如安徽《歙县志》中记载："谨火，即慎火，一名景天……有盆养屋上以避火者。"

传说仙人掌也有"辟火"作用。清乾隆年间《泉州府志》说："戒火，一名仙人掌，形如人掌，人家以罐植之屋上，云可御火灾。"古人纳入"火灾克星"的还有树木，如江苏泰州民俗，认为黄杨辟火。赣东北地区民俗，开水塘、种樟树以防火灾。还有些地方，人们习惯在门前插柳条来防范火患。

6. 农历二月十九日——观音诞辰

佛教传说观音菩萨的诞辰日是农历二月十九日，因此，信徒们称这一天为"观音诞辰"，并且在此日要以各种形式庆祝或祈祷菩萨保佑，放生是观音诞辰日的重要活动之一。以前上海的老城隍庙和新城隍庙内都有放生池，在庙宇附近的花鸟市场拥有大量的乌龟、活鱼销售商贩，专门供应善男善女信徒们放生使用。

7. 春分酿美酒——祈求庄稼丰收

我国大部分地区都有春分日酿酒的习俗。例如北京、天津、河北、山东、山西、浙江等地在春分之日有酿酒的习惯。浙江《于潜县志》记载，当地"'春分'造酒贮于瓮，过三伏糟粕自化，其色赤，味经久不坏，谓之'春分酒'"。明代山东淄川于是日栽植树木，作春酒，酿醋。《文水县志》记载："春分日，酿酒拌醋，移花接木。"在山西陵川，这天不仅要酿酒，还要用酒醴祭祀先农。春分之日各地纷纷酿酒，据说不仅仅是当日酿酒日后会更加香醇，而且是春分之日酿酒会使当年庄稼收成好。

8. 粘雀子嘴：避免雀子破坏庄稼

春分之日，民间多数人家要歇一天，不干农活。家家户户吃汤圆，除了家里人吃的汤圆外，还要做二三十个不用包心的汤圆并煮好，用细竹叉扦着置于室外田边地坎，名曰粘雀子嘴，免得雀子来破坏庄稼。传说田间地头放了粘雀子嘴，雀子老远看见了就会吓得飞跑了。

9. 春分时节小孩、大人比赛放风筝

春分时节也是人们放风筝的最好日子。特别是春分当天，小孩、大人齐上阵。五颜六色的风筝有王字风筝、鲢鱼风筝、眯蛾风筝、雷公虫风筝等，其大者有两米高，小的也有二三尺。放风筝的场地上有卖风筝的，也可以自己现买材料现场DIY。手里攒的，地上拉的，空中飞的，到处都是风筝，你追我赶比赛放风筝。时而笑、时而哭，时而有风筝飞起，时而有风筝坠落，处处洋溢着春天的气息和人间的欢乐。

10. 春祭：声势浩大的祭祖活动

春祭其实就是在春天到来的时候，人们用隆重的仪式祭祀，希望在新的一年里国泰民安、风调雨顺，寄托了人们的美好向往。春分之日，族中领导带领相关人员，于凌晨就在祖祠摆开祭祖仪式：杀鸡、做糍粑、做米果、请鼓手、备祭品、烧火做饭，准备祭祖宴。早饭用过，穿戴着节日盛装的祭祖人员，就会纷纷向祖祠涌来。大约九点过后，祭祖活动开始，祖祠大厅当中祭台上摆满各种祭品，司仪人员宣布祭祖开始，主祭人就会随着司仪声声吆喝，朝着祖牌频频叩首祭拜。大厅内一时金钟齐鸣，鼓乐奏响，唢呐声声，鞭炮阵阵，既庄严又喜庆。祭祀礼毕，人们扛着三牲祭品，鸣锣开道，一路吹吹打打前往先祖坟地祭扫祖墓。为鼓励族人积极参加祭祖，凡参加祭祖的人员，不论年龄，男女不限，均可分得一份米果或糍粑，花甲之人可获得双倍待遇。中午的祭祖宴会，另设有敬老席及功名席，特请花甲老汉及读书贤能之人赴宴。宴会上，人们频频举杯相互祝酒，大碗喝酒，大块吃肉，猜拳行令，沉浸在一片欢声笑语的喜庆和谐气氛之中。

客家田代春分祭祖活动中有一项重要的传统习俗就是给新生下的男婴取名。凡是本族当年生下的男婴俗称"新丁"，其父母必须于春分祭祖这一日，带上族中规定数量的新丁"喜应米果"或糍粑以及红蛋、饼干、糖果，早早来到祖祠内拜请族长为孩子取名。给新丁取名必须由族长严格按族规统一字辈。为了避免重名，族长把全族男丁的名字按辈分编订成册。每临春分祭祖这日，族长来到祖祠，端坐厅间，逐一为新丁查阅辈分取名。同时，将新丁名字登记入册，并在新丁名字上盖上印子。全部新丁取名完毕，族长就把饼干、糖果集中交付族中辈分最大、年纪最老的长者，让其站在祖祠大厅内高高的桌子上，撒发给全体参加春祭活动的人。新丁取名程序、场面既严肃，又轻松，一片欢声笑语，满堂其乐融融。

台湾客家人祭祖一般是早在正月十六日便开始扫墓、挂纸，对先祖给予春季祭祀。但客家人春天祭祖的时间，主要还是集中在春分至清明期间，若没有其他特殊原因，是不会拖延至清明时节以后的。

四川客家人的祭祖宗旨主要是为了缅怀先祖德政、祭祀祖宗，每临春分前半个月，族中就召集全族理事人员云集一堂，共商春分祭祖事宜，组织祭祖活动。

广东、福建等地区的客家人在春分祭祖扫墓时，多数都是全族、全村男女老少齐出动，祭祖队伍浩浩荡荡，少则几百多则上千人。首先扫祭开基祖和远祖坟墓。开基祖和远祖的墓地"挂纸"完毕后，接着分房扫祭各房祖先坟墓，最后各家再扫祭家庭私墓。

闽西客家人春分祭祖一般从祭祀文昌开始，由礼生诵读文昌祭文后，行礼拜。可见客家人"崇文重教"，客家人"耕读传家"不止是各客家人姓氏的家训教条，而不断通过仪式化的民俗活动加以教化和积极推行，因此形成客家文化的优秀传统。紧接着由主祭祭祀天地诸神及祖先，礼生诵读春分祭文，同宗父老按辈分先后顺序逐一上前跪拜祖先。祭祖仪式完毕后，还要鸣放土炮或土铳作为"谢神"之礼。

11. 吃太阳糕：感恩太阳的光和热

历朝历代祭祀太阳神的活动可以说就没有停止过。过去春分有祭祀太阳神的活动，直至今天，祭祀太阳神的活动仍然可见，因为太阳把它的光和热恩赐于人类及万物，所以人们对想象中的太阳神极为虔诚。民间祭祀的仪式虽远不及皇家那样隆重，但也非常严肃，一丝不苟。早年北京人祭祀太阳神所用的主要供品是"太阳糕"。这是一种用大米面和绵白糖蒸成的圆形小饼儿，上面印着一只朱红的金鸡（传说中的鸡神）在引颈长啼，仿佛呼唤天下之鸡齐鸣，为人间报晓。《燕京岁时记》中记载："二月初一日，市人以米面团成小饼，五枚一层，上贯以寸余小鸡，谓之'太阳糕'，都人祭日者买而供之，三五具不等。"制作的太阳糕上为什么上面要站个小鸡呢？据说太阳从汤谷升起，有一扶桑树，一只玉鸡站立于上，每逢太阳冉冉升起时，它就打鸣报晓，随之民间的公鸡也报晓。也有人说那不是小鸡，是凤凰。《诸神的起源》中记载，风是指风神，凰是太阳，结合起来，凤凰即是太阳的象征。锦上添花，太阳糕上再站立着一只凤凰好像更好些。

太阳糕还有一个名字叫作"小鸡糕"。传说清宫门外有一家专做年糕的"袁记斋"小店，是大名鼎鼎的"年糕袁"的前身。"袁记斋"年糕上都打着小鸡红戳，叫"小鸡糕"。一日慈禧太后想吃，送年糕进宫那天，恰逢二月初一"太阳节"。"太阳节"是祭祀太阳神的日子，慈禧看见年糕上朱红的小鸡非常高兴，便说："鸡神引颈长鸣，太阳东升，真是吉祥！"遂将年糕命名为"太阳糕"。

春分民间宜忌：植树得看日子

春分之日植树忌讳晴天

春分之日，我国部分地区民间常于此日植树造林，古时传说如果这天天气晴朗、万里无云，则极有可能会使所栽的树苗不易成活，要么半死不活，一段时日后，砍掉吧，似乎活着；浇水施肥培养吧，看着好像快要枯死了，成了个"鸡肋"。当然，这只是民间传说。

春分饮食养生：燕子归来，平衡阴阳

1. 春分时节，饮食忌大寒大热

春分时节，饮食方面要遵循阴阳平衡原则。由于春分时节，在大自然中阴阳各占一半，日常饮食要能够保持机体功能的平衡协调稳定。忌偏食，要么常吃大寒食物，要么常吃大热食物，这些饮食习惯弊端较多。可以多食些菜花、莲子和牛肚。菜花可以强身健体，抵抗流感；莲子可以稳固精气、强健体魄、滋补虚损、祛除湿寒；牛肚可以滋养脾胃、补中益气。另外，还可以将寒、热之食物合理搭配食用，例如，把寒的鱼、虾和温性食物的葱、姜、醋等调料搭配，以中和鱼、虾之寒。还可以将补阳和滋阴的食物搭配食用，例如，可以将助阳的韭菜和滋阴的蛋类搭配。这样饮食既可以将寒性食物和热性食物相中和，又可以保证各种食物营养的合理摄取，避免了偏食等情况的发生。

2. 缓解压力宜食 B 族维生素食物

春分是精神疾病高发期，这个时期我们可以选择一些可以缓解压力、调节情绪的富含B族维生素的食物。B族维生素包括维生素B_1、维生素B_2、维生素B_6、维生素B_{12}、烟酸、泛酸、叶酸等。这些B族维生素是推动体内代谢，把糖、脂肪、蛋白质等转化成热量时不可缺少的物质。如果缺少维生素B，则细胞功能马上降低，引起代谢障碍，这时人体会出现怠滞等症状。情绪容易激动、生气的人可选择富含B族维生素的食品，主要有：猪腿肉、大豆、花生、里脊肉、火腿、黑米、鸡肝、胚芽米等富含维生素B_1的食品；动物肝脏、牛奶、酵母、鱼类、蛋黄、榛子、菠菜、奶酪等富含维生素B_6、维生素B_{12}的食品。春分适当吃些富含B族维生素的食物，不但可以缓解压力，而且还可以抵抗疲劳。

3. 春分时节养肝、护肝

（1）选用鸡肝、以脏补脏。鸡肝味甘、性温，可以补血养肝，亦可以温补脾胃。鸡肝与其他动物肝脏相比较，鸡肝的补肝功效更强大些。

（2）肝主藏血，以鸭血补肝。动物的血也可以养护肝脏。鸭血营养丰富，是春季养肝的最佳食品。

（3）多吃菠菜、舒肝养血。菠菜是春季的时令蔬菜，具有滋阴润燥、舒肝养血之功效，也可辅助治疗肝气不舒及其并发症的胃病。

4. 滋养肝血可适当吃些鸭血

鸭血具有滋养肝血功效，并且容易被消化吸收，适宜在春分时节食用。鸭血挑选以颜色暗红、无腥臭、无异味、弹性良好、掰开后内无蜂窝状气孔为佳。烹调时应搭配葱、姜、辣椒等佐料以去腥味。由于胆固醇含量较高，因此不宜多吃，适可而止。

菠菜鸭血羹

材料：鸭血150克，菠菜250克，葱白3克，香油、盐、味精、植物油各适量。

制作：①鸭血淘洗净，切块；②菠菜去根，淘洗净，切段；③葱白洗净，切葱花；④锅内加适量水，放入菠菜，开火煮至九成熟，放入鸭血块，加入植物油、葱花、盐、味精、香油，大火煮沸即可食用。

5. 疏通血脉可食用菠菜

菠菜具有疏通血脉、利五脏、解毒、防春燥之功效，是春分时节饮食养生的首选蔬菜。菠菜挑选以根部颜色浅，梗部红且短，叶子新鲜、无黄色斑点且有弹性者为上品。食用前最好先用沸水烫软，捞出再炒。菠菜与海带、水果等碱性食品一同食用，能促使草酸钙溶解并排出，以防止结石。但是不宜多吃，适可而止。

猪肝菠菜粥

材料：猪肝80克，菠菜120克，大米100克，盐、姜丝、葱丝各适量。

制作：①猪肝淘洗干净，切成薄片；②菠菜淘洗干净，去根，切段；③大米淘洗干净，冷水浸泡30分钟；④砂锅中加冷水，放入大米，大火烧开，改小火煮成稀粥；⑤加入猪肝片、菠菜段、姜丝、葱丝、盐，搅匀；⑥煮至猪肝熟透即可食用。

春分起居养生：杀菌、除尘

1. 屋内适量养花，能够杀菌、除尘

春分时节气候十分适宜各种病菌的繁殖和传播，此时是各种流行性疾病的高发期。在日常生活中，要注意经常打开门窗给房屋通风，最好能在屋内种一些花草，例如丁香花、常春藤、吊兰、仙人掌、菊花、桂花、薰衣草、玫瑰等，这些花草既可以给居住环境增添一份春意，又能杀菌、提高空气质量、提高负离子浓度，对人体的健康和心理调适非常有利。

（1）吊兰能够有效净化房间里的空气。一盆吊兰能够在一天之内将一个8~10平方米房间里的有害气体吸收至少80%，其净化空气能力可以和专业的空气净化机相媲美。也可以选择具有同等功效的花草非洲菊、茶花、龙舌兰、木芙蓉等。

（2）常春藤的叶子上的微小气孔可以有效地吸收粉尘，甚至可以吸到那些连吸尘器都无法吸走的细微粉尘。也可以选择具有同样吸尘能力的紫露草、桂花、蒲葵、栀子花等花草。

（3）丁香花可以释放出含有丁香酚等化学物质的特殊香气，这种气体可以有效地杀灭白喉杆菌、肺结核杆菌、伤寒沙门氏菌及副伤寒沙门氏菌等病菌，从而起到预防传染病的效果。此外，也可以考虑选择具有类似功效的金橘、茉莉、月季、金银花、紫薇、文竹、薄荷、蔷薇等花草。

（4）仙人掌晚上可以释放氧气。多数植物都是白天释放氧气，夜间释放二氧化碳，但是仙人掌却与之相反，它是在夜间释放氧气，并吸收二氧化碳。夜间在屋里放置仙人掌可以增加空气中氧气和负氧离子的浓度，提高人们的睡眠质量。另外，也可以选择具有同样功效的金琥、水塔花、令箭荷花等花草。

（5）薰衣草的香味具有镇静安神之功效，对改善心率过速有很好的辅助作用。

（6）桂花的芳香味道可以解除抑郁、去除污秽，对改善狂躁型精神病有较好的功效。

（7）菊花的香气可以起到清热疏风，能够改善头晕、头痛、感冒以及视物不清等症状。

（8）玫瑰的花香可以疏肝解郁，是缓解肝胃气痛最佳的花草。

居住环境种些花草是有不少好处，但是还要注意花草植物也要呼吸，也会释放二氧化碳，如果屋内植物过多，将会造成二氧化碳过量。因此，屋内养花一般以每个房间2~3盆为限。

2. 居室布置舒适有序，有助身心健康

春分时节，暖湿气流比较活跃，冷空气活动比较频繁，因此，阴雨天气较多。将居室布置得舒适而有序，对身心的健康也很有益处。比如将客厅布置得温和舒畅，同室外的阴雨天气形成反差，又同风和日丽的天气相谐调；将卧室布置得温馨适意，室内的温度保持在14℃~16℃之间，会使人产生温柔静谧的感觉；将书房布置得明亮温和，空气清新，但又不湿气太重，饭厅注重色彩搭配，会唤起人的食欲；将阳台布置成一个"小花园"，鲜花绚丽，清香四溢，空气清新，悦人心目。居室所营造出来的舒适度既可以解除疲劳，又有助于身心健康。

春分运动养生：锻炼身体，增强抵抗力

1. 锻炼身体要注意卫生保健

春分时节是一个易于滋生细菌的节气，因此在锻炼身体时要注意卫生保健。早晨的气温比较低，有时还会有雾气，室内外温差悬殊，人体骤然受冷，容易患伤风感冒，还会使哮喘病、支气管炎、肺心病等病情加重，所以锻炼时最好选择在太阳升起后再到户外运动为宜。此外还要加强防寒保暖，春分时节气候多变，户外锻炼时衣着穿戴要适宜，随时注意防寒保暖，以免出汗后受凉，更不要在大汗淋漓后脱下衣服或在风口处休息。锻炼身体出汗后，一定要及时用干毛巾擦掉身上的汗水；另外还要及时穿好御寒衣服做好保暖，以免风寒感冒。

2. 锻炼身体前要做好热身运动

任何一场体育比赛活动，我们都会看到运动员赛前要做热身运动。锻炼身体也同样需要做热身运动。锻炼前热身就是为了让锻炼的效果更好，减少受伤。热身是指让身体热起来，以微微出汗为准。热身的方法不是一定的，年轻人可以在运动前慢跑，让身体有微微出汗的感觉，然后根据锻炼的具体内容，有针对性地活动各关节，热身时间应该保持在15分钟以上。而老年人的热身应该先通过慢走让身体热起来，再做些简单的体操，热身时间要保持在10分钟以上。另外，要针对不同的锻炼运动，采取不同的热身方式：比如打篮球前需要针对手指、手腕、膝盖、脚踝等部位热身，用双手互压手指韧带，向不同的方向转动手腕，前后跨步压腿以及蹲起；打羽毛球前要注重肩、背肌肉的热身，最适宜的方式是压肩、拉背等；打乒乓球要针对手腕、肱二头肌和肱三头肌进行热身，手腕、脚腕的绕环和拉伸运动最适宜；打网球要针对小臂和腰部进行热身，最好的方式是做拉伸和绕环动作；跑步、走路等运动需要加强双腿热身，热身运动可以以脚踝绕环、下蹲押拉等为主。锻炼前经过了各种形式的热身运动后，就不用过分担心锻炼的过程中会出现的肌肉拉伤、抽筋等情况发生。

3. 锻炼身体要警惕肌肉扭伤

春分时节锻炼身体要防止肌肉扭伤。人们都知道，关节是靠肌肉和韧带来保护的，冬季气温低，肌肉、韧带的柔韧性较差，对关节的保护力度会有所减弱，所以运动中只要磕着、碰着一点，就会造成损伤，容易发生骨折。然而到了春季，随着温度的升高，肌肉弹性增加，骨折的情况很少出现，但是人们往往运动热情过于高涨，往往会加大运动强度、挑战极限，或者忽视了运动前的热身，肌肉缺乏对突然提高运动强度姿势的适应，就会出现扭伤，因此在春分时节锻炼身体要量力而行，循序渐进增加锻炼强度和难度，并且还要做好锻炼前的热身，警惕肌肉扭伤。

4. 放风筝：缓解压力，愉悦身心

"草长莺飞二月天。拂堤杨柳醉青烟。儿童放学归来早，忙趁东风放纸鸢。"这是清代诗人高鼎的《村居》中记载的有关春天放风筝的描述。民间自古就有放风筝的传统习惯。风筝，也称作纸鹞、鹞子、纸鸢等。春分一到，草长莺飞，正是放风筝的最好时间。放风筝不仅可以很好地锻炼身体，而且也有益于调节心情，可以说是一种养生保健最佳的运动。

春分时节，地气上升，在风和日丽的大自然中放风筝是很好的日光浴、空气浴。而在放风筝的过程中也有助于人体的内热疏泄，体质增强。跑跑停停的肢体运动可增强心肺功能，增强新陈代谢。另外，放风筝的群体性很强，筝友相聚，妙语连珠，破闷解难，精神愉快。放风筝活动还具有以下养生功效：

（1）吐故纳新、消内热积聚。在春光明媚的春天里和空气清新的田野上放风筝，可以吐故纳新，促进血液循环，清心肝之火，散内结郁热。此外，所有病情较轻的慢性疾病，都可以应用风筝疗法来辅助治疗，提前康复。

（2）排除杂念、降血压。从中医角度讲，放风筝可释放压抑的情绪，通过排除浊气，顺畅清气，使体内气息顺畅，从而起到降压作用。从西医角度说，放风筝时精神专注，可排除杂念，心情放松，血管舒缓，血压也就自然而然地下降了。

（3）保护和增强视力。近距离、长时间用眼引起眼球睫状肌紧张，是造成近视的主要原因。放风筝时极目远眺风筝的千姿百态，不但能调节眼部肌肉和神经，消除眼睛疲劳，达到保护和增强视力的目的，而且对防治近视眼、老花眼视神经萎缩极为有益。

（4）缓解神经衰弱及失眠。放风筝时，心情舒畅，精神愉快，可使处于紧张状态的大脑皮层和脑血管放松，使大脑皮层得到休息，因此对神经衰弱及失眠症者有缓解治疗作用。

（5）促进颈椎病的康复。经常放风筝，可以保持颈椎、脊柱的肌张力，保持韧带的弹性和椎关节的灵活性，增强骨质代谢，加强颈椎、脊柱的代偿功能，既不损伤椎体，又可预防椎骨和韧带的退化。放风筝时，眼望天空，头向后仰，还可使颈项部的肌肉得到放松，有利于保持颈椎的生理弧度，改善局部血液循环，促进颈椎病的有效康复。

5. 认识误区：运动出汗越多越好

日常生活中，有不少人以为运动出汗越多，健身效果就会越好，其实这是一个很不科学的观点。现实中有的人稍微一运动就满头大汗，有的人运动很长时间却没有出汗或者很少出汗，这到底是什么原因造成的呢？一般来说，出汗多少与运动强度相关，运动强度越大，出汗越多，反之则越少。另外，每个人的身体状况不一样，所以出汗多少也与个人的身体情况有关；汗腺数量越少，出汗也越少；反之则越多，则出汗也会越多。体质好的人，肌肉发达，耐力好，即使进行大量运动也轻而易举，不会觉得特别累，出汗就相对较少；体质不好的人，不善于运动，稍微一动就会累得直喘粗气，出汗也就相对较多。运动前饮水的多少也会影响出汗量，运动前饮水越多，运动中越容易出汗。运动后，对于少量的出汗，可以不必太在意；但是对于大量的出汗，应该引起重视。因为大量出汗使体液减少，如果不及时补液，可导致血容量下降，心率加快，排汗率下降，散热能力下降、体温升高，机体电解质紊乱和酸碱平衡紊乱，引起脱水。脱水导致机体的一些主要器官生理功能受到影响，如心脏负担加重、肾脏受损。钠、钾等电解质的大量丢失可导致神经肌肉系统障碍，引起肌肉乏力、肌肉痉挛等症状。脱水还会使运动能力下降，产生疲劳感等症状。

可见，运动锻炼不是出汗越多越好。尤其是春分前后运动更不宜太剧烈，出汗过多损伤人体正气，由于春分时节严寒基本上已过去，各种病邪也随之滋生，也有可能出现连续阴雨和倒春寒。此时人体气血运行在肌肤体表，一些旧疾就会发出来，如气管炎、哮喘、关节炎、宿年的筋骨关节软组织劳损疼痛等容易复发。年老或体弱、心脑血管病、胃肠道病以及失眠、焦虑、抑郁等情志疾病的人此时更不容忽视。因此春分时节运动一定要适度，不宜过分剧烈以致大汗淋漓，造成出汗过多导致津液的大量丢失，而损伤人体正气。

春分时节，常见病食疗防治

1. 失眠饮用酸枣仁汤食疗防治

失眠是指无法入睡或无法保持睡眠状态，导致睡眠不足。常见导致失眠的原因主要有环境因素、个体因素、躯体因素、精神因素、情绪因素等。中医认为，失眠是人体阴阳失调、气血不畅造成的。春分时节气候变化较大，气候的不稳定容易影响到人的情绪，使人的生理功能失调，再加上春季气压偏低，造成人体激素分泌紊乱，容易导致失眠。

根据中医理论，导致失眠的原因是脏腑阴阳失调、气血不和。因此，失眠的食疗应选择可以协调脏腑、调和气血阴阳的食物，以达到补益心肺、滋阴降火、疏肝养血、益气镇惊、化痰清热的效果。失眠可以饮用。酸枣仁汤具有补肝益胆、宁心安神之功效，另外还可以缓解失眠多梦症状。

酸枣仁汤

材料：酸枣仁9克。

制作：①酸枣仁捣碎；②锅内放入酸枣仁，加适量水，小火煎成汤。去渣即可饮用。

预防失眠措施：

（1）晚上10点半为最佳入睡时间。晚上11点至次日凌晨5点应该在深睡眠中度过。可以根据自身情况慢慢调整自己的生物钟，尽量安排在这个时间段内睡觉，提高睡眠质量。

（2）喝一杯加了适量食醋的凉开水，可以催眠入睡并睡得很香。

（3）晚上临睡前喝杯牛奶，最好加一点蜂蜜，有安神催眠之功效。

（4）柑橘芳香催眠。或在床头柜上放上一个剥开皮或切开的柑橘，让失眠者吸闻其芳香气味，可以镇静中枢神经，帮助入睡。

（5）合理规划作息时间，睡前避免情绪发生剧烈波动。

（6）晚餐用后尽量不要喝咖啡、茶等可以提神的饮料，不抽烟、不喝酒。

（7）居住环境要保持良好，卧室隔音效果好、温度要适中、光线要柔和。

（8）晚上不看跌宕起伏剧情的电视节目和书报文章，也不想令人烦恼或兴奋的事情。

（9）睡前洗个温水澡，最好用热水泡泡脚，然后做做足底按摩。

（10）用木梳或牛角梳梳理头发，按摩头皮，也可以用搓热后的双手按摩头皮。

（11）舒适的睡眠姿势。睡眠姿势当然以舒适为宜，且可因人而异。最好以右侧卧比较好，身体自然蜷曲放松。

2. 月经不调饮用田七木耳乌鸡汤食疗防治

月经不调，也称作月经失调，是一种妇科常见病。表现为月经周期或出血量的异常，或是月经前、经期时的腹痛及全身症状。病因可能是器质性病变或是功能失常。中医认为此病的原因多为血热、血寒、气虚、血虚、肾虚、肝郁、肝肾不足等。春分时节，人体激素分泌旺盛，体质弱的人最容易在此时出现月经失调。患者在月经前期或月经期常伴有腹部疼痛等症状。

月经不调的女性可以通过饮食来食疗防治。日常生活中，对月经不调有辅助治疗作用的食物有：荠菜、乌鸡、丝瓜、大枣、山楂、芹菜、羊肉、黑豆和红花等。也可以饮用田七木耳乌鸡汤食疗防治。田七木耳乌鸡汤具有养血补血、滋阴清热功效，适用于气血不足导致的月经过少症状。

田七木耳乌鸡汤

材料：田七10克，木耳10克，乌鸡1只，盐适量。

制作：①田七洗净，捣碎；②木耳洗净，撕块；③乌鸡洗净，切块，焯后捞出；④砂锅内倒入适量水，大火烧沸，放入乌鸡块、木耳块、碎田七；⑤大火烧沸，改用小火煲3个小时。⑥加盐调味即可饮用。

月经失调预防措施：

（1）经期要注意保暖，避免寒邪侵入。

（2）多休息，避免疲劳过度。

（3）经前和经期要禁食生、冷、寒、刺激性食物。

（4）保持健康心态、情绪稳定、心情愉快。

（5）节制性生活，经期不要进行性生活。

（6）注意经期身体卫生，但也不宜清洁过度。

春分耳熟能详谚语

1. 春分麦起身，雨水贵如金

在春分时节，我国大多数地区降雨量稀少，多干旱天气，"春分麦起身，雨水贵如金"等说法是把这时节的雨水比作黄金般的贵重之物，表现出农家期盼下雨的心情。另有相类似的农谚为"春雨贵如油"。以陕西为例，此时平均气温已回升到9℃以上，返青后的冬小麦正在拔节，已全面进入了积极生长阶段。冬小麦拔节时期也是冬小麦的小穗分化后期的孕穗期。也即农家所说的"胎里富"的关键期。如果此时水肥充足，天气晴好，冬小麦的小穗便分化得好，小穗多。即农家所讲的"麦山"多。"麦山"多，麦穗就大，每穗的颗粒就多，这便为冬小麦奠定了高产丰收的基础。如果这时天气干旱，肥料就不能充分利用，就会导致小麦因吸收不到足够的养分而"先天不足"，农户对此的说法叫"胎里贫饥"，这样的小麦在后期会分化不好，麦穗不大，每穗的颗粒也少，从而造成减产。因此在春分时节，如果冬小麦拔节的时期遇上天气干旱的情况，有灌溉条件的地区应及时浇灌，无灌溉条件的麦田要做好中耕保墒工作。也就是说这个时期一定要浇好小麦拔节水，而且更要注意施好肥。

2. 春分麦梳头，麦子绿油油

此句是渭北麦区的一条谚语，意思是说春分时节要耙地，就像梳理头发一样，麦苗便可以长得更好。其原因是，渭北多旱，地墒较差，这时冬小麦正普遍返青，在这时候杂草往往也趁机疯长起来。各种因素都影响着冬小麦的生长。因此有必要对麦田进行全面的耙糖整理，可对土地起到镇压与疏松的作用。麦田经耙糖后，可以将土壤深处的墒提上来供返青苗应用；另外经过一番耙糖，表土变得疏松，还有助于保墒；另外，经耙糖还能起到镇压作用，可以促使分蘖节壮实，使拔节后的麦秆健壮；再有，新生的杂草幼苗因为根浅，很容易将其耙出并消灭掉，这样可以避免杂草与小麦苗争夺水分和养料。从而可保证小麦苗的正常返青与生长。

3. 春分有雨家家忙，先种豆子后育秧

此句是陕南的一条农谚。每年春分时节，陕南日平均气温上升至10℃～12℃时，汉江两岸较暖和的地区便开始了早春播种。这个地区的豆类作物多种于坡地和田棱上。豆类的种子发芽需要充沛的地墒。发芽出苗时需要足够的水分，其水分吸收率在100%以上，也就是说其发芽时种子吸收的水分相当于种子本身重量的一倍以上，因此雨后应及时趁墒播种豆类。而水稻育秧，是在秧母田中育秧，水稻育秧对温度的要求比豆类要高，秧母田的最低温度要求在18℃～22℃为宜，比豆类种子发芽所需的温度高4℃～5℃。因此，春分逢雨以后，应尽早趁墒播种豆类，待豆类播种完后，气温又有所提升，然后再播种稻谷育秧。

4. 春雨似油，春雪似毒

此句谚语多流传于陕北、渭北的一带。意思是开春后，开始返青的冬小麦、油菜等过冬作物需要充沛的水肥，以满足其日益加快的生长发育需求，此时降下的春雨除了可以增加农田水分，还能够有效改善地墒状态，使正返青、起身的农作物水分养料充足，以保证农作物的正常生长。如此时能够降下少量的春雪也可以起到同样的作用。

在冬小麦已经返青即将拔节的春分季节，如果突遇北方强寒潮天气，降雪次数较多，雪量较大，覆盖冬小麦的雪较厚而迟迟不能融化的话，将会导致小麦苗无法正常进行光合作用，因而就不能按时返青拔节，甚至会致使小麦苗窒息而死。这就是"春雪似毒"的道理。如遭遇这种状况，可以酌情给麦田撒些草木灰以加速其吸收太阳的热量，促使雪尽快融化，同时，这样做也给农田增加了钾肥。

5. 春分民间谚语荟萃

不过春分不暖，不过夏至不热。

吃了春分饭，一天长一线。

春不分不暖，夏不至不热。

春分半豆，清明全豆。

春分不冷清明冷。

春分不暖，秋分不寒。

春分吹南风，麦子加三分。

春分春分，百草返青。

春分春分，好种花生。

春分春分，犁耙乱纷纷。

春分大风夏至雨。

春分豆苗粒粒伸。

春分豆子伸。

春分橄榄两头黄。

春分瓜，清明麻。

春分刮大风，刮到四月中。

春分过了墙，夜短白日长。

春分降雪春播寒。

春分雷吼，豌豆不出犁沟。

春分犁不闲，清明多植树。

春分麦，芒种糜，小满种谷正合适。

春分麦起身，肥水要紧跟。

春分麦起身，一刻值千金。

春分南风，先雨后旱。

春分前，整秧田。

春分前好布田，春分后好种豆。

春分前后怕春霜，一见春霜麦苗伤。

春分前雷雨水多。

春分前冷，春分后暖；春分前暖，春分后冷。

春分秋分，暝日对分。

春分秋分，昼夜平分。

春分日，植树木。

第五章

清明：气清景明，清洁明净

"清明"是二十四节气之一，清明的意思是清淡明智，中国广大地区有在清明之日进行祭祖、扫墓、踏青的习俗，是一个中国传统节日。另外还有很多以"清明"为题的诗歌，其中最著名的是唐代诗人杜牧的七绝《清明》。

人们常说："清明断雪，谷雨断霜。"时至清明，华南气候温暖，春意正浓。但在清明前后，仍然时有冷空气入侵，甚至使日平均气温连续 3 天以上低于 12℃，造成中稻烂秧和早稻死苗，所以水稻播种、栽插要避开暖尾冷头。在西北高原，牲畜经严冬和草料不足的影响，抵抗力弱，此时需要严防开春后的强降温天气对老弱幼畜的危害。

清明气象和农事特点：春意盎然，春耕植树

1. 清明时节的景色：阳光明媚，柳绿桃红

清明时节，气温转暖，草木萌动，天气清澈明朗，万物欣欣向荣。自从进入春天以来，"立春"的春意萌发，迎来"雨水"的滋润，到"惊蛰"地气回升，蛰虫启户始出，进入到"春分"的滚滚春雷，到达"清洁而明净"的清明时节历经了两个月的时间。这时春天的景色是阳光明媚，柳绿桃红，群山如黛，百鸟啼鸣，生机无限。《月令七十二候集解》说："三月节，物至此时，皆以洁齐而清明矣。""满阶杨柳绿丝烟，画出清明二月天"、"佳节清明桃李笑"、"雨足郊原草木柔"等句，正是清明时节天地物候的生动描绘。此时，东亚大气环流已基本实现从冬到春的转变。

2. 清明前后清爽温暖，农家进入植树造林春耕大忙

清明时节，除了东北和西北地区外，大部分地区的日平均气温已升至 12℃ 以上，大江南北、长城内外，到处是一片春耕大忙的景象。这个节气，春阳照临，春雨飞洒，种植树苗成活率高，成长快。因此，自古以来，我国就有清明植树的习惯。因而有人还把清明节叫作"植树节"。

植树的风俗起源于丧葬习俗。相传汉高祖刘邦因多年在外征战，无暇回故乡，直到他做了皇帝之后才回乡祭祖，但却一时找不到父母的坟墓。后在群僚的帮助下才在乱草丛中找到一块破旧的墓碑，于是便命人修坟立碑，并植以松柏以做标志。恰巧这天正是农历二十四节气中的清明，刘邦便根据儒士的建议，将清明定为祭祖节。此后每逢清明，他都要荣归故里，举行盛大的祭祖、植树活动。后来此习流传民间，人们便将清明祭祖与植树结合在一起，逐渐形成了一种固定的民俗。到了唐代，清明踏青与清明插柳的民俗十分盛行。插柳原意是指人们身上插戴柳枝的一

种行为，但在田野踏青和坟茔祭祖的过程中，人们往往会将柳枝往坟头或地上一插，柳便成活，无意之中也起到了植树的作用。当然，清明插柳还有另外一层含义，那就是纪念晋人介子推。到了唐代，由于清明、寒食两节相邻，人们为了祭礼方便，就将两节合而为一，于是寒食插柳、植柳的风俗便演变为清明插柳与植柳的风俗。

从此以后，代代流传。直到1979年2月，为了纪念孙中山先生，也为了营造优美的生态环境，提出绿化祖国的号召，除大力提倡清明植树的民俗活动外，又制定了全民义务植树日，将3月12日定为植树节，从而使民间的插柳、植柳习俗又有了新的社会意义。使植树造林活动更加广泛地开展起来。

清明时节，黄淮以南的小麦即将孕穗，油菜花已经盛开了，东北和西北地区的冬小麦也进入拔节期。该时节，应抓紧搞好后期的肥水管理和病虫防治工作。北方的旱地作物、江南早、中稻进入大批耕种的适宜季节，要抓紧时机抢晴早播。清明时多种果树，进入花期，要注意搞好人工辅助授粉，提高坐果率。华南地区的早稻栽插扫尾，耘田施肥应及时进行。各地的玉米、高粱、棉花也将要抓住有利时节及时耕种。

3. 清明时节雨纷纷，适时春灌防春旱

清明时节，我国大部分地区进入了真正的春季。但此期间的天气，南方与北方好似两重天，北方干燥少雨，南方湿润多雨。诗人杜牧所说的"清明时节雨纷纷"一般是指我国南方春季的锋面降水现象。4月的江南雨日大多数在16天左右，雨量在100毫米以上，部分地区雨量还要更多。这时天气常常时阴时晴，充沛的水分一般可满足作物生长的需要。令人烦恼和不能忽视的，是雨水过多导致的湿渍和寡照的危害。而黄淮平原以北的广大地区，清明时节降水仍然很少，对开始旺盛生长的作物和春播来说，水分常常供不应求，此时的雨水显得尤为宝贵，这些地区很有必要在蓄水保墒的同时，适时做好春灌、防止春旱的准备工作。

清明农历节日：清明节和寒食节

清明节在仲春与暮春之交。《历书》中记载："春分后十五日，斗指丁，为清明，时万物皆洁齐而清明，盖时当气清景明，万物皆显，因此得名。"中国汉族传统的清明节大约始于周代，已有两千多年的历史。由于寒食节与清明节日期相近，自唐代以后，与祭祀祖先亡灵以及郊游扫墓活动，逐渐融汇成为一个节日，民间也有把清明节称为寒食节、禁烟节的，甚至还有"寒食清明"的说法，因此寒食节和清明节一样，也有荡秋千、蹴鞠等丰富多彩的娱乐活动。

1. 清明节：祭祖和扫墓的日子

清明节是我国传统节日，也是最重要的祭祀节日，是祭祖和扫墓的日子。扫墓俗称上坟，是祭祀故人的一种活动。按照旧的习俗，扫墓时，人们要携带酒食果品、纸钱等物品到墓地，将食物供祭在亲人墓前，再将纸钱焚化，为坟墓培上新土，再折几根嫩绿的柳枝插在坟上，然后叩头行礼祭拜，最后吃掉酒食或者收拾供品打道回府。清明节又称作踏青节，在每年的阳历4月4日至6日之间，正是春光明媚草木吐绿的时节，也正是人们春游（古代叫踏青）的好时候，所以古人有清明踏青，并开展一系列民间的习俗活动。

传说大禹成功治水后，人们就用"清明"之语庆贺水患已除，天下太平。此时春暖花开，万物复苏，天清地明，正是春游踏青的好时节。踏青早在唐代就已开始，历代承袭成为习惯。踏青除了欣赏大自然的湖光山色、春光美景之外，还开展各种娱乐活动，丰富民间生活。

清明节扫墓其实是清明节前一天原来寒食节的主要活动内容，寒食节相传起于晋文公悼念介子推一事。唐玄宗开元二十年诏令天下，"寒食上墓"。因寒食与清明相接，后来就逐渐传成清明扫墓了。清明时期，清明扫墓更为盛行。古时扫墓，孩子们还常要放风筝。有的风筝上安有竹笛，经风一吹能发出响声，犹如筝的声音，据说风筝的名字也就是这么来的。清明节去扫墓，不少人在先祖亡亲墓前垂泪，沉重表示对已故人的尊敬与怀念。

2.寒食节：纪念介子推

寒食节也称作"禁烟节"、"冷节"、"百五节"，在清明节前一两日。寒食节，禁烟火，只吃冷食。并在后世的发展中逐渐增加了祭扫、踏青、秋千、蹴鞠等风俗，寒食节前后绵延两千余年，曾被称为民间第一大祭日。寒食节的具体日期，古俗讲究在冬至节后的一百零五天。现在山西大部分地区是在清明节前一天过寒食节。榆次县等少数地方是在清明节前两天过寒食节。垣曲县还讲究清明节前一天为寒食节，前二天为小寒食。过去的春祭在寒食节，直到后来改为清明节。但是韩国的春祭，仍然保留在寒食节进行春祭的传统活动。

寒食节的来源，最早是远古时期人类对火的崇拜。古人的生活离不开火，但是，火又往往给人类造成极大的灾害，于是古人便认为火有神灵，要祀火。各家所祀之火，每年又要止熄一次。然后再重新燃起新火，称为改火。改火时，要举行隆重的祭祖活动，将谷神稷的象征物焚烧，称为人牺。随后慢慢便形成了后来的禁火节。

汉朝时候山西民间要禁火一个月的时间。三国时期，魏武帝曹操曾下令取消这个习俗。《阴罚令》中有这样的话，"闻太原、上党、雁门冬至后百五日皆绝火寒食，云为子推"，"令到人不得寒食。犯者，家长半岁刑，主吏百日刑，令长夺一月俸"。三国归晋以后，由于与春秋时晋国的"晋"同音同字，因而对晋地掌故特别垂青，纪念介子推的禁火寒食习俗又恢复起来。不过时间缩短为三天。同时，把寒食节纪念介子推的说法发扬光大，寒食节禁火寒食成了各地的共同风俗习惯。

寒食节有许多习俗，例如上坟、郊游、斗鸡子、荡秋千、打毯、牵钩（拔河）等。寒食节是山西民间春季最为重视的一个节日，山西介休绵山被誉为"中国寒食清明文化之乡"，每年举行声势浩大的寒食清明祭祀（介子推）活动。山西民间禁火寒食的习俗活动一般为一天，只有部分地区习惯禁火三天。晋南地区民间习惯吃凉粉、凉面、凉糕等等。晋北地区习惯以炒奇（即将糕面或白面蒸熟后切成骰子般大小的方块，晒干后用土炒黄）作为寒食节的食品。一些山区这一天全家吃炒面（将五谷杂粮炒熟，拌以各类干果脯，磨成面装进面袋），吃炒面，有的徒手抓着吃，有的用开水冲成汤喝。

寒食节这一天，是小孩子梦寐以求的一天，他们可以玩面食，可以在这一天用面制作自己喜爱的小动物，让大人放进锅里蒸熟。因为这一天大人们要用蒸寒燕来庆祝节日。用面粉制作大拇指大小的飞燕、鸣禽及走兽（猪、牛、羊、马等）、瓜果、花卉等有趣的馒头，蒸熟后着色，插在酸枣树的针刺上面，或者作为供品，或者装点室内。

有关寒食节的来历，还有一个传说。

相传春秋战国时期，晋献公的妃子骊姬为了能让自己的儿子奚齐顺利继位，就设毒计陷害太子申生，申生被逼走投无路就自杀了。申生的弟弟重耳，为了躲避祸害，流亡出走。在流亡期间，重耳受尽了屈辱。原来跟着他一道出奔的臣子，大多陆陆续续地各奔出路去了。只剩下少数几个忠心耿耿的人，一直追随着他。其中一人叫介子推。有一次，重耳饿晕了过去。介子推为了救重耳，从自己腿上割下了一块肉，用火烤熟了送给重耳吃。多年以后，重耳东山再起做了君主，就是春秋五霸之一的晋文公。晋文公执政后，对那些和他同甘共苦的臣子大加封赏，唯独忘了介子推。有人在晋文公面前为介子推叫屈。晋文公猛然忆起旧事，心中有愧，马上差人去请介子推上朝受赏封官。可是，差人去了几趟，介子推不肯领赏。晋文公只好亲自去拜访介子推。可是，当晋文公来到介子推家时，只见大门紧闭。介子推不愿见他，已经背着老母躲进了绵山（今山西介休县东南）。晋文公便让他的御林军上绵山搜索，没有找到。于是，有人出了个主意说，不如放火烧山，三面点火，留下一方，大火起时介子推会自己走出来的。晋文公乃下令举火烧山，孰料大火烧了三天三夜，大火熄灭后，仍不见介子推出来。上山一看，介子推母子俩抱着一棵烧焦的大柳树已经死了。晋文公拉着介子推的尸体哭拜很久，然后安葬遗体，发现介子推脊梁堵着个柳树树洞，洞里好像有什么东西。掏出一看，原来是片衣襟，上面题了一首血诗："割肉奉君尽丹心，但愿主公常清明。柳下作鬼终不见，强似伴君作谏臣。倘若主公心有我，忆我之时常自省。臣在九泉心无愧，勤政清明复清明。"晋文公将血书藏入袖中。然后把介子推和他的母亲分别安葬在那棵烧焦的大柳树下。为了纪念介子推，晋文公下令把绵山改为"介山"，在山上建立祠堂，并把当时放火烧山的那一天定为寒食节，下令天下，每年这天禁忌烟火，只吃寒食。临走时，他伐了一段烧焦的柳木，到宫中做了双木屐，每天望着它叹道："悲哉足下。""足下"是古人下级对上级或同辈之间相互尊敬的称呼，据说就是来源于此。第二年，晋文公领着群臣，素服徒步登山祭奠，表示哀悼。行至坟前，只见那棵老柳树死而复活，绿枝千条，随风飘舞。晋文公望着复活的老柳树，像看见了介子推一样。他郑重地走到柳树跟前，毕恭毕敬地折了几枝柳条，编了一个柳圈儿戴在头上。祭扫后，晋文公把复活的柳树赐名为"清明节柳"，又把这天定为清明节。晋文公时时刻刻把介子推的血书作为鞭策自己执政座右铭。他在位时，励精图治、国富民强，晋国的百姓得以安居乐业，对有功不居、不图富贵的介子推非常怀念。从此以后，寒食、清明节成了全国百姓纪念介子推的隆重节日。

3. 画卵：在鸡蛋上染画颜色的民间工艺

在鸡蛋上染画颜色是河北、湖南等地区寒食节的一种趣味游戏。宋代陈元靓《岁时广记》卷十五引《邺中记》记载："寒食日，俗画鸡子以相饷。"南朝梁宗懔《荆楚岁时记》也曾记载："古之豪家，食称画卵。"到了隋时有将鸡蛋染成蓝、红等颜色，仍如雕镂，辗转互相赠送的，或放在菜盘和祭器里。这些民间工艺，早已走向市场商品化，深受海内外客户欢迎。

4. 斗鸡子：撞鸡蛋游戏

斗鸡子就是一种互相比赛雕鸡蛋和画鸡蛋技艺，或者互相撞击的民间游戏。（鸡子，即鸡蛋）。南朝梁，寒食节时，民间就已经有斗鸡、镂鸡子、斗鸡子活动了。到隋代更为流行，近代演变为撞鸡蛋游戏，也就是把煮熟的鸡蛋或鸭蛋放在一起互相撞击，谁的蛋没有碎，谁就是胜者，可以参加下一轮的比赛游戏。

清明民俗：祭祖、缅怀先烈、祝愿美好未来

1. 扫墓：纪念祖先、先烈的节日

清明节是中国三大祭祀节日（清明节、中元节和寒衣节）之一，是和祭祀天神、地神的节日相对而言的。清明节是传统的纪念祖先的节日，其主要形式是祭祖扫墓。其实，扫墓在秦朝以前就有了，但不一定是在清明之际，清明扫墓则是秦以后的事，到唐朝才盛行。《清通礼》云："岁，寒食及霜降节，拜扫圹茔，届期素服诣墓，具酒馔及芟剪草木之器，周胝封树，剪除荆草，故称扫墓。"扫墓这一习俗相传很久了，到秦汉时期，墓祭已成为重要的礼俗活动。

古往今来，人们普遍习惯在清明节扫墓，包括许多海外游子总是赶在清明节前回国给祖先扫墓。这大概是因为冬去春来，草木萌生。人们想到先人的坟茔，是否狐兔在穿穴打洞，是否因雨季来临而塌陷，所以要去亲自察看。在祭扫时，给坟墓铲除杂草，添加新土，供上祭品，燃香奠酒，烧些纸钱，或在树枝上挂些纸条，举行简单的祭祀仪式，例如磕头、作揖、说些吉利话、或者给去世的长辈汇报这一年来家里发生了什么大事、又是如何妥善料理以及不要挂念等，以表示对去世者的关心和怀念。

随着祖先崇拜和亲族意识越来迫切的需要，远古时代没有归入规范的墓祭，也纳入了"五礼"之中："士庶之家，宜许上墓，编入五礼，永为常式。"朝廷的推崇使墓祭活动更为盛行。古人有描写清明扫墓的诗："南北山头多墓田，清明祭扫各纷然；纸灰飞作白蝴蝶，泪血染成红杜鹃。"民间广为流传的孟姜女寻夫小曲也有"三月里来是清明，桃红柳绿百草青；别家坟上飘白纸，我家坟上冷清清"。家喻户晓的杜牧诗句："清明时节雨纷纷，路上行人欲断魂。"这些耳熟能详的诗句真切地反映了清明扫墓时的情景和氛围。

古时候，上至朝廷大臣，下至平民百姓，都要在清明节祭拜先人亡魂。从唐朝开始，朝廷就给官员放假以便归乡扫墓。据宋《梦粱录》记载：每到清明节，"官员士庶俱出郊省墓，以尽思时之敬"。参加扫墓者也不限男女和人数，往往倾巢而出。清明节前后的扫墓活动成为全民参与

的大事，数日内郊野间人群往来不绝，规模极盛。

清明之祭一般是祭祀去世的祖先和亲人，表达祭祀者的孝道和对已故者的思念情感。上海旧风俗，在清明节举行专祭厉鬼的祭台会仪式，祭祀那些幽鬼、饿鬼、孤魂，防止它们成为恶鬼在人间作乱，这种祭台叫祭厉台。旧上海还有清明节前一天迎请城隍神的做法，在清明节这一天，城隍神要坐大轿出巡祭厉台，以赈济安抚孤魂野鬼，其场面十分壮观。

清明祭祀的时间，因地区不同而有所差异。古时候，北京人祭扫坟墓不在清明当天，而在临近清明的单日进行，只有僧人才在清明当天祭扫坟墓。浙江丽水一带则在清明节的前三天和后四天的范围内扫墓，称为"前三后四"。在山东，大多数地区在清明日扫墓，少数地区如诸城等，在寒食节这天扫墓，有些地方在清明前四天内扫墓。现在一般都在清明这天去扫墓。晋南人则将扫墓的时间分为两次。一次在清明前几天，各家分头去扫墓。第二次是在清明当天，一个村里同姓的各家派出代表，同去墓地祭祀共同的祖先。上海人的扫墓时间，新坟旧坟有别。凡是新近过世的，过了七七四十九天没做过超度法事的，要在清明节这天请僧道诵经做法事或道场。假若是去老坟并已做过法事或道场，扫墓不一定在清明当天，可以前后适当错开些，但是不能超出前七天后八天的范围。

清明祭祀根据所在的现场不同可以分为两种，即墓祭、祠堂祭。富贵大户人家多修祠堂为堂祭，皇家则建立自己的祖祠比如清朝、明朝的祖祠称太庙，就是现在天安门东面的劳动人民文化宫。民间多以墓祭为主，清明墓祭常常被称为扫墓。

清明祭祀的方式和项目因地区而异有所不同，最常见的做法是由两部分组成：一是修缮坟墓，挂烧纸钱；二是堂祭供奉祭品，举行仪式。供品主要是美味佳肴，或者适合时令的特色点心等。

清明扫墓不光纪念自己的祖先和去世的亲人，也纪念在历史上为民建功立业、做过善事的人物。清明节祭扫烈士墓和革命先烈纪念碑，早已成为进行革命传统教育的重要形式之一。

2. 烧包袱：祭奠祖先

清明祭扫仪式原本应该亲自到墓地去举行，但是有的家庭的墓地在远郊区，早上去墓地晚上也赶不回来；还有一部分人远在他乡无法返回原籍。因此祭扫的方式也就因地制宜了。实在去不了墓地的，就在在祠堂或家宅正屋设供案，或者院子外面，或者家门口，或者河边"烧包袱"。旧时北京清明祭祖的主要形式是"烧包袱"。"烧包袱"是祭奠祖先的主要形式之一。所谓"包袱"，亦作"包裹"，是指家属从阳世寄往"阴间"的邮包。过去，南纸店有卖所谓"包袱皮"，即用白纸糊一大口袋。

旧社会，不论富裕或者困难户都有烧包袱的习惯。祭祀时，在祠堂或家宅正屋设供案，将包袱放于正中，前设水饺、糕点、水果等供品，烧香秉烛。全家依尊卑长幼行礼后，即可于门外焚化。焚化时，画一大圈，按坟地方向留一缺口。在圈外烧三五张大白纸，称作"打发外祟"。

3. 折柳赠别——祝颂平安

西汉、唐两代定都长安，长安成为全国政治、经济、文化的交流中心，官员商旅去关东各地及地方官员、外国使臣进入长安，都必须路经灞桥。灞桥一带，堤长十里，一步一柳，绿柳成荫，景色宜人，自汉以来，送行者皆至此桥，折柳与行人赠别，长此以往，人们潜移默化形成折柳赠别的习俗。或曰为祝颂平安，或曰"柳"与"留"字音相谐，取眷恋之舍、殷勤挽留之义。杨柳是春天的标志，在春天中摇曳的杨柳，总是给人以欣欣向荣之感，"折柳赠别"就蕴含着"春常在"的祝愿。古人送行折柳相送，也寓意亲友离别去他乡正如离枝的柳条，希望亲友到新的地方，就像柳枝一样能够很快地生根发芽，随处可活。这是一种对亲友的美好祝福。

4. 荡秋千：增进健康，培养勇敢精神

清明节荡秋千是由来已久的风俗。秋千的历史相当古老，最早叫千秋，后为了避及某些方面的忌讳，改为秋千。那时的秋千多用树桠枝为架，再拴上彩带做成。后来逐步发展为用两根绳索加上踏板的秋千。荡秋千不仅可以增进健康，而且可以提高胆量，培养勇敢精神。荡秋千传承至今，还为人们所喜爱。

5. 拔河：最早叫"牵钩"、"钩强"

拔河兴起于春秋后期，盛行于军旅，后来流传到民间。拔河最早叫"牵钩"、"钩强"，唐朝开始叫"拔河"。拔河是人数相等的双方对拉一根粗绳以比较力量的对抗性体育娱乐活动。现代一般的拔河方法是：在地上划两条平行的直线为河界，由人数相等的两队在河界两侧各执绳索的一端，闻令后，用力拉绳，以将对方拉出河界为胜。唐玄宗时曾在清明时举行大规模的拔河比赛。从那时起，拔河便成为清明习俗了，并流传至今。

6. 蹴鞠：最早的足球活动

蹴鞠的起源可以上溯至战国时代。蹴鞠本来特指一种古老的皮球，球面用皮革做成，球内用毛塞紧。由于蹴鞠运动的影响逐渐广泛，蹴鞠也就成了蹴鞠运动的代名词。蹴鞠是古代清明节时人们喜爱的一种游戏。汉代时候，蹴鞠已经成为一项非常专业化的运动，并且有比较健全的比赛规则。汉朝皇室中的蹴鞠规模很大，设有专门的球场，四周还有围墙和看台。在当时比较正规的蹴鞠比赛分为两队，双方各有12名队员参加，以踢进球门的球数的多少来决定胜负。由于蹴鞠的对抗性强，在当时多盛行于军队的军事训练中。至唐宋，蹴鞠的形制有很大的改变，技术也有很大的提高。有宫廷的数百人一起参加的大型活动，也有家庭式的几个人的小比赛。宋代除了设有球门的比赛形式以外，还盛行以表现个人技巧的踢法，谓之"白打"。既有单人表演，亦有二三人乃至十余人的共同表演。至清代，爱好溜冰的满族人曾将其与滑冰结合起来，出现了"冰上蹴鞠"的运动形式。清朝中叶，随着现代足球的传入，传统的蹴鞠活动很快被现代足球所取代。

2004年初，国际足联确认足球发源于中国，"蹴鞠"是有史料记载的最早的足球活动。《战国策》描述了两千多年前的春秋时期，齐国都城临淄举行蹴鞠活动，《史记》记载了蹴鞠是当时训练士兵、考察兵将体格的方式之一。

7. 踏青：古时叫探春、寻春

踏青又称作春游，古时叫探春、寻春等。清明时节，春回大地，自然界到处呈现一派生机勃勃的景象，正是郊游的大好时机。踏青习俗传说远在先秦时已形成，也有说始于魏晋。据《晋书》描述，每年春天，人们都要结伴到郊外游春赏景，至唐宋尤盛。据《旧唐书》记载："大历二年二月壬午，幸昆明池踏青。"由此可见，踏青的习俗早已流行。到了宋代，踏青之风盛行。至今民间仍保持着清明踏青的风俗。

8. 拜"城隍爷"：天旱求雨，出门求平安

清明节拜"城隍爷"，就是在清明之日去城隍庙烧香、叩拜、求签、还愿和问卜，在明清时老北京有七八座城隍庙，香火亦以那时最盛。城隍庙里供奉的"城隍爷"，是那时百姓信奉灶王爷、财神爷外最信奉的神佛。城隍庙在每年的清明节开放时，人们纷纷前往求愿，为天旱求雨（多雨时求晴）、出门求平安等诸事焚香拜神，那时庙内外异常热闹，庙内有戏台演戏，庙外商品货什杂陈。曾经有一首民谣："神庙还分内外城，春来赛会盼清明，更兼秋始冬初候，男女烧香问死生。"所说的就是清明节拜"城隍爷"的习俗。据说在民国初时，人们用八抬大轿抬着用藤制的"城隍爷"在城内巡走，各种香会相随，分别在"城隍爷"后赛演秧歌、高跷、五虎棍等，边走边演，所经街市观者如潮。传说"城隍爷"出巡主要是为地方消灾解厄，趋吉避凶。

9. 标祀：祭扫完毕，在坟前或坟头做的标记

标祀又称作"清明吊子"。清明吊子是我国传统节日清明节人们扫墓祭祖、寄托哀思的一种特殊载体，清明扫墓祭扫完毕，在坟前或坟头做的标记。每年清明节，各家各族祭扫完毕，往往在墓前或坟头上插一根用竹子或柳条做的标杆，表示已经有过祭祀。标竿上有的人家会糊些长条白纸，有的人家会挂些楮钱，有的人家既糊白纸又挂楮钱。借此表达生者对生与死的慰藉，是人们寄托哀思的一种方式而已。

10. 纸钱：纸做的钱，送给先人

纸钱是给故去的人一些纸仿造的纸币。纸钱又称作"挂纸"、"挂钱"。清明扫墓时，人们将携带的纸钱有的烧掉，寓示祖先容易接收。有的悬挂起来，如浙江平湖、湖北咸宁和恩施等地，用竹悬纸钱插在墓上，称作"标墓"。在福建永泰，白纸剪成条挽在树枝或草上。在四川长寿，用白纸剪作幡形插在坟头，称作"挂青"。在贵州兴仁，用白纸作长幡挂在墓前，称作"标坟"。

"纸钱"据史书记载，一共有三种。一种是"打钱"，是用木槌和铁制的钱模，把钱的形状打在土纸上；一种是"剪钱"，就是俗话说的"买路钱"，以土纸裁为方块，贴以金银色的纸箔，或折成元宝的锭状，以像金银；一种是"印钱"，是仿近代的纸币、银元，印上"冥通银行"以及各种数字的金额。就如人世间流通的纸币。纸钱的产生，原于古人笃信灵魂不灭的主观意识，认为有天堂和地下两个世界，就要给去世的亲人或朋友在天堂或地下世界消费使用的纸币。

11. 清明馃：一种小吃，寓意粮食丰收、耕作顺利

清明馃是一种时令风味小吃，并且因为颜色青翠色而称"青馃"，浙江部分地区的孩童、妇女在清明这天提篮携筐，纷纷外出采集野苎、青蓬，回家浸泡在水中，再捞起去汁、切碎和入粉中，揉成面团，作青馃。清明馃呈三角形，所以又叫三折（角）馃。清明馃分青馃和白馃，青馃的馅多用芝麻红糖，咬一口又糯又香，白馃的馅多用咸菜豆腐，整个制作过程分揉粉、切颗、做斗、装馅、合边、成型等步骤。看似简单的做馃程序，实际操作起来却有不少奥妙在其中。比如切颗的时候不用刀而用线，因为用刀切会留下铁的气味，只有用线切才能保持清明馃的独特风味。清明馃的形状各异，有做成羊、狗形状的，称为"清明羊"、"清明狗"。有人将它制作成畚斗的形状，称为"畚斗馃"，寓意粮食丰收，有粮可装；还有人将它制作做成犁头的形状，寓意耕作顺利。

12. 清明粄：驱风祛湿、驱除肠道寄生虫

清明时节，客家人要到野外踏青，顺便采摘些鲜嫩的苎叶、艾叶、白头翁、鱼腥草、鸡屎藤和使君子等青草，用于做青粄，俗称清明粄。清明粄具有　股特有的青草芳香，它性温，可驱风祛湿，如加有使君子叶的，民间认为可驱除肠道寄生虫，具有一定的药用保健功能，因而又称作药粄。清明粄最适合清明前后湿度大的时期食用，因此，清明节人人吃清明粄的习俗在客家地区代代流传至今。

13. 子福：上坟祭祖食品，祈求子孙有福

子福是山西和陕西等地区的清明节汉族传统食品。用白面制成，内包枣子、豆子、核桃，外层放一个鸡蛋，周围盘几条面蛇，用蒸笼蒸熟即可。原来主要用于清明节上坟祭祖，祭坟时用一个大子福，叫"总子福"，祭完后分给家庭成员吃下。全家大人小孩每人还要再分一个小子福。出嫁的女儿娘家每年都要送一个子福，直至去世为止。新媳妇过第一个清明节，娘家特制一对上面捏有花鸟鱼虫的子福，送给女婿女儿每人一个。清明节送子福、吃子福，祈求子孙有福。

14. 吃鸡蛋：清明吃鸡蛋，隋唐时已盛行

清明吃鸡蛋，已经有几千年的历史了，这个习俗在隋唐时盛行全国。吃鸡蛋，是源于古代的上祀节，人们为婚育求子，将各种禽蛋如鸡蛋、鸭蛋、鸟蛋等煮熟并涂上各种颜色，称"五彩蛋"，他们来到河边把五彩蛋投到河里，顺水冲下，等在下游的人争捞、剥皮而食，食后便可孕育。现在清明节吃鸡蛋象征圆圆。在我国一些地方，清明吃鸡蛋就如同端午节吃粽子、中秋节吃月饼一样重要。清明蛋大致分为两种，一种是"画蛋"，就是在蛋壳上染上各种颜色。类似我们今天的"红鸡蛋"，不过颜色不同而已；另一种是"雕蛋"，在蛋壳上雕镂彩画。民间传说清明节吃个鸡蛋，一整年都有好身体。还有一种说法，在扫墓时，将白煮蛋在墓碑上打碎，蛋壳丢在坟上，象征"脱壳"，表示生命更新，希望后代子孙皆出人头地。

15. 吃发糕：清明吃发糕，象征发财、高升

清明时节人们喜欢蒸发糕吃。发糕寓意"发财"、"高升"。发糕是采用黏米碾成米浆，压干水分，打成糊状再加入发粉，蒸三四个小时制成的。所以蒸得是否够"发"、够"高"，显得特别重要。人们判断发糕发得好坏，主要是看发糕表面的龟裂，龟裂的口子越深越大表示越发。

发糕的来历还一个鲜为人知的传说。

古时候，一位新媳妇在拌粉蒸糕时，不小心弄翻了搁在灶头上的一碗酒糟，眼巴巴看着酒糟流进米粉中，她急得直想哭，但是又不敢做声，怕遭到凶公婆的呵斥，硬着头皮把沾了酒糟的米粉揉好放在蒸笼里蒸。结果蒸出一笼松软可口发得很好的蒸糕，还有一股微微的酒香。新媳妇不

但没有遭到公婆的责骂，反而受到夸奖。于是，一传十，十传百，家家户户都学会了蒸发糕。

16. 吃螺蛳：清明是采食螺蛳的最佳时令

清明时节，春暖花开，潜伏在泥中的螺蛳纷纷爬出泥土。此时，正值螺肉肥美，螺蛳还未繁殖，壳中尚无小螺蛳，确实是采食螺蛳的最佳时令，故有"清明螺，赛过鹅"之说。螺蛳价廉物美，营养丰富，其肉质中钙的含量远远超越牛、羊、猪等肉，磷、铁和维生素的含量也比鸡、鸭、鹅要高。螺蛳食法很多，可与葱、姜、酱油、料酒、白糖同炒；也可煮熟挑出螺肉，可拌、可醉、可糟、可炝无不适宜。螺蛳不仅是席上佳肴，而且也是治病良药。中医认为螺蛳的味甘、性寒，具有清热、明目之功效，能治黄疸、水肿、淋浊和消渴等症。

17. 清明节吃青团的传说

青团是清明节最有特色的节令食品，也是江南一带的小吃，用清明前后才有的一种艾草的汁拌进糯米粉里，做成呈碧绿色的团子。这种制做青团的方法，多数在手工作坊里采用。由于青团蒸熟后色泽呈青碧色，因此而取名青团。

青团的来历还包含着百姓勇敢、机智救人的传说。

话说清朝后期的一年清明节，太平天国将领李秀成被清兵追得眼看无处躲藏了，就在这关键一刻，附近的一位农民上前帮忙，把李秀成化装成农民模样，和自己一起做农活。清兵于是在村里添兵设岗，对每一个出村的人都要进行严格的检查，防止他们给李秀成送吃的东西，想把李秀成活活饿死。

那位农民为了能给李秀成带些东西吃，回家的路上他苦思冥想，怎么能给李秀成送吃的呢？此时不小心脚踩在一丛艾草上，摔了一跤，爬起来时只见手上、膝盖上都染上了绿莹莹的颜色。他顿时计上心头，连忙采了些艾草回家洗净煮烂挤汁，揉进糯米粉内，做成一只只米团子。然后把青溜溜的团子放在青草里，混过村口的哨兵。李秀成吃了青团，觉得又香又糯且不粘牙。李秀成趁月高风黑，绕过清兵哨卡安全返回大本营。随后，李秀成下令太平军都要学会做青团以御敌自保。后来，每到清明时节，老百姓纷纷制作青团、吃青团。清明节吃青团的习俗就从此流传下来。

18. 清明乞"新火"和清明赐火

古时候，由于寒食节全国禁火，把冬季保留下来的火种都熄灭了。到了清明，又要重新钻木取火。所以有清明乞"新火"的风俗。这种风俗大约始于上古时代，一直沿至宋朝，到唐时最盛。唐代皇上每年都会在这天举行隆重的"清明赐火"典礼，把新的火种赐给群臣，以示对臣民的宠爱。据说每年参加钻木取火的人很多，谁先钻得火种献给皇上，谁就能够得到皇上的赏赐。

19. 清明节儿女亲家互送麻糍

清明节，在浙江省部分区县至今保留着儿女亲家互送麻糍的风俗。

首先要做麻糍。由于做麻糍时需要一定的人手和劳力。所以，常常是数家一起合作，各显身手，既忙碌又闹热。年轻力壮的小伙子在轮番用捣杵用力捣麻糍。主妇和帮忙的妇女们也在张罗着烧火上蒸，准备好摊麻糍用的团背（竹筹）、面板以及调理好馅等。

紧接着要互送麻糍。儿女亲家互送麻糍，一般是两家联姻后嫁娶前的一种礼仪，这一婚娶风俗很早以前便在嵊州市与新昌县各地农村中流行。男方家一般都要在清明节前向女方家送去麻糍，预示在下一个清明节前将要来娶新媳妇过门了。女儿出嫁后，女方家父母到了清明节又得向男方家回送麻糍，据说这是预祝小两口日子能过得糯滋滋、甜丝丝、和和美美。

清明民间宜忌：盼晴天、躲清明

1. 清明盼晴天

清明节忌讳天阴、下雨、刮风。民间传说，清明不明是荒年之凶兆。清明有风，夏天会闹大旱。清明夜落雨，对麦子极为不利。谚语云："麦子不怕四季水，只怕清明一夜雨。"可见，一年四季下多少雨水对麦子的伤害，都没有清明节一天下雨对麦子的损害大。

2.山东即墨妇女躲清明节

山东即墨一带有妇女躲清明节的习俗。传说清明这天有凶神要下凡抓俊俏姑娘，妇女忌讳做针线活，一律要外出踏青、荡秋千。妇女们在这一天玩得十分开心、痛快，因此当地有"女人清明男人年"的说法，男人们过年清闲，妇女们清明节清闲，老天爷不让妇女这天干活啊。刚过门的新媳妇要在清明时节回娘家。据说，不回娘家，会死婆婆。相反在临沂地区，则忌讳妇女在清明节回娘家，否则，要死公公。在晋北地区，上坟多是男子的事情，女子忌上坟。如果妇女上坟了，回家后要用烧剩的纸钱剪成门形，贴到门上。否则就会有不祥之兆。

3.清明节戴柳、插柳

民间有清明节戴柳、插柳的习俗。不戴柳、插柳已成为禁忌。关于这方面的传说民谣较多，"清明不戴柳，死了变成狗"、"清明不戴柳，死了变黄狗"、"清明不戴柳，死了变猪狗"、"清明不戴柳，红颜成皓首"等等。

传说清明节也是百鬼出没讨索的时间，古时人们为了防止鬼的侵扰迫害而戴柳、插柳。人们受佛教影响，认为柳可以驱鬼，称之为"鬼怖木"，观世音以柳枝沾水普度众生。北魏贾思勰《齐民要术》里说："取柳枝著户上，百鬼不入家。"清明节是鬼节，又恰逢柳条发芽时令，人们祈盼吉祥，便插柳、戴柳。

清明饮食养生：注意降火、保护肝脏、强筋壮骨

1. "降火"可适量吃些苦味食物

清明时节由于沙尘、冷空气还会时常光顾，天气并没有像人们期望的那样很快转暖，餐桌上御寒食物也不会退出，羊肉、鸡汤、笋等易"发"食物仍然在日常饮食中占有很大的比例。因此，人们也很容易"上火"。此时，在饮食方面应该有所注意，尽量避免食用热性食物。例如：荔枝、龙眼、榴莲等水果，还要注意少吃洋葱、辣椒、大蒜、胡椒、花椒等辛辣助火的食物。这些性热的食物同时还有"发散"的作用，经常食用，会"损耗元气"，导致气虚，从而降低人体免疫力。尤其是辛辣食物，多吃容易导致消化不良，还会对睡眠产生影响，引起皮肤过敏，甚至引发皮肤病。要想"降火"，人们还应该养成良好的生活习惯，规律作息，注意休息，多喝水或者清热败火的饮料，这样可以使体内的"火气"通过新陈代谢，从体液中排出体外。另外，味苦的食物有败火的功效，可适当选食。苦味的食物具有抗菌、解毒、去火、提神醒脑、缓解疲劳之功效。

苦味食物虽然可以降火、抗菌、解毒等，但是却不宜过量。苦味食物大多为寒凉之物，由于清明时节气候还是很容易多变的，寒流仍会随时光临，如果此时多吃凉性食物，恰好又遭遇寒流天气，结果无疑雪上加霜，引发胃痛、腹泻，老年人和儿童大多脾胃虚弱更应该引起注意；另外，还有脾胃虚寒、大便溏泄（一般指水泻或大便稀溏）的病人也不宜吃苦味的寒性食品。

2.清明时节宜少食竹笋

清明时节正好是竹笋刚上市的时候，竹笋味道鲜美，许多人喜欢吃。但是竹笋虽然味美，但不宜多吃，第一，由于竹笋性寒，滑利耗气，多吃会使人气虚。第二，竹笋属于发物，有诱发慢性疾病的可能。《本草从新》对竹笋有这样的记述："虚人食笋，多致疾也。"就是说气虚的病人吃了耗气的竹笋会加重气虚的症状，更加虚弱多病。第三，吃笋可能引起咳嗽，从而诱发哮喘；第四，竹笋中富含的粗纤维不易消化，很容易造成肠胃不适，甚至造成出血症状。因此，清明时节，最好还是少吃竹笋。

3.保护肝脏宜多食银耳

清明时节，保护肝脏宜多食些银耳。银耳具有保护肝脏、提高肝脏的解毒能力之功效，还具有提高人体抗辐射、抗缺氧的能力，是饮食养生滋补佳品。挑食银耳以颜色淡黄、根小、无杂质、无异味为上品。食用前最好先用开水泡发，每小时换一次水，换水数次，这样可以去除残留

在银耳表面的二氧化硫；切记把未泡发的淡黄色部分丢弃，这一部分请勿食用。还要注意冰糖银耳含糖量很高，睡前不宜食用，否则会增加血液黏度。另外，当天吃不了的银耳就废弃掉，因为隔夜的熟银耳会产生影响人造血功能的有害成分，因此，泡发银耳切勿提前把第二天用的也一起泡发出来。

芙蓉银耳羹

材料：鸡蛋3个，水发银耳100克，盐、味精、胡椒粉、水淀粉适量。

制作：①鸡蛋打开倒入碗中，把蛋液打匀，加入清水和盐，调匀，上笼蒸成蛋羹；②银耳择洗干净；③锅内倒入清水，下入银耳，大火煮10分钟；④放入胡椒粉、盐、味精调味，用水淀粉勾芡，淋在蛋羹上即可食用。

4. 强筋壮骨、延年益寿可吃些鲇鱼

鲇鱼刺少、肉质细嫩、营养丰富，并具有强筋壮骨、延年益寿的养生功效。清明时节，鲇鱼肥美可口，最宜食用。挑选鲇鱼以头扁嘴大、外表光滑、黏液少者为佳。鲇鱼开膛破肚处理干净，清洗后放入沸水中烫一下，再用清水洗净，可以去除鲇鱼体表的黏液。由于鲇鱼的鱼卵有毒，因此鲇鱼开膛破肚处理时一定要将鱼卵清理干净，否则容易中毒。

强筋壮骨、延年益寿也可以吃些蒜香鲇鱼。

蒜香鲇鱼

材料：蒜瓣适量，鲇鱼1条，豆瓣酱、植物油、料酒、盐、葱段、姜片、泡椒段、白砂糖、酱油、醋、水淀粉、醪糟汁、高汤等适量。

制作：①鲇鱼开肠破肚处理干净，清洗后切成段；②蒜瓣放入碗中，加盐、料酒、高汤，上笼蒸熟；③炒锅放入植物油烧热，放入鲇鱼炸至表面金黄；④原锅留底油，放入豆瓣酱炒红，倒入高汤，大火烧沸；⑤再放入鲇鱼和全部调料，大火煮沸，小火熬煮至鱼熟入味；⑥再放入蒸好的蒜瓣，烧至汁浓时，将鱼捞出；⑦锅中原汁加醋、葱段、水淀粉勾芡，浇在鲇鱼上即可食用。

清明起居养生：返璞归真，拥抱大自然

1. 早睡早起，到树林河边散步

清明时节气温逐渐升高，雨水也慢慢增多，在此节气中，人尽量不要在家中待得太久。俗话说："久视伤血，久卧伤气，久坐伤肉，久立伤骨，久行伤筋。"因此，建议大家应该早睡早起，因为进入清明时节，冬季落叶的树木已萌发出新的叶芽，没有落叶的针叶树木，也绽放出新绿，一片翠绿会让空气显得更新鲜，可以到有树木的地方进行一些体育锻炼。例如，到树林河边散步、运动，多呼吸新鲜的空气，这样既清洗了肺，也锻炼了身体，一举多得，何乐而不为。

2. 郊外踏青，徜徉于绿草之中

清明时节，郊外到处都显现出欣欣向荣、生机勃勃春的美景。红灿灿的太阳，湛蓝的天空，嫩绿的小草，绿油油的麦苗，粉色的桃花，随风摆动的柳梢，特别是一朵朵、一簇簇、一片片黄绿相间的油菜花，在春风里昂首怒放，展示着迷人的风姿，花丛间飞舞着色彩斑斓的蝴蝶和蜜蜂，沁人心脾的油菜花香弥漫空气，让人心旷神怡，春天的颜色真是五彩缤纷，就像一幅油画。此时可以徜徉于绿草之中，流连于迷人的春色，是一种绝美的生活享受，郊外更加接近大自然，空气清新，没有污染，在这里漫步，就等于进入天然氧吧，尽情地呼吸新鲜空气。其实，人类的健康长寿，除多种因素外，还有赖于新鲜的空气。生活在森林和海滨的人们，由于经常呼吸到含负离子较多的清新空气，所以细胞生命力活跃，老化期推迟，体内新陈代谢加快，机体抗病能力增强。

清明运动养生：量力而行活动身体

1. 因人而异选择合适的运动场地

人们夜间睡眠排出的大量二氧化碳，厨房内残留的烟油，从户外飘进来的粉尘，还有人们从外边回来携带在身上、脚上的尘埃，都会污染室内的空气。因此，室内是不适合人们进行锻炼的。而繁华的街道，或者靠近工厂和建筑工地的地方汽车的废气、沙土、飞尘，会把空气严重污染，更不是体育锻炼的好场所。只有走出家门，到室外有树木的地方去活动才合适。树木、花草，特别是在清明时节生长茂盛的树草，有净化空气，吸附灰尘，调节温、湿度及过滤噪声的功能。因此，有树木花草的地方，大多是空气新鲜而又安静的地方，加之这里鸟语花香的自然景色，能够使人心旷神怡，平心静气地从事各种锻炼活动，取得更好的健身、健美效果。

如今，城市建设注重以人为本，绿地、公园、道路绿化带日益增多，人们锻炼身体的场所也越来越多，面积也越来越大，设施也越来越先进了，一般小区各种健身器材基本上应有尽有。清明时节，夜雨尤多，每天清晨空气湿润清新，这个时候，到绿地，到公园里，到树林河边去散步进行运动，是一个不错的选择。

2. 运动要适度，注意卫生和保暖

（1）运动要适度：春季，人们往往感到精神不振、四肢无力，很困乏，总觉得没有睡好，即为"春困"。在这种情况下，参加锻炼不能一下子进入活动高潮，一定要做充分的准备活动，循序渐进，不能因为气温合适而使运动的时间不规律和运动的时间过长。

（2）运动时要注意卫生和保暖：春季的气温暖和，也是细菌繁殖的高峰季节。疾病的传播也很活跃。所以，在运动过程中要更加重视个人的卫生，及时洗澡、勤洗衣服；运动中或运动后不能立即去吹风或冲凉水，防止感冒等疾病危害健康；另外不要暴饮暴食，以免突然增加肠胃的负担，导致肠胃病。

清明时节，常见病食疗防治

1. 食用维生素C含量高的食物防治高血压

高血压是指人体在没有受到刺激的状态下，人的动脉压持续增高，并且威胁血管、脑、心脏、肾等器官的一种常见疾病。清明时节，春天已过去大半，人体的肝阳越发上升。肝属木，木生火，火为心，因此，清明时节人的心脏功能十分活跃，很容易引发高血压。高血压一般有头痛、耳鸣、心悸气短、失眠、肢体麻木、头晕、精神改变、眼睛突然发黑、原因不明的跌跤、哈欠不断、流鼻血、说话吐字不清等症状。但是还要注意部分高血压患者却无明显临床症状。

高血压患者可以饮用金针菇海带汤，金针菇海带汤不但具有降压减脂、醒脑强身之功效，而且还适用于消化不良、便秘引起的肥胖等病症。

金针菇海带汤

材料：金针菇30克，海带50克，竹笋丝、胡萝卜丝、香菇丝各20克，姜片、盐、味精、胡椒粉和植物油等适量。

制作：①金针菇切成段；②海带淘洗干净，切成丝；③把海带丝、姜片、植物油放入碗内，并倒入适量水，再将碗放入笼中蒸10分钟，滤去汁；④锅中倒入水烧开，放竹笋、香菇、胡萝卜煮5分钟；⑤再放入金针菇、海带，大火煮开，撒入盐、味精、胡椒粉调味即可食用。

高血压患者也可以食用花生米拌芹菜食疗防治，花生米拌芹菜具有滋身益寿、补中和胃、行血止血之功效。

花生米拌芹菜

材料：芹菜300克，油炸花生米200克，酱油、花椒油、盐、味精等适量。

制作：①芹菜去叶，淘洗干净，切成段，焯熟后过凉水后放入盘中；②倒入油炸花生米；③放入酱油、盐、味精、花椒油；④搅拌均匀即可食用。

高血压的防治措施：

（1）保持有规律的生活。不要过分劳累，也不要过分安逸，否则都有可能伤及元气，导致血压升高。

（2）控制体重，避免过度肥胖。肥胖者患高血压的概率比正常人高很多，所以在日常生活中一定要控制饮食，多运动，保持正常体重，预防高血压。

（3）保证足够的休息时间。不要熬夜上网、看电视，节制性生活，减少肾精损耗，保持身体精力旺盛。

（4）在日常生活中应尽量避免食用油腻食品，减少食盐的摄入量，不吃辛辣刺激的食物，少喝咖啡、浓茶，最好是戒掉烟和酒。

（5）高血压患者可以适当多吃维生素C含量高的食物和低胆固醇食物。

2. 多吃粗粮防治头痛

头痛，多数人认为是小毛病，一般情况下，偶尔头痛或体位改变而头痛不会有太大的问题，应无大碍。不过，如果长时间头痛，就应引起重视，因为长期头痛或经常头痛可能是重病的先兆。头痛在日常生活中很常见，产生头痛的原因是头部的直管、神经、脑膜等敏感组织受到刺激，可分为疾病性头痛和紧张性头痛。前者是指在春天，病菌通过各种途径侵入人体，从而引起的头痛；后者是由于清明后昼夜时长发生变化，人脑没有完全适应这样的状态，而过早醒来，从而导致睡眠不足，继而引发头痛症状。对于头痛最好的解决办法还是预防。富含镁成分的食物在一定程度上可以抑制头痛，平时可以多吃粗粮、豆类、蜂蜜、海参、比目鱼等，这些食物都含有较多的镁。平时应少喝咖啡、浓茶以及含有咖啡因的饮料，饮食以清淡为主，尽量少食味精、酱油、醋以及相关的各种各样调味品。

头痛患者可以食用决明菊花粥，决明菊花粥具有平肝明目、疏风解热之功效，并且适用于偏头痛、高血压、大便干燥等症状。

决明菊花粥

材料：决明子12克，菊花6克，大米50克，白砂糖适量。

制作：①决明子炒香，置凉备用；②菊花、大米淘洗干净；③瓦罐内放入决明子、菊花，煎汁后去渣，加入大米，用小火熬制成粥，放入白砂糖调味即可食用。

头痛预防措施：

（1）根据天气变化，适时增减衣物，防止雨淋及暴晒。

（2）诊断头痛原因，对症施治，生活规律，不熬夜，坚持锻炼身体，增强体质。

（3）减轻视觉负担，用眼1小时左右后应适当休息几分钟，室内灯光应尽量柔和。

（4）戒烟酒，忌生、冷、油腻以及过咸过辣过酸的食物。

（5）多食新鲜蔬菜、水果、豆芽、瓜类、黑木耳、芹菜、荸荠、豆、奶、鱼、虾等。

（6）积极参与适当的体育运动，保持愉快平和的心态等。

清明耳熟能详谚语

1. 清明刮坟土，庄稼汉真受苦

清明时节，若遭遇风沙天气，农作物就会受害，农民就要受苦。因为风沙对农业生产危害很大，沙尘覆盖在植株的叶上、花上，使农作物呼吸受阻，使果树的花不能正常受粉，作物不能正常进行光合作用。严重时将会导致农作物、果树减产。遇到大的风沙天气，小面积的作物可以覆盖防沙；对大面积的农田或果园来说，就没有什么很好的办法了。如果作物、果树上落了沙尘，有条件的可以喷水冲沙，千万不能扫沙或拉沙，否则，将损伤植株，得不偿失。此外，风沙天气还会严重地影响空气质量，破坏环境，还会引起人们的呼吸系统疾病。

2. 二月清明一片青，三月清明草不生

一般来讲，一年二十四个节气，在公历中的时间每年大致都是确定的，但在阴历中的日期却变化很大。清明节在公历4月5日或6日，在常年是阴历三月初。如果碰到有闰月的阴历年，很可能在阴历二月初。那么，阴历二月行的是公历4月的天气；三月行的是公历5月的天气，比较平年的二月三月，要暖得多了，所以有"二月清明一片青，三月清明草不生"之说。

3. 清明要晴，谷雨要雨

清明时期，正值春播农作物出苗的关键时期。各种农作物的种子都需要一定的气温或地温才能发芽出苗。如棉花要求日平均气温稳定在12℃以上，玉米要求稳定在10℃以上，豆类要求气温稳定在8℃以上。温度达到了它们所需要的指标以上，才能保证它们顺利地发芽出苗。这段时间如果天气晴好，势必气温、地温较高，出苗较快。若遇上阴雨天气，甚至"倒春寒"，气温下降，气温太低，甚至降到所需要的指标以下，春播农作物的种子则会发芽出苗困难，水稻育秧也可能会产生烂秧现象。所以说"清明要晴"。谷雨时节过后，各种春播农作物也正值幼苗期，它们需要扎根发苗。同时冬小麦也正值拔节孕穗的节段，都需要充足的水分，因此便是"谷雨要雨"。

4. 清明民间谚语荟萃

不用问爹娘，清明前好下秧。

二月清明你莫赶，三月清明你莫懒。

麦惊清明雨，稻惊白露风。

麦怕清明霜，谷要秋来旱。

麦子不怕四季水，只怕清明一夜雨。

明清明，暗谷雨。

清明北风十天寒，春霜结束在眼前。

清明不插柳，死后变黄狗。

清明不戴柳，红颜变皓首。

清明出现大头鲢，白带鱼跟在后面追。

清明断雪，谷雨断霜。

清明断雪不断雪，谷雨断霜不断霜。

清明谷雨，冻死老鼠。

清明谷雨风，冻死老家公。

清明谷雨两相连，浸种耕地莫迟延。

清明刮动土，要刮四十五。

清明冷，好年景。

清明淋，果果吃不成；清明晴，果果吃不赢。

清明忙种麦，谷雨种大田。

清明南风，夏水较多；清明北风，夏水较少。

清明南风起，收成好无北。

清明难得晴，谷雨难得阴。

清明暖，寒露寒。

清明起尘，黄土埋人。

清明前，去种棉。

清明前后，点瓜种豆。

清明前后一场雨，强如秀才中了举。

清明晴，斗笠蓑衣跟背行；清明落，斗笠蓑衣挂屋角。

清明晴，六畜兴；清明雨，损百果。

第六章

谷雨：雨生百谷，禾苗茁壮成长

谷雨顾名思义，就是播谷降雨，同时也是播种移苗、埯瓜点豆的最佳时节。每年4月19日~21日，当太阳到达黄经30°时为谷雨。谷雨时雨水增多，十分有利于禾苗茁壮成长。谷雨是春季最后一个节气，谷雨节气的到来意味着寒潮天气基本画上句号，气温攀升的速度不断加快。

谷雨气象和农事特点：气温回升，谷雨农事忙

1. 谷雨时节气温回升雨量多，空气湿度大

谷雨时节，华南暖湿气团开始活跃起来，大部分地区的平均气温逐渐回升，空气湿度也随之加大。西风带的活动频繁，导致低气压和江淮气旋逐渐增多。受其影响，南方的气温高达30℃以上，而且大部分地区的雨量开始增多。将会迎来每年的第一场大雨，降雨量30~50毫米，空气湿度大，这对水稻的栽插十分有利。有些地区降雨量不到30毫米，需要采取灌溉措施，减轻干旱的影响。北方地区的桃花、杏花等已开放，杨絮、柳絮四处飞扬，呈现出一片花香四溢、柳飞燕舞的美好景象。气温虽然已经转暖，但是早晚还是比较凉快。西北高原山地仍处于旱季，降水量一般5~20毫米。

2. 大江南北的农民朋友忙于播种丰收的"希望"

谷雨时节正是农村风风火火忙碌的时候，农民朋友们正在希望的田野上播种着自己的"希望"。

北方地区的冬小麦正处在生长期，要特别注意防旱防湿，预防锈病、白粉病、麦蚜虫等病虫害，要拔除黑穗病株，同时要做好预防"倒春寒"和冰雹的准备工作。种植玉米的农家已经开始耕地、施肥、播种，防止土蚕的侵害。有些地方开始种植棉花。有些地方开始种黄豆、杂豆、土豆、花生、地瓜、茄子等。经济作物烟叶已经长出了早苗，烟农们也开始紧锣密鼓地做移栽烟苗工作。在管理田间的同时，农民也在加强马、牛、猪、羊的饲养，希望六畜兴旺。力争做到农作物管理、六畜饲养两不误。

江南地区，人们正在忙着耕田、施肥、插秧、育苗，准备种水稻。茶农们在忙着采收春茶、制茶，可谓是万里碧绿、千里飘香；蚕农们开始加强春蚕的饲养管理。

谷雨时节，普天之下农民朋友都在农田里忙于播种丰收的"希望"。

谷雨农历节日：上巳节——临水宴宾和春游

上巳节是中国汉族古老的传统节日，俗称三月三，该节日在汉代以前定为三月上旬的巳日，后来固定在夏历三月初三。夏历三月初三为上巳日。上巳节又名元巳、除巳、上除。春秋时的郑国，人们每到这一天，会在溱、洧两水之上招魂续魄，秉执兰草，袯（袯，古时一种除灾求福的祭祀）除不祥的习俗活动。

到了汉代时，上巳节陆续增加了临水宴宾和求子习俗。晋代王羲之在兰亭修禊吟诗饮酒，流觞曲水，对后世影响颇大。宋代时还有求子习俗。《太平寰宇记》卷七十六记载："四川横县玉化池，每三月上巳有乞子者，漉得石即是男，瓦即是女，自古有验。"元代有增加了水上迎祥的娱乐活动。明清以后袯禊之意日益减淡，逐渐演变为春游活动。上巳节民间组织各种丰富多彩的娱乐活动。

1. 曲水流觞：一种饮酒赋诗游戏活动

曲水流觞又称作"九曲流觞"，是中国古代流传的一种饮酒作诗的游戏。上巳节人们举行袯禊仪式之后，大家坐在河渠两旁，在上游放置觞，觞顺流而下，停在谁的面前，谁就取觞饮酒，同时赋诗一首。觞可以悬浮于水，另有一种陶制的杯，两边有耳，称为"羽觞"，羽觞比木杯重，玩时放在荷叶或木托盘上。

曲水流觞的来历有一个千古佳话。据说永和九年三月初三上巳日，晋代有名的大书法家、会稽内史王羲之偕亲朋谢安、孙绰等42人，在兰亭修禊后，举行饮酒赋诗的"曲水流觞"活动。这次活动作诗37首，活动中，有11人各成诗两篇，15人各成诗一篇，16人作不出诗，各罚酒三觚。王羲之将大家的诗集起来，用蚕茧纸，鼠须笔挥毫作序，乘兴而书，写下了举世闻名的《兰亭集序》。这次上巳修禊，诞生了天下第一行书，还为后世形成了一道独特的文化景观。被后人誉为"天下第一行书"，王羲之也因此被人尊为"书圣"。

晋代以后，上巳节举办的这个"曲水流觞"活动逐渐流行到民间。南朝梁宗懔《荆楚岁时记》记载："三月三日，士民并出江渚池沼间，为流杯曲水之饮。"宋代黄朝英《靖康湘素杂记》中也有这方面记载。到了清代，宫廷中限制在亭子里举行，亭内地面上人工筑造一条弯曲折绕的流水槽，众人环坐槽边，浮杯于上，做曲水流觞的游戏，称为"流杯亭"。如今北京潭柘寺、故宫、中南海等处都还保留有"流杯亭"的建筑。清代以后这个习俗逐渐消失。

2. 戴荠菜花：祈祷身体健康

谷雨时节，野菜已经生发，田间地头，房前屋后，处处都可以找到荠菜，荠菜可以说是遍地开花。戴荠菜花是上巳节非常重要的习俗活动，传说带上以后不犯头痛病，晚上睡得特别香甜，流传全国。有民谣说："三春戴荠菜花，桃李羞繁华"，"戴了荠菜花，一年不头痛"，"三月三，荠菜花儿赛牡丹"。妇女戴荠菜花，在江苏武进叫作"驱睡"；在湖南龙山，叫作"辟疫气"。在山西虞乡，女子们都要到郊外采摘荠菜，叫作"斩病根"。在浙江平湖，当地人认为戴荠菜花，夏天不头晕；在江西上饶，认为这样可以在夏秋时节避免蚊虫叮咬。在江苏苏州，将荠菜花称作"眼亮花"，女子们将花戴于发际，祈求眼睛明亮，不生眼疾等。总之，民间传说上巳节戴上荠菜花，就会身体健康。

3. 欢会游春：青年男女结伴对歌，私定终身

上巳节是青年男女固定的欢会时节。节日那天，青翠的大地上四处飘扬着欢歌笑语，青年男女们结伴尽情地对歌，互赠信物，在清新的水湄山阿私定终身。

4. 高禖祈子：源自春秋古俗，对生命的崇拜

在上巳节整个活动中，要说最重要的活动当属祭祀高禖，即管理婚姻和生育之神。

传说上巳祈子习俗源自春秋古俗，是一种对生命的崇拜。传说媒神姓高名辛，称高禖（媒）。高禖神掌管婚姻生育，又因古时祭祀高禖大多是在郊外，也有称"郊禖"的。最初的高禖，属女性，而且是成年女性，具有孕育状。事实上，远古时期一些裸体的妇女像具有非常发达的大腿和胸部，还有一个向前突出的大肚子，这是生殖的象征。在汉代画像化石中就有高禖神形象，还与婴儿连在一起。后来高禖有了很大的变化，如河南淮阳人祖庙供奉的伏羲，就是父权制下的高禖神。起初上巳节是一个巫教活动的节日，通过祭高禖、祓禊和会男女等活动，除灾避邪，祈求生育。自从汉代以后，上巳节虽然仍旧是人们求子的节日，但是已经演变成贵族炫耀财富和游春娱乐的盛会了。

谷雨传说和民俗：祈盼天遂人愿、祛除百病、丰收安宁

1. 谷雨的传说

传说唐高宗年间，黄河大决堤，洪水淹没了曹州。有一个水性极好的青年，名叫谷雨，他将年迈的母亲送上城墙后，又从洪水中救出十几位乡亲。这时谷雨看见洪水中有一束牡丹花时沉时浮，绯红的花朵像一张少女的脸，绿色的叶儿在水面上摆动，好像在摆手呼救。谷雨猛地站起，他脱下衣服扔给母亲，"扑通"一声跳进水中，向牡丹花游去。水急浪高，谷雨游啊，游啊，在黄河中足足游了6个多小时才追上了牡丹花。救出牡丹花后，谷雨将牡丹花交给了种花的老头——赵老大。

第三年春天，谷雨的母亲得了重病，谷雨四处求医，房中能卖的东西都换汤药吃了，母亲病情仍不见好转。这天，一位少女飘然而至，来到谷雨家里。她说："俺叫丹凤，家住东村。俺家世代行医，为百姓治病。听说大娘身体欠安，特来送药。"说着，丹凤煎好药，又侍候大娘将药服下。说来也怪，大娘服药后，立刻就能下床走动了。不久，谷雨母亲的身体竟然比病前还要硬朗，身上有用不完的力气。母亲说："儿子，东村离咱家不远，你买点礼物去东村找找丹凤姑娘吧！"

谷雨到东村一打听，没有丹凤姑娘。只有赵老大家的百花园，忽然听到园中有女子嬉笑的声音，谷雨扒开桑树篱笆张望，只见丹凤和另外几个女子在戏耍。他情不自禁地喊了一声："丹凤！"只听"忽——"地一阵风响，几个女子瞬间无影无踪。谷雨急奔进园中四处寻找，没找到丹凤。谷雨蹲在花丛中，见眼前一株红牡丹摇来摆去，谷雨深深作了一揖，说道："多蒙丹凤姑娘妙手回春，治好了母亲的病！老人家这几日常常想念你，请仙女现身，随为兄回家一叙！"谷雨说罢，只见一页红纸缓缓飘来，上面写着两行字："待到明年四月八，奴到谷门去安家。"

一天晚上，谷雨睡得迷迷糊糊，突然被敲门声惊醒，他开门一看，面前站的竟是丹凤姑娘！只见她披头散发，衣裙不整，面带伤痕，气喘吁吁。丹凤姑娘说："我是牡丹花仙，大山头秃鹰是我家仇人，它是个无恶不作的魔怪。近日它得了重病，逼我们姐妹上山去酿造丹酒，为它医病。我们姐妹不愿取自己身上的血，酿下丹酒让恶贼饮用！秃鹰便派兵来抢；我们姐妹难以抵挡。丹凤今日前去，只怕难以回转，纵然不死，取血酿酒之后，我也难以成仙了！临行之时，我来拜别大娘和兄长。"此时，几个魔鬼将草房团团围住。为首的赤发妖魔大声喊叫："速将牡丹花妖放出！敢言半个不字，我叫草房化为灰烬！"丹凤向谷雨和母亲拜了两拜，说道："大娘，兄长，丹凤不想连累你们，我要去了！"说罢夺门而去。谷雨和母亲哭得死去活来，伤心透顶。

丹凤和众仙女被秃鹰劫持到大山头以后，谷雨整天不声不响，在一块大石头上"嚓嚓嚓"地磨着斧头！母亲知道儿子的心，对谷雨说："去吧，把斧子磨好，去杀死秃鹰，救出丹凤姑娘！"她从枕下摸出一包药，放在儿子手里，说："带上这包毒药吧，也许能用得着！"

谷雨去找秃鹰，他手握板斧跳进秃鹰的洞里，见丹凤和三名花仙都被绑在一根石柱子上。丹凤望着谷雨着急地说："你不要莽撞！它们妖多势众，都守护在秃鹰身旁，难以下手！再说我们姐妹因不给秃鹰酿酒，它便命二小妖去大山头抬来石灰，每天烤煮我们，如今姐妹元气大伤，更难对付它啦！"谷雨劝丹凤姑娘答应为秃鹰酿酒，暗中将药放入酒中。

丹凤和众仙女叫小妖传话给秃鹰，答应为秃鹰酿酒。丹凤和众花仙酿造了两坛酒，一坛送给秃鹰，一坛留给众小妖。秃鹰捧坛刚喝了一半，另一坛已被众妖争喝一空。酒到口中，非常香甜，稍时便觉得头重脚轻，四肢麻木。谷雨见时机已到，手持板斧，冲了出来。秃鹰久病不愈、

又喝了药酒，虽有妖术也难以施展。战了几个回合，便被谷雨一斧砍倒在地。谷雨挥动板斧，如车轮转动一般左杀右砍，霎时将众妖平息了。

谷雨带着丹凤和众花仙欢天喜地往外走，正在这时，一支飞剑向丹凤后背刺来，谷雨迅速用自己的身体挡住了飞剑，飞剑穿透了谷雨的心，他大叫一声，倒在血泊之中。原来秃鹰虽受重伤，但是并没有咽气，他看到丹凤和众花仙欲走，便从背后下了毒手。丹凤恼怒万分，拿起谷雨的板斧，将垂死挣扎的秃鹰砍成烂泥。回转身来，抱起谷雨的尸体，撕心裂肺地痛哭起来。

谷雨被埋葬在赵老大的百花园中。从此，丹凤和众花仙都在曹州安了家，每逢谷雨的祭日，牡丹就要开花，表示她对谷雨的怀念。谷雨的出生和逝世都在同一天，后来人民为了纪念他，就把他的生日作为谷雨之日。

2. 张贴谷雨贴：消灭害虫，盼望丰收与安宁

谷雨以后气温升高，病虫害进入高繁衍期，为了减轻病虫害对农作物及人们的损害，农民一边进入田间消灭害虫，一边张贴谷雨贴，进行驱虫的祈祷。这一风俗习惯在山东、山西、陕西一带较为流行。谷雨贴类似于年画的一种，上面刻绘神鸡捉蝎、天师除五毒形象或道教神符，有的还附有"太上老君如律令，谷雨三月中，蛇蝎永不生"、"谷雨三月中，老君下天空，手持七星剑，单斩蝎子精"、"谷雨三月中，蝎子逞威风，神鸡叼一嘴，毒虫化为水"等消灭害虫的文字说明。山东的谷雨贴采用黄表纸制作，以朱砂画出禁蝎符，贴在墙壁或蝎穴处，以此寄托人们消灭害虫、盼望安宁与丰收的期望。

3. 赏牡丹：谷雨赏牡丹花

河南洛阳是牡丹花的故乡，洛阳牡丹甲天下，每逢牡丹花会，无数游客云集洛阳观赏牡丹花开。牡丹盛开时节正值谷雨，所以人们又将牡丹花称为"谷雨花"，并衍生出"谷雨赏牡丹"的习俗。凡有花之处，就有仕女游观。也有在夜间垂幕悬灯，宴饮赏花的，号称"花会"。清代顾禄《清嘉录》记载："神祠别馆筑商人，谷雨看花局一新。不信相逢无国色，锦棚只护玉楼春。"

4. 祭海：渔民举行海祭，希望海神保佑

谷雨对于渔民而言，是一个十分重要的时节，谷雨节要祭海。谷雨正是春海水暖之时，百鱼行至浅海地带，是下海捕鱼的好日子。为了能够出海平安、满载而归，谷雨这天渔民举行隆重的海祭，祝福海神保佑渔民出海打鱼平安吉祥。所以，谷雨节也被称作渔民的"壮行节"。

祭海这一习俗在山东胶东、荣成一带现在仍然流行。过去，渔民由渔行统一管理，海祭活动由渔行组织。古代村村都有海神庙或娘娘庙，祭祀时辰一到，渔民便抬着供品到海神庙、娘娘庙前摆供祭祀，有的还将供品抬到海边，敲锣打鼓、燃放鞭炮，面海祭祀，场面声势十分严肃虔诚。

5. 走谷雨：走出五谷丰登、六畜兴旺年成

谷雨时节还有个稀奇古怪的风俗，庄户人家的大姑娘、小媳妇无论有事没事，谷雨这天都要到野外走一圈回来，或者走村串亲，或者到野外散散步，寓意与自然相融合，强身健体，称作"走谷雨"。她们这样做，意图走出一个五谷丰登、六畜兴旺的好年成。

6. 洗"桃花水"：庆祝活动

"桃花水"即桃花汛，指谷雨时节桃花盛开江河里暴涨的水，传说用"桃花水"洗浴可消灾避祸。谷雨时节民间用"桃花水"洗浴，组织射猎、跳舞等庆祝活动。

7. 喝谷雨茶：清火、明目

谷雨茶，是谷雨时节采制的春茶，又叫二春茶。春季温度适中，雨量充沛，加上茶树经半年冬季的休养生息，使得春梢芽叶肥硕，色泽翠绿，叶质柔软，富含多种维生素和氨基酸，使春茶滋味鲜活，香气怡人。谷雨茶除了嫩芽外，还有一芽一嫩叶的或一芽两嫩叶的。一芽一嫩叶的茶叶泡在水里像展开旌旗的古代的枪，被称为旗枪；一芽两嫩叶则像一个雀类的舌头，被称为雀舌。谷雨茶与清明茶同为一年之中的佳品。喝了谷雨茶，具有清火、明目等功效。因此，谷雨这天无论天气多恶劣，茶农们都会去采摘一些新茶回来加工谷雨茶。一般谷雨茶价格比较高，冲开后水中造型美观，口感也不比清明茶逊色，一般的茶客通常喜欢追捧谷雨茶。

有经验的茶农们说，地道的谷雨茶是谷雨这天采的鲜茶叶做的干茶。民间还传说真正的谷雨茶能够使人起死回生，由此可见，谷雨茶在人们心目中的分量很重。茶农们加工的谷雨茶都是留下来自己喝或者用来招待客人，在给客人泡茶时会颇为炫耀地对客人说，这是谷雨那天采摘的茶叶加工的谷雨茶。话外之意：你是我们的贵客，只有你们来了才能喝到真正的谷雨茶。

谷雨民间宜忌：忌讳野外放火、气温偏高、阴雨

1. 谷雨忌讳野外放火、烧香、燃放爆竹

谷雨时节，进入壮族人民地区，有忌讳野外放火的习俗。他们认为，谷雨正是下雨的好时节，如果这个时期在野外生火，这一年就会连续干旱，影响农作物生长，收成就会大大地降低。因此，即使这天是去扫墓拜山，也没有人在野外放鞭炮、烧香、烧纸钱。

2. 谷雨忌讳气温偏高、阴雨连绵

谷雨时节，气温会逐渐升高，空气中的湿度增大，降水量也会随之增加。俗话说"雨生百谷"，雨水能够滋润庄稼，促进庄稼生长发育。但是过高的气温和过多的雨水也会引起三麦病虫害，严重影响到农作物的正常生长，如果不及时做好防治工作，将会造成粮食减产。因此，谷雨时节忌讳气温偏高、阴雨连绵不断。

谷雨饮食养生：牡丹花开，除热防潮

1. 喝粥、汤、茶等清除积热

谷雨时节，不少人感觉体内积热，很不舒服。此时食疗就是一个不错的选择，常用的食疗配方有竹叶粥、绿豆粥、酸梅汤或菊槐绿茶等，同时也可以搭配一些清热养肝的食物，如芹菜、荠菜、菠菜、莴笋、荸荠、黄瓜、荞麦等。有条件的也可以选择到郊外出游，呼吸一下大自然中的新鲜空气，有利于排出体内的积热，使人一身轻松。

如果感觉到体内积热症状比较严重了，那么就千万不要耽误了，尽快到正规的医院诊所就诊，在大夫的指导下服用药物，遵照医嘱吃药打针清除积热。

2. 多吃益肾养心食物，少食高蛋白

谷雨也是晚春时节，天气将会慢慢变得炎热起来。这个时期，人体内肝气稍伏，心气开始慢慢旺盛，肾气也于此时进入旺盛期，因此在饮食上也应略作调整，尽量多吃一些益肾养心的食物，并且尽量减少蛋白质的摄入量，来减轻肾的沉重负担。

3. 谷雨郊游时要注意饮食卫生

谷雨时节，温度高低适中，是春季外出玩的最佳时机。可是此时的温暖气候也非常适合各种病菌的生长和繁殖，食物容易变质霉烂，所以是各种肠胃疾病的高发期。另外，这个时间段昼夜温差较大，受凉后人们容易患上肠胃疾病。外出郊游时劳累奔走，人的抵抗力会大大降低，此时一定要注意饮食卫生。要牢记以下几个注意事项：

（1）禁止饮用来源不明或没有消毒的水。

（2）携带的各种水果一定要清洗后再食用。

（3）不要随意采摘野外的果实、野菜食用。

（4）进行剧烈运动后不要立刻吃东西。

（5）在各种交通工具上不要吃得过饱，以免肠胃不适。

4. 降肝火、镇静降压吃芹菜

芹菜不但具有清除积热、降肝火的功效，另外还有健胃利尿、镇静降压的作用，特别适合谷雨时节食用，对中老年人益处颇多。挑选以梗短而粗壮，菜叶稀少且颜色翠绿者为佳。芹菜叶子

中胡萝卜素和维生素C的含量很高，所以嫩叶最好不要扔掉，可与芹菜杆一起食用。烹调芹菜时应尽量少放食盐。

肝火旺、血压高可以食用芹菜拌海带丝。

芹菜拌海带丝

材料：鲜嫩芹菜100克，水发海带50克，香油、醋、盐、味精等适量。

制作：①芹菜淘洗干净，切段，焯熟；②海带洗净，切丝，焯熟；②将芹菜、海带丝，加入香油、醋、盐、味精，拌匀即可食用。

5. 健脾利湿可吃鲫鱼

谷雨饮食养生要注意祛湿，鲫鱼可以健脾利湿，比较适宜这个时节食用，鲫鱼和薏米等其他可健脾利湿的食材配合食用效果更佳。挑食窍门：一般身体扁平、颜色偏白的鲫鱼肉质嫩；颜色偏黑的鲫鱼则肉质老；新鲜鲫鱼的眼略凸、眼球黑白分明、眼面发亮。鲫鱼处理干净后要用少许黄酒腌一会儿，可以去除腥味，还能使做出来的鱼味道更加鲜美。烹制时注意：煎炸容易使营养流失，因此，吃鲫鱼最好清蒸或煮汤。

枣杞双雪煲鲫鱼

材料：鲫鱼两条，水发银耳100克，熟鹌鹑蛋3个，红枣5颗，薏米40克，枸杞子20克，盐、鸡精、胡椒粉、姜片、益母草子、植物油等适量。

制作：①各种材料分别淘洗干净；②鹌鹑蛋、银耳、薏米、红枣、枸杞子、姜片、益母草子入高压锅焖15分钟；③鲫鱼开膛破肚处理干净，入油锅煎至两面金黄后放入姜片，倒入炖好的汤，撒入盐、鸡精，入砂锅，人火炖15~20分钟，放入胡椒粉调味即可食用。

鲫鱼炖豆腐

材料：鲫鱼1条，豆腐1块，猪瘦肉150克，植物油、盐、味精、料酒、葱花、姜末、蒜片、高汤等适量。

制作：①鲫鱼开膛破肚处理干净，鱼身两面剜花刀；②豆腐切块，略焯；③猪瘦肉洗净，剁成泥，放入盆中，加葱花、姜末、盐、料酒，搅拌均匀后塞进鱼肚；④炒锅放植物油烧热，放入葱花、姜末、蒜片爆香，放入鱼略煎，放入高汤，大火烧开；⑤放入豆腐、撒上盐，炖至鱼熟，撒入味精调味即可食用。

谷雨起居养生：早睡早起，勤通风换气

1. 谷雨时节阳长阴消，宜早睡早起

如今，"日出而作日落而息"的生活状态早已被打破。现在许多年轻人说："现代生活工作节奏快、压力大，不拼命不行啊，30岁前拿命买钱，30岁后拿钱买命。"越来越多的人们逐步加入到"夜班队伍"，但是养生专家忠告我们，熬夜就等于慢性自杀。特别是谷雨时节，阳长阴消，更不应该通宵达旦地加班工作、学习，宜早睡早起，合理安排作息时间。时常熬夜会严重损害人的皮肤，使人提前进入老龄化；同时还会引起视力、记忆力、免疫力的迅猛下降。谷雨时节，熬夜还会使人阴虚火旺。因此，谷雨以后，阳长阴消，应该继续坚持早睡早起的好习惯，遵循自然规律，使人体阴阳始终达到平衡状态。

2. 养花、赏花要提防身体不适或中毒

谷雨是暮春时节，此时正是赏花的最好时节。但是，鲜花虽好，并不是每个人都可以无拘无束地亲近的。有些人在花丛中待时间长了就会头晕脑涨、咽喉肿痛；有的人接触鲜花会掉发、四肢麻木。这是什么原因呢？原来是有些花会释放有害气体，使人过敏；有些花含有有毒物质，长期接触会引起慢性中毒。有的人抵抗力强就不会中毒，有的人身体弱，时间一长，毒气入侵体内扛不住，就病倒了。

某些时候，有人莫名其妙患病的原因就是因为花的毒气侵入人体造成的。例如，夜来香在夜间释放出的气体会使高血压和心脏病患者的病情恶化，有些兰花的花香会使人神经兴奋从而导致失眠，某些人闻到百合的香气会引起中枢神经兴奋、失眠等症状，月季的花香可能导致有些人胸闷、呼吸困难。某些花卉内含有有毒物质，对一些人的健康极为不利。例如，仙人掌的刺内含有有毒液体，人被刺到后可能引起皮肤红肿、疼痛、瘙痒等症状；郁金香、含羞草中含有的毒碱会使接触者头晕，还可能导致毛发脱落；紫荆花的花粉有可能使接触者引发哮喘；夹竹桃可以分泌一种有毒的白色液体，长时间接触会使人精神不振、智力下降；洋绣球会散发一种有毒微粒，过多接触可能使人皮肤过敏引发瘙痒；一品红中的白色液体可能造成人体皮肤的过敏症状；黄色杜鹃花中含有一种四环二萜类毒素，会引起接触者出现呕吐、呼吸困难、四肢麻木等中毒症状。总之，养花、赏花时突然感觉身体不适或中毒，第一反应就应该立刻考虑是否是因为花草的有毒气体中毒引起，以便采取紧急措施。

谷雨运动养生：闲庭信步，室内室外运动

1. 散步锻炼要全身放松、闲庭信步

谷雨节气，降雨明显增多，空气中的湿度逐渐加大，此时养生要顺应自然环境的变化，通过人体自身的调节使内环境（人体内部的生理环境）与外环境（外界自然环境）的变化相适应，保持人体各脏腑功能的正常。中医中讲究春夏养阳，秋冬养阴。尤其春日总给人们一种万物生长、蒸蒸日上的景象，谷雨时节，室外空气特别清新，正是采纳自然之气养阳的好时机，而活动为养阳最重要的一环，人们应根据自身体质，选择适当的锻炼项目，不仅能畅达心胸，怡情养性，而且还能扩大身体的新陈代谢，增加出汗量，使气血通畅，郁滞疏散，祛湿排毒，提高心肺功能，增强身体素质，减少疾病的发生，使身体与外界达到平衡。

谷雨节气中，全身放松、闲庭信步散步是一个很随意、很方便的运动，它不受年龄、性别和身体状况的约束，也不受场地、设备条件的限制，不但能收到良好的健身效果，而且还可以陶冶性情。散步时，双腿、双臂有节奏的交替运动，与心脏的跳动非常合拍，是最能促进体内各种节奏正常的全身运动，也是受伤的危险性最小的运动。

那么，如何散步才能有效地锻炼身体呢？

（1）在散步前应该全身放松，活动四肢，调匀呼吸，然后再从容迈步。

（2）在散步时，要心平气和，不能让繁琐的事情充满头脑，这样可使大脑解除疲劳，达到益智养神的功效。

（3）散步行走时，背要直，肩要平，精神要饱满，应抬头挺胸，目视前方，步履轻松，犹如闲庭信步。看似步伐缓慢，但可起到舒筋活络、行气活血、安神宁心之功效，对老、弱、病人尤为合适。

（4）散步要量力而行，要根据自己的体力循序渐进，做到从走路形态上看似乎有些疲劳，但实际上人并没有感到乏力和气喘吁吁，以此为宜。每分钟走60~70步，可使人情绪稳定，消除疲劳，亦有健胃助消之功效。不要过分拘泥于散步的形式，可漫步赏花、参观展览、游览名胜、访亲问友等，这可避免枯燥无味，提高兴致。有滋有味才能持之以恒，假若一曝十寒、三天打鱼两天晒网，效果就会大打折扣，起不到运动的作用。

日常生活中，造成人体肥胖的重要原因之一就是缺少锻炼，散步对控制体重大有好处。不要以为多消耗热量就必须花很多的时间，其实对于肥胖者而言，走更多的路，走快一点就能达到减肥的目的，走得越快对减肥越有益。散步对心理治疗意志消沉和失去希望的人也很有帮助。

2. 清晨先室内运动，日出后再外出活动

春天，人体生物钟的运行基本都在日出前后。但是，由于谷雨时节晚上的地面温度，一般要低于近地层大气的温度，出现气象上所谓的"逆温"现象。这样，近地层空气中的污染物、有毒气体就不易扩散到高空中去，造成近地层空气污染严重。据测定。在一般的工业城市，早晨，空

气中的一氧化碳含量很高，是洁净地区的10倍，粉尘含量也有10倍以上，其中所含的致命物质甚至会高出30多倍，而一天之中，又以早晨6时左右为污染的高峰期。此时，人们外出锻炼，不但不能呼吸到新鲜空气，反而会吸进更多有害物质，尤其是锻炼时，肺活量增大，吸入的有害物质也就更多。并且，过早外出锻炼，由于清晨的气温比较低，还容易引发感冒或其他的疾病。当太阳出来以后，它能使地面的温度迅速升高，破除"逆温"现象。使近地层的空气污染物很快扩散到高空，降低空气中有害物质的浓度，使空气变得新鲜，适合人们室外活动。

所以，日出前起床后，不要急于出门活动，可以在家里做一会儿锻炼前的热身运动，或者做点家务活，待日出一段时间后，空气中的污染物已在太阳的帮助下升到高空之后，再外出活动锻炼。这样合理安排室内室外运动才是最科学的选择。

谷雨时节，常见病食疗防治

1. 三叉神经痛饮用白萝卜丹参汤食疗防治

谷雨时节是各种神经疼痛疾病的高发时期，这类病往往会突然发作，让人防不胜防。三叉神经痛是指面部某些部位出现的阵发性、短暂性的剧烈疼痛，致病原因一般为风寒入侵后，于面部经络会聚，引起经络收引，气血运行受到了阻碍，从而引发了三叉神经疼痛。

三叉神经痛不能单纯依靠食疗或药膳来控制病情，因此得了此病后应及时就医，配合医生治疗。此病往往是因为诸邪气阻遏经络，导致"不通则痛"。平时可多食用些具有祛风通络、活血散瘀功效的食物和药材，饮食应以清淡为主，洋葱、大蒜、韭菜等辛辣刺激性食物慎食。

三叉神经痛患者可以食用白萝卜丹参汤来食疗，白萝卜丹参汤具有祛痰止咳、活血祛瘀、安神除烦之功效。

白萝卜丹参汤

材料：白萝卜250克，丹参、白芷各6克，姜片、葱段、盐、植物油等适量。

制作：①白萝卜洗干净，去掉皮，切成丝；②丹参、白芷分别润透，切成片；②锅内加入植物油烧至六成热时，放入姜片、葱段爆香，下白萝卜丝、丹参、白芷、盐，倒入清水适量，大火烧开，再用小火煮半个小时即可食用。

三叉神经痛防治措施：

（1）保持平静的心态，避免过度疲劳。

（2）一旦发现三叉神经分布区有炎症及外伤应及时治疗。

（3）口腔或牙齿有病变要立即治疗。

（4）检查发现有骨质增生及动脉硬化要及早治疗。

（5）建议中老年人戒掉烟酒，另外尽量少吃酸、辣等各种刺激性食品。

（6）遇到恶劣天气，要注意保护面部，以免受到寒冷刺激。

2. 风湿饮用鸡汤、鱼汤、羊骨汤食疗防治

谷雨雨水增多，气候潮湿，是风湿病的高发时节。风湿病患者应及时就医，在配合医生治疗的同时，也可以进行食疗调养。每天可以食用适量的鸡汤、鱼汤或羊骨汤，这些汤可以温养脏腑、固本扶正。中医认为，药食同源，因此可以适当考虑选择一些可以养阴益肾、活血通络的食疗方法来辅助治疗，以达到更好的治疗效果。

枸杞子鸭肾汤具有补肝肾、益精血之功效，适用于风湿病、腰痛遗泄、潮热等症状。

枸杞子鸭肾汤

材料：鸭肾1个，枸杞子、枸杞子梗各20克，猪肝60克，盐、味精、葱段、姜片、料酒、胡椒粉等适量。

制作：①先把枸杞子梗折断，再扎成束；②猪肝、鸭肾冲洗干净切成片；③碗中倒入植物油、盐，将猪肝、鸭肾拌匀，腌制片刻；④锅内倒入水、料酒和其他剩余材料煮开，然后用小火

炖熟；⑤撒入盐、味精、胡椒粉调味即可食用。

风湿病预防措施：

（1）经常保持良好的心态。否则，情绪失调会导致人体气机升降失调，气血功能紊乱，抗病能力迅速下降，更容易遭受外界侵袭而发病。

（2）起居避免潮湿。房屋应该经常打开门窗通风换气，延长太阳光照射时间。

（3）日常生活中应该重视预防上呼吸道感染、皮肤感染和龋齿等。一旦发生感染，要尽快治疗，以免因人体对感染的病原体发生免疫反应而引发风湿病。

谷雨耳熟能详谚语

1. 谷雨前和后，安瓜又点豆；采制雨前茶，品茗解烦愁

谷雨节气正值春耕春种的好时期。此时有春雨的滋润，万物新生，正是种瓜得瓜，种豆得豆的好时候。所以人们常说"谷雨前和后，安瓜又点豆"。

谷雨时节又是民间采茶、制茶的农忙时节。小茶叶生长成鲜叶，味美形佳，香气怡人，为茶种上品。喝一口刚刚上市的新茶，能解除农家的烦恼和忧愁，真可谓是人间的美事儿啊！

2. 谷雨不下，庄稼怕

"谷雨要雨"的意思与这条谚语有些相似，是说谷雨时节雨水的重要性。此时正是越冬作物冬小麦的抽穗扬花期，春播作物玉米、棉花的幼苗期，这些作物都需要充沛的雨水来促进正常的发育生长。如果天旱无雨（或无灌溉），冬小麦就会遇上"卡脖旱"，麦穗抽不出来。不能正常扬花受粉、灌浆；玉米、棉花不能正常出苗、发苗，这样也会严重影响到最终的收成。以我国的陕西为例，此地区多春旱，群众年年盼春雨。而春旱往往延迟到阳历的4月下旬，一般陕西关中的春季第一场透雨多在阳历4月下旬，谷雨如果有雨、且有透雨，那么，这对农民来说真是求之不得。

3. 谷雨不种花，心头像蟹爬

谷雨时节，由于东亚高空西风急流会再一次发生明显减弱和北移，华南暖湿气团也比较活跃，西风带自西向东环流波动比较频繁，低气压和江淮气旋活动逐渐增多。受其影响，江淮地区会出现连续阴雨或大风暴雨。古往今来，棉农把谷雨节气作为棉花播种风向标，即"谷雨不种花，心头像蟹爬"。

4. 谷雨民间谚语荟萃

吃过谷雨饭，晴雨落雪要出畈。

谷雨补老母。

谷雨打苞，立夏龇牙，小满半截仁，芒种见麦茬。

谷雨到，布谷叫，前三天叫干，后三天叫淹。

谷雨花大把抓，小满花不回家。

谷雨麦怀胎，立夏长胡须。

谷雨麦结穗，快把豆瓜种；桑女忙采撷，蚕儿肉咚咚。

谷雨麦挑旗，立夏麦头齐。

谷雨麦挺直，立夏麦秀齐。

谷雨南风好收成。

谷雨鸟儿做母。

谷雨前，清明后，种花正是好时候。

谷雨前后，撒花点豆。

谷雨前后一场雨，胜似秀才中了举。

谷雨前后栽地瓜，最好不要过立夏。

谷雨前十天，种棉最当先。

谷雨前应种棉，谷雨后应种豆。

谷雨三朝蚕白头。

谷雨三朝看牡丹。

谷雨三日满海红，百日活海一时兴。

谷雨三天便孵蚕，谷雨十天也不晚。

谷雨无雨，后来哭雨。

谷雨无雨，交回田主。

谷雨下谷种，不敢往后等。

谷雨下秧，立夏栽。

谷雨下雨，四十五日无干土。

谷雨阴沉沉，立夏雨淋淋。

谷雨有雨好种棉。

谷雨有雨棉花肥。

谷雨有雨兆雨多，谷雨无雨水来迟。

谷雨雨，蓑衣笠麻高挂起。

谷雨栽秧（红薯），一棵一筐。

谷雨栽早秧，节气正相当。

谷雨在月头，秧多不要愁。

谷雨在月尾，寻秧不知归。

谷雨在月中，寻秧乱筑冲。

谷雨种棉花，不用问人家。

谷雨种棉花，能长好疙瘩。

谷雨种棉家家忙。

过了谷雨，百鱼近岸。

过了谷雨，不怕风雨。

过了谷雨种花生。

棉花种在谷雨前，开得利索苗儿全。

牛过谷雨吃饱草，人过芒种吃饱饭。

清明爆半笋，谷雨成半林。

清明谷雨两相连，浸种耕田莫迟延。

清明一尺笋，谷雨一丈竹。

早稻播谷雨，收成没够饲老鼠。

第七章

春季穿衣、护肤、两性健康和心理调适策略

春季穿衣：早晚增衣，中午减衣

春季是气候中冷暖交替、气候多变的季节。今天可能是春风和煦，明天也有可能就变得寒风袭人；白天气候宜人，晚上却会寒冷异常。因此春天的穿衣宜早晚增衣，中午减衣。衣着以保暖御寒，增减随意，美观得体，松紧适宜为原则。

1. 衣料选择要透气吸汗保暖

春天的气温忽冷忽热，因此在选择衣料时首先要选择具有一定的保暖性而又柔软透气吸汗的衣料，如纯棉、纯丝绸的料子最适宜做内衣内裤，对皮肤有保养作用，不会引起皮肤瘙痒症；全毛薄花呢是春天套装的上好选料；全棉细帆布、磨绒斜纹布、灯芯绒等也是上佳的春季服装面料，可以加工成各种类型的休闲夹克、衬衫及长裤。

2. 款式选择风衣、夹克、休闲装或西装

（1）风衣：这一款式的服装衣领可敞可紧，腰部可束可放（一般多有腰带），能抵御寒意，增添自如，适合在初春的早晚穿着，或在春雨绵绵的日子里穿着。

（2）夹克：这一款式的主要特点是腰腹部紧束，对襟用拉链连接。拉下拉链能够透气散热，拉上拉链能够防风保暖。初春时节的夹克衫可选用全棉细帆布、灯芯绒等作面料，春末可选用真丝来作面料。

（3）休闲运动装：穿上舒适的休闲运动装，在春暖花开的季节里，远足、打球、钓鱼，能够使人身心彻底放松。

（4）西装：西装对于男士来说是春季最好的选择；西装套装与套裙也是女士们在春天不错的选择。

另外，各种质地轻柔、色彩鲜艳、品种款式众多的薄型羊毛衫也是春季着装不错的选择。

3. 根据年龄和肤色选择色调

服装的颜色可以根据年龄和肤色来进行选择，例如红、橙、黄是暖色，符合春天的热烈、明快，适合于儿童和青少年；绿、蓝、紫为冷色，色调清新、素雅，适合中老年人在春天穿着。

春季护肤：清洁、滋润保养

1. 每周用温水清洁面部2～3次

每周定时定次数对面部进行全面的大清理，可以用温水清洁面部2～3次，每次先用温水洁面，并用湿软毛巾敷面几分钟，使毛孔充分舒展，然后再以洁面乳清洗，把面部尘埃和污垢彻底清除干净。

2. 临睡前及洗澡前饮1杯水

睡前饮一杯水或者洗澡前饮一杯水，能够使体内的细胞得到充足的水分补充，将会使皮肤更加细腻柔滑。不要小看了这一杯水，它对肌肤是非常重要的。因为当你睡觉时，这一杯水便在你的细胞中循环被吸收，使你的肌肤更加细嫩柔滑。同样洗澡前也需要饮一杯水美容，尤其是肌肤缺少弹性的妇女，最好能养成在洗澡前饮一杯水的好习惯。原因是在你洗澡时能促进皮肤的新陈代谢，使体内的细胞得到充足的水分，将会使皮肤得到较好的滋润。

3. 每周应做2～3次自我按摩

每周至少应做2～3次自我按摩。按摩时应选择营养丰富且无刺激性的按摩液（通常以天然生物制品为佳），以双手置两颊由内向外画小圈轻轻按摩，以促进皮肤的血液循环，使皮肤光泽细腻富有弹性。在皮肤保养过程中不可忽视面膜的作用，每周应敷面1～2次，可增加皮肤弹性和柔润感，使肌肤变得更加亮丽。

4. 自制水果面膜护理皮肤

材料：可以考虑选择苹果、梨、香蕉等各种新鲜水果。

制作：①先把水果去皮、捣烂挤汁，然后用毛笔或化妆扫笔蘸汁敷在面部，15分钟后用温水除掉，清洗干净；②也可以在水果汁中调入全脂奶粉成糊状，敷在面部，15分钟后用温水除掉，清洗干净后，涂上营养面霜即可。

春季两性健康：性生活要适度

1. 春季性生活适当"随意"一些

春季到来，大地一派生机盎然，人们普遍感到心情舒畅。春天是一个万物生发的季节，透露着生发之气，人们的性生活当然也不例外，春心萌发，性生活也开始活跃、增多，这是适应春季生发之性的表现。按照经络理论，人体的生殖器被肝经环绕着，春主肝，肝气喜欢自由，最怕受抑郁和压制，春季保持适度的性爱，对改善心绪也是非常有益的。因此，在春季，性生活可以适当"随意"一些。

（1）适当把握"性"事之计。春天，人们一改冬天倦藏之性，爱外出踏青春游，这已成为人们的习惯。对性生活来说，也呈春情萌动之态，性兴奋的激情使春季房事明显多于寒冬，甚至可能发生性冲动。如果春天过性生活，那么既要迎合春季的特点，使生发之性充分展露，又要使身心调畅，意气风发，千万不要因为过分压抑，使春天的生发之气不能舒展，那样是伤心又伤身的。但是凡事都有个度，切不可任意放纵，耗伤自己的精气。

（2）春天，性生活要注意"保暖"，以免着凉感冒。春天虽是春意盎然之期，但也还是处于乍暖还寒的季节。由于人体皮肤秋收冬藏收敛之性已削弱，皮肤开始变得松散，毛孔开泄，对寒邪的抵御能力有所减弱，且春天又是传染病多发之际，因此在春季性生活时当注意保暖。特别是老年人及体质虚弱者，切勿因为春风得意反而遭受疾病的侵害。

2. 春季性生活不要透支精力，量力而行

性生活究竟多长时间过一次最好？这个问题的答案众说纷纭。至今仍未出现统一的结论。事实上，根据我国古代的养生理论和实践，性生活频率与季节有关。《养生集要》中记载，春季可以三日施精一次，也就是说春季与其他季节相比较可以适当提高性生活的频率。

随着各种老年人疾病年轻化发展态势的扩大，现代患阳痿的男性也日趋年轻化，这主要与现在不少年轻人过早、过频发生性行为，以及手淫过度有关。在春天这样容易产生性冲动的季节里，年轻人性生活频率最好控制在每周1～3次，中年人每周1次左右，而老年人则适宜每两周1次。但是，还是要以个人的身体承受能力为标准，无论多少次，最主要的是第二天是否精力旺盛，否则就是精力透支过度了。

另外，性生活还要注意选择合理的时间。明代冷谦在《修龄要旨》中记载："切忌子后行房，阳方生而顿灭之，一度伤于百度。"意思是说，忌讳在夜里11点以后性生活，由于子时（晚上11点以后）以后过性生活，会损伤体内刚刚生发的阳气，对身体损害较大。由此可见。即使在春暖花开的春季，过性生活最好也不要安排在午夜后。

3. 过度饮酒和蒸桑拿影响性生活质量

春季气温回暖后，人们的夜生活也丰富起来，不少男性都喜欢以相约通宵喝啤酒和蒸桑拿作为休闲方式。不过，这两种爱好都会给性生活带来损害。

虽然人们常说无酒不成席，但是酒也是穿肠毒药。酒精会影响血管的弹性，抑制神经的兴奋，增加了生殖器勃起障碍的可能性。

经常蒸桑拿也是一个不好的习惯。一般而言，精子生成的温度要比体温低一两度，当温度超过40℃，精子的生成将会受到很大影响，对未育男性的伤害最大。

所以，为了保持良好的性生活质量，平时应尽量少喝啤酒和少蒸桑拿。

4. 练习瑜伽动作，改善性生活质量

瑜伽中的一些动作，可以尝试改善性生活质量，具体方法如下：

（1）放松身体，双腿坐在地板上伸直，并且尽可能地打开，然后上身向下弯腰并抓住脚趾，这样的动作能够收缩腿部肌肉，令血液在骨盆充分循环，可以刺激性欲。

（2）身体坐直在地板上，脚掌对接，膝盖尽量放平，同时双脚尽可能靠近臀部，这种动作类似打开臀部的姿势有助于释放激情。

5. 春季韭菜补肾、温肾壮阳

春季气温冷暖不稳定，时刻需要保养阳气。韭菜性温，最宜人体阳气。春季常吃韭菜，可增强人体脾胃之气，能够起到很好的补肾、温肾和壮阳功效。民间常用韭菜补肾、温肾和壮阳治病的方法很多，具体配料制作食用如下：

（1）韭菜炒鸡蛋：新鲜韭菜100克，洗净切碎，鸡蛋3只，同切碎之韭菜捣匀，用植物油、食盐同炒至熟佐食。具有温中养血、温肾暖腰膝之功效。

（2）韭姜牛奶：新鲜韭菜250克，生姜25克，洗净切碎捣烂，以洁净之纱布绞取汁，放入锅内，再兑入牛奶250克，加热煮沸，趁热食用。具有温中下气、和胃止呕之功效。

（3）韭菜粥：新鲜韭菜50克，韭菜籽10克（研细末），粳米100克，细盐少许。先煮粳米为粥，待粥快熟时加入韭菜（洗净切断）和韭菜籽末、细盐，稍煮片刻即成。具有补肾壮阳、固精止遗、健脾暖胃之功效。

（4）韭菜炒鲜虾：新鲜韭菜150克，鲜虾250克（去壳），炒熟佐餐。具有补肾益精、壮阳疗痿之功效。禁忌：本品燥热助火，体壮阳盛者慎食。

春季心理调适：宽容、自信、知足

人们常说好的开端就是成功的一半。一年之计在于春，春季心理调适尤为重要，因为关系到整个一年的心理活动。科学地调适心理，不但能安然避过春季不利气候对人体健康的影响，还能在调理保养中获取对人体有益的精神食粮，达到健康长寿的目的。春季心理调适，应合乎春天大自然生发的特点，"使其志生"，即通过调节情绪，能够使体内的阳气得到疏发，保持与外界环境的协调和谐统一。

1. 春季切忌情绪失控

进入春季，春风解冻，万物苏醒，人的生理活动随着春季生物钟发生一系列的变化，心理活动亦随之而动。由于气候变化无常，很多人难以适应，而对气候变化敏感的人甚至无法忍受，容易出现情绪波动，甚至有些人常常出现无事生非，不知情的人还以为他患了精神病。

春应于肝，肝主疏泄，参与人体情绪活动的调节，其气主升发，在志为怒，喜畅达而恶抑郁。所以，春季精神调理保养应顺应肝的生理特性，以便安然度过春季。一位健康的人如果常常处于舒适和愉快状态时，则生物钟运转正常，血压稳定，脉搏次数适中。假若整日闷闷不乐，既急躁，又易怒，就易导致内脏器官功能失调，引起各种不适，也就难免情绪失控发生。

曾经有一位哲人说过："一切对人不利的影响中，最能使人短命的就是不好的情绪和恶劣的心情。"可见，在日常生活中，要不断调节精神状态，要时常保持乐观情绪，这样既有利于人，也利于己。

人的一生不如意十有八九，喜怒哀乐，人皆有之，遇到不如意的事情要看得开，平时要知足常乐，只有这样调整心理，无论是顺境还是逆境都不会大喜大悲、心生烦恼了。"忍一时，风平浪静；退一步，海阔天空。"如果终日为功名利禄所驱使，那么就难以平静地享受人生。

春季要适应自然界的变化规律，不因外物的好坏和自己的得失而或喜或悲。不为外界所累，以豁达开朗为前提，以愉悦身心为目的。任气候多变，弃其不利者，取其有益者，那么在自己的内心世界里所有的一切将会是事事如意。

2. 采取积极的心态安然度春

体质弱者之所以常常患病，除身体素质不好的原因外，还有一个重要的因素，就是自信心不足，缺乏积极的心态，不相信自身能够战胜病邪的入侵，从而消极地吃药打针，以致体质每况愈下，疾病缠身，挥之不去。

当然，也不要从一个极端走向另外一个极端，误以为采取了积极的心态就会百病不侵。患病后还是要积极接受治疗的。俗话说："药补不如食补，食补不如神补。"所谓神，就是指一个人的精神面貌，它是人体生命活力现象的综合与概括。神补就是通过精神调节，影响神经系统和内分泌系统的功能，使其相互协调，促进健康，这也是任何药物和营养品不具备的特殊功效。

因此，无论是防病还是治病，都必须采取积极的心态，尤其春天是疾病多发的季节，坚定信念、充满信心、使气血顺畅，从而增强体力和抗病能力。体弱者更应该增强自信，怡养精神，保持良好的精神状态，使精力充沛，增强对春季气候变化的适应能力，从而顺利地度过祥和的春季。

3. 春季养神要心胸开阔、情绪乐观

春天阳气升发，如不注意情志调摄，则肝气郁滞，引起神气浮躁，神明紊乱，出现头昏眩晕、心烦失眠、妄想狂乱等症。不良的情绪将导致神经系统和内分泌系统功能紊乱，还会诱发多种疾病。而快乐和欢笑则能调节神经系统，使体内各项生理活动相互协调。因此春季养神要做到心胸开阔，情绪乐观，让情志生机盎然，而不要使情绪抑郁。

唐代药王孙思邈在《千金方·养性》中记载调摄情志应该"莫忧思、莫大怒、莫悲愁、莫大惧、莫大笑，勿汲汲于所欲，勿悁悁怀忿恨"，人一旦遇到烦恼时，应该尽力做到"自讼、自克、自语、自解"。学会自我宣泄，也不妨多少采取点精神胜利法，使心神免受伤害。因此，春季养神要有一颗平常心，清心寡欲，以保持心神的宁静、开阔、乐观即可内轻外顺，气血通畅，脏腑和谐，阴阳平衡，无形中起到与春天升发阳气相适应的保健功效。

第八章

春季养花、钓鱼、爱车保养、旅游温馨提示

春季养花：等闲识得东风面，万紫千红总是春

1. 花盆选用要与植株大小相适应

购买花盆时，要选择与花草植株大小相适应。盆大苗小，水量不易控制，根系通气不良，易造成徒长；盆小苗大，头重脚轻，不利于花卉生长。剪除老根过多，换盆后没有浇透水，会影响根系正常生长，容易造成生长发育不良的后果。另外，花草的叶子呈柱状或针叶状的耐旱品种，这些花草往往长有锋利的尖端，栽培和平时养护时要注意安全，不要伤到自己和家人。

2. 换盆及土宜在阴天，要保持盆土润湿

宿根和落叶类花卉比较适合在早春换盆，常绿花卉君子兰、兰花、茶花、鹤望兰等应在春季气温上升后进行；一般草本花卉宜每年换一次盆，木本花卉2~3年换一次盆。换盆最好在阴天进行。换盆时注意：①新泥盆要提前用水浸泡后再用；②旧盆需清洗干净再用；③换盆时，适量修剪根系；④植株放在盆中央，四周填好土后，轻轻向上提植株，使根系舒展；⑤让盆土紧实，留出2~3厘米的沿口；⑥给植株浇一次透水。最好用浸盆法浇水，这样会使盆土充分湿润。

3. 开窗通风，让花卉逐步适应室外气温

早春时候，气温多变，此时将刚刚萌芽展叶或正处于孕蕾期或正在挂果的原产热带或亚热带的花卉搬到室外养护，若遇到晚霜或寒流侵袭极易受冻害，轻者嫩芽、嫩叶、嫩梢受冻，重者会突然大量落叶，整株死亡。因此盆花春季出室宜稍迟些而不能过早，宜缓不宜急。黄河以南和长江中、下游地区，盆花出室时间一般以清明至谷雨之间为宜；黄河以北地区，盆花出室时间一般以谷雨到立夏之间为宜。对于原产北方的花卉可于谷雨前后陆续出室，对于原产南方的花卉以立夏前后出室较为安全。也可根据花卉的抗寒能力大小先后出室，一般抗寒能力较强的迎春、蜡梅、月季，在昼夜平均气温达到15℃时可出房；抗寒力较弱的茉莉、米兰、白兰、含笑、扶桑、蟹爪兰、令箭荷花等，宜在室外气温达到18℃时出房较为稳妥。

盆花出室要经过一段逐渐适应外界环境的过程。在室内越冬的盆花已习惯了室温较为稳定的环境，因此不能春天一到就骤然出室，更不能一出室就全天放在室外。一般应在出室前8~10天采取选择晴天中午开窗通风，降低室温；开窗时间由短到长，让植物逐渐适应室外气温；或晴天上午9时后至下午17时前将花卉搬至室外背风向阳处。开窗通风的方法，使之逐渐适应外界气温，也可以上午出室、下午进室、晴天出室、阴天不出室。

早春的天气比较干燥，花卉新长出的幼嫩枝叶在春风中很容易焦边，严重的还会失水、干枯，甚至死亡。有些花卉的老枝叶也比较细弱，含水分少，也很容易被风吹得脱水，因此，出房的盆花尽量放置在避风处。

春季气候多变，常有寒流侵袭，而且在春季花卉生理活动加强，细胞液浓度降低，容易结冰，春芽萌发后，一旦遇到寒潮，刺激收缩，就会被冻死。所以遇到恶劣天气时，要及时把盆花移入室内。

4. 春季盆花浇水、施肥要"薄肥少施，少吃多餐"

早春盆花浇水要注意适量，不要一下子浇得过多。这是因为早春许多花卉刚刚复苏，开始萌芽展叶，需水量不多，再加上此时气温不高，蒸发量少，因此宜少浇水。晚春气温较高，阳光较强，蒸发量较大，浇水宜勤，水量也要增多，但忌盆内积水。春季对盆花浇水宜在中午前进行，每次浇水后都要及时松土，使盆土通气良好。对于春季气候干燥、常刮干旱风的地区，应注意经常向枝叶上喷水保湿，以增加空气湿度。

盆花在室内经过一个漫长冬季的保养，生长逐渐减弱。进入春季，花卉生长旺盛，水分蒸发量大，耗养多，水、肥必须跟上。刚萌发的新芽、嫩叶、嫩枝或是幼苗根系均较娇嫩，如果此时施浓肥或生肥，极易遭受肥害，"烧死"嫩芽嫩枝。因此，早春给花卉施肥应掌握"薄肥少施，少吃多餐"的原则，新生枝叶完全展开后，再逐步增加肥量。早春应施充分腐熟的稀薄饼肥水，因为这类肥料肥效较持久，且可改良土壤。施肥次数要由少到多，一般每隔10天左右施1次。春季施肥时间宜在晴天傍晚进行。对刚出苗的幼小植株或新上盆、换盆、根系尚未恢复以及根系发育不好的病株，均应暂停施肥。超量施肥，易导致叶片脱落，甚至植株死亡。

5. 春季常见病虫害防治

花草病虫害防治应采取"预防为主，防治为辅"的原则。首先要打扫花草卫生，其次改善环境条件，可以通过增加光照、通风来降低花草发病率。

从花市买来的土壤中常带有病菌、虫卵以及杂草种子等杂物，所以要对这些土壤进行消毒处理，在家里给土壤消毒可以使用以下3种方法：

（1）日光消毒法。将配制好的土壤放在清洁的混凝土地或木板上，薄薄平摊，暴晒3～15天，即可杀死大量病菌孢子、菌丝和虫卵、害虫等。虽然这种方法消毒不彻底，但却是最方便可行的。

（2）蒸气消毒法。把配制好的土壤放入蒸笼内，将水加热到60℃～100℃，持续30~60分钟，可杀灭大部分细菌、真菌、线虫和昆虫，并使大部分杂草种子丧失存活能力。

（3）把土壤与土虫丹混合搅拌。用塑料薄膜覆盖1周后，掀掉覆盖膜，翻晾2～3天，等到福尔马林挥发后便可以种植。

春季花草常见的病害有白粉病、锈病、炭疽病、叶枯病、黄化病等，病害多用药剂防治；虫害有介壳虫、蚜虫、粉虱、叶螨、蓟马等，虫害用药剂和人工结合进行防治。

6. 春节养花禁忌：忌讳冷风吹和过早出室

（1）忌遭遇冷风吹。盆花在室内经过一个温暖的冬天，花卉适应了温度变化较小的室内环境。当春天打开窗门通风时，很多花卉突然经受冷风侵袭，适应不了环境的变化，易造成落叶落花。春季应将盆花避开"风口"，让花卉循序渐进地逐步适应自然通风。

（2）忌过早搬出居室。春季气候变化无常，常有"倒春寒"现象发生。若过早把刚萌动的盆花搬到室外，遇到晚霜或寒流，极易遭受冻害，甚至大量落叶，整株死亡。应在平均气温达到10℃后的适宜时间，才可以把盆花移到室外。

7. 春季整形修剪要相宜

"七分靠管，三分靠剪"，这是养花行家的口头禅。科学合理的修剪，既可以促使植株生长旺盛，也有助于外形美观。虽然一年四季都可以进行修剪，但是各个季节应有所侧重点不同。

春季的修剪重点是根据不同种类花卉的生长特性进行剪枝、剪根、摘心及摘叶等各项工艺流程。对在1年生枝条上开花的月季、扶桑、一品红等，可于早春进行重剪，疏去枯枝、病虫枝以及影响通风透光的过密枝条，而保留的枝条一般只保留枝条基部2~3个芽，其余进行短截。修剪时要注意将剪口芽留在外侧，这样萌发新枝后树冠丰满，开花繁茂。对在两年生枝条上开花的杜鹃、山茶、栀子等，不能过分修剪，以轻度修剪为宜，通常只剪去病残枝、过密枝，以免影响日后开花。此外，早春换盆时应将多余的、卷曲的根适当疏剪掉，以利于促进生发出更多的须根。

春季钓鱼：垂钓绿湾春，春深杏花乱

1. 春季钓鱼地点选择技巧

经过漫长的冬季以后，春回大地，地气上升。但是，早春气温依然不高，水中的小生物也刚刚复苏，靠岸的水中会长出一些青草，这些青草是鱼的食料，所以鱼会游到近岸处寻找食物。所以，春天适宜在近岸的水草边钓鱼。

春天气温逐渐攀升，水温在10℃左右时，鱼儿并不活跃。但是，浅水区在太阳光的照射下水温上升较快，因此，浅水区的水温比深水区的水温略高。鱼会游到浅水区觅食，钓鱼地点也应该选择在浅水区。

到了仲春，是鱼类排卵繁殖的旺季。由于浅水区的小草、枝叶生长得比深水区多，鱼卵常依附在草茎、草叶上孕育，这些草类成了鱼的产床，所以鱼也多游到有水草的水域，这里的鱼的密度较大。因此，浅水区、有水草的水域应是首选的钓鱼地点。

2. 春季钓鱼用饵秘籍

春天到了，大自然给自由自在的鱼儿准备了丰富的食物，创造了繁殖的最佳环境。鱼儿显得格外活跃，食欲也特别旺盛，它们会迅速游到阳光充足的浅水区域来寻觅食物。

春季钓鱼使用饵料时，首要问题就是如何投放诱饵，也就是说，要将诱饵投到有鱼的水域，投到"鱼窝"里。为此，首先必须要选择一个有鱼的钓点。

春季钓鱼要到水浅的地方垂钓，这是因为春天的阳光照射并不十分强烈，只有浅水区的水温回升快一些，而深水区的水温仍然较低，浅水区的绿叶青草类植物也比深水区茂盛。有了叶草，各种小虫也就多，这些都是鱼的好食料。鱼儿排精产卵也依靠水草、树枝的帮助，产出的精卵常常附着在水中的草茎、树枝上，避免被波浪冲散冲走。浅水区的溶氧量也较深水区丰富，加之水温相对较高，鱼儿会游到浅水区生活。因此，春天有时在离岸边1米处的水中也可以钓到鱼。投放诱饵的位置自然应该选择在浅水区。

到了仲春、孟春的时候，气温已经明显升高了，中午可高达20℃以上，这个时候到了中午，钓点就应该选择到深水区，饵料也就投向离岸稍远的深水区了。到了下午4时以后，气温降低了许多。鱼儿又会游到浅水区觅食，这时钓鱼诱饵就投在浅水区。

经历一个寒冬休养以后，春天的鱼儿变得十分活跃，比较贪食。雌鱼为了产卵繁殖后代，显得饥肠辘辘，需要用大量的营养物质满足生理的需要，食欲格外旺盛。这时钓鱼的饵料应以荤饵为主，也就是使用动物类的饵料，如红蚯蚓、蛆芽、红虫、面包虫等小软体动物，用这些小动物作钓饵钓鱼上钩率特别高。

另外，诱饵的气味应该稍浓一些，香味饵、甜味饵都是鱼喜欢的饵料，在制作饵料时适当多加一些香味或甜味添加剂，这样做更能刺激鱼儿的咬钩欲望。

3. 春季水库钓鱼深浅皆宜

水库的水位特征比较复杂且多变。这是由于水库不同地势和独特的地理环境，从而使库内水位变得深浅不一。有的钓点，今天尚属浅滩，也许明天涨水后又变成了深潭；而往日的深潭，在旱季却显山露水，成了浅滩。随着旱涝的变化，水库的浅滩、深潭互换，钓点也要见机行事，垂钓才能有所收获。春天来临，钓鱼爱好者接二连三到水库垂钓，从中分享春钓的快乐。对于春季钓鱼水位深浅的选择，应根据出钓的月份和当时的气象条件来确定。月份不同，决定着气温、水温、地温的变化不同。常在水库钓鱼的都明白，虽然同属春季，早春二月与暮春四月相比，由于温度的大幅变化，形成了大自然生物生长的差异，而且随着气象的变化影响鱼类的生存环境，使它们的活动区域发生改变，从而使钓点的选择由浅为深变化为由深转浅。鱼对水温变化的感知最为灵敏，甚至可以提前几天预测未来天气的变化，在垂钓中表现出或觅食积极，或活动较少的特点。基于春季不同的时段和气象，使鱼的活动发生变化，在垂钓过程中的应对措施也要随之而变。一般原则是，温高钓浅，温低钓深，仲春三月最宜钓不深不浅。在实际垂钓操作过程中，要根据一天中的天气变化来灵活调整垂钓水位的深浅度，该浅的就到浅水区去垂钓，该深的就到深潭去垂钓。

（1）春季到水深的地方去钓鱼的前提

①初春时。南方多数地区，从年初的 1 月下旬就能感受到春风，在阳光明媚的日子，会看到水库之鱼跃水的情景。然而，尽管如此，大自然中的气温、水温、地温仍处于冬天的后续阶段，寒冷天气仍是主流。水库之鱼仍处于体能虚弱状态，其活动范围仍很狭窄，更多的时间还蜗居于较深水域。只要到水边留心观察，一米前后的水区，很少有浊色，这说明浅水还不适应鱼的生存条件，但是这也不是绝对的，有的年份，初春连续几日晴天或无霜冻，浅水亦有鱼可钓。在这种情况下，找 2 米多深的水域做窝是比较理想。初春天气，早晚寒冷，即便是晴好的天气，但是上午 10 点前、下午 4 点后，气温较低，这两个时段的前后，鱼咬钩率低。因此，初春时期一定要把握好下竿时机，否则空手而归的概率较大。

②天气阴冷时。早春的天气仍以寒冷为主，仲春三月容易"倒春寒"。这时出钓，浅水因气温低，趋温的鱼儿龟缩在温度相对高的深水区，那些水底有高坎、土埂以及坑洼的地方正是鲫鱼、鲤鱼的聚集地。在有大片浮面植物，如浮萍、水葫芦遮盖下的水域，亦是鱼类避寒之处。水草多的地方也会聚鱼，如是平坦型的浅滩水库，那些旧枯的谷茬脚处，即便水不深，大个鲫鲤也会藏身于茬脚处避寒，此时将钓饵顺谷茬垂下，会有鱼获。可见，春季天气阴冷时间适宜到深水区域或者有水草的区域垂钓。

（2）春季到水浅的地方去钓鱼的前提

春季随着节气的变化气温逐渐趋于暖和，春天浅滩成了鱼儿最好的游乐场和繁殖地，此时出钓，在浅水会有鱼获，特别是野鲫等品种。

①天气晴朗的时间。南方地区一般到了桃李盛开时节，天气晴朗，阳光伴着爽风，二三级东南风时常掠过水面泛起浪花，使近岸水色略浊，在波光中尽现浅水温存，此时野鲫会纷纷出游。这时就连几十厘米深处，只要水色不透亮，可用甩大鞭的方法投向十几米远的水域。钓法上宜改用传统双钩、短脑线卧底钓，漂子换成十几厘米长的粗形桶漂，这样既可稳定钓组，又易观察鱼汛。如嫌水色不浑，可将岸土拌湿撒下制造浑水。有草的浅滩，更是鲫鱼出没的地方，是钓浅的首选宝地。这种天气鱼咬钩的时间大大提前，天刚亮下竿即会有鱼活动，黄昏时段也有鱼上钩。鱼汛一般在上午 9～12 时、下午 3～5 时以及黄昏时段为最好。

②春雨纷纷时。春雨的主要特点是细腻而温暖，时下时停。雨水注入湖中，增添了水的活力和新鲜气息。水温、水质改变最快的必是浅水域，喜氧、趋暖的鱼便乘雨而至，加之雨水把岸上尘埃和微生物带入近岸浅水，使水色略浊，常会出现成群的鲫鱼戏水觅食的情况。清晨，绵绵的春雨掩盖了陆岸噪声的干扰，使鱼增加了安全感，活动、觅食积极，大大提高了垂钓的机会。

③气温阴暖的时候。春季气温阴暖的天气多发生在从晴好转向阴冷的前一两天，常伴有一二级微风，而温度相对稳定。虽然此时鲫鱼咬钩没有好天气时的快捷，但也会有较大个体的鲫鱼活动，往往会超乎意料之外钓到大鲫鱼，因此要全神贯注地查看漂子的反应。

4. 春季钓鱼首先要"做窝"

"做窝"其实就是在已选定的钓点上投入饵料诱鱼入窝。它不仅是淡、海垂钓中重要的一项技术程序，更是在水库垂钓中获鱼成败之关键所在。垂钓之前必须要把鱼引到窝里来，钓多、钓少全凭钓技。水库钓鱼之所以更注重做窝，是因为水情、鱼情所决定的，而春钓因季节的特殊性，则更应当讲究做窝的窍门了。

水草间做窝的方法有以下 3 种：

一是密草做窝法。密草多生长于1~2米深的浅滩。最适合早春和仲春垂钓，暮春后因农业用水，库水大降。做窝时，可依据草洞大小选择投饵方法，洞大时，把饵揉成团或将散饵直接投入其中；洞小时，用半圆的乒乓球套入胶套中，装入大米等饵，将线挂在竿尖上直接递入洞口倾倒。还有一种更简便的办法，即把大米包在绵纸或卫生纸里，直接投下窝点，遇水即散。密草中多藏有鲫鱼，要考虑饵的适应性，主打诱饵应以大米为主，且量宜少不宜多，经长期实践，诱米有无配料关系不大，大米具有的天然香味足以诱鱼。如果是大片密草又没有天然洞、缝，则不适宜选择为窝点。

二是疏草做窝法：这种水域鱼的品种较杂，而且个体相对大些，但密度却小些。因而用饵应以粗多细少为主，用酒糟粒适当拌少量大米或玉米面投下，饵量多些。因疏草间是鱼本能感觉到进出觅食的安全场所，鱼的流动性和出入频繁，故做窝后半小时到一小时即可下竿垂钓了。

三是在谷茬田地里做窝法：有一些水库有大片雨季淹没的稻田，稻谷收割后留下较高的谷茬，因稻田泥肥、生物丰富，在阳光灿烂的日子水温也升得快，故鱼多来此处觅食。

5. 春季晴暖、风天宜钓鱼

（1）春季晴暖宜钓鱼

春天，水温从冰冷转向凉温。适宜的气温、水温使鱼的活动日趋活跃，对垂钓带来有利形势。

气温水温攀升，使得鱼向气温较高的浅滩聚集，一般情况下，早春易受到冷空气影响，最好选择冷空气前两三天或冷空气过后两三天的晴或转暖天气出钓，这样在几十厘米至1米多深的大片浅滩水域，只需经二三十小时的阳光普照，就会使各个水层水温有不同的提高。比如说当天天大晴，到了中午至傍晚，浅水区平均水温即能升高好几度，这对趋温性强的鲫鲤一类鱼来说最敏感，因此它们便会适时从相对低温的深水游向浅滩，使鱼情变得好起来。而如果这种升温的情形一直维持数天，将会使浅水区成为鱼活跃的乐园了，此时假若下竿垂钓，那么收获的喜悦是在意料之中的。

（2）春季风天宜钓鱼

春天常常刮东风或东南风，而且风力的大小总是与晴朗度有关，越是晴空万里，越显得风力强劲，一般地势平缓的湖库，三四级、四五级的风浪有时从上午吹到傍晚，把下风口近岸浅水区的大片水色搅浑。即便是春雨连绵的日子，也会伴有一二级风轻拂水面，营造出水面涟漪，无形中给垂钓者制造"浑水摸鱼"的机会，这样的天气状况特别适合垂钓。春钓迎风鲫，是垂钓者普遍的认知。鲫鱼的逆流性和喜暖性在春天的浅滩中体现得淋漓尽致，再加上鲫鱼春季寻暖床繁殖的必然性，都为春钓浅滩奠定了基础。因此，有经验的垂钓爱好者都会在水库、湖泊的迎风岸处寻觅钓点。

刮风的天里水体溶氧量大大增加，鱼能呼吸到更多清新的氧气，增强了机体活动能力。水体在风的作用下，使接受阳光最直接的水面高温逐步传递至中下层，以此形成整个温暖水区，成为鱼最佳的活动区域。风的作用力还使水体冲刷岸堤，将陆岸天然饵料带入水中，成为鱼类的饵源。在宽阔的湖库，由于风的推动作用，会把散发在水体表面的饵食一起汇集到下风口，这也是鱼类追逐至下风口聚集的主要原因之一。

6. 春季阴冷、风平忌钓鱼

（1）春季阴冷忌钓鱼

早春的阴冷天气，降温的幅度也相对较大，这种快速的降温对浅水区的影响特别大，这种天气就不适宜垂钓了。因为鱼会游向相对深的水区避寒，水深超过两米以上，其低温的穿透力是较弱和缓慢的，至少要在连续冷二三天后才会影响到水的下层。到了3~4月份，除了"倒春寒"有两三天的寒冷外，出现阴冷的机会减少了，垂钓的机会才能渐渐增多。

（2）春季风平忌钓鱼

春季风平浪静，水面缺乏生机与活力，到了正午时分空气闷热，水体溶氧量会逐渐降低。这种情况下垂钓，往往是无功而返。当然，风平浪静也不是完全没有机会钓到鱼，可采取涉水或在岸边举长竿短线垂钓的办法，饵用细蚯蚓，略向窝点处投少许大米亦可钓到鲫鱼，不过成功的概率太低。

春季爱车保养：车身美容，车内清洁维护

1. 防止沙尘和酸雨损伤漆面

无论是北方还是南方，沿海还是内陆，由于我国春季的特殊气候特征，对汽车漆面的保养都有着较多不利因素。北方和内陆地区大多干旱，春季风沙较大，对车身漆面有着不小的伤害；而我国的南方和沿海地区春季雨水虽然较多，但雨水大多呈弱酸性，对车身漆面具有较强的腐蚀性。所以，春天来临，务必要注意保养爱车的"脸面"。

（1）沙尘损伤漆面。春季时常有大风夹带着细小的沙尘抽打在汽车表面，对汽车的漆面形成比较明显的研磨作用，在表面留下细微的划痕。从外观上看，表现在整个漆面的整洁度、光滑度都会有所下降，漆面发乌，缺乏往日的光泽。

（2）酸雨损伤漆面。目前，我国酸雨地区已达全国陆地面积的四成左右。其中较为严重的大城市分别是北京、上海、天津、重庆等，较为严重的省分别为：山西、贵州、云南、安徽、湖南、湖北、广西、四川、江苏、浙江、江西、福建、广东等矿产资源较丰富或经济较发达的省份。一般来讲，农村的雨水酸性不大，郊区雨水略呈酸性，市区雨水酸性较大。酸雨对车漆的损害是很严重的。酸雨中含有酸性物质，酸性物质具有较强的氧化腐蚀作用，酸雨与车漆接触后，将车漆氧化成"车漆氧化物"，这就是酸雨损害车漆的原因。不仅如此，经过酸雨的损害后，车漆表面会留下众多细小的斑点、坑洼，这些斑点、坑洼平时比较容易藏污纳垢，又成了进一步腐蚀漆面的"侵害源"。酸雨损害轻微时，汽车漆面会发生变色，比如，白色漆变黄，深色漆变灰褐色等。酸雨损害严重时，不但会褪色，而且还会造成车漆龟裂、起皮、脱落。

（3）防止酸雨损害漆面的措施。①汽车每次在淋雨过后，都应当尽快清洗，避免酸性物质残留。②洗完车之后，建议再为汽车打一层车蜡，用来保护车漆。现在汽车用品市场上车蜡的品种很多，可以参照汽车的颜色和质地种类，选择合适的车蜡打磨。

酸雨对漆面的轻微损害可以用抛光漆面的办法除去，较重的损害就要用漆面研磨的办法除去。但车漆表面形成斑点、坑洼等严重的酸雨损害，是无法用上述抛光、研磨的方法除去的，只有重新喷漆才行。由于酸雨是自然现象，通常情况下，对车漆的侵害是很难避免的。

2. 对车内进行彻底的除污和消毒

无论多么高级的汽车，内部的空间都是有限的，一般情况下很少将所有门窗打开通风透气，时间久了，车内就会积聚大量细菌。由于车门的开关、人员的进出带进灰尘，驾乘者在车内抽烟、喝饮料或吃食物也会留下细小的残渣，随着春季气温的上升，会有大量螨虫、细菌滋生，同时产生一些刺激性的气味。而春季行车时，车窗大多还是在密闭状态下，所产生的异味不易排除，车内的小环境实际上被恶化了。这不仅会影响到车辆乘坐的舒适性，还会提高乘坐人员患病的概率和交叉传染的可能性。因此，春季到来，要对车内进行彻底的除污和消毒的。

（1）采用高温蒸气把空调通风口、座椅、内饰等边边角角的污渍清除干净。

（2）使用专用的内饰清洗剂对操控台、车门等部位进行清洗消毒。清洗时要注意避免音响、收音机、CD等电器设备进水后发生电路短路和精密零件腐蚀。在清洗过程中，要注意以下几个方面：

①禁止使用强碱清洁剂。许多装饰店选用碱性较大的清洁剂，表面上有很明显的增白、去污的功效，但碱性过强的清洁剂会浸入内饰绒布、皮椅、顶棚内部，最终导致该部位材料出现板结、龟裂。建议选择pH值较低的清洗液。

②要配合使用抽吸机，用流动的清洁水清洗。一些不规范的装饰店工作人员会将清洁剂直接喷在座椅、顶棚上，然后用湿毛巾去擦。这样不仅不能将脏东西清洁掉，还会使脏水和清洁剂的混合液浸入顶棚和座椅，导致对内部材料被腐蚀。正确的做法是配合使用抽吸机，用大量的流动

清水将脏东西和清洗剂带出来，并将此部位内部的水分抽干。因此，建议在具有抽吸机设备的装饰店做内饰清洁护理。

③严禁直接用水冲洗操控台面板。车内的各种开关按钮和音响电路都集中在操控台面板上，因此不要用水直接清洗它，以免造成电路短路或损伤车载电脑系统。清洁操控台面板时，要进行适当遮挡，一旦有水或者清洁剂溅到上面时，要及时擦洗干净，并及时烘干，还要在上喷涂一层保护剂。

④车内座椅是皮质的，还要使用皮革保护剂。皮革保护剂分乳化型、油性和水性三种。乳化型具有清洁功能但碱性较强；油性保护剂含有溶剂，会侵蚀分解皮革上的树脂和颜料，使皮革褪色。水性保护剂属中性，具有柔软皮革，使其恢复弹性与光泽的作用，并有防水、防污的功效。使用各种保护剂前，一定要仔细看看、分清类型，以免误用，损伤汽车内饰材料。

⑤在地毯、脚垫上喷洒车用杀菌剂。对于车内的异味，可以使用空气清新剂或汽车专用杀菌剂抑制病菌、螨虫的滋生，从而彻底清除车内异味和防止病菌传播。

3. 及时清理空气滤清器的滤芯

空气滤清器是发动机进气系统的重要部分，其作用是过滤掉空气中的风沙以及一些悬浮颗粒物，使进入发动机的空气比较纯净，减少空气中的杂质对发动机运动部件的磨损，从而使发动机保持正常的工作状态。春天的空气中含有较多的灰尘和细小的沙粒，这些细小的杂质随空气被吸入后，往往被空气滤清器的滤芯阻挡，黏附在滤芯的细小孔洞里，时间一久，黏附的杂质多了，空气滤清器就会发生堵塞故障。

空气滤清器发生故障后，空气的通过性下降，导致进入发动机的空气减少，这时发动机就会出现不易启动、无力、急速不稳等症状。这时就需要用高压气体沿着进气的相反方向吹洗空气滤清器的滤芯，以达到空气滤清器清洁、畅通的目的。对于发动机而言，如果空气吸入不顺畅，一部分燃油会因为得不到充分氧化而随废气排出去，发动机的动力也会随之下降。这时，驾驶员为了使汽车保持相应的动力，就不得不把油门踩得更深，使得油耗增加。因此，平时一定要注意保持空气滤清器进气道的通畅，一般情况一个月清理一次空气滤清器的滤芯，如果汽车使用频率高，那么空气滤清器的清理就要更勤快些。

4. 春季切勿用水代替冷却液

春天到了，气温慢慢回升，有的驾驶员发现散热器里的冷却液不足时，觉得没必要防止结冰了，便很随意地用清水来补充。其实，这种做法是错误的。春季气温回升，汽车防冻固然已经不是主题，但普通的水在受热后易生成水碱、水锈，增加了堵塞发动机水道的可能。同时，和冷却液相比，水的沸点较低，也容易造成散热器"开锅"。因此不能随意将冷却液换成清水。另外，如果需要更换冷却液，之前应当全面检查冷却系统，不留隐患。否则加注冷却液后再出现冷却系统故障，往往要放掉冷却液才能维修，造成不必要的浪费。最好在加注冷却液前，对发动机做一次全面认真的检查、清洗。

春季旅游：乡村赏花、水乡泛舟、户外踏青

1. 赏花：云南罗平和江西婺源的油菜花、河南洛阳牡丹花

（1）云南罗平油菜花

云南罗平位于滇、黔、桂三省交界之处，素有"鸡叫三省"之美称。去罗平旅游，主要是看油菜花。每当春季来临的时候，罗平到处都是油菜花，金色的山岗、金色的沟壑、金色的原野、金色的河堤。远远望去，罗平似乎是一个金色的海洋。

早春二月，当你前往罗平赏花，经过324国道旁的湾子湖时，你会发现整个坝子满眼都是铺天盖地、如波似浪的油菜花。那青的山、黄的花、蓝的天、白的云叫人遐想联翩，好像进入仙境般。这些油菜花经过阳光的照射，形态各异，变化万千。花姿、花影、花雾、花浪无不使人目眩

神迷。登山远眺，在茫茫的油菜花海里，村落点点，溪流纵横，金灿灿的花染黄了小溪，染黄了村庄，染黄了山野，染黄了大地，使整个罗平仿佛变成了一片金黄。

有花的地方就有辛勤的小蜜蜂，每年开春，成群的蜜蜂飞满了罗平的天空。它们唱着欢快的歌谣，追逐着花的芬香，来来往往，你追我赶，飞翔在花海里，尽情地吮吸着油菜花的精华。而这些蜜蜂的主人则是流浪在春天的吉卜赛人。为了"追蜂逐蜜"，他们安营扎寨在油菜花中，风餐露宿，又成了罗平的一道风景。步入罗平的油菜花海，你会发现，在这花海中停泊着一叶叶的小舟——这是养蜂人的汽车。这时，蜜蜂飞舞，车在花中。养蜂人则悠闲地坐在车旁燃起了篝火，此时此刻的场面就特别像是一幅天然的水彩画。

每年春节之后，成千上万的游人从四面八方来到罗平观花海，弄花潮，寻花思情。尤其是到了每年的农历二月初二，九龙河附近的布依族、壮族、彝族青年盛装聚此，组织举行对歌择偶，别具风格的兵器舞、狮子舞、高跷舞、野毛人舞等丰富多彩的娱乐活动。

每年 2～3 月间组织举办的罗平油菜花节，是云南旅游的一大亮点，成群结队的中外游客、摄影家们蜂拥而来，恨不得跳进金黄的花海中亲吻那芳香的油菜花。每当此时，花潮辉映人潮，形成了罗平一年一度才能看见的天下奇观。

（2）江西婺源油菜花

婺源有"中国最美的乡村"之美称。阳春三月，是婺源最美的时候。走进婺源，随处可见小桥、流水、人家的江南风光。漫山遍野的油菜花与鳞次栉比的徽州民居交相辉映，如同一幅幅活生生的水墨画，散发出诱人的芬芳气息。

去婺源游玩，最好选择在春天，那里的山，郁郁葱葱；那里的水，清清澈澈；那里的油菜花，芳香扑鼻。每到春天，金灿灿的油菜花，把婺源的天地映得金光一片，成了游客梦寐以求赏花的亮丽风景。每当此时，整个婺源都变成了金黄色的海洋，加上那粉的桃花、白的梨花，在太阳的照耀下，更加熠熠生辉，共同营造了一个唯美、静谧的婺源。阳春三月，进入婺源，远远望去，在山风中，油菜花布满了村子的每一个角落，成片成片地绽放。乡村的石板路，河上的石拱桥，农舍间都是油菜花影子，透着温婉，荡着清香，给人一种震撼、一股热浪和一份遐思。

婺源的油菜花与其他地方的油菜花相比别有一种意韵。群山环抱，蓝天碧水，在葱葱的绿色掩映中，粉墙黛瓦的徽州民居鳞次栉比。一个个古老的村落点缀在广阔的油菜花丛中，交相辉映，再加上炊烟袅袅，如同一幅幅花黄柳绿的水墨丹青巨画。晴天，这里的油菜花，黄灿灿地明媚动人。雨天，这里的油菜花，露珠点点，也别有一种滋味。雨水中，油亮油亮的柏油公路，大片大片金黄的油菜花，夹杂着黄、绿、青、白的颜色，携带着雨丝扑打在脸上，往往令人万分陶醉、流连忘返。

虽然婺源的油菜花每个村落都拥有，但是最美的还是江岭。走在去江岭的小路上，两旁的油菜花争相开放，行云流水般流动着，黄色花瓣迎风招展。满目的灿黄，犹如海潮般涌来。从脚下到远近的山头上都是一片片金黄的花海，层峦叠嶂，令人陶醉。春风拂过，油菜花随风摆动，空气中飘荡着淡淡的花香，夹杂着田园的气息。在那些金黄翠绿之间，不时有蜂鸣蝶舞，不断将春的消息带到人间。站在江岭顶峰，从山上俯瞰，梯田被分成了一块块几何形状的图形，那如波似浪的黄色海洋，如此的风情万种，仿佛让人都变得飘忽起来，逐渐被融化进花海中去了，自己也成了花海的一分子。

（3）河南洛阳牡丹花

洛阳牡丹甲天下。四月的洛阳城，正是牡丹怒放的时节，"花开花落二十日，一城之人皆若狂"。每当此时，整个洛阳，从大街小巷到公园郊野，姹紫嫣红的牡丹遍地开放，使这里成为了花的海洋。洛阳牡丹，自古有名，它香气袭人，漫山遍野。如果你有时间去牡丹公园游览，便会发现一朵朵牡丹偶尔从绿叶中探出头来，花大如碗，瓣质似绸，在风中摇曳多姿。当盛开时，红的艳艳似火，黄的灿灿若金，白的皑皑胜雪，黑的漆漆如墨，不论色、姿、香、韵均具有艳冠群芳、无与伦比的魅力。洛阳牡丹，最绿的是"豆绿"，它就像叶子的颜色，最黑的是"冠世墨玉"，因为紫而愈发黑；花瓣最多的是"魏紫"，每一朵花约有 700 片花瓣；最靓的是"二

乔"，一朵花上有两种颜色；最能以假乱真的是"荷包牡丹"，叶似牡丹而非牡丹；最红的是
"火炼金丹"、最白的是"夜光白"、最蓝的是"蓝田玉"……不一而足，举不胜举。

2. 泡温泉：四川海螺沟，泉眼高温达90℃

四川海螺沟温泉是国内驰名的十大天然温泉之一。它的奇特之处在于，周围是白雪皑皑的银
色世界，沟内却有大量的温泉群，有的温泉泉眼水温甚至达到了90℃。初春时节，在这种冰火两
重天的地方泡温泉，看着远处晶莹剔透的冰川，自身却浸润在热气腾腾的天然温泉中，其感受必
定是妙不可言的。

海螺沟温泉紧挨着海螺沟冰川，海螺沟冰川常年平均气温只有10℃，却拥有众多大小不一的
温泉群。其中，以二号营地的温泉为最，泉水从半山腰的泉眼中流出，流量可达到8900吨／天，
温度最高可达90℃，足可以用来沏茶和煮鸡蛋。更为独特的是，这里的温泉水质透明、富含钙
质，无污染，不但可以用来冲泡身体，还可以用来饮用。目前，围绕二号营地、一号营地以及贡
嘎神汤处，建造有多个温泉池和游泳池。即使在冰天雪地的冬季，也同样可以沐浴。当你在海螺
沟累得浑身是汗，如能在这里泡一泡温泉，肯定会感到心旷神怡，疲劳全无。与海螺沟温泉形成
两极的是这里的冰川，不仅冰面广，落差大，而且分布着众多的冰面湖、冰面河、冰裂缝……这
些形状各异的冰川晶莹剔透，光芒四射。其中最大的一号冰川，高1000多米，宽1000多米，它是
由无数个极其巨大的冰块组合而成，仿佛是从天上直泄而下的一条银河。

到海螺沟泡温泉，还可去四号营地游玩，观赏被称为"蜀山之王"的贡嘎雪山。它傲立群
雄，气势恢宏。远远望去，山上终年积雪不化。当阳光照在金山银山之上，光芒万丈，瑰丽辉
煌，令人肃然起敬。在贡嘎雪山，时常都有频繁的冰崩、雪崩自然现象发生。特大冰崩的落差会
达到3000米，冰崩发生时，整个过程气势恢宏，扣人心弦，震耳欲聋。

3. 度假游：海南三亚——东方夏威夷

三亚具有"东方夏威夷"之美称，它拥有海南岛最美丽的海滨风光，有闻名中外的"天下第
一湾"——亚龙湾；有"天之尽头，海之边缘"的天涯海角；有象征爱情的"鹿回头"；有椰林
环抱、沙平水暖的大东海……流经市内的两条小河，南汇于南边海，北汇于中岛端，上游水网纵
横交错，两岸自然生长的红树林，绿影婆娑。在这里，时常有水鸟飞弋、鱼跃锦鳞、生机勃勃的
景象。

三亚是一个被大自然过分宠爱的地方。大自然把最宜人的气候、最清新的空气、最和煦的
阳光、最湛蓝的海水、最柔和的沙滩、最美味的海鲜等都赐予了这座迷人的海滨城市。三亚又是
一座依山傍海、充满椰风海韵的园林城市。在三亚看椰树，就如同在北方看柳树、梧桐树一样平
常。路旁、海滨、楼前、屋后，随处可见到高高的椰树枝叶下挂着未摘的椰果。

三亚的海域常年温暖，风平浪静，适合进行海上冲浪、海边漫步、帆板冲浪、游泳、滑水等
水上运动。到了三亚，没有人不为这里的水上运动所吸引。如果你是一个精力充沛的年轻人，那
么，三亚一定能使你的激情得到最大限度的发挥。在三亚旅游，无论你是下海潜水，还是冲浪，
你都会感到其中的奥妙，这是到其他旅游景点无法获得的享受。

三亚不仅拥有着婀娜的椰树、清新的海风，其美食也极具热带风味，新鲜独特。到三亚旅
游，品尝海鲜是一项重要的内容。如果在这里没有吃过当地的海鲜，那将是旅行中最大的遗憾。
在三亚吃海鲜绝对讲究鲜活，大都是现捞现做的，而且一年四季均有味道鲜美的海味。其中，鲍
鱼、海参、海胆是三亚的海中三珍，营养价值极高，在当地被视为珍品。青蟹、血蚶、蚝和龙虾
等也都是不可多得的美味。当然，在三亚吃海鲜，最好选择临海的地方。想一想坐在海边的餐馆
里，任海风在你身上吹拂，远看沙滩、蓝天、白云、渔船，在你眼前晃荡。不必说美食，就这么
悠哉游哉一坐，就已经是一种妙不可言的享受了。

4. 梯田美景：云南元阳梯田——气势磅礴、世界一绝

云南元阳每一座山，每一道坡，每一条沟，都覆盖着层层叠叠的梯田。从山顶，到山脚，
它们一层层、一条条、一块块，形状各异，纵横交错，构成了神奇壮观的梯田美景。元阳梯田规
模宏大，气势磅礴，堪称世界一绝。元阳梯田有着1300多年的历史，它是由哈尼族人开垦的。由

于元阳地处哀牢山的腹地，哈尼人为了生计，必须不断地开垦耕田，慢慢便形成了今天的梯田美景。哈尼族是一个古老的民族，他们的祖先是居于青藏高原东缘的羌族。在古代，他们被称作"乌蛮"，此后，经过岁月的洗礼，他们在无数次迁徙中度过。在隋唐时期，他们终结了草原和游牧生活，找到了一片适宜生产、居住的"世外桃源"，那就是云南哀牢山。

哈尼人世世代代在哀牢山区引水挖田，耕田犁地，把一生都奉献给了这片土地。他们把崎岖的山地开垦成良田，用双手把哀牢山区变成了一幅大地的"艺术品"。千百年来，哈尼人在哀牢山这一避风港中，延续着他们的创造力，利用自然、改造自然而创造的哈尼梯田像牧歌一样被哈尼人所传唱。据说明朝皇帝就曾给哈尼人赐名叫"山岳神雕手"。由此可见，元阳梯田确实称得上是一项以天地为底的艺术力作。

元阳梯田是古代劳动人民的智慧结晶。可以说，一座梯田，就是一部非文字的巨型史书，直观地展示了哈尼族的先民在自然与社会双重压力下，顽强抗争、繁衍生息的历史。令人称道的是，元阳梯田不仅具有磅礴的气势，而且处处透露着和谐的人居环境。每一个村寨的上方，都保留有茂密的森林，提供着水、木材、薪炭之源。村寨下方是层层相叠的千百级梯田，那里提供着哈尼人生存发展的基本条件——粮食。中间的村寨由一座座古意盎然的蘑菇房组合而成，形成人们安度人生的居所。这一结构被文化生态学家盛赞为"江河—森林—村寨—梯田"四度同构的生态系统。这就是哈尼人赖以生存的家园，也是天人合一的伟大创作。

5. 观表演：云南腾冲刀杆节——上刀山，下火海

云南腾冲"刀杆节"，是傈僳族最神圣的民族传统节日。每年农历二月初八那天，身穿节日盛装的人们，便在锣鼓声中拥向刀杆场，举行"上刀山，下火海"的表演。如今，这项惊险的传统祭奠仪式，已演变成为傈僳族好汉比赛表演绝技的体育活动。

（1）上刀山，就是"爬刀杆"。"刀杆"上共有锋利雪亮的36把钢刀。刀刃向上，刀背朝下，捆扎在14米高的两根木杆上，像一架锋利的"刀梯"。当中有三台钢刀梯是扎成剪刀形的，三个精壮的彝族女子和三个强悍的彝族汉子，身着对襟衣，腰扎红布带，赤着双脚，舞着大刀冲入院中。当他们来到刀杆前时，纵横腾挪，用锋利的钢刀划舌头，刺肚皮，不会出现一丝血迹。接着将刀一丢，箭步冲向刀杆，赤脚分别踩在六架刀杆的刀刃上，一级一级地往上爬，一直爬到插满小红旗的刀梯顶上。当最后一位表演者攀上刀杆杆顶时，便把腰带的红旗，插上杆顶，并立即点燃悬挂在杆顶的鞭炮。这时，噼噼叭叭的鞭炮声响彻山谷。表演者从刀杆上下来，并抬起双脚让观众验收没有任何刀伤血痕，此时，广场周围的观众往往会爆出雷鸣般的掌声。

（2）下火海。在鞭炮和锣鼓声中，几位彪悍的傈僳族壮汉，袒露胸臂，赤着双脚，迅速跳进"熊熊大火"的场中央，开始表演"下火海"。他们先祭祀天地，绕火而舞，并向乡亲们拱手施礼。"下火海"开始时，闯火者头扎大红巾，手舞小红旗，赤着双脚，毫无畏惧地纵身跳进通红的"火海"。先是赤手从"火海"中拉出烧红的铁链绕在手上、身上。接着依次单脚、双脚反复多次在通红的火塘中间跳跃，把炭火踢出一丈开外。起脚时，踢起一个火的瀑布，又迅速后仰，脊背落在滚烫的火堆上，身上火星闪烁……接着，闯火者以闪电般的速度，各个手捧通红的火炭，分别在脸上和身上擦洗，然后又让火球在他们手中飞快地翻滚、搓揉。围观的群众时而欢快，时而紧张，时而赞叹，时而惊讶……经过一阵阵紧张激烈的表演后，当火炭被踩成碎粒，火焰已经奄奄一息时，"下火海"活动也就宣告结束。

6. 江南游：江苏扬州之美在烟花三月

江苏扬州之美，美在烟花三月。当年李白的一首诗，把扬州之美描绘得淋漓尽致。每年三月，扬州城内桃红柳绿，春光烂漫。瘦西湖上小船悠悠，春风拂面。在这个如诗如画的美景中游玩，那感觉之美是不言而喻的。

自古扬州就是一个景色秀美、风物繁华之城。走在扬州的春天中，用再多的词汇进行描绘都是多余的。由于扬州处处都是美景，只要你愿意，随便走到户外的任一个地方，迎面就可以感受到绿水映青山的美景。"两堤花柳全依水，一路楼台直到山"，这是春到瘦西湖的高度概括。在十里狭长的湖区，在二十四桥之上，玉人的箫声总在如水的夜晚，随荡漾的湖水缓缓飘来，令无

数文人墨客为之销魂动魄，将满腔的火热情怀都揉进了扬州的春天里，融入了瘦西湖的水波荡漾之中。

人们常说烟花三月下扬州，目的就是观赏扬州的琼花。"不赏琼花开，枉来扬州城"，也是历来不变的说法。琼花是扬州的市花，无论是在风光旖旎的瘦西湖畔，还是在瓜洲古渡的闸区，或是寻常百姓的房前屋后，到处都有仙姿绰约的琼花。每到琼花盛开的季节，中外游客纷至沓来，在扬州这块古老的土地上流连忘返。琼花的美，是一种独具风韵的美。它不以花色鲜艳迷人，不以浓香醉人。琼花的美，在于它那与众不同的花型，琼花的美，更在于它传说中的仙风傲骨。盛开的琼花，其花大如玉盆，由八朵五瓣大花，围成一周，环绕着中间那颗白色的珍珠似的小花，簇拥着一团蝴蝶似的花蕊。在春风吹拂下，轻轻摇曳，宛若鲜艳的蝴蝶在戏珠，又仿佛仙女在翩翩起舞。

扬州的美不单单是园林的美，精致的茶点和街头小吃更让人眼花缭乱。至于味道如何，现代著名散文家朱自清曾经说过："扬州是吃得好的地方，这个保证没错儿。""早上皮包水，晚上水包皮"，这些说的都是是扬州人早上去茶楼喝茶，晚上去浴室泡澡的享乐生活。在扬州，名气和瘦西湖不相上下的，就是富春茶社。走进富春茶社老店之前，首先要经过一条百来米的小巷，两侧的摊铺一片刀光"剪"影，卖的全是扬州三把刀："菜刀、剃刀、修脚刀"。巷子尽头，便是著名的富春茶社。对于富春茶社的经营之道，有人用这样的话来形容："自从富春开门的第一天起，一百二十多年来都是顾客盈门。"到过富春的名人数不胜数，朱自清、巴金、冰心、吴作人、梅兰芳等人都在店内留过墨宝。在阳春三月的旅游旺季，富春茶社更是门庭若市，门前车水马龙。如果不提前预订，那是很难在这里找到包间和落脚的地方。

7. 古城游：云南丽江——"东方威尼斯"

云南丽江，无数人想去的旅游胜地。丽江是一个能够让人忘记时间的地方，也是一个去了不想走的地方。这里兼有山乡之容，水城之貌。泉水连接着每家每户，开门即河，迎面即柳，形成了"家家临溪，户户垂柳"的特有风采，因此有"东方威尼斯"之美称。

美丽的丽江古城始建于宋元时期，鼎盛于明清，它是我国历史文化名城中唯一没有城墙的古城。传说是因为丽江世袭统治者姓木，筑城势必如"木"字加框而成"困"字之故。这里的居民都喜欢在庭院种植花木，摆设盆景，素有"丽郡从来喜植树，古城无产不养花"之称。古城充分利用泉水之便，使玉河水在城中一分为三，三分成九，再分成无数条水渠，使之主街傍河、小巷临渠，顺山就势，古朴自然。将整个古城滋润得异常清净而又充满生机。古城的街道基本都是用青石铺就，干净利落，一尘不染，户户清流环绕，家家推窗即景。再加上流淌不息的小河日夜不停，呈现出一派"城依水存，水随城在"的清秀美丽的景象。

丽江有名的纳西古乐是世界艺术史上的一朵奇葩，它由大型古典乐曲《白沙细乐》和《洞经音乐》两部分组成，美其名曰为"中国音乐的活化石"。流行于丽江的洞经音乐，既具有古朴典雅的江南丝竹之风，又揉进了纳西族传统音乐的风格，形成了独具的韵律。《洞经音乐》共有二十多首，其中《八卦》、《山坡羊》、《浪淘沙》、《水吟龙》获得了中国音乐界专家的高度评价。民间组织的集会活动上，也时常有群众性的乐舞演出。近年来，纳西古乐已经成为丽江旅游的一个重要观赏项目，深受海内外众多游客的喜爱。

第三篇

夏满芒夏暑相连

——夏季的 6 个节气

第一章

立夏：战国末年确立的节气

立夏是一年二十四节气中的第七个节气，每年阳历的5月5日或6日，太阳到达黄经45°，交"立夏"节气。"夏"是"大"的意思，每年到了此时，春天播种的植物都已经长大，所以叫"立夏"。战国末年就已经确立了"立夏"这个节气。它预示着季节的转换，为古时按农历划分的四季——夏季开始的日子。

立夏气象和农事特点：炎热天气临近，农事进入繁忙

1. 气温大幅度提高，动植物进入疯长时期

我国劳动人民经过长期的劳动实践，将立夏很鲜明地分为了三候：初候，"蝼蝈鸣"；此时为初夏时节。青蛙等蛙类动物开始在田间、塘畔鸣叫觅食。二候，"蚯蚓出"；由于此时地下温度持续升高，蚯蚓由地下爬到地面呼吸新鲜空气。三候，"王瓜生"；就是说王瓜（也叫土瓜）这时已开始长大成熟了，人们可采摘，并相互馈赠。从立夏的三个物候现象可以看出，入夏后，气温大幅度升高，大自然的动植物都进入了疯长时期，人们常说春是生的季节，那么夏则应是长的季节。

2. 炎暑将临，田间抗旱防涝防病进入繁忙阶段

随着立夏节气的到来，气温也显著升高，炎暑将临，对于农耕来讲，"立夏"是一个农作物旺盛生长的重要节气。一般夏熟作物进入灌浆、结荚的关键时期，春播作物生长日渐旺盛，田间管理进入紧张繁忙阶段。此时也正是大江南北早稻进行大面积栽插的关键时期，日后的收成和这一时期的雨水迟早以及雨量多少密切相关。农谚"立夏不下，犁耙高挂。立夏无雨，碓头无米"，说的就是这个情况。另一方面，江南在立夏以后，将进入梅雨季节。雨量和降雨频率均明显增多，农田管理在防止洪涝灾害的同时，还要谨防因雨湿较重诱发的各种病害，如小麦赤霉病。另外，在"四月清和雨乍晴"的乍热乍冷天气条件下，农户要注意预防棉花炭疽病、立枯病的暴发流行。管理措施是要早追肥、早耕田、早治病虫，以促早发。我国华北、西北等地，虽气温回升快，但降水仍然不多，对春小麦的灌浆以及棉花、玉米、高粱、花生等春作物苗期生长十分不利，应采取中耕、补水等多种措施抗旱防灾，以争取小麦的高产和确保春作物幼苗的苗壮生长。

立夏农历节日：浴佛节——中国传统宗教节日之一

相传公元前623年农历四月八日，佛祖诞生，由天上九龙吐出香水为太子洗浴。汉代，佛教传入中国后，这天便被称为浴佛节，又称佛诞节。这一节日开始在中国流行，成为了中国的传统宗教节日之一。

庆祝浴佛节的重要内容之一就是以香水沐浴佛身，所以浴佛节又名佛诞节。

1. 斋会——人们讨浴佛水，以图吉祥

浴佛节有一种习俗，就是斋会。斋会，又名吃斋会、善会，由僧家召集，请善男信女在农历四月八日赴会，念佛经、吃斋。由于与会者吃饭必须交"会印钱"。饭菜有蔬菜、面条和酒等。

还有一种乌饭，方法是以乌菜水泡米，蒸出后为乌米饭。这种食品本为敬佛供品，后来演变为浴佛节的饮食。有些地方在节日期间还有放船施粥的风俗。在浴佛节期间，人们要讨浴佛水，以图吉祥。

2. 结缘——以施舍的形式，祈求结来世之缘

浴佛节有一种结缘活动。它是以施舍的形式，祈求结来世之缘。老北京盛行舍豆结缘的习俗。何谓"舍豆结缘"呢？俗语有"有缘千里来相会"之说。因黄豆是圆的，而圆与缘谐音，所以以圆结缘，浴佛日就成了舍豆、食豆日。这个习俗起于元代，盛于清代。清宫内每年的四月初八这一天，都要给大臣、太监以及宫女们发放煮熟的五香黄豆。

北京的寺院农历四月初八开庙时，在焚香拜佛后，还要将带来的熟黄豆倒在寺庙的笸箩里，以代表跟佛祖的结缘。在百姓家，这一天，妇女早早用盐水把黄豆煮好，然后在佛堂里虔诚地盘腿而坐，口念"阿弥陀佛"，手中捻豆不止，每捻一次都代表对佛的虔诚，用此法修身养性。在去庙会的路上，常有一些妇女挎着香袋，拿着香烛，挨家去索要"缘豆"，不管认识不认识、信佛不信佛，大家都十分真诚地给一些黄豆，不拘多少，只为结缘。那时的一些达官贵人，还常把煮好的黄豆盛在器皿内放在家门口外，任路人取食，以示自己与四方邻居百姓结识好缘，和谐相处，确保一方平安。

3. 放生——将小龟、小鸟等带出放生

佛教主张不杀生，在浴佛节期间还流行放生习俗。放生的来源宋代已有记载。古代有承美放生的传说，民间有玳瑁放生等。流传到近代则是一些佛庙的僧侣和平民百姓，在农历四月初八这一天，把自己养的或买来的小乌龟、小鱼、小鸟等带到河边或山野放生。

4. 拜药王——求健康

浴佛节期间，各地还有一些其他的宗教活动，如庆祝菖蒲生日、农历四月十八解灾、以傩驱疫等。人们也崇拜药王，祭祀华佗、孙思邈。受道教影响，也拜感应药圣真人，进行采药活动。这些活动不是偶然的，因为中国古代的中医、中药有很大发展，出现了不少名医，如扁鹊、李时珍等。中医是民间看病的重要手段，所以庙会上的不少卖药者、患病者都习惯祭拜中医的祖师爷——药王、医圣。

5. 占卜谷价——农田大丰收

我国农村在浴佛节这天有凭风向占卜谷价贵贱的习俗。民谣说："南风吹佛面，有收也不贱。北风吹佛面，无收也不贵。"也有乡民利用这个机会赛社神、剪纸为龙舟，巡行阡陌，在农田里插上小旗，以盼丰收。陆游在《赛神曲》一文中说："击鼓坎坎，吹笙呜呜。绿袍槐简立老巫，红衫绣裙舞小姑。乌臼烛明蜡不如，鲤鱼糁美出神厨。老巫前致词，小姑抱酒壶：愿神来享常欢娱，使我嘉谷收连车；牛羊暮归塞门闾，鸡鹜一母生百雏；岁岁赐粟，年年蠲租；蒲鞭不施，圜土空虚；束草作官但形模，刻木为吏无文书；淳风复还羲皇初，绳亦不结况其余！神归人散醉相扶，夜深歌舞官道隅。"这些记载都说明了人们盼望农田大丰收的希望。

立夏民俗：吃蛋、称人、尝三新、嫁毛虫

1.吃蛋——立夏吃个蛋，力气大一万

全国各地虽然在立夏这天的传统食俗都各有特色，但说起立夏这天最经典的食物就是"立夏蛋"了。立夏前一天，很多人家里就开始煮"立夏蛋"，一般用茶叶末或核桃壳煮，看着蛋壳慢慢变红，满屋香喷喷。茶叶蛋应该趁热吃，吃时倒上好酒，内撒些许细盐，酒香茶香，又香又入味。除了吃蛋之外，这一天还有另外的玩法。就是将煮好的蛋，挑出整只未破的，用彩线编织成蛋套，挂在孩子胸前，或挂在帐子上。小朋友们还要"拄立夏蛋"（就是碰蛋），那是立夏这天最快乐而兴奋的游戏，拄蛋以蛋壳坚硬而不碎者为赢家。

孩子们对挂在脖子上的蛋袋子里的囫囵蛋，十个有九个是爱不释手的。色泽漂亮的蛋，让他们看了又看，摸了又摸，舍不得一下子就吃掉，往往不临近回家时是不敲碎蛋壳的。有些好胜心强的孩子就三五成群，玩起了斗白煮蛋的游戏。蛋是分两端的，尖的为头，圆的部分是尾。斗白煮蛋时，蛋头部分对好蛋头，蛋尾部分碰蛋尾。一个一个地如此斗过去，破壳的认输，最后分出高低。蛋头胜的为第一，这个白煮蛋称大王；蛋尾部分这边胜的为第二，这样的蛋叫作小王，或者二王。

在苏州人们常说的一句俗语"立夏蛋，满街甩"，是比喻蛋多得到立夏时可"满街甩"。"甩"是扔脱之意，上海人叫"满街掼"，有气派地一掼："掼脱伊"，叫"掼派头"。苏州人习惯说"甩"："甩脱俚"，软绵绵一波三折，有如昆曲里飘起的水袖。"立夏蛋，满街甩。"并不是说蛋多到可以随便甩脱，这只是老百姓一种幽默夸张的比喻。立夏那天，孩子们用网袋在脖子上挂一个咸鸭蛋满街奔跑，那鸭蛋在胸口甩来甩去，除了馋别人之外，还提示大家立夏到了。

立夏吃"立夏蛋"这个习俗由来已久。俗话说"立夏吃了蛋，热天不疰夏"或者"立夏吃个蛋，力气大一万"。从立夏这一天起，天气晴暖并渐渐炎热起来，许多人特别是小孩儿会有身体疲劳、四肢无力的感觉，食欲减退逐渐消瘦，称之为"疰夏"。女娲娘娘告诉百姓，每年立夏之日，小孩子的胸前挂上煮熟的鸡蛋、鸭蛋、鹅蛋，可避免疰夏。因此，在立夏节气吃蛋的习俗一直延续到现在。

古代时人们认为，鸡蛋圆溜溜，象征生活之圆满，立夏日吃鸡蛋能祈祷夏日之平安，经受"疰夏"的考验。立夏日一般在农历四月，"四月鸡蛋贱如菜"，人们把鸡蛋放入吃剩的"七家茶"中煮烧就成了"茶叶蛋"。后来人们又改进煮烧方法，在"七家茶"中添入茴香、肉卤、桂皮、姜末，从此，茶叶蛋不再是立夏的节候食品，而且还成为了我国的传统小吃之一。

2.称人——祈求好运

许多地区在立夏这一天午饭后还有称人的习俗。人们在村口挂起一杆大木秤，秤钩上悬一个凳子，大家轮流坐到凳子上面称。司秤人一面打秤花，一面讲着吉利话。称老人要说："秤花八十七，活到九十一。"称姑娘时说："一百零五斤，员外人家找上门。勿肯勿肯偏勿肯，状元公子有缘分。"称小孩则说："秤花一打二十三，小官人长大会出山。七品县官勿犯难，三公九卿也好攀。"打秤花时也有讲究，只能里打出（即从小数打到大数），不能外打里。

关于称人的说法，还有一个小故事。

据说，三国时期诸葛亮七擒孟获，孟获想想实在难为情，要自杀。诸葛亮知道后，问他为什么要自杀，孟获说："我被你七次捉住，已无脸活在世上。"诸葛亮："胜败是兵家常事，大丈夫能屈能伸，你何必自寻短见？"孟获很感激，表示一定要报答诸葛亮，对诸葛亮言听计从。诸葛亮说："现在不用你报答。如果你有心，今后若小主公有难，请你帮帮忙。"孟获点点头回去了。后来刘备死了，儿子刘阿斗做了皇帝，司马懿领兵前来攻打，打得刘阿斗团团转，刘阿斗就把皇位让给了司马懿。司马懿做皇帝后，把刘阿斗关了起来。孟获得知阿斗遇难，就带兵来救。司马懿抵挡不住，急忙召集大臣商量退兵的办法。有位大臣说："从前孟获也打过刘备，看来我们没法抵挡了。"又有位大臣说："有办法，这次孟获是冲着刘阿斗来的，就把刘阿斗抬

出来，让他假做皇帝，那孟获一定就不会打了。"司马懿一听有道理，就要刘阿斗出面和孟获讲和，要孟获退兵。阿斗是个没有骨气的人，便带着人马，擎着"刘"字大旗，出城去会孟获。孟获一见"刘"字大旗，很奇怪，忙上前问是什么人。刘阿斗回答："我是小主公。"孟获一听是小主公，上前跪问："小主公不是被司马懿关起来了吗？"刘阿斗说："我很好，仍在当皇帝，请你回去。"孟获不相信，去问司马懿，司马懿说："小主公虽然不是皇帝了，但我从来没有亏待过他，仍旧把他当作皇帝看待。"孟获听了说："既然这样，就依我一个条件，我便可退兵。"司马懿问："什么条件？"孟获说："只要你从今以后，对待小主公像真皇帝一样就好了，如有亏待，我还是要发兵攻打。以后我每年的今日来看望小主公，来称他龙体，今天是立夏，我先把其龙体称好，明年如果轻了，就对你不客气。"司马懿连声说："好，好！"就这样，孟获就退兵回去了。

转眼第二年的立夏节到了，司马懿又召集大臣商量说："今天孟获要来称阿斗，如果阿斗体轻了，又要打仗，怎么办？"有位大臣说："这好办。听说阿斗从小喜欢吃豌豆糯米饭。这种饭消化慢，今天就烧这种饭给阿斗吃，让其吃饱，体重不是增加了吗？"待孟获来后，一称吃过豌豆糯米饭的小主公，体重果然增加了不少。

晋武帝怕孟获来攻打，为了迁就他，就在每年立夏这天，用糯米加豌豆煮饭给阿斗吃。阿斗见豌豆糯米饭又糯又香，就加倍吃下。孟获进城称人，每次都比上年重几斤。阿斗虽然没有什么本领，但有孟获立夏称人之举，晋武帝也不敢欺侮他，日子也过得清静安乐，福寿双全。这一传说，虽与史实有异，但表达了百姓希望"清静安乐，福寿双全"的美好愿望。立夏称人给阿斗带来了福气，人们也祈求上苍此举也能给自己带来好运。

3.吃乌米饭——祛风败毒

江南农村在立夏这一天人人爱吃乌米饭，此饭乌黑油亮，清香可口，由糯米浸入乌树叶内数小时后烧煮而成。据说，这个风俗源于战国时期的著名军事家孙膑。

孙膑和庞涓都是鬼谷子的学生，他们也是同窗学友。两人学业、智谋都不相上下，但孙膑为人诚实厚道，庞涓却富有心计。两人跟随师父苦学三年，庞涓见学业已成，就要下山立功扬名，便拜别了师父，来到魏国。孙膑认为自己尚未学成，继续随师傅学习。鬼谷子早就看中了这位老实忠厚的学生，就教他兵书阵法，期望他能够一展宏图，拯救乱世。

就这样，两年过去了。一天，孙膑收到了庞涓的一封信，说是自己已当上了大将军，邀请他到魏国，共同辅佐魏王。孙膑很高兴，就找老师商量。老师看了信沉默不语，他觉得庞涓不会这么好心，但是没有证据，最后还是同意孙膑下了山。

孙膑一到魏国，庞涓就把他推荐给了魏王，魏王对他很是赏识。从此，二人经常在一起共商国家大事，谈论富国强兵之道，并研讨阵法和用兵之策。庞涓见孙膑高出自己许多，才知道先生已把兵书传授给了孙膑。他想借兵书来读，孙膑只好以实相告，先生不让带下山来。庞涓闷闷不乐，为了能得到师傅的兵书，他想出了一招毒计。

这天，孙膑在家中无缘无故被一群刀斧手绑架，话没说就用了大刑，被挖去了两块膝盖骨，然后抛进监狱。孙膑痛得死去活来，大声责问士卒，士卒并不答话，只说是魏王的命令。孙膑感到冤枉，自己没有任何过错，不知为何受此大刑，他多么盼望庞涓能替自己说句公道话啊！最后庞涓果然来了，他抱住孙膑的废腿哭得涕泪横流："魏王怎么干出这种事来呀！"孙膑也泣不成声，请庞涓搭救。庞涓绝望地说："若是旁人还行，可对魏王，我能有什么办法呀！"

从此，庞涓每天都到狱中来看望，还让人送来好茶好饭供孙膑食用。孙膑非常感动，心想，患难识知己，还是老同学好啊！孙膑自从两腿残废以后，万念俱灰，心想自己饱读兵书，而今却成废人，不能建功立业，活着还有什么用呢？几次想自寻短见，都被庞涓劝阻，并说愿意伺候他一辈子。孙膑听了庞涓的话后，被感动得热泪盈眶。

这天，庞涓像往常一样又来看孙膑，闲聊起来。庞涓说："师弟啊，你要振作起来，你虽然残废了，不能统兵打仗，建功立业。但是，你可以把自己的用兵之道写下来，著书立说，传之后世，同样可以流芳百世啊！"听着庞涓语重心长的话，孙膑感到很有道理，不禁也点头称是，觉得自己还是个有用之人。

从那以后，孙膑便起早贪黑，废寝忘食，每天写兵书不停。庞涓来得更勤了，嘘寒问暖，察看写兵书的进度，还劝他当心身体。孙膑感谢庞涓深厚的友情，更加勤奋，心想写成后送给庞涓，以答谢他对自己的照顾之恩。

时间在不知不觉间几个月过去了，兵书很快就要写成了。一天，看守孙膑的老狱卒热心地对孙膑说："先生的兵书写成之后，我一定设法给你送回家去。"孙膑微微一笑，说："老人家，不必了，兵书写成之后我就送给庞大将军。我跟他是同窗好友，交给他，我也就放心了。"

狱卒听后，惊讶得张大了嘴，半天说不出话来。孙膑惊奇地问："你这是怎么了？"老狱卒长哀叹一声，悲凉地说："先生，你太仁厚了，害你的正是庞将军啊！是他嫉恨你的才学，才设计陷害你的啊！"的确如此，庞涓是个心胸狭窄、妒贤嫉能的人，他见孙膑熟读兵法，才能胜过自己，唯恐会影响自己的前程，就设计陷害孙膑，并用了刖刑，使他不能统兵上阵，并想办法骗取兵书。

孙膑听了老狱卒的话后，犹如晴天霹雳，惊得目瞪口呆。他思前想后，终于恍然大悟，识破了庞涓的险恶用心。孙膑愤怒至极，没想到自己敬重的同窗好友，竟是一个奸诈小人。他把写好的兵书全部烧毁，并已想好了对策。

第二天，庞涓又来到狱中，他见孙膑蓬头垢面，又哭又笑，疯疯癫癫，写好的兵书也已烧毁，气得立刻命人把孙膑关进猪圈里监视起来，看他是真疯还是假疯。谁知，不一会儿，孙膑便枕着猪槽呼呼大睡了，庞涓很是无奈。

从此后，孙膑便不吃不喝，疯疯傻傻，整日与猪厮混在一起。老狱卒非常同情孙膑的遭遇，见他一天天消瘦下去，整天闷闷不乐。这事被老狱卒的老伴知道了，献计道："用乌树叶子浸拌糯米，煮成饭后捏成小团子，跟猪粪的颜色、形状差不多，既可瞒过庞涓，又可救孙膑的性命。"老狱卒听后大喜，忙让老伴快做。这天正好是立夏，老狱卒在值班时，就把乌米团偷偷地塞给了孙膑，想救他一命。

聪明的孙膑自然明白，等庞涓再来看他时，他就笑嘻嘻地顺手抓起身边的猪粪，"噼里啪啦"地朝庞涓扔去。庞涓左躲右闪，还是被扔了一身猪粪。孙膑拍手笑道："这猪粪这么好，你不吃，我可要吃了。"说着，他摸起一个个"猪粪"吃起来。庞涓看到孙膑吃猪粪，这才相信他是真疯了，从此，便放松了对他的看管。

齐国的田忌将军早就听说了孙膑的才名。趁着庞涓大意派人同老狱卒一起救出了孙膑。孙膑来到齐国，被拜为军师，坐在轮椅上指挥打仗。后来，齐国和魏国交兵，在马陵道这个地方，孙膑打败了魏军，射杀了庞涓，终于为自己报仇雪恨。

孙膑十分感激那位老狱卒，为了报答他对自己的救命之恩，每年立夏，他都要吃一顿乌树叶糯米团。人们钦佩孙膑的气节才华，也在立夏时做乌米饭吃，从此，立夏吃乌米饭的风俗便形成了。据说，吃乌米饭还能祛风败毒，连蚊虫也不会叮咬。

4.吃立夏饭——祈求无病无灾

立夏这一天，很多地方的人们用黄豆、黑豆、赤豆、绿豆、青豆等五色豆拌合白粳米煮成"五色饭"，后演变为倭豆肉煮糯米饭，菜有苋菜黄鱼羹，称此为吃"立夏饭"。

南方大部分地区的立夏饭都是糯米饭，饭中掺杂豌豆。桌上必有煮鸡蛋、全笋、带壳豌豆等特色菜肴。乡俗蛋吃双，笋成对，豌豆多少不论。民间相传立夏吃蛋主心。因为蛋形如心，人们认为吃了蛋就能使心气精神不受亏损。立夏以后便是炎炎夏天，为了不使身体在炎夏中亏损消瘦，立夏应该进补。春笋形如腿，寓意人的双腿也像春笋那样健壮有力，能涉远路。带壳豌豆形如眼睛。古人眼疾普遍，人们为了消除眼疾，以吃豌豆来祈祷一年眼睛像新鲜的豌豆那样清澈，无病无灾。

宁波在立夏这天要吃"脚骨笋"，即用乌笋烧煮，每根三四寸长，不剖开，吃时要拣两根相同粗细的笋一口吃下，说吃了能"脚骨健"（身体康健）。再是吃软菜（莙达菜），说吃后夏天不会生痱子，皮肤也会像软菜那样光滑。

在立夏日，湖南长沙人吃糯米粉拌鼠曲草做成的汤丸，名曰"立夏羹"，民谚云"吃了立夏羹，麻石踩成坑"，"立夏吃个团（音为坨），一脚跨过河"，意喻力大无比，身轻如燕。

上海郊县的农民立夏日用麦粉和糖制成一寸多长的条状食物，称"麦蚕"，人们吃了"麦蚕"，说可免"疰夏"。

在湖北省通山县，民间把立夏作为一个重要节日，通山人立夏吃泡（草莓）、虾、竹笋，谓之"吃泡亮眼，吃虾大力气，吃竹笋壮脚骨"。

立夏吃虾面是闽南地区的习俗，即购买海虾掺入面条中煮食，海虾熟后变红，为吉祥之色，而虾与夏谐音，以此来表达对夏季的祝愿。

闽东地区的人们立夏以吃"光饼"（面粉加少许食盐烘制而成）为主。闽东周宁、福安等地将光饼入水浸泡后制成菜肴，而蕉城、福鼎等地则将光饼剖成两半，将炒熟了的豆芽、韭菜、肉、糟菜等夹而食之。周宁县纯池镇一些乡村吃"立夏糊"，主要有两类：一是米糊，二是地瓜粉糊。大锅熬糊汤，汤中内容极其丰富，有肉、小笋、野菜、鸡鸭下水、豆腐等，邻里互邀喝糊汤。这与浙东农村立夏吃"七家粥"的风俗有点相似。"七家粥"与"七家茶"也算是立夏尝新的另一种形式，"七家粥"是汇集了左邻右舍各家的米，再加上各色豆子及红糖，煮成一大锅粥，由大家来分食。"七家茶"则是各家带了自己新烘焙好的茶叶，混合后蒸煮或泡成一大壶茶，再由大家欢聚一堂共饮。

5. 古时天子举行隆重仪式迎接夏天

立夏对现代人来说，不过是一个节气，表明春天结束，夏日由此开始而已。可是，古人却把立夏当做一个重要的节日来对待，即夏节。据史书记载，在立夏那天，天子要亲率三公、九卿大夫到南郊举行隆重仪式迎接夏天。回来后还要赏赐诸侯百官，令乐师教授联合礼乐，令太尉引荐勇武、推荐贤良，并令主管田野山林的官吏巡行天地平原。代表天子慰劳勉励农人抓紧耕作。天子还要在农官献上新麦时，献猪到宗庙，举行尝新麦的礼仪。这种迎夏仪式，表达了古人渴求五谷丰登的美好愿望。但后来，随着时代的变迁，天子在立夏这天迎夏的习俗并没有被流传下来。

6. "尝三新"是立夏日的一种饮食风俗

"尝三新"是汉族立夏日的一种饮食风俗，即立夏日尝三样时鲜菜蔬。所谓"三新"，因各地出产、喜好不同而不同。有的地方以樱桃、青梅、新麦为三新；有的地方以酒酿、白笋、蚕豆为三新；还有的地方将海螺蛳、芥菜、莴苣、咸蛋等物列入三新。立夏日，人们先以"三新"敬神祭祖，然后自己尝食。清人顾禄的《清嘉录》中曾有这样的记载："立夏日，家设樱桃、青梅、麦，供神享先，名曰立夏见三新"。此处的"神"即指民间信仰中的神灵，"先"即是祖先。表示有了新的收获，首先想到的是献给神灵与祖先享用，且告诉神灵与祖先，这些蔬菜和粮食已经丰收之意。

7. "三烧五腊九时新"——立夏应季食品

立夏日有吃"三烧、五腊、九时新"之说。立夏时节，天气转热，时鲜果蔬、鱼虾，纷纷应市，故有此俗。"三烧"，即烧饼、烧鹅、烧酒。烧饼即夏饼，烧酒即甜酒酿。"五腊"，即黄鱼、腊肉、咸蛋、海蛳、清明狗。"九时新"，即樱桃、梅子、蚕豆、苋菜、黄豆笋、莴苣笋、鲥鱼、玫瑰花、乌饭糕。

8. 吃"摊粞"，不会疰夏

"摊粞"是民间立夏日所吃的一种节令食品，其具体做法是把新鲜的草头碾碎，然后将碾碎的草头放在酱汁里浸泡，让其入味，再拌上适量的糯米粉放在油锅里煎平，等起锅后就可以吃了。草头的学名叫苜蓿，开花时为金黄色，所以在有些地方被称为"金花菜"。草头做成的"摊粞"又鲜又香又糯又韧，很有嚼头。民间以为，立夏日吃"摊粞"后就不会疰夏。

9. "李会"——吃李子青春永驻

"李会"是旧时汉族妇女立夏日所过的节日之一，此风俗主要流行于浙江台州地区。每年立夏日，妇女们要聚在一起做"李会"，一起吃李子来庆祝节日。民间认为此日食李能使人"艳如桃李"。也有些地方的妇女在这天会把李子榨成汁，兑入酒中喝下，俗称"驻色酒"，认为这样可以使青春永驻，永远年轻、容颜不老。

10. "嫁毛虫"——除毛虫

四川民间在每年农历四月初八有"嫁毛虫"（又称"敬婆婆节"）的习俗。这一日人们剪纸作"毛虫夹"，并用红纸两条架成十字，称为"毛虫架"，将其倒贴于楼板或横梁上，或斜贴于墙壁上，祈求除毛虫。

11. 姑娘节——纪念女英雄杨八美

每年的农历四月初八是侗族的姑娘节。此俗流行于湖南、贵州、广西毗连等地。这个节日的由来与侗族一位女英雄杨八美有关。

相传，杨八美的哥哥因领导农民起义，反抗朝廷压迫失败而被关在柳州城内的大牢里。杨八美在四月初八那天煮了三斗六升米的乌饭，并用计谋为哥哥送去。她的哥哥吃了乌饭后，顿时力气倍增，挣断镣铐，杀出牢房。杨八美便在外巧妙地配合，一举攻破了柳州城。后人为纪念这位女英雄，便把每年的四月初八这一天定为姑娘节。是日杨姓出嫁的姑娘都一定回到娘家，并做乌米饭糍粑。在回婆家的时候，还带上许多乌米饭糍粑，分赠外姓亲友。后来，许多不是杨姓的女子也开始回娘家，与自家的姊妹和姑嫂们欢度佳节。她们欢歌笑语，一起制作节日食品乌饭糍粑，以显示她们出色的手艺，此风俗也一直流传至今。

立夏民间宜忌：忌讳无雨、坐门槛

1. 立夏日忌讳无雨

我国河南、贵州、云南等地认为：立夏日这天无雨，天将大旱。谚语说："立夏不下，犁耙高挂"、"立夏不下，高田不耙"、"立夏无雨，碓头无米"（碓，舂米工具）。意思为假若立夏之日不下雨，那么收成就会减产，农作物几乎就不用管理，即使管理也是歉收。

2. 立夏日忌讳坐门槛

在江苏东台一些地方，立夏日忌讳小孩坐门槛，说是："立夏日坐门槛，容易打瞌睡。"在浙江杭州，养蚕户这天不能开门，亲戚邻居不能随意登门拜访，也不能高声说话。在安徽宁国，人们也不能坐门槛，否则会一年精神不振。湖北一带，巫师占卜说："立夏日青气见东南，吉。否则，岁多凶。"均是一些民间传说，不可轻信。

立夏饮食养生：红补血、苦养心、喝粥喝水防打盹儿

1. 食用新鲜蔬果，对身体有益

我国的许多地方都盛行立夏"尝新"这一习俗，人们在当天会食用新鲜的蔬果（如樱桃、竹笋、蚕豆等）以及此时盛产的水产品类。

据研究表明，"尝新"这一习俗十分有必要延续下去，因为它对人的身体十分有益。水果的营养成分非常丰富，不但含有人体必需的多种维生素，还富含矿物质、粗纤维、碳水化合物等营养元素。在立夏前后多吃水果，有助于身体的健康，特别是儿童，更应该多吃，有利于补充其生长所需要的维生素。

但并不是任何时间都适合吃水果。上午吃水果有利于消化吸收，通畅肠胃，而且水果的清新滋味能让人更好地开始一天的工作；睡前吃水果则会给肠胃带来负担，尤其是凉性的瓜类，入睡前最好不食用。

2. "红色"食品补血，"苦味"食品养心

人们在心火旺盛的立夏，应该食用哪些食物来补血养心呢？

一是红色食物。红豆、红枣、枸杞子、西红柿、山楂、草莓、红薯、西瓜、苹果、动物心脏等食物都属于适合立夏补血养心的红色食物，均可以选择食用。

另一种是苦味食物。针对立夏后心阳颇盛的特点，可以多食用些苦瓜、苦菜、荷叶、蒲公英，或者多喝苦丁茶、银杏茶、绞股蓝茶等苦味茶。

3. 喝粥补水可解除"夏打盹儿"

人们常说的俗语"春困秋乏夏打盹儿"中的"夏打盹儿"正是用于形容立夏之后，人们嗜睡成瘾、食欲不振的状态。中医学认为，这主要是由于暑湿脾弱所致。

健脾可祛除暑湿。中医学家建议，最好的健脾方式是在早晚进餐时多喝些山药粥、薏米粥、莲子粥等。可以在即将熬制好的粥里加一点荷叶，以增强清热祛暑、养胃清肠、生津止渴的功效。此外还可适当服用一些专门祛暑湿的药物，如藿香正气水等。

4. 儿童、老人宜多吃泥鳅

泥鳅的营养价值很高，在立夏时节，儿童多吃泥鳅，可以促进骨骼的生长发育；老年人多吃泥鳅，可以抵抗高血压等心血管疾病，并可延缓血管的衰老。具体食用方法如下：

（1）挑选泥鳅时，宜选体形较为粗壮，体表光滑，对外部刺激反应较快的上等泥鳅。

（2）泥鳅最好在清水中饲养2~3天，或者在盐水中泡几个小时，让其排出体内的泥土。此外，下锅之前用酒浸泡泥鳅，可以增添其鲜味，口感更好。

立夏时节，可以适当食用泥鳅豆腐汤。

泥鳅豆腐汤

材料：泥鳅250克，豆腐350克。

调料：猪油、干红辣椒、葱末、姜末、蒜片、酱油、醋、盐、味精、料酒各适量。

制作：①将泥鳅处理干净后焯一下水；②豆腐洗净，切块；③猪油烧热，下入泥鳅用小火煎炸，放入葱末、姜末、蒜片爆香，加入豆腐块，酱油、干红辣椒、盐、料酒、醋、清水，大火烧沸，小火炖半个小时，放入味精调味后即可食用。

5. 多食樱桃可调气活血

樱桃的铁含量胜过其他任何一种水果。春夏之际食用樱桃，有助于调气活血、平肝祛热、补血养心，还能帮助身体及时排出毒素。挑选樱桃时，以果蒂新鲜、果皮厚而韧、果实红艳饱满、肉质肥厚者为佳。樱桃可直接食用或榨汁饮用，也可作为烹饪食材，但加热时间不宜超过10分钟，否则将会造成营养流失。

调气活血可食用银耳樱桃粥。

银耳樱桃粥

材料：水发银耳20克，樱桃30克，大米100克，糖桂花5克，冰糖适量。

制作：①将银耳洗净后撕瓣；②樱桃洗净；③大米淘净，泡半小时；④锅中加1000毫升清水，放大米，大火烧开；⑤随后改小火熬至米软烂，加银耳和冰糖，煮10分钟，下入樱桃、糖桂花拌匀即可食用。

立夏起居养生：适当午睡，居室要通风消毒

1. 立夏昼长夜短，宜适当午睡

在立夏之后，由于白昼时间较长，夜晚的时间较短，人们总感觉睡得不够。俗话说"每天睡得饱，八十不见老"，这是因为人在睡觉时，体内的生长激素、性激素都会增多，免疫功能也得到增强。如果睡眠质量较差，体质便会下降。所以，夏天养成午睡的习惯便显得十分必要。

但值得注意的是，午睡时间并不是睡得越久越好，最佳的午睡时长为一个小时。如果午睡时间过长，反而会让人体感到疲惫。另外，不宜在午餐之后立刻午睡，最好休息10~30分钟。这是因为饭后人的消化器官要开始工作，而人在睡眠时，消化机能会相应降低。此外，睡姿也十分重

要。不宜坐着睡或者趴着睡，头靠着沙发、椅子午睡会造成头部缺氧而出现"脑贫血"，而趴着睡则容易压迫胸腹部，并使手臂发麻。所以，选择舒适的姿势睡眠有助于身体健康。

2. 醒后头昏、头痛、心悸的人不宜午睡

对大多数人来说，适当的午睡是有益身心健康的，但有些老人在午睡醒来后会出现头昏、头痛、心悸以及疲乏等症状，那么这些人是不宜午睡的。另外还有以下四种人不宜睡午觉：

（1）年龄大多在65岁以上者。由于年纪较大，这些老人大多患有动脉硬化症，而午饭后血液吸收了营养，血液的黏稠度较高，在这种情况下选择午睡，血液流通较为缓慢，这样还会为"中风"埋下隐患。

（2）血液循环系统存在障碍者，特别是由于脑血管硬化而时常出现头晕症状的人。由于午睡时心率较慢，脑部的血流量较少，容易引发植物神经功能紊乱，从而诱发出其他的疾病。

（3）低血压患者。这些人在午睡后可能出现大脑暂时性供血不足，甚至还会发生昏厥乃至休克的现象，因此不适宜午睡。

（4）体重严重超标的人。因为午睡是脂肪储存的良好时机，出于健康考虑，体重严重超标的人是不宜进行午睡的，更好的选择是在饭后进行适量的运动，白天保持适度的工作量，避免过度疲劳，适时参加体育锻炼，维持规律的作息时间，尽量避免体重继续增加。

3. 居室要通风、消毒，窗户要遮阳防晒

夏季，要重视对居室的布置。一是应全面打扫一下居室，该收的东西（如棉絮、棉衣等）要全部收入橱内，有条件的话，要调整好影响室内通风的家具，以保证室内有足够的自然风。二是要在室内采取必要的遮阳措施，设法减少或避免一些热源和光照，窗子应挂上浅色窗帘，最好是在窗户的玻璃上贴一层白纸（或蜡纸）以求凉爽。由于白天室外温度高，因此，如果太阳光强的话，可以从上午9点至下午6点把门窗关好，并拉上浅色窗帘，使室内充满了空气，从而使室内温度降低。还有就是居室要加强消毒。由于此时病菌繁殖很快，造成痢疾、伤寒、霍乱等肠道传染病增多和流行，所以居室要经常用适量的消毒液进行消毒。此外，由于传播病菌的媒介主要是苍蝇，所以，消灭苍蝇，也是预防肠道传染病的关键之一。

立夏运动养生：运动要适可而止

1. 立夏锻炼身体要适时、适量和适地

在进入夏季后，天气有所变化，因此，立夏运动应该讲究的三个原则是适时、适量和适地。

（1）适时。运动的时间最好选择在清晨或者傍晚，这时候阳光不太强烈，可以避免强紫外线对皮肤和身体造成损害，应尽量避免上午10点后到下午4点前进行户外活动。

（2）适量。由于人体能量的消耗在夏季会有所增加，因此运动的强度不宜太大。建议每次的锻炼时间可控制在一小时之内，若需锻炼更长时间，可以在锻炼半小时之后休息5～10分钟再继续锻炼；同时还要注意及时补充水分和营养。

（3）适地。最好选择在户外进行运动，如公园、湖边、庭院等视野开阔、阴凉通风的地方都是较好的运动地点。如果条件有限只能进行室内运动的话，最好打开门窗，让空气保持通畅。

在夏季运动之后，还应该注意以下四个问题：

（1）尽快更换汗湿的衣物，以免着凉诱发感冒、风湿或者关节炎等疾病。

（2）尽量不要饮用过多的水，以免给胃肠和心脏带来较重负担。

（3）禁止在运动后立即吃冷饮，以免胃血管突然收缩而造成胃肠不适，甚至猝死。

（4）更不要在运动后马上冲凉水澡，以免造成体温调节功能失调，引起热伤风。

2. 立夏跑步健身要防止中暑和着凉感冒

立夏节气，人们选择跑步健身时要讲究科学，如果不注意锻炼的方法，很容易发生中暑等疾病，影响身体健康。故夏天做健身跑时应该注意以下几点事项：

一是跑步时间最好选择在较凉快的清晨和傍晚，跑步的地方最好是平整的道路、河流两旁和树荫下，最好不要在反射热能强的沥青路和水泥路面上走跑。

二是因为夏天跑步时出汗多，水分消耗多，需要适当补充身体因出汗而失去的水分和盐分。特别要注意饮水卫生，不要喝生水，也不要一次喝水太多，要多次少量地喝些淡盐水或低糖饮料，以防止身体因缺乏矿物质而引起痉挛。

三是健身跑后满头大汗，不要贪图一时凉快而用凉水洗澡。因为这时身体的血管处在扩张状态，汗毛孔又敞开着，洗冷水澡最易着凉而引起感冒。

四是夏季经常下雨，跑步时被雨淋以后，也要马上用毛巾擦干身体，换上干燥的衣服，防止着凉而发生感冒。

五是夏天昼长夜短，睡眠时间少，天热跑步的运动量又比较大，为了让身体休息好，中午应睡一会儿午觉，对身体健康更有帮助。

六是夏天练跑步，还要和其他体育锻炼相结合。如游泳、球类、打拳等，这样才能使身体得到比较全面的发展，而且还能提高其锻炼兴趣。

立夏时节，常见病食疗防治

1. 饮用桑叶菊花饮防治流行性结膜炎

流行性结膜炎的俗称是"红眼病"，它是一种传染性极强的眼部疾病，立夏时分，春夏交接，正是红眼病高发的时节，同时，由于这一时节游泳的人较多，也容易发生感染。此病是由腺病毒引起的，主要通过接触传染。所以患者应避免与他人共用毛巾，也不要去公共游泳池游泳。"红眼病"的症状多表现为畏惧光线，双目流泪，眼部有血丝、发烫、有灼痛感等。立夏时节，对于"红眼病"的防治，应采取预防为主，防治结合的措施。还可以选择服用清热解毒、护肝明目的桑叶菊花饮来加以防治。桑叶菊花饮可辅助治疗流行性结膜炎、风热感冒等症。

桑叶菊花饮
材料：桑叶、菊花各6克，白砂糖适量。
制作：①将桑叶、菊花分别洗净；②将水杯中放入桑叶、菊花，加入白砂糖，冲入沸水，浸泡5分钟即可。
用法：桑叶菊花饮可代茶频饮。
流行性结膜炎预防措施：
（1）不要与其他人共用脸盆和眼药水等物品。
（2）在病毒肆虐的时期不要前往一些人潮拥挤的地方，例如商场、影剧院、游泳池、婚丧嫁娶宴席等。
（3）一旦发现周围有人患病，应及时送其就诊，不乱用非处方药，提醒患者注意合理睡眠和饮食。
（4）讲究卫生，定时修剪指甲，饭前便后要洗手，擦脸毛巾要勤洗、消毒。

2. 食用白扁豆粥防治腹泻

腹泻作为一种常见病症，在一年中的任何时候都有可能发生，尤其是在立夏时节，因为春夏交接食物容易变质而更为常见。幼儿最有可能因着凉而引发这种病症。此外，引发夏季腹泻的原因还有细菌或病毒感染、食物中毒、过食生冷食物、消化不良等。腹泻可导致体内水、电解质紊乱和酸碱平衡失调，严重损伤机体，严重者还可能会危及生命。腹泻患者用餐应注意少量多次。烹饪时应选择一些清淡、富含营养而又容易消化的食材。假若是急性腹泻，可以选择以流食来代替正餐，这样既可以为身体补充水分，又能够舒缓肠胃。

立夏时节，食用白扁豆粥可以缓解寒湿腹泻的症状。

白扁豆粥

材料：大米100克，鲜白扁豆120克，冰糖末适量。

制作：①将大米淘洗干净，用清水浸泡半个小时，捞出沥干；②白扁豆淘净；③锅中倒入水，放入大米，大火烧开，下入白扁豆，改用小火熬煮成粥，放入冰糖末，搅匀即可食用。

腹泻防治措施：

（1）进入夏季，气温高、蚊虫多，应注意避免食用变质、污染的食品。

（2）冷饮、冷食虽然好吃，但是不要吃得过多，以免引起消化系统紊乱。

（3）踊跃参加户外运动，锻炼身体，增强机体的抗病能力。

（4）如果发现腹泻患者病情加重，应及时就医问诊。

立夏耳熟能详谚语

1. 立夏无雷声，粮食少几升

这句谚语是人们根据长期的劳动经验总结出来的一句通俗易懂的立夏节气谚语，常流行于陕西关中地区。关中的冬小麦多在此时开始灌浆，小麦灌浆时不仅要求有较高的气温（平均气温20℃～22℃），而且要求土壤相对湿度在75％以上，日温差较大。在这个时段，如果雨水过少，天气干旱，气温过高，便容易出现"干热风"灾害，小麦会出现青干、扎芒、秕粒，导致严重减产；如果阴雨过多，气温低于12℃，则不利于灌浆，且小麦容易"青干"，也会导致减产。如果此时小雷阵雨较多，且气温保持在20℃以上，但又不会过高，空气相对湿度及土壤相对湿度适中，则有利于灌浆乳熟，小麦将会高产。所以，此时如果遇到天气干旱的情况，有灌溉条件的地区，应及时浇灌"灌浆水"，从而保障冬小麦正常生长发育。

2. 夏三朝遍地锄

立夏以后，由于气温升高，农田里杂草容易丛生，每隔三五天就要锄草一次，否则就不好锄了，因此，人们常说"夏三朝遍地锄"。部分地区也用"一天不锄草，三天锄不了"的谚语来说明这种情况。

3. 多插立夏秧，谷子收满仓

立夏以后，江南已经进入雨季，雨量明显增多，连绵的阴雨不仅导致作物的湿害。还会引起多种病害的流行。小麦抽穗扬花是最易感染赤霉病的时期，若预计未来有温暖但多阴雨的天气，要抓紧在始花期到盛花期喷药防治。南方的棉花在阴雨连绵或乍暖乍寒的天气条件下，往往会引起炭疽病、立枯病等病害的暴发，造成大面积的死苗、缺苗。应及时采取必要的增温降湿措施，并配合药剂防治，以保全苗争壮苗。也就是人们常说的："多插立夏秧，谷子收满仓。"

4. 立夏民间谚语荟萃

立了夏，把底纳。

立夏北风当日雨。

立夏北风如毒药，干断河里鹭鸶脚。

立夏不拿扇，急煞种田汉。

立夏不起阵（雷雨），起阵好收成。

立夏不热，五谷不结。

立夏不下，犁耙高挂。

立夏不下，桑老麦罢。

立夏不下，无水洗耙；立夏不落，无水洗脚。

立夏不下，小满不满，芒种不管。

立夏不下雨，犁耙高挂起。

立夏到夏至，热必有暴雨。

立夏到小满，种啥也不晚。

立夏滴一点，穷人抱大碗。

立夏东风到，麦子水里涝。

立夏东风麦面多。

立夏东南风，农人乐融融。

立夏高粱小满谷。

立夏刮阵风，小麦一场空。

立夏汗湿身，当日大雨淋。

立夏后冷生风，热必有暴雨。

立夏见夏，立秋见秋。

立夏雷，六月旱。

立夏落雨，谷米如雨。

立夏起北风，十口鱼塘九口空。

立夏晴，雨淋淋。

立夏蚯蚓出，麦子麦芒生。

立夏日鸣雷，早稻害虫多。

立夏日晴，必有旱情。

立夏日下雨，夏至少雨。

立夏蛇出洞，准备快防洪。

立夏无雨农人愁，到处禾苗对半收。

立夏无雨三伏热，重阳无雨一冬晴。

立夏无雨要防旱，立夏落雨要买伞。

立夏下雨，九场大水。

立夏小满，河满缸满。

立夏小满，江河水满。

立夏小满，雨水相赶。

立夏小满青蛙叫，雨水也将到。

立夏小满田水满，芒种夏至火烧天。

立夏雨，尖斗谷子平斗米。

立夏雨，涨大水。

立夏雨少，立冬雪好。

立夏种胡麻，头顶一朵花。

宁栽霜打头，不栽立夏后。

上午立了夏，下午把扇拿。

一年四季东风雨，立夏东风昼夜晴。

第二章

小满：小满不满，小得盈满

小满是一年二十四节气中的第八个节气，阳历5月20日或21日是小满节气。二十四节气的名称多数可以顾名思义，但是"小满"听起来有些令人难以理解。小满是指麦类等夏熟作物灌浆乳熟，籽粒开始饱满，但还没有完全成熟，因此称为小满。每年阳历5月21日或22日当太阳到达黄经60°时为小满。

小满气象和农事特点：多雨潮湿，谷物相继成熟

1. 气温高、湿度大，夏熟作物相继成熟

小满共分为三候："一候苦菜秀；二候靡草死；三候小暑至。"是说小满节气中，苦菜已经枝叶繁茂，而喜阴的一些枝条细软的草类在强烈的阳光下开始枯死，此时麦子开始成熟。《月令七十二候集解》中说："小满者，物至于此小得盈满也。"这句话的意思是自然界的植物此时比较茂盛、丰满了，麦类等夏收作物的籽粒开始饱满，但还不到最饱满的时候。小满节气，除东北和青藏高原外，我国各地平均气温都达到22℃以上，夏熟作物自南而北相继成熟，苏南地区5月底进入夏收夏种大忙季节。此时应抓住晴好天气抢收小麦，因为小麦成熟期短，容易落粒，又因此时气温高、湿度大，麦粒极易发芽霉烂。棉苗长到三四片真叶时要及时定苗、补苗、移苗。

南方地区民间农谚赋予了小满新的寓意："小满不满，干断田坎"，"小满不满，芒种不管"。把"满"用来形容雨水的盈缺，指出小满时田里如果蓄不满水，就可能造成田坎干裂，甚至芒种时也无法栽插水稻。因为"立夏小满正栽秧"，"秧奔小满谷奔秋"，小满正是适宜水稻栽插的季节。水稻栽插与降水量有着直接的关系，华南中部和西部，常有冬干春旱的现象，大雨来临又较迟，有些年份要到6月大雨才姗姗而来，最晚甚至可迟至7月，加之小满节气雨量不多，平均降水量仅40毫米，自然降水量不能满足栽秧需水量，所以在小满时节华南地区抵抗夏旱很重要。俗话说："蓄水如蓄粮"，"保水如保粮"，为了抗御干旱，除了改进耕作栽培措施和加快植树造林外，特别需要注意抓好头年的蓄水保水工作。除此之外，也要注意可能出现的连续阴雨天气对小春农作物收晒的影响。

2. 小满时节干热风危害小麦生长发育

干热风指的是一种自然风，是由高气温、低湿度形成的。它主要危害小麦的生长发育，使小麦蒸腾急速增大，使其体内水分失调而枯死。发生干热风是有条件的，干热风发生的时间与地理位置、海拔高度、小麦品种及其生育期有关。一般从5月上旬开始由南向北，由东向西北逐渐推

移，到7月中下旬结束。黄淮冬麦区5月上旬到6月中旬易发生干热风，华北地区5月下旬到6月上旬出现干热风。春麦区的黄河河套及河西走廊地区的干热风一般发生在6月中旬到7月中旬。对北方的冬麦区来说，小麦的乳熟期容易发生干热风。遇到气温在30℃以上，相对湿度小于30%，风速达2米／秒的时候，农作物就会受害；当气温在35℃以上，湿度在25%以下，风速大于3米／秒的时候，称为严重干热风，此时，农作物会严重受到灾害。

小满时节，不但要采取一些有效的防风措施以预防干热风和突如其来的雷雨大风的袭击。还要注意浇好"麦黄水"，抓紧麦田病虫害的防治工作，以增强麦子的良好长势。

3. 小满时节不仅要防"小满寒"，还要防暑

在小满节气期间，西北高原地区已经进入了雨季，作物生长旺盛，一片欣欣向荣的景象，但有较强冷空气南下时，赣、浙、闽、粤等省5月下旬至6月上旬会出现连续3天以上日平均气温低于20℃、日最低气温低于17℃的低温阴雨天气，这种气候从而影响了这些地区的早稻稻穗发育和扬花授粉，此时俗称"五月寒"，人们又把它称为"小满寒"。

从气候特征来看，在小满节气到芒种节气期间，全国各地都渐次进入了夏季，南北温差进一步缩小，降水进一步增多。小满以后，黄河以南到长江中下游地区开始出现35℃以上的高温天气，这时还应注意作好防暑工作。

小满民俗：祭神、祭蚕，"捻捻转儿"——"年年赚"

1. 祭车神——祝福水源涌旺

在一些农村地区古老的小满习俗就是祭车神。在相关的传说里，"车神"是一条白龙。在小满时节，人们在水车基上放置鱼肉、香烛等物品祭拜，最有趣的地方是，在祭品中会有一杯白水，祭拜时将白水泼入田中，此举有祝福水源涌旺的意思。

2. 祭蚕——用面粉制成茧状，象征蚕茧丰收

因相传小满节气是蚕神的诞辰，所以江浙一带在小满节气期间有一个祈蚕节。我国农耕文化以"男耕女织"为典型，女织的原料北方以棉花为主，南方以蚕丝为主。蚕丝需靠养蚕结茧抽丝而得，所以我国南方农村尤其是江浙一带养蚕极为兴盛。

蚕是应被娇养的"宠物"，没有一定的经验一般很难养活。气温、湿度，桑叶的冷、热、干、湿等均会影响蚕的生存。由于蚕难养，古代人们把蚕视作"天物"。人们在四月放蚕时节举行祈蚕节，是为了祈求"天物"的宽恕和养蚕有个好的收成。

祈蚕节由于没有固定的日子，因此各家在哪一天"放蚕"便在哪一天举行，但前后差不了两三天。南方许多地方建有"蚕娘庙"、"蚕神庙"，养蚕人家在祈蚕节均到"蚕娘"、"蚕神"前跪拜，供上酒、水果、丰盛的菜肴。特别要用面粉制成茧状，用稻草扎一把稻草山，将面粉制成的"面茧"放在上面，以象征蚕茧丰收。

3. 小满动三车

小满节气的时间正值初夏，此时蚕茧结成，正待采摘缫丝。在江南地区，自小满之日起，蚕妇煮蚕茧开动缫丝车缫丝，取菜籽至油车房磨油，天旱则用水车戽水入田，这就是民间所说的"小满动三车"。

4. 看麦梢黄——女儿回娘家问候夏收的准备情况

关中地区在小满时节有个习俗，就是每年麦子快要成熟的时候，出嫁的女儿都要到娘家去探望，问候夏收的准备情况。这一风俗叫作"看麦梢黄"，极富诗意。女婿、女儿如同过节一样，携带礼品如油旋馍、黄杏、黄瓜等，去慰问娘家人。农谚云："麦梢黄，女看娘，卸了杠枷，娘看冤家。"意思是在夏忙之前，女儿去询问娘家的麦收准备情况，而忙完之后，母亲再回过头来探望女儿的情况。

5. 夏忙会——为了交流和购买生产工具等

在有些地方小满时还会举办夏忙会，设有骡马市、粮食市、农具生产市、布匹、小吃、杂货市等，其主要目的是为了人们交流和购买生产工具、买卖牧畜、粜籴粮食等，会期一般在3~5天，届时还会邀请剧团唱大戏以助热闹。

6. 狗沐浴——给狗洗澡，为了祭祀狗神

一般在小满节气期间，农历六月六日，在宁波地区有一个习俗，就是给狗洗澡，也就是狗沐浴，关于这个习俗还有一个动人的传说。

传说，在很久以前，有个员外的女儿，生了烂脚疮，请遍名医，总是医不好。员外贴出告示："谁能医好小姐的烂脚，小姐就许配谁为妻。"此时正逢刚入夏不久，不知多少人来给小姐看过病，但小姐的双脚还是越烂越厉害，脓血不止，整日发热。员外没办法，只能在地上铺了一领篾席，让小姐躺着。满地脓血，恶臭熏人，连家里人、丫鬟、使女也避得老远。小姐越想越伤心，就一把抱起睡在旁边的小花狗哭了起来。小花狗也真乖，从小姐怀里挣脱出来，对着小姐的烂脚舔了起来，说也奇怪，第一日舔下来，小姐就退了热；第二日舔下来，烂脚止了脓血；第三日舔下来，脚疮结出了硬疤；十日之后，小姐就能下地走路了。全家人对小花狗感激不尽，每日都用好肉喂它。小花狗看着这些好肉却一点都不吃，整日围着员外呜呜地叫。员外说："你要什么？"小花狗一口咬住员外的裤脚，把员外拖到贴告示的地方。员外沉默了，原来小花狗要他女儿做妻子。这怎么办？员外一想，君子无戏言，自己讲的话要算数，但是自己又不能整天对着女儿和一条狗生活，于是员外决定让他们离开自己，走得远远的，所谓眼不见心不烦。第二天，员外找了一只大船，船上装满了淡水和粮食，载着小姐和小花狗出海，让他们自生自灭。一阵风，二阵浪，三推四涌，大船漂到了一个荒无人烟的地方搁浅了。小姐睁开眼睛一看，前面一片白茫茫，船搁浅在茅草滩上，吓得她呜呜地哭了起来。小花狗见小姐哭了，就围着小姐转了正三圈倒三圈，转身便往海里跳。小姐看到小花狗要跳海寻死，就连忙去拽，伸手一抓，只抓住了小花狗的两只脚。小姐用尽浑身力气，把小花狗拖了上来，一看呆了，怎么小花狗变成了肩宽腰圆的小后生？小姐揉揉眼睛，定睛瞧瞧，一点儿没错，就是刚才抓住的两只脚，这两只脚还是狗脚没变过来，其他部分都已变成了人。后来，这个后生告诉小姐，自己是犬神，因为得罪了上界天神才被贬下凡间。因为他的真身是狗，所以他索性就用狗身投靠小姐家，没想到还成就了自己的一番姻缘。小姐听后喜出望外，当夜，两人就在船上拜了天地，成了亲。

这一日正好是六月六日。后来，每年的六月六日，人们都要给狗沐浴。相传，这是为了祭祀狗太公，也就是狗神，这一习俗延续至今。

7. "捻捻转儿"寓意"年年赚"

小满前后人们所吃的一种节令食品之一是"捻捻转儿"。因为"捻捻转儿"与"年年赚"谐音，寓意吉祥，所以很受人们的喜爱。小满前后，田里的麦子完成了吐穗、扬花、授粉等生长环节后，正在灌浆，籽粒日趋饱满。人们便把籽粒壮足、刚刚硬粒还略带柔软的大麦麦穗割回家，搓掉麦壳，用筛子、簸箕等把麦粒分离出来，然后用锅炒熟，将其放入石磨中磨制，石磨的磨齿中便会出来缕缕长约寸许的面条，纷纷掉落在磨盘上。人们将这些面条收起，放入碗中，加入黄瓜丝、蒜苗、麻酱汁、蒜末，就做成了清香可口、风味独特的"捻捻转儿"。这种面条可凉吃，也可在面条内先拌入少量开水，再拌入调味料，其味不变。没有大麦的人家，有时也用小麦麦穗制作，但味道没有大麦麦穗做成的好吃。

8. "油茶面"：品尝当年新面

小满前后人们所吃的另一种节令食品是"油茶面"。小满过后，农民最高兴的事就是能够吃到当年的新面。这时，人们会把已经成熟的小麦割回家中，磨成新面，然后把面粉放入锅内。用微火炒成麦黄色，然后取出。再在锅中加入香油，用大火烧至油将冒烟时，立即倒入已经炒熟的面粉中，搅拌均匀。最后，将黑芝麻、白芝麻用微火炒出香味；核桃炒熟去皮，剁成细末，连同瓜子仁一起倒入炒面中拌匀即成。食用时用沸水将"油茶面"冲搅成稠糊状。然后放上适量的白糖和糖桂花汁搅匀即可。也可以根据自己的喜好在"油茶面"中加入盐或其实调味品食用。

9. 小满"抢水"：旧时人们重视水利排灌

旧时民间还有一种的农事习俗"抢水"。旧时人们用水车排灌，可谓是农村的一件大事。在民间，水车一般于小满时节启动，民谚"小满动三车"中就有一车是水车。在水车启动之前，农户以村落为单位举行"抢水"仪式。举行这种仪式时，一般由年长执事者召集各户，在确定好的日期的黎明时分燃起火把，在水车基上吃麦糕、麦饼、麦团，待执事者以鼓锣为号，群人以击器相和、踏上小河边上事先装好的水车，数十辆一齐踏动，把河水引灌入田，直至河水中空为止。"抢水"表明了人们对水利排灌的重视。

10. 吕祖诞："神仙生日"

吕祖诞是民间的传统纪念日。俗传吕祖吕洞宾生于农历四月十四日，故此日称"吕祖诞"或"神仙生日"。据史载，吕洞宾是唐末五代时的道士，姓吕名喦，号纯阳，自称回道人。相传他年少时熟读经史却屡试不第，遂浪迹江湖。后在长安酒肆中偶遇钟离权，在庐山遇火龙真人。得传"天遁剑法，龙虎金丹秘文"，一百多岁时仍然童颜不改，且步履轻盈，健步如飞，仿若神仙。全真道教奉其为五祖之一，故称其为"吕祖"。吕洞宾在民间八仙中是传说最多、最著名的一位神仙，同时也是在民间影响最大、被普遍尊奉的神明之一。所以在其诞日，许多地方要举办吕祖庙会，庙会期间有一定的商贸、游玩活动。有些地方在这天还有剪千年蒀的习俗，即剪掉千年蒀的旧叶子，扔在大街上。千年蒀即万年青，因"蒀"与"运"同音，故用以祝吉。有一些地方在吕祖诞这一天还有种植千年蒀的习俗。

11. 浣花日：纪念唐代女英雄浣花夫人

浣花日是汉族传统的纪念日，在每年的农历四月十九日。此俗主要流行于四川成都一带。是日，人们成群结队地宴游于成都西郊的浣花溪旁。据说这是为了纪念唐代女英雄浣花夫人而设的。据史载，浣花夫人是唐代节度使崔宁之妻任氏。唐大历三年（768年），崔宁奉召进京，留其弟崔宽守城。这时，泸州刺史杨子琳以精骑数千突袭成都，崔宽屡战皆败，眼看城不可保，此时任氏当机立断，出家资十万募集勇士，组织部队，并亲自披挂上阵，抵抗杨子琳的攻击，致使叛兵败逃，解除了成都之围。相传，浣花夫人生于四月十九日，于是后人为了纪念她，就将此日定为了一个重要的节日——浣花日（唐、宋、元代为四月十九日，明始改定为三月三日）。

12. "绕三灵"：一种祈祷丰收的仪式

"绕三灵"是白族的一个传统节日，流行于云南大理等地，一般在农历四月二十三日至二十五日举行。此节日是繁忙的水稻农事之前的一种歌舞活动，是一种祈祷丰收的仪式。此节历时三天，每天都有不同的活动。第一天，身着节日盛装的男女老少以村社为单位，排成长蛇阵，汇集到苍山五台峰下喜州圣源寺。第二天再到洱海边的村庄河涣城。第三天沿洱海到大理三塔附近的马久邑。在这三天内，人们晓行夜宿，吹吹打打，边歌边舞。每支队伍由一男一女盛装歌者领队，两人均手持杨柳一支，上挂葫芦和彩花。一人右手持柳枝，左手执绳拂；一人左手持柳枝，右手甩毛巾，边舞边唱白族调。每到一地，有的手持金钱鼓或霸王鞭，吹起木叶，边歌边舞；有的用唢呐、锣鼓伴奏，边走边唱"吹吹腔"；有的则手搭花肩，唱起民族歌曲。这就是白族的"绕三灵"。

13. 农历四月二十八日是药王的生日

民间俗传农历四月二十八日是药王的生日，届时要举行祭祀、举办药王庙会等活动，以贺药王生日。我国在不同时代、不同地区流行的药王形象并不一致，神话传说中的伏羲、神农都被奉为"药王"，此外还有黄帝、扁鹊、华佗、邳彤、三韦氏、吕洞宾、李时珍等，但最著名的药王是唐代的孙思邈。他著有《千金要方》、《千金翼方》，宋徽宗曾封其为"妙应真人"。孙思邈医术高明，因而被神化为药王。孙思邈的神像多为赤面慈颜、五绺长髯、方巾红袍、仪态厚朴的形象。其次是扁鹊。扁鹊是战国时期著名的医学家，旧时药铺常挂"扁鹊复生"的牌匾，反映出药材业对扁鹊的普遍尊奉。再次是华佗。华佗是汉末医学家，素有"药圣"、"医王"之称。此外，东汉光武帝刘秀二十八将（二十八宿）之一的邳彤也被尊为药王。相传邳彤不仅以武功见称，亦喜好医学。重视医药。其余的药王，其知名度、普遍性较差一些，但也被一方所尊奉。四

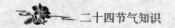

月二十八日究竟是谁的诞辰，说法不一，但普遍认为以孙思邈、扁鹊的为最多。

小满民间宜忌：甲子或庚辰日小满不好

1. 小满日忌讳是甲子日或庚辰日

民间常认为，如果小满遇到甲子或庚辰日，到秋收时就会有蝗灾，把农民一年辛劳的稼禾全吃掉，所以旧时的黄历上也有记载说："小满甲子庚辰日，定是蝗虫损稻禾。"

2. 小满忌讳天不下雨

民间有小满时节忌讳天不下雨的说法，指出小满时稻田里如果蓄不满水，就可能造成田坎干裂，甚至芒种时也无法栽插水稻。正如人们常说的"小满不满，芒种不管"。表明小满与芒种节气之间，雨水存在着正相关，如果小满节气雨水偏少，则意味着芒种节气雨水也将会偏少。

3. 小满过后"夏不坐木"

进入小满时节以后，我国大部分地区就进入了夏季。民间有"夏不坐木"的说法。小满过后，气温升高，雨量增多，空气湿度大，木头尤其是久置露天的木器，经过露打雨淋，含水分较多，表面看上去是干的，可是经过太阳的暴晒后，温度升高，会使潮气向外散发。如果在上面坐久了，潮气进入体内，容易使人消化不良。常会引发皮肤病、痔疮、关节炎等疾病。因此，小满过后，尽量不要座露天的木器。

小满饮食养生：素食为主，适量冷饮、薏米和苋菜

1. 小满时节应多以素食为主

小满过后，天气较为炎热，人体汗液的分泌也会相对较多，在选择食物的时候应以清淡的素食为主。但要注意的是，素食所含有的营养元素较为单一，所以还应适当搭配些其他的食物，以保持均衡的营养。

要想达到均衡摄取营养元素的目的，就应该选择不同的素食品种，最常见的就是蔬菜和水果，其中以颜色较为浓烈的营养较丰富。在功效上，应该选择有养阴、清火功效的蔬果，如冬瓜、黄瓜、黄花菜、水芹、木耳、荸荠、胡萝卜、山药、西红柿、西瓜、梨和香蕉等。另外，最好搭配一些仿荤的素食一起食用，使营养更加均衡，如豆类、坚果类、菌类等都是很好的选择。

2. 适当吃些冷饮可消除食欲不振

夏季，因为天气炎热，人体会出现一些不良的生理反应，如无精打采、食欲不振等。此时应该在膳食上进行合理的安排，可以适当吃些冷饮，在解渴去火的同时，也能促进消化。但吃冷饮的时候要注意卫生，也要适量，否则有可能诱发食物中毒、痢疾、病毒性肝炎等疾病。吃冷饮时应注意以下两点：

（1）切忌食用冷饮过量。如果食用过多冷饮，不仅会稀释胃液、不利于消化，还会使肠道蠕动加快，缩短食物在肠道的停留时间，减少营养的有效吸收。尤其是急慢性肠胃病患者，更要少吃或者完全不吃冷饮。此外，婴幼儿也不宜过量食用冷饮，因为婴幼儿的肠壁比成人的薄，肠道表面的肠系膜通常比较长而且柔软，比较难把肠道固定在后腹壁，如果冷饮进入肠道，会使得肠道不规则地收缩，可能还会引发肠套叠，其症状为腹部阵痛、呕吐、间歇性哭闹、腹部出现肿块等。若发生这些症状时，应该及时去医院就医。

（2）切忌在剧烈运动后食用冷饮。由于人的体温在剧烈运动后会逐步升高，而咽喉部位也会处于充血阶段，如果此时受到过多冷饮的刺激，人体便会出现腹痛、腹泻或者咽喉疼痛、声音沙哑、咳嗽等症状，所以在剧烈运动后最好不要立即食用冷饮。

3. 祛除内热、健脾利湿可多食薏米

薏米被人们誉为"谷类之王"，在祛除内热、健脾利湿上有显著的功效。由于小满前后雨下得比较多，湿气相对比较重，薏米便成为了这一时期最为理想的一种养生食材。

挑食薏米时，可选择上等的薏米，上等薏米的颗粒完整饱满，颜色偏白，粉屑较少。由于薏米较难煮透，最好在烹饪之前用温水浸泡2~3小时，然后再加入其他的米类一起熬制。

百合薏米粥可祛除内热、健脾利湿。

百合薏米粥

材料：薏米50克，百合15克，蜂蜜适量。

制作：①将薏米、百合分别洗净放入锅内，加水适量。②小火熬煮至薏米熟烂，再加入蜂蜜调匀即可食用。

4. 清热止血、消除郁结可吃些苋菜

在阴雨天，人们容易感到困乏，此时应该适当食用一些苋菜，因为苋菜有清热止血、消除郁结的功效，可以帮助人们远离湿邪、振作精神。

在选择苋菜时，应选择叶子小、根茎完整且容易掐断、没有切口、须子较少的品种。应该注意的是，苋菜的烹调时间不宜太长。

食用粉蒸苋菜可清热止血、消除郁结。

粉蒸苋菜

材料：苋菜500克，大米100克，

大料、花椒粒、陈皮、盐、香油、鸡精各适量。

制作：①将大米淘净，加入花椒粒、大料、陈皮，用冷水浸泡一夜。②将泡好的大米晾干。③苋菜洗净，切段。④小火将大米炒至焦黄，用粉碎机打碎。⑤苋菜加盐、鸡精、香油、米粉拌匀。⑥上锅大火蒸15分钟，淋入香油即可食用。

小满起居养生：避雨除湿，冷水澡健美瘦身

1. 避雨除湿，预防皮肤病

小满节气期间气温明显升高，雨量增多，下雨后，气温下降很快，所以这一节气中，要注意气温变化，雨后要添加衣服，不要着凉受风而患感冒。又由于天气多雨潮湿，所以若起居不当必将会引发风湿症、风疹、湿疹、汗斑、香港脚、湿性皮肤病等症状。

夏天气候闷热潮湿，正是皮肤病发作的季节。《金匮要略·中风历节篇》中记载："邪气中经，则身痒而瘾疹。"可见古代医学家对此早已经有所认识。此病的病因主要有以下三点：

一是湿郁肌肤，复感风热或风寒，与湿相搏，郁于肌肤皮毛腠理之间而患病。

二是由于肠胃积热，复感风邪，内不得疏泄，外不得透达，郁于皮毛腠理之间而患病。

三是与身体素质有关，吃鱼、虾、蟹等食物过敏导致脾胃不和，蕴湿生热，郁于肌肤导致皮肤病。

风疹可发生于身体的任何一个部位，其发病快，皮肤上会突然出现大小不等的皮疹，或成块成片，或呈丘疹样，此起彼伏，疏密不一，并伴有皮肤异常瘙痒，随气候冷热而减轻或加剧。当我们了解了发病的原因后，就可以采取适当的措施加以预防和治疗。

有些人的衣服在夏天经常是湿了又干、干了又湿，如此反复，就成了汗斑上身的好环境。在不知不觉当中，很多人会发现身体上有一块块白斑，或眉毛好像变得有些稀疏，此时应立即就医。

爱穿紧身衣裤的帅哥辣妹们，更要小心湿疹，免得衣服把敏感部位的肌肤弄得红彤彤一大片。痒起来要人命的香港脚，也不要拖了，应该尽早去看医师，否则变成灰指甲麻烦就大了。汗斑、湿疹、香港脚都是需要耐心和毅力的麻烦病，要治好这些病只要把握一个原则，即找专业的皮肤科医师，并耐心地用药，这样，就能过一个舒爽又健康的夏天。

2. 小满过后要预防蚊子叮咬

小满节气后，随着天气的逐渐变热蚊子的数量也慢慢变多。蚊虫向来为人们所厌恶，尤其对有婴幼儿的家庭来说，蚊子更是让人头疼。它们不仅会对人们的学习、生活产生不良影响，还会传播疟疾、流行性乙型脑炎、丝虫病、登革热等疾病。那么，炎炎夏日怎样才能预防蚊虫叮咬呢？

第一，要从清洁做起。蚊子通常最喜欢藏在背光且有些潮湿的地方，如壁橱内、沙发后。所以定期的大扫除尤为重要。另外可以安置纱窗、纱门来阻挡蚊子进入房间。还要将暂时不用的积水及时进行清理，如花盆、水盘、水缸、水桶内的积水。对于盛水的容器，应每周定期进行清洗。如果要出差一段时间，记得把抽水马桶的盖子盖上，并将洗手池和各种容器中的水清理干净，防止蚊子在里面产卵。消灭蚊虫，可采用市场常见的杀虫剂、蚊香、电蚊拍等。

第二，要选择合适的驱蚊方法。由于伊蚊（又叫花斑蚊）喜欢黑色，所以要防止它们的叮咬，应尽量穿浅色衣服。另外，避免使用散发着花香味的香皂、香水、化妆品等，这些香味会更加吸引蚊子。如果想要远离蚊子，可多吃些带有胡萝卜素的蔬菜或者大蒜等味道辛辣的蔬菜。如果遭到蚊虫的叮咬，请不要乱抓乱挠，最好坚持10多分钟，被叮咬之处自然就会慢慢地不痒了。

3. 因人而异洗冷水澡健美瘦身

小满节气之后，因为天气渐热，许多人就会有洗冷水澡的习惯。现代医学研究证明，冷水浴不失为一种简便有效的健身方法。冷水浴是利用低于体表温度的冷水对人体的刺激，增强机体的新陈代谢和免疫功能。进行冷水浴锻炼的人，其淋巴细胞明显高于不进行冷水浴锻炼的人。另外，冷水可以刺激身体产生更多的热量来抵御寒冷，并因此消耗体内的热量，使其不被当做脂肪储存起来，从而使人体态健美。但是，冷水浴虽好，却不是每个人都适合的，如体质弱者或患有高血压、关节炎的人就不宜洗冷水澡，以免对身体造成不必要的伤害。

4. 小满饮用冷饮要有所控制

随着天气逐渐变热，大多数人还喜爱用冷饮消暑降温。但冷饮过量会导致一些疾病，应予以重视。冷饮过量的一般常见病症是腹痛，特别是小孩腹痛。由于小儿消化系统发育尚未健全，过多进食冷饮后，使胃肠道骤然受凉，刺激了胃肠黏膜及神经末梢，引起胃肠不规则的收缩，从而导致腹泻。冷饮过量引起头痛也是一种常见的症状，有些人会发生剧烈头痛，这可能是人体的三叉神经支配着口腔、牙齿及面部、头皮等部位的感觉，对冷的刺激较敏感的人，冷饮入口后，对分布在口腔内的三叉神经造成刺激并反射到头面部，就会引起太阳穴部位的疼痛。还有些人冷饮吃得太多可致咽部发炎，这是由于咽喉部黏膜的血管多，当冷饮通过时，黏膜遇冷收缩，血流变少，咽部抵抗力降低，则使隐藏在咽部等口腔里的病菌趁机活跃，引起嗓子发炎、疼痛，甚至可诱发喉痉挛。此外，有些患有慢性支气管炎的病人若吃过量冷饮就会引起支气管黏膜下血管的收缩，可导致支气管炎急性发作。所以从小满节气开始，对冷饮一定要有所控制，切不可过量饮用，以免对身体造成伤害，甚至患上肠胃疾病。

小满运动养生：时尚活动——森林浴

1. 森林浴——省钱、便利、时尚的活动

人们常说的森林浴就是通过在树林中散步、运动、休息等多种方式，利用森林中的自然环境对人体的影响，来促进身心健康，甚至消除疾病的一种自然疗法。森林空气中负离子的含量与海滨、原野一样，最为丰富，是闹市区的几十倍，甚至数百倍之多。而负离子与阳光及其他营养素一样，是人类生命活动中不可缺少的物质，所以被称之为"空气中的维生素"和"长寿素"。它能促进肌体的新陈代谢，强健各器官的功能，对增加皮肤弹性、减少皱纹、延缓衰老，都有一定的作用。在负离子含量丰富的地方呼吸，有如在雷阵雨过后那种神清气爽、思维敏捷的感觉。并且，森林中的许多植物都能产生具有抑菌、杀菌功能的挥发性物质，树木还能减少噪声、吸附

尘埃、净化空气，所以，在森林中散步、运动、休息就能够获得更多的有益健康的天然成分。经过一段时间的森林浴，许多慢性疾病，如慢性支气管炎、冠心病、神经衰弱等，都会有明显的好转。但是，必须注意的是最好不要到人烟稀少的大森林中去，以防迷路或遭到猛兽的袭击。

骄阳似火的夏季，阳光下的世界令人生畏，但是只要走进绿叶浓荫的树林里，就会有一股清凉、舒心的微风扑面而来，让人顿觉舒畅。森林浴可集旅游、娱乐与保健强身为一体。适合各类人群，是一种高层次的时尚活动，而且也是一种省钱、便利的锻炼项目。

2. 小满时节运动要预防中暑

酷热的夏季，特别是我国的南方和长江中下游的气温比较高，进行体育锻炼要特别注意防暑。但在夏季，不能不进行体育锻炼，因为越是恶劣的条件，越能锻炼人的机体的适应能力和提高心理素质。但锻炼时应注意以下几点：

第一，中午最好不要安排体育锻炼，但可以参加游泳运动。

第二，不要在太阳直射下进行锻炼，要找阴凉处和通风的场所进行太阳锻炼。

第三，有些运动项目，如长跑、划船等，如果要在太阳下运动，必须注意防晒，可戴太阳帽和穿浅色、宽大、透气的运动服等。

第四，注意运动负荷不宜过大，增加间歇时间和次数，并且应多在阴凉通风处休息。

第五，因夏季人体运动时出汗多，随时要注意加强水分和盐分的补充，以保证正常的机体代谢平衡，有利于避免中暑。

第六，夏季运动后要洗温水澡，一方面可以放松机体，另一方面还可以防止中暑。

第七，夏季要保证夜晚充足的睡眠，在中午要睡午觉，人体睡眠不好，疲劳得不到消除，所以在身体运动过程中更容易中暑。

3. 要根据运动强度合理调整呼吸方式

小满时节运动，由于运动量较大且出汗较多，所以，在运动的时候尤其需要注意气息吐纳的方式和节奏。

呼吸能够氧化分解糖、蛋白质、脂肪等物质，而且还能产生身体所需的能量，增强肌肉收缩的强度。如果呼吸的方式不恰当，有可能会造成体内缺氧，使得气血往头部运行，令人感到头昏、恶心、倦怠，造成四肢的协调稳定性降低，甚至发生昏厥。所以，正确的呼吸方法显得尤为重要。

需要注意的是，要按照不同的运动来对气息进行适当的调整。合理的呼吸，有助于增强肺活量，为机体提供足够的氧气，并促进新陈代谢，延缓疲劳等症状。

跑步时应该保持每两步一吸、两步一呼的频率，这样既可以让所需的氧气迅速地进入体内，又能使呼吸具有一定的深度。吸气应均匀缓慢，呼气要深长有力，这样可以保证吸入足够的氧气，并将废气尽可能多地排出体外。

做操时，还应保持气息和四肢的协调性。例如在双臂前屈或往上举时、踢腿时、跳步时、扩胸时、耸肩时应该吸气，而在双臂后伸时、含胸时、塌肩时、臂腿下落时应该呼气，在身体保持平衡动作时应该屏住呼吸，或者进行极浅地自然呼吸。

小满时节，常见病食疗防治

1. 荨麻疹饮用胡萝卜红枣汤防治

因小满期间空气湿度增加，且天气闷热，荨麻疹作为一种常见的过敏性皮肤病，便时常在这个时期出现。它是由于皮肤、黏膜的小血管扩张及渗透性增加而产生的一种局部水肿反应。其常见症状是皮肤表面出现大小、形状各异、边界分明的白色或红色疹块，并能感觉到瘙痒，一般夜间会加剧。有荨麻疹的患者可以采用一些清热去湿的食物辅以治疗，切忌食用增湿味重的食物，以免加重病情。

胡萝卜红枣汤可解毒透疹。适用于各种类型的荨麻疹。

胡萝卜红枣汤

材料：胡萝卜100克，红枣50克，白砂糖适量。

制作：①胡萝卜洗净，切丁。②红枣洗净，去核。③锅内加水，放入红枣、胡萝卜丁，大火烧沸，小火煮1小时，加白砂糖搅匀。④食用时用纱布滤渣，取汤饮用。

荨麻疹预防措施：

（1）应保持室内外清洁卫生，防止受到污染物的刺激。得过荨麻疹病的人应避免饲养猫、狗之类的宠物，还要注意不要吸入花粉或粉尘。

（2）尽量少食用有可能诱发荨麻疹的食物，如含有人工色素、防腐剂、酵母菌等人工添加剂的罐头、腌腊食品、饮料、海鲜等。

（3）加强体育锻炼，提高自身免疫力，保持健康的心态。

2. 糖尿病食用苦瓜拌芹菜防治

糖尿病以高血糖为主要标志，是一种与内分泌代谢相关的疾病。其病因和发病机理尚未明确，但是大多是由于胰岛素分泌不足，靶细胞对胰岛素反应不敏感，从而引起一系列代谢紊乱。其常见症状是口干舌燥、尿多、暴饮暴食、疲惫消瘦等。夏季易使病情加重，并有可能诱发并发症，所以小满时节糖尿病病人一定要特别注意。食疗是辅助治疗糖尿病基础方法之一。病症较轻的病人只需要通过食疗，便能有效地遏制病情。而病情较为严重的病人在吃药的同时，也应辅以食疗。食疗的目的在于通过膳食上的调整，消除或者减少尿糖，来降低血糖，并且预防并发症的出现。

苦瓜拌芹菜具有控制血糖，凉肝降压之功效。适用于糖尿病和肝阳上亢型高血压。

苦瓜拌芹菜

材料：芹菜、苦瓜各150克，芝麻酱、蒜泥各适量。

制作：①苦瓜去皮、瓤，切成细丝，焯烫后用凉开水过一遍，沥出水分。②芹菜去叶，洗净，切段，焯熟后用凉开水过一遍。③取一盘，放入芹菜、苦瓜，加入芝麻酱、蒜泥，拌匀后即可食用。

糖尿病预防措施：

（1）诱发糖尿病的重要原因是肥胖，因此要适度节制饮食。

（2）由于糖尿病的发生与长期饮酒、房事过度有关，所以，应适当加以节制。

（3）作息要讲究劳逸结合，增强免疫力。

小满耳熟能详谚语

1. 小满不满，麦有一险

这句谚语是说在小满期间（小满后芒种前），如果田里的水量不够，且遇"干热风"这一气象灾害的侵袭，势必会影响小麦的灌浆乳熟，致使小麦出现籽实瘦秕的现象。所以，此期间要注意浇好"麦黄水"（小麦快要黄熟时所浇的水），以增强小麦的长势，抵御风灾的侵袭，否则小麦就会有减产的危险。

2. 小满不满，干断思坎；小满不满，芒种不管

二十四节气中的第八个节气是小满。古书记载："斗指甲为小满，万物长于此少得盈满，麦至此方小满而未全熟，故名也。"这是说从小满开始，北方大麦、冬小麦等夏收作物已经结果，籽粒渐见饱满，但还未成熟，相当于乳熟后期，所以叫小满。它是一个表示物候变化的节气。南方地区的农谚赋予小满以新的寓意："小满不满，干断思坎"；"小满不满，芒种不管"。把"满"用来形容雨水的盈缺，指出小满时田里如果不蓄满水，就可能会造成田坎干裂，甚至到芒种时也无法栽插水稻。

3. 秧奔小满谷奔秋

华南的夏旱严重与否，和水稻栽插面积的多少，有直接的关系；而栽插的迟早，又与水稻单产的高低密切相关。华南中部和西部，常有冬干春旱，大雨来临又较迟，有些年份要到阳历6月大雨才姗姗来迟，最晚甚至可迟至7月。加之常年小满节气雨量不多，平均40毫米，自然降雨量不能满足栽秧需水量，使得水源缺乏的华南中部夏旱更为严重。俗话说："蓄水如蓄粮"，"保水如保粮"。为了抗御干旱，除了改进耕作栽培措施和加快植树造林外，特别需要注意抓好头年的蓄水保水工作。但是，也要注意可能出现的连续阴雨天气，对小春农作物收晒的影响。西北高原地区，这时多已进入了雨季，农作物生长旺盛。所以小满正是适宜水稻栽插的季节，正所谓"秧奔小满谷奔秋"。

4. 小满民间谚语荟萃

大麦不过小满，小麦不过芒种。

过了小满十日种，十日不种一场空。

小麦到小满，不割自会断。

小满不满，高田不管。

小满不满，黄梅不管。

小满不满，芒种开镰。

小满不满，无水洗碗。

小满不下，黄梅雨少。

小满不种花，种花不回家。

小满吃水，大满吃米。

小满打火夜插田，芒种插田分上下。

小满动三车，忙得不知他。（水车、油车和丝车）

小满防虫患，农药备齐全。

小满割不得，芒种割不及。

小满沟不满，芒种秧水短。

小满谷，打满屋。

小满见三新。

小满满齐沿，芒种管半年。

小满暖洋洋，锄麦种杂粮。

小满前后，种瓜种豆。

小满青粒硬，收成方可定。

小满三天遍地锄。

小满桑葚黑，芒种小麦割。

小满山头雾，大麦好烂糊。

小满十八天，不熟自干。

小满十八天，青麦也成面。

小满十日刀下死。

小满十日见白面。

小满天天赶，芒种不容缓。

小满未满，还有危险。

小满五日满，粮仓装满仓。

小满物满盈，小麦快长成，大地色彩多，青黄绿白红。

小满小满，还得半月二十天。

小满小满，麦粒渐满。

小满有雨豌豆收，小满无雨豌豆丢。

第三章

芒种：东风燃尽三千顷，折鹭飞来无处停

芒种是二十四节气中的第九个节气，也是进入夏季的第三个节气。每年的阳历6月5日左右，太阳到达黄经75°就是芒种。芒种字面的意思是"有芒的麦子快收，有芒的稻子可种"。《月令七十二候集解》："五月节，谓有芒之种谷可稼种矣。"此时中国长江中下游地区也即将进入多雨的黄梅时节。

芒种气象和农事特点

俗话说"春争日，夏争时"，"争时"即是这个忙碌的时节最好的写照，从字面上理解，"芒"是指有芒的作物，如大麦、小麦。"种"有两个意思，一是种子的"种"，一是播种的"种"。《月令七十二候集解》解释："五月节，谓有芒之种谷可稼种矣。"意指大麦、小麦等到有芒作物种子已经成熟，抢收十分急迫。在北方大部分地区，芒种也是晚谷、黍、稷等农作物播种的繁忙季节。人们常说"三夏"大忙季节，即由此而来。古代，人们将芒种分为三候："初候螳螂生；二候鹏始鸣；三候反舌无声。"在这一节气中，螳螂在去年深秋产的卵因感受到阴气初生而破壳生出小螳螂；喜阴的伯劳鸟开始在枝头出现，并且感阴而鸣；与此相反，能够学习其他鸟鸣叫的反舌鸟，却因此时感应到了阴气的出现而停止了鸣叫。

芒种节气是一个典型的反映农业物候现象的节气。时至芒种，四川盆地的麦收季节已经过去，中稻、甘薯移栽接近尾声。大部地区中稻进入返青阶段，秧苗嫩绿，一派生机。"东风染尽三千顷，折鹭飞来无处停"的诗句，生动地描绘了芒种时田野的秀丽景色。到了芒种时节，四川盆地内尚未移栽的中稻，应该抓紧栽插；如果再推迟，因气温升高，水稻营养生长期缩短，而且生长阶段又容易遭受干旱和病虫害，产量必然不高。甘薯移栽至迟也要赶在夏至之前；如果栽甘薯过迟，不但干旱的影响会加重，而且待到秋季时温度下降，也不利于薯块膨大，产量亦会将明显降低。

1.天气炎热，农忙夏收、夏种和夏管

芒种时节，我国大部分地区的农业生产处于"夏收、夏种、夏管"的"三夏"大忙季节。忙夏收，是因为麦已成熟，若遇连雨天气，甚至冰雹灾害，会使小麦无法及时收割而导致倒伏、落粒、穗上发芽，烂麦场。必须抓紧一切有利时机，对小麦进行抢割、抢运、抢脱粒。所以要做到颗粒归仓，以防异常天气的危害。此外，油菜、豌豆等夏杂粮也要收割。

忙夏种，主要是指回茬秋收作物，如夏玉米、夏大豆等夏种作物，因其可生长期是有限的，

为保证到秋霜前收获，须尽量提早播种栽插，才能取得较高的产量。

忙夏管，因为"芒种"节气之后雨水渐多，气温渐高，棉花、春玉米等春种的庄稼已进入需水需肥与生长高峰，不仅要追肥补水，还需除草和防病治虫。否则，病虫草害、干旱、渍涝、冰雹等灾害同时发生或交替出现，春种庄稼就会大受其害，轻则减产，重则绝收。

此时南方的双季晚稻要注意稻蓟马等病虫的防治。东北、西北地区的雨水少，冬、春小麦要适时浇水追肥，适时做好生长后期的管理工作。

2. 梅雨对庄稼有害还是有利

芒种期间，我国江淮流域的雨量增多，气温升高，在初夏会出现一种连阴雨天气，空气非常潮湿，天气异常闷热，日照少，有时还伴有低温。各种器具和衣物容易发霉，一般人称这段时间为"霉雨季节"。又因为此时正是江南梅子黄熟之时，所以也称之为"梅雨天"或"梅雨季节"。

梅雨形成的原因是，冬季结束后，冷空气强度削弱而北退，南方暖空气相应北进，伸展到长江中下游地区，但这时北方的冷空气仍有相当势力，于是冷暖空气在江淮流域相峙，形成准静止锋，便出现了阴雨连绵的天气。

"梅雨季节"要持续一个月左右。暖空气最后战胜冷空气，占领江淮流域，梅雨天气结束，雨带中心转移到黄淮流域。进入梅雨的日子叫"入梅"。梅雨结束的日子叫"出梅"，具体日期因所处地理位置的不同而略有偏差。如果以太阳黄经80°的位置来算，入梅的时间应该是公历6月12日左右，经过一个月，在7月11日为出梅日。有的年份5月就入梅，这叫早梅雨，出梅最晚的在8月初。有的年份没有明显的梅雨，这叫作空梅。而我国民间一般认为天干中的"壬"为天河之水，所以将芒种后的第一个"壬"日立为入梅的日子，将夏至后的第一个"庚"日立为出梅的日子。时间大概只有半个多月。

梅雨季节时间长，雨量大，容易造成洪涝灾害；出现短梅雨期或空梅时，这个地区会发生干旱。所以，梅雨期到来的早晚，持续时间的长短以及这一时期的雨量，对禾谷的丰收有着重要的意义，所以民间百姓也非常重视梅雨季节。

芒种农历节日：端午节——纪念屈原

每年农历的五月初五为端午节，"五"与"午"相通，"五"又为阳数，故又称端阳节、午日节、五月节、艾节、端午、重午、夏节等，它是我国汉族人民的传统节日，大多数年份的端午节都在芒种节气期间。虽然名称不同，但各地人民过节的习俗是相同的。端午节是我国两千多年的旧习俗，每到这一天，家家户户都悬钟馗像，挂艾叶菖蒲，吃粽子，赛龙舟，饮雄黄酒，佩香囊，游百病，备牲醴等风俗。

端午节的来历，耳熟能详的说法就是纪念屈原。此说最早出自南朝梁代吴均《续齐谐记》和北周宗懔《荆楚岁时记》的记载。据说，屈原于五月初五自投汨罗江，死后为蛟龙所困，世人哀之，每到此日便投五色丝粽子于水中，以驱蛟龙。又传，屈原投汨罗江后，当地百姓闻讯马上划船捞救，直行至洞庭湖，终不见屈原的尸体。那时，恰逢雨天，湖面上的小舟汇集在岸边的亭子旁。当人们得知是打捞贤臣屈大夫时，再次冒雨出动，争相划进茫茫的洞庭湖。为了寄托哀思，人们荡舟江河之上，此后才逐渐发展成为龙舟竞赛。端午节吃粽子、赛龙舟与纪念屈原相关，唐代文秀《端午》诗："节分端午自谁言，万古传闻为屈原。堪笑楚江空渺渺，不能洗得直臣冤。"

悠久的历史使得端午节的礼俗活动缤纷异彩，时至今日，端午节仍是我国人民心中一个十分隆重的节日。

1. 赛龙舟——纪念屈原而举行的一种活动

据史料记载，龙舟由来已久，和吃粽子的传说一样，也是为了纪念屈原。古代龙舟很华丽，如描绘龙舟竞渡的《龙池竞渡图卷》（元人王振鹏所绘），图中龙舟的龙头高昂，硕大有神，雕镂精美，龙尾高卷，龙身还有数层重檐楼阁。如果是写实的，则可证古代龙舟之华美了。又如《点石斋画报·追踪屈子》绘芜湖龙舟，也是龙头高昂，上有层楼。有些地区的龙舟还存有古风，非常精丽。

在龙船竞渡前，首先要请龙、祭神。如广东龙舟，在端午前要从水下起出，祭过在南海神庙中的南海神后，安上龙头、龙尾，再准备竞渡。并且买一对纸制小公鸡置于龙船上，认为可保佑船平安。闽、台则往妈祖庙祭拜。如四川、贵州等个别地区直接在河边祭龙头，杀鸡滴血于龙头之上。

在湖南汨罗市，竞渡前必先往屈子祠朝庙，将龙头供在祠中神翁祭拜，披红布于龙头上，再安龙头于船上竞渡，既拜龙神，又纪念屈原。而在屈原的家乡秭归，也有祭拜屈原的仪式流传。在湖南、湖北地区，祭屈原与赛龙舟是紧密相关的。屈原逝去后，当地人民也曾乘舟送其灵魂归葬，因此也有此风俗。

人们在划龙船时，以唱歌助兴的龙船歌也广泛流传起来。如湖北秭归划龙船时，有完整的唱腔、词曲，根据当地民歌与号子融汇而成，唱歌声雄浑壮美，扣人心弦，且有"举揖而相和之"之遗风。

2.吃粽子——为了纪念屈原

端午节的经典食品是粽子，在民俗文化领域，我国民众把端午节的龙舟竞渡和吃粽子都与屈原联系起来。在屈原的故乡还流传着一个故事。

据说屈原投汨罗江以后，有天夜里，屈原故乡的人忽然都梦见屈原回来了。他峨冠博带，一如生前，只是面容略带几分忧戚与憔悴。乡亲们高兴极了，纷纷拥上前去，向他行礼致敬。屈原一边还礼，一边微笑着说："谢谢你们的一片盛情，楚国人民这样爱憎分明，没有忘记我，我也死而无憾了。"

在话别时，众人们发现屈原的身体大不如过去，就关切地问道："屈大夫，我们给你送去的米饭，你吃到了没有？""谢谢，"屈原先是感激，接着又叹气说，"遗憾哪！你们送给我的米饭，都给鱼虾龟蚌这般水族吃了。"乡亲们听后都很焦急："要怎样才能不让鱼虾们吃掉呢？"屈原想了想说："如果用箬叶包饭，做成有尖角的角黍（现在的粽子），水族见了，以为是菱角，就不敢去吃了。"

到了第二年端午节，乡亲们便用箬叶将米饭包成许多角黍，投入江中。可是端午节过后，屈原又托梦说："你们送来的角黍，我吃了不少，可是还有不少给水族抢去了。"大家又问他："那还有什么好法子呢？"屈原说："有办法，你们在投放角黍的舟上，加上龙的标记就行了。因为水族都归龙王管，到时候，鼓角齐鸣，桨桡翻动，它们以为是龙王送来的，就再也不敢来抢了。"

千百年来，因为这个传说，粽子便成为了最受人欢迎的端午节食品。

3.挂艾草、菖蒲、榕枝——祈求平安

人们在端午节时，门口挂艾草、菖蒲（蒲剑）或石榴、胡蒜，都是有原因的。通常将艾草、菖蒲用红纸绑成一束，然后插或悬在门上。菖蒲在天上属五瑞之首，被百姓视为百阳之气，因为生长在水中，而且形状非常像宝剑，所以古时候被方士们称为"水剑"，认为其拥有"百阳之气"，插在门口以避邪，后来此风俗引申为"蒲剑"，百姓用其祛除不祥，以保平安。

艾草是一种可以治病的药草，在我国古代就一直是药用植物。针灸里面的灸法，就是用艾草作为主要成分，放在穴位上进行灼烧来治病。有关艾草可以驱邪的传说已经流传很久，主要是它具备医药的功能。民间也有在房前屋后栽种艾草、求吉祥的习俗。台湾民间在端午时贴"午时联"，有些午时联上还写有"手执艾旗招百福，门悬蒲剑斩千邪"的句子。

榕枝的意义是可使身体矫健，"插榕较勇龙，插艾较勇健。"也有地方习俗是挂石榴、胡蒜或山丹。胡蒜可以治虫毒。"山丹方剂治癫狂，榴花悬门避黄巢。"在这句诗中提到石榴花与黄巢，其中还有一个故事。黄巢之乱的时候，有一次黄巢经过一个村庄，正好看到一个妇女背着一

个较大的孩子，却牵着一个年纪较小的，黄巢非常好奇，就询问原因。那位妇人不认识黄巢，所以就直接说因为黄巢来了，杀了叔叔全家，只剩下这个唯一的命脉，所以万一无法兼顾的时候，只好牺牲自己的骨肉，保全叔叔的骨肉。黄巢听了大受感动，告诉妇人只要门上悬挂石榴花，就可以避黄巢之祸。事实上，石榴也是一种药材，有祛病的功效。这个民俗也反映了百姓们祈求平安、健康的美好希望。

4. 长命缕——以求安康、益寿延年

农历五月初五端午节，是我国最重要的传统节日之一，端午节的一个重要习俗就是戴长命缕。长命缕也称续命缕、续命丝、长寿线、延年缕，别称"百索"、"辟兵绍"、"五彩缕"等，名称不一，形制、功用也大体相同。这一民俗是在端午节以五色丝结而成索，或悬于门首，或戴小孩项颈，或系小儿手臂，或挂于床帐、摇篮等处，以求安康、益寿延年。

长命缕用红、黄、蓝、绿、紫等五种颜色（有的地方为红、黄、绿、白、黑或红、黄、蓝、白、黑五种颜色）的线搓成彩色线绳或做成日、月、星、花、草、鸟、兽等的形状，端午之时系在孩子的手腕、脚腕和脖子上，也叫"五彩长命缕"、"续命缕"、"五彩缕"、"五色线"、"五色丝"、"宛转绳"、"花花绳"、"健牛绳"、"长命锁"、"长索"、"朱索"、"百索"、"百索线"、"辟兵绘"等，是端午节必备的物品。长命缕的五种颜色代表东、南、西、北、中五方，也有说代表金、木、水、火、土五行的。端午节日佩戴长命缕，对小孩子来说也是漂亮的小装饰品。富贵人家会在五彩绳上缀饰金锡饰物，挂于项颈。也有人将此配饰结成各种中国结戴在胸前。

端午节戴长命缕作为一种传统的风俗习惯，它主要起心理安慰的作用，同时也体现了父母对孩子的关心和爱护，寄托了他们的美好愿望。这一习俗也深受孩子们的喜爱，不但给了他们一种娱乐的方式，而且也在一定程度上满足了孩子们的好奇心。

5. 戴香包——防病健身，万事如意

香包又称香囊、香袋、荷包等，有用五色丝线缠成的，有用碎布缝制的，内装香料（用中草药白芷、川芎、芩草、排草、山柰、甘松、高本行制成），佩戴于胸前，香气扑鼻。这些随身携带的袋囊，内容几经变化，从吸汗的蚌粉、避虫的雄黄粉，发展成装有香料的香囊，制作也日趋精致，此物件成为了端午节特有的民间工艺品。

戴香包也颇有讲究。老年人为了防病健身，一般喜欢戴梅花、菊花、桃子、苹果、荷花、娃娃骑鱼、娃娃抱公鸡、双莲并蒂等形状的，象征着鸟语花香、万事如意、夫妻恩爱、家庭和睦。小孩喜欢的是飞禽走兽类的，如老虎、豹子、猴子上竿、斗鸡赶兔等。青年人戴香包最讲究，如果是热恋中的情人，那多情的姑娘很早就要精心制作一两枚别致的香包，赶在节前送给自己的情郎。小伙子戴着心上人赠送的香包，自然要引起周围人的评论，夸奖小伙的对象心灵手巧。

6. 饮雄黄酒——解毒、杀虫

雄黄作为一种中药药材，它可以解毒、杀虫。古代人认为雄黄可以克制蛇、蝎等百虫，"善能杀百毒、辟百邪、制蛊毒，人佩之，入山林而虎狼伏，入川水而百毒避"。中国神话传说中常出现用雄黄来克制修炼成精的动物的情节，比如变成人形的白蛇精不慎喝下雄黄酒，失去控制现出原形。古人不但把雄黄粉末撒在蚊虫容易滋生的地方，还饮用雄黄酒以祈望能够避邪，自己身体健康不生病。

传说屈原在投江以后，屈原家乡的人们为了不让蛟龙吃掉屈原的遗体，纷纷把粽子、咸蛋抛入江中。有一位老医生拿来了一坛雄黄酒倒入江中，说是可以药晕鱼龙，可保护屈原。一会儿，水面果真浮起一条蛟龙。于是，人们把这条蛟龙拉上岸，抽其筋，剥其皮，之后又把龙筋缠在孩子们的手腕和脖子上，再用雄黄酒抹七窍，认为这样便可以使孩子免受虫蛇伤害。据说这就是端午节饮雄黄酒的来历。时至今日，我国不少地方都有饮雄黄酒的习惯。

在端午节这一天，人们把雄黄倒入酒中饮用，并把雄黄酒涂在小孩儿的耳、鼻、额头、手、足等处。典型的方法是用雄黄酒在小孩儿额头画"王"字，这样做是希望能够使孩子们不受蛇、虫的伤害。

7. 采百药——防御疾病

采百药，又叫"采百草"。农历五月正是天气炎热、疾病多发的季节，很多毒蛇害虫在此时期开始繁殖活跃起来，容易给人造成危害。为了防御疾病，保持健康，到了端午之时，人们便要遍寻百草，采集药材。《清嘉录》介绍了苏州"采百草"的习俗：士人采百草之可疗疾者，留以供药饵，俗称"草头方"。药市收癞蛤蟆，刺取其沫，谓之"蟾酥"，为修合丹丸之用，率以万计。人家小儿女之未痘者，以水畜养癞蛤蟆五个或七个，俟其吐沫。过午，取水煎汤浴之，令痘疮稀。《吴郡岁华纪丽》说："今吴俗，亦于午日，采百草之可疗疾者……又收蜈蚣蛇虺，皆以备攻毒之用。"南宋吴自牧《梦粱录·五月》："此日采百草或修制药品，以为辟瘟疾等用，藏之果有灵验。"采来的草药除在端午节用于饮食、沐浴、薰烟和门饰外，还有的地方将百草晒干后收藏备用。

8. 吃茶蛋、腌蛋——祈求平安

在许多地方，端午节吃的一种重要食品还有鸡蛋、鸭蛋，安徽太湖、江西南昌地区，端午节就要煮茶蛋和盐水蛋吃。蛋壳涂上红色，用五颜六色的网袋装着，挂在小孩子的脖子上，意思是祝福孩子能够逢凶化吉、平安无事。

在浙江、山东等地，在端午节这一天，家里的主妇清晨就将事先准备好的大蒜和鸡蛋放在一起煮，供一家人早餐时食用。有的地方，还在煮大蒜和鸡蛋时放几片艾叶，认为吃了可以明目。在曲阜、邹县一带，称鸡蛋为"龙蛋"。在河南，主妇们早上将鸡蛋煮熟后，放在孩子的肚皮上滚几下，然后去壳让孩子吃掉。

9. 吃煎堆、打糕、薄饼——古人说能够"补天"

在福建晋江一带，端午节这天家家户户都要吃"煎堆"。这是一种用面粉、米粉和其他配料调成浓糊状、下油锅煎炸的食品。闽南一带在端午节之前是雨季，阴雨连绵不止，相传古时民间说天公穿了洞，要"补天"。端午节吃了煎堆后雨便停止了，人们就说把天补好了。吃煎堆这种食俗就由此而来。端午节也是朝鲜族隆重的节日。这一天最有代表性的食品是清香的打糕。打糕，就是将艾蒿与糯米饭放入独木凿成的大木槽里，用长柄木棰打制而成的米糕。这种米糕很有民族特色，也可增添节日的气氛。在浙江温州一带，端午节还有家家吃薄饼的习俗。薄饼选用精白面粉调成糊状，在又大又平的铁煎锅中，烤成一张张类似圆月，薄如绢帛的半透明饼，然后用绿豆芽、韭菜、肉丝、蛋丝、香菇等作馅，卷成圆筒状。既能品尝到多种味道，又能补充多种维生素。

10. 吃五黄——带"黄"字的五种食品

浙江杭州常常称五月为"五黄"月，杭州人端午节必吃雄黄酒（用雄黄和烧酒调和，加入菖蒲根）、黄酒、黄瓜、咸鸭蛋黄和用黄豆包裹的粽子五种食品。由于这五种食品里都带有"黄"字，因此人们称之为"吃五黄"。

芒种民俗：送花神，插秧娱乐开始了

1. 送花神——表达对花神的感激之情

我国每年农历二月二花朝节上迎花神。芒种已近五月间，芒种过后便是夏日，百花开始凋零，民间多在芒种日举行祭祀花神仪式，摆设多种礼物为花神饯行，也有的人用丝绸悬挂花枝，以示送别，同时表达对花神的感激之情，盼望来年花神能够再次降临人间。南朝梁代崔灵思《三礼义宗》说："五月芒种为节者，言时可以种有芒之谷，故以芒种为名，芒种节举行祭饯花神之会。"因为芒种节在农历五月间，故又称"芒种五月节"。据《金瓶梅》第五十二回记载："吴月娘因交金莲：你看看历头，几时是壬子日？金莲看了说道：．二十三是壬子日，交芒种五月节。"

送花神这种习俗今天已经不存在了，在《红楼梦》第二十七回"滴翠亭杨妃戏彩蝶，埋香冢飞燕泣残红"说："至次日乃是四月二十六日，原来这日未时交芒种节。尚古风俗：凡交芒种节的这日，都要设摆各色礼物，祭钱花神，言芒种一过，便是夏日了，众花皆卸，花神退位，须要饯行。然闺中更兴这件风俗，所以大观园中之人都早起来了。那些女孩子们，或用花瓣柳枝编成轿马的，或用绫锦纱罗叠成干旄旌幢的，都用彩线系了。每一棵树上，每一枝花上，都系了这些物事。满园里绣带飘摇，花枝招展，更兼这些人打扮得桃羞杏让，燕妒莺惭，一时也道不尽。"

文中所说"干旄旌幢"中"干"即盾牌。旄、旌、幢都是古代的旗子。旄是旗杆顶端缀有牦牛尾的旗，旌与旄相似，但不同之处在于它由五彩折羽装饰；幢的形状为伞状。由此可见，大户人家芒种节为花神饯行的热闹场面。而多愁善感的林黛玉，面对花谢花飞，不禁顾影自怜，感慨良多，于是便有葬花之举，还吟出那首令人心碎的葬花词来。所以，芒种被人们称为女儿节也不过分。

2. 打泥巴仗节——插秧娱乐活动

贵州东南部地区，侗族的青年男女，每年芒种节气前后都要举办打泥巴仗节。这里的传统习惯是，姑娘结婚后，一般先不住在夫家，只有农忙和节庆时，才由同伴陪同来到夫家小住几天。因此，当夫家整好秧田，定下分栽秧苗的日子后，就要邀集一些青年前来帮忙，并由新郎的姐妹去迎接新娘回夫家来共同插秧，而新娘也要邀集一些女伴同来。男女青年汇集一起，此时既是进行分插秧苗的劳动，又是参加社交和进行娱乐活动的时刻。节日那天，青年们和新婚夫妇一起来到田间插秧，男女之间展开竞赛，你追我赶，十分热闹。当秧田插完后，小伙子们故意挑衅，往姑娘身上甩泥巴。而姑娘们也予以还击，双方便摆开阵势，以泥巴为武器，互相投掷。如果数人一起将对方抓住，就要将她（他）按倒在水田中翻滚，使其沾一身烂泥，狼狈不堪。新郎的父母不能参与，只在田边观看。往往最受青睐的人，身上的泥巴最多。

待休战后，大家又一起来到河水小溪旁，边清洗边打水仗，度过劳动、打闹的一天。新娘在前一天来时，带有一担五色糯米饭和 100 个煮熟的红鸡蛋。节日后，夫家姐妹要以更多的五色饭和红鸡蛋为她们送行返回娘家。

3. "斗草"：寓教于乐、文采风雅、童趣自然

"斗草"是流行于中原和江南地区的一种民间游戏。斗草之戏由于源于采集百草为药的活动。起源无从考证，今人普遍认为与中医药学的产生有关。它在周代时就已经出现了，但直到南北朝时，才变成端午节时的习俗活动。"斗草"一般用草作比赛对象，主要有两种斗法。一种是"文斗"，即众人采到花草后聚到一起，一人报出自己的花草名，其他人各以手中的花草来对答，谁采的草种多，对仗的水平高，坚持到最后，谁就是赢家。此种玩法没有一些相关的植物知识和文学修养是不行的。另一种是"武斗"，即比赛双方先各自采摘具有一定韧性的草，最好是车前草，然后相互交叉成"卜"字状，并各自用力拉扯，以草不断的一方为获胜者。"斗草"，无论是"文斗"还是"武斗"，它所蕴涵的文采风雅或是童趣自然，可谓寓教于乐，在娱乐的同时也增加了见识。

4. 端午节送扇子

端午节的到来，预示着闷热的盛夏即将来临。炎炎夏日，即使是静坐不动也会汗流浃背，在这种环境中，人们非常渴望凉爽。古时候没有空调降温，只有用扇子来扇风降温，因此许多地方有着在端午节送扇子的风俗习惯。

传说端午节送扇子的习俗与唐太宗有关，据史料记载，贞观十八年五月五日，唐太宗对长孙无忌等人说："五日旧俗，必用服玩相贺。今朕赐诸君飞白扇二枚，庶动清风，以增美德。"唐太宗在端午节赐扇子给臣下，其意是鼓励部下扇动清廉之风。此后，五月五日送扇子成为风尚，到了宋代乃至明清时期都一直有这个倡廉传统习俗。

时至今日，很多地方仍保持着端午节送扇子的习俗，只不过变成了亲人之间的相互赠送。当然，各地端午送扇子的具体内容是不大一样的，有的地方是媳妇给公婆送扇子，有的地方是娘家给新出嫁的女儿送扇子，但更多的是女婿给岳父母家送扇子。阳新一带的民间风俗"端午送扇子"是指端午节前几天，女婿到岳父母家"送节礼"。在众多的"节礼"当中，扇子是必备的。

扇子的形状、用料、做工各不相同。从形状上说，有圆形的、方形的、椭圆形的以及折叠式扇形的等；从用料上看，有羽毛制的、木香制的、蒲制的、绢丝制的、纸制的以及麦秆等制的；从做工上讲，有纺织的、镂刻的、火烫的等。端午送扇子是有讲究的，面对种种不同的扇子，所以要根据送的对象做好选择，如送给岳父的是羽扇，寓意他老人家像诸葛亮一样足智多谋、多富多贵；送给岳母的是檀香木扇，象征着她老人家长春不老、品德香馨；送给妻兄的是大蒲扇，表明他成家立业，能够主事；送给妻妹的是绢丝扇，祝福她温柔贤淑、郎君合意；送给妻弟的是折叠扇，暗示他学业有成，人才出众。

随着是时代的变迁，端午节不仅仅送扇子，还要送其他物品。福州一带，媳妇除了给公婆送扇子之外，还要送寿衣、鞋袜、团粽等物品。在河南西峡，娘家要给新出嫁的姑娘送去衣料、手巾、扇子等物，俗称"送扇子"。新嫁女儿则于"六月六"这天带着夏天所用之物回娘家看望父母，叫作"看夏"。甘肃省镇原县，亲人们会赠送新婚夫妇香扇、罗绮、巾帕、艾虎等礼物。五月五送扇子的习俗并不是各地通行，有些地方忌讳送扇子，因为"扇"与"散"谐音，送扇子意味着"散"，朋友、恋人之间的分手常被称为"散伙"，并且扇子是用来扇风的，会被理解为"煽风点火"或"说风凉话"，朋友之间一般是不送扇子的，恋人之间希望百年好合，永不离散，更不能送扇子了。因此，假若到了一个陌生地方，在给他人送小礼品之前，最好是入乡随俗，以免弄巧成拙。

芒种民间宜忌：盼打雷、忌北风

1.芒种打雷年成好

雷阵雨天气就是人们所说的"白雨"，若芒种时节打雷，说明会有雷阵雨天气。它来得快，去得也快，对夏收工作一般影响不大，但它带来的雨水对夏播作物的出苗很有利，对夏秋两季作物都有好处，可提高农作物的收成，故人们常说"芒种打雷年成好"。

2.芒种忌讳刮北风

芒种时节的民间禁忌一般都与气候有关。有的地方忌刮北风，当地民间认为芒种刮北风，夏天会发生旱灾，这样就会严重影响农作物的收成。谚语"芒种刮北风，旱断青苗根"说的就是这个道理。

芒种饮食养生：吃粽子解暑，吃鸽肉或莴笋清热解毒

1.芒种吃粽子解暑讲究多

芒种时节气温的波动较为剧烈，在此期间，人们很容易上火。而粽子则是民间的解暑圣品。中医理论认为，粽子的原料糯米和包粽子的竹叶、荷叶都有清热去火的功效，可以预防和缓解咽喉肿痛、口舌生疮、粉刺等症状。如果想达到降火的功效，最好选择以红枣、栗子做馅的粽子。红枣味甘性温，可以养血安神，而栗子则有健脾补气的功效。适当吃一些这两种食材做馅的粽子，对人体健康十分有益。应该注意的是，粽子虽然有解暑功效，又是节日佳品，但不能贪食。因为糯米的黏性较大，吃得太多会伤到脾胃，引起腹胀、腹泻等。尤其是老人和儿童，因其消化系统较为脆弱，更不能多吃粽子。即使是脾胃较好的人，也应该"少食多餐"，不宜每餐都以粽子为主食。由于粽子中所含有的膳食纤维一般较少，所以容易造成肥胖或便秘。如果食用粽子后出现肠胃不适，可以喝一些清淡的汤水，如冬瓜汤、竹笋汤、丝瓜汤等，半个小时后再吃些水果，以此来增加纤维的摄取，以保证营养均衡。

另外，糖尿病患者尽量不要吃以红枣、豆沙等糖分较高的食材做馅的粽子，而高血压患者则应该尽量少吃肉馅粽子和猪油豆沙馅粽子。

2.芒种补盐应适量

在芒种之后，气温会越来越高，人体中的盐分也会因为出汗而逐渐流失。许多人习惯在喝水或者吃饭的时候多加点盐来补充盐分，这是不错的选择。但要注意补充盐分应适量，尤其是给儿童补充盐分更不可过量。

盐作为人们日常生活中不可或缺的调味品，它可以使人们的膳食更加丰富多彩。而缺了盐，不仅饮食淡而无味，人的身体也会变得疲乏无力。但是盐分的摄取也不宜过多，太多的盐分会诱发支气管哮喘、感冒、胃炎、脱发等疾病，并可能加重糖尿病和心血管疾病，盐的摄入量过多对少年儿童的危害则更为严重。

那么应该每天摄取多少盐分才算适宜呢？世界卫生组织认为，成年人每天所需的盐量不超过6克，儿童则按照体重相应减少。这里的盐量不仅仅指作为调味品的盐的用量，还包括酱油、咸菜、咸鸭蛋以及其他含盐食物之中的含盐量。所以我们在食用咸泡菜、腌咸菜、咸鱼、虾酱等高盐食品时都应该谨慎。

3.清热解毒可多食用鸽肉

鸽肉具有清热解毒、生津止渴、调精益气之功效，是食补食疗的上佳选择。在芒种适当吃一些鸽肉，不但可以调养精气神，而且还具有辅助治疗头晕目眩、记忆力衰退、血虚闭经、恶疮疖癣等症状的作用。挑食鸽肉时应该挑选体型较大、活力充沛的肉鸽。烹饪鸽肉时最好采用清蒸或者煲汤的方式。

山玉竹鸽肉汤能够最大限度地保存鸽肉中的营养成分。

山玉竹鸽肉汤

材料：山药100克，玉竹50克，白条乳鸽两只。

调料：葱段、姜片、盐、味精、料酒、胡椒粉各适量。

制作：①鸽子收拾好洗净，切块。②山药去皮，洗净，切块。③玉竹用开水泡软。④山药焯烫。⑤水中加料酒，放入鸽肉焯烫。⑥将山药、玉竹、鸽肉、葱段、姜片放入锅中，大火烧开4～5分钟，加盖小火炖10分钟，撒入盐、味精、胡椒粉调味后即可食用。

4.芒种时节可多食莴笋

因为莴笋中钾离子的含量比钠盐高20倍，所以在盛夏时节食用莴笋，可以使体内的盐分趋于平衡，还可以清热解毒、去火利尿，在缓解高血压和心脏病方面有一定效果。另外，据现代医学研究表明，莴笋还具有独特的抗癌作用。择选莴笋时应该选择叶片平滑、新鲜无黄叶、根茎粗大饱满、肉质细嫩多汁、无抽薹和空心的莴笋。生吃可有效地保留其丰富的营养素。由于莴笋叶具有比其根茎更高的营养价值，所以应尽量把叶和根茎一同进行烹饪更好。

粉皮拌莴笋具有清热解毒、去火利尿的功效。

粉皮拌莴笋

材料：粉皮100克，莴笋500克。

调料：醋、盐、味精、香油、蒜泥各适量。

制作：①将粉皮掰段后洗干净，用清水泡软，焯熟，捞出放凉。②将莴笋去皮后洗干净，切片，焯熟，捞出放凉。③取一空盘，放入粉皮和莴笋，加入醋、盐、蒜泥、味精、香油拌匀即可食用。

芒种起居养生：膀爷做不得，房间勤通风

1.芒种时节不要贪凉光脊梁

芒种节气中，有些人经常光着脊梁，误以为这样凉快，其实并非如此。众所周知，皮肤覆盖在人体表面，具有保护、感觉、调节体温、分泌、排泄、代谢等多种功能。在人体皮肤上有几百万个汗毛孔，每天约排汗1000毫升，每毫升汗液在皮肤表面蒸发可带走246焦耳的热量。当外

界气温超过35℃，人体的散热主要依赖皮肤的汗液蒸发，加速散热，使体温不致过度地升高。

如果此时光着脊梁，外界的热量就会趁机进入皮肤，且不能通过蒸发的方式达到散热的目的而感到闷热。若穿点透气好的棉、丝织衣服，使衣服与皮肤之间存在着微薄的空气层，而空气层的温度总是低于外界的温度，这样就可达到防暑降温的效果。

2. 空调房间要定时通风换气

如今很多人都不想离开空调房间，以避酷暑之苦，殊不知空调给人们带来凉爽的同时，也给人带来负面影响。由于门窗紧闭和室内的空气污染，使室内氧气缺乏；再加上恒温环境，自身产热、散热调节功能失调，就会使人患上所谓的"空调病"。

所以，夏季的空调房室温应控制在26℃～28℃比较合适，最低温度不得低于20℃，室内外温差不宜超过8℃；若久待空调房间，应定时通风换气，杜绝在空调房抽烟；长期生活与工作在空调房间的人，每天至少要到户外活动4小时，年老体弱者和高血压患者不宜在空调房间久留。

芒种运动养生：手里常握健身球，勤到草地、鹅卵石地面走

1. 芒种时节适宜玩健身球

芒种时节，天气越来越炎热，老年人外出的时间也就逐渐变少。不过，并不一定非要到室外，在家中做一些运动量较小的运动，只要持之以恒坚持锻炼，也可以达到健身养生的效果。玩健身球锻炼身体，其运动量小，也不受场地、气候的限制，故玩健身球也是老年人室内运动的不错选择。

用手把玩小球来健身，属于我国早期导引术的一种。考古学家证明，我国早在两千多年前就已盛行用这种方式来健身了。虽然健身球的体积比较小，但让球转动需要手指、手掌、手腕各部位的力量，所以常玩健身球对人体有十分好的保健作用，还可以用来预防疾病。中医学认为养生、抗衰最关键的是要"通其经络、调其气血"，而在人的双手上，各有六条经络分别与体内五脏六腑相连。在手掌、掌心、手指的末端，还有许多能行气活血的穴位。用五指把玩健身球，可以对这些穴位进行良性的刺激，使气血得以通畅，从而达到通经活络、祛病延年的效果。现代医学理论认为，人的双手上有十分丰富的血管和神经，长期把玩健身球，可以促进双手的血液循环，并增强心肌收缩力、改善冠状动脉血流量，同时还能对高血压、冠心病、脑血栓后遗症、指腕部关节炎、末梢神经炎等病症有一定的防治作用。

健身球有很多种类和材质，人们常见的材料有石头、钢铁和核桃等。这些材料的特点使得健身球较为结实耐用，也非常便于携带。用手把玩健身球十分方便，完全不受时间、地点和环境的限制。另外，在把玩健身球的时候，还可以听到两球清脆悦耳的撞击声，更增添了几分情趣。

2. 光脚在草地或鹅卵石上散步

芒种节气中生物代谢旺盛，生长迅速。这时散步，腿和臂持续的运动能促使血管弹性的增加，特别是腿的持续运动，可促使更多的血液回到心脏，改善血液循环，提高心脏的工作效率。这时散步有助于减轻体重，有利于放松精神，减少忧郁与压抑情绪，提高人体免疫力。有医学专家认为，临睡前进行一次30分钟的快步行走，能帮助睡眠，其效果不亚于口服镇静剂。最佳方法是光脚在刚割过的草地或者鹅卵石上散步。人的足底有很多内脏反射区，光脚在刚割过的草地或者鹅卵石上散步，可以对足底的敏感点进行刺激，不仅感觉舒适，而且对身心健康也大有好处。

目前，足底反射区学说认为，双脚合起来是一个盘腿而坐的人，脚趾代表头部，趾身为颈部，脚前掌为胸部，脚心为腹部，脚后跟为臀部，而人的四肢则在双脚的外侧部位。

如果希望通过足底刺激来治病或消除亚健康的话，就需要足够的刺激量，使反射区感到疼酸时才有效。因此，要有意识地使所需要的反射区部位着地，让它承受较大重压从而起到一定的效果。

如头部有疾，便可踮起脚走路，用五趾着地，以加大刺激量；腹部有疾，则找突出的鹅卵石，用脚心踩踏；若盆腔有疾，可抬起脚尖，用脚后跟踏石；四肢有疾，则双脚歪斜，用脚底双

侧部位着地。

有人认为，光着脚可以放电。人体组织都带有电荷，电荷过多对健康有害。动物通过四足与地面接触便可放电，而人穿着鞋，失去了这一放电的机会。所以，若多光脚亲近大地，便可释放体内的电荷。

芒种时节，常见病食疗防治

1. 食用西瓜、冬瓜、绿豆防治小儿"暑热症"

小儿夏季热俗称"暑热症"，一般3岁以下的婴幼儿容易发生"暑热症"，这是一种常见的发热性疾病。尽管芒种时节还不是夏天最热的时候，但是由于小儿身体发育不完善，神经系统发育不成熟，发汗机能不健全，体温调节功能较差，不能很好地保持正常的产热和散热的动态平衡，以致排汗不畅，散热慢，因此对于酷热的忍受能力远远不如成人，难以适应芒种时节的夏季酷暑环境。

小儿夏季热的主要症状为持续发热不退、口渴、多尿、闭汗、少汗等。该病持续时间较长，极易诱发其他疾病，甚至还会影响到婴幼儿的脑部健康。暑热症患儿在饮食上应以清淡为主，可以选择高蛋白、高维生素的流质或半流质食物，如蛋奶类、肉类、新鲜蔬菜、水果等；也可吃些清热解毒、生津止渴、利尿的食物，如西瓜、冬瓜、绿豆、酸梅汤等。

绿豆荷叶粥具有祛暑清热、和中养胃的功效。适用于小儿夏季发烧口渴、食欲不佳等症。

绿豆荷叶粥

材料：绿豆100克，大米50克，鲜荷叶1张，冰糖末适量。

制作：①绿豆淘洗干净，用温水泡2小时。②大米淘洗干净，清水泡半小时。③鲜荷叶洗净。④绿豆大火煮沸，转小火煮至半熟，加荷叶、大米，煮至米烂豆熟。⑤除去荷叶，加入冰糖末即可食用。

暑热症预防措施：

（1）做好清洁工作，注意孩子的个人卫生，经常给他们洗澡、换衣服或尿布。

（2）应经常保持室内的空气流通，注意开窗通风。

（3）应给孩子选择柔软、宽大的衣物类型，不宜让孩子穿得过多过紧。

（4）适当增加孩子的锻炼时间，多带孩子参加户外运动，提高适应外界环境和气候的变化能力。

2. 小儿厌食症食用山楂片开胃

夏季由于天气炎热，人的胃口往往不如其他季节，进入芒种时节后，天气更是一日热过一日，此时也是小儿厌食症的高发时节。若儿童（主要指3～6岁）在很长一段时间内出现食欲不振，很有可能是患上了小儿厌食症。此病多由不健康的饮食习惯、不良的进食环境或者心理因素引起。症状轻者可以通过食疗进行调治；倘若病情较重，很可能会造成营养不良，最好及时就医。

假若孩子已经患上了小儿厌食症，需要对他们的膳食进行一些适当的调整。三餐定时定量，用良好的就餐环境和美味的食物来引起孩子对食物的兴趣，可在餐前让他们吃些山楂片来开胃，以促进食欲。

山药羊肉汤具有补脾益肾、温中暖下的功效。用于虚劳骨蒸、脾虚白带、小儿厌食等。

山药羊肉汤

材料：山药、新鲜羊肉各50克，姜片、葱段、胡椒、料酒、盐各适量。

制作：①羊肉略划几刀，焯熟；山药润透，切片。②锅内放山药、羊肉、水，加姜片、葱段、胡椒、料酒。大火烧沸，改小火炖至酥烂。③捞出羊肉放冷切片，装碗，再除去原汤中的姜片、葱段，加盐调味，倒入碗中即可。

小儿厌食症防治措施：

（1）耐心地向孩子讲解各种食物的味道和营养价值，让他们能够慢慢地接受原来不太喜欢的食物。

（2）创造良好的就餐氛围，让孩子感觉吃饭是愉快的事情。

（3）要让孩子养良好的生活规律。除了三餐规律之外，还要让他们养成定时排便的习惯。

芒种耳熟能详谚语

1. 虎口夺粮，龙口夺食

芒种期间，经常会遇到大风、暴雨或冰雹等异常的天气，于是人们便把这时抢收小麦叫作"虎口夺粮，龙口夺食"。这里的"虎"指大风，"龙"则指暴雨、冰雹等。如此时遭遇一场大风，或者一场暴雨、冰雹，会使小麦无法及时收割、脱粒而导致倒伏、落粒、穗上发芽、烂麦场等，致使庄稼受到严重损失。所以农家在这段时间内，要根据气象情况来安排抢收小麦的时间。

2. 芒种夏至天，走路要人牵；牵的要人拉，拉的要人推

这句谚语流行于江西一带，意思是说，现在这个时节，人很容易犯懒。夏季气温升高，空气湿度增加，体内汗液也无法通畅地发散出来，因此不管是体内小环境，还是外界大环境，都以湿热为主，所以人容易觉得累，不想动，所以就有了"芒种夏至天，走路要人牵；牵的要人拉，拉的要人推"的说法。

3. 芒种民间谚语荟萃

过了芒种不种稻，过了夏至不栽田。

雷打芒种，稻子好种。

麦到芒种谷到秋，寒露以后刨红薯。

芒种不割田倒，夏至不打飞跑。

芒种不开镰，不过三五天。

芒种不下雨，夏至十八河。

芒种不种，过后落空。

芒种打雷是旱年。

芒种地里无青苗。

芒种多西南，早稻病虫重。

芒种疯鲨。

芒种刮北风，旱断青苗根。

芒种刮北风，旱情会发生。

芒种好节气，棒棒坠落地，落地就生根，生根就成器。

芒种火烧鸡，夏至烂草鞋。

芒种火烧天，夏至水满田。

芒种落雨，端午涨水。

芒种麦登场，秋耕紧跟上。

芒种忙，下晚秧。

芒种忙两头，忙收又忙种。

芒种忙忙栽，夏至谷怀胎。

芒种忙收，日夜不休。

芒种芒种，样样都忙。

芒种蒙头落，夏至水推秧。

芒种怕雷公，夏至怕北风。

芒种晴天，夏至有雨。

第四章

夏至：夏日北至，仰望最美的星空

夏至节气是二十四节气中最早被确定的节气之一。在每年阳历的 6 月 21 日或 22 日，太阳到达黄经 90° 时，为夏至日。据《恪遵宪度抄本》中记载："日北至，日长之至，日影短至，故曰夏至。至者，极也。"夏至这天，太阳直射地面的位置到达一年的最北端，几乎直射北回归线，北半球的白昼时间到达极限，在我国南方各地从日出到日落大多为 14 小时左右，越往北越长。如海南的海口市这天的日长约 13 小时多一点，杭州市为 14 小时，北京约 15 小时，而黑龙江的漠河日长则可达 17 小时以上。

夏至气象和农事特点：炎热的夏天来临，准备防洪抗旱

古代，人们将夏至分为三候："初候鹿角解；二候蜩始鸣；三候半夏生。"麋与鹿虽属同科，但古人认为，二者一属阴一属阳。鹿的角朝前生，所以属阳。夏至日阴气生而阳气始衰，所以阳性的鹿角便开始脱落。而麋因属阴，所以在冬至日角才脱落。雄性的知了在夏至后因感阴气之生便鼓翼而鸣。半夏是一种喜阴的药草，因其在仲夏的沼泽地或水田中出生而得名。由于可知，在炎热的仲夏，一些喜阴的生物便开始出现，而阳性的生物却开始衰退了。

过了夏至以后，太阳直射地面的位置将会逐渐南移，北半球的白昼日渐缩短。所以，民间还有有"吃过夏至面，一天短一线"的说法。

俗话说"不过夏至不热"，"夏至三庚数头伏"。夏至这天虽然白昼最长，太阳角度最高，但并不是一年中天气最热的时候。因为接近地表的热量，这时还在继续积蓄，并没有达到最多的时候。俗话说"热在三伏"，真正的暑热天气是以夏至和立秋为基点计算的。在阳历 7 月中旬到 8 月中旬，我国各地都进入高温天气，此时，有些地区的最高气温可达到 40℃ 左右。

夏至过后，我国南方大部分地区农业生产因农作物生长旺盛，杂草、病虫迅速滋长蔓延而进入田间管理时期，高原牧区则开始了草肥畜旺的黄金季节。这时，华南西部雨水量也显著增加，使入春以来华南雨量东多西少的分布形势逐渐转变为西多东少。如有夏旱，一般这时可望解除。近 30 年来，华南西部在阳历 6 月下旬出现大范围洪涝的次数虽不多，但程度却比较严重。因此，要特别注意做好防洪准备。夏至节气是华南东部全年雨量最多的节气，往后常受副热带高压控制，出现伏旱。为了增强抗旱能力，夺取农业丰收，在这些地区抢蓄伏前雨水也是一项非常重要的措施。

夏至节气以后，除我国青藏高原、东北和内蒙古大部、云南部分地区常年无夏外，我国各地

日平均气温一般都升至22℃以上。此时，长江中下游地区在正常年份正处于"梅天下梅雨"的梅雨期，黄淮平原处于"云来常带雨"的雨季，这就为农作物创造了一个水热同季非常有利的生长环境。

夏至时节，意味着炎热天气的正式开始，之后天气会越来越热，而且是闷热。

1. 闷热暴雨到来，防洪防汛开始

夏至节气的到来，使地面受热强烈，空气对流旺盛，午后至傍晚常易形成雷阵雨天气。这种热雷雨骤来疾去，降雨范围小，人们称之为"夏雨隔田坎"。唐代诗人刘禹锡曾巧妙地借喻这种天气，写出"东边日出西边雨，道是无晴却有晴"的著名诗句。但对流天气带来的强降水，并不都像诗中描写的那么美丽，也常常会带来局部地区的灾害。

夏至时节，我国大部分地区的气温普遍较高，日照充足，作物生长很快，需水较多。此时的降水对农业产量影响很大，有"夏至雨点值千金"之说。此时长江中下游地区的降水量一般可满足农作物生长的需求。

夏至时节，恰逢长江中下游、江淮流域的梅雨季节，频频出现的暴雨天气，容易形成洪涝灾害，甚至对人民的生命财产造成威胁，应注意做好防汛措施。

2. 夏天也有九九——夏九九，对应冬九九

在过去，我国各地流行"夏九九"之说。"夏九九"是以夏至日作为头九的第一天，每九天为一九，顺次称为一九、二九……直到九九，共81天，期间要经历夏至、小暑、大暑、立秋、处暑、白露六个节气。《吴下田家志》中也有《夏至九九歌》的记载："一九至二九，扇子弗离手。三九二十七，冰水如甜蜜。四九三十六，拭汗如出浴。五九四十五，树头秋叶舞。六九五十四，乘凉弗入寺。七九六十三，床头寻被单。八九七十二，思量盖夹被。九九八十一，家家找棉衣。"这些民谚是劳动人民对自然界仔细观察而总结出来的经验和智慧，在当时科学技术尚不发达的年代，对指导农事活动有很大的帮助。不过在人们的习惯中，所谓"九九"，一般还是指"数九寒天"。

夏至农历节日：观莲节——莲花的生日

我国每年阳历6月24日是观莲节，民间以此日为荷诞，即荷花的生日。宋代已有此节，明代俗称荷花生日。在水乡江南一带，此日是举家赏荷观莲的盛大民俗节日。泛舟赏荷，笙歌如沸，流传数代，遍染荷香，观莲节也成为汉族最优美而浪漫的节日之一。

荷花在华夏文化中，是一种非常独特的花卉。荷集花、叶、香三美于一体，亭亭玉立，出淤泥而不染，是历代文人墨客吟咏的对象。李白赞之，"清水出芙蓉，天然去雕饰"；杨万里笔下，"接天莲叶无穷碧，映日荷花别样红"；苏东坡咏之，"荷背风翻白，莲腮雨裛红"。荷花独具风姿神韵，更被赋予了内在独有的君子特质："出淤泥而不染，濯清涟而不妖。""莲，花之君子者也。"莲之气质，通透、洁净、澄明如水，是理想人格品质的象征。荷花在中医和我国饮食文化中也占有特殊的地位。荷叶清热解暑；荷花活血化瘀；莲须清心固肾；莲子心清心安神；莲子养心补肾；藕可生、可熟、可药，被李时珍称为"灵根"。诗人赞荷："冷比雪霜甘比蜜，一片入口沉疴痊。"莲花也是佛教的象征物，喻佛法的清净无染。莲花也有爱情和繁衍后代之意。因为荷花所特有的外在美与内在美的和谐统一，以及荷花与人们生活的紧密联系，所以形成了情趣盎然、美轮美奂的华夏"荷文化"。

夏日的江南，荷花盛开，赏荷、采莲成为流行的民俗活动，并逐渐演绎成为荷花的诞辰日。

1. 观莲花——消夏纳凉

早在宋代时起，每年的阳历6月24日，民间便至荷塘泛舟赏荷、消夏纳凉，荡舟轻波，采莲弄藕，享受皓月遮云的夏夜风情，好不惬意。在我国，南起海南岛，北至黑龙江省的富锦，东临上海至台湾省，西至天山北麓，全国大部分地区都有荷花的踪影。其中最著名的赏荷胜地有以下几个地方：

（1）北京：圆明园的荷花不可不看，圆明园的残荷更不可不看。一眼望不到头的荷塘，夏季绿叶红花，覆盖长春园水面，开得密密匝匝；秋季枝杆傲骨，与历史的沧桑完美融合。沿着荷塘，是通向西洋楼遗址的路，姿态万千的残荷别有神韵。如果只为残荷，不如在"海岳开襟"附近过白色石拱桥，走一条游人少的小土路。这条小路不但安静，而且满是转弯，每一次峰回路转，都能看到不同角度的残荷。水中不时出现大丛的芦苇，荷似乎也越来越处于天然状态。到了一座朱红色铁皮矮桥的时候，荷与芦苇已经共生并存了。如果不走圆明园正门而从二宫门进入，那么刚一进来时，看到的便是荷花池。

古有"先有莲花池，后有北京城"之说，北京莲花池公园位于北京西站南侧，占地44.6161万平方米，水面面积15万平方米。

（2）杭州：说起赏荷，首推"浓妆淡抹总相宜"的杭州西湖。这里的荷花早在唐宋就很有名，白居易、苏东坡、柳永、杨万里都写有赞美荷花的名句，如白居易有"绕廊荷花三十里"之咏。夏日，不管你倚偎在放鹤亭，还是泛舟三潭印月一带，放眼望去，都是俊逸缥缈、独领风骚的绿荷含苞待放，正如唐诗所咏："六月西湖锦绣乡，千层翠盖万红妆。"如今，经过精心设计的"曲院风荷"公园，可见红蕖万朵、翠盖层叠，呈现出一派"万杆高荷映镜光"的迷人景色。

（3）济南：山东济南市的市花是大明湖荷花。这座"家家泉水、户户垂杨"的泉城，最迷人的风景是盛产荷花的大明湖。湖上的翠绿荷叶、鲜艳荷花，倒映在碧水之中，与婆娑垂杨交相辉映，组成一幅迷人的赏荷图，令人驻足流连，思绪万千。古往今来，多少文人墨客为这里的荷花吟诗赋词，清代小说家刘鹗在《老残游记》中赞道："四面荷花三面柳，一城山色半城湖。"

（4）济宁：山东济宁的微山湖，有10万亩野生荷花。夏日来临，满湖荷花，飘香十里，它与潋滟的湖光、叠翠的山色交相辉映。清晨赏荷，莲叶玉珠滚滚，别有情韵。中午赏花，映日花朵更显得娇艳妩媚。到了傍晚，整个微山湖片片流霞，朵朵争艳，犹如置身于美妙的仙境之中。

（5）洪湖：湖北洪湖的荷花久负盛名，成了中外游人的游玩胜地，每到夏令，百里洪湖烟波浩渺，荷流香波，花吐莲蓬，艳丽妩媚。远看，一片片荷叶如翻滚绿波，花若红云；近看，叶如伞状，有的浮于水面，有的凌于碧波之上，相互簇拥，荷花有白色的、桃红的、粉红的，朵朵绽开在绿叶丛中。清风徐徐，泛舟湖上，恍若置身于如诗如画的美景中，真有"粉尖花色叶中开，荷气衣香水上来"的感受。

（6）昆明：位于昆明市五华山西麓的翠湖，两道长长的柳堤呈"十"字形交会于园心，把全湖一分为四。南北横堤叫"阮堤"，是道光年间云南总督阮元仿西湖苏堤美韵而修筑，东西纵堤叫"唐堤"，于民国年间修建。湖中有海心亭，西侧有观鱼堂，东南有水月轩。堤畔遍植垂柳，湖内多种荷花，藕花飘香，真可谓"十亩荷花鱼世界，半城杨柳抚楼台"。

（7）新都：四川新都县城南桂湖是我国西部著名古典园林、赏荷胜地之一，是明代著名文学家杨慎幼年读书之地。该园占地70余亩，湖面30余亩，自唐初即种满湖荷花。每到盛夏，万荷竞放，香艳惊天。入秋后，残荷风骨犹存，多为文人墨客、摄影家、艺术家抒情咏怀之地。

（8）肇庆：广东肇庆种植荷花已有上千年历史，尤以市北沥湖中的荷花最负盛名，明诗人梁敏在《沥湖采莲曲》中写道："放莲船，采莲花，星岩东去是侬家，罗裙绮袖披明霞。"诗人生动地描绘了采莲女在莲湖采莲时的欢乐情景，此地尚有莲花寺、莲花洞、青莲村等以荷莲命名的名胜古迹，可供游人参观。

我国观赏荷花的胜地还有湖南的洞庭湖、扬州瘦西湖、河北的白洋淀、承德的避暑山庄、台湾台南县的白河镇等处。在这些地方，都可以看到荷花的芳容，使人们领略到"红衣翠扇映清波"的美景。

2. 放荷灯——对逝去亲人的悼念

放荷灯是华夏民族传统习俗，用以表达对逝去亲人的悼念，对活着的人们祝福。夏至时节的夜晚，人们以天然长柄荷叶为盛器，燃烛于内，让小孩子拿着玩耍，或将莲蓬挖空，点烛作灯；或以百千盏荷灯沿河施放，随波逐流，闪闪烁烁，十分好看。夜色阑珊，杨柳风中，有暗香袭人；田田荷叶间，一盏盏闪烁的荷灯随波浮动，点点的星光散落于天上人间；跳动的火苗，照耀出放灯人当时的心情。

3. 品莲馔——夏至应季食品

古人在夏至节气这一天还有品尝莲馔的习俗。馔是佳肴的意思，莲馔就是用莲花各部分做的食物。莲的花、叶、藕、子都是制作美味佳肴的上品。早在唐朝时，人们就有于观莲节吃绿荷包饭的习俗。柳宗元《柳州峒民》诗云："郡城南下接通津，异服殊音不可亲。青箬裹盐归峒客，绿荷包饭趁墟人。"诗中的所说的绿荷包饭就是现今广州和福州的名食"荷包饭"。

明末屈大均在《广东新语》中记载了荷包饭的制作方法："东莞以香粳杂鱼肉诸味，包荷叶蒸之，表里透香，名曰荷包饭。"荷叶有一种特殊的清香味，因而被广泛用于制作食品，莲花、莲子自古就是制作食品的原料。宋朝人喜欢将莲花花瓣捣烂，掺入米粉和白糖蒸成莲糕食用；明清时则习惯将莲花花瓣制成荷花酒。慈禧太后还把白莲花制成的酒赏赐给亲信大臣，称为玉液琼浆。宋朝的玉井饭和元朝的莲子粥，都是以莲子为主要原料制作的古典美食。时至今日，人们还十分喜爱食用莲子制成的美味补品。藕更是人们经常食用的食品，如今用藕制成的花色菜肴也琳琅满目。

4. 观莲节男女约会

在观莲节时，青年男女们便有了亲密接触的机会，他们纷纷借此美好时光表白心中的爱情，有诗说："荷花风前暑气收，荷花荡口碧波流。荷花今日是生日，郎与妾船开并头。"

夏至民俗：夏至吃面取彩头，吃鸡蛋治苦夏

1. 夏至面——天渐短、三伏将到

我国民间自古以来，就有"冬至饺子夏至面"的说法，夏至吃面是很多地区的重要习俗。而这天为什么要吃面呢？有多方面的原因和说法。

（1）象征着夏至这天的白昼时间最长。用面条的长比拟夏至的长昼时间，正如我们在过生日的时候也吃面，为的是取一个好彩头。夏至以后，正午太阳直射点逐渐南移，北半球的白昼长度日渐缩短，因此，我国民间有"吃过夏至面，一天短一线"的说法，此说法中的那"一线"不刚刚好是面条的宽度吗？

（2）预示着三伏天即将来临。这是因为夏至虽然表示炎热的夏天已经到来，但一般来说还不是最热的时候。在古人看来，夏至除了太阳走到最北、白天时间最长之外，还是一个阳气盛极而衰、阴气开始生发的节气，所谓"阴阳争死生分"之时。从物候上来看，喜阳的生物将逐渐死去，而喜阴的生物开始生长；气候上，夏至以后气温继续升高，大约再过二三十天就会迎来一年中最热的天气。在暑热的包围中，人的体质虚弱，如不慎极易染上各种疾病，如"疰夏"是就一种夏季常见病。这样，如何顺应时节的变化度过酷暑成为夏至的显明主题。古人通过各种途径来消暑度夏，如举行聚会、走亲访友、赠送礼品、放假休息等，其中最重要的一种方式就是丰富的节日饮食，如夏至面。夏至吃面，历史悠久，早在魏晋时古人就有伏日吃"汤饼"的习俗，汤饼就是后世面条、面片汤的雏形。夏至过后就是三伏天，所以夏至面又叫作"入伏面"。在北方，夏至面种类繁多，如凉面、炸酱面、麻酱面、打卤面、茄子余面、牛肉拉面、鸡丝凉面、麻辣凉面、鸡蛋面、面饼、薄饼、面棋子（用刀切成手指肚大小的菱形薄片，在绿豆汤中煮食）等。北方的许多地方至今还有夏至吃炒面的习俗，即将新收获的小麦粒炒熟、磨成面，用凉开水拌成团，加糖食之。

（3）夏至新麦登场要尝新。夏至吃面，有人认为，夏至时，黄河流域夏收刚刚完毕，新麦上市，于是古人夏至吃面尝新，庆祝丰收。另有顺应阴阳之气或祈求健康平安等说法。但就人们的生存也发展之需而言，顺应节气、预防疾病、以便安然度过酷暑是夏至饮食等各种活动的根本原因。从气候和营养学上来说，夏至前后，气候炎热，潮闷多雨，人们常常食欲不振，消瘦憔

悴，素有"苦夏"之扰。在饮食上，夏季宜多食助消化类的杂粮，尤以清淡为好。依此而言，面条是最好的时令食品，热面可发汗去湿，凉面有降温祛火之效；且面条制作简单易行，食用方便，其中所加各种蔬菜等营养成分能被人体很好地吸收。另外，夏至前后正好新麦收获，吃面尝新成为必然。所以"夏至吃面"的习惯，源远流长。

2.夏至时节，吃鸡蛋，治苦夏

夏至节气后的第三个庚日为初冥伏，第四庚日为中伏，立秋后第一个庚日为末伏，总称伏日。伏日人们食欲不振，往往比常日消瘦，俗谓之"苦夏"。山东有的地方夏至日吃生黄瓜和煮鸡蛋来治"苦夏"，入伏的早晨只吃鸡蛋不吃别的食物。

3.伏日牛喝麦仁汤，身强力壮

夏至节气这一天，山东临沂地区有给牛改善饮食的习俗。伏日煮麦仁汤给牛喝，据说牛喝了身子壮，能干活，不淌汗。民谣说："春牛鞭，舐牛汉（公牛），麦仁汤，舐牛饭，舐牛喝了不淌汗，熬到六月再一遍。"

4.夏至吃狗肉——可补身

夏至时节，部分地区有吃狗肉之习俗，俗语说："夏至狗，没啶走（无处藏身）。"夏至杀狗补身，使当天的狗无处藏身，但不能在家宰杀，要在野外加工。

民间关于吃狗肉这一习俗，有一种说法，夏至这天吃狗肉能抵御瘟疫等。"吃了夏至狗，西风绕道走"，大意是人只要在夏至日这天吃了狗肉，其身体就能抵抗西风恶雨的入侵，少感冒，身体好。正是基于这一良好愿望，成就了"夏至狗肉"这一独特的民间饮食文化。当然，夏至吃狗肉，也应适可而止，不要吃得太多，以免引起消化不良等肠胃疾病。

据有关资料记载，夏至杀狗补身，相传源于战国时期秦德公即位次年，六月酷热，疫疠流行。秦德公便按"狗为阳畜，能辟不祥"之说，命令臣民杀狗避邪，后来便形成了夏至杀狗的习俗。

5.祭土地神——祈求农业丰收

夏至节气这一天，南方地区有祭田公、田婆的习俗，即祭土地神，祈求农业丰收，防止害虫发生。

这一习俗中还有一段传说：

在很久以前，有一位穷人名叫土地，他靠上山砍柴来维生生活。一天，土地上山砍柴经过一座峭壁的时候，绑柴绳掉入了山谷。土地非常着急。这山离他家很远，如果回家取绳子，这天他便砍不到柴了。正当土地左右为难的时候，他看见一大石洞两边分别伸出两条木藤，于是土地便砍了这两条木藤捆柴上街卖了。

这天晚上，土地就做了一个噩梦：有个人指着他吼道："土地，你竟敢砍我的胡子，你想上西天啊！"土地在梦中不解地回答："你是谁？我什么时候砍过你的胡子？"那人又吼道："你还装傻，昨天你砍的两条藤，那就是我的胡子。我告诉你，我是东海龙宫太子，在此山修炼了十八年，才长出两条胡子，今年七月十四日我就要升天成仙了。"话刚说完，那个人便不见了。此时土地被惊醒了，吓出了一身冷汗。第二天，土地又上山砍柴，他居然又忘记拿绳子了。他看见原来那个石洞又有两条木藤伸出来，感到奇怪，但他不管三七二十一又砍了捆柴上街卖了。当天晚上土地又做了一个梦，梦见龙太子，这回龙太子没有那么凶了。他请求土地说："土地啊土地，我求求你不要再砍我的胡子了。只要你答应，你要什么我都可以给你。"土地是个好心人，但是他知道等龙太子升天时，会发洪水淹没这里，于是便说："我可以不再砍你的胡子，不过你要答应我一个条件，你成仙升天时，不准刮大风，不许发洪水。"龙太子听了很为难，但最后还是勉强地答应了土地的条件。

到了阳历七月十四日那天，突然乌云遮天，雷霆大作，狂风呼叫，大雨倾盆，不一会儿便洪水成灾。洪水冲翻了木桥，淹没了田地和村庄。土地看到这一切知道龙太子不守信用，非常气愤。于是他拿着柴刀奔向大山，当土地爬到大山时，看见恢复原形的龙太子正准备升天，他扑上去，抱住龙尾，提起刀便猛砍。龙太子发怒了，猛吼一声，把土地甩进洪水里，土地就这样被淹死了。然而，龙太子被砍伤了，洪水也渐渐地退去了。

虽然土地牺牲了，但是洪水退了。他保护了土地，保护了人们的生命财产。人们为了纪念他，尊他为土地神，每年阳历的七月十四日杀牲畜来祭奠他。

6. 求雨——祈求风调雨顺

正当南方担心夏至雨水过多时，多旱的北方则有求雨风俗，主要有京师求雨、龙灯求雨等，古代的人们通过这些仪式祈求风调雨顺。但是，当雨水过多以后，为了晴天到来，人们又祈求止雨，如民间剪纸中的扫天婆就是止雨神。过去，在农历六月二十四日，还多祭祀二郎神（二郎神即李冰的次子，民间供奉他为水神）以祈求风调雨顺。天旱了，请二郎神降雨；雨多了，便会请二郎神放晴。

7. 夏至节——先秦确立的节气

夏至节气，是先秦古人确立的四大节气（春分、夏至、秋分、冬至）之一，后来逐渐成为重要的民俗节日——"夏至节"。由于夏至是农作物生长最快的时节，也是发生病虫害、水灾、旱灾最频繁的时期，这对于农作物来说，都是极为不利的。农作物受害的程度将直接决定粮食的丰歉。在古时，由于科技不发达，人们常在夏至节举行祭祀仪式，祈求禳灾避邪。以求五谷丰登。祭祀对象、祭祀仪式及供品也因地域不同、民族不同而多有差异。一般的祭祀对象多为祖先、土地神（或称地母）、水神等。因为祖先庇佑子孙，土地神主宰农作物的收获，水神主管降雨。早在周朝时，祭祀天地只是皇帝的特权，平民百姓无权祭祀。土地祭仪式非常隆重，一般由帝王亲自主持，所有参加土地祭的王公大臣及神职人员都必须先行斋戒。现坐落于北京安定门外的地坛，就是明清皇帝夏至祭祀土地神的地方。随着时代的不断发展，土地祭也成为了民间的一项重要活动。汉族民间土地祭多在土地庙、田间等地进行。祭祀供品以面食为主，因为夏至正是小麦收获的时节，用新小麦做成面条供奉，亦有让土地神尝新之意，一来表达对今年丰收的感谢。二来祈求来年消灾解难、再获丰收。因夏天炎热，凉面（即过水捞面）在此时节最适宜食用，所以夏至节人们常以凉面祭祀土地神。后来有些地区也采用馄饨、凉粉、凉皮、荔枝或狗肉等作供品。现在夏至节祭祀的习俗已基本消失，但吃面的食俗流传至今。

8. "两面黄"——夏至节俗食品

夏至时节所吃的一种节俗食品"两面黄"，它的做法和口味有很多种。大致的做法是：先将面条煮熟，捞出后用冷水冲凉，放入少许精盐和香油拌匀；然后将平底煎锅置火上，锅内放油抹匀，将煮好的面条摊平铺放在锅内，用大火将面条煎至呈金黄色翻身，将两面煎黄。盛于盘中，然后根据自己的口味爱好，做好汤汁。比如用锅中的余油炒虾仁、肉丝、韭黄、香菇等，并加入适量的调味料，炒匀后盛出，将其淋在煎好的面饼上即可。

9. 夏至戴枣花——可治腿脚不适

在夏至时节，有些地方还有女子头上戴枣花的习俗。俗传此日女子头上戴枣花可治腿脚不适。每当夏至时节，树梢的知了开始鸣叫，乡下枣花盛开，小星星似的米黄色枣花幽幽飘香。妇女们便一起去采集枣花，然后互相戴在头上。年长的妇女在戴枣花时，嘴里还念念有词："脚麻脚麻，头上戴朵枣花"。

10. "止麦蠹"——祈求粮食不遭虫害

人们常说的"止麦蠹"是古时民间的一种农事风俗。这种风俗是因为古时科技不发达，人们为了祈求粮食不遭受虫害而想出的一种方法。其具体做法是：在夏至日当天，采集野菊花烧成灰，将菊花灰撒在麦囤里。俗传这样可以止住麦蛾、麦蚜等害虫。这种习俗起源很早，据《荆楚岁时记》中记载："是日（夏至）取菊为灰，以止小麦蠹。"

11. 瑶族的夕九节——祈祷安居乐业

瑶族于每年农历五月二十九日举行夕九节，流行于广西壮族自治区桂西一带。关于此节的来历，当地瑶族有这样一个传说：原来此地的瑶族人民都居住在中原地区，可是后来由于异族统治者欺压驱赶，不得不举族迁徙。当他们历尽了艰难险阻，终于安营扎寨以后，才发现艰辛的迁徙使他们忘记了过年。于是他们便按照瑶族年节的习俗。举行了一次节日活动，以祈祷能安居乐业，这天正好是农历五月二十九日。后来，生活在这里的瑶族人民便把这天定为夕九节。节日期间，各村寨的人都要穿上民族盛装，擂响牛皮鼓，杀猪宰羊，酿酒添菜。这天，人们还要走亲访友，互相致贺，以共庆佳节。

夏至民间宜忌：夏至之日忌讳为五月末，且忌当日有雷雨

1. 夏至之日忌讳在农历五月末

民间有句谚语"夏至五月头，不种芝麻也吃油；夏至五月终，十个油房九个空"。不种芝麻也吃油，说明其他庄稼长得好，丰收了。十个油房九个空，表示整个年景的歉收、萧条。所以有夏至之日忌讳为农历五月末之说。

2. "时中下雨"和"时末打雷下雨"将遭灾

夏至节气对农事来说是一个很重要的节气，古时由于科技不发达，人们过着靠天吃饭的日子，因此民间在此日忌有雷雨。有句民俗谚语云："夏至有雷，六月旱，夏至逢雨，三伏热。"过去农家还把夏至到小暑之间的十五天，分成头时、二时和末时三段，合称为"三时"。其中头时三天、二时五天、末时七天。农人最怕的就是"时中下雨"和"时末打雷下雨"，俗传如果在这两个阶段下雨会遭遇水灾。

夏至饮食养生：多食酸味，宜吃果蔬

1. 固表止汗，多食酸味

由于人们在夏至时节出汗较多，盐分的损失较大，身体中的钠等电解质也会有所流失，所以除了需要补充盐分以外，还要食用一些带有酸味的食物。

根据中医理论认为，夏至时节应该多食用带有酸味的食物，以达到固表止汗的效果。《黄帝内经·素问》中记载有："心主夏，心苦缓，急食酸以收之。"说的便是夏季需要食用酸性的食物来收敛心气。夏至时节建议食用的酸性食物有山茱萸、五味子、五倍子、乌梅等，这些食物除了可以生津、去腥解腻的功效之外，还可以增加食欲。

2. 吃凉面防暑、降温

夏至节气的到来意味着炎热天气的开始，不少地方的人们都会选择食用凉面解暑。南方人一般食用的是麻油拌面、阳春面、过桥面等，而北方人在这时主要吃的是打卤面和炸酱面。

凉面可防暑、降温、解除饥饿，并且富含人体所必需的营养物质，如淀粉、粗纤维、维生素等，对人体十分有益。但需注意的是，凉面中的蛋白质含量较少，所以还应该适当搭配一些肉类、豆制品、鸡蛋等，以达到均衡的营养。

3. 夏至时节应多吃杀菌类蔬菜

夏至时节，各种可致病微生物的生长繁殖也相对较快，所以食物十分容易腐坏变质。再加上此时人体肠道的防御能力变弱，非常容易受到细菌的侵袭，因此病从口入的现象也时有发生。

在此时期，人们在饮食上应该注意以下几点：尽量不要食用剩菜剩饭；切忌过量食用冷饮；不食用过期、无标志、包装破损的食品；不吃或少吃路边摊贩卖的麻辣烫、凉菜或者熟食；不吃生的和生腌的水产品；应多吃一些"杀菌"类的蔬菜，如韭菜、青蒜、蒜苗、大蒜、洋葱、大葱等。

4. 消暑利尿、补充水分，可多吃绿豆

绿豆被人们称之为"济世之良谷"，是夏至时节应该多吃的食品，它有消暑利尿、补充水分和矿物质之功效。

应选择上等的绿豆食用，上等的绿豆一般颗粒饱满、杂质较少、颜色鲜亮。不宜用铁质炊具来煮绿豆。不要把绿豆煮得过熟，这样会造成其营养成分流失，从而影响其清热解毒的功效。要

注意在服药期间不能食用绿豆食品，尤其是服用温补药时，更不能食用绿豆食品。

绿豆南瓜羹可消暑利尿、补充水分。

绿豆南瓜羹

材料：南瓜、绿豆各300克，盐适量。

制作：①绿豆用清水淘洗干净，放入盆中，加盐腌片刻，用清水冲洗。②南瓜洗净，去皮、瓤和子，切块。②锅内倒入500毫升冷水，大火烧沸，下入绿豆煮5分钟左右。③再次煮沸后下入南瓜块，加盖，改用小火煮至豆烂瓜熟，加盐调味后即可食用。

5. 排毒、祛热解暑宜吃空心菜

因空心菜属于凉性蔬菜，在夏至时服用空心菜汁液可以祛热解暑、排出毒素并降低血温。将其榨汁后饮用可以缓解食物中毒的症状，外用则有利于祛肿解毒。最好选用上好的空心菜食用，其根茎较为细短、叶子宽大新鲜且无黄斑。由于空心菜不宜久放，所以存放时间最好不要超过3天。烹饪时最好用旺火快炒，以防止其营养成分流失。

清炒空心菜有祛热解暑之功效。

清炒空心菜

材料：空心菜500克。

调料：植物油、盐、葱花、蒜末、味精、香油各适量。

制作：①空心菜洗净，沥水。②炒锅内放入植物油烧至七成热，加入葱花、蒜末爆香，放入空心菜炒至八成熟，加盐、味精翻炒，淋入香油，搅拌均匀后装盘即可食用。

6. 食用凉拌莴笋利五脏、通经脉

凉拌莴笋

材料：鲜莴笋350克，葱、香油、味精、盐、白糖等适量。

制作：①莴笋洗净去皮，切成长条小块，盛入盘内加精盐搅拌，腌1小时，滗去水分，加入味精、白糖拌匀。②将葱切成葱花撒在莴笋上，锅烧热放入香油，待油热时浇在葱花上，搅拌均匀即可。

7. 补虚损、益脾胃食用奶油冬瓜球

奶油冬瓜球具有清热解毒、生津除烦之功效。还具有补虚损、益脾胃的疗效。

奶油冬瓜球

材料：冬瓜500克，炼乳20克，熟火腿10克，精盐、鲜汤、香油、水淀粉、味精各适量。

制作：①冬瓜去皮，洗净削成圆球，入沸水略煮后，倒入冷水使之冷却。②将冬瓜球排放在大碗内，加盐、味精、鲜汤上笼用武火蒸30分钟取出。③把冬瓜球放入盆中，汤倒入锅中加炼乳煮沸后，用水淀粉勾芡，冬瓜球入锅内，淋上香油搅拌均匀，最后撒上火腿末出锅。

8. 食用兔肉健脾汤健脾益气

兔肉健脾汤

材料：兔肉200克，淮山30克，枸杞子15克，党参15克，黄芪15克，大枣30克。

制作：兔肉洗净与其他配料武火同煮，煮沸后改文火继续煎煮2小时，汤、肉同食最好。

夏至起居养生：注意清洁卫生，预防皮肤病

1. 及时清洗凉席，预防皮肤病

炎炎夏日，许多人喜欢睡在凉席上来乘凉，但有些人睡了凉席之后，皮肤上会出现许多小红疙瘩，而且十分痒，这是螨虫叮咬而导致的螨虫皮炎症的典型症状。

在酷暑时节，人体排出许多汗液，而皮屑、灰尘等很容易混合在汗液中滴落在凉席的缝隙间，为螨虫创造了繁殖的温床。所以夏季一定要定期清洗凉席，最好每星期清洗一次。清洗时要先把凉席上的头发、皮屑等污垢拍落，然后再用水进行擦洗。如果是刚买的凉席或者已经一年没

有使用的凉席，要先用热水反复地进行擦洗，然后放在阳光下暴晒几个小时。这样才能把肉眼看不见的螨虫和虫卵消灭干净。夏天用完凉席之后，也可以用这个方法清洗后保存，再放些防蛀、防霉用品来防止螨虫的出现。如果发现螨虫已经在凉席中安家了，可以把樟脑丸敲碎，均匀地洒在席面上，卷起凉席，一小时后把樟脑丸的碎末清理干净，再用清水进行擦洗，最后放在阳光下暴晒，这样螨虫很容易就被消灭掉了。

人们在选择凉席时，如果对草、芦类的凉席过敏，可以选用竹子或者藤蔓编制的凉席。过敏的症状大多是出现豆粒大小、淡红色的疙瘩，奇痒无比，此种过敏属于接触性皮肤病的一种症状。

2. 勤洗澡，水温要比体温稍高

夏至节气过后，因天气炎热人体会分泌出较多的汗液。汗液的主要成分是水，占到98%～99%。此外还含有尿素、乳酸等有机物和氯化钠、钙、镁等无机物。这些化学成分与尿液中的化学成分相当，如果水分蒸发了，这些无机物和有机物仍然会停留在皮肤上，皮肤就有可能长痱子，甚至还会引发皮炎。

要想彻底清除掉残留在皮肤表面的污垢，最简单的方法就是洗澡。由于天气较为炎热，建议每天早晚各洗一次。要用温水而不是用冷水。因为冷水会刺激毛孔，令毛细血管收缩，影响内热的散发和身体毒素的排出。温水可以使体表的血管扩张，促进血液循环，改善皮肤状况，消除疲劳，增强身体的免疫力。

一般来说，人们在夏天洗澡时，水温以38℃～42℃为宜。如果太烫，人体会难以承受，而且温度过高的水会使皮肤的水分流失，使皮肤变得干燥，甚至引发微血管爆裂。将洗澡的水温控制在比人体体温稍微高一点的范围内，不仅可以洗净汗液中的废物，还可以消除一天的疲惫，可谓一举两得。

夏至运动养生：顺应时节，游泳健身

1. 夏至开始下水游泳健身

中医理论认为，夏至是阳气最旺的时节，养生要顺应夏季阳盛于外的特点，注意保护阳气。可以通过游泳等体育锻炼来活动筋骨，调畅气血，养护阳气。炎炎夏日，人们若能畅游在清凉舒适的碧波中，不仅感觉暑热顿消，还能增添些许生活情趣，锻炼身体，收到健美之效。因此，夏至运动养生，游泳是不错的选择，但是游泳需注意以下几个问题：

（1）应选择适合的游泳场所。因被污染的水域中，含有许多有害物质，绝不能在这种地方游泳。一般来说，清澈见底或呈浅蓝色的水域比较干净。同时，注意不要到有传染血吸虫病危险（即有钉螺）的水域中去游泳。

其次，出于安全考虑，要选择去没有礁石、淤泥、漩涡、急流、水草的地方游泳。最好到海滨浴场或游泳池中去，避免到没有开放的水域中游泳，以免发生意外。

（2）应做好下水前的各种准备活动。下水前，要活动一下身体，使全身肌肉、关节、韧带有充分的准备，再用水擦洗脸部、胸部和四肢等部位，使身体逐渐适应游泳池中的水温，然后再入水游泳，这样，可防止游泳时发生抽筋。

（3）应注意游泳卫生。患肝炎、皮肤病、眼病、肺结核、艾滋病等传染性疾病的人，不宜进入公共游泳场所，以防污染水质；游泳后，要用自来水或温水冲澡、漱口或刷牙，最好用眼药水滴眼，以预防结膜炎、沙眼、流行性角膜炎等疾病。

（4）应注意游泳时间安排。一般来说，在饱餐和饥饿时，不宜游泳。因为，饭前腹中空虚，此时的血糖比较低，不能耐受游泳时的体力消耗；若饱餐后立即游泳，胃肠因受水的压力作用，易引起疼痛与呕吐。而且，游泳时，血液进入运动的肌肉，消化道的血液减少了，会影响食物的消化与吸收。

（5）妇女在经期不宜进行游泳运动。

2.夏季运动要预防日光晒伤

在炎热的夏季，强烈的日光照射机体时间过长，会损害身体健康，即日射病。因为日光中有一种红外线，这种红外线在夏季更为强烈。日光长时间照射机体，光线就会透过毛发、皮肤、头骨等射到脑细胞，会引起大脑发生病变，同时造成机体各器官发生机能性和结构性病变。日光对皮肤的长时间暴晒，会出现皮肤发红、瘙痒、刺痛、起皮、水泡、水肿和烧灼感等症状。当然，经常参加体育锻炼的人，机体抵抗日光照射的能力会强一些，但也需注意以下几点：

（1）在日光下进行锻炼，刚开始的时间不宜太长，要逐步延长时间，使机体逐渐适应。皮肤由白转黑是机体产生的一种保护性的适应，所以这种变化属于正常现象。

（2）夏季在阳光下运动时，可以涂一些氧化锌软膏或护肤油、防晒霜等，以便保护皮肤免遭晒伤。

（3）锻炼时间一般安排在早晚为好。

（4）如果在运动时不慎皮肤被晒伤，可用复方醋酸铝液作湿敷或涂以冷膏；若水泡破溃，可涂硼酸软膏（5%）、氧化锌软膏、龙胆紫液和正红花油等药物治疗。

夏至时节，常见病食疗防治

1.食用绿茶粥防治痢疾

痢疾是因南痢疾杆菌引起的急性肠道传染病，此病多发于夏秋两季，主要是由于不洁的食物损伤脾胃，或者湿热的毒气侵入肠道所致。夏至时节，痢疾开始进入高发阶段，其症状多为恶心、呕吐、腹痛、腹泻、里急后重、下赤白脓血便，并伴随全身中毒等症状。各个年龄段的人都可能患上痢疾，其中1~4岁的幼儿易患痢疾的发病率最高。

由于痢疾是肠道性传染病，所以患有痢疾的人对食物的刺激相当敏感。在饮食上，痢疾患者应该多摄取营养和水分，食用一些容易消化的食物。

绿茶粥具有清热生津、止痢消食之功效，适用于痢疾、肠炎等症。

绿茶粥

材料：大米50克，绿茶10克，白砂糖适量。

制作：①将绿茶加水煮成浓汁，去渣。②将大米淘洗干净。③锅中放入大米，加入茶汁、白砂糖和适量的清水，用小火熬成粥即可食用。

痢疾防治措施：

（1）平时要保持良好的个人卫生习惯，饭前便后要洗手。

（2）不喝没有烧开的水，尽量不要吃生冷食品，如果要生吃瓜果蔬菜，记得一定要洗干净后再吃。

（3）保持环境卫生，把苍蝇等传播痢疾的害虫消灭掉。

2.痱子饮用猪肉苦瓜汤防治

夏至时节，人体汗液过多而蒸发不畅会导致汗管堵塞或破裂，从而使汗液渗入到周围组织中，引起皮肤病，俗称"痱子"。夏至是痱子的高发时节，排汗功能差的儿童和长期卧床的病人最易得痱子。痱子刚起时皮肤发红，然后冒出密集成片针头大小的红色丘疹或丘疱疹，有些还会变成脓包。长痱子的部位会出现痒痛或灼痛感。

长痱子的人在饮食上应该避免食用油炸食品，少吃海鲜，多喝水，多吃蔬果和其他清热解毒的食物。如果婴儿长了痱子，可以把新鲜的蔬果榨成汁后喂其饮用。

猪肉苦瓜汤具有补脾气、生津液、泽皮肤之功效。适用于中暑烦渴、痱子过多等症。

猪肉苦瓜汤

材料：苦瓜240克，猪瘦肉120克，高汤、盐、姜丝各适量。

制作：①将猪瘦肉洗净，切成薄片，用热水焯透，捞出沥水。②苦瓜去瓤，洗净，切成薄片，略焯，捞出沥水。③将锅内倒入高汤，大火烧沸，放入猪瘦肉片和苦瓜片。④改用小火煮15分钟左右，放入姜丝，加盐调味后即可食用。

痱子预防措施：

（1）应经常保持皮肤洁净，勤洗澡并勤更换衣物。在衣物的选择上，应该选择宽松透气的类型，以保持皮肤的干燥。

（2）如果家中有卧床的病人或婴儿，在夏至期间应该多为其翻身，以避免痱子的生成。

（3）每次洗完澡后在皮肤的皱褶部位扑上痱子粉，可起到预防作用。

夏至耳熟能详谚语

1.吃了夏至面，一天短一线

因夏至是继端午节之后一个重要的夏季节气，多在农历五月中下旬（公历6月22日左右），夏至这天，太阳直射地面的位置到达一年的最北端，几乎直射北回归线，北半球的白昼最长，且越往北越长。夏至以后，阳光直射地面的位置逐渐南移，北半球的白昼日渐缩短。老北京民间要在夏至这一天吃面条，故还有"吃过夏至面，一天短一线"的说法。

2. 不过夏至不热，夏至三庚数头伏

夏至虽表示夏天已经到来，但还不是最炎热的时候，夏至后的一段时间内气温仍继续升高，大约再过二三十天，一般是最热的天气了。过了夏至，我国南方这时往后常受副热带高压控制，出现伏旱。华南西部雨水量显著增加，使入春以来华南雨量由东多西少的分布形势，逐渐转变为西多东少。如遇夏旱，一般这时也能够解除。

3. 夏至插老秧，只能喝米汤

这是流行于陕西省的一句谚语，意思是插秧日期不能晚于夏至，否则水稻的生长发育时期不够，最后很难成熟，产量很低，甚至失收，粮食不多，农人就只能等着喝米汤了。水稻的产量决定于分蘖的多少，适宜水稻分蘖的水温一般在26℃～27℃，若在25℃以下分蘖很慢，且多无效分蘖。因此，若过了夏至插秧，插秧期已过，秧龄过大，使营养长期过分缩短，先天营养生长不足，致使水稻秆低穗小，而造成减产。同时在北方地区，秋季降温快，如插秧过晚，不能保证分蘖时水稻田的水温，势必会造成水稻减产。如遇干旱、洪水或其他灾害原因只能在夏至时节播种，就必须选择一些生长期较短的早熟作物，以保证作物的产量。

4. 夏至民间谚语荟萃

爱玩夏至日，爱眠冬至夜。

长到夏至短到冬。

伏里锄一遍，赛过水浇园。

谷雨好种姜，夏至姜离娘。

过了夏至节，夫妻各自歇。

立夏立不住，刮到麦不熟。

麦割夏至。

日长长到夏至，日短短到冬至。

夏至不起尘，起了尘，四十五天大黄风。

夏至大烂，梅雨当饭。

夏至东风摇，麦子水里捞。

夏至东风摇，麦子坐水牢。

夏至东南风，平地把船撑。

夏至东南风，十八天后大雨淋。

夏至风从西边起，瓜菜园中受熬煎。

第五章

小暑：盛夏登场，释放发酵后的阳光

我国每年阳历的7月7日或8日，太阳到达黄经105°时为小暑。从小暑开始，炎热的盛夏正式登场了。《月令七十二候集解》中记载："六月节……暑，热也，就热之中分为大小，月初为小，月中为大，今则热气犹小也。"暑，即炎热的意思。小暑就是小热，意指极端炎热的天气刚刚开始，但还没到最热的时候。全国大部分地区都基本符合这一气候特征。全国的农作物从此都进入了茁壮成长阶段，需加强田间管理工作。

小暑气象和农事特点：极端炎热开始，农田忙于追肥、防虫害

1. 盛夏正式登场，农事忙于追肥、防虫害、抗旱和防洪

我国古时将小暑分为三候："初候温风至；二候蟋蟀居壁；三候鹰始挚。"小暑时节大地上便不再有一丝凉风，而是所有的风中都带着热浪。《诗经·七月》中描述蟋蟀的字句有："七月在野，八月在宇，九月在户，十月蟋蟀入我床下。"文中所说的八月即是夏历的六月，即小暑节气的时候，由于炎热，蟋蟀离开了田野，到庭院的墙角下以避暑热。在这一节气中，老鹰也因地面气温太高而喜在清凉的高空中活动。

小暑期间，南方地区平均气温为26℃左右。一般的年份，7月中旬华南、东南低海拔河谷地区，可开始出现日平均气温高于30℃、日最高气温高于35℃的集中时段，这种气温对杂交水稻抽穗扬花非常不利。除了事先在农作物布局上应该充分考虑此因素外，已经栽插的要采取相应的补救措施。在西北高原北部，小暑时节仍可见霜雪，此时相当于华南初春时节的景象。

从小暑节气开始，长江中下游地区的梅雨季节先后结束，东部淮河、秦岭一线以北的广大北方地区开始了来自太平洋的东南季风雨季，自此降水明显增加，且雨量比较集中；华南、西南、青藏高原也处于来自印度洋和我国南海的西南季风雨季中；而长江中下游地区则一般为副热带高压控制下的高温少雨天气，常常出现的伏旱对农业生产影响很大，及早蓄水防旱在此时显得十分重要。农谚有"伏天的雨，锅里的米"之说，这时出现的雷雨、热带风暴或台风带来的降水虽对水稻等农作物生长十分有利，但有时也会给棉花、大豆等旱农作物及蔬菜造成不利影响。

有些年份，小暑节气前后来自北方的冷空气势力仍然较为强劲，在长江中下游地区与南方暖空气狭路相逢，势均力敌，出现锋面雷雨。有谚语云："小暑一声雷，倒转做黄梅。"小暑时节的雷雨常是"倒黄梅"天气的信息，预兆雨带还会在长江中下游地区维持一段时间。

小暑时节，除东北与西北地区收割冬、春小麦等农作物外，农业生产上此时主要是忙着田

间管理。早稻处于灌浆后期，早熟品种在大暑前就要成熟收获，要保持田间干干湿湿。中稻已拔节，进入孕穗期，应根据长势追施肥，促穗大粒多。单季晚稻正在分蘖，应及早施好分蘖肥。双晚秧苗要防治病虫，于栽秧前5～7天施足"送嫁肥"。

2. 及时预防雷暴：一种危害巨大的天气现象

小暑时节，我国南方大部分地区已进入雷暴最多的季节。雷暴是一种剧烈的天气现象，是积雨云云中、云间或云地之间产生的一种放电现象。雷暴发生时往往雷鸣电闪。有时也可只闻雷声，是一种中小尺度的强对流天气现象。出现时间以下午为多，有时夜间因云顶辐射冷却，云层内温度层结变得很不稳定，云块翻滚，也可能出现雷暴，即夜雷暴。产生雷暴天气现象的主要条件是大气层结不稳定。对流层中、上部为干冷平流，下部为暖湿平流，最易生成强雷暴。强雷暴常伴有大风、冰雹、龙卷风、暴雨和雷击等，是一种危险的天气现象。它不仅会影响飞机等的飞行安全，干扰无线电通信，而且还会击毁建筑物、输电和通信线路、电气机车，击伤击毙人畜，引起火灾等。所以应及时做好雷暴的预防工作。

小暑农历节日：六月六天贶节——回娘家节

1. 回娘家——消仇解怨

关于这个习俗的由来，还有一个小故事：

据说，在春秋战国时期，晋国有个宰相叫狐偃，他是保护和跟随文公重耳流亡列国的功臣之一。被封相后狐偃勤理朝政，十分精明能干，晋国上下对他都很敬重。每逢六月初六狐偃过生日的时候，总有无数的人给他拜寿送礼。狐偃便慢慢地骄傲起来。时间一长，人们对他不满了。但狐偃权高势重，人们都对他敢怒不敢言。

当时的功臣赵衰是狐偃的亲家，他对狐偃的作为很反感，就直言相劝。但狐偃听不进苦口良言，当众责骂亲家。赵衰年老体弱，不久就被气死了。赵衰的儿子恨岳父不讲仁义，便决心为父报仇。

到了第二年，晋国夏粮遭灾，狐偃出京放粮，临走时说，六月初六一定赶回来过生日。狐偃的女婿得到这个消息，决定六月初六大闹寿筵，杀狐偃，报父仇。狐偃的女婿见到妻子，问她："像岳父那样的人，天下的老百姓恨不恨？"狐偃的女儿对父亲的作为也很生气，顺口答道："连你我都恨他，还用说别人？"狐偃的女婿就把计划说出来。狐偃的女儿听了，脸一红一白，说："我已是你的人，顾不得娘家了，你就看着办吧！"

狐偃的女儿从此以后整天惊肉跳，她恨父亲狂妄自大，对亲家绝情。但转念想起父亲的好，亲生女儿不能见死不救。最后她在六月初五跑回娘家告诉母亲自己丈夫的计划。母亲听后大惊，急忙派人连夜给狐偃送信。

狐偃的女婿见妻子逃跑了，知道机密败露，便闷在家中等狐偃来收拾自己。

到了六月初六，一大早，狐偃亲自来到亲家府上，他见了女婿就像没事一样，翁婿二人并马回相府去了。那年拜寿筵上，狐偃说："老夫今年放粮，亲见百姓疾苦，深知我近年来做事有错。今天贤婿设计害我，虽然过于狠毒，但事没办成，也是为民除害、为父报仇，老夫决不怪罪。女儿救父危机，尽了大孝，理当受我一拜。望贤婿看在我面上，不计仇恨，两相和好！"

自此以后，狐偃真心改过，翁婿比以前更加亲近。

为了永远吸取这个教训，狐偃在每年六月六都要请回闺女、女婿团聚一番。后来，老百姓纷纷仿效，也都在每年六月六接回闺女，以应消仇解怨、免灾去难的吉利。天长日久，相沿成习，流传至今，人们称此日为姑姑节。

古时女儿回娘家是经常性的，但是什么时候能回，要看夫家是否空闲，如农忙时节、节日期间，女儿就要在丈夫家生活。而农历六月是农闲期间，为女儿回娘家提供了方便条件，民谚说"六月六，请姑姑"，因此，妇女回娘家是天贶节的重要内容。此时，小孩也要跟随母亲去姥姥家，归来时，在前额上印有红记，作为求福的标记。河南妇女回娘家时，要包饺子、敬祖先。妇女要在祖坟旁边挖四个坑，每个坑中都放上饺子作为扫墓的供品。

2. 晒书——防霉

古时民间传说，九天玄女赐给宋江一部天书，让他替天行道，扶危济贫。正因为有农历六月六降天书的故事，又传说当天是龙晒鳞的日子，天晴日朗，当时又处于盛夏，多雨易霉，这种多雨天对书籍的保存十分不利，因此只要遇到晴天就要将书籍拿出来曝晒。

3. 晒衣——晒死隐藏的虫蚁

河南民间有句谚语："六月六晒龙衣，龙衣晒不干，连阴带晴四十五天。"此时从佛寺、道观乃至各家各户，都有晒衣物、器具、书籍的风俗。广西清晨各家宰鸡鸭宴饮后，全家动员将衣服、棉被、鞋子、首饰、箱笼等拿到晒坪上曝晒，用夏日的阳光晒死隐藏的虫蚁。晒一两小时后，要翻转再晒，然后搬回厅堂内凉一下，叠好后再放入箱笼。

在湖北西部也有传说六月六是茅冈土司覃后王反抗皇帝统治遇难、血染龙袍的日子。这天家家翻箱倒柜，将所有的衣物拿出来晾晒。有钱人家蒸饭、杀牛，取牛的肉、舌、肠、心等10处各一份（称"十全"）敬祀土王菩萨，然后邀请全村的乡亲一起开怀畅饮。

4. 躲山——祭盘古

每年农历六月初六是布依族的传统佳节。此风俗流行于贵州贞丰等地。节日的早晨，由本村寨几位德高望重的老人，率领青壮年举行传统的祭盘古活动。其余男女老少都穿上民族服装，带着糯米饭、鸡鸭鱼肉和水酒，到寨外山坡上"躲山"。躲山的群众在寨外说古唱今，并进行各种娱乐活动。夕阳西斜时，"躲山"的人各家各户席地而坐，取出美酒和饭菜，互相邀请做客。等到响起"分肉啰！分肉啰"的喊声，人们选出身强力壮的小伙子，分成四组，到祭山处抬回4只牛腿，其余的人相携回家，随后各家派人到寨里取祭山神的牛肉。

5. 祭祀虫王神——驱虫

小暑时节，由于天气的原因，六月间百虫滋生，尤其是蝗虫对农业有很大的威胁。古代人们一方面积极捕蝗，如利用火烧、以网捕捉、用土掩埋、众人围扑等方法，尽力消灭蝗虫；另一方面则祭祀青苗神、刘猛将军、蝗螟太尉等虫王神。同时也利用各种巫术手段驱虫。在西南少数民族地区，人们还手举火把到田间地头来回奔跑，目的也是为了驱虫。

6. 翻经节——保护珍贵文化遗产

据资料记载，早在宋代，六月六就已经被定为一个节日，叫作天贶节。贶，是赐予的意思。当时的皇帝赵恒，十分信奉道教，一心想得道成仙，有一年六月初六，宋真宗突然宣称，上天保佑他，赐给了他一部天书。随后他就把这天定为了天贶节，并且还在泰山山顶建筑了一座天贶殿以示纪念。帝王一时心血来潮，编出了一则无稽之谈，当然没有多少人赞同，这个天贶节没过多久便被人们遗忘了。

农历六月六被作为一个节日，在另外一种形式下传到了近代。清末董玉书所著的《芜城怀旧录》卷一中记述："石塔寺，即古木兰院，旧存藏经，寺僧每于夏季展晾。"这就是佛寺里的翻经节。

扬州民间的写经和佛教丛林里的藏经，在全国都是很有影响的，所以扬州寺院里的晒经，尤为重要。早在隋代，由于隋炀帝的大力提倡，扬州成为全国佛教中心之一。隋炀帝还曾派人广收各地佛经，运到扬州由高僧整理，数量近十万轴。唐代的扬州，是中国东南地区的大都会，雕版印刷兴起后，扬州的刻经流通更是闻名遐迩。直到清末民初，扬州还有江北刻经处、扬州藏经院和众香庵法雨经房三大刻经流通处，时称"扬州刻本"。扬州刻经多，藏经也多，市区三百多座寺庙、庵堂里所藏的经卷不计其数。梅雨季节里，衣物容易生霉，经书也易发霉生蠹，寺院里就在每年六月六日把经书翻开，摊在烈日下曝晒，人们便把这天叫作翻经节。

寺院里晒经是为了保护我国珍贵的文化遗产。古时，有些信佛的妇女在这天也主动地到寺庙里参与翻经念佛，但她们的翻经是另有目的，她们认为一生中到寺庙里参加十次翻经，来世就可以转为男身。顾禄《清嘉录》卷六记载："诸丛林各以藏经曝烈日中，僧人集村妪为翻经会。谓翻经十次，他生可转男身。"这当然是愚昧可笑之谈，到了近代，此俗便逐渐消亡了。

如今，翻经节的民俗活动虽然已渐渐被人们遗忘，仅少数地方还保留至今。在六月六日早晨，江苏东台县全家老少都要互道恭喜，并吃一种用面粉掺和糖油制成的糕屑，有"六月六，吃了糕屑长了肉"的说法。还有"六月六，家家晒红绿，家家晒龙袍"的俗谚。红绿指五颜六色的各种衣服。关于"家家晒龙袍"，在扬州有个传说，据说乾隆皇帝在扬州巡游的路上恰遭大雨，淋湿了外衣，又不好借百姓的衣服替换，只好等雨过天晴，将湿衣晒干再穿，这一天正好是六月六，因而此日有"晒龙袍"之说。江南地区，经过黄梅天，藏在箱底的衣物容易发霉，取出来晒一晒，可免霉烂。除此之外，这天还有给猫、狗洗澡的趣事，有句俗谚叫作"六月六，猫儿狗儿同洗浴"。

7. 六月六求平安

在一年的四季中，盛夏和腊月是对老弱病残者最有威胁两个季节。这两个季节发病率高，死亡率高，因此在农历六月六要特别注意人畜安全。大象是最受人们欢迎的动物，也用于杂技，农历六月六要为大象沐浴，在民间吉祥图案中也常以大象为吉利的象征。除洗象外，六月六也洗其他牲畜。广西壮族以六月六为牛魂节，此期间为牛洗澡、让牛休息、喂各种好饲料。

除此之外，在农历六月六这天还有不少娱乐活动。广东地区有划龙舟活动。山东地区认为农历六月六日是荷花生日，因此在节日期间赏荷、采莲，市场上还出售荷花玩具，妇女或儿童还喜欢用荷花的汁液染指甲。

8. 虫王节——祈求人畜平安、生产丰收

每年农历六月六日是民间的虫王节。为了祈求人畜平安、生产丰收，在六月六还有不少活动。辽宁盖州有八腊庙会，是一种驱虫祈雨的活动；北京善果寺有数罗汉活动；山东民间在农历六月六祭东岳大帝神，举行东岳庙会。农历六月六日又是麦王生日。山东民间还认为农历六月六是海蜇生日，如果当天下雨，海蜇就会丰收。农历六月六开始进入夏闲，妇女纺纱织布，准备过冬的衣料。在有些少数民族地区，农历六月六这天，同样举行具有自身民族特点的各种活动。

9. "赶歌节"——苗族传统节日

有些少数民族在每年农历六月初六这天举行"赶歌节"，赶歌节是湖南凤凰、贵州松桃等地苗族的传统节日。这天，苗族青年男女身穿节日盛装，大家汇集在歌场，尽情地唱歌跳舞。

关于赶歌节的来源历史悠久。一种说法是，当地苗族人民在封建统治下生活十分困苦，有一年六月初六人们与前来征粮的官兵进行了坚决斗争，打退了官兵，保住了山寨。然而后来在大批官兵的围攻下，苗族人遭到了残酷杀害。以后，每逢这天，他们就聚集在一起，举行歌会，缅怀英烈。另一种说法，是为了纪念忠烈的爱情而兴起的一种活动。

赶歌节的主要内容是赛歌，对歌是苗家人表达爱情、选择情侣的主要方式。节日当天，小伙子们吹奏芦笙、唢呐、笛子等乐器奔向歌场。姑娘们穿着绣满名花彩蝶、镶着宽大花边的衣服，佩戴闪光耀眼的银饰，相伴来到歌场，以村寨为单位进行集体对歌，经过反复较量，最后产生深受大家爱戴的"歌王"。

10. 瑶族"半年"——企盼人畜无灾、五谷丰登

每年农历六月初六是瑶族民间的传统节日"半年"。

据说很久以前，居住在山里的瑶族人整日忙于打猎种地，把祭祀神灵的事都忘了，长年不烧一炷香火。八方神仙享不到祭牲，嗅不到香火，很不甘心，一齐到天上向玉帝告了瑶族百姓一状。玉帝听说后十分生气，派了疟神和痧神下人间作祟，为了不让瑶族绝后，时间只限一年。两个瘟神来到瑶山，疟疾、泥鳅痧、绞肠痧等瘟疫顿时在此地横行起来。瑶族人吃尽了苦头。五月的一天，两个瘟神在石榴树下闲聊，被盘家老大听到了，得知两个瘟神要过了年才走。众人十分着急，很快想出了一个好办法。瑶族人在六月初六土地公公过生日这天，像过年一样大操大办，杀鸡杀鸭，宰猪宰羊，贴对子，放响炮，唱瑶歌，走亲戚。两个瘟神很奇怪，又在石榴树下商量，又被盘家老二听到了，方知瘟神不见吃萝卜，不见下大雪，心中有疑。于是家家都煮了一大锅萝卜，故意到处喊娃子吃萝卜，又把石灰撒到田间、房头。两个瘟神便提前返回了天宫。人们

才得以安康，而且半年的谷子成熟得格外饱满，于是六月六过半年的习俗也流传了下来。每年过节这天，瑶族人都要撒石灰、放响炮、贴对子，企盼人畜无灾、五谷丰登。

11. "花儿会"——土族传统节日

为期5天的花儿会是甘肃、宁夏、青海等地的传统节日，每年农历六月初六举行。

"花儿"是一种民歌。"花儿"的唱词大多是即兴编成，有对唱和独唱两种形式，内容丰富多彩。关于"花儿"，还有一个美丽的传说。

据说很久以前，有五个美丽的土族姐妹，个个都有一副银铃般清脆的歌喉。每当她们唱起"花儿"的时候，万物都听得着了迷。许多英俊的小伙子慕名前来与她们对唱，可是整整过了三天三夜，小伙子们都相继败下阵来。到了第四天早上，有五朵彩云从太阳升起的地方飘过来，带走了五姐妹。后来人们说，五姐妹被封为"花儿仙子"，天天为玉帝唱"花儿"呢。人们为了纪念她们五姐妹，便举行一年一度的"花儿会"。

在"花儿会"期间，当地各族人民身穿具有民族特色的服装，带着帐篷、大饼前来赶会。会上，大家互相赛歌，沟通心灵。很多艺术家慕名而至，采集生活素材，撰写文章，进一步扩大了"花儿会"的影响，使其成为了中外驰名的歌唱盛会。

小暑民俗：尝新米、吃饺子消除"苦夏"，吃面辟恶

1. 食新——小暑节气尝新米

在过去，民间有小暑时节"食新"的习俗，即在小暑过后尝新米，农民将新割的稻谷碾成米后，做好饭供祀五谷大神和祖先，然后人人吃尝新酒等。据说"吃新"乃"吃辛"，是小暑节后第一个辛日。一般买少量新米与老米同煮，加上新上市的蔬菜等。所以，民间有"小暑吃黍，大暑吃谷"之说。民谚还有"头伏萝卜二伏菜，三伏还能种荞麦"，"头伏饺子二伏面，三伏烙饼摊鸡蛋"的说法。

2. 吃饺子——消除"苦夏"

人们头伏吃饺子是一种传统习俗。伏天，人们食欲不振，往往比常日消瘦，俗谓之"苦夏"，而饺子在传统习俗里正是开胃解馋的食物。徐州人入伏吃羊肉，称为"吃伏羊"，这种习俗可上溯到尧舜时期，在民间有"彭城伏羊一碗汤，不用神医开药方"之说法。徐州人对吃伏羊的喜爱从当地民谣"六月六接姑娘，新麦饼羊肉汤"中便可见一斑。

3. 吃面——辟恶

在伏天吃面的习俗至少从三国时期就已开始了。《魏氏春秋》中记载："伏日食汤饼，取巾拭汗，面色皎然。"这里的汤饼就是热汤面。《荆楚岁时记》中说："六月伏日食汤饼，名为辟恶。"五月是恶月，六月亦沾恶月的边儿，故也应"辟恶"。伏天还可吃过水面、炒面。所谓炒面是用锅将面粉炒干炒熟，然后用水加糖拌着吃，这种吃法早在汉代就已经有了，唐宋时更为普遍，不过那时是先炒熟麦粒，然后再磨面食之。唐代医学家苏恭说，炒面可解烦热、止泻、实大肠之功效。

4. 吃藕——小暑节气时令食品

在民间还有小暑吃藕的习俗，藕有大量的碳水化合物及丰富的钙、磷、铁等和多种维生素，钾和膳食纤维比较多，具有清热、养血、除烦等功效，适合夏天食用。鲜藕以小火煨烂，切片后加适量蜂蜜，可随意食用，有安神入睡之功效，也可治血虚失眠之症状。

5. 小暑吃黄鳝——有益健康

人们常说：小暑黄鳝赛人参。黄鳝生于水岸泥窟之中，以小暑前后一个月的鳝鱼最为滋补味美。夏季往往是慢性支气管炎、支气管哮喘、风湿性关节炎等疾病的缓解期，而黄鳝性温味甘，具有补中益气、补肝脾、除风湿、强筋骨等作用。根据冬病夏补的说法，小暑时节最宜吃黄鳝，黄鳝的蛋白质含量较高，铁的含量比鲤鱼、黄鱼高出一倍以上，并含有多种矿物质和维生素。黄

鳝还可降低血液中胆固醇的浓度，防治动脉硬化引起的心血管疾病，对食积不消引起的腹泻也有较好的作用，所以小暑前后吃黄鳝对人体健康大有益处。

小暑民间宜忌：小暑之日忌西南风和雷鸣

1. 小暑之日忌讳刮西南风

我国华东许多地方小暑节气忌刮西南风，有句谚语说，"小暑若刮西南风，农家忙碌一场空"。也有"小暑西南风，三车不用动"（三车指油车、轧花车、碾米的风车）一说。意思是小暑这天如果刮西南风，这一年将年景不好，庄稼歉收。

2. 小暑之日忌讳雷鸣

小暑之日忌讳雷鸣，长江中下游地区广为流传的一句天气谚语："小暑一声雷，倒转作黄梅。"倒转作黄梅：有些年份，长江中下游地区黄梅天似乎已经过去，天气转晴，温度升高，出现盛夏的特征。可是，几天以后，又重新出现闷热潮湿的雷雨、阵雨天气，并且维持相当一段时期。这种情况就好象黄梅天在走回头路，重返长江中下游。因此，民间忌讳小暑之日雷鸣。

小暑饮食养生：勤喝水、饮食清淡，吃紫菜补肾养心

1. 养成经常喝水的习惯

在《本草纲目》中的首篇中就记载了水的重要性。水是生命之源。如果缺乏食物，人的生命可以维持几周，但如果没有水，人能存活的时间就只有几天了。据现代医学家的研究，水有运送养分和氧气、调节体温、排泄废物、促进新陈代谢、帮助消化吸收、润滑关节等六大功能。如果人缺了水，人体就会出现代谢功能紊乱并诱发多种疾病。如果感觉到口干舌燥，那就是身体已经发出了极度缺水的信号了。这个时候脱水已经危及了身体的健康，所以不要等到口渴了再补充水分，在平时就要养成经常喝水的好习惯。

因为在小暑前后气温会突然间攀升，人体很容易缺失水分，所以要及时地进行补充。除直接喝水之外，也可以动手煮一些绿豆汤、莲子粥、酸梅汤等营养汤类。这些汤类不仅能够止渴散热，还有助于清热解毒、养胃止泻。

人们补水不一定仅限于喝水或者喝饮料，也可以食用一些水分较多的新鲜蔬菜。例如含水量高达96%的冬瓜，还有黄瓜、丝瓜、南瓜、苦瓜等。这些含钾量高含钠量低的瓜类食物不仅可以补水，还可起到降低血压、保护血管的作用。

2. 小暑时节应清淡饮食，芳香食物可刺激食欲

小暑时节的天气十分炎热，人的神经中枢会陷入紧张的状态，而此时内分泌也不十分规律，消化能力较差，容易使人食欲不振。所以应注意清淡饮食，选择一些带有芳香气味的食物。因为芳香会刺激人的食欲，而清淡的食物则更容易被人体消化吸收。

人们常吃的蔬菜中，其中许多蔬菜都带有挥发性的芳香物质，如葱、姜、蒜、香菜等，这些食物都能很好地刺激食欲；还有许多水果也含有芳香物质，如适当地食用柑橘类也有助于人体的消化吸收。

除此之外，我们在超市中还可以买到含芳香成分的花茶，如玫瑰花、兰花、茉莉、桂花、丁香花等。饮用这些花茶可以开胃提气、提神散瘀，同时有滋润肌肤的功效。经常服用还可以使身体散发出淡淡的体香，清香宜人。

3. 小暑时节，病患或产妇宜食鳝鱼

因小暑时节的鳝鱼鲜嫩而有营养，十分适宜身体虚弱的病患或产妇食用。应选择体大肥硕、颜色呈灰黄色的鳝鱼，最好不要购买灰褐色的鳝鱼。鳝鱼应现杀现烹，并且一定要煮熟，半生不

熟的鳝鱼不能食用。

山药鳝鱼汤有补中益气、强筋骨等作用。

山药鳝鱼汤

材料：淮山药300克，鳝鱼1条，香菇3朵。

调料：葱段、姜片、盐、料酒、植物油、味精、胡椒粉、白砂糖、香菜段各适量。

制作：①鳝鱼清洗干净，切段，切成一字花刀，焯透。②淮山药去皮，切滚刀块，焯水。③炒锅中放入植物油烧热，放淮山药炸至微黄捞出。④锅留底油烧热，下姜片、葱段爆香，放鳝鱼、香菇、料酒、开水、淮山药烧开。⑤用小火炖5分钟，撒入盐、胡椒粉、白砂糖、味精、香菜段炒匀即可食用。

4. 清热化痰、补肾养心吃紫菜

在炎热的夏天应该多喝点紫菜汤以消除暑热，保持新陈代谢的平衡。

购买时应该选择上等的紫菜，因其表面光泽、叶片薄而均匀，颜色呈紫褐色或者紫红色，其中无杂质。如果紫菜在凉水浸泡后呈现出蓝紫色，说明紫菜已经被有害物质污染，此时就不宜再食用。

紫菜肉粥具有清热化痰、补肾养心的功效。

紫菜肉粥

材料：猪肉末25克，大米100克，紫菜少许，盐适量。

制作：①大米淘洗干净，用冷水浸泡30分钟，捞出沥水。②紫菜洗净，撕成小片。③将砂锅中倒入适量清水，放入大米、猪肉末，大火煮沸后改用小火熬至黏稠。④加入紫菜、盐，再用大火煮沸即可食用。

小暑起居养生：合理着装防紫外线，雨后不坐露天的凳子

1. 小暑时节要合理着装防紫外线

小暑时节，穿着合理能起到降温消暑的作用，十分有利于身体健康。

（1）应尽量选择穿红色衣服。红色可见光的波长最长，对于吸收日光中的紫外线非常有效，可以有效地防止皮肤老化及癌变，保护皮肤。不宜选择白色的棉质服装，因此类衣物常含有荧光增白剂，很有可能会将紫外线反射到脸部。

（2）应经常把随身佩戴的首饰摘下来擦洗。由于夏季天气炎热，人们的汗液分泌较多，佩戴首饰的部位容易汗湿而滋生出许多细菌。经常把佩戴的首饰摘下来，并对首饰和皮肤接触的部位进行擦洗，可以防止皮肤受到感染。尤其是对于那些皮肤容易过敏的人，在选择佩戴首饰的时候一定要注意。

（3）应佩戴能抵挡紫外线的太阳镜。由于小暑时节阳光强烈，如果太阳镜没有防紫外线功能，那么可能比不佩戴太阳镜更容易受到紫外线的侵害，从而使眼睛受到损伤。由于儿童的眼睛娇嫩，遇到强光更容易遭受损害，所以他们更需要佩戴太阳镜。但要注意的是，6岁以下的儿童不适宜长时间佩戴太阳镜，因为他们的视觉功能还未发育成熟，长时间佩戴太阳镜有可能会引发弱视；对他们来说，较为妥当的方式是在阳光强烈的时候佩戴，等阳光变弱时就及时将太阳镜取下来。

2. 雨后天晴尽量不要坐露天的凳子

有句俗语说："冬不坐石，夏不坐木。"所谓"夏不坐木"，指的是夏天不应该在露天的木凳上坐太长时间。因为夏季空气湿度大、并且雨水多，木质的凳子、椅子受到风吹雨淋，里面会积聚很多潮气。当天气转好之后，潮气便会向外散发。如果在潮湿的椅子上坐得太久，很有可能会得痔疮、风湿或者关节炎等疾病，还有可能会伤害脾胃，引起消化不良等肠胃疾病。

民间还有一种说法叫作"夏天不坐硬"，指的是老年人在夏天不宜坐在太硬的地方。因为人

坐下时，坐骨直接与座位接触，而坐骨的顶端是滑囊，滑囊能分泌液体以减少组织的摩擦。但对于老年人来说，由于体内激素水平降低，滑囊的功能有所退化，分泌的液体会随之减少。加上在夏季时着装很薄，有的老人身体较瘦，坐在板凳上，坐骨结节将直接与板凳接触，可能会导致坐骨结节性滑囊炎，对身体造成损伤。

小暑期间如果要在户外乘凉，最好准备个薄垫子。如果没有垫子，最好不要在木椅上坐太久，特别是刚下过雨后的木椅。

小暑运动养生：常到海滨、山泉、瀑布或旷野散步

1. 到负离子多的地方运动对身体有益

负离子有助于降血压、调节心律。人们在通风不良的室内，常感到头昏脑涨；在海滨、山泉、瀑布或旷野，则感到空气清新、精神舒畅，是因为这些地方的负离子含量较多。

负离子有利于人的身体健康，但需达到一定浓度。据研究，大城市中的房间里，负离子密度最低；乡村田野里，空气中含有的负离子较多；山谷和瀑布附近，空气中的负离子密度最高。

生活中许多自然现象都可激发负离子的产生，例如龙卷风、海浪、下雨等。因此，冒着霏霏的细雨，到室外散步、嬉戏，享受大自然赐予的温馨，对身体健康也尤为有益。

小暑时节的雨，会给人带来一丝凉意，此时更适合雨练。雨练并不一定要淋雨，打着伞或在敞开门的室内练也可享受带有负离子的空气。当然，如果喜欢雨水淋身带来的快意，也是可以的。

2. 悠闲洒脱散步，可使全身适度活动

按照中医理论，小暑是人体阳气旺盛的时候，春夏养阳，人们要注意劳逸结合，保护人体的阳气。这时，高温天气下，心脏排血量明显下降，各脏器的供氧力明显变弱，要注重养"心"。这时要做到起居有常，适当运动，多静养。晨练不宜过早，以免影响睡眠。夏季人体能量消耗很大，运动时更要控制好强度，运动后别用冷饮降温。小暑之时，运动宜以散步为主。

散步是一项较为和缓的运动，它的频率与人体生物钟最合拍，最和谐，散步不拘形式，不受环境的限制，运动量较小，特别适合于夏季运动养生的需要。

人们在散步时，听任双脚散漫而行，或走或立，或快或慢，无拘无束，自由自在，一派悠闲洒脱之态。有人以"白云流水如闲步"来形容散步，这句话十分贴切地描绘出了散步时的独特意境。

散步时通过四肢自然而协调的动作，可使全身得到适度的活动。而且对足部起到很好的按摩效果。研究证实，双脚肌肉有节奏的收缩，可以促进血液循环，缓解心血管疾病。同时，散步还能增强消化功能，促进新陈代谢，可防治中老年常见的消化不良、便秘、肥胖等疾病。散步对肺脏功能的改善也极为有利，还能起到健脑安神的作用。而且，步行运动能促进肌糖元和血液中葡萄糖的利用，抑制了饭后血糖的升高，减少糖代谢时胰岛素的消耗量，可有效降低血糖浓度。

夏季宜选在早晨散步。因早晨凉爽清新的空气、宁静舒适的环境更有利于散步。散步时要心平气和，可以边走边欣赏景物，或聆听悦耳的鸟鸣，或听音乐、听广播。

小暑时节，常见病食疗防治

1. 饮用绿豆海带汤解食物中毒

小暑时节，食物很容易被细菌或者毒素所污染，人们如果误食受污染的食物或者本身就含有毒素的食物，就容易引发食物中毒。食物中毒大多表现为急性肠胃炎，患者常伴有恶心、呕吐、腹痛、腹泻等不良症状。

如果不慎食物中毒，在及时送医治疗后，还要注意多补充些水分。饮食应以清淡为宜，选择一些容易消化的食物，避免再次刺激肠胃。

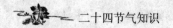

绿豆海带汤具有清暑解热、解毒之功效。能有效预防铅中毒，缓解食物中毒症状，还可缓解紧张情绪。

绿豆海带汤

材料：绿豆、海带各100克。

制作：①绿豆淘洗干净；海带洗净，切丝。②锅内放入海带丝、绿豆，加适量水，用小火煮熟即可食用。

轻微食物中毒预防措施：

（1）应选择新鲜的食物，已经变质的食物不宜食用。

（2）食物应该经过清洗和浸泡后方能食用。

（3）常温下贮存超过2个小时的剩菜、剩饭不宜食用，容易引发食物中毒。

（4）每天坚持锻炼，增强身体的免疫力。

（5）把家中的苍蝇、蟑螂、红蚂蚁等传播细菌的害虫消灭干净。

2. 食用山楂汁拌黄瓜食疗防治肝硬化

肝硬化就是肝的质地变硬。其病因是肝脏长期或反复遭受某种损伤，导致肝细胞坏死，纤维组织增生，肝的正常结构被破坏。因为小暑期间天气炎热，人们容易食欲不振，体内热量不足，从而使肝功能受到损伤，引发病变。早期肝硬化没有明显的症状，而在晚期可能会有不同程度的门静脉高压和肝功能障碍。

肝硬化预防措施：

（1）对于慢性肝炎、血吸虫病、胃肠道感染等可能引发肝硬化的疾病，要积极进行预防和治疗。

（2）保持稳定的情绪和开朗的心情对于肝硬化的预防也是十分有利的。

（3）戒烟戒酒。饮酒过度可能导致酒精性肝硬化；长期吸烟则可能加快肝硬化的速度。

夏季用食疗护肝，应选择营养丰富、易于消化的食物，还应该听从医生的指导，采取适合自己的食疗方式，从而保证治疗效果。

山楂汁拌黄瓜具有清热降脂、减肥消积之功效。适用于高血压、肝硬化、肥胖等症。

山楂汁拌黄瓜

材料：鲜嫩黄瓜5根，山楂30克，白砂糖适量，清水200毫升。

制作：①山楂洗净，锅中加入200毫升清水煮15分钟，去渣取汁；黄瓜去皮、心和两头，洗净，切条，加适量清水煮熟，捞出控水。②锅中倒入山楂汁，撒入白砂糖，小火熬化，放入黄瓜条，拌匀后即可食用。

小暑耳熟能详谚语

1. 小暑天气热，棉花整枝不停歇

小暑时节，大部分棉区的棉花开始开花结铃，是生长最为旺盛的时期，在重施花铃肥的同时，要及时整枝、打杈、去老叶，以协调植株体内养分分配，增强通风透光，改善群体小气候，减少蕾铃脱落。盛夏高温是蚜虫、红蜘蛛等多种害虫盛发的季节，适时防治病虫是田间管理上的又一重要环节，所以人们总结出了"小暑天气热，棉花整枝不停歇"的谚语。

2. 小暑一声雷，倒转做黄梅

小暑时期出现的雷雨和热带风暴或台风带来的降水，虽然对水稻等农作物生长十分有利，但有时也会给棉花、大豆等旱作物及蔬菜造成不利影响。也有的年份，小暑前后北方冷空气势力仍较强，在长江中下游地区与南方暖空气势均力敌，出现锋面雷雨。小暑时节的雷雨常是"倒黄梅"的天气情况，预示着降雨天气还会再维持一段时日。

3. 小暑交大暑，热得无处躲

小暑时节的到来，标志着我国大江南北进入炎热时节，但小暑并不是一年中最炎热的时间，小暑时节气温有高有低，后期天气也不一样。特别是小暑和大暑交接的时间，比较炎热，因此农谚说："小暑交大暑，热得无处躲。"

4. 小暑民间谚语荟萃

大暑前小暑后，庄稼老头种绿豆。

大暑小暑，灌死老鼠。

坏了小暑，淹死老鼠。

霉里芝麻蒔里豆，小暑里头种赤豆。

小暑北风水流柴，大暑北风天红霞。

小暑不淋，干死竹林。

小暑不热，五谷不结。

小暑不种薯，立伏不种豆。

小暑吃芒果。

小暑吃黍，大暑吃谷。

小暑打雷，大暑打堤。

小暑大暑，热无钻处。

小暑大暑，有米不愿回家煮。

小暑东北风，大水淹地头。

小暑东风早，大雨落到饱。

小暑东南风，三车（牛车、风车、脚车）都勿动。

小暑风不动，霜冻来得迟。

小暑管玉茭，人工授粉好。

小暑过，一日热三分。

小暑过后十八天，庄稼不收土里钻。

小暑过热，九月早冷。

小暑后，大暑前，二暑之间种绿豆。

小暑见个儿，大暑见垛儿。

小暑节，筑塘缺。

小暑黄鳝赛人参。

小暑南风大暑旱。

小暑南风十八朝，晒得南山竹也焦。

小暑怕东风，大暑怕红霞。

小暑起南风，绿豆似柴篷。

小暑起燥风，日日夜夜好天公。

小暑若刮西南风，农家忙碌一场空。

小暑少落雨，热得像火炉。

小暑收大麦，大暑收小麦。

小暑头上一点漏，拔掉黄秧种绿豆。

小暑无青稻，大暑连头无。

小暑无雨，饿死老鼠。

小暑无雨，十八天南洋风。

小暑无雨十八风，大暑无雨一场空。

小暑西北风，鲤鱼飞上屋。

小暑西南淹小桥，大暑西南踏入腰。

小暑下粪，如同催命。

第六章

大暑：水深火热，龙口夺食

　　每年的公历7月22日~23日，太阳到达黄经120°，为大暑节气。与小暑一样，大暑也是反映夏季炎热程度的节令，而大暑表示天气炎热至极。

大暑气象和农事特点：炎热之极，既防洪又抗旱、保收

1. 最炎热的时期，既要预防洪涝，又要抗旱保收

　　《月令七十二候集解》中记载："六月中，……暑，热也，就热之中分为大小，月初为小，月中为大，今则热气犹大也。"这时正值"中伏"前后，是一年中最热的时期，气温最高，农作物生长最快，大部分地区的旱、涝、风灾也最为频繁，抢收抢种、抗旱排涝防台风和田间管理等任务很重。民间有饮伏茶、晒伏姜、烧伏香等习俗。

　　大暑传统上分为三候：初候，"腐草化为萤"，在这一时期的夜晚，萤火虫会在腐草败叶上飞来飞去，寻机捕食。二候，"土润溽暑"，大暑时节，土壤高温潮湿，很适宜水稻等喜水作物的生长。三候，"大雨时行"，大暑伏天，在雨热同季的潮热天气，天空中随时都会形成雨水降落下来。

　　大暑的三个物候现象说明了：大暑时节，正值中伏前后，天气进入了一年中最炎热的时期。此时也正逢雨热同季，雨量比其他月份明显增多，农家在这个时期既要时刻注意暴雨侵袭，预防洪涝灾害的发生，又要做好抗旱保收的田间准备工作。

2. "三大火炉"城市——南京、武汉和重庆

　　大暑节气最突出的特点就是热，极端的热。这样的天气给人们的工作、生产、学习、生活各方面都带来了很多不良影响。一般来说，在最高气温高于35℃时，中暑的人会明显增多；而在最高气温达37℃以上的酷热天气里，中暑的人数会急剧增加。特别是在副热带高压控制下的长江中下游地区，骄阳似火，风小湿度大，更使人感到闷热难当。全国闻名的长江沿岸"三大火炉"城市南京、武汉和重庆，平均每年炎热日就有17~34天之多，酷热日也有3~14天。其实，比"三大火炉"更热的地方还很多，如安庆、九江、万县等，其中江西的贵溪、湖南的衡阳、四川的开县等地全年平均炎热日都在40天以上，在此期间，整个长江中下游地区就如同一个大火炉，做好防暑降温工作更显得尤其重要。

大暑农历节日：火把节——东方的狂欢节

火一直在人类生活中扮演着重要的角色，各地都有火神庙或供奉火神祭祠的习俗。关于火神的来历有人认为来源于炎帝神农氏，也有人认为来源于灶神。古人曾有夏至祭灶的说法，随着时间的推移，后来才将祭灶风俗改至除夕前。民间传说的火神有祝融与回禄二人，他们都是远古时代传说中的人物，所以人们将火灾也称作祝融之灾或回禄之灾。火在五行中方位属南，夏末农历六月二十三的火神祭，正是符合了"南天正位"火德星君的身份。十二地支中巳、午属火，所以一般火神祭仪式便从巳时开始，称之为午敬，除了供奉鲜花、水果、素馔外，还有寿金金纸和放在桌上的大桶清水，以便信徒将水取回后洒在屋角，据说这样可防火灾。

每年农历的六月二十四日，是关帝圣君的诞辰，也是我国少数民族的火把节。

火把节是一些少数民族古老而重要的传统节日，有着深厚的民俗文化内涵，蜚声海内外，被称为"东方的狂欢节"。

大多是在农历的六月二十四至二十六日举行，节期三天不等，因民族不同而节日活动内容也不尽相同，但点火把活动则无一例外要举行。火把节又叫星回节，俗有"星回于天而除夕"之说，相当于彝族的新年。火把节的主要活动在夜晚，人们或点燃火把照天祈年、除秽求吉，或烧起篝火，举行盛大的歌舞娱乐活动。火把节期间，还要举行传统的摔跤、斗牛、赛马等活动，这些活动来源于一个有关英雄战胜魔王（或天神）的传说。相传在远古时候，人间丰衣足食，天王对此不满，于是派大力神下凡逞威，毁坏庄稼田园，打死牛马牲畜，英雄朵阿惹挺身而出，与大力神摔跤搏斗，战胜了他，大力神恼羞成怒，撒下香炉灰，使其变成各种害虫，人们便点火来烧，才保护了村寨和庄稼。为纪念这一事件，每年火把节都要象征性地复演传说中的故事，作为节日活动的一个主要内容。

1. 种"太阳"——欢度火把节的活动

相传农历六月二十四日是人类使用火的纪念日，生活在云南的少数民族，把六月二十四日定为传统的火把节，届时，举办各种欢度活动，如种"太阳"。

鹤庆西山片的白族、彝族群众，每到火把节这天，要举办种"太阳"活动。是日，人们在"打歌"场中心竖棵大火把，火把四周，堆放着堆堆干柴。火把正前方栽着一截经认真挑选、干燥易燃的树桩作为太阳的象征。太阳升起之际，早已汇聚在场子中的人们，各拿一根精选的小木棒，依次到"太阳"上"钻"木取火。不管谁"钻"出了火星，众人便蜂拥而上，用早已准备好的草绒、干树枝叶"接"点火种，并想办法把火种移到柴堆上，把柴堆点燃。随即，各人用一把小火把从火堆上点燃火种，带回家中把各家的火塘点燃，称之"种太阳"。太阳落山后，人们全汇聚到"打歌"场，在白日燃烧的篝火上再次点燃大火把。随之，环火把、火堆"打歌"，通宵达旦歌颂火带给人的幸福。

2. 耍火——欢度火把节的活动

白族和纳西族，到了火把节之夜，要举办耍火活动。人们在村寨所有的大树上，系上成团、成束的红花，象征"红花火树如炬燃"。当天上出现第一颗星星之际，人们各舞一把点燃的小火把，载歌载舞，环"红花火树"唱颂一通。

3. 祭颂火神——祈求五谷丰盛、事事如意

普米族到了火把节这天，要举办祭颂火神活动。

据传，普米人崇拜的火神叫昂姑咪，本是摩梭人的女始祖。她为了普米族的幸福，潜入天宫盗来了火种，并以自己的身体当火炬把火种引到了人间，让摩梭人和普米族同时获得了火。为了世世代代不忘昂姑咪的恩德，普米族便把昂姑咪带来火种这天定作祭颂火神节。

火把节当天一大早，人们便在各自的村寨口，栽埋一棵大松树，作为昂姑咪的化身。树上挂满小火把，村中有多少人口，就要在树上挂系与人口数相符的小火把。下午用牲礼祭过"化身"后，由村中年寿最高的一老妇人将"化身"点燃。参加活动者，各从"化身"上取下一把小火把，也在"化身"上将其点燃。尔后，众人在老妇人的带领下，环"化身"跳起锅庄舞，歌颂昂姑咪献身传火的功绩。礼赞过"化身"后，各人相约成组，手舞火把，穿舞于村寨、田野、山林间放声高歌。祈求火神昂姑咪赐福，庇佑全村人人畜兴旺、五谷丰盛、村寨平安、事事如意……

4. 舞火唱种——荒野变良田

有着舞火唱种习俗黄坪乡是鹤庆县的一个热区，物产富庶。相传，这里的居民是当年孔明和孟获在此屯军留下的后代。这块沃土是当年孔明与孟获结盟时共同开垦出来的。并在六月二十四日晚点火夜战，首次播下了五谷之种，荒野从此变成了良田。为了纪念这一日子，每到这一天，后人就要点火把夜战播种小春作物。是时，老人和孩子们手舞火把，环田地歌舞助兴，青年人在田间播种。劳动生产与民俗活动融为一体，另有一番风味。

大暑民俗：斗蟋蟀、吃荔枝、吃仙草、送大暑船

1. 斗蟋蟀——大暑时节的一项娱乐活动

大暑节气期间，是喜温农作物生长速度最快的时期，也是乡村田野蟋蟀最多的季节，我国有些地区的人们在茶余饭后有以斗蟋蟀为乐的风俗习惯。

斗蟋蟀也称斗蛐蛐、斗促织。我国斗蟋蟀的历史悠久，源远流长，是具有浓厚东方色彩的中国特有的文化生活，也是中国的艺术。它主要发源于中国的长江流域与黄河流域中下游，宁津蟋蟀是历史上历代帝王斗蟋蟀的进贡品种。

因蟋蟀对环境的适应性非常强，只要有杂草生长的地方，蟋蟀就可能生长生存。如果要想蟋蟀生长得个大体强、皮色好，对地质、地貌、地形就很有讲究了。古书上说，北方硬辣之虫生于立土高坡，这就说明地形地貌与蟋蟀的发育体质有很大的关系。很多书上也提到，深色土中出淡色虫大多善斗，淡色土中出深色虫必凶。

斗蟋蟀活动始于唐代，盛行于宋代，清代时益发讲究，蟋蟀要求无"四病"（仰头、卷须、练牙、踢腿），外观颜色也有尊卑之分，"白不如黑，黑不如赤，赤不如黄"，体形雄而矫健。蟋蟀相斗，要挑重量与大小差不多的，用蒸熟后特制的日草或马尾鬃引斗，让它们互吹较量，几经交锋，败的退却，胜的张翅长鸣。旧时城镇、集市，多有斗蟋蟀的赌场，今已被废除，但民间仍保留此项娱乐活动。这项活动自兴起，经历了宋、元、明、清四个朝代，又从民国发展至今，前后经历了八九百年的漫长岁月。这一活动始终受到人们的广泛喜爱，长兴不衰。

2. 过大暑：吃荔枝、羊肉——祈求免除牲畜病疾

福建莆田人在大暑节气这一天，有吃荔枝、羊肉的习俗，叫作"过大暑"。荔枝是莆田特产，其中如宋家香、状元红、十八娘红等是优良品种，古今驰名。在大暑节前后，荔枝已是满树流丹、飘香十里的成熟时候了。荔枝含有大量的葡萄糖和多种维生素，含有丰富的营养价值，所以吃鲜荔枝可以滋补身体。宋比玉的《荔枝食谱》中记载："采摘荔枝要含露采摘，并浸在冷泉中，食时最好盛在白色的瓷盆上，红白相映，更能衬出荔枝色彩的娇艳；晚间，浴罢，新月照人，是吃荔枝的最好时间。"莆田人在大暑节气这天，先将鲜荔枝浸于冷井水之中，大暑节时刻一到便取出品尝。这时候吃荔枝，最惬意、最滋补。于是，有人说大暑吃荔枝和吃人参的营养价值一样高。

莆田大暑时节有一种独特的风味菜肴——温汤羊肉。羊肉性温补，食用、药用皆宜。把羊宰后，去毛和内脏，整只放进滚烫的锅里翻烫。捞起放入大陶缸中，再把锅内的滚汤注入，泡浸一定时间后取出。吃时，把羊肉切成片，肉肥脆嫩，味鲜可口。大暑节这天早晨，羊肉上市，供不应求。

莆田大暑的另一种节令食品便是米糟，就是将米饭和白米拌在一起发酵，透熟成糟；到大暑那天，把米糟切成一块块，加些红糖煮食，据说吃后可以大补元气。

大暑时节，莆田人在这一天也要以荔枝、羊肉互赠亲友。

大暑这天诸事不宜，一般在古历书上均有注解，但也有例外。古时东北一带是皇家的马场和边贸市场所在，大暑日，此地有马王的生日一说，当地人曾一度有宰猪祭祀之习俗，仪式隆重，祈求能免除牲畜的病疾。特别是锦州，马王庙遍及城乡，各县均有马王日的记载。而在山东枣庄市，不少市民来到当地的羊肉汤馆"喝暑羊"，这是鲁南地区喝羊肉汤过大暑的一种习俗。

3. "半年节"——象征团圆与甜蜜

在台湾有过"半年节"的民俗，由于大暑是农历的六月，是全年的一半，所以在这一天拜完神明后，全家会一起吃"半年圆"。"半年圆"是用糯米磨成粉再和上红面搓成的，大多会煮成甜食来品尝，象征团圆与甜蜜。

4. 吃仙草——清热消暑

广东地区有大暑时节吃仙草的习俗。仙草又名凉粉草、仙人草，唇形科仙草属草本植物，是重要的药食两用植物资源，有神奇的消暑功效。仙草的茎叶晒干后可以做成烧仙草，广东一带叫凉粉，是一种消暑的甜品，本身也可入药。有句民谚曰："六月大暑吃仙草，活如神仙不会老。"烧仙草是台湾著名的小吃之一，有冷、热两种吃法。烧仙草的外观和口味类似港澳地区流行的另一种小吃龟苓膏，都具有清热解毒的功效。大暑还是吃菠萝的好时机，据说此时节的菠萝不酸，是品尝的好时机。

5. 送大暑船——节日盛会

送大暑船是椒江葭芷一带的民间习俗。这一习俗始于清同治年间，当时台州葭芷一带常有病疫流行，尤以大暑节前后为甚。人们以为五圣（相传五圣为张元伯、刘元达、赵公明、史文业、钟仕贵等五位，均系凶神）所致，于是在葭芷江边建立五圣庙，乡人有病向五圣祈祷，许以心愿，祈求祛病消灾，事后供奉还愿。葭芷地处椒江口附近，沿江渔民居多，为保一方平安，遂决定在大暑节集体供奉五圣，并用渔船将供品沿江送至椒江口外，为五圣享用，以表虔诚之心。此举为送大暑船之初衷。

传说有一年大暑船出海后，因船上之烛火使海盗误以为商船，追赶就近喝令停船，可船行依旧，毫不理睬。盗船遂开枪射击以逼令停船，大暑船开枪还击，令盗船无法接近。追了一夜，至天明时追上，跳上一看，竟空无一人，吓得海盗惊慌万状，连忙俯伏甲板，朝船上的神龛连连磕头，请求饶恕。

如今，送大暑船活动逐渐演变成了葭芷附近一带的节日盛会。大暑节到来之前，各方人士开始准备，组织者请木工赶造船只烧香求神。还愿谢罪者、做买卖的生意人、民间艺人、戏班演员等从四面八方来葭芷。一时间葭芷街头人来人往，熙熙攘攘，热闹非凡。

大暑民间宜忌：忌讳无雨或天不热

1. 大暑之日忌讳无雨或天不热

大暑节气忌讳天不热，否则庄稼会歉收，如谚语说的"大暑无汗，收成减半"。农民们希望大暑下雨，"大暑没雨，谷里没米"。大暑不下雨，稻子在生长期将会得不到充分的生长，秋后稻谷就是干瘪的。

2. 大暑宜吃童子鸡进补

大暑时节，民间有一传统的进补方法，就是吃童子鸡。童子鸡，是指还不会打鸣，生长刚成熟但未配育过的小公鸡；或饲育期在三个月内体重达一斤至一斤半、未曾配育过的小公鸡，后来也有专门的品种称为童子鸡。童子鸡体内含有一定的生长激素，对处于生长发育期的孩子以及激素水平下降的中老年人都有很好的补益功效。

大暑饮食养生：多吃含钾食物，及时补充蛋白质

1. 吃含钾食物有助健康

大暑期间，人们劳作或者活动，一会儿就会大汗淋漓。汗液分泌过多可能会令人手脚无力、疲惫不堪。通常情况下，人们会饮用淡盐水来补充汗液中流失的钠成分，但却忽略了和钠同时随汗液排出体外的钾元素。

从食物中吸收钾元素是大暑时节在饮食上应该注意的一个重点。由于茶叶中富含钾元素，要想补充钾，首先可以通过喝茶的方式。其次可以选择同样富含钾元素的豆类，例如黄豆、绿豆、青豆、黑豆、蚕豆等；或者含钾较多的蔬果，如香菜、水芹菜、香蕉、柑橘等。另外，还可以选择玉米、红薯、牛奶、鸡肉、鲤鱼、黄鱼等，这些食物中也含有相当多的钾元素。

2. 疲劳、嗜睡应及时补充蛋白质

大暑时节，正值盛夏，此时气温很高，人们常常选择每天只食用黄瓜、西红柿、西瓜等蔬菜和水果，这种做法是不值得提倡的。夏季的"清淡"饮食指的并不是只吃蔬菜和水果，而是应少吃油脂含量高、辛辣或者煎炸的食品。

进入大暑节气以后，高温天气会加快人体的新陈代谢，从而大量消耗蛋白质。如果只吃蔬菜水果，就会造成蛋白质缺乏，体质下降，人体会感到疲劳、嗜睡、精神不济；到了秋冬天气变冷的时候更容易得病。所以应适当地吃一些瘦肉、鸡蛋或者喝些牛奶，以摄入足够的蛋白质，以保证均衡营养。

3. 早餐吃冷食易伤胃气

冷食虽然可以除去燥热感，但它也会给人体的健康带来损害。

为了保护脾胃，建议早餐尽量吃些热的食物。由于夜晚的阴气在早晨还未彻底消除，气温还没有回升，人体内的肌肉、神经、血管都还处于收缩的状态，如果吃凉的早餐，会让体内各个系统收缩得更厉害，不利于血液循环。或许初期并不会感觉到胃肠不适，但持续的时间一长或者年龄渐长以后，喉咙就会有痰，而且很容易感冒或者有其他的小毛病，这些都是因为伤了胃气的缘故所致。

4. 清热解毒、润肺润嗓可吃些牛蒡

大暑时节食用牛蒡，有助于清热解毒、祛风湿、润肺润嗓，并对风毒面肿、咽喉肿痛及由于肺热引发的咳嗽疗效显著。择选时应注意，上等的牛蒡表面较为光滑、体形较为顺直、没有杈根、没有虫痕。在炒制时，最好爆炒几下便出锅，这样有利于保留牛蒡中的营养成分。

素炒牛蒡根丝具有清热解毒、润肺润嗓之功效。

素炒牛蒡根丝

材料：上等牛蒡根300克，熟白芝麻适量。

调料：植物油、酱油、料酒、白砂糖各适量。

制作：①牛蒡根去皮，洗净，切丝。②炒锅中倒入植物油烧热，放入牛蒡根丝略炒，加入酱油、料酒、白砂糖炒熟，盛出，撒上白芝麻即可食用。

5. 滋阴润胃、利水消肿可吃鸭肉

因鸭肉能够清热解毒、滋阴润胃、利水消肿，所以非常适合在夏末秋初食用，不仅能够祛除暑热，还能为人体补充营养。鸭肉以富有光泽、有弹性而且没有异味者为上品。在煮鸭肉的时候可以适当地加入少许腊肉、香肠和山药，可以在增加营养成分之余，使鸭肉口感更好。

滋阴润胃、利水消肿可吃红豆煮老鸭。

红豆煮老鸭

材料：白条老鸭1只（约1500克），红豆50克。

调料：葱段、姜片、料酒、盐、味精、胡椒粉各适量。

制作：①将红豆淘洗干净。②炖锅内放入红豆、老鸭、料酒、姜片、葱段，加3000毫升水。

③大火烧沸，改小火炖煮50分钟。④放入盐、味精、胡椒粉，搅匀即可食用。

大暑起居养生：睡眠时间要充足，衣服要选择天然面料

1. 大暑时节，要保持充足的睡眠

大暑节气期间，天气已达炎热高峰。在日常起居上，要保持充足的睡眠，不可在过于困乏时才睡，应当在微感乏累时便开始入睡，睡眠前不可做剧烈的运动，睡时要先睡眼，再睡心，渐渐进入深层睡眠。不可露宿，室温要适宜，不可过凉或过热，室内也不可有对流的空气，即人们常说的"穿堂风"。

清晨醒来，要先醒心，再醒眼，并在床上先做一些保健的气功，如熨眼、叩齿、鸣天鼓等，再下床。早晨可到室外进行一些健身活动，但运动量不可过大，以身体微汗为度，当然，最好选择散步或静气功为宜。中午气温高不要外出，而此时居室温度亦不可太低。

2. 为什么气温越高反而要增加些衣服

大暑时节，人们为了贪图凉快，许多年轻小伙子喜欢打赤膊，而年轻女孩喜欢穿小背心和超短裙；其实这样并不能达到较好的降温效果。研究资料显示，如果人体身处18℃~28℃的气温中，大约有70%的体温会通过皮肤辐射、对流和传导散发出体外；当人体的温度与气温相当时，人体便会完全靠汗液的分泌来散发热量；而当气温超过体温（36.8℃左右）时，皮肤不仅不能散发热量，反而会从周围的环境中吸取热量。所以，大暑时节倘若衣着过于单薄，这样做不仅达不到降温的效果，反而还会使体温升高。

如果想要夏季感觉凉爽，可以选择一些吸湿性较好的衣物。经过测量，当气温处在24℃，相对湿度在60%左右时，蚕丝品的吸湿率约为10%，而棉织品约为8%，在所有的衣物材质中，合成纤维的吸湿性最差，吸湿率不到3%。所以夏天可以根据个人情况选择真丝、天然棉布、高支府绸等面料的衣物，以达到吸湿降温的效果。

大暑运动养生：双手轮换扇扇子，既消暑又防肩周炎

1. 左右双手扇扇子，既消暑又锻炼身体

如今，由于人们的生活条件日益改善，基本上家家户户都安装了空调和电扇，于是手摇扇子逐渐被人们遗忘。其实在酷热的大暑时节经常手摇一把扇子，对于消暑降温、预防疾病和保持身体健康都是很有好处的。

根据研究表明，只有手指、手腕和关节肌肉协调运动，才能把扇子摇动起来。天气炎热的时候，通过摇动扇子，不仅可以锻炼手臂上的肌肉，使手上的关节更加灵活，还能调节身体的血液循环。如果肩关节受寒或者在很长一段时间缺少锻炼，人很容易患上肩周炎。通过摇动扇子可以运动肩关节，还可以有效地预防肩周炎。

用手扇扇子时，虽然只需要运用到单只手的力量，但是能够运动手部肌肉和关节，还能让大脑的血管灵活地收缩与扩张。由于人的左脑控制人体的右半部分肢体，而人的右脑控制人体的左半部分肢体。通常情况下人都是用右手来进行各项活动的，所以大脑的左半球能够得到比较多的锻炼，而大脑的右半球得到的锻炼相对较少。

在一般情况下，多数老年人的脑溢血会发生在右脑，这很有可能是因为左手缺乏运动而使得右脑的血管缺乏锻炼所致。所以在炎热的天气里，老年人最好用左手来摇扇子。这样一来，左侧肢体的灵活性就能得到改善，从而使右脑得到锻炼，还能有效地预防脑血管疾病的发生。

在大暑节气期间，很多人因为贪图一时的凉快而直接使用风扇或者空调，结果很容易患上感冒。而手摇扇子的风速和风力都比电风扇和空调要小得多，不易使人感冒。另外，扇子的体积较

小，携带十分方便。特别是在纳凉的时候，边说话边缓缓摇扇，既可以消暑降温、驱赶蚊虫，又能达到健身养生的功效，此种纳凉方法很值得推荐。

2. 夏季运动要因人而异，适时、适量

烈日炎炎的夏季保健运动，最好选择在清晨或傍晚天气较凉爽时进行。场地宜选择在河湖水边、公园庭院等空气新鲜的地方。有条件者还可以到森林、海滨地区去疗养、度假，以度过炎炎夏日。

大暑时节，运动量不宜过大。因为，春夏宜养阳，而剧烈的运动可致大汗淋漓，不但伤阴，也伤阳气。因此，大暑时节锻炼的项目常以散步、慢跑、太极拳、广播体操为宜。

不少人误以为运动越激烈越好，甚至在运动期间即使出现不舒服，仍忍着继续下去。这样易导致体力透支，对身体健康十分不利。因此，当锻炼到较为舒适的时候，不应再增加运动量，此时应慢慢减少或者停止运动。

因为每个人的身体素质各不相同，所以运动量也应有所差异。一般来说，身体健康的人，在做运动后，适量的出汗会使身体有一种舒服的畅快感，运动量应该以此为度。

如果喜欢早上起来运动，最好能在运动前或运动中喝一些水。去健身房的时候，要带上一些饮料、白开水、食物等，要随时注意补充运动时所需要的能量和水分。

需要引起注意的是，运动后不能过量地喝冷饮，最好喝些热茶或绿豆汤等防暑饮品。因为在运动时热量增加，胃肠道表面温度也急剧上升，如果运动后喝冷饮，强冷刺激会使胃肠道血管收缩，减少腺体分泌量，易导致食欲减退或消化不良。

在刚停止运动后，不可用冷水给身体降温，以免出现发热、伤风感冒等。做完较剧烈的运动后，不可马上卧床休息，也不可立刻用餐。

大暑时节，常见病食疗防治

1. 中暑食用荷叶粥食疗防治

如果人们长时间处在温度很高、热辐射很强的环境下，很容易导致体内水、电解质的代谢出现异常，并影响神经系统的正常运行，这种症状称之为中暑，一般伴有恶心、头疼、口干舌燥、胸闷、焦躁、筋疲力尽等症状，更有甚者会出现面色苍白、大量流汗、心慌气短、四肢冰冷、痉挛甚至陷入昏迷等现象。

中暑预防措施：

（1）夏季天热时要及时补充水分，适当食用一些新鲜的蔬果，避免睡眠不足。

（2）避免皮肤受到阳光暴晒，尤其是上午10点至下午4点这段时间。外出前一定要做好防晒工作。如果感到身体不适，不要继续在高温环境中活动，到一个较为凉爽的地方稍作休息，以免中暑。

（3）备好藿香正气水、仁丹、风油精等药品。

如有人不慎中暑，此时不要喝太多的水，否则会稀释胃液，损伤消化系统，还有可能带走体内贮存的盐分，严重者可能发生热痉挛。此时应该选择一些清淡助消化的食物，并最好搭配鱼肉、鸡肉、鸡蛋、牛奶等富含营养的食物一起食用。

荷叶粥具有清暑利湿、升发清热之功效。可用于夏季中暑和泄泻后身体的康复。

荷叶粥

材料：大米100克，新鲜荷叶1张，冰糖末适量。

制作：①荷叶洗净，撕碎；大米淘洗干净。②大米煮粥，加冰糖末搅匀。③趁热将荷叶撒在粥面上，待粥呈淡绿色后即可食用。

2. 食用百合炒莴笋防治风湿性心脏病

若急性风湿热引发心脏出现炎症，并且没有完全治愈，便可能导致以瓣膜病变为特征的后遗症，即风湿性心脏病。由于大暑时节由于气温高、湿度大、气压低，会影响人体的循环系统和代谢功能，易导致风湿性心脏病的发生。此病的主要症状为病变的瓣膜区有杂音，心室、心房增大，后期可能出现心脏功能不全和心力衰竭等。

患有风湿性心脏病的患者应少吃盐，通常每天摄入1～5克盐为宜。还应避免食用香蕉等含钠量较高的食物和苦寒、辛辣的食品。因为苦寒食品易损伤阳气，而辛辣的食物会加重心脏的负担。百合炒莴笋具有清心安神、清热养阴的功效。适合类风湿性心脏病患者食用。

百合炒莴笋

材料：莴笋200克，百合30克，红柿子椒25克，葱段、姜片、盐、料酒、味精以及植物油各适量。

制作：①莴笋去皮，切菱形片；百合泡软。②红柿子椒去蒂、子，切菱形片。③炒锅内放入植物油烧热，下入姜片、葱段爆香，加入莴笋、红柿子椒、百合炒熟。④加入料酒、盐、味精，炒匀即可食用。

风湿性心脏病防治措施：

（1）避免待在潮湿的环境中，避免劳累和饥饿。

（2）三餐要有规律，少吃高脂、多盐或者香蕉等钠含量较高的食品。

（3）患有扁桃体炎、中耳炎、感冒、猩红热或者上呼吸道感染等病症者，要及时就医，以预防风湿热，因为风湿热发作会严重损害心脏瓣膜。必要的时候可以将扁桃体摘除。

大暑耳熟能详谚语

1. 大暑不割禾，一天少一箩

人们常说"禾到大暑日夜黄"，对我国种植双季稻的地区来说，一年中最紧张、最艰苦、顶烈日战高温的战斗已拉开了序幕。俗话说："早稻抢日，晚稻抢时"、"大暑不割禾，一天少一箩"，适时收获早稻，不仅可减少后期风雨造成的危害，确保水稻丰收，而且可使双晚适时栽插，争取足够的生长期。要根据天气的变化，灵活安排，晴天多割，阴天多栽，在阳历7月底以前栽完双晚，最迟则不可迟过立秋。

2. 大暑天，三天不下干一砖

大暑是一年中最炎热的时期，酷暑盛夏，水分蒸发特别快，尤其是长江中下游地区正值伏旱期，旺盛生长的农作物对水分的要求更为迫切，真是"小暑雨如银，大暑雨如金"。棉花花铃期叶面积达一生中最大值，是需要水分的高峰期，要求田间土壤湿度占田间持水量在70%~80%为最好，低于60%就会受旱而导致落花落铃，必须立即灌溉。要注意灌水不可在中午高温时进行，以免土壤温度变化过于剧烈而加重蕾铃脱落。大豆开花结荚也正是需水临界期，对缺水的反应十分敏感。农谚说："大豆开花，沟里摸虾"，出现旱情应及时浇灌，这就是人们常说的"大暑天，三天不下干一砖"。

3. 大暑民间谚语荟萃

大暑不浇苗，到老无好稻。

大暑不暑，五谷不起。

大暑不雨秋边早。

大暑大落大死，无落无死。

大暑大雨，百日见霜。

大暑到，暑气冒。

大暑到立秋，割草沤肥正时候。

大暑到立秋，积粪到田头。

大暑后插秧，立冬谷满仓。

大暑老鸭胜补药。

大暑连阴，遍地黄金。

大暑前，小暑后，两暑之间种绿豆。

大暑前后，晒死泥鳅。

大暑前后，衣裳湿透。

大暑热，秋后凉。

大暑热，田头歇；大暑凉，水满塘。

大暑热不透，大热在秋后。

大暑热得慌，四个月无霜。

大暑深锄草。

大暑无汗，收成减半。

大暑无酷热，五谷多不结。

大暑小暑，包谷锅里煮。

大暑小暑，遍地开锄。

大暑小暑，灌死老鼠。

大暑小暑，热煞老鼠。

大暑小暑，有米懒煮。

大暑小暑不是暑，立秋处暑正当暑。

大暑小暑六月中，酷暑烫天热煞人。

大暑早，处暑迟，三秋荞麦正当时。

大暑展秋风，秋后热到狂。

大暑种蔬菜，生活巧安排。

伏儿不肯晒面皮，寒冬腊月饿肚皮。

伏儿九儿多攒粪，来年谷儿憋破肚。

伏旱不算旱，秋旱减一半。

伏里草，埋了好。

伏里锄一锄，能加一碗油。

伏里犁三遍，缸里有白面。

伏里深耕田，赛过水浇园。

伏里淹了狗，能长一探手。

伏天没雨，谷里没米。

伏天深耕加一寸，胜过来年上层粪。

伏天踢一脚，如同秋天刨一镢。

伏天有雨好种麦。

禾到大暑日夜黄。

三伏大暑热，冬必多雨雪。

小暑不见日头，大暑晒开石头。

小暑不算热，大暑正伏天。

小暑大暑不热，小寒大寒不冷。

小暑大暑七月间，追肥授粉种菜园。

小暑到大暑，十有九天雹雨走。

小暑交大暑，热来无钻处。

小暑凉飕飕，大暑热熬熬。

小暑南风十八潮，大暑南风点火烧。

小暑小食，大暑大食。

第七章

夏季穿衣、美容、两性健康、心理调适策略

夏季穿衣：选择吸湿、散热性能好和吸热性能差的面料

1. 选择吸湿散热性能好的面料

夏季，应选择吸湿和散湿性能好的衣料，有利于吸收和蒸发汗液，降低体温。相反，吸湿和散湿性能差的衣料，会使人感到闷热和潮湿，很不舒服，而且对皮肤和身体健康不利。

所以，为了不妨碍皮肤汗液的蒸发，夏季衣服必须具有一定的吸湿性和散湿性。衣服的吸湿和散湿性，主要取决于原料的性能，与质地的疏密也有一定的关系。

合成纤维类衣物虽有易洗易干不用熨烫的优点，但吸湿和散湿性能都很差，汗水不易渗透到纤维内，妨碍汗水蒸发。因此，夏季即便穿着孔隙很大的化纤类织物也还是会感到很闷热。

羊毛类衣物吸湿性好，但散湿性差，不宜做夏衣材料。棉布、丝绸、亚麻、人造丝，吸湿性能强，散湿速度快，适合作夏季衣料。而且，纯棉服装既柔软舒适，又经济实惠。真丝和麻质面料能吸收阳光中的紫外线，可保护皮肤以免受到紫外线的伤害。

除此之外，夏季服装还应具有透气性好而热吸收率小的优点。透气性取决于衣料的厚薄、织法和纤维的性质，如麻织物和真丝织物的透气性较好，穿这些质地的衣服感觉比较凉爽。

在织法上，纺织品经纬之间呈直通气孔的比交错排列呈斜纹气孔的透气性要好。纺织品的密度愈高，透气性愈差。同样原料织成的布，密度增加一倍，透气性就会减少50%。

总之，稀疏、质薄、量轻、弹性好、柔软的衣料，比细密、质厚、量重、弹性差、不柔软的衣料透气性要好一些。

衣服的热吸收与衣服的颜色和表面光洁度有关。浅色衣服的热吸收率比深色的小；手感光滑的衣服，其热吸收率也相对较小，故丝光全棉的T恤衫比全棉的穿在身上感到更为凉爽。

2. 选择短衫、短裤、短裙的款式

夏天的服装宜选择宽松舒适为好，不仅活动方便，而且通风透气，还有利于散热。

一般情况来说，服装覆盖的面积愈小，体温散失得愈快。但在炎热的夏季，不要误以为穿得越暴露就会越凉爽。因为，只有当外界气温低于皮肤温度时，暴露才会有凉快感。当外界气温高于皮肤温度时，暴露面积不宜超过总体表面积的25%，否则热辐射就会侵入皮肤，反而会使人更热。

夏季人们喜欢穿短衫、短裙、短裤，这是个不错的选择。当然，夏装还要考虑到鼓风作用。

女士穿喇叭裙、连衣裙，走动时能产生较好的鼓风作用，因而比穿瘦型裙更凉快。另外，夏装的开口部位（领、袖、裤腿、腰部）不宜过瘦，最好敞开些，这样有利于通风散热。过瘦的夏装会影响散热。一些年轻人，特别是女青年，喜欢穿紧身的衣裤，追求曲线美。但穿衣服时不仅要考虑到美，更重要的还是考虑到健康。因为，裆短及过紧的裤子会阻碍女性阴部湿热气体的蒸发，有利于细菌的繁殖，易引起感染。男性穿紧身裤也是害多利少，因为紧身裤易造成股癣，还会经常刺激生殖器，引起身体的不适。

需要注意的是，喜欢穿露脐装、吊带装的女性，在出入有空调的场所时，应避免腹部和肩部受凉，以免引起胃肠功能紊乱和肩周炎、颈肩综合征等疾病。

3. 选择吸热性能差的浅色衣服

夏季温度高，太阳辐射强，为防止太阳的辐射，应尽量减少衣服吸热程度。

选择服装衣料的颜色不同，对热量的吸收和反射的强度也各不相同。一般而言，颜色越深，吸热越强，反射性越差；颜色越浅，反射性越强，吸热性越差。

人们常说："夏不穿黑，冬不穿白。"因为白色对光热的吸收最少，反射最强，能将大部分光热反射出去。黑色对光热的吸收最多，反射最少，能将射在它上面的光热大部分吸收进来。因此，夏季衣着的色调应以浅色和冷色为主，应素雅大方，避免过于强烈，以反射辐射热。比如，可选择白色、浅绿、浅蓝色、淡黄等颜色作衣料。

4. 选择麻、丝、棉制品的内衣

在炎热的夏季，人体主要依靠大量出汗来散发热量。大量出汗时，大部分汗来不及蒸发而溢流在皮肤表面，其中多半又被贴身内衣所吸附。因此，夏季对内衣的选择也是非常重要的。

麻、丝、棉织品是最理想的内衣材料，它们具有良好的透气性、吸湿性、排湿性和散热性。而且，夏季的内衣应宽松舒适，大小适中。

因化纤类内衣的透气性、吸湿性差，稍有出汗，内衣便发黏，热量不易散发，产生闷热、潮湿的内环境。这样，局部的微生物便会迅速繁殖，使汗液中的尿素分解产生氨，发出难闻的汗臭味，而且还会使皮肤受到异常刺激，诱发痱子及皮炎等。尤其是女性，更不能选用化纤衣料作内裤，而且内裤不宜过紧。因为女性阴道常分泌出酸性分泌物，使外阴保持湿润，并具有防止细菌入侵和杀灭细菌的作用。选用化纤内裤，或内裤过紧，都将不利于阴部湿气蒸发，从而为细菌的繁殖创造了有利条件，很容易引起感染。

5. 选择吸湿、透气、排汗材料的鞋袜

人们在夏季选择凉鞋时，宜选用软帮鞋，尤以皮革凉鞋为佳。不宜选用塑料、橡胶、人造革等材料制作的凉鞋，因为它们不具备吸湿的功能，穿着不仅感到鞋内滑腻，还会发出阵阵臭味。而且这类凉鞋的原材料中含有大量的化学物质，这些化学物质还会引起皮肤的过敏反应。

夏季在选择袜子时，尽可能穿透气性好的薄棉袜子，避免穿长丝袜。因为夏季皮肤毛孔处于舒张状态，便于排汗降温。穿上长丝袜后，袜子紧紧箍在皮肤上，不利于汗液排出和蒸发，从而影响散热。另外，汗液排泄不畅和无机盐等皮肤代谢产物的刺激，还会引起皮肤瘙痒等症状。

6. 夏凉帽和太阳镜的选择

（1）夏日戴帽。因夏季强烈的阳光照射会对人体产生一系列不良影响，可导致白内障、晒伤皮肤、引发皮肤癌。在我国，老年性白内障是老年眼病中致盲率最高的一种。因此，夏季应保护好眼睛，在强烈的阳光下，应戴顶帽子，以减轻紫外线对眼睛的直接损害。

帽子的选择是有一定讲究的，因为帽子的防护性能决定其保护效果。防护性能主要是对太阳辐射热的遮阻力而言，遮阻力越高，其防护性能越好，也更加有利于对眼睛的保护。

黑色棉布帽：对太阳辐射热的遮阻力最小，其防护性能较差。

麦秆草帽和白色棉布帽：对太阳辐射热的遮阻力最高，其防护性能最好。

遮阳帽：既可遮阳，又能增加美感，可自行调节松紧度，比较适合少女或中年妇女佩戴。

旅游帽：帽子小、帽檐大、前额遮阳面积较大。女性以浅蓝、浅黄、奶白等浅色帽为宜。

但是要防止阳光暴晒，保护眼睛，不能光靠帽子，还要戴上太阳镜。

（2）选择合适的太阳镜。夏季阳光极为强烈，戴上合适的太阳镜来遮蔽阳光，对眼睛的健康十分有益。但需要注意的是，在选择眼镜时，一定要讲究科学。太阳镜能避免紫外线对眼睛的损害，但如果镜片颜色过深，会因视物不清而影响视力；如果镜片颜色过浅，紫外线仍可透过镜片损害视力。所以，夏季选择太阳镜时，应允许5%～30%之间的光线穿过的绿色镜片，这样不但可以抵御紫外线，而且视觉清晰度最佳，透视外界物体颜色变化也最小。

夏季还有些人喜欢戴变色镜，这对眼睛的健康十分不利。因为，戴上变色镜后，可见光减弱，瞳孔处于扩大状态，使紫外线进入眼睛的量成倍增加，很容易对眼睛造成伤害。过量紫外线照射可引起角膜水肿，失去原来的光泽和弹性，使瞳孔对光反应迟钝，视力下降。紫外线的长时间作用，还可导致晶状体硬化和钙化，诱发白内障。另外，少数对紫外线过敏的人，还可能引起中心视网膜炎等眼底疾病，严重损害视力。特别是45岁以上的中老年人，更不宜戴变色眼镜，以免诱发青光眼。视力在600°以上的高度近视者，常戴变色眼镜还会使近视程度加深。

夏季美容护理：尽量用温水洗脸，切忌天天洗头

1. 夏天不宜用凉水洗脸

人们在炎热的夏季出汗多，水分蒸发后残留在身体表面的盐分、尿素等废物会刺激皮肤。夏季皮脂分泌旺盛，毛孔容易堵塞，这些都会影响皮肤的新陈代谢，而导致痱子、痤疮等多种皮肤疾患。由此可见，夏季保持肌肤的清洁是十分重要的。

（1）夏季用凉水洗脸易诱发皮炎。夏天洗脸最大的忌讳是什么？就是用冷水洗脸。满是汗水的脸上，皮肤温度相对比较高，在没有冷却下来的情况下，突然受到冷水的刺激，会引起面部皮肤毛孔收缩，使得毛孔中的油污、汗液不能及时被清洗出来。这样下去，将会使肌肤的毛孔变大。敏感的肌肤甚至可能会因此急性发炎，油性皮肤则容易出现粉刺和痘痘。

（2）夏季每天至少应洗脸两次。夏季每天应洗脸至少两次，尤其是平时有化妆习惯的人。洗脸最好用42℃以下的温热水，能溶解皮脂，促进皮肤新陈代谢。为了有效地去除面部的残留皮脂和污垢，夏季洗脸时最好选用清洁功能比较强的洁面产品。

（3）经常化妆的女性，别忘记再多洗一遍脸。平时有化妆习惯的女性，在化妆品和污染物去除后，应再用清水洗一遍，并用干毛巾将水分吸干，使用一些收缩水，涂上乳液等护肤品。油性皮肤毛孔粗大，皮脂腺分泌多，尘土容易附着及细菌寄生，夏季更为明显，所以应多洗几次脸，使皮脂排泄通畅。另外，手、脚、颈、背等暴露在外的部位，也要注意经常清洗和及时涂抹护肤品。

2. 夏天美白先养"气血"

人们经常说"一白遮百丑"，女性都希望拥有白皙无瑕的肌肤，而中医是如何美白的呢？其实中医讲究的不是"白"，而是整体观念——"气血"，就是颜面、皮肤、头发等的变化。如果面色红润，皮肤细腻光滑是身体内脏腑经络功能正常与气血充盛的外在表现，反之，则会出现脏腑功能与气血失调。夏天我们该如何调养，才能让皮肤更健康美白呢？以下两点可供参考：

（1）一天中有两个时段尽量避免出门。太阳对皮肤的伤害，主要是阳光中的紫外线。阳光对皮肤伤害最深的时段主要是上午10点至下午4点，也就是所谓"毒日头"的时间。所以外出时，要尽量避开这一时间段，但其他时间段外出时也应做好相应的防晒措施，以减少紫外线对皮肤的伤害。

（2）由内而外，中医美白食补最关键。许多人因青春痘、粉刺、黑斑或面色黯沉等问题而苦恼，这些皮肤的问题，除了外在环境因素，多半与脏腑功能紊乱，气血失调有关。中医认为，肤色要自然光彩亮丽，还得从根本上调理。

补气红枣茶具有补血益气的功效，适合面色苍白、倦怠乏力、容易感冒、头晕心悸者。

补气红枣茶

材料：牛蒡10克、红枣10克、麦冬10克、黄芪10克。

制作：①将所有材料加入2000毫升的水，浸泡30分钟。②大火煮滚后转小火煮约10分钟即可食用。

理气活血茶具有养血活血、促进血行之功效，适用于唇色偏暗、痛经、身体酸痛等血液循环不佳者。

理气活血茶

材料：丹参10克、黄芪10克、山楂10克。

制作：将材料加入1000毫升的清水，大火煮滚后转小火煮10分钟即可。

消斑养颜茶具有化斑美颜之功效，一般人均可饮用。

消斑养颜茶

材料：白茯苓10克、红枣（去核）10克、西洋参5克、川七3克、珍珠粉3克、玫瑰花5朵。

做法：将以上药材加入1000毫升沸水冲泡，加盖焖约20分钟，过滤后即可。

3. 夏季不要天天洗头发

在夏季，有许多因素都会伤害头发，影响头发的正常生长。一是夏季阳光中的紫外线较强，使头发易干燥，失去光泽；二是汗水的侵蚀、灰尘的污染，使病菌容易繁殖，而造成头皮屑增多、脱发，甚至还会出现毛发变细和断发的现象。

在辨别头发是否受到损伤的时候，可以通过以下两种方式来检查。长发者可将头发的发梢握在手心中，轻轻地搓揉，如果手心感觉发涩，便是发质变差的表现。另外，可以目测发梢，发质不健康的头发在分叉之前，发梢的颜色会有一点点偏浅。在分叉并脱落后，发尾会有白色的点。如果发现这种情况，便应该及时对头发进行养护。

（1）油性发质最容易受损。发质一般分三类，即普通型、油性型和受损型。发质不同，遇到头发损伤的问题也不同。其中油性发质在夏季最容易受损。

夏季，随着日光照射的不断增强，夏季皮脂腺分泌出来的油脂比其他季节更为强烈，而油性的头发本来分泌的油脂就多一些，过多油脂会堵塞毛孔影响头发呼吸。有的人说油性发质不能做营养方面的护理，怕营养过多令头发负担更重。其实不是，造成发质油性的主要原因是缺少水分，所以应该选用补水类的营养护理系列产品，才能对油性发质起到很好的养护作用。

（2）夏季不要天天洗头发。夏季天气热，容易出汗，很多人都是每天洗头发，这也不正确。因为皮脂膜有滋润皮肤的功效，其中的脂肪酸有抑制细菌生长等作用，经常洗发会将头皮脂膜层洗掉，所以洗发次数过多是不适宜的，尤其是在夏季。夏季油性发质每隔3～4天洗一次，普通发质4～5天洗一次头发为最好。

（3）如何消除夏季头屑。中医认为，头屑主要是因为人体正气不足，抵抗力下降，风燥之邪侵入所致。因此，可用祛风、养血、清热、保湿、杀虫、止痒的方药来治疗。下面有两种去头屑的方法，可供人们选用：

①适量清水中加入食盐，溶解后再洗头，对消除头皮发痒、减少头屑有很好的效果。

②将1000毫升温水中加入陈醋150毫升，充分搅匀。用此水每天洗头1次，能去头屑止痒，对防止脱发也很有帮助，还能减少头发分叉的现象。

4. 夏季要预防首饰病

夏季，因为天气炎热，患皮肤病的人逐渐增多，很多是因为戴金属首饰而造成的。过敏症状表现在饰品与皮肤接触的部位，如耳部、颈部、手腕、手指等处，也有的人会出现全身过敏反应，先是皮肤红肿，接着开始起小丘疹、水疱，并且还伴有全身奇痒的现象。

（1）为什么金属饰物接触皮肤容易造成皮炎。金属饰物在制作过程中，都会按比例掺入少量的铬、镍、铜等金属，天热时人体汗液可导致这些金属饰物表面少量的硫酸镍溶解。这样皮肤吸收后就会发生过敏反应，从而诱发皮肤病，一些过敏体质的人，反应可能会更加强烈。

（2）预防首饰病先从不贪小便宜做起。并非所有的饰品都会使易感人群产生过敏反应，纯金、纯银或者高档的珠宝玉石饰品通常较少引起过敏，而一些低档饰品是经过化学处理的，容易引起过敏反应。过敏体质的人应尽量避免佩戴镀金、镀银、镀镍、镀铬及假玉等容易引发皮炎的饰品。

（3）谨慎选择"穿刺型"首饰。在"穿刺型"首饰中，最为普遍的要数耳环。许多年轻人现在爱用眉环、脐环甚至舌环等装扮来标榜自己的个性。殊不知，由于穿刺受损的局部组织和饰品不断摩擦接触，非常容易引起皮肤感染，如果是本身属于过敏体质的人，反应也许更为强烈。所以，选择"穿刺型"首饰时要慎重。

5. 养护肝、脾可去除汗臭

进入夏季以后，气温明显升高，在空气流通较差的公共汽车上、人流拥挤的超市中，汗臭蔓延，让人避而远之。其实汗液本应是无味的，那么汗臭味是从哪里来的？

（1）夏季汗多可能肝有问题。从中医学角度解释，夏季出汗过多与人的体质有关。举个例子，用火给水加热，温度升高，水汽就产生了。适度出汗是正常现象，对人体有好处。但出汗过多就不好了，这是因为"汗为心之液"，如果出汗过多就容易损伤心阳，而五脏六腑又是相互牵制的，所以出汗过多也是某些疾病的征兆。

中医认为，肝热者体温略高，容易出汗，汗水呈赤黄色，有臭味。如果日常饮食不当，进食过量燥热的食品或吸烟嗜酒，体内会积聚很多有毒物质。排毒的途径除大小便外，就是透过皮肤毛孔。因此有肝病的人，排出来的汗会带有臭味。

（2）出汗过多的体质应怎样调养。人体的汗腺有两种，一种叫小分泌腺，它流出的汗液只有水分和盐分，所以不会有臭味，像手、脚等部位的汗腺就是这一种。另外一种则是汗臭的"罪魁祸首"——大分泌腺，因为它藏在毛孔的下面，所以流出来的汗液会略带臭味。

不妨以泡热水澡的方式来锻炼汗腺以消除汗臭。人坐在水温43～44℃的浴池里，手肘、腰以下浸没在热水中，仅让胸、腹、背露出水面。10～15分钟后汗液从胸、腹、背部流出，再洗澡，擦干身，然后喝些有暖身发汗作用的姜汤补充水分。锻炼汗腺时不要在空调房间里进行，因为室温过低会降低出汗的效果。锻炼汗腺最好在闷热的6月初连续进行两周。两周后就会达到正常出汗、消除汗臭的效果。

（3）脚臭怎么办。夏天，很多人都有脚臭的毛病，脾湿热时，人会出又黄又臭的汗，这就是"汗臭脚"的由来。一般说来，脚臭与脾的健康有关，此时应以清热祛湿为主。可以每晚都用热水或者明矾水泡脚，明矾具有收敛作用，可以燥湿止痒。还可多吃扁豆，扁豆可以健脾祛湿。另外，土霉素有收敛、祛湿的作用，把土霉素药片压碎成末，抹在脚趾缝里，在一定程度上也能够防止出汗和脚臭。

夏季两性健康：房事要适度

1. 夏季房事要适度

在烈日炎炎的夏季，无论是刚刚醒来的早晨，还是慵懒的午后，你会发现身体总是"性"致勃勃。但《摄生杂话》里说："人但知冬不藏精者致病，而不知夏不藏精者更甚焉。"意思是夏令如不注意保护精气，对人体的损伤则比冬天更为严重。

（1）夏季要学会保护自己的元气。中医学认为性交时，主要有心肾两脏的直接参与以及肺脏的间接相助。性交过度可致心肾之火妄动，加上射精，使肺肾阴精耗伤。如果这时不注意节制，放纵自己的欲望，就会加速能量的消耗，进一步透支身体能量，影响身体的基础——"元气"。身体强壮的人也许不会马上生病，但到了秋天则容易患伏暑，甚至还容易患一些传染病。

（2）夏季性生活每周不宜超过两次。《养生诗歌惜精养神诀》中说："午未两月，金水俱伤。隔房独宿，体质轻强。"意思是如在每年5～6月单独一个人就寝，身体会强壮很多。当然，这个标准很多人都没法做到。那么夏天最适合的做爱频率是多少呢？《养生集要》中谈到，夏季以每周施精（性交）两次为宜。

2. 夏季性生活要预防感冒

从古至今，养生论著里都明确地提出：夏季性爱应注意"阳亢兴奋之反而"。意思是说，夏天更容易让人欲望高涨，应注意节制。

（1）出汗过多要当心。夏天，人体汗液分泌增多，加上性爱的欲望会让人兴奋，很多人会发现性生活还未开始，自己就已经大汗淋漓了。不过，千万不要以为大量出汗是正常现象。根据中医理论，夏天出汗太多时让夫妻生活容易引起虚脱，应等到汗完全干了、心跳平稳以后，再行房事，这样有利于身体健康。

（2）性爱期间，应注意室内通风。夏日气温高、湿度大，不少夫妻过性生活时，习惯把门窗关得密不透风，又不采取防暑降温措施，这样极易发生中暑现象。因此，夏季夫妻性生活时应注意室内通风透气，降暑降温，平时饮食注意少吃含脂肪丰富的食物，应多食用绿豆汤等解暑食品。

（3）"性爱感冒"不可不防。有些人喜欢在空调环境里过性生活，但在性生活过程中，特别是获得性高潮后，人体会发热出汗，全身汗毛孔会张开，此时如果有凉气入侵，会让抵抗力下降的人出现鼻塞、打喷嚏、流鼻涕、头痛等一些感冒症状。

夏季过性生活时，应该避免过分贪凉。如果使用空调，应让室内外温度相差5℃左右，室温最低不超过27℃。性爱之后如果感到口渴、浑身黏腻，不要急匆匆地去冲冷水澡，应等身体平息之后再喝水、淋浴，这样才有利于身体健康。

3. 特殊天气不宜过性生活

夏季经常会遇到雷电交加、气压较低的天气，人因此有胸闷气短的感觉，这时候是不宜同房的。中医认为，这种情况下，若强行同房很可能引发阳痿、早泄，甚至一蹶不振，不仅影响夫妻生活的质量，还会在无形中增加心理负担。

（1）雷电交加时不宜性交。人生存在大自然中，其生活活动必须顺应自然界的各种变化。人们应该避免房事，称之"天忌"。夏天天气太热、太闷，如果在雷电交加时性交，很容易超过人体的调节能力，造成阴阳失调，使抵抗力降低。

（2）有些节气不宜同房。古人不仅重视气候变化对性生活的影响，而且还指出有些特殊的节气不宜过性生活。比如夏至，一是因为夏至（大约公历6月22日）前后天气多酷热，二是夏至为自然界阴阳转换交接之时，阴气才刚刚开始生长，还很微弱，与冬至一样，是一年中最虚的时候，故不宜行房事。

夏季心理调适：清静度夏、静养勿躁、胸怀要宽阔

1. 清静度夏，调息静心，静养勿躁

据《素问·四气调神大论》中记载："夏三月，此为蕃秀，天地气交，万物华实，夜卧早起，无厌于日，使志无怒，使华英成秀，使气得泄，若所爱在外，此夏气之应，养长之道也。"

所谓"无厌于日"，就是说长昼酷暑，伤津耗气，人易疲乏，情易烦腻。而养生之人，需顺应夏天阳气旺盛的特点，振作精神，勿生厌倦之心，使气宣泄，免生郁结。所谓"使志无怒"，是要人注意调整情绪，莫因事繁而生急躁、恼怒之情；所谓"使气得泄，若所爱在外"，即气之宣泄平和、畅达，如其所爱在外一样舒畅。

因此，在夏季养生，以调节情志为先，应保持淡泊宁静的心境，处事不惊，遇事不乱，凡事顺其自然，静养毋躁。正如《摄生消息论》中所说："夏季更宜调息净心，常如冰雪在心。"经有关研究证实，安静时体内肾上腺素和去甲肾上腺素的分泌明显减少，基础代谢减慢，产热减少。有一首《禅诗》说：春有百花秋有月，夏有凉风冬有雪；若无闲事扰心头，便是人间好时节。所以，越是天热，越要心静，这样热感便会减轻。

2. 忘却与放弃，知进退，能屈伸

如果一个人总是把以往的经历牢牢地记在心里，肯定会活得很累，或是向生活索取太多，肯定会失去很多美好的东西，这就是生活的逻辑。其实，善于放弃并不等同于自认失败，反而可以让我们跳出生活中的黑洞。敢于放弃往往会使我们及早地卸下不必要的包袱。人们只有善于忘却和放弃，才会寻求到心理的平衡。

生活中总有些事情不尽如人意，有时需要严肃以待，但很多时候并不需要搞得事事明白。有时搞得清清楚楚，反而于事无补。正如古人说："水至清则无鱼，人至察则无徒。"世间的事不完全由你所控制，不得已时，退一步反而海阔天空。知进退，能屈伸，这才是安身立命的从容态度。而且，人的欲望是无穷的，不懂得放弃就是不懂得生活。

只有保持阔达、乐观的心态，享受属于自己的生活，才能活得潇洒而又真实；只有善于忘却和放弃，尽人事而听天命，才可安然平静地接受和享受属于自己的人生。

3. 防情绪中暑，静心安神，戒躁息怒

在夏季，有些人特别是一些中老年人，易出现情绪和行为异常，即所谓的情绪中暑。其主要表现为心境不佳，情绪烦躁，爱发脾气，行为古怪，对事物缺少兴趣等。

在炎热的夏季，人们的睡眠时间和饮食量都有所减少，加上出汗增多，体内电解质代谢障碍，影响大脑神经活动，所以很容易产生情绪和行为方面的异常。尤其是气温超过35℃、日照超过12小时、湿度高于80%时，情绪中暑的比例会急剧上升。情绪中暑对夏季养生危害甚大，尤其是老年人，易诱发心血管疾病，严重者甚至会发生猝死。

防止情绪中暑，首先要注意静心，越是天热，越要静心安神、戒躁息怒；饮食宜清淡，少吃油腻食物；多饮水，以调节体温，改善血液循环。居室要保持通风，遇到不顺心的事，要冷处理，以消除苦闷，保持良好的情绪。另外，应给自己安排一个严格的起居时间。因为睡眠不足，心情就会变得急躁。

4. 精神饱满度炎夏，精神愉悦，胸怀宽阔

人们在夏季的精神调摄，应符合自然界阳气旺盛、万物生机活跃的规律，主动调节情志，保持恬静愉快的心境，神清气和，胸怀宽阔，即中医养生学主张的"夏季要放"。

只有保持精神饱满，使机体的气机宣畅，通泄自如，情绪向外，呈现出对外界事物有浓厚的兴趣，才能做到"华英成秀"，即精神之英华适应夏气以成其秀美。

要保持精神饱满，首先要有好的精神寄托，不能无所事事，应培养广泛的兴趣爱好。充实的生活，能产生积极的情感，有助于克服人生道路上的坎坷。

比如一些有意义的文娱活动，如绘画、书法、雕刻、音乐、下棋、种花、集邮、钓鱼、旅游等，均能起到移情养性、调神健身的作用。但嗜好不可太深，适可而止。

要保持精神饱满，必须加强自身修养，用微笑与豁达对待一切人和事。有了较好的精神修养，就可免除外界不良情绪的干扰，精神也自然会饱满。

人们常说："笑一笑，少一少。愁一愁，白了头。"笑，还能振奋精神、消除烦恼，使人轻松。笑口常开是延年益寿的良药，也是愉快度夏的良方。而且，舒畅愉悦的情绪，有利于中枢神经系统兴奋与抑制的调节，促进内分泌、免疫、消化功能等，对延缓脏器衰老、减少动脉硬化及其他恶性疾病的发生，都具有非常重要的意义。

健身锻炼也是保持精神饱满的一个良方。夏季早晨，进行适当的体育锻炼，如打太极拳、舞剑、慢跑、散步，会使人进入一种忘我的境界，既增强了体质，又调整了情绪。

对于老年人来说，还应积极地参与一些社交活动，交流思想，获得信息。另外，讲究仪容，不仅使外表显得年轻，而且心态也会年轻化，从而产生积极的情绪，对促进身心健康十分有益。

要保持精神饱满，还应调整自身心态，要不断更新观念，努力去适应变化了的社会环境。在家庭中，不要搞家长作风，注意平等待人，无须事必躬亲，大事要清楚，小事可糊涂。

因此，夏季应时刻保持精神饱满的状态，以便顺利度过炎热的夏天。

第八章

夏季养花、钓鱼、爱车保养、旅游温馨提示

夏季养花：接天莲叶无穷碧，映日荷花别样红

1. 盛夏花卉防晒保湿

夏季正是花卉繁茂与旺盛的季节，此时节气温高、日照强、雨水多，大多数花卉在这个季节要注意适当遮荫，防止曝晒，另一方面还要加强水分补充，不仅保证花卉的健壮生长，还可以达到降温增湿的目的。

（1）盛夏给花温柔的阳光。喜欢阳光的花卉在春季出房后要沐浴充足的阳光，然而到了盛夏，若遭受强光直射，就会造成枝叶枯黄，甚至死亡。所以要把它们都移到略有遮阴的地方，或室内通风良好、具有充足散射光处，减弱光照强度。

（2）给花"喝水"有讲究。夏天由于气温高，需要给花充足的水分供应，不仅满足花的生长，同时还起到调节温度和湿度的作用。通常情况下花卉每天浇1～2次透水，千万不要浇半截水，否则根系不能充分地吸收水分而导致叶片卷缩发黄而枯萎。

给花浇水时间以早晨和傍晚为最佳，切忌中午浇冷水，否则会出现"生理干旱"现象，使叶片焦枯，严重的会导致死亡。要特别注意的是，下过雨后，盆内如果积水应立即倒出，或用竹签在盆土上扎若干个小孔，以排出积水，否则容易造成根的腐烂。

（3）夏季花卉繁殖。

第一种是扦插法：①嫩枝扦插，大部分花卉在6～9月份，采用半成熟的新枝，在庇荫条件下进行扦插。如天竺葵、万年青、米兰、栀子花、富贵竹等。扦插法的操作步骤如下：一是将选好的叶片切断，使主脉暴露出来，并插入到沙床中。二是将植株从盆土中挖出，注意不要伤到根系，选取植株上的肥厚叶片。三是做沙床的盆底放几片碎瓦片，保持盆内良好的透水和透气性。②叶插，用肥厚的叶片和叶柄进行扦插，如秋海棠剪取叶片，同时切断叶片主脉数处，平铺到沙床上，使叶片和湿沙密切接触，不久会在主脉切口处长芽和长根，取下另栽即可；虎尾兰是将叶片切成数段，直插到沙床上；大岩桐取叶，将叶柄直插到沙床上，都能长出新芽。扦插床上要注意遮阳和保湿。

第二种是嫁接法：①芽接：大部分木本花卉多在夏末秋初7～9月份进行芽接。②仙人掌类嫁接多在夏末秋初季节进行，如蟹爪莲、仙人球等。

2. 夏季施肥——薄肥勤施

夏季在给盆花施肥时，要掌握好"薄肥勤施"的原则，施肥太浓容易造成烂根。一般生长旺盛的花卉，每隔7～10天施1次稀薄液肥。施肥的时候要在晴天盆土较干燥的情况下进行，因为湿根施肥易烂根，施肥时间最好在傍晚，中午土温高施肥容易伤根。次日还要浇1次透水。施肥时一定要注意不要将肥水溅到叶片上，以免把叶片烧伤。

3. 修剪——给花塑造"优美"体形

有许多花卉在进入夏季以后，易出现徒长，影响开花结果。为保持株型优美，花多繁茂，要及时进行修剪。夏季修剪通常以摘心、抹芽（也叫除芽，就是将多余的、过于繁密的、方向不当的芽除去，是与摘心有相反作用的一项技术措施）、除叶、疏蕾（为保证花朵质量而进行的疏减花蕾个数的工作）、疏果和剪除徒长枝、残花梗等为主要的操作内容。

另外，若花蕾过于密集会使每个花蕾得到的平均养分减少，这时要进行适当的疏蕾，余留的花蕾可以茁壮生长、花朵更加饱满。

4. 夏季常见病虫害防治

（1）炎热的夏季高温、高湿，常见的病害和虫害极容易发生。要经常注意观察，一旦发现就应及时喷药防治。

（2）防重于治，经常打扫环境卫生，清除杂草，对培养土和工具进行消毒处理。采取改善环境条件，通风降温等措施，都可以减轻病虫害的发生。

（3）防灼伤（日烧），有些耐阴花卉在夏季直接暴露在强光下，叶片容易灼伤，出现病斑或叶尖枯黄等，要及时采取遮阴措施来改善这一状况。

5. 夏眠花卉要遮阴通风、控制湿度

进入夏季，有一些喜冷凉、怕炎热的花卉，生长缓慢，新陈代谢减弱，以休眠或半休眠的方式来度过高温炎热的天气。所以需要针对这一生理特点，加以精心养护，使它们能够安全度夏。

（1）遮阴通风。进入夏天以后，要将休眠花卉置于通风凉爽的地方，避免阳光直射暴晒。气温高时，还要常向盆株周围及地面喷水，以降低周围气温和为盆株增加湿度。

（2）控制浇水量。对于夏眠的花卉，要严格控制浇水量，少浇水或不浇水，保持盆土稍微湿润为最佳。

（3）防止雨淋。夏季，雨水非常丰富，如果植株受到雨淋而雨后盆中积水，极易造成植株的根部或球部腐烂，引起落叶。所以要将植株放在避风雨的地方。

（4）停止施肥。花卉在夏眠期间，由于此时生理活动减弱，消耗的养分极少，所以不需要施以任何肥料。等到天气转凉、气温渐低时，这些夏眠花卉又可重新恢复活力，开始新的生长。

注意：有些典型的夏眠花卉，如君子兰，入夏后要放置于通风、阴凉的地方，还要注意加强周围空气的湿度。

6. 夏季养花小常识

（1）夏季中午不宜用冷水浇花。夏季浇花一般在早晨和傍晚。盛夏中午，气温很高，花卉叶面的蒸腾作用强，水分蒸发快，根系需要不断吸收水分，补充叶面蒸腾的损失。如果此时浇冷水，土壤温度突然降低，根毛受到低温的刺激，就会立即阻碍水分的正常吸收。而由于花卉体内没有任何准备，导致叶面由紧张状态变萎蔫，使植株产生"生理干旱"、叶片焦枯，严重时还可能会使植株死亡。

（2）判断盆土变干的办法。给花浇水常常要根据土壤的干湿来衡量。判断盆土是否变干可用以下三种方法：

一是掂重量。可以掂量一下花盆的重量，如果轻了就表示水分少了。

二是听声音。用铅笔或木棒小铲子轻敲花盆，如果声音清脆，就说明盆土已经干了，如果声音低沉发闷，此时则表示盆土内还有较多的水分。

三是看颜色。如果表土的颜色发白，比下面土层颜色浅，用手摸起来也有发干的感觉，这时就要及时浇水了。

盆花在脱水后不可马上浇大水，要先将花盆移至半阴处，再稍向盆内浇些水，并向叶面、枝干喷少量水，让植物细胞逐渐吸水，恢复到正常状态后，再逐渐增加浇水量。如果立即浇大水，不仅不能使植株正常复原，反而有可能引起叶片枯黄脱落，甚至会致使整株死亡。

注意：夏季不适宜在正午时分浇花，且浇花时应注意水流的均匀和柔缓，不要浇得过急。

夏季钓鱼：大麦黄，钓鱼忙

1. 夏季钓鱼地点选择技巧

夏季气温很高，中午气温高达30℃以上。这么高的气温，必然也会影响到鱼的生活。由于多数鱼最合适的水温是15℃~25℃。高温使鱼的活动量减少，食欲减弱，常常游到深水区无阳光照射的水域或水底栖息。

夏季，鱼的栖息地在深水区。因为水的温度情况是水的上层水温较高，越往水底温度越低。鱼还喜欢栖息在有树荫的地方，挡住阳光的水域。由于没有强烈阳光的照射，水温也低于有阳光区。有水草的水域水温也较低，这是因为水草遮挡住了阳光的照射。

以上这些地方都是鱼在夏天喜欢生活的地方，因此，深水区、有树荫的水域以及长有水草的水域都可以作为钓点。

夏天宜在水库中靠近大坝的水域及两山相夹的水湾处设钓点，因为这些地方都是深水区。

炎热的夏天，一天中的气温也是有变化的，在上午9点前和下午5点后的气温较低，这两个时间段是夏天钓鱼的最佳时间。因此夏天钓鱼要抓住早晚两个钓鱼时机，最好能在早晨6时左右就下钩（当然这里指的是大晴天，若是天阴，又有风，也可以在其他时间段钓鱼）。在上午9点前和下午5点后，钓鱼可以离岸近一点，也就是可以钓浅一些的水域。鱼也是早晨在岸边觅食，气温升高时才逐渐回到深水中，到了下午5点以后又会从深水区游到近岸的浅水区觅食。

2. 夏季钓鱼用饵秘籍

夏天钓鱼时，诱饵应投放在深水区无阳光直射的庇荫水域。若遇雨天，气温下降时或有三级以上的风时，也是可以钓浅的。因为浅水区有水草，水草既可以为鱼提供食物来源，草丛中又是遮阳的凉爽水域，所以找有水草的水域施钓为首选方法。

饵料的使用：因夏季的气温水温都很高，鱼的食欲减退，使用饵料更应精心。从气味上讲，应淡一些。无论是诱饵还是钓饵，都应以素饵为主，少用或不用荤饵，如面团饵。还可以就地取材，用草叶、花瓣、玉米粒或麦穗做钓饵。也可以捉些蚂蚱、菜虫当钓饵。如将新鲜的嫩小麦粒撒到水中当诱饵，此办法钓草鱼、鲫鱼效果非常明显。

因为草鱼不怕热，即使在中午也可以钓到草鱼，饵料自然也是以素饵为主，尤其应使用绿色的叶草作为钓饵。

3. 夏季浅滩水区宜钓鱼

（1）浅滩中有丰富的天然食物和较大的活动空间。鱼类依赖生存的食物主要是水体中的天然微生物和小型动物、植物等。随着高温以及雨季的到来，供鱼食用的物质也随之增多，为鱼类提供了丰富的饵源，鱼的活动活跃，四处游动觅食，增大了咬钩的机会。

①水体中自身的食物来源非常广泛：一般动植物的繁殖和生长受温度影响较大。夏季湿润、高温，水库中最先受到影响的必然是大面积的浅滩，从而使浅滩水区水草生长茂盛，为小鱼、湖虾和水生昆虫提供了成长的附着体和营养源，促使其大量生成；水温的适宜，为浮游生物的大量繁殖创造了条件，为鱼游向浅水区创造了有利的条件。

②陆地为浅滩带来了非常丰富的饵料：在流域面积广阔的水库，雨季的到来甚至能把数十公里外的陆地生物带入库内，库区周边的山林、草坡、牧场、田园、村庄、道路等因受雨水冲刷，许多跌落和生存于陆地表层及浅层泥土中的微小动物以及植物碎屑都会顺流而下，涌入上游的浅滩。

（2）浅滩是一汪鲜活的水体。作为静水的人工湖一类水体，特别是一些小型湖库坝塘，在经历了一段时间的消耗后，变得缺乏生机与活力；然而当雨季带来了大量雨水，上游一带的浅滩陈水被注入的新水推向下游，鲜亮的新水布满新淹的大片水区，形成鲜活之势，而且由于水体新陈代谢后，其溶氧量增多，无疑使趋氧性极强的鱼闻风而至。由于浅滩多平坦、旷野之地，易受风力影响，水面有波浪，加大了水体与空气的接触，也使溶氧量倍增。

（3）浅滩符合鱼繁殖的需要。从一般生殖规律来看，水库中的鱼，如鲫鱼、鲤鱼以及数量最大的小杂鱼白鲦等，一旦进入升温时期皆已孕育了后代。而最先进入繁殖期的是鲫鱼，一旦进入春天，只要有连续几天的晴朗天气，就会有部分鲫鱼游到浅滩产卵，甚至少部分鲤鱼也会在早春二月到浅水滩产卵。到了三四月间，在春雨中，鲫鱼产卵几乎到了高潮期。但由于气温、水情乃至食物的因素，春季鱼繁殖并不是最盛期，而是到夏初雨季降临，库水上涨，水色浑一点，浅水水草多起来后，才是鱼大量繁殖的阶段，特别是鲤鱼和白鲦等。因此，随着浅水区的扩展、水体温度的升高，此时非常符合鱼的繁殖条件，使鱼蜂拥而至。

4. 夏季晨昏时分宜钓鱼

夏天，因昼长夜短，在北方凌晨三四点钟就初见曙光，南方地区夏季凌晨五点多就天亮，而夜幕落于八九点，这对垂钓非常有利。使钓者利用早晨和黄昏延长垂钓时间。由于这两个时段光照较弱暗，符合鱼喜弱光而惧强光的习性，使其大胆游抵浅水、近水活动觅食。其次，夏天的晨昏时段，气温清凉，水温降低，被炎热煎熬的鱼儿便会从深水游向较浅的水域寻找食物，又由于此处光线较暗，使它们产生了安全感。

5. 夏季多云或天阴宜钓鱼

夏季多云或天阴时有两个特点，一个是天气不太热；二是光线不十分强烈。首先，因云层厚，阳光稀薄，使得气温不高，营造了较适中的水温，鱼会逗留于较浅的水域，特别是鲫鱼和草鱼。因为毕竟浅水有较丰富的微小水生物和植物，索饵的本能促使它们活动于此，如果再有水草覆盖，更是它们喜爱的场所。其次，由于天阴或多云，灰暗的云层遮挡了强烈的阳光，弱光照射到水中，使水底亮度降低，给鱼儿创造了一个安全的环境，钓者适时在这种水域投饵，会很快引来鱼觅饵中钩。这种天气不仅早晚有鱼咬钩，就连中午也常有鱼汛，甚至还会不时碰到大鱼。

6. 夏季雨天时下时停宜钓鱼

夏日，人们经常遇到雨时下时停的天气，这正是降温消暑的好时机，鱼儿喜欢乘此时机到浅滩游弋觅食。下雨有两个好处：一是激活水体，使水中溶氧量增加，特别是浅水溶氧量更易提升，此时多可见到水面不时翻出水花，鱼的表现十分活跃，觅食积极；二是下雨时段，行人稀少，水边变得安静了许多，沙沙雨声掩盖了岸上的噪声，鱼会大胆出入浅滩。这时，鱼汛的强弱与雨的起止有关，即在下雨的过程中，鱼咬钩的频率较高，其反映在漂上的讯号也是快捷的；而雨停时，鱼汛变得很弱，这恐怕是与鱼的条件反射有关，若不一会儿又飘来雨丝，鱼又会像先前一样活跃，易咬钩。

7. 夏季初临涨水时间宜钓鱼

到了夏季，雨水一般在阳历6月下旬至7月较为集中，如遇到下了大雨，为湖库补充水量，一些原先被淹没后又干涸在阳光下的草滩和低洼田地被淹没，这些地方由于阳光充足，陆生小动物和昆虫繁殖多，鱼长期养成的生活习性，本能地知道哪儿能找到食物，故当新水淹没这些地方后，大量的虫子及植物果实落于水中，成了鱼抢食的美餐，而食草鱼却闷在水中啃吃绿草。钓者要趁新水来的前几天来此下竿，因水色较浑，几十厘米的深处即可拉上鱼，并且由于新水注入的凉爽性和富氧性，易将鱼吸引到此处，此时即便是晴天也是好钓的。不过时间小长，也就是两三天左右，再过几天下大雨又淹上来一截，又是好钓机会。但当夏末初秋时节，由于浅滩之水逐渐变清，而新来之水也不再浑浊，此时再去钓涨上来的浅水就很难有收获了。

夏季爱车保养：防水防晒，防爆胎防自燃

1. 防止紫外线和树脂损伤漆面

烈日炎炎的夏季，阳光中强烈的紫外线照射会使汽车的漆面逐渐褪色。汽车的金属外壳与漆面在烈日照射下都会受热膨胀，而彼此间膨胀系数并不完全一致，导致汽车漆面上产生许许多多细微的裂纹。另外，高温天气洗车也是加剧漆面老化的原因之一。因为被高温软化了的漆面在凉水的冲洗下会脆化，时间久了，漆面就会开裂。另外，如果擦拭不彻底的话，洗车后残留在漆面的水滴犹如凸透镜，将阳光聚焦到一点，还会因此而灼伤漆面。

因此，汽车漆面保养是夏季汽车外部保养的重中之重。

（1）应及时去除胶黏物。目前市面上有专门的焦油沥青去除剂，具有温和而中性的性质，能够快速有效地去除漆面上的焦油、沥青、树脂等胶黏物，只需轻轻一喷一擦，既安全又快捷。

（2）应选用油性车蜡。由于汽车漆面在夏天会受到强烈阳光的曝晒，再加上风沙、酸雨、有害气体的侵蚀，漆面会因缺少油分而干燥老化，变得暗淡甚至粗糙。在对漆面进行研磨抛光或是增亮养护时，应选用油性的车蜡用品较好。

2. 正确检查和使用空调

夏季，若按照正确的方法对汽车空调进行使用前的检查，不但能保持空调系统良好的工作状态，而且还可以提高该系统的整体使用寿命。

（1）在高温来临之前做好全面的检查

①检查压缩机皮带的状态和性能。如果皮带与皮带轮槽接触的表面看上去很光亮，表明皮带已经有较严重的打滑现象，应该更换皮带和皮带轮，否则会因空调系统得不到足够的动力而出现制冷不良的现象。

②检查系统软管的接头处是否有泄漏。一般而言，汽车使用时间达到三四年后，空调系统内的制冷剂会由于长时间在高压环境下工作而产生泄漏。仔细观察空调系统各软管的接头部位，如果发现有渗漏痕迹，要及时去维修处解决。另外，如果发生过碰撞事故，也要注意各软管是否也因受到碰撞、挤压等外力而出现了裂缝。

③检查冷凝器是否清洁。清洁的冷凝器表面更利于散热，定期检查和清洁冷凝器表面，可大大提高空调系统的制冷效果。

④检查制冷剂的液面高度是否正常。大多数汽车的空调系统都有专门用来察看制冷剂状态的观察孔。观察孔开在干燥器的盖子上面，被一个小小的圆形玻璃覆盖。运转发动机和空调系统，透过观察孔的玻璃，可以看到制冷剂液面的高度和流动状态。如果空调机工作正常，可以看到清澈的冷却液在不停地流动，并且在高温时还偶尔夹带着些小气泡。当关掉空调系统的时候，也能够看见一些小的气泡。

（2）正确地使用汽车空调

能否正确地使用空调，会直接影响汽车空调的制冷质量和使用寿命。所以，要养成科学地使用汽车空调的好习惯。

①应先放热气再开空调。如果汽车在烈日下停放时间较长，驾驶室内会因为积聚了很多的热量而温度很高。这时，启动汽车后不要立刻使用空调。应该依次把所有车窗都打开，同时将通风调节设置成外循环模式，以较低的速度行驶，利用行驶风把驾驶室内的热气排出去。等驾驶室内温度下降后，再关闭车窗，开启空调。要注意避免频繁地开启和关闭空调，以免损坏空调系统。

②若车内开空调时，驾驶员不要在车内吸烟。烟气中的焦油颗粒会吸附在空调系统的风道内壁和滤网上，时间久了，就会产生难闻的味道。因此，要尽量避免在车内吸烟。如果确实需要吸烟，也要将通风调节设置成外循环模式。

③注意不要堵塞空调的空气进气口。空调系统在工作时，要通过进气口吸入空气，如果在空气进气口附近堆放物品，致使空调系统空气流通受阻，不但会降低制冷效果，而且还会加重系统

工作负担，导致故障。

④应在停车前几分钟关掉空调，但保持吹风状态。这样操作可以使空调冷风管道内的温度回升，消除与外界的温差，避免水汽在管道内凝结，从而保持空调系统的相对干燥。否则，管道内潮湿的小环境会造成霉菌的大量繁殖，空调就变成了车内空气的污染源。

⑤在低速行驶时尽量不使用空调。行车中遇到交通堵塞时，要关掉空调，打开车窗通风。否则，汽车发动机会因为要带动空调系统运转，而保持较高的运转转速。这样做对发动机和空调压缩机的使用寿命都十分不利。

⑥应先关空调再关掉发动机。有些驾驶员常常在关掉发动机之后才想起关闭空调，这对发动机是有害的，因为在车辆下次启动时，发动机会带着空调的负荷启动，这样的高负荷会损伤发动机。所以每次停车后应先关闭空调然后再关掉发动机。

3. 防止雨刷硬化和变形

夏季是多雨的季节，雨水的增多必然让雨刷承担更多的责任。在雨中驾车时，如果遇到雨刷不能有效清除风挡玻璃上面的雨水，那你就会如同盲人驾车，失去了安全保障。避免这种情况就要及时排除雨刷故障、及时更换老化的雨刷片。

（1）检查雨刷。将雨刷的开关置于各种速度的位置处，注意一下雨刷在工作中是否有震动和异响，检查不同速度下雨刷是否保持一定速度，观察刮水的状态以及是否存在摆动不均匀或漏刮的现象。这两种故障出现任何一种，都意味着雨刷叶片有损坏。此时可以将雨刷拉起来，用手指在橡胶雨刷片上摸一摸，检查是否有损坏及橡胶叶片的弹性怎样。如果雨刷片硬化时就需要更换了。判断雨刷片是否硬化很容易，就是在当雨下得很大时使用雨刷感觉不错，可是当下小雨启动雨刷时，会发现雨刷在玻璃面上留下擦拭不均的痕迹，影响到视野，这表明此时雨刷已经出现了硬化。

由于好的雨刷必须具备耐热、耐寒、耐酸碱、抗腐蚀、能贴合风挡玻璃、减轻发动机负担、低噪声、拨水性强、质软不刮伤风挡玻璃等特点。为确保良好的视野，通常一年左右就需要更换一次雨刷。

检查雨刷臂弹簧是否保持足够的张力。当雨刷臂弹簧的张力变弱时就需要更换雨刷臂。雨刷片借助雨刷臂弹簧的力量而与风挡玻璃紧密接触。当弹簧的张力变弱时，会由于高速行驶带给风挡玻璃的强大风压而使雨刷浮起来，在长尺寸的雨刷上这种情况更突出，导致部分玻璃未被刮扫到。这也就是人们常说的行车时雨刷扬升现象，此时最好更换新的雨刷臂。

还有些情况，如雨刷工作时玻璃表面呈雾状、玻璃表面呈细水珠状、产生条纹或局部模糊等，并不是因为雨刷的故障引起的，而是由于油膜、脏污或车蜡的影响，只要将风挡玻璃和雨刷片清洗干净，这些现象就会消失了。

（2）自己动手更换雨刷片、雨刷臂。雨刷片的更换很简单。雨刷片的固定通常为U型钩，只要将钩子拉起来即可卸下雨刷更换，但要注意新旧雨刷片型号要一样。更换雨刷后可将风挡玻璃弄湿，观察雨刷的动作是否正常、刮水效果是否处于良好状态。

更换雨刷臂比更换雨刷片稍微复杂一些。先将雨刷臂安装部分的套子拆下来，然后将固定用的螺母转松后拆下，将雨刷臂放于直立的状态，再稍稍动一下就会脱落。接下来，在新的雨刷臂上安装好雨刷片，在雨刷的停止位置将螺母转紧，最后再将盖子装上就完成了。

（3）延长雨刷片的寿命。温度变化或风沙、灰尘等都会使雨刷片寿命缩短，经常清洗风挡玻璃和雨刷片上的脏物，尤其是在下过雨之后，雨水能够减少雨刷不必要的磨损，可以延长雨刷片的寿命。当雨刷片出现刮水不干净时，就要更换新的雨刷片了。

因夏季高温，雨刷的橡胶在烈日照射下很容易软化，甚至会黏在玻璃上，可以在雨刷片上喷些橡胶保护剂。如果手头没有橡胶保护剂而阳光又很强烈的话，停车时应该把雨刷抬起，让其离开风挡玻璃，或者找张报纸，夹在雨刷与风挡玻璃之间。

4. 夏季高温防爆胎

夏季，由于汽车爆胎引发的交通事故非常多，造成汽车爆胎的原因很多，夏季高温会加速轮胎橡胶老化、轮胎胎面磨损，还会造成胎压异常，这些都会导致轮胎爆裂，所以应当加强轮胎的日常保养，平时用车前也要检查轮胎状况，以防爆胎。

（1）应做好日常保养

①经常检查轮胎的外观。夏季的高温会加速轮胎花纹的磨损，内部帘布层的强度也会随之下降，一旦轮胎磨损很严重，就必须及时更换轮胎，否则在雨天容易打滑。除正常磨损外，如果发现轮胎表面鼓包或有破裂现象也应该更换，否则容易发生爆胎的情况。

②应保持标准胎压。夏季轮胎与高温路面摩擦会使轮胎的温度升高，轮胎内部的空气受热膨胀，导致胎压升高，如果不进行适当调整，车身重量集中在胎面中心，经外力冲击和快速磨损，随时都有爆胎的可能。建议夏季每个月测一次胎压，发现气压过高或过低都应及时调整，从而确保夏季的行车安全。

（2）日常行车时应注意保护轮胎。停车时，尽量挑选平整的地面，避免将车辆停放在有粗大、尖锐或锋利石子的路面上。车辆不要停放在靠近或接触有石油产品、酸类物质及其他影响橡胶变质的物料的地方。停车后注意不要再转动方向盘。

夏季开车出行，提倡中速行驶。轮胎在夏季长时间行驶或高速行驶时容易过热，同时气压增高，此时应停车散热，严禁放气降压或泼水降温。

注意不要频繁地使用制动和紧急制动，也不要过猛地起步和加速，这些做法都会让轮胎承受过高的负荷；在转弯和较差的路面行驶时，要适当降低车速；面临无法避开的碎玻璃时，要减速通过，千万不要急制动，也不要在碾过碎玻璃时再转动方向盘，否则玻璃碎片更容易扎入轮胎。

在跑长途和跑高速时，开车时应养成双手握方向盘的习惯，如果遇到了爆胎现象千万不要急制动，而应轻"点"制动的同时双手紧握方向盘，尽量使车辆保持稳定，再慢慢地靠边停车。

5. 查找自燃点，防止汽车自燃

每当夏季来临，随着气温的升高，汽车自燃也就成了人们经常谈论的话题。引起汽车自燃的原因很多，最常见的有三种：一是配置随意升级；二是油路、电路故障；三是外界高温影响。

大家普遍认为汽车越高档、越新就越不会发生自燃。但事实上，汽车自燃一般都是油路、电路及汽车升级部件损坏造成的，和新旧没直接关系。现实中的自燃事故之所以以微型、经济型车居多，则可能与微型、经济型车用户不注重维护保养有关。汽车自燃多是人为因素所致，因此避免汽车自燃，还是以预防为主，如果措施到位的话，很多情况下发生的汽车自燃都是可以避免的。

首先就是要对车辆勤检查。由于发动机工作状态下温度较高，其附近电线的外表绝缘皮容易老化脱落，造成隐患。所以，做好汽车的日常检查，防止电气线路故障或接触不良非常必要，这是预防汽车自燃最重要的手段。比如要定期检查线路是否有破损、漏油现象，定期检查电路油路。因轿车的线路在使用三四年后常会出现胶皮老化、电线电阻增大而发热的现象，容易造成短路；蓄电池接线柱因杂质、油污或腐蚀，接点松动发热，引燃导线绝缘层；蓄电池长期受震动或受温度急剧变化影响而使线路接点松动等。

其次是对于接受过不规范的维修或升级加装的车辆，也会存在自燃隐患。

最后必须要随车携带灭火器。车子一着火，就应该马上开展自救，这时灭火器是绝对少不了的。不少驾驶员存在侥幸心理，他们认为，汽车发生自燃的概率很小，带着灭火器又麻烦，所以没必要在车上配备灭火器，这种做法实际上是对自己和爱车的不负责任。很多火灾都是车上未配备灭火器从而导致来不及施救而烧车毁物的。正如消防专家所说，即便灭火器不能完全将火灭掉，至少也可以暂时控制火势，以争取时间等待消防人员的到来。

6. 雨后养车：防水防潮是重点

进入夏季，对于我国大部分地区而言，夏季降雨较多，有车一族在这个季节不要忽视了给爱车做好防水防潮工作，否则车内发霉、车灯不亮等症状可能也会来找麻烦了。

（1）车内除湿。其实除湿的工作在下雨的时候就应该做。下雨时应该打开空调制冷，这样做不仅可以除去雾气，还有给车里的空气除湿的功能。雨停了就更得注意，积聚的湿气要尽快除掉，否则容易发生霉变的情况。车内除了开冷气除湿外，夏季来临的时候，最好再买一个简易除湿盒，这样车内部件在隔夜后就不易受潮了。如果想简单化处理，可以在车内放一卷卫生纸，这样做同样也会有比较明显的除湿效果。

下过雨后，除了车门焊接及车体焊接部分容易生锈腐蚀以外，车门内部的铰链、锁扣等铁质零件因被门饰板遮住，也容易受潮，因此在天晴的时候驾驶员可以找一个阴凉的地方，将所有的车门及后备厢盖全部打开，给爱车进行内部通风，让车内的湿气排出。另外，雨季里要经常将车内的脚踏垫、椅套拆下来冲洗并晾干。

（2）车内除菌。夏季雨后由于气温等因素，比较容易滋生各种病菌，所以对车内空间进行消毒除菌就显得尤为重要了。重点清洁的地方应为座椅、空调出风口、操控台面板和各处死角。可以使用专业的汽车内部清洁剂，用干抹布擦拭。清洁操控台的时候，要注意防止清洁剂渗入CD、收音机、音箱等电器设备，以免腐蚀电器组件。

（3）清洗外表。车如其人，雨后不要懒得去洗车，否则不仅会严重影响个人形象，还会因为雨水中还含有的酸性物质残留而对车身和漆面都造成严重伤害，如果不及时处理，久而久之，车身便会失去光泽而影响美观。

（4）检查电路。夏季频繁的降雨可能会对汽车的某些部件的性能有所影响，严重的可以导致汽车不能正常启动。电路遇水后很可能造成短路，如果行进中发动机熄火则不能马上再次点火启动，否则极容易造成发动机报废。如果行驶中需要涉水的话，通过后应及时对水湿的电路设备进行干燥处理，可以用非纤维的纸巾和纺织品将电路一一擦干，然后再重新启动。

（5）检查制动系统。由于制动液有非常强的吸水性，如果制动系统管路密闭性差的话，雨水就非常容易进入制动液内，这样会影响到制动效果，严重的可能造成制动失灵。如果发现制动力下降、制动距离增大，此时一定要到专业维修店进行检查，以防后患。

（6）检查大灯。雨天容易导致大灯进水。进水不太多的话，大灯的亮度会受到影响；进水较多时，会使车灯的照射方向发生改变，甚至可能损坏大灯，给行车安全带来隐患。因此检查大灯是否进水很重要。如果发现大灯内有水雾，一定要到专业的维修站点进行处理。

夏季旅游：赏花、登山、日出、探险

1. 赏花观鸟之旅：白洋淀的荷花、西宁的郁金香

（1）白洋淀的荷花。白洋淀因荷花的美而尽人皆知，它是华北平原上的明珠。每到夏日，荷花遍布整个白洋淀。翠绿的荷叶铺满水面，玉立在荷叶间的花朵，颜色各异，美不胜收，是观赏荷花的极佳之地。

①荷花的天堂。每年盛夏，正是白洋淀荷花盛开的时节，各种各样的荷花在重叠的荷叶间，或举或藏，或开或闭，或躺或卧，充满了无限的生机。那荷花，小到案头的碗莲，大到能负重几十斤的王莲；那颜色，红、黄、白、粉、绿各不相同；那花形，单层、双层、多层，姿态各异……把整个白洋淀点缀成了荷花的天堂。乘船进入淀中，又是一番景色。宽阔的水面一望无际，碧绿的荷叶连成一片，荷梗挺立，梗上的大莲花，艳丽多姿，相互媲美。穿行在荷花丛中，剥一只亲手采摘的莲蓬，那种感觉与在城市里吃到的截然不同。

②荷花大观园。到白洋淀看荷花，最佳地点便是白洋淀荷花大观园。这里是我国目前种植面积最大、荷花品种最多的生态旅游景点。园内荟萃了各种倚花，不仅有来自洞庭湖、微山湖、西湖的名荷，还有日本的大贺莲、美国的黄莲、中美合育的友谊牡丹莲。它不仅向游客展示了近300种名贵的荷花，也使白洋淀呈现了"接天莲叶无穷碧，映日荷花别样红"的自然美景。

③独具特色的荷灯节。去白洋淀看荷花，最具特色的便是荷灯节了。每年的7月1日～10月1日晚上便是燃放荷灯的时节。放荷灯的晚上，码头旁边彩灯高悬，锣鼓喧天，人头攒动，水乡各个村庄的群众，都涌向村头淀边。划船到淀里把荷灯点燃，让荷灯随着流水漂走。荷灯点燃的那一刻，淀中的荷灯与天上的星光相互辉映，整个白洋淀是灯光的世界。所有的人都怀着虔诚的

心，把他们的心愿和祝福寄托在荷灯之中。这样的情景，无论你是站在远处瞭望，还是在近处参与，此情此景都会使你感到异常的快乐和幸福。

（2）西宁的郁金香。一提起郁金香，许多人的眼前都会浮现出遍地金黄的景色。虽然郁金香在全世界各地都有种植，但它最先是从青藏高原传到中亚细亚和地中海沿岸，然后风靡全球的。花卉界普遍认为，青海才是郁金香的故乡。每年阳历五月初，在西宁的各大公园内红色、黄色、白色、紫色……各种颜色的郁金香竞相绽放，使西宁变成了花的海洋。

①郁金香的故乡青海。西宁地处青海的东部，夏无酷暑，冬无严寒，号称"中国夏都"，这种气候非常适宜郁金香的生长。这里原是郁金香的故乡，早在两千多年前，生长在这里的郁金香由青藏高原传到了地中海沿岸和中亚细亚。到了16世纪时，才由一位驻土耳其的奥地利使者将其带入欧洲。后来，由于历史变迁，郁金香在西宁难觅踪迹。1989年，我国从荷兰引种，使郁金香回归故里。现在它已经成为了西宁的城市名片。

②高原的盛会，郁金香节。每年"五一"前后是郁金香怒放的时节，在西宁的各大公园、主要街道上，形色各异的郁金香争奇斗艳，成为西宁市内最夺目的风景线。从2002年起，西宁在每年五一期间都会举办郁金香节。在节日期间，数百万株郁金香把西宁妆扮得灿烂夺目，满目尽是郁金香的世界。其温馨的花香沁人心脾，让人感到无比的舒适。

和郁金香节一起举办的还有文艺演出、歌会以及其他多种多样的文艺活动。许多少数民族的朋友也盛装出席，共贺花节。如果你想在节日期间，购买一些当地的土特产，还可以参加同时举行的商品博览会，让你在饱览鲜花的同时，还可以满载而归。

③五月西宁，鲜花的海洋。除了郁金香，五月的西宁，也是丁香花盛开的季节。在和煦的阳光和蔚蓝的天空下，白色的丁香盛开在西宁的大街小巷，特别是在各所高校的校园里，丁香树特别多。如果说郁金香是优雅活泼的女孩，喜闹、艳丽、盛姿、悦众、明媚，那么丁香则是多愁善感的少妇，娴静、淡雅、哀婉、愁怅，以它美而不艳的花朵、浓郁的芳香，使观赏它的人为之深深沉醉……

（3）青海湖——鸟的天堂。青海湖号称我国最美的五大湖之首。每年春夏之交，来自世界各地的斑头雁、天鹅、棕头鸥、鸬鹚云集于此。它们在这里繁衍栖息，翱翔于蓝天，嬉游于碧野，追逐于沙滩，使这里成为了鸟的天堂。

①万鸟毕至。青海湖是观鸟的胜地，这里水草茂盛、鱼类繁多，为鸟儿提供了丰富的水中食物。在青海湖的湖心，有一个鸟岛，因岛上栖息着数以十万计的候鸟而闻名。每年3~4月，来这个小岛上栖息的候鸟有十万多只。其中，以斑头雁、鱼鸥、棕头鸥、鸬鹚、天鹅居多。它们在这里筑巢安家．养育后代，熙熙攘攘，十分壮观。

每年阳历的5~6月份以后，栖息在这里的候鸟便进入了产卵的季节。这时，鸟蛋遍地，幼鸟成群。每当此时，也是青海湖一年中观鸟的最佳季节。到了7~8月份后，幼鸟长大，它们在父母的带领下，翱翔于蓝天，游弋于湖面，鸟岛才渐渐地安静下来。当季节进入了阳历9~10月份，这时青藏高原的寒流袭来，鸟岛上的候鸟都会暂时离开他们的家园，飞往温暖的地区越冬……

②鸟多花更美。有人说，青海湖的春夏之交是最美丽的，不但此时鸟岛的鸟儿数目众多，湖边的草地也开满了野花。湖畔田野上还有成片成片盛开的油菜花，与蓝天白云相映衬，就像一卷灿烂而朴实的风情画铺在青藏高原之上。那种块状结合的构图给人以丰富的遐想，从远处看，蓝、黄、绿、白、红几种颜色的完美结合，更使青海湖充满了无穷的诱惑。

2. 登山：山东泰山、江西庐山

被人们称为五岳之首的泰山，自古便被视为社稷稳定、国家昌盛、民族团结的象征。从秦皇汉武，到清代帝王，或封禅，或祭祀，绵延不断，素有"五岳独尊"之称。尤其是每年阳历5月份举行的泰山庙会，更是泰山景区内最为热闹的场景。

泰山又名岱岳、岱宗，它气势雄伟，风景壮观。其主峰玉皇顶海拔1500多米，站在岱顶放眼远望，群山河流、原野村庄尽收眼底。孔子有"登泰山而小天下"之说，杜甫诗句中有"会当凌绝顶，一览众山小"之赞。

泰山，不仅是历史名山，也是中国文化中著名的文化地标。历代帝王都借助泰山的神威巩固其统治，而泰山又因封禅告祭被抬到与天相齐的神圣高度。一座自然山岳，受到文明大国最高统治者亲临封禅、祭祀，并延续数千年之久，几乎贯穿整个封建社会，这是世界上独一无二的精神文化现象。除此以外，泰山还吸引了众多的历史文化名人。他们朝山览胜，赋诗撰文，留下了丰富的文化精品。司马迁、曹植、李白、杜甫、刘禹锡、苏东坡、郭沫若等挥笔疾书，留下了浩如烟海的颂岱诗文，把游人从山神崇拜中引向游览观赏、求知审美的新方向。

3. 名湖：云南泸沽湖——高原明珠

泸沽湖素有"高原明珠"之称。整个湖泊状似马蹄，四周群峰怀抱，湖内烟波百里。每逢晴天，蓝天白云，倒映湖中，水天一色，宛如仙境。走进泸沽湖，如同走进了一个神秘的世界，古朴的民风，秀丽的山水，加上浓郁的摩梭风情，使这里充满了迷人的色彩。

①泸沽湖的传说。泸沽湖又名"母亲湖"，相传这里曾是一片村庄。村里有个孤儿，每天到狮子山去放牧。有一天，他在山上一棵树下睡着了，梦见一条大鱼对他说："孩子，从今往后，你不必带午饭了，就割我身上的肉吃吧。"小孩醒来后，就到山上去找，结果在一个山洞里发现了那条大鱼，便每天在它的身上割肉充饥。

后来，这件事被村里一个贪心的人知道了，他想把大鱼占为己有，就用绳索拴住鱼头，让十几匹马一齐使劲往外拉。鱼被拉出了山洞，洪水却喷涌而出，顷刻间便淹没了整个村庄。

这时，有两个年幼的孩子正在水边玩耍，被一位喂猪的摩梭女人看见了。她急中生智，把两个孩子抱进猪槽，自己却葬身水底。后来，这两个孩子成了当地的祖先。人们为了纪念那位伟大的母亲，就拿整段木头做成"猪槽船"，泸沽湖从此也被称为"母亲湖"。

②洁净无比的高原之湖。泸沽湖古称鲁窟海子，又名左所海。在纳西族的摩梭语里，"泸"为山沟，"沽"为里，意即山沟里的湖。由于这里地处高原，四周森林茂密，空气清新，人烟稀少，是目前全国范围内遭受人为破坏最轻、自然生态保护最好的湖泊之一。

泸沽湖不仅水清，山也秀，群山之中尤以格姆山（狮子山）为人们所喜爱。这座山雄伟高大，状如雄狮在湖边蹲伏静息，狮头面湖，倾斜的横岭似脚，只要细心观察，还能看得出口耳鼻眼，使人越看越觉得惟妙惟肖。每年农历七月二十五日，摩梭人都要在这里举行一次盛大的祭祀活动。

③独特的走婚制度。泸沽湖是摩梭人的集居地。按照摩梭人的习俗，居住在这里的青年男女，白天各自在母亲家劳动与生活。太阳落山时，青年男子便到自己心爱的女子家居住，次日清晨再回家，形成了"暮合晨离"的走婚制度。

受这种制度的影响，当地男女示爱的方式也比较特殊，通常在跳舞的时候用食指勾着身边的人，如果一个人喜欢谁，就用手指在对方的手心里抠三下，表示我爱你，如果对方也同样抠手心三下回答，就表示我也喜欢你的意思了。这样男的就可以在晚上去女方家走婚了。

4. 日出之旅：威海成山头——太阳升起的地方

在山东省荣成市成山头镇有一座成山头。成山头三面环海，一面着陆，与韩国隔海相望，成山头又名天尽头，古时被认为是日神所居之地，据《史记》载，姜太公助周武王平定天下后，曾在此拜日神迎日出，修日主祠。

在成山头旅游，有以下几大胜景是不容错过的：

①日出东方。

这里是我国最早能看见海上日出的地方。自古就被誉为"太阳升起的地方"，有中国的好望角之称。

古人有诗云："观海无边天做岸，登高绝顶我为峰"。在成山头看日出，最震撼人心的就是太阳冲破黑暗、带来光明的那一瞬间。那是，可以看到红日逐渐露出海平面，由一弯，到半圆，再全部升上天空，漫天彩霞，海天一色。当日出由绯红到金黄，人、树、房子等先是黑影，再被染红，再呈现出本来的色彩。

②海雾惊涛。在成山头以及周围地区，一年当中有200多天是处于云雾缭绕之中的，这其中

尤以春夏为多。站在成山头举目四望，飘忽眼前的是朦胧似梦一般的迷雾，触摸肌肤的是冷飕飕的海雾。此时，你若站在成山头上遥望日出，整个海面好比仙境，有超凡脱俗之感，给人的感觉好像是到了海外仙山。

③古今胜地雄关。成山头留下了许多精彩的历史传说。相传秦始皇曾两次驾临此地，礼祀名山，寻求长生不老之药，留下了秦桥遗迹、秦代立石、射鲛台、始皇庙及李斯手书"天尽头、秦东门"等古迹。公元前94年，汉武帝刘彻东巡海上，率领文官武将自长安出发，途经泰山，一路东进巡游海上至此，被成山头日出这一奇丽的自然景观所折服，遂下令在成山头修筑拜日台、拓日主祠，以感恩泽，且作《赤雁歌》以抒情怀。

而且，特殊的地理位置还使得成山头成为兵家必争之地，在三国、隋、唐、明、清等各个朝代均有战事发生。震惊中外的甲午海战的最后一战——黄海之战，就发生在成山头以东10海里外的海面上。北洋水师爱国将领邓世昌就殉国在此。为了纪念邓世昌誓与战舰共存亡的英雄气概，清代光绪皇帝御赐碑文，谥号"壮节"，此碑至今还保存于成山头的皇庙内。

5. 竹海之旅：蜀南竹海——天然氧吧

横跨宜宾的长宁、江安二县的蜀南竹海四季翠绿，泉甘水冽，溪流纵横，湖泊如镜，是消夏避暑的绝佳去处。漫步蜀南竹海，你能感受到这里连空气都含着竹的清香。春天，新笋齐发，花开鸟鸣；盛夏，新竹添翠，林风送爽，满目都是竹的世界、竹的海洋。

①蜀南竹海天下翠。绿色是蜀南竹海最亮丽的一道风景线。在以竹景为主要特色的蜀南竹海，漫山遍野的楠竹遍布大小28座山峦，500多个山丘。这里的翠竹苍劲挺拔，品种繁多，已在国内独领桂冠。在数百千米的竹海中，共生长有60余种竹子，比如人面竹、香妃竹、慈竹、花竹、罗汉竹、鸡爪竹、算盘竹、箭竹等，数不胜数。除了品种繁多，蜀南竹海的竹子还丰姿各异。它们互抱成林，形成翠玉般的迷宫。漫步竹荫深处，处处飘荡着竹的清香，竹的身影。远远望去，一片竹海，连川连岭，令人叹为观止。

竹海景区内的竹林，茂密苍翠，郁郁葱葱。登高眺望，烟波浩淼，犹如绿色的海洋，场景十分壮观。

②感受天然氧吧。蜀南竹海植被覆盖率达87%，氧气充足，是"洗肺"极好去处，所以有"天然氧吧"之称。景区内有多处瀑布沿着山岩倾泻而下，与岩石冲击后，产生了大量负离子。据科学家分析，这种带有负离子的空气如果长时间呼吸，不仅能减轻生活中的压力而且有利于身体的健康。

在蜀南竹海，非但竹美，水也美，这里的水清澈无比，而且名称颇多。如照影潭、潦水溪、花溪、墨溪、龙潭等。相传龙女曾在照影潭边梳妆，在潦水溪畔浣纱，在花溪边摘花；而龙太子则在龙潭沐浴，用墨溪水作画，画出了竹海的山山水水。

在景区内游览，除了欣赏绿竹，你一定要记得漫步到竹径的山泉旁，俯下身来，用双手一捧那沁人肌肤的泉水，把清泉泼在脸上，感受一下那种凉凉的、滑滑的感觉，然后站起身，深深吸一口天地清气，再静下来，闭目倾听那无穷无尽的竹海涛声和泉水叮咚，必可感触到整个身心都特别的舒坦。

6. 民俗之旅：永定土楼、安徽宏村

（1）闽西永定土楼——东方建筑明珠

闽西永定土楼是我国古建筑中的一朵奇葩。它历史悠久、风格独特、规模宏大、结构精巧，被誉为"东方建筑明珠"。

进入客家聚居的闽西南山区后，形如城堡的土楼就会不时映入你的眼帘。它们当中既有圆形、方形的土楼，也有府第式、交椅体的土楼。登高远眺，山顶上的土楼犹如土中冒出的巨型蘑菇，盆地上的土楼却像巍峨的古罗马城堡，极富神秘感。

从建筑特色来看，它有方楼与圆楼之分，土楼中尤以圆形土楼最富客家传统色彩，也最为讲究。

①土楼的产生之谜。

永定土楼是客家人聚居的住所。客家人是西晋至清末的千余年间，为避免战乱、灾荒的侵扰，先后迁入赣、闽、粤等地。由于长期住在偏僻的山区，又处于客居的地位，客家人特别担心盗匪袭扰。于是，几十户人家就联合起来掘土，夯筑起1米多厚、十几米高的土墙，造成3～5层的土楼，几十户人家住在同一座楼中。

②独特的设计功能。永定土楼的设计十分独特，充分表现了古代劳动人民的智慧。有许多功能，比如聚族而居的功能、安全防卫的功能、防风抗震的功能等。这些特色，即使对于现代建筑设计，也很有参考价值。

聚族而居的功能：天圆地方是中国传统的宇宙观，古人认为，圆形给人带来万事和合，子孙团圆。同时为了共同抗击自然灾害和安全防卫的需要，必须建立高大和坚固的圆形土楼。

安全防卫的功能：圆形土楼一般为四层，一层是厨房、膳厅、浴室、猪舍等；二层是储藏食物的仓库；三层、四层才是卧室。巨大的圆形土楼如同一座古罗马城堡，不存在死角。如果遇到外来势力的侵袭和攻击，只要关上大门，守住要口，全楼则安全无恙。

防风的功能：土楼之所以要把外墙成弧形，其中一个重要的功能就是防风，无论风有多大，都将沿着弧形从两边分流，外墙的受力面积很小，有较强的抗风能力。

③古朴的土楼文化。客家人在千百年的生活中积累了许多自己独特的风俗，在土楼中央的公共空间里，一律都是祭祀祖先的祠堂。客家人首先敬拜的不是神佛，而是祖先，这使得客家人传衍有序。在婚丧嫁娶方面，它们也有自己的一系列习俗。比如，土楼人家娶新娘一般都在下半夜进行，新娘出嫁时一定要哭嫁，婚桌上也必须摆有"十二碗"。到了正月十五时，土楼人家习惯闹花灯，一般都在祖祠进行，新婚夫妇须告慰祖先，以期家庭人丁兴旺。

（2）徽州宏村——中国画里的乡村

宏村，被称为"中国画里的乡村"。这里保存着大量的徽派民居。这里一座座粉墙黛瓦，飞檐翘角的徽式民居，在湖光的倒映之下，俨然一幅幅精美的水彩画。让人忍不住产生"人在村中走，景在画中移"的感受。

①建筑史上的奇观。宏村距今已有近千年历史，其始建于北宋年间，原为汪姓氏族的聚居之地。如果从高处俯瞰全村的话，整个宏村就像一只昂首奋蹄的大水牛，巍峨苍翠的雷岗是牛首，参天古木是牛角，由东而西错落有致的民居群宛如宠大的牛躯，绕村的溪河上先后架起了四座桥梁，作为牛腿，形成"山为牛头，树为角，屋为牛身，桥为脚"的牛形村落。

除了整体布局像一只牛形，它的水系，也是依牛的形象设计，在西北角引一溪水贯穿全村，在青石板下从一家一户门前流过，使得家家户户的门前都有清渠，九曲十八湾的"牛肠"后流人被称为牛胃的月塘，复又绕屋穿户，流向被称作"牛肚"的南湖。

宏村的水利布局有效地解决了宏村消防用水，同时，还起到了调节了气温，为居民生产、生活用水提供了方便，还创造了一种"浣汲未妨溪路连，家家门前有清泉"的良好环境，这样科学合理的布局每年都吸引了一大批日本、美国、德国等国内外专家前来考察。

②中国画里的乡村。宏村被称为"民间故宫"，现保存有完好的明清古民居有140余幢，周围青山绿水环抱，环境秀丽宜人，显得古朴典雅，意趣横生。村里的"承志堂"富丽堂皇，精雕细刻，可谓皖南古民居之最。

在宏村，最受艺术家欢迎的是南湖书院的亭台楼阁，在于南湖的湖光山色交相辉映中，分外别致；此外，宏村里面的敬修堂、东贤堂、三立堂、叙仁堂，或气度恢弘，或朴实端庄，这些美轮美奂的徽派建筑，和着村中的参天古木、民居墙头的青藤老树，月湖里的艳丽荷花，真可谓是步步入景，处处堪画。

7. 度假之旅：大连海滨——浪漫之都

美丽的海滨城市大连，是一座绿色之城，整座城市仿佛隐藏在树林当中，路树融和，四季常青。尤其是这里的海滨，山环水绕，气候宜人。众多的海水浴场，各具特色，礁石林立的海岛，千姿百态，而远近闻名的旅顺港更是中外游客必去的旅游胜地。

①诗情画意之城。大连被誉为"浪漫之都"，这座驰名的海滨之城拥有世界环境五百佳的荣

誉，和地跨黄海与渤海的极大优势，既拥有现代都市的繁华，也拥有一片世外仙境般的美丽沙滩。

与大多数暗色的北方城市相比，有山有海的大连，更多了几分鲜绿，点缀在草地上的各式雕塑，也为大连增添了无限的画意。这里的每一条街道、每一座广场、每一片绿地、每一栋建筑都会给人带来舒适的享受，这也使得大连成了一座休闲城市。

②消夏避暑的首选。大连的气候四季如春，夏季凉爽宜人，更兼有诱人可口的海鲜、绮丽迷人的海岸、星罗棋布的海滩以及发达的旅游设施，清晨去海滨看日出，傍晚去金石滩听涛声。炎热时，去星海公园、傅家庄、棒槌岛等海水浴场冲浪，那感觉真是妙不可言。即使累了，也可以躺在海边的宾馆中，伴着海浪声入梦，梦也会变得香甜——这一切，都使得大连成了炎炎夏日中寻找清凉的胜地。

③世界五大军港之一

大连不仅是一座著名的海滨之城，也是一个历史悠久的港口。1880年，清政府开始在旅顺修炮台，建军港，并在旅顺建立了中国第一支近代海军——北洋舰队。从此，旅顺又多了个名字——水兵城，并被誉为世界五大军港之一。

如今，战争的硝烟早以散尽，那些历史遗迹也大部分淹没在绿树与花丛之中。旅顺却因为群山环抱、风光绚丽、环境清幽，而成为大连的后花园与我国著名的港口。

8. 探险之旅：新疆乌尔禾魔鬼城

在祖国的西域，有一个被称为"魔鬼城"的地方——乌尔禾魔鬼城。之所以被称为"魔鬼城"，是因为这里的山丘被狂风吹成了各式各样的"建筑物"。每当夜幕降临的时候，魔鬼城内狂风大作，飞沙走石，怪异而凄厉的声音更增添了阴森恐怖的气氛。所以当地人称其为"苏鲁木哈克"，意指魔鬼出没的地方。

①魔鬼城的形成

乌尔禾魔鬼城属于典型的雅丹地貌，它的形成还要追溯到将近一亿年前。早在1亿2千万年前的白垩纪，这里还是一片淡水湖泊，也是恐龙家族的乐园。考古学家先后在这里发现了克拉玛依龙、乌尔禾剑龙、准噶尔翼龙的化石。

许多年后，由于地壳的运动，这里出现了无数沙岩结构的山体，经过千万年的剥蚀，形成了千奇百怪的雅丹地貌。在起伏的山坡上，这些形态各异的山体，有的像柬埔寨的吴哥窟，有的像埃及的金字塔，有的像杭州钱塘江畔的六和塔，有的像北京的天坛……还有的酷似人、禽、兽、畜等形状，简直栩栩如生，仿佛是被艺术家雕刻出来一般。

②鬼哭狼嚎般的风声

乌尔禾魔鬼城还有一个名字，叫作"风城"。每当夏秋季节，大风来袭时，这里黄沙遮天，大风在风城里激荡回旋，凄厉呼啸，呜呜的风声听起来如鬼哭狼嚎般，让人毛骨悚然。魔鬼城的称呼也由此而来。然而对于探险者来说，要想体验到这种骇人的风声，只有深入魔鬼城，才能感受到它的恐怖。每当月黑风高之夜，狂风席卷着沙石在土丘中穿行，仿佛有万千恶魔在怒吼，确实令人不寒而栗。

③摄影师的独宠

乌尔禾魔鬼城是大自然的杰作。在辽阔的地平线上，耸立着一座座金黄色的土包，颇像古代的城墙。在"城墙"的上方露出了高高低低、层层叠叠的暗黄色的山峰，看上去与中古时代的城堡十分相似。由于这里的景致独特，曾被许多电影选为外景地。比较知名的有《七剑》《卧虎藏龙》《天地英雄》《冰山上的来客》等。许多摄影家一踏进乌尔禾魔鬼城，就被那些千奇百怪、张牙舞爪的地貌所吸引，梦幻般的迷宫世界与色彩金黄的城堡，令摄影师们流连忘返。

第四篇

秋处露秋寒霜降

——秋季的 6 个节气

第一章

立秋：禾熟立秋，兑现春天的承诺

立秋，田野里的稻谷已开始逐渐褪去绿衣换成斑驳的金黄，一颗颗稻粒慢慢地变得饱满，这是春天播下的希望，如同我们约定的那样，开始兑现春天的承诺，禾熟立秋。

立秋气象和农事特点：秋高气爽，开始收获

1. 秋高气爽，进入收获的季节

立秋，是二十四节气中的第十三个节气。每年公历8月8日前后，太阳黄经为135°是立秋。秋，春华秋实，是植物快成熟的意思。立秋一般预示着炎热的夏天即将过去，秋天即将来临，草木开始结果，进入收获季节。

由于全国各地地理位置的南北差异、地表以及海拔的差异较大，全国不可能都在立秋这一天进入秋天。秋来最早的黑龙江和新疆北部地区也要到8月中旬入秋。一般年份里，9月上半月华北地区开始天高云淡；西南北部、秦淮地区在9月中旬方感秋风送爽；10月初秋风吹至江南；10月下半月，岭南炎暑顿消；11月上中旬，秋的信息到达雷州半岛、海南岛北部；而当秋天的脚步到达海南三亚的"天涯海角"时，已经快到阳历过新年了。

立秋之后虽然一时暑气难消，还有"秋老虎"的酷热，但总的趋势是天气逐渐凉爽。如果按照气候学上以候（5天）平均气温在10℃~22℃之间为春、秋的标准，那么在我国除了那些纬度偏北和海拔较高的地区以外，立秋时多数地方未入秋，仍然处于炎夏之中，即使在东北的大部分地区，此时也还看不到秋风扫落叶的枯黄景色。立秋以后，中部地区早稻收割、晚稻移栽，大秋作物进入重要生长发育时期。

2. 南方、北方农田追肥、秋耕、播种和防虫

立秋时节，全国北方、南方地区气温仍然较高，各种农作物生长旺盛，中稻开花结实，单季晚稻圆秆，大豆结荚，玉米抽雄吐丝，棉花结铃，甘薯薯块迅速膨大，对水分要求都很迫切，此时受旱会给农作物收成造成损失。因此有"立秋三场雨，秕稻变成米"、"立秋雨淋淋，遍地是黄金"之说。晚稻生长在气温由高到低的环境里，必须抓紧温度较高的有利时机，追肥耘田，加强管理。秋季也是棉花保伏桃、抓秋桃的重要时期，"棉花立了秋，高矮一齐揪"，除对长势较差的田块补施一次速效肥外，打顶、整枝、去老叶、抹赘芽等要及时跟上，以减少烂铃、落铃，促进棉花正常成熟和吐絮。

南方地区茶园秋耕要尽快进行，农谚说："七挖金，八挖银。"秋挖可以消灭杂草、疏松

土壤、提高深水蓄水能力，若再结合施肥，可使秋梢长得更好。立秋前后，华北地区的大白菜要抓紧播种，以保证在低温来临前有足够的热量条件生长成熟，争取高产优质。若播种过迟，生长期缩短，菜棵会生长小且包心不坚实。立秋时节也是多种作物病虫集中危害的时期，如水稻三化螟、稻纵卷叶螟、稻飞虱、棉铃虫和玉米螟等，要加强预测预报和防治。北方的冬小麦也即将开始播种，应该尽早做好整地、施肥的准备工作。

立秋农历节日：七夕节和中元节

1. 七夕节

七夕节源于中国家喻户晓的牛郎织女的爱情传说。农历七月初七这一天是人们俗称的七夕节。七夕节又称乞巧节、女儿节（亦称女儿节、少女节），别称双七（此日，月、日皆为七）、香日（俗传七夕牛郎织女相会，织女要梳妆打扮、涂脂抹粉，以至满天飘香）、星期（牛郎织女二星所在的方位特别，一年才能一相遇，故称这一日为星期）、巧夕（因七夕有乞巧的风俗）、女节（七夕节以少女拜仙及乞巧、赛巧等为主要节俗活动，故称女节）、兰夜（农历七月古称"兰月"，故七夕又称"兰夜"）等。七夕是传统节日中最具浪漫色彩的一个节日，也是姑娘们最为重视的日子之一。

传说农历七月七日的夜晚，是牛郎与织女在天河相会的日子，民间就有妇女乞求智巧之事。"七七"之夜，是青年男女谈情说爱、共结百年之好的时候，更是才女们一展才华、巧女们争奇斗巧的时候，也是家庭和睦、老幼和谐、共享天伦的时候。

最早资料《夏小正》记载："七月，初昏，织女正东向。"汉代出现描写牛郎织女故事的雏形。《古诗十九首》有"迢迢牵牛星，皎皎河汉女……盈盈一水间，脉脉不得语"的句子，《淮南子》上还出现了"乌鸦填河成桥而渡织女"的传说。民间已有七夕看织女星和穿针、晒衣服的习俗。晋代葛洪《西京杂记》中记载："汉彩女常以七月七日穿七孔针于开襟楼，俱以习之。"当时太液池西边建有"曝衣楼"，专供宫女七月七日晾晒衣服之用。到晋朝时，民间出现了向牛女二神祈求赐福的活动，这些就是后来"乞巧"活动的萌芽状态。

宋朝时陈元靓《岁时广记》转引周处《风土记》中记载："七月七日，其夜洒扫庭除，露施几筵，设酒脯时果，散香粉于筵上，祈请河鼓（即牵牛）、织女。"并说，如见天空有奕奕白气或光耀五色，就是二星相会的征兆，人们可拜求乞富乞寿、乞子。南朝时梁任防《述异记》中也记载了较为完整的牛郎织女的传说。

再到后来的唐宋诗词中，妇女乞巧也曾多次被提及，唐朝王建有诗说："阑珊星斗缀珠光，七夕宫娥乞巧忙。"据《开元天宝遗事》记载：唐太宗与妃子每逢七夕在清宫夜宴，宫女们各自乞巧，这一习俗在民间也经久不衰，代代相传。

七夕乞巧节在宋元之际已经相当隆重，京城中还设有专卖乞巧物品的市场，世人称为"乞巧市"。宋代罗烨、金盈之编辑的《醉翁谈录》中说："七夕，潘楼前买卖乞巧物。自七月一日，车马嗔咽，至七夕前三日，车马不通行，相次壅遏，不复得出，至夜方散。"从描述这个乞巧市购买乞巧物的热闹情况，可以很容易判断出当时七夕乞巧节的节日隆重程度。

2. 牛郎织女的传说

传说天上有个织女星，还有一个牵牛星，织女和牵牛偷偷地自由恋爱，且私定了终身。但是，天条律令是不允许男欢女爱、私自相恋的。织女是王母娘娘的孙女，王母娘娘一怒之下，便将牵牛贬下凡尘了，惩罚织女没日没夜地织云锦。

有一天，众仙女们向王母娘娘恳求想去人间游玩一天，王母娘娘当天心情比较好，便答应了她们。她们看到织女终日忙忙碌碌不停地织锦，便一起向王母娘娘求情让织女也共同前往，王母娘娘也心疼受惩后的孙女，便答应她们众姐妹的请求。

话说牵牛被贬下凡之后，投胎到凡间一个农民家中，取名叫牛郎。牛郎是个聪明、忠厚的小伙子，后来父母下世，他便跟着哥嫂一起过日子，哥嫂待牛郎非常刻薄。一年秋天，嫂子让牛郎去放牛，给他九头牛，却让他等有了十头牛时才能回家，牛郎没说话，只是默默地赶着牛进了山。在草深林密的山上，牛郎坐在树下暗自伤心，他不知道何时才能有十头牛才能回家。这时，有位须发皆白的老人出现在他的面前，问他为何伤心，牛郎如实相告。当老人得知他的遭遇后，老人安慰他："孩子，别难过，在伏牛山里有一头病倒的老牛，你去好好喂养它，等老牛病好以后，你就可以赶着它回家了。"老人说完话后就消失了。

牛郎翻山越岭，走了很远的路，终于在伏牛山脚下找到了那头病倒的老牛。他看到老牛病得不轻，就去给老牛打来一捆捆草，一连喂了好多天，老牛吃饱了，开口说出了自己的身世。原来老牛是天上的金牛星，因触犯天条被贬下天庭，摔坏了腿，无法动弹。老牛还告诉牛郎，自己的腿伤需要用百花的露清洗一个月才能痊愈。

牛郎不怕辛苦，到处采集花露，细心地照料了老牛一个月，直到老牛病好后，牛郎兴高采烈地赶着十头牛回了家。

牛郎回到家后，嫂子对他仍旧不好，曾几次要加害他，都被老牛设法相救，嫂子最后把牛郎赶出家门，牛郎只要了那头老牛作伴。

有一天，老牛对牛郎说："牛郎，今天你去一趟，那儿将有几个仙女在洗澡，其中穿红色衣服的那个女子人品最好，你把她的衣服藏起来，随后穿红衣的仙女就会成为你的妻子。"牛郎便听老牛的话去了碧莲池，拿走了红色的仙衣。仙女们见有人来了，便纷纷穿上衣裳，像鸟儿般地飞走了，只剩下没有衣服穿无法飞走的仙女，她就是织女。织女见自己的仙衣被一个小伙子抢走，又羞又急，却又无可奈何。这时，牛郎走上前来，对她说，要她答应做他妻子，他才能还给她的衣裳。织女定睛一看，这个小伙子就是自己朝思暮想的牵牛，便含羞答应了他。

牛郎和织女生了一男一女两个孩子，他们满以为能够终身相守，白头到老。可是，纸里包不住火，王母娘娘知道这件事后，勃然大怒，发誓一定要派遣天兵天将捉拿织女回天庭问罪。

有一天，织女正在做饭，牛郎匆匆赶回，眼睛红肿着告诉织女："牛大哥死了，他临死前说，要我在他死后，将他的牛皮剥下放好，有朝一日，披上它，就可飞上天去。"织女一听，心中明白，老牛就是天上的金牛星，只因替被贬下凡的牵牛说了几句公道话，也被贬下天庭。它怎么会突然死去呢？织女琢磨着自己偷偷来到凡间的事可能要出大事了。织女便让牛郎剥下牛皮保存下来，然后厚葬了老牛。

突然有一天，天空狂风大作，雷鸣闪电交加，天兵天将从天而降，不容分说，押解着织女便飞上了天空。正飞着、飞着，织女听到了牛郎的声音："织女，等等我！"织女回头一看，只见牛郎用一对箩筐，挑着两个儿女，披着牛皮赶来了。慢慢地，他们之间的距离越来越近了，织女可以看清儿女们可爱的模样了，可就在这时，王母娘娘驾着祥云赶来了，她拔下头上的金簪，往他们中间一划，刹那间，一条波涛滚滚的天河横在织女和牛郎之间。

织女眼望着天河对岸的牛郎和可爱的儿女们，直哭得声嘶力竭，牛郎和孩子也哭得死去活来。王母娘娘看到此情此景，也为牛郎织女的爱情所感动，于是网开一面，同意让牛郎和孩子们留在天上，并且限定每年七月七日，让他们全家团圆一天。

从此以后，牛郎织女相会的七月七日，喜鹊从四处飞来为他们搭桥。

3. 乞巧：盼蜘蛛结网、吃饺子、咬住铜钱和针、针线活比赛

乞巧活动是七夕节最传统的习俗。在山东济南、惠民、高青等地的人们陈列瓜果乞巧，如有蜘蛛结网于瓜果之上，就意味着乞得巧了。女孩对月穿针，以祈求织女能赐以巧技，或者捉蜘蛛一只，放在盒里，第二天开盒如已结网称为得巧。而鄄城、曹县、平原等地吃乞巧饭乞巧的风俗十分有趣：七个要好的姑娘集粮集菜包饺子，把一枚铜钱、一根针和一个红枣分别包到三个水饺里，乞巧活动以后，她们聚在一起吃水饺，传说吃到铜钱的有福，吃到针的心灵手巧，吃到枣的很早结交到如意郎君，且早婚。

陕西一带的女孩子们采取竞争比赛进行乞巧活动。她们用稻草扎成一米多高的"巧姑"（又叫巧娘，即织女）形象，并让它穿上女孩子的绿袄红裙，坐在庭院里；女孩子们供上瓜果，并端出

事先育好的豆芽、葱芽，剪下一截，放入一碗清水中，浮在水面上，看月光下的芽影，来占卜她们的巧拙；并比赛穿针引线，看谁做得又快又好；举行剪窗花比赛，看谁剪得花样既好看又快。

福建一带的姑娘不仅组织乞巧活动，而且还有乞子、乞寿、乞美和乞求爱情的活动。进行的乞巧活动一般有两种：一种是"卜巧"，即采用占卜的办法来判断自己是巧还是笨；另一种是"赛巧"，即采用针线活比赛的办法，看谁穿针引线快，谁就得巧，慢的称"输巧"，"输巧"者要将事先准备好的丰盛礼物奖励给得巧者。

4.拜仙：拜织女、拜魁星

（1）拜织女。

七夕节，少女、少妇"拜织女"。少女、少妇们组织自己的朋友或邻里们少则五六人，多则十来人，一起祭拜织女。祭拜的一般仪式是：在月光下摆一张桌子，桌子上置茶、酒、水果、五子（桂圆、红枣、榛子、花生、瓜子）等祭品；又有鲜花几朵，束红纸，插瓶子里，花前放置一个小香炉。参加拜织女的少女、少妇们，斋戒一天，沐浴停当，都按时到主办的家里来，到案前焚香礼拜后，大家一起围坐在桌前，一面吃花生、瓜子，一面朝着织女星座默念自己的心事。如果少女们希望长得越来越漂亮或者将来嫁个如意郎君，少妇们希望能够早生贵子、丈夫能够有出息等，都可以向织女星祈祷。拜织女一般要进行到半夜时分才会散场。

（2）拜魁星。

传说七月七日是魁星爷的生日。民间谓"魁星主文事"，想求取功名的读书人特别崇敬魁星，因此多数读书人在七夕这天祭拜魁星爷，祈求他保佑自己考运亨通、金榜题名。魁星爷就是魁斗星，廿八宿中的奎星，为北斗七星的第一颗星，也称魁星或魁首。古代士子中状元时称"大魁天下士"或"一举夺魁"，都是因为魁星爷主掌考运的缘故。

"拜魁星"活动仪式亦在月光下举行。首先要糊一个纸人（魁星爷），高二尺许，宽五六寸，蓝面环眼，锦袍皂靴，左手斜捋飘胸红髯，右手执朱笔，置案上。祭品隆重不可缺的是羊头（公羊，留须带角），煮熟，两角束红纸，置盘中，摆"魁星"像前。其他祭品茶酒等随便。参加拜魁星的，于烛月交辉中进行，鸣炮焚香礼拜罢，就在香案前围桌会餐。席间必玩一种"取功名"的游戏助兴，以桂圆、榛子、花生三种干果，代表状元、榜眼、探花三鼎甲，以一人手握上述三种干果各一颗，往桌上投，随它自行滚动，某种干果滚至某人跟前停止下来，那么，就预示着某人中状元、榜眼或探花；如投下的干果各方向都滚偏，则大家都没有"功名"，须重新再投，称"复考"；都投中，称"三及第"；其中二颗方位不正——比如桂圆，榛子都不中，只花生到某人跟前，而某人即中"探花"。这样投一次，饮酒一巡，称"一科"，而谓"这科出探花"，大家向"探花"敬酒一杯。敬酒的"落第考生"下"一科"继续"求取功名"，而有了"功名"的不参加。这样吃喝玩乐，一直玩到在座都功成名就为止。最后散场时鸣炮烧纸锭，"魁星爷"像也和纸锭一起焚烧，等于谢过魁星爷并且道别。

5.吃巧果：祈盼自己或友人灵巧

七夕节民间习俗吃巧果。巧果又称作"乞巧果子"，花样较多。主要的原材料是油面糖蜜。巧果的制作方法是：先将白糖放在锅中熔为糖浆，然后和入面粉、芝麻，拌匀后摊在案上捍薄，晾凉后用刀切为长方块，最后折为梭形面巧胚，入油炸至金黄即成。手巧的女子，还会捏塑出各种与七夕传说有关的花样。此外，乞巧时用的瓜果也可多种变化。或将瓜果雕成奇花异鸟，或在瓜皮表面浮雕图案，称为"花瓜"。巧果及花瓜是最普通的七夕食品。而在历史上各朝代则另有不同的食俗。例如魏朝流行于七月七日设汤饼。唐朝的节日食品包括七月七日进斫饼，并订七月七日为晒书节，三省六部以下，各赐金若干，以备宴席之用，称为"晒书会"。如今浙江的杭州、宁波、温州等地，在七夕这一天，人们还会用面粉制作各种小型物品，放到油锅里煎炸后称"巧果"。巧果做成后，到晚上陈列到庭院中的几案上，摆上巧果、莲蓬、白藕、红菱等，家人和亲友围坐在一起，一边欣赏浩瀚的夜空，一边品尝各种巧果和其他食品，人人祈盼自己或亲友会变得灵巧起来。

6. 青苗会：期望当年好收成

七夕节，民间有些地方举办"青苗会"。"青苗会"是纯朴善良的稻农们敬畏大自然，期望风调雨顺和上天保佑五谷丰登的祈祷活动。传说民国年间乌鲁木齐米东区每年都要举行为期十天的"青苗会"，活动具有浓重的民俗文化底蕴。每年农历七月七日，当地的戏台被装饰一新。街道华灯高挂，横幅招展。四面八方、各村各庄的农民放下手里的活计，潮水般涌向"青苗会"举办地，就像过大年，娃娃穿新衣、货郎摆地摊。娃娃在戏台前后尽情戏耍，穿红着绿的大姑娘、小媳妇神采飞扬，小伙子东张西望寻觅着意中人……整个"青苗会"沉浸在节日的欢乐中。

其实在农历七月七日前组委会已忙活起来，分派各路信使，骑快马去古城奇台、乌鲁木齐等地预约戏班子。七月七这天日头上一竿，"青苗会"准备就绪，祭台上摆好三牲五谷，上方悬挂身着龙袍、长髯飘逸的龙王像。震耳欲聋的鞭炮响过后，会场鸦雀无声。在司礼"开祭"的唱声中，鼓乐齐鸣，与会男女跪伏在地三叩九拜。庄严肃穆的典礼完毕，接踵而来的便是民间大戏。

"青苗会"活动，从太阳东升到暮色降临，戏台前面的宴席上，男士们猜拳行令喝酒，打麻将、推牌九、掷骰子，女士们品尝着美味佳肴、干果，谈论着东家长、西家短，拉开家常话。人们玩得兴高采烈，如同钻入蜂箱一样，人声鼎沸，热闹之极。

还有一些农民趁这空闲时间手提土特产礼物、穿着过年的行头走亲访友。"青苗会"要整整热闹十天。戏台上好戏连台，有秦腔、新疆曲子，剧目以传统古装戏为主。一直闹腾到七月十七日，"青苗会"最后一个高潮来临。清晨人们从四面八方赶到会场，在祭台前燃烛焚香，再进行一次祭祀仪式后，恭送吃好喝好的龙王爷和诸位神仙上天，这就如同现在一些大型活动的闭幕式仪式一样。紧接着再大开宴席，宴请各组织代表和农民，不分男女老少均可入席，全部由农会出资，免费美餐一顿，至此本年度"青苗会"结束。据说龙王爷和诸位神仙看了大戏、享用了供品后，就会保佑人们当年丰收。

立秋民俗：戴楸叶、贴秋膘、补秋屁股和尝秋鲜，祈求好兆头

1. 戴楸叶：寓报秋意

每逢立秋之日，各地农村有戴楸叶的风俗。楸叶，即楸树之叶。楸是大戟科落叶乔木，最高可达3丈，干茎直耸可爱，叶大，呈圆形或广卵形，叶嫩时为红色，叶老后只有叶柄是红的。据说，立秋日，戴楸叶，可保一秋平安。据唐代陈藏器《本草拾遗》中记载，唐朝时立秋这天，长安城里开始售卖楸叶，供人们剪花插戴，可见立秋日戴楸叶的习俗由来已久。《临安岁时记》："宋代，立秋之日，男女都戴楸叶，以应时序。"北宋孟元老《东京梦华录》卷八记载："立秋日，满街卖楸叶，妇女儿童辈，皆剪成花样戴之。"南宋周密《武林旧事》卷三记载："立秋日，都人戴楸叶、饮秋水、赤小豆。"吴自牧《梦粱录》卷四记载："立秋日，太史局委官吏于禁廷内，以梧桐树植于殿下，俟交立秋时，太史官穿秉奏曰：'秋来。'其时梧叶应声飞落一二片，以寓报秋意。都城内外，侵晨满街叫卖楸叶，妇人女子及儿童辈争买之，剪如花样、插于鬓边，以应时序。"可见南宋在立秋这天戴楸叶的情景，与北宋相同。戴楸叶历经唐、宋、元、明、清各朝，一直流传至今不衰。

进入近代，民间各地也有立秋日戴楸叶的习俗。河南郑县盛行立秋日男女戴楸叶。山东地区这天必有一两片楸叶凋落，表示秋天到了。胶东和鲁西南地区的妇女儿童采集来楸叶或桐叶，剪成各种花样，或插于鬓角，或佩于胸前。现在农村，每年立秋前后，不仅戴楸叶，而且还有人把楸叶或树枝编成帽子，在阳光下戴上，既可以乘凉，又可以消暑，平平安安过度进入"处暑"、"白露"。

2. 贴秋膘：大鱼大肉进补

立秋，民间有"贴秋膘"的习俗。民间流行在立秋当天以悬秤称人，将体重与立夏时称的重量对比，来检验肥瘦，体重减轻叫"苦夏"。那时人们对健康的评判，往往只以胖瘦做标准。

瘦了需要大"补"，补的办法就是"贴秋膘"，吃味厚的美食佳肴，当然首选吃肉，"以肉贴膘"。流行于北京、河北等华北地区。尤其在北京，立秋这一天，普通百姓家吃炖肉，讲究一点的家庭吃白切肉、红焖肉，以及肉馅饺子、炖鸡、炖鸭、红烧鱼。这个习俗源自北方农村，由于以前我国北方农村地区的生活水平比较低，经过夏季辛苦劳作，人们精力损耗较大，为了弥补劳动者身体的劳损，到了立秋节气就要杀猪宰羊，做些营养丰富的菜肴，给那些壮劳力补补身子，也就是所谓的"贴秋膘"。后来，随着城区的不断扩大，部分农村早已圈进城市，但是民俗还是保留下来。随后，城里也潜移默化地流行起"贴秋膘"的习惯。

3. 摸秋：摸秋不算偷，丢秋不追究

在"立秋"之夜，民间有"摸秋"的风俗。人们悄悄结伴去他人的瓜园或菜地中摸回各种瓜果、蔬菜，俗称"摸秋"。丢了"秋"的人家，无论丢多少，也不追究，据说立秋夜丢失点"秋"还吉利呢。这天夜里没有小孩子的妇女，在小姑或其他女伴的陪同下，到瓜园或菜地，暗中摸索摘取瓜豆。据说摸到南瓜，易生男孩；摸扁豆，易生女孩；摸到白扁豆更吉利，除生女孩外，还有白头到老的好兆头。按照传统风俗，立秋夜瓜豆任人采摘，田园主人是不允许责怪，即使发现了，也装作没有看到，甚至暗中帮忙"摸秋"、"逃跑"。姑嫂归家再迟，家长也不许非难。此俗清代以前就有，如在商洛竹林关一带，立秋夜里，孩子们在月亮还未出来时，照例钻进附近的秋田里，摸一样东西回家。如果摸到葱，父母就认为这孩子长大后很聪明；如果摸到瓜果，父母就认为孩子将来不愁吃喝、事事顺利。人们视"摸秋"为游戏，不作偷盗行为论处。过了这一天，家长会严肃约束孩子，不准到别人瓜田、菜地里拿人家的任何东西。还有的地方，在立秋晚上，据说让不肯长高的小孩去摸高粱，摸高就会长高；没有男孩的人家去摸茄子，摸到茄子容易生男孩；没有女孩的人家去摸辣椒，摸到辣椒容易生女孩；小孩子不聪明的人家去摸葱，小孩会变得聪明起来。

这个风俗源于元末农民起义的一次行军转移活动。

传说在元末的时候，淮河流域出现了一支农民起义军，参加起义队伍的将士们都是农民出身，他们饱受元军的兵燹之苦，对兵扰民之事深恶痛绝。这支队伍纪律严明，所到之处，秋毫不犯。一天，这支起义军转移到淮河岸边，深夜不便打扰百姓，便旷野露天宿营。少数士兵饥饿难忍，在路边田间摘了一些瓜果、蔬菜做饭充饥。此事被起义军首领知晓，按军法当斩。天明准备将他们按军法处置时，村民得知这支队伍不拿百姓一针一线的军规后，纷纷端来饭食请队伍食用，并向主帅求情，设法开脱士兵的过错，村里一位老人随口说道："按照祖传规矩，八月摸秋不为偷。"那几个士兵因此而获免死罪。那天晚上正好是立秋，从此民间便留下了"摸秋"的风俗习惯。

4. 咬秋：吃西瓜防病，吃饺子五谷丰登

立秋这天有吃西瓜的习俗，叫作"咬秋"，俗称"咬瓜"，意为天气转凉，西瓜少了。"咬秋"寓意炎炎盛夏难耐，忽逢立秋，将其咬住不放。北京的习俗是立秋那天早上吃甜瓜，晚上吃西瓜；江苏各地立秋时刻吃西瓜"咬秋"，认为可以防治生秋痱子。在江苏无锡、浙江湖州一带，传说立秋日吃西瓜、喝烧酒，可以避免患上疟疾。

天津等地也流行"咬秋"，但"咬秋""咬"的是西瓜，天津讲究在立秋的那一时刻吃西瓜或香瓜，据说可免腹泻。清朝张焘的《津门杂记·岁时风俗》中记载："立秋之时食瓜，曰咬秋，可免腹泻。"清代在立秋前一天把瓜、蒸茄、香糯汤等放在院子里晾一晚，到立秋当日吃下，主要是为了清除暑气和避免痢疾。

在上海郊区农村，咬秋这个习俗变成了向亲友邻舍馈赠西瓜。平日吃的都是自家种的瓜，这天必须吃亲友送来的瓜，除调换口味外，主要是通过互相品尝，发现良种，交流改进种植技术。

在山东，立秋当天，年长者会在堂屋正中，供一只盛满五谷杂粮的碗，上面插上三炷香。祭拜、祈求立秋以后风调雨顺、五谷丰登。大多数人家会在立秋祭拜过后，全家人围在一起，齐上阵剁肉馅、擀饺子皮、包饺子，煮饺子，一起吃饺子"咬秋"。

5. 吞服红豆、"补秋屁股"

传说有些地区为了预防疟疾的泛滥，在立秋日用凉水吞服红豆，河南郑县把红豆称作为"避疟丹"，浙江地区多用井水来吞食红豆。在云南镇雄，据唐宋时记载："先以布袋盛红豆入井底，及时取出，男女老幼各吞数粒，饮生水一盏，以为不患痢疾。再后来，人们用五色或七色布，剪成大、小不同方块，错角重叠，粘连缝就，载于小儿衣后，叫作'补秋屁股'。"可见，吞服红豆、"补秋屁股"预防疾病的民俗早在唐宋时期就已盛行了。

6. 尝秋鲜，吃饺子、渣和茄饼

传说旧北京时，立秋新粮一上市，人们就都忙着去集市或粮栈买新粮，有"尝秋鲜儿"的习俗。用新麦面包饺子或吃炸酱面，用黄澄澄的新棒子渣熬粥，用新高粱米煮捞后蒸锅红米饭，看着做好的饭食高兴，吃起来更觉得格外香。有些城里百姓还自己有个小石磨，买些老棒子粒儿自己推磨磨成渣成粉，熬出来的棒子面粥，蒸的黄金塔式的窝窝头，再就点自酿的大酱、炸成的虾米皮酱或自家腌制的酱萝卜，吃起来味香，别提多舒坦。老北京人秋后爱吃螃蟹，除街市大饭庄可品尝外，也有从北京东边海河运来的螃蟹等，由商贩挑担在胡同里叫卖。螃蟹富含蛋白质等，民间有用秋蟹医病之说，据说吃蟹可活血化瘀、消肿止痛、强筋健骨，因此大受欢迎。立秋后街市里的水果摊有大量新鲜瓜果上市，果农及小贩也赶着大马车、挎篮、挑担在胡同里吆喝着叫卖新鲜的玉米、莲藕、菱角、鸡头米、落花生、酸枣儿、葫芦形的大枣、京白梨、香槟子、沙果儿、大柿子以及核桃、栗子等众多瓜果，这些新鲜的瓜果成为孩子们爱吃的零食，也让北京人大大地尝了个秋鲜儿。

在我国东部沿海山东胶东半岛地区，立秋之日的饮食也很有讲究，中午的饭食一般吃水饺或面条，招远、龙口称"入伏的饺子立秋的面"，长岛、莱阳、海阳等地则说是"立秋的饺子入伏的面"。在山东诸城和莱西地区，吃一种用豆沫和青菜做成的小豆腐，俗称"渣"，当地民谣传诵："吃了立秋的渣，大人小孩不吐也不拉。"说是吃了立秋的渣具有防止肠胃病的功效。在江苏苏州一带，立秋这一天用茄子调和面粉作茄饼吃。

这些食俗基本上都是为了预防立秋后腹泻、痢疾等疾病，足见我国劳动人民颇为重视立秋后常见病的防范。

7. 祓秋：消暑

立秋之日，家家户户吃西瓜、脆瓜，儿童还吃炒萝卜籽或炒白药，俗称"祓秋"。在浙江定海一带，立秋这一天，儿童食蓼曲（俗名"白药"）、莱菔子，以为可去积滞。浙江舟山一带，大人们则是给小孩子吃萝卜子、炒米粉等拌的食物，以防积滞。浙江镇海、奉化一带，给儿童吃绿豆粥，服酒曲，认为孩子吃了以后会长得快，长得壮。民间"祓秋"这个习俗，据说主要是为了消暑。

8. 饮水消暑

在江浙一带，有立秋时饮用刚从井中新打的"新鲜水"，据说这样既可免生痱子，又可止痢疾。在四川东、西部还流行喝"立秋水"，即在立秋正刻（立秋时分，目前多数市场随处可见的年历小册子上都标有立秋具体时间），全家老小聚在一起各饮一杯水，据说可消除积暑，以防疟痢，秋来不闹肚子。

9. 秋社：祭祀土地神

秋社原是秋季祭祀土地神的日子，始于汉代，后来定在立秋后第五个戊日。古代五谷收获已毕，官府与民间皆于此日祭祀诸神报谢。宋时有食糕、饮酒、妇女归宁之俗。后世，秋社渐微，其内容多与中元节（七月半）合并。唐韩偓《不见》中记载："此身愿作君家燕，秋社归时也不归。"宋孟元老《东京梦华录·秋社》中记载："八月秋社，各以社糕、社酒相赍送。贵戚、宫院以猪羊肉、腰子、肚肺、鸭、饼瓜姜之属，切作棋子、片样，滋味调和，铺于板上，谓之"社饭"，请客供养。人家妇女皆归外家，晚归，即外公妻舅皆以新葫芦儿、枣儿为遗，俗云宜良外甥。市学先生预敛诸生钱作社会……归时各携花篮、果实，食物、社糕而散。春社、重午、重九，亦是如此。"宋吴自枚《梦粱录·八月》中记载："秋社日，朝廷及州县差官祭社稷于坛，盖春祈而秋报也。"清顾禄《清嘉录·七月·斋田头》中记载："中元，农家祀田神，各具粉团、鸡黍、瓜蔬之属，于田间十字路口再拜而祝，谓之斋田头。案：韩昌黎诗：'共向田头乐社神。'又云'愿为同社人，鸡豚宴春秋。'……则是今之七月十五日之祀，犹古之秋社耳。"在一些地方，至今仍流传有"做社"、"敬社神"、"煮社粥"的说法。

立秋民间宜忌：忌讳打雷、下雨、出彩虹

1. 立秋之日忌讳打雷
立秋之日，民间许多地方忌讳打雷。据说在河南淮阳一带，立秋之日如果听到雷声，则有可能会发生水灾。在江苏武进、阳湖、太仓等地流传有"秋勃鹿，损万斛"、"秋礴硃，损万斛"的说法，认为立秋之日打雷晚稻将会遭殃。在陕西孝义一带有谚语云："雷鼓立秋，五谷天收。"在湖北孝感有"立秋雷电，天收一半"的说法。所谓天收，就是农作物被老天爷收去的意思，意味着粮食要减产。浙江石门还有"秋霹雳、损晚稻。秋后雷多，晚稻少收"这一说法。民间认为立秋之日响雷是不祥之兆，将会遇到灾难。

2. 立秋之日忌讳下雨
立秋之日下雨，将会发生旱情，民间有"雨打头，晒杀鳝头"的说法。对农作物来说，秋旱是最糟糕的事情。在遂昌，人们相信立秋下雨，此后非旱即涝，农谚说："立秋雨打头，无草可饲牛。"在福建浦城，人们认为立秋下雨会妨碍豆类作物生长。在河北新河，认为立秋日下雨将会阴雨连绵，妨碍秋季收割庄稼。

3. 立秋之日忌讳彩虹
民间立秋之日忌讳彩虹是比较普遍的习俗。在山东牟平、江西南昌、江苏常熟等地区，如果立秋之日见到彩虹，预示农作物将会减产。四川西昌以彩虹出现在西方为大忌，有"为西十万"的说法，将会减收至十万，即损失极大。

立秋饮食养生：少辛增酸，进食"温鲜"食物

1. "贴秋膘"有讲究
到了立秋日，很多人开始进补大鱼大肉"贴秋膘"，这是北方地区的一种传统习俗。但这种进补做法也不宜放开肚皮胡吃海喝，否则适得其反将引发新的疾病。进补应适量，还要吃对东西。

先要保持体内酸碱度平衡。通常人体中的血液呈弱碱性，要是吃了太多鱼、肉等酸性食物，容易让血液的酸碱平衡破坏。导致高血压、高脂血症、痛风、脂肪肝等病症。在适当"贴秋膘"的同时，还应该适量补充蔬菜、水果，并且食用豆制品、栗子等碱性食物。

其次要根据身体实际情况选择适合的食物。对于身体健康的人来说，正常的饮食，营养就足够了，完全没有必要刻意吃太多的营养食品。适当吃些豆芽、菠菜、胡萝卜、芹菜、小白菜、莴笋等新鲜蔬菜，不仅可以补充身体所需的营养，而且还具有减肥功效。

2. "少辛增酸"保健康
立秋以后天气逐渐变凉，阴长阳消。这个时节养生的关键在于"养收"，即吃些祛除燥气、补气润肺、有益肝脾的食物，坚持"少辛增酸"的原则以保持健康的身体。"少辛"也就是避免吃葱、姜、蒜、韭菜、辣椒等辛味的食品。由于肺属金，在金秋时节，肺气较为旺盛，"少辛"的作用就是不让肺气过盛，以免伤及肝脏。立秋时节，为了提高肝脏功能，避免肺气伤肝，建议适当多吃些石榴、葡萄、山楂、橄榄、苹果、柚子等水果。

3. 适当食用"温鲜"食物
进入秋天以后，气温逐渐降低，如果还延续夏天饮食喜好，大量吃生鲜瓜果，会造成体内湿

邪过盛，对脾胃产生不良的影响，引发腹部疼痛、腹泻、痢疾等胃肠疾病，也就是许多人经历的"秋瓜坏肚"之苦。建议立秋过后适当食用一些有利于胃的"温鲜"食物，使胃肠消化系统得以畅通运行。适当食用一些温热性质的新鲜瓜果有助于慢性胃肠道疾病的调养。另外，用餐也应该有所讲究，尽量有规律，还应做到少量多餐，不吸烟不喝酒。

4. 生津止渴、利咽祛痰可食用橄榄

橄榄具有生津止渴、利咽祛痰的功效，还被中医称作"肺胃之果"。进入立秋时节，天气干燥，多吃橄榄可以起到润喉的作用，并可缓解咳嗽、咳血、肺部发热等症状。橄榄以外皮呈金黄色、果皮无斑、形状端正、果实饱满为上乘。如果颜色极为青绿，可能是经过了矾水的浸泡，倘若食用，有害身体健康。如果将橄榄和各种肉放在一起炖熬，那么食用后可以起到活络筋骨的效果。但是橄榄的味道又酸又涩，建议一次不要食用太多。

饮用橄榄杨梅汤也具有生津止渴、利咽祛痰之功效。

橄榄杨梅汤

材料：新鲜橄榄10颗、杨梅15颗。

做法：①橄榄、杨梅分别淘洗干净；②砂锅内倒入适量水，放入橄榄、杨梅；③小火熬成汤即可饮用。

5. 吃百合可预防季节性疾病

新鲜的百合既可以做菜食用，又具有滋补人体的功效。由于立秋时节的天气比较干燥，适当食用百合可以预防季节性的疾病。挑选百合以柔软、颜色洁白、表面有光泽、无过多的斑痕、鳞片肥厚饱满为上乘。百合可以搭配薏米食用，这样组合既比较好吃，又有利于营养的吸收。

立秋时节，预防季节性疾病可以食用百合枸杞土鸡汤。

百合枸杞土鸡汤

材料：水发百合50克，土鸡1只，枸杞子10克，盐、醪糟、啤酒、葱、姜片、植物油等适量。

制作：①土鸡洗干净，切成块，加啤酒腌制10分钟；②百合、枸杞子淘洗干净；③锅中倒入水，下鸡块，烧开后捞出，过冷水，捞出沥水；④炒锅倒油加热，放姜片煸香，倒入鸡块翻炒两三分钟，倒入开水，加醪糟，倒入砂锅中炖45分钟左右；⑤倒入百合、枸杞子再炖20分钟，加入盐调味，放葱花即可食用。

6. 滋阴益胃、凉血生津，食用生地粥

生地粥具有滋阴益胃、凉血生津之功效，也可以作为肺结核、糖尿病患者之膳食。

生地粥

材料：生地黄25克，大米75克，白糖适量。

制作：①生地黄（鲜品洗净细切后，用适量清水在火上煮沸约30分钟后，滗出药汁，再复煎煮一次，两次药液合并后浓缩至100毫升，备用。②将大米洗净煮成白粥，趁热加入生地汁，搅匀，食用时加入适量白糖调味即可。

7. 补脾润肺食用黄精煨肘

黄精煨肘具有补脾润肺之功效，对脾胃虚弱、饮食不振、肺虚咳嗽、病后体弱者尤为适宜。

黄精煨肘

材料：黄精9克，党参9克，大枣5枚，猪肘750克，生姜15克，葱适量。

制作：①黄精切薄片，党参切短节，装纱布袋内，扎口；②大枣洗净待用。③猪肘刮洗干净入沸水锅内焯去血水，捞出待用。④姜、葱洗净拍破待用。⑤以上食物同放入砂锅中，注入适量清水，置武火上烧沸，撇尽浮沫，改文火继续煨至汁浓肘黏，去除药包，肘、汤、大枣同时盛入碗内即可食用。

8. 生津止渴、和胃消食，食用五彩蜜珠果

五彩蜜珠果

材料：苹果1个，梨1个，菠萝半个，杨梅10粒，荸荠10粒，柠檬1个，白糖适量。

制作：①苹果、鸭梨、菠萝洗净去皮，分别用圆珠勺挖成圆珠，荸荠洗净去皮，杨梅洗净待

用。②将白糖加入50毫升清水中，置于锅内烧热溶解，冷却后加入柠檬汁，把五种水果摆成喜欢的图案，将糖汁倒入水果之上，即可食用。

9. 健脾开胃、填精、益气，食用醋椒鱼

醋椒鱼

材料：黄鱼1条，香菜、葱、姜、胡椒粉、黄酒、麻油、味精、鲜汤、白醋、盐、植物油各适量。

制作：①黄鱼洗净后剖成花刀纹备用，葱、姜洗净切丝。②油锅烧热，鱼下锅两面煎至见黄，捞出淋干油。③锅内放少量油，热后，将胡椒粉、姜丝入锅略加煸炒，随即加入鲜汤、酒、盐、鱼，烧至鱼熟，捞起放入深盘内，散上葱丝、香菜。④锅内汤汁烧开，加入白醋、味精、麻油搅匀，倒入鱼盘内即可食用。

立秋起居养生：早睡早起、规律作息、消除秋乏

1. 早卧早起，与鸡俱兴

立秋时节天高气爽，在起居上，应该采取"早卧早起，与鸡俱兴"之策略，也就是说应该顺应季节变化调整作息，早卧早起以养阴舒肺。早卧以顺应阳气之收敛，早起为使肺气得以舒展，且防收敛之太过。立秋乃初秋之季，暑热未尽，虽有凉风时至，但天气变化无常，即使在同一地区，也极有可能会出现"一天有四季，十里不同天"的状况。因此穿衣不宜太多，否则会影响机体对气候转冷的适应能力，反而容易导致受凉患上感冒。

2. 保持有规律的作息，逐渐消除秋乏

随着夏季的酷热渐渐离去，秋天悄然而至，这时人们便会觉得疲惫困倦，精力不济。这主要是因为人的身体在立秋时节进入自我休整的阶段，即所谓的"秋乏"。这是一种正常的生理现象，秋乏是人体由于夏季过度消耗而进行的自我补偿，同时也是机体为了适应金秋的气候而进行的自我修整，它能使机体内外的环境达到平衡，是一种保护性的反应。"秋乏"可以通过逐渐适应和调节来消除，不用担心它会影响正常生活。但是需要注意的是，为了补充夏天消耗的能量，这个时节要适时摄取营养，同时通过适当的运动来顺应气候的变化，加强身体适应入秋气候的变化能力。另外还要保持规律的作息。建议晚上10点以前入睡，中午适当午休，从而使秋乏得以逐渐消除。

立秋运动养生：轻松慢跑，预防感冒、秋燥和疲劳

1. 立秋以后轻松慢跑好处多

过了立秋日之后，气温会慢慢降下来。在经历了酷暑和湿闷后，人们会备感秋季的凉爽和舒适。人体会顺应时节的变化，使阴精阳气都处于收敛内养的状态，身体的柔韧性和四肢的伸展度都不如夏季。因此秋季运动不宜太激烈，最好慢慢地增加运动量，避免阳气损耗。如果能在秋天坚持运动，则能提高心血管系统功能，还能使大脑皮层保持灵活，使人精力充沛，同时还能提高机体的免疫力，并能够起到抵抗寒冷刺激的作用。运动之后会产生更多的胃液，肠胃蠕动加快，所以消化吸收功能会得到提高。秋天天气凉爽，气候宜人，适合户外散步、慢跑、倒走或者爬山等运动项目。

在众多运动项目中，轻松慢跑对于秋季养生好处多。实践证明，进行轻松的慢跑运动，能够增强呼吸功能，可使肺活量增强，提高人体通气和换气能力；能改善脑的血液供应和脑细胞的氧供应，减轻脑动脉硬化，使大脑能正常地工作；能有效地刺激代谢，延缓身体机能老化的速度；可以增加能量消耗，减少由于不运动引起的肌肉萎缩及肥胖症，并可使体内的毒素等多余物质随

汗水及尿液排出体外，从而有助于减肥健美；持之以恒的慢跑还会增加心脏收缩时的血液输出量、降低安静心跳率、降低血压，增加血液中高密度脂蛋白胆固醇含量，提升身体的作业能力；进行轻松的慢跑还可以减轻心理负担，保持良好的身心状态。轻松慢跑还可控制体重，预防动脉硬化，调整大脑皮层的兴奋和抑制过程，消除大脑疲劳。轻松慢跑运动还可使人体产生一种低频振动，可使血管平滑肌得到锻炼，从而增加血管的张力，能通过振动将血管壁上的沉积物排除，同时又能防止血脂在血管壁上的堆积，这在防治动脉硬化和心脑血管疾病上有重要的意义。

2. 立秋运动要预防感冒、秋燥和疲劳

立秋时节，一早一晚温差逐渐增大，这个时节运动要预防感冒、秋燥和疲劳等疾病发生。

（1）预防感冒。立秋晨练，要根据气温的变化，适时增减衣物。运动后如果衣服被汗水打湿，不要穿着潮湿的衣服吹风，否则容易感冒。另外，切忌没有运动就脱衣服。

（2）预防秋燥。立秋以后，容易出现口干舌燥、喉咙肿痛、鼻出血、便秘等症状。这些情况主要是由于低温和干燥的环境容易使肝气受影响，或偏旺、或偏衰，从而引发上述症状。所以，锻炼身体的同时，要注意补充水分，常吃具有滋阴润肺功效和补液生津作用的梨、蜂蜜、银耳、芝麻等食物。

（3）预防疲劳。锻炼身体也要讲究限度。比较好的锻炼效果是感觉出身体发热、有汗，锻炼后身体感觉轻松舒适。假若锻炼后觉得疲惫不堪，甚至有头晕头痛、胸闷心悸、食欲减退，就表明锻炼有些过度了。因此锻炼时一定要结合身体实际状况，量力而行，合理安排锻炼强度。

（4）预防肢体受伤。运动前要根据自己的身体状况，合理安排热身运动的活动量，把关节和肌肉活动开再进行锻炼运动。由于立秋以后气温逐渐降低，会降低肌肉神经和关节韧带的灵活性，如果直接进入强度较大的运动状态，往往容易发生拉伤扭伤等肢体损害。

立秋时节，常见病食疗防治

1. 饮用桔梗芒果茶防治秋燥肺炎症

立秋是肺炎的高发时节，中医上有"秋燥肺炎症"这么一说。肺炎是因细菌或病毒感染而引发的急性肺部炎症。立秋前后，空气太干燥，会对呼吸道和肺部产生刺激，使呼吸系统的抵抗力减弱，一旦受凉，就非常容易感染，接着出现干咳、胸痛、高烧、呼吸急促等一系列症状。立秋时节，要多吃梨、萝卜、蜂蜜等滋阴养肺的食物，充分滋润肺部，以减少干燥对肺部的影响。另外，还要少吃辛辣的食物，尤其是已经患有秋燥肺炎症的人，尽量减少对肺部的刺激，以免加重病情。

桔梗芒果茶具有宣肺止咳、祛痰生津之功效，适用于肺炎、咳嗽、痰多、小便不畅等症状。

桔梗芒果茶

材料：新鲜芒果500克，桔梗50克，冰糖末适量。

制作：①桔梗冲洗干净切片；②芒果去皮、核，放入榨汁机中，榨取汁液；③锅内放入冰糖末、适量水，熬成冰糖汁；④放入桔梗、适量水，大火烧开，改小火煮半小时，去渣取液，加入冰糖汁、芒果汁即可饮用。

秋燥肺炎症预防措施：

（1）即使天气恶劣也要坚持锻炼身体，增强抵抗力，以便有效地预防秋燥肺炎症。

（2）一早一晚温差大，要适时根据气温冷热增减衣物。

（3）注意居室整洁卫生，避免有害气体、粉尘及烟雾入侵体内。

（4）一旦有急性支气管炎、咽炎等呼吸道感染或者其他身体不适症状，要及时就医。

2. 多吃水果、蔬菜防治肥胖症

肥胖症有单纯性肥胖和继发性肥胖之分。肥胖症主要是指体内脂肪堆积过多，导致体重超过标准体重过多的一种营养过剩性疾病，单纯性肥胖者内分泌及代谢系统没有发生病变，而继发性肥胖者则是由其他疾病引发的。如果是单纯性肥胖，则可能会随季节的变化而变化。立秋气温下降后，脂肪细胞的生理活性非常强，如果此时不注意饮食结构调整，肥胖程度往往会有所失控。

肥胖症患者减肥要坚持按时按量、少甜少咸、多素少荤的饮食原则，减肥才能有效。另外还要尽量少吃猪肉，猪肉的脂肪含量非常高，可采用鸡、鱼、牛肉等替代猪肉，平时多吃水果蔬菜，严格控制食量。

山楂红豆汤适用于改善单纯性肥胖症，此汤具有利水除湿、降低血脂之功效。

山楂红豆汤

材料：新鲜山楂15克，红豆250克。

制作：①红豆淘洗干净；②山楂清洗干净，去核；③锅内放入红豆、山楂，倒入水800毫升，大火烧开；④用小火煮半个小时即可饮用。

肥胖症预防措施：

（1）积极参加体育锻炼。建议业余时间充裕的朋友常参加户外运动，这样不仅能预防肥胖，还能提高免疫力。

（2）养成良好作息习惯。作息要有规律，每天保证充足的睡眠，合理安排工作和生活。

（3）保持积极、上进、乐观的心态。积极、上进、乐观的心态和轻松愉快的情绪会对身体各项机能产生良好的影响，有助于预防一般的肥胖或者减轻压力性肥胖。

立秋耳熟能详谚语

1. 雷打秋，冬半收。立秋晴一日，农夫不用力

这两句谚语是说立秋日如果听到雷声，冬季时农作物就会歉收；如果立秋日天气晴朗，必定会风调雨顺，农民不会有旱涝之忧，来年会有个好收成。

2. 立秋三场雨，秕稻变成米；立秋雨淋淋，遍地是黄金

中国大部分地区立秋前后气温仍然较高，各种农作物生长旺盛，中稻开花结实，大豆结荚，玉米抽雄吐丝，棉花结铃，甘薯薯块迅速膨大，对水分要求都很迫切，此期受旱会给农作物最终收成造成难以补救的损失。所以就有"立秋三场雨，秕稻变成米"、"立秋雨淋淋，遍地是黄金"的说法。

3. 棉花立了秋，高矮一齐揪

立秋后也是棉花保伏桃、抓秋桃的重要时期，俗话说"棉花立了秋，高矮一齐揪"，此时除对长势较差的田地补施一次速效肥以外，打顶、整枝、去老叶、抹赘芽等工作也要及时跟上，以减少烂铃和落铃，促进棉花正常成熟吐絮。

4. 七挖金，八挖银

立秋时节茶园秋耕要尽快进行，人们常说"七挖金，八挖银"，因为秋挖可以消灭杂草，疏松土壤，提高保水蓄水能力，若再结合施肥，可使秋梢更加旺盛。

5. 立秋民间谚语荟萃

朝立秋，冷飕飕；夜立秋，热到头。

交秋末伏，鸡蛋晒熟。

立了秋，便把扇子丢。

立了秋，枣核天，热在中午，凉在早晚。

立秋不立秋，六月二十头。

立秋处暑有阵头，三秋天气多雨水。

立秋后，搁锄头；草不薅，自蔫头。

立秋后三场雨，夏布衣裳高搁起。

立秋雷轰轰，抢割莫放松。

立秋棉管好，整枝不可少。

立秋拿住手，还收三五斗。

立秋荞麦白露花，寒露荞麦收到家。

立秋晴，一秋晴；立秋雨，一秋雨。

立秋十八天，寸草皆结顶。

立秋十天遍地黄。

立秋顺秋，绵绵不休。

立秋无雨秋干热，立秋有雨秋落落。

立秋无雨是空秋，万物历来一半收。

立秋无雨一半收，处暑有雨也难留。

立秋洗肚子，不长痱子拉肚子。

立秋下雨人欢乐，处暑下雨万人愁。

立秋响雷，百日见霜。

立秋有雨样样收，立秋无雨人人忧。

立秋有雨一秋吊，吊不起来就要涝。

立秋早晚凉，中午汗湿裳。

立秋摘花椒，白露打胡桃。

立秋之日凉风至。

立秋种芝麻，老死不开花。

六月底，七月头，十有八载节立秋。

六月立秋紧丢丢，七月立秋秋里游。

七月立秋慢溜溜，六月立秋快加油。

七月秋样样收，六月秋样样丢。

秋不凉，籽不黄。

秋前北风马上雨，秋后北风无滴水。

秋前北风秋后雨，秋后北风干河底。

秋前南风雨潭潭。

秋前秋后一场雨，白露前后一场风。

秋前水滚脚，秋后有谷割。

秋天宜收不宜散。

霜降摘柿子，立冬打软枣。

头伏芝麻二伏豆，晚粟种到立秋后。

蚊从立秋死。

有钱难买秋后热。

早立秋冷飕飕，晚立秋热死牛。

早上立了秋，晚上凉飕飕。

睁眼秋，丢又丢；闭眼秋，收又收。

中午立秋，早晨夜晚凉幽幽。

第二章

处暑：处暑出伏，秋凉来袭

处暑出伏，处暑以后，我国大部分地区气温日较差增大，秋凉也时常来袭。这个时节昼暖夜凉的条件对农作物体内干物质的制造和积累十分有利，庄稼成熟较快，民间有"处暑禾田连夜变"之说。

处暑气象和农事特点：早晚凉爽，农田急需蓄水、保墒

1. 处暑时节白天热早晚凉

处暑时节是反映气温变化的一个节气。"处"含有躲藏、终止的意思，"处暑"表示炎热暑天结束了。每年8月23日前后，太阳黄经为150° 是处暑节气。这个时期火热的夏季已经基本到头了，暑气就要散尽了。处暑是温度下降的一个转折点。节令到了处暑，气温进入了显著变化阶段，逐日下降，已不再暑气逼人的酷热天气。节令的这种变化，自然也在农事上有所反映。前人留下的大量具有参考价值的谚语，如"一场秋雨一场凉"，"立秋三场雨，麻布扇子高搁起""立秋处暑天气凉"、"处暑热不来"等，就是对处暑时节气候变化的直接描述。但总的来说，处暑时节的明显气候特点是白天热，早晚凉，昼夜温差大，降水少，空气湿度低。

2. 处暑禾田连夜变，雨水充沛是关键

处暑时节，大部分地区气温逐渐下降。由于很快就要进入秋收之际，因此适量的降水还是十分有必要的。我国大部分地区气温日效温差增大，昼暖夜凉的条件对农作物体内干物质的制造和积累十分有利，庄稼成熟较快，民间有"处暑禾田连夜变"之说。正处于幼穗分化阶段的单季晚稻来说，充沛的雨水又显得十分重要，遇有干旱要及时灌溉，否则导致穗小、空壳率高。处暑前后，春山芋薯块膨大，夏山芋开始结薯，夏玉米抽穗扬花，都需要充足的水分供应，此时受旱对产量影响十分严重。从这点上说"处暑雨如金"一点也不夸张。处暑以后，除华南和西南地区外，我国大部分地区雨季即将结束，降水逐渐减少。特别是华北、东北和西北地区应该尽快采取措施蓄水、保墒，以防秋种期间出现干旱而延误冬季农作物的播种期。

处暑农历节日：中元节——鬼节

中元节是在每年农历的七月十五。中元节又称"七月节"或"盂兰盆会"，为三大鬼节之

一。中元节是道教的说法，"中元"之名起于北魏。中元节与除夕、清明节、重阳节，是中国传统节日里祭祖的四大节日。《道藏》载："中元之日，地官勾搜选众人，分别善恶……于其日夜讲诵是经，十方大圣，齐咏灵篇。囚徒饿鬼，当时解脱。"民间则多是在此节日纪念去世的亲人、朋友等，并对未来寄予美好的希望。

关于中元节的传说很多，道教最主要的为修行记说"七月中元日，地官降下，定人间善恶，道士于是夜诵经，饿节囚徒亦得解脱"。阎罗王于每年农历七月初一，打开鬼门关，放出一批无人奉祀的孤魂野鬼到阳间来享受人们的供祭。七月的最后一天，这批孤魂野鬼重返阴间，鬼门关重新关闭。

传说佛教盂兰盆节起源于"目连救母"的故事，《大藏经》记载了"目连救母"的故事。佛陀弟子中，神通第一的目犍连尊者，惦念过世的母亲，他用神通看到母亲因在世时的贪念业报，死后堕落在恶鬼道，过着吃不饱的生活。目犍连于是用他的神力化成食物，送给他的母亲，但母亲不改贪念，见到食物到来，生怕其他恶鬼抢食，贪念一起，食物到她口中立即化成火炭，无法下咽。目犍连虽有神通，身为人子，却救不了母亲，十分痛苦，请教佛陀如何是好。佛陀授意目犍连：农历七月十五日是结夏安居修行的最后一日，法善充满，在这一天，盆罗百味，供养僧众，功德无量，可以凭此慈悲心，救渡其亡母。随后目犍连遵照佛陀旨意，于农历七月十五日用盂兰盆盛珍果素斋供奉其母，母亲最终获得食物。

传说中元节在梁武帝时已存在，至宋朝盛行。清乾隆《普宁县志》言："俗谓祖考魂归，咸具神衣、酒馔以荐，虽贫无敢缺。"祭品之中，楮衣是不可或缺的。因七月暑尽，须更衣防寒，与人间"七月流火，九月授衣"。在20世纪20～40年代，中元节远比"七夕"、"清明"热闹。人们传承着以家为单位的祭祖习俗，祭祖先、荐时食的古老习俗直至民国时期仍然是乡村中元节俗的首要内容。抗战胜利后，各寺庙还增加祈请佛力普度"抗战阵亡将士"英灵。20世纪50年代，中元节依然热闹。但后被认为是宣扬封建迷信，逐渐边缘化。随着改革开放的脚步，传统节日一一逐步回归，但是中元节依旧被冷落了。2010年5月，文化部公布了第三批国家级非物质文化遗产名录推荐项目名单，香港特别行政区申报的"中元节（潮人盂兰胜会）"最终入选，并且列入民俗项目类别的非物质文化遗产。

中元节的祭祀内涵，一是阐扬怀念祖先的孝道，二是发扬推己及人、乐善好施的义举。这两个方面均是从慈悲、仁爱的角度出发，具有健康、向上、激励人学善向善的作用。但是，我们在庆赞中元的同时，也应该跳脱迷信色彩，客观认识现实生活的人情世故。

1.七月歌台——祭祀祖先

在传统的习俗里，中元节是个祭祀祖先的重大节日。每逢农历七月中元节，民间组织举行隆重庆祝活动，无论是商业区或是居民区，都可以看到庆中元的红色招纸，张灯结彩、设坛、酬神，寺庙也分别建醮，街头巷尾上演地方戏曲、祭拜祈福、歌台唱歌等，处处呈现一派热闹非凡的景象。

2.中元普度——祈求平安顺利

中元节是重要的民俗节日。民间传说人死后会变成鬼魂，悠游于天地之间。中元普渡祭拜无子嗣的孤魂野鬼，让它们也能享受到人世间的温暖，是中国传统伦理思想"博爱"的延伸。人们会在农历七月初一至七月三十日之间，择日以酒肉、糖饼、水果等祭品举办祭祀活动，以慰在人间游荡的众家鬼魂，并祈求自己全年平安顺利。温州一带，每到七月底，家家户户都会点香球（柚子插上香）来祭拜地藏王；宁波等一些地区也会在门前插上几支清香以祭告亡灵；福建闽南一带地区，其祭拜活动就更丰富多彩了。

3.祭祖——保佑五谷丰登

中元节是中国民间的一个传统祭祖节日，人们在农历七月十五这天祭祀祖先，采取供奉祭品、烧纸烛、放河灯等仪式。民间传说祖先也会在中元节返家探望子孙，故需祭祖，但祭祀活动一般在七月底之前进行就可以，并不局限于特定的一天。在江西、湖南一些地区，中元节是比清明节或重阳节更重要的祭祖日。近年来，庆祝中元十分普遍，排场也十分讲究。晋南地区习惯用纸做灯，焚烧于坟前，意喻亡人前程光明。祭奠祖宗的食品喜用包子。如果先人亡故满三年，儿女们要在这一天脱去孝服，改穿常衣，俗称换孝。晋北一带上坟祭奠祖宗，习惯用"馍馍"，"馍馍"用面粉制作，圆形，中间点一个红点。摆完供品，烧完纸后，回家时要从地里拽几棵谷子和麻，用绿色纸条缠绕捆扎，立放在窗前，另外供奉面人一尊。中元节后移到房顶，摆放是有讲究的，根部朝里边，谷穗露在外面，称为拣麻谷，以求五谷丰登。

4.投标福物——中元节慈善活动

七月十五中元节，拜祭过后，就开始进行精彩的投标福物了，福物有些是中元会组织的会员及热心人士捐赠的，花样繁多，有神像、俗称"乌金"的火炭、米桶、元宝、大彩票、发糕、酒、电器用具、儿童玩具等，应有尽有。投标时多由炉主出马，声似洪钟地把出标人的价钱喊出，然后听见宴席间这里、那里不停一时高喊出价标福物的声音，好不热闹。而出价者也十分阔气，由于人们确信，"标"一件东西可带来一些财气，所以开价十分慷慨，尤其是商界成功人士。一般情况下，中元节的组委会负责人会把这笔开标的可观款项拿来作为慈善基金，或者会员的福利基金，同时，也可以为下一年举办中元节会活动做好准备资金，例如请歌台或地方戏曲助兴等。

5.放河灯——美好祝愿

放河灯（也常写为放"荷灯"），是我国传统的习俗，用以对逝去亲人的悼念，对活着的人们祝福。

民间七月十五日祭奠去世的人，最隆重的纪念活动要数放河灯了。人们习惯用木板加五色纸，制作成各色彩灯，中间点蜡烛。有的人家还要在灯上写明亡人的名讳。商行等则习惯做一只五彩水底纸船，称为大法船。传说可将一切亡灵超度到理想的彼岸世界。船上要做一人持禅杖，象征目莲，也有的做成观世音菩萨。入夜，将纸船与纸灯置放河中，让其顺水漂流。

放河灯活动，要数晋西北的河曲放河灯最为壮观了。晋西北的河曲县城，紧临黄河，河道开阔，水流平缓。每年到了农历七月十五日夜晚，全城百姓扶老携幼齐聚黄河岸边的戏台前广场，竞观河灯，场面十分热闹。各色彩灯顺水漂移，小孩子紧盯着自家的河灯看它能漂多远。老人们嘴里念念叨叨，不断地祈祷。如今的放河灯民俗，已经成为人们娱乐的活动项目了。

6.放焰口——风调雨顺、五谷丰登

焰口原是佛教用语，形容饿鬼渴望饮食，口吐火焰。和尚向饿鬼施食叫放焰口。我国民间从梁代开始，中元节举办设斋、供僧、布田、放焰口等活动。这一天，人们事先在街口村前搭起法师座和施孤台，法师座前供着地藏王菩萨，下面供着一盘盘面制桃子、大米，施孤台上立着三块灵牌和招魂幡。过了中午，人们纷纷把鸡、鸭、鹅及各式发糕、果品等摆到施孤台上。主持人分别在每件祭品上插一把蓝、红、绿的三角纸旗，上书"盂兰盛会"、"甘露门开"等字样。仪式在庄严肃穆的庙堂音乐中开始。紧接着法师敲响引钟，然后施食，将一盘盘面桃子和大米撒向四方，反复三次。人们把这种仪式称作"放焰口"。到了晚上掌灯的时候，人们还要在自家门口烧香祭拜，把香插在地上，越多越好，象征着风调雨顺、五谷丰登。

处暑民俗：开渔节欢送渔民出海，吃鸭子防秋燥

1.开渔节——欢送渔民开船出海

处暑时节，沿海地区为了节约渔业资源，同时也是为了促进当地旅游业的发展，从而诞生的一种文化搭台经济唱戏的开渔节活动。对于沿海渔民来说，处暑以后是渔业收获的时节，每年处暑期间，在浙江省沿海都要举行一年一度的隆重的开渔节，决定在东海休渔结束的那一天，举行盛大的开渔仪式，欢送渔民开船出海。中国多个地区有类似的节日，比如象山开渔节、舟山开渔节、江川开渔节等。较为著名的是象山开渔节，也称作中国开渔节、石浦开渔节等。

2. 处暑吃鸭子——防"秋燥"

处暑时节是气温由热转凉的交替时期。处暑节气的来临，雨量会逐渐减少，燥气开始生成，人们普遍会感到皮肤、口鼻相对干燥，所以应注意防"秋燥"。这个节气饮食应遵从处暑时节润肺健脾的原则，人体经过整个炎热夏季，热积体内，调养好脾胃，有利于体内夏季郁积的湿热顺利排出。而鸭味甘性凉，因此民间有流传有处暑吃鸭子的习俗。具体做法也是一个和尚一道法，五花八门，有烤鸭、子姜鸭、白切鸭、核桃鸭、柠檬鸭、荷叶鸭等等。北京至今还保留着这一民俗，到了处暑这一天，北京许多人都会到稻香村连锁店里去买鸭子吃等。

3. 农历七月十三——苗族"除恶节"

每年农历七月十三日，贵州黄平施秉两县的苗家照例要过"除恶节"。

话说在很久以前有个非常凶残的恶魔，它常常偷吃人们的牛马并祸害百姓，让人们的生活陷入水深火热之中。因此人们对它恨之入骨，一直在思索着如何除掉这个祸害，但经过多次的较量之后，非但没有除掉这个恶魔，反而连累了不少人和动物受伤受害，好多人甚至丢了性命。

这时有个名叫阿妮的苗家小姑娘发现了恶魔的一个致命弱点，她想出了一个好办法，在她的率领下乡亲们收集破铁锅，然后又请铁匠将这些废铁打成了三个大小不一的铁球，她决定要用这三个铁球来除掉恶魔。

为了引诱恶魔上当，阿妮带着铁球和一头牛来到恶魔经常出没的河边，在那里她正好遇到了出来寻找食物的恶魔。恶魔看到牛顿时兴奋不已，正要上前偷袭牛时，忽然间看到了阿妮身边的三个铁球。好奇心颇重的它被这三个奇怪的铁球吸引住了，上前问阿妮："这东西是谁的，是干什么用的？"

"这是很好玩的东西，我父亲就常常玩给我看。"阿妮自豪地回答道。

"这玩意是怎么个玩法？"恶魔越来越好奇。

阿妮告诉恶魔，这些铁球有三种玩法：第一种是将铁球扔到高空然后用脚趾顶住；第二种是将铁球扔到高空后用膝盖顶住；第三种是扔到高空后用头顶住。说完之后，阿妮还故意激它说道："我虽然已经把玩法告诉了你，但你肯定是玩不好的。"

这个惨无人道的恶魔生性傲慢，听到阿妮这样说心里自然不会服气，立刻就按照阿妮说的那样玩了起来。然而当它把小铁球抛上天并企图用脚拇指顶住的时候，非但没有承受住铁球的重量，脚趾还被铁球砸出了血。

看到恶魔的狼狈样子，阿妮笑着说："哈哈，你没接住，你果然不会玩这些铁球。"

气急败坏的恶魔顾不上脚趾的疼痛，紧接着又把另一个中号的铁球抛上天空，然后想要用膝盖去顶，可是这样还是和刚才一样，不但没有顶住，而且膝盖掉了一块骨头。这时阿妮又笑着说："你的膝盖受伤了。"

此时此刻的恶魔已经气得失去了理智，随手抓起最大的铁球往上一抛，然后用力挺住了身体想要用头将铁球接住，谁知道随着"喀嚓"一声脆响，这个作恶多端的恶魔被大铁球砸得脑浆迸裂，立刻倒地毙命了。

小姑娘阿妮机智地为老百姓除掉了恶魔，人们最终也摆脱了恶魔的祸害。由于除掉恶魔的这一天是农历七月十三日，因此人们为了庆祝胜利和纪念这位聪明的苗家小姑娘，将这天定为"除恶节"。

处暑民间宜忌：龙王爷好人难做，有人盼雨，有人忌下雨

江苏盼下雨，鹿邑忌讳下雨

河南鹿邑一带人们处暑之日忌讳下雨，当地有谚语说："处暑若逢天下雨，纵然结实也难留。"然而江苏一带人们忌讳处暑之日不下雨，当地有谚语说："处暑若还天不雨，纵然结实也无收。"江苏与河南鹿邑民间处暑禁忌正好相反，处暑之日下雨或者不下雨，总会有一处收益，

一处受害。

处暑饮食养生：少吃苦味食物，健脾开胃宜吃黄鱼

1. 处暑养生忌吃苦味食物

处暑时节秋燥尤为严重。而燥气很容易损伤肺部，这就是这个时节各种呼吸系统疾病的发病率会明显攀升的直接原因。同时，肺与其他各器官，尤其是胃、肾密切相关，因此秋天肺燥常常和肺胃津亏同时出现。肺燥津亏具有口鼻干燥、干咳甚至痰带血丝、便秘、乏力、消瘦以及皱纹增多等典型症状。在五味之中，苦味属于燥，而苦躁对津液元气的伤害很大。"肺病禁苦"一说在《金匮要略·禽兽鱼虫禁忌并治第二十四》中就有所记载，而且《黄帝内经·素问》中也提到"多食苦，则皮槁而毛拔。"因为这处暑养生要少食苦瓜、羊肉、杏、野蒜等苦燥之物。假若已经出现肺燥津亏的症状，那么就要及时冲泡麦冬、桔梗、甘草等饮用，或者吃些养阴生津的食物来润肺，例如秋梨、萝卜、藕、香蕉、百合、银耳等均可。

2. 不要急于"大补"

虽然夏天已经过去，但是人们可能会由于炎热天气的影响还是没有食欲，此时进食仍然较少，身体的各项消耗却不少，因此处暑时节适当吃些补品，对身体是很有好处的。不过同时也要避免乱补，更不要盲目服用人参、鹿茸、甲鱼、阿胶等营养极为丰富的补品进行"大补"。这个时期人们脾胃功能一般较弱，由于夏天人们为了驱火祛暑，常吃一些苦味食物或是冷饮所导致，因此这个节气大量食用过于滋腻的补品，脾胃一下子适应不了，容易引发消化不良的肠胃疾病。

这个时节，进补可以采取循序渐进的办法，可以选择那些"补而不峻"、"润而不腻"的平补之品，这样既营养滋补，又容易消化吸收。蔬菜可以选择：番茄、平菇、胡萝卜、冬瓜、山药、银耳、茭白、南瓜、藕、百合、白扁豆、荸荠、荠菜等；水果、干果可以选择：柑橘、香蕉、梨、红枣、柿、芡实、莲子、桂圆、花生、栗子、黑芝麻、核桃等；水产、肉类可以选择：海蜇、海带、黄鳝、蛇肉、兔肉等。建议身体较弱、抵抗力差、患有慢性病的，不要随意选择滋补品，最好在医生的指导下进行合理的进补。

3. 润肺养肺可食用蜂蜜

蜂蜜具有润肺养肺之功效，可以有效防止秋燥对人体的伤害。挑选以气味纯正、有淡淡的花香，颜色呈透明或半透明，挑起可见柔性长丝、不断流者为上品。

蜂蜜的存放和使用要注意以下几个方面：①不要用金属及塑料容器存放蜂蜜；②冲服蜂蜜的水温最好不超过60℃；③蜂蜜的最佳食用时间为饭前0.5～1.5小时或饭后2～3小时；④食用蜂蜜要适可而止：建议每次半两到一两。

润肺养肺也可以食用牛膝当归蜜膏。

牛膝当归蜜膏

材料：牛膝和当归各50克，肉苁蓉500克，蜂蜜适量。

制作：①牛膝、当归、肉苁蓉分别淘洗干净，润透；②牛膝、当归、肉苁蓉倒入锅内，加入适量水，小火煎，每间隔20分钟取药液1次，加入水后再煎，共取药液3次；③把取出的3份药液混合搅匀，小火熬浓，加入蜂蜜，烧开，放冷后即可食用。

4. 升举阳气，健脾开胃宜吃黄鱼

黄鱼具有升举阳气、健脾开胃、祛病养生之功效。挑食黄鱼以有弹性、无异味、鱼鳃鲜红、鱼眼清澈为上品。煎炸黄鱼时注意不要用牛、羊油。

升举阳气，健脾开胃可以食用清蒸黄鱼。

清蒸黄鱼

材料：新鲜黄鱼1条，葱段、香菜叶、姜丝、料酒、盐等适量。

制作：①黄鱼开肠破肚清洗干净，鱼身两面划花刀，装入盘中；②鱼身两面均匀抹上料酒、

盐，鱼肚中放入葱段、姜丝，入锅蒸10分钟后取出，撒上香菜叶即可食用。

处暑起居养生："秋冻"要适可而止

1. 处暑后秋冻要灵活掌握

"春捂秋冻"是古代劳动人民流传下来的重要的养生方法。所说的"秋冻"是指入秋以后，气温下降，不要马上就穿上厚厚的保暖衣服，而是要让身体适当"挨冻"，也就是民间所说的七分寒。这是由于处暑以后，天气虽然已经开始转凉，可是由于"秋老虎"的影响，气温不会一下子降得很低，有时还有可能气温忽然升高使人感觉酷热难受，因此，这个时节适当"秋冻"，是最好的养生之道。"秋冻"的好处在于，适当的"挨冻"可以提高我们的身体对寒冷的防御能力，从而增强身体在深秋以及入冬后呼吸系统对寒冷的适应能力，降低呼吸系统疾病的发病概率。虽然"秋冻"的好处甚多，但是"秋冻"的同时还要注意以下几个方面：

（1）有慢性病的患者或者体质差的人应避免"秋冻"，因为这类人受冻之后身体容易出现病情加重或者不适，反而对身体不利。

（2）"秋冻"要适可而止，切忌盲目挨冻，若昼夜温差大，也要适时灵活增减衣物，否则容易患呼吸道或心血管疾病。

（3）晚上休息的时候不要挨冻，要盖好被子，否则处于睡眠状态的人容易感染风寒。

2. 处暑时节要保证良好的睡眠质量

处暑节气，天气凉爽，人们的睡眠质量会大大提高。但是，这个时节为了拥有更好的睡眠质量，还应该注意以下几个方面：

（1）睡前不要发脾气。临睡前发脾气会导致气血紊乱，使人失眠，而且消极的情绪还会影响身体健康，容易肝火上升。

（2）睡前进食有害健康。睡前饮食会加重肠胃负担，不但容易造成消化不良，还会影响睡眠质量。

（3）睡前请勿饮茶。茶中的咖啡碱能使中枢神经系统兴奋，使人很难进入梦乡。

（4）睡前避免太兴奋。如果睡前太兴奋，大脑神经就会持续兴奋，使人难以入睡，导致早晨不想起床。

（5）躺下不要卧谈。卧谈不但会使人因兴奋难以入睡，而且躺着说话有损肺部健康，往往还会产生口干舌燥的症状。

（6）睡觉尽量不要张口。张着口睡觉不但会因为吸入冷空气和灰尘而伤肺，还会导致胃部着凉，引发其他疾病。

（7）睡时忌讳吹迎面风。睡觉开着窗户，假若窗户对着窗，容易吹迎面风，此时如果不注意保暖，易受风邪侵袭。

（8）睡觉不要用被子捂面。被子捂住面部睡觉会使人呼吸困难，甚至造成全身缺氧，早晨起床浑身乏力、头重脚轻。

（9）老年人要坚持午休的习惯。随着年龄的不断增长，老年人的气血阴阳俱亏，会出现昼不寝、夜不瞑的现象。古人云："少寐乃老人之大患。"《古今嘉言》中记载，老年人宜"遇有睡意则就枕"。这些都是符合养生学原则的。

处暑运动养生：秋高气爽，运动宜早动晚静

1. 秋高气爽，户外散步运动

处暑节气，常到户外去散步，呼吸新鲜空气，是最简单的运动养生。散步运动量虽然不大，

却能使人全身都运动起来，非常适合体质弱、有心脏病、高血压等无法进行剧烈运动的中老年人。散步不仅能帮助我们活动全身的肌肉和骨骼，还能加强心肌的收缩力，使血管平滑肌放松，从而有效预防心血管疾病。另外，散步还有助于促进消化腺分泌和胃肠蠕动，从而改善人的食欲。同时，多散步还能增大肺的通气量，提高肺泡的张开率，从而使人的呼吸系统得到有效锻炼，改善肺部功能。户外散步虽然是一种很简单的运动养生，但是，在处暑的时候散步还要注意以下几个要领：

（1）外出散步时衣服要穿着舒适、宽松，处暑时天气已经开始转凉，切勿因穿得过于单薄而受寒，但也不要穿得太厚，以免行动不便。老人或体质弱的人出于安全考虑，可以拄一根拐杖。

（2）户外散步前要先舒展一下筋骨，简单做做准备活动，做做深呼吸，然后再慢慢走，以便达到较好的运动效果。

（3）户外散步时心情要放松，保持平常的心态。这样，全身的气血才会畅通，百脉流通，达到其他运动所达不到的轻松健身效果。

（4）户外散步时不要慌张，保持从容不迫的状态最好，还要忘掉所有的烦心琐事，令自己心神放松，无忧无虑。

（5）户外散步时要把握好速度，不要太快，每分钟保持六七十步最佳。可以走一会儿停下来稍事休息，然后再接着走，也可坐下少歇片刻。

（6）户外散步的强度要根据自身实际情况，切勿有疲惫不堪的感觉，也不要走到气喘吁吁。特别是年老体弱的人更应该把握好运动强度，否则会适得其反，更有甚者会酿出其他意想不到的后果。

（7）进行户外散步活动，不要过于迷信一些口头禅。人们一直都相信"饭后百步走，活到九十九"，确实也有很多人这样去做了。科学研究表明，这种做法实际上并不科学。吃完饭后，消化器官需要大量的血液进行工作。如果这个时候运动，血液就不能很好地供给消化系统，从而影响肠胃的蠕动和消化液的分泌，导致消化不良。对于心血管疾病患者和老人来说，饭后散步带来的不利影响尤其严重。在此建议，户外散步尽量在饭后两个小时以后进行为最佳。

2. 秋季运动宜早动晚静

处暑时节气温日变化波动较大，常常是早晚凉风习习、清风阵阵，中午骄阳似火，半夜寒气逼人。这个时节运动健身必须掌握这种气温变化规律。处暑的早晨，虽然有点凉风习习，但气温随着太阳的升起而逐渐上升。坚持早锻炼，可以提高肺脏的生理功能和机体耐寒冷能力。而且适宜的晨练运动，还可以使人的身体一整天维持良好状态。这对于一些慢性疾病，如高血压、动脉硬化、肺结核、胃溃疡等，都有较为明显的疗效。不过，晨练要尽量选好运动项目，运动量不宜过大，要尽量保持身体虽有些发热，但不会大量出汗为好。这样的运动量能使你在锻炼结束后，感到浑身舒服、精神焕发、步履轻松，效果最好。而处暑的夜晚，阵阵清风阵阵凉，会让人感到寒气逼人，人体必须增加产热，才能抵御外界的寒冷环境。并且，随着夜越来越深，寒气会越来越重。此时，若过多的运动，会使人体的阳气不断散失，有悖秋季养生的原则。处暑早晨锻炼的项目，以打太极为最佳之选。太极拳是我国历史悠久的传统运动项目。其动作前后贯通，连绵不断，轻松柔和，给人以协调、自然之美感，且具有宝贵的健身价值和医疗价值。其"心静无杂念，用意不用力"的原则，非常适合中老年人。若晚上能坚持静养，如盘腿静坐，腰直头正，调匀呼吸，不急不缓，让自己处于自然放松状态，则不仅可以锻炼忍耐腰酸腿痛的意志，还可以排除思想上的杂念和烦恼，使心情舒畅。静坐能够加强体内血液的循环，增强肺活量，加快新陈代谢速度，起到防病抗病的效果。

处暑时节，常见病食疗防治

1. 慢性支气管炎食用山药杏仁粥

处暑时节，慢性支气管炎发病率较高。慢性支气管炎是一种慢性非特异性炎症，多发生在气管、支气管黏膜及其周围组织。慢性支气管炎临床上的特征主要有咳嗽、咳痰以及气喘等。此病虽为慢性病，但可能并发阻塞性肺气肿、肺动脉高压、肺源性心脏病等。慢性支气管炎患者应该多吃些菜花、西红柿、猕猴桃、橙子等，因为这些食物含有丰富的维生素A和维生素C，这两种营养素可以保护呼吸道黏膜。处暑时节应该适当吃点羊肉或其他热量较高的食物也可以增强机体的抗寒能力。慢性支气管炎患者要注意少吃辛辣食物。

山药杏仁粥具有补中益气、温中补肺之功效，还适用于秋季燥咳不眠、慢性支气管炎等疾病。山药杏仁粥

材料：新鲜山药、杏仁各50克，小米250克。

制作：①新鲜山药洗干净，去皮，切成片，焯水，沥干；②小米炒香，磨成细粉；③杏仁炒香，去皮、尖，切成末；④山药片、小米粉、杏仁末入锅，加水，大火烧开，改小火熬至粥成即可食用。

慢性支气管炎预防措施：

（1）日常生活坚持不吸烟、喝酒，避免刺激呼吸系统。

（2）时常保持居室内空气流通，调整好室内的适宜温湿度。

（3）穿衣、睡觉注意保暖，预防着凉感冒。

（4）作息时间要有规律，坚持良好的生活习惯。

（5）提高身体的抗寒、适应恶劣气候能力。

2. 肺源性心脏病食用枸杞子煲苦瓜

处暑节气，有时突然出现的冷空气容易使呼吸道局部血管发生痉挛缺血，增加气道的阻力，进而诱发或加重肺源性心脏病。肺源性心脏病简称肺心病，是由于肺炎、支气管炎引发肺部动脉血管病变，导致肺动脉压力升高，最终引发心脏病变的一种疾病。肺心病在中老年人中较为多见，以长期咳嗽、咯痰及呼吸困难为主要症状。肺源性心脏病患者的食谱应采取高热量、高维生素、高蛋白和易消化的特点。假若出现心力衰竭的迹象时，为了防止心脏负担过重，务必要减少食盐的摄入量。

枸杞子煲苦瓜具有补肺肾、消炎退热、润肺止咳之功效，适合肺心病患者食用。

枸杞子煲苦瓜

材料：枸杞子12克，苦瓜100克，瘦猪肉50克，鸡汤、葱段、姜丝、盐、酱油、味精、食用油等适量。

制作：①枸杞子淘洗干净；②苦瓜去瓤，切成块；③瘦猪肉切成块；④油烧热，放入瘦猪肉炒至变色，倒入苦瓜、枸杞子、葱段、姜丝、盐、酱油、鸡汤，小火煲至汤稠，加入味精，搅拌均匀即可食用。

用法：每天1次，佐餐食用即可。

肺源性心脏病预防措施：

（1）常到户外做强身健体运动，适当练习腹式呼吸，以此来增强身体的各项机能。

（2）过敏体质的人尽量避免接触花粉、尘螨及鱼、虾等过敏源。

（3）居室要勤开门、窗换气，保持室内空气新鲜流通。

（4）积极养成良好的生活习惯，作息有规律，张弛有度。

处暑耳熟能详谚语

1. 一场秋雨（风）一场寒

处暑时期，我国真正进入秋季的只是东北和西北地区。但每当冷空气影响我国时，若空气干燥，往往会带来刮风天气，若大气中有暖湿气流输送，往往会形成一场秋雨。每每风雨过后，特

别是下过雨后，人们会感到比较明显的降温，所以人们常说："一场秋雨（风）一场寒。"

2. 大暑小暑不是暑，立秋处暑正当暑

处暑以后，南方天气也有渐凉的表现，只不过没有北方那么明显。大气科学词典进一步指出：秋老虎一般发生在阳历8、9月份之交以后，持续约一周至半月，甚至更长时间。有不少年份，立秋热，处暑依然热，所以人们总结出了"大暑小暑不是暑，立秋处暑正当暑"这句谚语。

3. 处暑民间谚语荟萃

处暑白露节，夜凉白天热。

处暑不抽穗，白露不低头，过了寒露喂老牛。

处暑不出头，拔了喂老牛。

处暑不出头，是谷喂了牛。

处暑不锄田，来年手不闲。

处暑不带耙，误了来年夏。

处暑不觉热，水果别想结。

处暑不下雨，干到白露底。

处暑不种田，种田是枉然。

处暑长薯。

处暑处暑，处处要水。

处暑东北风，大路做河通。

处暑高粱遍地红。

处暑高粱白露谷。

处暑高粱遍拿镰。

处暑谷儿长，大风要提防。

处暑谷渐黄，大风要提防。

处暑好晴天，家家摘新棉。

处暑花，不归家。（棉花）

处暑花红枣，秋分打尽了。

处暑见新花。

处暑就把白菜移，十年准有九不离。

处暑开花不见花。（棉花）

处暑雷唱歌，阴雨天气多。

处暑蕾有效，秋分花成桃。

处暑里的雨，谷仓里的米。

处暑萝卜、白露菜。

处暑落了雨，秋季雨水多。

处暑满地黄，家家修廪仓。

处暑梦个白露菜。

处暑难得十日阴，白露难得十日晴。

处暑晴，干死河边铁马根。

处暑若还天不雨，纵然结子难保米。

处暑三日稻有孕，寒露到来稻入囤。

处暑三日割黄谷。

处暑十日忙割谷。

处暑收黍，白露收谷。

处暑天不暑，炎热在中午。

处暑天还暑，好似秋老虎。

第三章

白露：白露含秋，滴落乡愁

白露时节，是一年中温差最大的时节，夏季风和冬季风将在这里激烈地邂逅，说不清谁痴迷谁，谁又留恋谁，只有难舍难分的纠缠。白露临近中秋，自然容易勾起人的无限离情。白露，注定是思乡的。白露含秋，滴落三千年的乡愁。

白露气象和农事特点：天高气爽，千家万户忙秋收、秋种

1. 天高气爽，云淡风轻

阳历9月8日前后，太阳黄经为165°就是白露节气。白露时节，全国大部分地区天高气爽，云淡风轻，气温渐凉、晚上草木上可以见到白色露水。露水是由于温度降低，水汽在地面或近地物体上凝结而成的水珠。此时，天气转凉，地面水汽结露最多。所以，白露实际上是表示天气已经转凉。一个春夏的辛勤劳作，经历了风风雨雨，送走了高温酷暑，迎来了气候宜人的收获季节。俗话说："白露秋分夜，一夜冷一夜。"这个时节夏季风逐渐被冬季风所接管，多吹偏北风，冷空气南下逐渐频繁，加上太阳直射地面的位置南移，北半球日照时间变短，日照强度减弱，夜间常晴朗少云，地面辐射散热快，因此温度下降也逐渐加速。

2. 既是收获的时节，也是播种的时节

白露是收获的时节，也是播种的时节。东北平原开始收获谷子、大豆和高粱，华北地区秋季农作物成熟，大江南北的棉花正在吐絮，进入全面分批采收的农忙。西北、东北地区的冬小麦开始播种，华北的秋种也即将开始，正在紧张筹备送肥、耕地、防治地下害虫等准备工作。黄淮地区、江淮及以南地区的单季晚稻已扬花灌浆，双季双晚稻即将抽穗，都要抓紧目前气温还较高的有利时机浅水勤灌。待灌浆完成后，排水落干，促进早熟。如遇低温阴雨，还要注意防治稻瘟病、菌核病等病害。秋茶正在采制，同时要注意防治叶蝉的危害。白露之日后，全国大部分地区降水明显减少。东北、华北地区9月份降水量一般只有8月份的1/4至1/3，黄淮流域地区有一半以上的年份会出现夏秋连旱，这种旱情对冬小麦的适时播种来说是最主要的威胁。华南和西南地区白露后却常常秋雨绵绵，平均2～3天就有一个雨日，四川盆地这时甚至是一年中雨日最多的时节。过量的秋雨对农作物的正常成熟和收获也将有害。

白露民俗：吃番薯，喝白露茶和酒，祭祀治水英雄大禹

1. 白露吃番薯——消除胃酸、胃胀

番薯具有抗癌功效，中医还以它入药。番薯叶有提高免疫力、止血、降糖、解毒、防治夜盲症等保健功能。经常食用有预防便秘、保护视力的作用，还能保持皮肤细腻、延缓衰老。很多地方的人们认为白露期间应多吃番薯，认为吃番薯丝和番薯丝饭后就不会发生胃酸和胃胀，所以就有了在白露节吃番薯的习俗。

2. 白露茶——清香甘醇

一提到白露，爱喝茶的人便会想到喝"白露茶"。白露时节，茶树经过夏季的酷热，此时正是生长的极好时期。白露茶既不像春茶那样鲜嫩，不经泡，也不像夏茶那样干涩味苦，而是有一种独特甘醇的清香味，特别受品茶爱好者的青睐。

3. 白露米酒——风味独特、营养丰富

湖南资兴兴宁、三都、蓼江一带历来就有酿酒习俗。特别是白露时节，几乎家家户户酿酒。这个时节酿出的酒温中含热，略带甜味，称作"白露米酒"。白露米酒中的精品是"程酒"，这是因为取程江水酿制而得名。《水经注》中记载："郴县有渌水，出县东侯公山西北，流而南屈注于未，谓之程水溪，郡置酒馆酝于山下，名曰'程酒'，献同也。"《九域志》中记载："程水在今郴州兴宁县，其源自程乡来也，此水造酒，自名'程酒'，与酒别。"程乡就是今天的三都、蓼江一带。资兴从南宋到民国初年称兴宁，故有郴州兴宁县之说。白露米酒的酿制除取水、选定节气颇有讲究外，方法也相当独特。先酿制白酒（俗称"土烧"）与糯米糟酒，再按一定的比例，将白酒倒入糟酒里，装坛待喝。如制程酒，须掺入适量糁子水（糁子加水熬制），然后入坛密封，埋入地下或者窖藏，亦有埋入鲜牛栏淤中的，待数年乃至几十年才取出饮用。埋藏几十年的程酒色呈褐红，斟之现丝，易于入口，清香扑鼻，且后劲极强。清光绪元年（1875年）纂修的《兴宁县志》中记载："色碧味醇，愈久愈香"，"酿可千日，至家而醉"。《水经注》还记载，南朝梁文学家任昉与友刘杳闲谈，"任谓刘杳曰：'酒有千里，当是虚言？'杳曰：'桂阳程乡有千里酒，饮之至家而醒，亦其例也。'"南朝梁时，兴宁隶属于桂阳郡。在苏南籍和浙江籍的老南京中还保留着自酿白露米酒的习俗，旧时苏浙一带人们每年白露时节一到，家家酿酒，用以待客，常有人把白露米酒带到城里享用。白露米酒保留了发酵过程中产生的葡萄糖、糊精、甘油、醋酸、矿物质及芳香类物质。其营养物质多以低分子糖类和肽、氨基酸的浸出物状态存在，容易被人体消化吸收。其香味浓郁、酒味甘醇、风味独特、营养丰富的特性深受人们喜爱。

4. 吃龙眼——大补

民间有"白露必吃龙眼"的说法。特别是福州一带，传说在白露这一天吃龙眼有大补的奇效，吃一颗龙眼相当于吃一只鸡的营养。龙眼本身就有益气补脾、养血安神、润肤美容等多种功效，还可以治疗贫血、失眠、神经衰弱等很多种疾病。龙眼还含有丰富的葡萄糖、蔗糖和蛋白质等，含铁量也比较高，可在提高热能、补充营养的同时促进血红蛋白再生，从而达到补血的效果。科学研究发现，龙眼肉除了对全身有补益作用外，对脑细胞特别有效，能增强记忆，消除疲劳，经常吃龙眼，能够降低细胞癌变的概率，有使脸色红润、气色变佳的良好美容效果，它还能使头发变黑，是相当难得的美味与食疗效果兼备的水果。白露时节的龙眼个个颗大，核小味甜口感好，因此白露吃龙眼是再好不过的食物。

5. 十样白——祛风气（关节炎）

白露时节，民间有过白露节的习俗。特别是浙江温州一带，尤其是苍南、平阳等地在白露之日有采"十样白"（也有"三样白"的说法）来煨乌骨白毛鸡（或鸭子）的习俗，制作出的乌骨白毛鸡（或鸭子），据说食用后可以滋补身体，祛风气（关节炎）。这"十样白"就是十种带"白"字的中草药，如白木槿、白毛苦等中草药。

6. 祭禹王——祭祀治水英雄大禹

白露时节是太湖人祭禹王活动规模较大的日子。禹王就是传说中的治水英雄大禹，太湖畔的渔民称他为"水路菩萨"。每年正月初八、清明、七月初七和白露时节，太湖人将举行祭禹王的香会，其中以清明、白露春秋两祭的声势比较浩大，历时一周之久。

7. 打核桃，吃核桃——白露节令食品

白露时节是核桃成熟的时期。白露一过正好是上山打核桃的农忙时间，因此农谚中有"白露打核桃、吃核桃"的说法，然而这并不是因为核桃成熟才如此说，主要是白露节气到来后，天气渐冷，人体需要一些温补的东西让身体逐渐适应上涨的阴气，而核桃是非常适合的节令食品。核桃原名叫胡桃，又名羌桃、万岁子或长寿果。据《名医别录》中记载："此果出自羌湖，汉时张骞出使西域，始得终还，移植秦中，渐及东土……"羌湖古时指现在的南亚、东欧及国内新疆、甘肃和宁夏等地。张骞将其引进中原地区时，称作"胡核"。据史料记载，319年，晋国大将石勒占据中原，建立后赵时，由于其忌讳"胡"字，所以把胡桃改名为核桃，此名一直延续至今天。

核桃具有健胃、补血、润肺、养神之功效。《神农本草经》中记载久食核桃可以轻身益气、延年益寿。唐朝孟诜著《食疗本草》中记载，吃核桃仁可以开胃，通润血脉，使骨肉细腻。宋代刘翰等著《开宝本草》中记载，核桃仁"食之令肥健，润肌，黑须发，多食利小水，去五痔"。明代李时珍著《本草纲目》中记载，核桃仁有"补气养血，润燥化痰，益命门，处三焦，温肺润肠，治虚寒喘咳，腰脚重疼，心腹疝痛，血痢肠风"等功效。因此白露时节，不仅是收获核桃的时间，而且是吃核桃、养身体的时候。核桃的营养价值很高，与扁桃、腰果、榛子一起，列为世界四大干果，核桃产地遍及全球，主要生产区分布在美洲、欧洲和亚洲。在海外，核桃被美誉为"大力士食品"、"营养丰富的坚果"、"益智果"；在国内有"万岁子"、"长寿果"、"养人之宝"之美称。

白露民间宜忌：忌讳下雨和刮风

1. 白露之日忌讳下雨

据说白露之日最忌讳下雨。由于白露之日正是收割、播种庄稼的好时节。如果遇上阴雨天气，就会严重影响农作物收成。因此有农谚说："白露日落雨，到一处坏一处。""白露前是雨，白露后是鬼。""处暑雨甜，白露雨苦。"人们认为白露之日下的雨是苦雨，会使农作物变苦；收割时的稻子沾上了白露的苦雨，容易使稻谷发霉生虫，从而被虫蛀空。

2. 白露之日忌讳刮风

民间传说，白露之日如果刮风，就会给棉花造成伤害，因此白露之日忌讳刮风。如同谚语所说的："白露日东北风，十个铃子（棉桃）九个脓；白露日西北风，十个铃子九个空。"这个时节正是棉花生长的关键时节，一旦刮大风就会严重影响棉花结桃的质量。

白露饮食养生：喝粥饮茶有讲究，慎食秋瓜防腹泻

1. 白露时节，喝粥有讲究

白露时节，人们往往会出现脾胃虚弱、消化不良的症状，抵抗力明显也有所下降。这个时节多吃点温热的、有补养作用的粥食，对健康大有裨益。白露喝粥养生要注意以下几个方面：

（1）熬粥时使用的容器也有讲究，最好用砂锅，尽量不用不锈钢锅和铝锅。

（2）用大米、糯米等谷类熬粥喝可以健脾胃、补中气、泻秋凉以及防秋燥，还可以根据自己的实际身体状况，在熬粥的过程中适当添加一些豆类、干果类等辅料，以达到更好的饮食调养效果。

（3）喝粥时尽量不要加糖。人们喝粥的时候喜欢加糖，其实这样是不好的，尤其是对老年人。老年人的消化功能已经有所下降，糖吃得太多，容易在腹部产生胀气，影响营养吸收。

（4）喝粥时，不要与油腻、黏性大的食物同食，否则容易造成消化不良，如果长期混合吃下去，将会患上消化不良的疾病。

（5）糖尿病人尽量不要在早晨喝粥。由于粥是经过较长时间熬制出来的，各种谷类中的淀粉会分解出来，进入人体后很快就会转化成葡萄糖，这种情况对糖尿病患者是非常不利的，很容易使血糖升高，发生危险。

2. 品白露茶，饮白露酒

白露时节的露水是一年中最好的。民间认为白露时节的露水有延年益寿的功效，便在白露那天承接露水，制作白露茶，煎后服用。白露茶深受饮茶爱好者的喜爱，因为白露时节天气转凉，凝结的露水对茶树有很好的滋养功效，所以这时的茶叶会有一种独特的滋味，甘醇无比。白露茶历经春夏两季，不像春茶那样不耐泡，也少了夏茶的燥苦，它不凉不燥、温和而清香，并且还具有提神醒脑、清心润肺、温肠暖胃之功效。

此外，白露时节，古人还使用白露露水酿成白露酒，这样的酒较为香醇。据说用白露当天取自荷花上的露水酿成的秋白露品质最好，也最为珍贵。在江浙一带，至今还流传着饮用白露酒的习俗，白露时节，人们酿制米酒来招待客人。这样的白露米酒以糯米、高粱、玉米等五谷杂粮为主，并用天然微生物纯酒曲发酵，品味起来温热香甜，并且含有丰富的维生素、氨基酸、葡萄糖等营养成分。白露时节适量饮用白露酒，可以生津止渴。另外白露酒具有疏通经络、补气生血的功效。

3. 养阴退热、补益肝肾宜吃乌鸡

乌鸡是白露时节的滋补佳品，素有"禽中黑宝"之美称，乌鸡具有养阴退热、补益肝肾之功效。挑选时以优质的乌鸡体型比肉鸡略小，肉质软嫩，毛孔粗大且胸部平整，鸡肉无渗血为上品。烹饪乌鸡时最好连骨一起用砂锅小火慢慢炖，这样烹制出来的乌鸡滋补效果最好。

养阴退热、补益肝肾可以食用鲜奶银耳乌鸡汤。

鲜奶银耳乌鸡汤

材料：新鲜乌鸡1只，水发银耳20克，百合40克，猪瘦肉230克，鲜奶、姜片、盐等适量。

制作：①乌鸡、瘦猪肉、分别淘洗干净，切成块，略焯；②银耳洗净，撕成小瓣；③百合淘洗干净；④锅内放入乌鸡、猪瘦肉、银耳、百合、姜片、适量清水，大火烧开；⑤再用小火煲两小时左右，放入鲜奶拌匀，再煮5分钟，撒入盐调味即可食用。

4. 吃南瓜，可改善秋燥症状

南瓜含有丰富的维生素E和β–胡萝卜素。β–胡萝卜素可以在人体内转化为维生素A。维生素A、E具有增强机体免疫力之功效，对改善秋燥症状有明显的疗效。挑选时以颜色金黄、瓜身周正、个大肉厚、无伤烂的为佳。维生素E和β–胡萝卜素都属于脂溶性营养素，因此食用时应用油烹调，以确保人体能够充分吸收内含的丰富营养。

山药南瓜粥可以改善秋燥症状。

山药南瓜粥

材料：山药、南瓜各30克，大米50克，盐适量。

制作：①南瓜洗净，削去皮、瓤，切成丁；②山药洗干净去皮，切成片；③大米淘洗干净，用清水浸泡半小时，捞出沥水。④锅内倒入适量水，放入大米，大火烧开后放入南瓜、山药，改用小火继续熬煮，待米烂粥稠，撒入盐调味即可食用。

用法：建议每次100克左右。

5. 白露时节慎食秋瓜防腹泻

白露时节，天气逐渐转凉。人的肠胃功能也会由于气候的变化而变得敏感，假若还继续生食大量的瓜果，那么就会更助湿邪，损伤脾阳。脾阳不振就会引起腹泻、下痢、粪便稀薄而不成形等急性肠道疾病。这个时节，民间有"秋瓜坏肚"的说法，因此这个时节应该慎食秋瓜以防腹泻。脾胃虚寒的人更应该禁食秋瓜。

白露起居养生：袒胸露体易受凉，防止秋燥和"秋季花粉症"

1. 白露天气转凉，切勿袒胸露体

白露时节，夜间较冷，一早一晚气温低，正午时分气温仍较热，是秋天日温差最大的时节。俗话说："白露勿露身，早晚要叮咛。"便是告诫人们白露时节天气转凉，不能袒胸露体，提醒人们一早一晚要多添加些衣服。民谚还有"白露不露身"之说，意思是白露时也不要再穿背心短裤。另外，《养生论》中记载："秋初夏末，不可脱衣裸体，贪取风凉。"这也是在告诫人们，入秋以后要穿长衣长裤，以免受凉。事实上，白露时节虽然没有深秋那么冷，可是早晚的温差已经非常明显了，如果不注意保暖很容易着凉感冒，并且容易使肺部感染风寒。此时燥气与风寒容易结合形成风燥，对肺部以及皮毛、鼻窍等肺所主的部位造成伤害。如果感染到筋骨，则容易出现风湿病、痛风等肢体痹症。白露时节，建议睡觉时把凉席收起来，换成普通褥子，关好窗户，换掉短款的睡衣，并把薄被子准备在身旁备用。年老体弱的人更要注意根据天气适时添加衣服、被褥，以免着凉患病。

2. 白露时节要及时预防秋燥

白露时节还要注意预防"秋燥"，"秋燥"顾名思义就是因为秋季气候干燥而引起的身体不适。人们常说燥邪伤人，容易耗人津液，并且出现口干、唇干、鼻干、咽干及大便干结、皮肤干裂等症状。身体上的不适必然会引起精神上的浮躁，因此要及时预防秋燥。多喝水是最简单的解决办法，每天早晚必须喝水，尽量保证身体有充足的水分。可以多吃一些富含维生素的食品，如柚子、西红柿等。还可选用一些清肺化痰、滋阴益气的中草药，例如人参、沙参、西洋参、百合、杏仁、川贝等。对于一般人群来说，预防秋燥，简单实用的药膳、食疗即可，完全没有必要进行刻意的大补特补。

3. 白露时节要预防"秋季花粉症"

白露时节秋高气爽，是人们外出旅游的最佳时期。但是此时，常常有不少游客在旅游期间出现类似"感冒"的症状。发生鼻痒、连续流清鼻涕、打喷嚏，有时眼睛流泪、咽喉发痒，甚至还有人出现耳朵发痒等症状。这些表现很容易让人联想到感冒，深秋季节早晚温差很大，特别是当活动量增加后脱掉外衣，就更容易被误认为受了寒凉，而被当做"感冒"来误诊。其实这种情况，不一定是"感冒"，而有可能是"花粉热"。"花粉热"有两个基本发病因素：一个是个体体质的过敏；另一个是不止一次地接触和吸入外界的过敏源。由于各种植物的开花季节具有明显的季节性，所以对某种或几种抗原过敏者的发病也就具有明显的季节性了。白露时节是藜科、蓖麻、肠草和向日葵等植物开花的时候，这些植物的花粉就是诱发过敏体质者出现"花粉热"的罪魁祸首。

白露运动养生：赤脚活动已不宜，最佳运动是慢跑

1. 白露时节不要赤脚运动

白露时节，气温下降，地面寒气一天比一天重。许多人喜欢在外面运动，这样脚底心就很容易遭到寒气侵袭。人的脚底心为人体中重要的保健区域，秋凉之后必须穿袜，以免寒气从脚心入侵。白露过后除了要穿保暖性能好的鞋袜外，还要养成睡前用热水洗脚的习惯。热水泡脚除了可预防呼吸道感染性疾病外，还能使血管扩张、促使血流加快，改善脚部皮肤和组织营养，可减少下肢酸痛的发生，缓解或消除白天的疲劳。因此这个时节，不但不能赤脚，而且还应当穿上袜子防寒。

2. 白露时节最佳运动——慢跑

白露时节，天气渐渐变凉，人体的各项生理功能相对减弱，此时应该适当增加活动量，以增强心肺功能和身体的抗寒能力。因此，"动静相宜"就成为这个时节运动养生的特点，而符合这个特点的最佳运动就是慢跑。

3. 白露旅游时要预防疲劳性足部骨折

秋高气爽的白露时节是旅游的最佳时间。但是，人们在尽情游玩的同时要提防疲劳性足部骨折，这种骨折也被称作"行军骨折"。尤其中老年人更要引起重视。行走时间过长、足肌过度疲劳很容易引发此种慢性骨折。其临床症状最初表现为足痛，走路多、劳累后加重，随走路时间的延长疼痛加剧，以致最后疼痛难忍无法行走。预防疲劳性骨折应注意在旅游途中或长距离行走时的足部保健，可以采取以下措施预防疲劳性足部骨折：①晚上抬高双足睡觉，促进血液回流；②睡前用热水泡脚，增强血液循环；③按摩双足，放松肌肉，缓解疲劳；④尽量穿平跟旅游鞋。

白露时节，常见病食疗防治

1. 多吃水果、蔬菜防治口腔溃疡

口腔溃疡俗称"口疮"，是一种出现在口腔黏膜上的浅表层的溃疡，常见于春秋季节更替之时。身体抵抗力较差的人不能及时适应环境变化，就易发生口腔溃疡。溃疡面积有的小如米粒，有的人如黄豆，多呈圆形或卵圆形，溃疡表面凹陷，周围充血，进食刺激性食物时或者食物蹭住溃疡面时常有刺痛感觉。口腔溃疡患者尽量不要食用口香糖、巧克力、烟酒、咖啡以及辛辣、烧烤、油炸类食品，以免溃疡加重。可以多吃些新鲜的水果蔬菜，多喝水，平时要注意饮食营养搭配，避免溃疡发生。

乌梅桔梗汤具有收敛生津、抗炎杀菌、镇痛解热之功效。适用于口腔溃疡、咽痛、音哑、肺炎等症状。

乌梅桔梗汤

材料：乌梅、桔梗各15克。

制作：①乌梅、桔梗分别淘洗干净，沥干；②锅中放入适量水，倒入乌梅、桔梗煎浓；③置凉即可轻涂溃疡处。

用法：用消毒棉签蘸药液轻涂溃疡处，每天1～2次。

口腔溃疡预防措施：

（1）遇到紧急事情不要心急火燎，保持良好的心态。

（2）少吃辛辣、刺激、粗糙和坚硬的食物。

（3）早晚勤刷牙、饭后漱口，保持口腔卫生。

（4）保证睡眠时间充足，作息要有规律。

（5）多吃新鲜水果和蔬菜，尽量不吃容易引起口腔溃疡的食物，如腌制品等。

2. 肺气肿多吃瘦肉、豆浆、豆腐防治

白露时节肺气肿发病率较高，且此时节患者病情容易加重。肺气肿是指呼吸性细支气管、肺泡管、肺泡囊及肺泡等终末支气管远端部分膨胀扩张，导致肺组织弹性减退或容积增大。这种病多数是由肺部慢性炎症或支气管不完全阻塞引发而来，因此支气管炎以及哮喘病患者更容易患上此病。临床表现为肺气不足，动则气短，严重时会导致肺源性心脏病发作。

含有丰富的优质蛋白质和铁元素等食品对肺气肿有一定的疗效。例如瘦肉、动物肝脏、豆浆、豆腐等，这些食物不易增痰或上火，可增强抗病能力，能够促进身体康复，因此肺气肿患者应多吃这些食物。同时不要食用牛奶及奶制品，以免痰液变黏稠，加重病情。

玉竹冰糖饮具有润喉清心、祛烦消渴、养阴生津、润肺止咳之功效，并且对改善肺气肿、肺心病有一定疗效。

玉竹冰糖饮

材料：红枣20克，玉竹50克，冰糖末适量。

制作：①玉竹清洗干净，切成段；②红枣淘洗干净；③锅内倒入红枣、玉竹，然后倒入适量水，大火烧开；④再改用小火熬煮1小时；⑤起锅去渣取液，稍凉后放入冰糖末，搅拌均匀即可饮用。

肺气肿预防措施：

（1）戒酒、戒烟。吸烟是最容易诱发或加重支气管炎、肺气肿等呼吸系统疾病。

（2）及时添加衣服防寒保暖，避免着凉引发呼吸系统疾病。

（3）尽量少吃辛辣、刺激性食物，例如辣椒、大蒜、韭菜、生姜等，否则容易刺激气管黏膜，诱发呼吸系统疾病。

白露耳熟能详谚语

1. 八月雁门开，雁儿脚下带霜来

白露时节的到来，在每年农历八月，一些候鸟如黄雀、椋鸟、树鹨、柳莺、绣眼、沙锥、麦鸡、大雁等对气候的变化相当敏感，于是它们集体向南方迁徙，为过冬做准备。这些候鸟大都选择仲秋的月明风清之夜，好像是给人们发出了信号，预示着天气变冷了，让人们抓紧时间收割庄稼，且多添一些衣服，以便迎接寒冷季节的到来。

2. 处暑十八盆，白露勿露身

人们常说的谚语："处暑十八盆，白露勿露身。"这两句话的意思是说，处暑仍很炎热，每天须用一盆水洗澡，过了十八天，到了白露，因天气转凉，就不要赤膊裸体了，以免着凉感冒。

3. 白露天气晴，谷米白如银

白露期间，华南日照时间较处暑骤减一半左右，这种递减趋势会一直持续到冬季。白露时节的上述气候特点，对晚稻抽穗扬花和棉桃爆桃是不利的，也影响中稻的收割和翻晒，所以人们根据此种气候特点，总结出了"白露天气晴，谷米白如银"的说法。

4. 白露民间谚语荟萃

白露白露，四肢不露。

白露白露白，白露种花麦；花麦三斗糠，只救熟不救荒。

白露白茫茫，寒露添衣裳。

白露白茫茫，无被不上床。

白露白迷迷，秋分稻莠齐。

白露遍地金，处处要留心。

白露不可搅土。

白露大落大白。

白露防霜冻，秋分麦入土。

白露风兼雨，有谷堆满路。

白露干一干，寒露宽一宽。

白露高粱秋分豆。

白露刮北风，越刮越干旱。

白露过秋分，农事忙纷纷。

白露看花，秋后看稻。

白露雷，不空回。

白露镰刀响，秋分砍高粱。

白露前后看，莜麦荞麦收一半。

白露前后一场风，乡下人做个空。

白露前是雨，白露后是鬼。

白露晴，寒露阴；白露阴，寒露晴。

白露晴，有米无仓盛；白露雨，有谷无好米。

白露秋风夜，一夜冷一夜。

白露身不露，寒露脚不露。

白露水，寒露风。

白露水，卡毒鬼。

白露天气晴，谷子如白银。

白露无雨，百日无霜。

白露无雨好年冬。

白露下一阵，旱到来年五月尽。

白露要打枣，秋分种麦田。

白露有雨，寒露有风。

白露有雨，好一路来坏一路。

白露有雨会烂冬。

白露有雨连秋分，麦种豆种不出门。

白露有雨霜冻早，秋分有雨收成好。

白露在仲秋，早晚凉悠悠。

白露早，寒露迟，秋分种麦正当时。

白露种高山，寒露种平地。

不到白露不种蒜。

蚕豆不要粪，只要白露种。

处暑难逢十日阴，白露难逢十日晴。

过了白露，太阳打截路。

过了白露节，屠夫硬似铁。

乱了白露，天天走溜路。

麦到芒种秋到秋，黄豆白露往家收。

秋风是短节，白露是暖节。

一场秋风一场凉，一场白露一场霜。

第四章

秋分：秋色平分，碧空万里

秋分是美好宜人的时节，秋高气爽，丹桂飘香，蟹肥菊黄。秋分平分秋色，万山红遍，层林尽染。秋分带走初秋的淡雅，迎来深秋的斑斓。

秋分气象和农事特点：凉风习习，田间秋收、秋耕、秋种忙

1.秋分时节，凉风习习，碧空万里

秋分是二十四节气中的第十六个节气，每年9月23日前后，南方的气候由这一节气起才始入秋。太阳黄经为180° 是秋分。我国古籍《春秋繁露、阴阳出入上下篇》中记载："秋分者，阴阳相半也，故昼夜均而寒暑平。"秋分这一天同春分一样，阳光几乎直射赤道，昼夜几乎相等。秋分是表征季节变化的节气。从这一天起，阳光直射位置继续由赤道向南半球推移，北半球开始昼短夜长。根据我国旧历的记载，这一天刚好是秋季九十天的一半，因而称秋分。但在天文学上规定北半球的秋天是从秋分开始的。秋分时节，长江流域及其以北的广大地区，均先后进入了秋季，日平均气温都降到了22℃以下。北方冷气团开始具有一定的势力，大部分地区雨季已经结束，凉风习习，碧空万里，风和日丽，秋高气爽，丹桂飘香，蟹肥菊黄。秋分是气候宜人的时节，也是农业生产上重要的节气。秋分后太阳直射的位置南移到南半球，北半球得到的太阳辐射逐渐减少，这个时节地面散失的热量越来越多，气温降低的速度也越来越快。

2.秋分时节秋收、秋耕、秋种忙不停

由于秋季降温越来越快的缘故，秋收、秋耕、秋种的"三秋"大忙显得格外紧张。秋分棉花吐絮，烟叶也由绿变黄，正是收获的黄金时机。华北地区已经开始播种冬小麦，长江流域及南部广大地区正忙着晚稻的收割，抢晴耕翻土地，准备油菜播种。秋分时节的干旱少雨或连绵阴雨是影响"三秋"正常进行的主要不利因素，特别是连阴雨会使即将到手的农作物倒伏、霉烂或发芽，造成严重损失。"三秋"大忙，贵在"早"字。及时抢收秋收农作物可免受早霜冻和连阴雨的危害，适时早播冬季农作物可争取充分利用冬前的热量资源，培育壮苗安全越冬，为来年奠定丰产的基础。这个时节，南方的双季晚稻正是抽穗扬花的时候，也是晚稻能否高产的关键时期，早来低温阴雨形成的"秋分寒"天气，是双季晚稻开花结实的主要威胁，因此必须认真做好防御准备工作，保障晚稻高产丰收。

秋分农历节日：中秋节

　　农历八月十五日，是我国传统的中秋佳节。这时是一年秋季的中期，因此被称为中秋。农历把一年分为四季，每个季节又分为孟、仲、季三个时段，中秋也称作仲秋。八月十五夜，人们仰望天空如玉如盘的朗朗明月，自然会期盼家人团聚。远在他乡的游子，也借此寄托自己对故乡和亲朋好友的思念之情。因此中秋节又称"团圆节"。

　　民间很早就有"秋暮夕月"的习俗。夕月，即祭拜月神。据说古代齐国姑娘丑女无盐，年幼时曾虔诚拜月，随后以超群品德入宫，某年八月十五宫里赏月，天子在月光下见到了她，觉得她美丽动人，于是就册封她为皇后，中秋拜月习俗由此而来。传说月中嫦娥，以美貌著称，所以许多少女拜月，愿"貌似嫦娥，面如皓月"。在唐朝，中秋赏月颇为盛行。在北宋京师，八月十五夜，不论贫富、男女老小，都要穿上成人的衣服，焚香拜月说出心愿，祈求月亮神的庇护。南宋时，民间以月饼相赠，取团圆之义。有些地方还有舞草龙，砌宝塔等活动。明清以来，中秋节的风俗更加盛行；许多地方形成了烧斗香、树中秋、点塔灯、放天灯、走月亮、舞火龙等特殊风俗。

　　中秋节有着悠久的历史，和其他传统节日一样也是慢慢发展、延伸形成的，古代帝王有春天祭日、秋天祭月的礼制，早在《周礼》一书中记载，已有"中秋"一词的说法了。后来的贵族和文人学士也效仿起来，在中秋节，对着天上月亮，观赏祭拜，寄托情怀，这种习俗慢慢形成一个传统的活动，一直到了唐代，这种祭月的风俗更为人们所重视，中秋节定为固定的节日，《唐书·太宗记》中记载有"八月十五中秋节"，中秋节盛行于宋朝，明清时期已与元旦齐名，成为重要的传统节日之一。

1. 嫦娥奔月的传说

　　后羿射下了天上的九个太阳，为民除害，深受天下百姓的尊敬和爱戴。随后他娶了美丽善良的嫦娥姑娘做了他的妻子。后羿除了传艺狩猎外，终日和妻子在一起，人们都羡慕这对郎才女貌的恩爱夫妻。不少有志之士慕名前来投师学艺，心术不正的逢蒙也混了进来。一天，后羿到昆仑山访友求道，巧遇由此经过的王母娘娘，便向王母娘娘求得两颗长生不老的仙丹。据说，服下一颗仙丹的人可以长生不老，服下两颗仙丹的人就能即刻升天成仙。后羿舍不得撇下妻子，只好暂时把两颗仙丹交给嫦娥珍藏起来。

　　嫦娥将仙丹藏进梳妆台的百宝匣时，被小人逢蒙偷窥到了，他想偷吃仙丹成仙。三天后，后羿率众徒外出狩猎，心怀鬼胎的逢蒙假装生病留了下来。待后羿走后不久，逢蒙手持宝剑闯入内宅后院，威逼嫦娥交出仙丹。嫦娥知道自己不是逢蒙的对手，危急之时，她打开百宝匣，拿出两颗仙丹一口气吞了下去。嫦娥吞下仙丹后，身子立刻感觉轻飘飘能够飞了，她于是飞出窗口，向天空飞去。由于嫦娥牵挂着丈夫后羿，便飞落到距离人间最近的月亮上。

　　太阳落山时，后羿又累又饿回到家里，没有看见爱妻嫦娥，便询问侍女们是怎么回事。侍女们哭着向他讲述了白天发生的事。后羿既惊又怒，抽剑去杀恶徒，不料逢蒙早已逃亡。后羿气得捶胸顿足，悲痛欲绝，仰望着夜空呼唤爱妻的名字。朦胧中他惊奇地发现，当天晚上的月亮格外明亮，恰好这天是农历八月十五日，而且月亮里有个晃动的身影酷似嫦娥。他飞一般地朝月亮追去，可是他追三步，月亮退三步，他退三步，月亮进三步，无论如何也追不上月亮。

　　后羿思念妻子嫦娥心切，便派人到嫦娥喜爱的后花园里摆上香案，放上她平时最爱吃的蜜食鲜果，遥祭在月宫里的嫦娥。老百姓们听说嫦娥奔月成仙的消息后，每年到农历八月十五日，纷纷在月下摆设香案祭拜嫦娥，为漂亮、善良的嫦娥祈求吉祥平安。

2. 赏月、望月

　　赏月的风俗来源自祭月，严肃的祭祀后来变成了轻松的欢娱。《礼记》中记载有"秋暮夕月"，夕月即祭拜月神。到了周代，每逢中秋夜都要举行祭月活动。人们在大香案上摆上月饼、西瓜、苹果、李子、葡萄等时令水果，等月亮挂到半空时便开始祭拜。民间中秋赏月活动大约始于魏晋时期，但是没有形成习俗。到了唐朝，中秋赏月颇为盛行，许多诗人的名篇中都有咏月的诗句。待到宋时，形成了以赏月活动为中心的中秋民俗节日，正式定为中秋节。与唐人不同，宋人赏月更多的是感物伤怀，常以阴晴圆缺，喻人情事态，即使中秋之夜，明月的清光也掩饰不住宋人的伤感。但对宋人来说，中秋还有另外一种形态，即中秋是世俗欢愉的节日。宋代的中秋夜是不眠之夜，夜市通宵营业，赏月游人，达旦不绝，热闹非凡。在宋代，中秋赏月之风更加盛行。《东京梦华录》中记载："中秋夜，贵家结饰台榭，民间争占酒楼赏月。"京城大多数的店家、酒楼在这一天都要重新装饰门面，牌楼上扎绸挂彩，出售新鲜水果或者精制食品，老百姓们纷纷登上楼台看热闹，一些有钱人家以及读书人在自己的楼台亭阁摆上食品或安排家宴、饮酒作诗赏月。

赏月为什么选在中秋节呢？由于秋季中期，北方干冷气流迫使夏季一直回旋在我国大部分地区上空的暖湿空气向南退去，空气中水汽降低，天空中的云雾少了，因而出现秋高气爽、夜空如洗的天气，这个时期月亮显得格外皎洁，使人容易产生月到中秋分外明的感觉。除了这些自然原因外，人们选择一年中的"中秋"前后赏月还有历史原因，早期月亮祭祀选择在秋季进行，那时人们的注意力都集中到月亮上，能充分领略到平常习焉不察的月亮之美。而当时上层人士对月亮的认识开始趋于理性，不再是单纯的盲目祭拜，而是渐渐地把圆月当成了一种美丽的自然景象进行欣赏。

时至今日，民间许多地方还有望月的习俗。安徽一带民谚云："云掩中秋月，雨打上元灯。"黄河中下游地区，中秋节的晚上男女老少登高望月，称月亮的明暗可以卜来年元宵节天气的阴晴。云南新平的傣族人，每年逢中秋佳节，人们先对天空鸣放火枪，然后再围坐饮酒，谈笑望月。

3. 吃月饼：团团圆圆

月饼象征着团圆。月饼又称作胡饼、宫饼、小饼、月团、团圆饼等，是古代中秋祭拜月神的供品，流传下来就形成了中秋吃月饼的习俗。每逢中秋，皓月当空，合家团聚，品饼赏月，尽享天伦之乐。月饼的制作从唐代以后越来越考究。苏东坡有诗云："小饼如嚼月，中有酥和饴。"清朝杨光辅也曾写道："月饼饱装桃肉馅，雪糕甜砌蔗糖霜。"看来当时的月饼和现在已颇为相近了。

唐高祖李渊曾与群臣欢度中秋节时，兴高采烈地手持吐蕃商人所献的装饰华美的圆饼，指着天上明亮的圆月，大声笑道："应将圆饼邀蟾蜍。"随即把圆饼分给群臣品尝，同庆欢乐。元末，相传高邮的张士诚在暗中串联，利用中秋节互相馈赠麦饼的机会，在饼中夹带字条传递消息，约定八月十五日晚上同时举行起义。后来，每年中秋节家家户户都吃麦饼以庆祝胜利。唐朝称月饼为圆饼，南宋周密的《武林旧事》与吴自牧的《梦粱录》中曾记载有月饼相关内容。当时八月十五吃月饼已很普遍，制作月饼的技术也已经很精良了。清代月饼的品种、质量都有新的发展，馅好、味鲜、形美，饼面上印有"嫦娥奔月"、"三潭印月"以及福、禄、寿、喜等图案。

《西湖游览志余》中记载："八月十五谓中秋，民间以月饼相送，取团圆之意"。《帝京景物略》中也记载："八月十五祭月，其饼必圆，分瓜必牙错，瓣刻如莲花。……其有妇归宁者，是日必返夫家，曰团圆节。"中秋节晚上，部分地区还有烙"团圆"的习俗，即烙一种象征团圆、类似月饼的小饼子，饼内填充桂花、芝麻、包糖和蔬菜等，外压月亮、桂树、兔子等图案。祭月之后，由家中年长者将饼按人数分切成块，每人一块，如有人不在家即为其留下一份，保存起来，表示人人有份、合家团圆。

如今的月饼，各地因地区不同、人们口味不同和用料、调味、形状的差别，形成不同文化风格的月饼品种。目前主要的月饼品种有京式、苏式、广式、潮式、滇式等多种。

4. 走月亮：联姻、求子

中秋佳节，走月亮简称"走月"，又称作"踏月"、"游月"、"玩月"等。中秋节天高气爽，女士们结伴们乘着月色，尽情畅游于街市或郊野阡陌，或进出尼庵，摆设香案，望月展拜，或唱歌跳舞，弹琴吹奏，通宵达旦，即使名门闺秀，也突破规矩，盛妆出游，无人阻止。有的姑娘，悄悄约上恋人；有的借出游之机，寻求佳偶。南京过去"走月"还有一种特殊风俗，凡没生育的妇女，要去夫子庙，随后跨过一座桥，有的要走过更多的桥而不许重复，这就不仅动体力，还须动智力，传说经过"走月"的静沐月光后，不久将能怀孕。

5. 玩花灯：秉灯夜游，灯来灯往

中秋是我国三大灯节之一，过节要玩花灯。中秋玩花灯大多集中在南方。当然，中秋没有像元宵节那样的大型灯会，玩灯主要是在家庭、儿童之间进行的。花灯包括各种各式的彩灯，如芝麻灯、蛋壳灯、刨花灯、稻草灯、鱼鳞灯、谷壳灯、瓜子灯及鸟兽花树灯。广州、香港的小孩在家长协助下，用竹纸扎成兔子灯、杨桃灯或正方形的灯，横挂在短杆中，再竖到高杆上，高挂起来，彩光闪耀，为中秋喜添美景。广西南宁除了用竹纸扎各式花灯让儿童玩耍外，还有很朴素的柚子灯、南瓜灯、橘子灯。所谓柚子灯，是将柚子掏空，画出图案，穿上绳子，在里面点上蜡烛就可以了。南瓜灯、橘子灯也是将瓤掏出后制作而成的。这些灯外表朴素而制作简易，很受欢迎。近年来，南方不少地区，在中秋夜布置灯会前，利用机器制造采用电灯照亮的大型现代彩灯，还有用塑料电子元器件制成的各式各样新型电子智能花灯供儿童玩耍，虽然花灯更上档次、花样繁多，但少了一种旧时手工花灯的纯朴之美。

6. 烧塔：纪念元末农民起义

烧塔是中秋传统节日民间开展的一项民俗活动，相传烧塔是汉人反抗元朝残暴统治的起义信号。元朝统治天下以后，采取种族歧视的政策，蒙古贵族没收了汉人的马匹和兵器，剥夺人民游神赛会的权利，甚至不容许百姓夜行和夜间点火。为了监控老百姓活动，元统治者把五户人家编成一甲，由元政府派一名蒙古贵族当甲长，甲长由五家轮流供养，甲长到每家受供养前后，都要称体重，如果体重减轻，负责供养的那一户就要受惩处。元朝贵族在各乡村作威作福，勒索百姓财物，奸淫良家妇女。他们做贼心虚，怕受百姓报复，规定每甲五户只能共用一把菜刀，其余的没收。元朝末年，黄河连年水灾，物价飞涨，人民流离失所，饥寒交迫。此时，韩山童、刘福通等白莲教首领便利用宗教作掩护，发动农民起义。元顺帝至正十一年（1352年）夏天，刘福通领导的白莲教——红巾军在皖北豫南一带举起反元旗帜，得到全国各地的普遍响应。潮汕人民为与周边统一步调，按事前密约，于农历八月十五这一天，在空旷地方用瓦片砌塔，燃烧大火，作为起义行动信号，一齐动手，宰杀那高居人民头上的蒙古贵族。后来，烧塔便成为中秋佳节习俗世代流传下来。

民间中秋节潮汕烧塔多为青少年娱乐活动，中秋节前夕，人们就忙碌起来，四处捡拾残破瓦片，积聚枯树枝、废木片木块，于中秋下午就开始砌瓦塔。塔的大小高低，依据积聚瓦片的多寡及参与者的年龄层次而定，十岁左右的孩子砌的是小瓦塔，一般只有两三尺高。青年砌的规模较大，由于他们年龄大些，会从四方八面搬来瓦片，故砌的瓦塔往往有五六尺到一丈多高。瓦塔累砌也有讲究，大瓦塔的塔基要铺上红砖条或灰砖块，然后按"品"字形的格局构建。为了使塔身通风透气和造型美观，大的瓦塔常是两片瓦片合在一起按"品"字形架放。塔下留出两个门，一个用于投放燃料，另一个掏出木灰。塔的上端留出烟囱，供吐火舌之用。砌建瓦塔地方，大都在旷埕与广场，在同一场地中，有时砌上几个瓦塔。中秋节夜晚，月亮升至半空以后开始点火，瓦塔开始燃烧起来，至燃烧猛烈时，瓦片被烧得通红透亮，塔口的火焰直冲云天，就在这个时候，人们把粗粒的海盐，一大把一大把地撒向塔里，瓦塔发出像鞭炮一样的噼噼啪啪响声，再撒上硫磺，燃放出蓝色光焰，十分壮观，招引广大群众围观欣赏。有的地方，还把烧塔习俗作为活动竞赛项目，塔建得高大、燃烧得剧烈，经集体评议后可以给予奖励。

7. 兔儿爷：祈求中秋顺遂吉祥

兔儿爷流行于北京、天津等地区，又称"彩兔"。传说古时候，老北京城里突然闹起了瘟疫，家家户户都有病人，吃什么药都不管用。嫦娥看到人间烧香求医的情景，心里十分难过，就派玉兔到人间去为百姓消灾治病。于是，玉兔变成一个少女来到了北京城。她走了一家又一家，治好了很多病人。人们为了感谢玉兔，都要送给她东西。可玉兔什么也不要，只是向别人借衣服穿。这样，玉兔每到一处就换一身装扮，有时候打扮得像个卖油的，有时候又像个算命的，一会儿是男人装束，一会儿又是女人打扮。为了能给更多的病人治病，玉兔就骑上马、鹿或狮子、老

虎，走遍了老北京城内外，直到瘟疫消除。为了纪念玉兔给人间带来的吉祥和幸福，人们便用泥塑造了玉兔的形象，每到农历八月十五那一天，家家都要供奉玉兔——"兔儿爷"，以祈中秋顺遂吉祥。

人们常见的"兔儿爷"，一般都是铜盔金甲的武士模样。而且，插在头盔上的野鸡翎只有一根，老北京有句歇后语："兔儿爷"的翎子——独挑。后来，"兔儿爷"又由单个武士，发展成整出武戏的"兔儿爷"，如《长坂坡》、《天水关》、《战马超》、《八蜡庙》等，其服装、道具，无一不和舞台上相似。再后来，又有了反映人们日常生活的"兔儿爷"，甚至人们充分发挥想象力还把"兔奶奶"也请到了供桌上，让他们夫唱妇随，二者衣着打扮，也随着时代变迁而与时俱进，源远流长。

8. 舞火龙——传统活动

传说很早以前，香港铜锣湾大坑区在一次风灾袭击后，出现了一条大蟒蛇，四处作恶，伤害人畜，村民们非常气愤，齐心协力把它降服。不料次日蟒蛇不翼而飞。数天后，大坑区便开始发生瘟疫。这时，村中父老忽获菩萨托梦，说是只要在中秋佳节舞动火龙，便可将瘟疫驱除。随后年年岁岁，中秋节舞火龙就传承下来。

舞火龙活动也是香港中秋节最富有传统特色的习俗。从农历八月十四晚起，香港铜锣湾大坑地区就一连三晚举行盛大的舞火龙活动。这火龙长达70多米，用珍珠草扎成32节的龙身，插满了长寿香。盛会之夜，所有大街小巷，一条条蜿蜒起伏的火龙在灯光与龙鼓音乐下欢腾起舞，观众人山人海，场面非常壮观。

9. 团圆馍——祈盼团团圆圆

中秋佳节，民间有吃团圆馍的习俗。陕西长安、河南豫西等地区家家户户中秋节要做团圆馍吃。馍有顶、底两层，中间夹着芝麻。上层用大老碗拓一个圆圈，象征月亮。圆圈中央刻上一块"石头"，一只顽皮的"小猴子"站在"石头"上吃"蟠桃"。在月亮周围用顶针、大针扎出各种花形，然后放在锅里蒸熟。吃时切成许多尖牙的形状，给全家每人分一牙，如果有人短期外出，可以保存下来，等他（她）回来再吃；假若姑娘已经出嫁了，也要派人送去。此举目的也是祈盼全家团团圆圆，和和美美。

秋分民俗：吃秋菜、送秋牛，祈望身强力壮、吉祥如意

秋分时节和清明时节有些民俗相类似，秋分时节也有扫墓祭祖的习惯，称作"秋祭"。一般秋祭的仪式是，扫墓祭祖前先在祠堂举行隆重的祭祖仪式，杀猪、宰羊，请鼓手吹奏，由礼生念祭文等。扫墓祭祖活动开始时，首先扫祭开基祖和远祖坟墓，全族和全村男女老少都要出动，规模很大，队伍往往达几百甚至上千人。开基祖和远祖墓扫完之后，分房扫祭各房祖先坟墓，最后各家扫祭家庭私墓。大部分客家地区秋季祭祖扫墓，都从秋分或更早一些时候便开始祭祖扫墓，最迟清明要结束此项活动。因为据说清明以后墓门就关闭了，祖先英灵就受用不到后人孝敬的供品、礼物等。

1. 吃秋菜：家宅安宁、身强力壮

秋分时节，民间很多地方要吃一种称作"野苋菜"的野菜，有的地方也称之为"秋碧蒿"，这就是"吃秋菜"的习俗。秋分一到，全家老小都挎着篮子去田野里采摘秋菜。在田野中搜寻时，多见是嫩绿的，细细的约有巴掌那样长短。采回的秋菜一般人家与鱼片"滚汤"食用，炖出来的汤叫作"秋汤"。有民谣这样说："秋汤灌脏，洗涤肝肠。阖家老少，平安健康。"人们争相吃秋菜，目的是祈求家宅安宁、身体强壮有力。

2. 送秋牛：送"秋牛图"

秋分时节，民间挨家挨户送秋牛。送秋牛其实就是把二开红纸或黄纸印上全年农历节气，还要印上农夫耕田的图样，美其名曰"秋牛图"。送图者都是些民间能言善辩、能歌善舞之人，主

要说些秋耕吉祥，不违农时的话，每到一家便是即景生情，见啥说啥，说得主人乐呵呵，捧出钱来交换"秋牛图"。言词虽然即兴发挥，随口而出，但句句有韵动听。民间俗称"说秋"，说秋之人便叫"秋官"。据说秋分遇到"秋官"吉祥。

3. 秋分也粘雀子嘴

秋分之日，民间这一天部分地区农民按习俗放假休息，家家户户要吃汤圆，与春分之日雷同，还要将十几个或二三十个不用包心的汤圆煮好，用细竹叉扦着置于室外田边地坎，这就是传说中的"粘雀子嘴"，寓意是阻止雀子不要来破坏庄稼，保佑当年五谷丰登。

秋分民间宜忌：下雨、刮风和雷鸣，有人欢喜有人忧

1. 江淮、广西盼下雨

秋分之日，江淮地区的人们最希望能下雨，倘若天晴将会发生旱情，有民谣"秋分天晴必久旱"。在广西一带也有秋分祈盼下雨的习惯，民间有一句谚语说的是："秋分夜冷天气旱。"显然是说秋分之日夜里寒冷，将会发生旱情，危害农作物生长发育。

2. 华北平原忌刮东风

秋分时节，在华北平原，最忌讳刮东风。有谚语云："秋分东风来年旱。"如果秋分时节刮起了东风，那么第二年天气会干旱，影响农作物生长发育。

3. 秋分忌讳电闪雷鸣

秋分之日民间忌讳电闪雷鸣，有谚语云："秋分只怕雷电闪，多来米价贵如何。"据说秋分之日要是遇到电闪雷鸣，那么就会影响到秋天庄稼的正常生长发育，导致农作物减产，稻米的价格就会飞涨，因此要提前做好预防自然灾害的准备工作。

秋分饮食养生：食物多样化，保持阴阳平衡

1. 阴阳平衡，食物要多样化

秋分时节，天气逐渐由热转凉，昼夜均等，因此，这个时节养生也要遵循阴阳平衡的原则。使阴气平和，阳气固密。"阴阳平衡"是中医的说法，其实这与现代医学中的"营养均衡"有异曲同工之妙。想要均衡营养，就必须要做到不挑食，保证食物的多样化和蛋白质、脂肪、碳水化合物、维生素、矿物质、膳食纤维以及水等营养素的平衡摄入。夏季天气炎热，人们食欲大多有所下降，很容易缺乏营养，所以到了秋天，要保证营养的充足和平衡。另外，一日三餐的合理安排也是很重要，要遵循早吃饱、午吃好、晚吃少的原则，适当调配。吃东西时，切忌囫囵吞枣，尽量要细嚼慢咽，这样才能使肠胃更好地消化和吸收食物中的营养，而且还有利于保持肠道内的水分，起到生津润燥益气的功效。

2. 食用"秋蟹"有讲究

秋分时节，螃蟹肉嫩味美，也是最有滋补价值的时机。不仅如此，螃蟹还有极高的营养价值，其蛋白质含量比猪肉、鱼肉高出好多倍，而且含有丰富的钙、磷、铁以及维生素A等营养元素。虽然秋蟹营养美味，但是食用"秋蟹"是有讲究的，如果食用不当，那么就会给健康造成损害。秋分时节吃螃蟹要注意以下几个方面：

（1）没有蒸熟或煎炸的生螃蟹不能吃。一是螃蟹身体中往往有寄生肺吸虫，生吃螃蟹会使肺吸虫也进入人体内；二是螃蟹好食腐败之物，各种病菌和毒素都会积累在螃蟹肠胃里，如果生吃很容易引起食物中毒。

（2）不吃内脏没去除干净的螃蟹。螃蟹烹饪前，不但要把螃蟹淘洗干净，而且还要把蟹鳃、蟹胃以及蟹心等清理干净。其中蟹鳃长在蟹体两侧，成眉毛状条形排列，而蟹胃在蟹体的前

半部，蟹鳃和蟹胃都含有很多病菌和脏东西；蟹心则在蟹黄中间，与蟹胃紧紧连着，其味道苦涩，也要清除干净。把这些有害器官去除干净，清洗后方可烹饪，否则食用了螃蟹后也有可能会引起肠胃不舒服等疾病。

（3）螃蟹在临死前和死亡后，其体内的组氨酸分解会产生组胺。组胺是一种对人体有毒的物质，而且螃蟹体内组胺的积累量会随着其死亡时间的延长而增多，毒性也会越大。更重要的是，即使螃蟹清蒸或煎炸完全熟透了，组胺的毒性也不会被破坏掉，因此已经死了的螃蟹就不要烹饪食用了。

3. 补骨添髓，宜多吃螃蟹

螃蟹具有清热解毒、补骨添髓之功效。秋分时节多吃螃蟹有助于体内运化，调节阴阳平衡。挑食以外壳背呈墨绿色、肚脐凸出、螯足上刚毛丛生的螃蟹为上品。螃蟹性寒，食用时须蘸食葱、生姜、醋等调味品，以祛寒杀菌。

秋日蟹锅

材料：新鲜螃蟹500克，鸡肉末180克，猪肉末120克，银耳200克，莲藕末、竹笋块、胡萝卜片各100克，鸡蛋1个，植物油、盐、香菜末、干淀粉、米酒、葱段、姜片等适量。

制作：①螃蟹内脏各种器官清理干净；②锅内倒油烧热，放葱段、姜片煸香，然后放胡萝卜、竹笋、螃蟹翻炒，下米酒、盐、开水，小火慢炖；③大碗内放肉末、莲藕、香菜末、鸡蛋、盐、干淀粉，拌馅挤成小丸子；④另起锅煮小丸子2～3分钟，倒入炒锅，放盐，放银耳，煮熟即可食用。

4. 秋分时节，宜多食红薯

常吃红薯能使人"长寿少疾"，尤其在秋分时节多食用些红薯，对身体大有裨益。挑食红薯以新鲜、干净、表皮光洁、没有黑褐色斑的为佳。红薯中的气化酶常常会使食用者产生烧心、吐酸水、肚胀等不适症状，建议在蒸煮红薯时，适当延长蒸煮时间，就可以避免上述症状出现。

秋分时节可以食用红薯炒玉米粒。

红薯炒玉米粒

材料：玉米粒100克，红薯150克，青柿子椒半个，枸杞子、植物油、水淀粉、盐、鸡精、胡椒粉等适量。

制作：①红薯冲洗干净，去皮，切成丁；②玉米粒淘洗干净，焯水；③青柿子椒洗干净，切碎；④红薯丁下锅炸至皮面硬结，捞出控油；⑤锅中留底油烧热，放入青柿子椒和玉米粒，略炒，放红薯丁，翻炒片刻，撒入盐、鸡精、胡椒粉，炒熟；⑥然后下枸杞子炒匀，用水淀粉勾芡即可食用。

5. 益阴补髓、清热散淤食用油酱毛蟹

油酱毛蟹

材料：河蟹500克，姜、葱、醋、酱油、白糖、干面粉、味精、黄酒、淀粉、食油各适量。

制作：①将蟹清洗干净，斩去尖爪，蟹肚朝上齐正中斩成两半，挖去蟹鳃，蟹肚被斩剖处抹上干面粉。②将锅烧热，放油滑锅烧至五成熟，将蟹（抹面粉的一面朝下）入锅煎炸，待蟹呈黄色后，翻身再炸，使蟹四面受热均匀，至蟹壳发红时，加入葱姜末、黄酒、醋、酱油、白糖、清水，烧八分钟左右至蟹肉全部熟透后，收浓汤汁。③撒入味精，再用水淀粉勾芡，淋上少量明油出锅即可食用。

6. 清热消痰、祛风托毒食用海米烩竹笋

海米烩竹笋

材料：竹笋400克，海米25克，料酒、盐、味精、高汤、植物油等适量。

制作：①竹笋洗净，用刀背拍松，切成4厘米长段，再切成一字条，放入沸水锅中焯去涩味，捞出过凉水。②将油入锅烧至四成热，投入竹笋稍炸，捞出淋干油。③锅内留少量底油，把竹笋、高汤、盐略烧，入味后出锅。④再将炒锅放油，烧至五成热，下海米烹入料酒，高汤少许，加味精，将竹笋倒入锅中翻炒均匀装盘即可食用。

7. 补脾消食、清热生津食用甘蔗粥

甘蔗粥

材料：甘蔗汁800毫升，高粱米200克。

制作：甘蔗洗净榨汁，高粱米淘洗干净，将甘蔗汁与高粱米同入锅中，再加入适量的清水，煮成薄粥即可食用。

秋分起居养生：多事之秋、稍安勿躁、注意皮肤保湿

1. 多事之秋，登高望远，参与集体活动

秋分时节，天气慢慢转凉，大地万物凋零，自然界到处呈现出一片凄凉的景象，人们容易产生"悲秋"的伤感。俗话说"多事之秋"，因此要注意精神心态方面的调养。遇到事情要稍安勿躁，冷静沉着应付处理，时刻保持心平气和、乐观的情绪。在秋高气爽、风和日丽的秋日里，多出去走走。常和大自然亲密接触，排解一下秋愁。此时节最适宜的运动莫过于登高望远，参与集体活动，这样能使人身心愉悦，心旷神怡，从而消除不良的情绪。此外，还可以多和亲戚、朋友交流，多参加一些文化节、书画展等有益活动。

2. 秋分洗脸不宜过勤，注意皮肤保湿

随着秋分以后气温的逐步下降，皮肤油脂的分泌量会有所减少，人们时常感觉皮肤干燥、紧绷，这时就要注意开始对皮肤的保护了。为了减少油脂的损失，可以采取减少洗脸的次数。一些人属干性皮肤，本身就缺油，更不宜太频繁洗脸。如果清洁太彻底，皮肤会很干燥，只需要每天早晨用洗面奶洗一次就行，而且洗面奶要选择温和保湿的产品；有的人皮肤比较敏感，这个季节很容易出现过敏反应，如果用洗面奶等化学产品，就可能引发或加重过敏症状，所以每天用清水洗一次就行；而经常"满面油光"的混合性和干性皮肤的人，在这个时期油脂分泌也会减少，因此不用像夏天似的每天洗好几次脸，另外洗面产品也不用选择清洁效果太强的，不然也会使皮肤干燥。还有洗脸水温度的控制也很重要，温水是最好的选择。水太热不好，会导致油脂流失更多，皮肤会更干燥；水太凉也不行，对皮肤刺激性太强，会使皮肤变红。另外，洗好脸后，要及时涂抹适合的护肤品，以便更好地保护和滋润皮肤。总之，秋分洗脸不宜过勤，要注意皮肤的保温。

秋分运动养生：避免激烈运动，适宜慢跑和登山运动

1. 经常慢跑，避免激烈运动

秋分时节，人体的生理活动，伴随着气候由炎热变凉爽而渐渐进入了"收"的时段。所以，进行适当的运动来养生，才能不违背天时。适当的运动就是要避免过于剧烈的活动，慢跑应该说是较为理想的运动之一。

慢跑历来是任何药物都无法替代的健身运动，坚持轻松的慢跑运动，能增强呼吸系统的功能，使肺活量增加，提高人体通气和换气的能力。秋分时空气清新，慢跑时吸入的氧气可比静坐时多出8～12倍。长期练慢跑的人，最大吸氧量不仅明显高于不锻炼的同龄人，还能高于参加一般锻炼的同龄人。

慢跑时间要根据自己的身体状况而定，一般来说，秋分时节天气微凉，慢跑时间不要太长，以每天30～40分钟为宜，当全身感到有微微的出汗时就停止，以防感冒慢跑的步伐要轻快，双臂自然的摆动，全身肌肉要放松，呼吸要深、长、细缓而有节奏，最好用腹部做深呼吸活动，这样也间接地活动了腹部。要想慢跑见效，贵在坚持。但是，慢跑健身讲究宁静自然、身动心静，因此慢跑时要带着乐观的心情去跑，千万不能有任何的勉强。目的是为了应付任务似的强迫自己跑步，那样是收不到良好的运动效果的。

2. 秋分登山运动延年益寿

秋分时节风和日丽，是一年四季中外出旅游和进行户外健身活动的最佳时节。此时，进行登山活动，既不像夏天般酷热难当，也不像冬日般寒风凛冽，对身体健康极为有利。

首先，从运动健身的角度分析来看，登山是一种向上攀登考验耐力的行走运动，对全身的关节和肌肉有很好的锻炼作用，特别是对腰部和下肢肌肉群，尤具锻炼作用。在进行登山运动时，人体要比静息时多摄入8~20倍的氧气。充足的氧气对人的心脏和其他内脏器官都有好处：①能使肺通气量、肺活量增加；②能使血液循环增强，特别是能增加脑的血流量；③有较好的降低血脂和减肥作用。因此，秋分时节登山运动适于防治高血脂症、神经衰弱、消化不良、慢性腰腿疼和动脉硬化等疾病。而且由于全身的肌肉和骨骼在登山时都能得到锻炼，因此，经常登山的人一般情况下不容易患上骨质疏松症。

其次，从气象角度来看，一来秋分时山上的绿色植物还很茂密，能吸尘，净化空气，所以山顶的空气要比山下的空气好，尤其比我们居住的房屋和办公室内的空气新鲜得多。二是秋分时山顶空气中的负离子含量更高。可别小瞧负离子，它是人类生命中不可缺少的物质。三是山顶的气压比山脚下要低，气温随着地形高度的上升而递减的特性，对人的生理功能起着积极促进作用，如能使人体在登山的过程中，感受到温度的频繁变化，让人体的体温调节系统不断处于紧张的工作状态，从而可以大大提高人体对环境变化的适应能力。

进行户外登山运动时，应选择天气晴好的日子，气温不是太低，没有云雾影响视线，风速小于3米／秒。登山前要喝一些温开水，尽量少穿一些衣服，出汗后不能脱去衣服，以免山顶风大而着凉。不妨随身带一件厚一点的衣服，在山顶休息、饮食时穿上。

秋分时节，常见病食疗防治

1. 便秘食用香蕉粥食疗防治

秋分时节，天气多变，再加上空气十分干燥，往往容易使人机体燥热内结、气虚无力或阴虚血少，这些将会导致便秘。便秘最为典型的症状是排便次数明显减少，有的患者2～3天大便一次，更有甚者一周大便一次，并且排便没有规律，排便非常困难，粪便干结，给患者带来极大的痛苦。老年人、妇女和儿童比较容易患上此病。便秘患者应该多吃新鲜的蔬菜、水果，少吃辛辣刺激的食物。膳食纤维有促进肠胃蠕动、预防便秘的作用，因此要保证摄入足够的膳食纤维，饮食不要太过精细。假若便秘比较严重，那么可以考虑在饭后喝一杯酸奶，减轻患者的便秘痛苦。

香蕉粥具有养胃止渴、滑肠通便、润肺止咳之功效，适用于肠燥便秘、痔疮出血、习惯性便秘等症状。

香蕉粥

材料：成熟新鲜的香蕉2根，大米100克，冰糖10克。

制作：①香蕉去皮，切成丁；②大米淘洗干净，用清水浸泡半小时；③锅中倒入大米，放入适量水，大火烧开；④再用小火熬煮，粥将成时放入香蕉丁、冰糖，稍煮片刻即可食用。

便秘预防措施：

（1）平时保持良好的精神状态，避免紧张、焦虑不安等情绪产生。

（2）积极参加健身运动，锻炼身体，增强身体抵抗力、免疫力。

（3）养成定时排大便的好习惯，每天最少一次。

（4）早晨起床时空腹喝一杯温开水，建议其他时间也要勤喝水。

（5）平时用药要遵照医嘱，以免滥用药物发生便秘。

2. 食用香菇肉片防治咽炎

秋分时节天气干燥，人易上火，因此容易诱发咽炎。咽炎是指咽部黏膜以及黏膜下组织发生炎症。特别是中老年人患病概率较大，而且男性患者多于女性。根据发病时间和患病程度，临床上将咽炎分为急性和慢性两种。不过各种咽炎都具有以下几种相同情况：咽部时常会感觉不适、干燥、痒、灼热，并且有异物感、刺激感、微痛感等症状。萝卜、荸荠等食物不仅营养丰富，更有清润的作用，比较适合咽炎患者食用。咽炎患者要避免食用煎炒以及刺激性的食物，因为这些食物会给患者咽部带来更强烈的刺激。

香菇肉片具有健脾胃、益气血之功效，适合咽炎、体虚等患者食疗。

香菇肉片

材料：香菇300克，新鲜猪肉150克，盐、水淀粉、酱油、植物油等适量。

制作：①香菇洗干净，切成片；②猪肉洗干净切成片，加盐、水淀粉、酱油拌匀，腌入味；③炒锅放植物油烧热，下肉片炒变色后盛出；④锅内倒入油，烧热放入香菇、盐、酱油、清水炖煮片刻；⑤倒入刚才盛出的肉片翻炒至熟。

咽炎预防措施：

（1）切忌连续长时间说话，特别注意不要"扯嗓子"喊。

（2）多喝白开水，保持呼吸道的湿润，预防炎症发生。

（3）生活工作空间勤通风，保持能够呼吸到新鲜的空气。

（4）尽量少吸烟、喝酒，养成饭后嗽口、早晚刷牙的卫生习惯。

秋分耳熟能详谚语

1. 秋分无生田，不熟也得割

秋分时节，大部分农作物已经成熟，而且此时随着太阳直射位置的南移，地面所获得的热量逐渐减少，气温也不断下降，因此，广大农民必须抓住时机收割庄稼。若不及时收割，就会影响到以后的秋耕、秋种，给农业生产会造成不必要的麻烦。

2. 分后社，白米遍天下；社后分，白米像锦墩

秋分是秋天的一半，但是民间认为，中秋也是秋天的一半，由于按阳历和阴历的算法不同，秋分和中秋不一定在同一天。中秋固定在阴历的八月十五，每年的这一天，人们都会祭拜土地神，也就是传说中的秋社活动，因此中秋也叫"社日"。如果秋分先而中秋后，预兆着来年五谷丰登；如果中秋先而秋分后，则预兆着来年收成不好，所以人们才会说："分后社，白米遍天下；社后分，白米像锦墩。"秋分这天如果遇上刮风下雨，地里的庄稼就会受到侵害，导致减产。由于人们对月神、土地神的信仰，假如遇上"社后分"，人们自然而然会以为这是月神在惩罚他们，把他们的辛勤劳动成果化为乌有。

3. 秋分不露头，割了喂老牛

秋分时节南方的双季晚稻正抽穗扬花，是产量形成的关键时期，早来低温阴雨形成的"秋分寒"天气，是双晚开花结实的主要威胁，必须认真做好预报和防御工作，正所谓"秋分不露头，割了喂老牛"。

4. 秋风秋雨愁煞人

秋分时节，人们在精神养生方面，由于秋季气候渐转干燥，日照减少，气温渐降，情绪难免有些垂暮之感，因此有"秋风秋雨愁煞人"之说。秋分时节，建议保持神志安宁，清心寡欲，尽量减缓秋天草木凋零的气氛对人体的影响。

5. 秋分民间谚语荟萃

秋分北风，热到脱壳。

秋分北风多寒冷。

秋分不割，霜打风磨。

秋分不起葱，霜降必定空。

秋分出雾，三九前有雪。

秋分东风来年旱。

秋分放大田。

秋分谷子割不得，寒露谷子养不得。

秋分刮北风，腊月雨水多。

秋分过后必有风。

秋分见麦苗，寒露麦针倒。

秋分节日后，青蛙仍在叫，秋末还有大雨到。

秋分冷得怪，三伏天气坏。

秋分冷雨来春早。

秋分梨子甜。

秋分露重，冬季多霜。

秋分麦粒圆溜溜，寒露麦粒一道沟。

秋分前后没生田。

秋分前后偏北风多，主霜早。

秋分前后有风霜。

秋分前十天不早，秋分后十天不晚。

秋分秋分，雨水纷纷。

秋分日晴，万物不生。

秋分牲口忙，运耕耙耢耩。

秋分四忙，割打晒藏。

秋分天晴必久旱。

秋分天气白云多，处处欢歌好晚禾。

秋分天晴必久旱。

秋分无生田，处暑动刀镰。

秋分无雨春分补。

秋分西北风，冬天多雨雪。

秋分西北风，来年早春多阴雨。

秋分西北风，下年多雨。

秋分夜冷天气旱。

秋分已来临，种麦要抓紧。

秋分以后雪连天。

秋分有雨，寒露有冷。

秋分有雨寒露凉。

秋分有雨来年丰。

秋分有雨天不干。

秋分雨多雷电闪，今冬雪雨不会多。

秋分早，霜降迟，寒露种麦正应时。

秋分只怕雷电闪，多来米价贵如何。

秋分种高山，寒露种平川，迎霜种的夹河滩。

秋分种麦，前十天不早，后十天不迟。

秋分种山岭，寒露种平川。

热至秋分，冷至春分。

淤土秋分前十天不早，沙土秋分后十天不晚。

淤种秋分，沙种寒露。

第五章

寒露：寒露菊芳，缕缕冷香

　　寒露时节是中国南北大地上景观差异最大、色彩最为绚丽的时间；寒露来临之时，也是枫叶飘红菊花飘香的时节到来了；寒露菊芳，清秋多了一缕缕冷香。

寒露气象和农事特点：昼暖夜凉，农田秋收、灌溉、播种忙

1. 寒露时节，昼暖夜凉、晴空万里

　　寒露是二十四节气中第十七个节气，在每年10月8日或9日，太阳黄经为195°是寒露。《月令七十二候集解》说："九月节，露气寒冷，将凝结也。"寒露表示气温比白露时更低，地面的露水更凉，快要凝结成霜了。白露后，天气转凉，开始出现露水，到了寒露，则露水增多，并且气温将更低了。寒露以后，北方地区冷空气已经具有一定势力，我国大部分地区在冷高压控制之下，雨季基本结束。天气常常是昼暖夜凉，晴空万里，对秋季农作物收获十分有利。大部分地区的雷暴也已经消失，只有云南、四川和贵州局部地区尚可听到雷声。华北10月份降水量一般只有9月降水量的一半或者更少，西北地区则只有几毫米到20多毫米。干旱少雨往往给冬小麦的适时播种带来一些困难，这些不利因素成为旱地小麦争取高产的主要瓶颈。

2. 寒露时节农田秋收、灌溉、播种忙

　　寒露时节，要趁天晴有利时机抓紧采收棉花。这个时节，江淮及江南的单季晚稻也即将成熟，双季晚稻正是灌浆的时候，要注意间歇及时灌溉，保持田间湿润。南方稻区还要注意防御"寒露风"的危害。华北地区要抓紧播种小麦，这时，若遇干旱少雨的天气应设法造墒抢墒播种，保证在霜降前后播完，切不可被动等雨导致早茬种晚麦。寒露前后是长江流域油菜的适宜播种期，品种安排上应先播甘兰型品种，后播白菜型品种。淮河以南的播种要抓紧扫尾，已出苗的要清沟沥水，防止涝渍。华北平原的甘薯薯块膨大逐渐停止，这时清晨的气温在10℃以下或更低的概率逐渐增大，应根据天气情况抓紧时间采收，争取在早霜前采收结束，否则会在地里经受低温时间过长，因受冻而导致薯块"硬心"，将会大大降低食用、饲用和工业利用价值，甚至将不能贮藏或作种子利用。

寒露农历节日：重阳节——佩茱萸，饮菊花酒

农历九月九日俗称重阳节，为中国的传统节日，又称"老人节"。由于《易经》中把"六"定为阴数，把"九"定为阳数，九月九日，日月并阳，两九相重，故而称作重阳，也叫重九。民间在该日有登高的风俗，因此重阳节又称"登高节"。还有重九节、菊花节等说法。重阳节早在战国时期就已经形成，到了唐代，重阳节被正式定为民间的节日，此后历朝历代沿袭至今。由于农历九月初九"九九"谐音是"久久"，有长久之意，因此常在此日祭祖与推行敬老活动。重阳又称"踏秋"与农历三月三日"踏春"皆是家族倾室而出，重阳这天所有亲人都要一起登高"避灾"，佩茱萸、赏菊花、饮菊花酒。自魏晋起，人们逐渐重视过重阳节，重阳节也成为历代文人墨客吟咏最多的传统节日之一。

（1）重阳节的来源一

重阳节的源头，可以追溯到古老的先秦之前。《吕氏春秋》之中《季秋纪》记载："（九月）命家宰，农事备收，举五种之要。藏帝籍之收于神仓，祗敬必饬。""是日也，大飨帝，尝牺牲，告备于天子。"由此可见当时已有在秋九月农作物丰收之时祭飨天帝、祭祖的活动。

到了汉代，《西京杂记》中记载西汉时的宫人贾佩兰称："九月九日，佩茱萸，食蓬饵，饮菊花酒，云令人长寿。"相传自这个时期起，有了重阳节求寿之风俗。这是受古代巫师（后为道士）追求长生，采集药物服用的影响。同时还有大型饮宴活动，是由先秦时庆丰收之宴饮发展而来的。《荆楚岁时记》记载："九月九日，四民并籍野饮宴。"隋杜公瞻注云："九月九日宴会，未知起于何代，然自驻至宋未改。"求长寿及饮宴，构成了重阳节的根本基础。诗词《与杨府山涂村众老人宴会代祝词》："重九江村午宴开，奉觞祝寿菊花醅。明年更比今年健，共把青春倒挽回。"较为翔实地叙述了老人节宴会、饮菊花酒、祝健等活动场景。

（2）重阳节的来源二

重阳节的原型之一是古时候的祭祀大火的仪式。作为古代季节星宿标志的"大火"，在季秋九月隐退，《夏小正》中记载"九月内火"，大火星的退隐，不仅使一向以大火星为季节生产与季节生活标识的古人失去了时间的参考，同时也使将大火奉若神明的古人产生莫名其妙的恐惧感，火神的休眠意味着寒冬的即将到来，因此，在"内火"时节，一如其出现时要有迎火仪式那样，人们要举行相应的送行祭仪。古代的祭仪情形虽渺茫难晓，但我们还是可以从后世的重阳节仪中寻找到一些古俗遗痕。如江南部分地区有重阳祭灶的习俗，是家居的火神，由此推断古代九月祭祀"大火"的蛛丝马迹。古人长将重阳与上巳或寒食、九月九与三月三作为对应的春秋大节。汉刘歆《西京杂记》中记载："三月上巳，九月重阳，使女游戏，就此祓禊登高。"上巳、寒食与重阳的对应，是以"大火"出没为可靠的依据。

随着人们生存技术的不断地进步，人们对时间有了新的认识，"火历"让位于一般历法。九月祭火的仪式衰亡，但人们对九月因阳气的衰减而引起的自然物候变化仍然有着特殊的感受，因此登高避忌的古俗依旧传承，虽然人们已经有了新的发现。重阳在民众生活中成为夏冬交接的时间界标。如果说上巳、寒食是人们渡过漫长冬季后出室畅游的春节，那么重阳大约是在秋寒新至、人民即将隐居时的具有仪式意义的秋游，所以民俗有上巳"踏青"，重阳"辞青"。重阳节民俗就围绕着人们的这一时节感受不断展开。

重阳节的形成、发展、延伸已有两千多年的历史。"重阳节"名称见于记载却在三国时代。据曹丕《九日与钟繇书》中记载："岁往月来，忽复九月九日。九为阳数，而日月并应，俗嘉其名，以为宜于长久，故以享宴高会。"

到了魏晋时期有了赏菊、饮酒的习俗活动。

唐朝时期，重阳节被定为正式节日。从此宫廷、民间一起庆祝重阳节，并且在节日期间组织举行各种各样的娱乐活动。

随后到了明代，九月重阳节，皇宫上下都要一起吃花糕庆祝，皇帝要亲自到万岁山登高望

远，以畅秋志。到了清代，这种风俗活动依旧盛行。

1. 重阳节的传说

传说在东汉时期，汝河有一个瘟魔，只要它一出现，家家就有人病倒，天天有人丧命，当地的老百姓受尽了瘟魔的蹂躏。一场瘟疫夺走了桓景的父亲和母亲，桓景也因瘟疫差点儿丧了命。在乡亲们的热心照料下，他幸运地存活下来。病愈之后，他决心出去访仙学艺，发誓一定要为民除掉瘟魔，他辞别了父老乡亲们。

桓景四处访师寻道，访遍了东西南北的名山高士，终于打听到在东方有一座古老的山，山上有一个法力无边的仙长。桓景不畏艰险和路途的遥远，在仙鹤指引下，终于找到了那座高山，找到了那个有着神奇法力的仙长。仙长为他的精神所感动，终于收留了桓景，并且教给他降妖剑术，还赠他一把降妖宝剑。桓景废寝忘食地勤学苦练，终于练就了一身非凡的武功。

有一天仙长把桓景叫到跟前说："明天是农历九月初九，瘟魔又要出来作恶，你武艺已经学成，应该回家乡为民除害了。"仙长送给他一包茱萸叶，一盅菊花酒，并且密授辟邪用法，让他骑着仙鹤飞回家乡。

桓景一眨眼便飞回到家乡。在九月初九日的早晨，桓景按照仙长的叮嘱把乡亲们领到了附近一座山上，发给每人一片茱萸叶，并且每人喝了一小口菊花酒，做好了降魔的准备。午时三刻，随着几声怪叫，瘟魔冲出汝河，刚扑到山下，突然闻到阵阵茱萸奇香和菊花酒气，便戛然止步，脸色突变。这时桓景手持降妖宝剑骑着仙鹤追下山去，几个回合就把瘟魔刺死了，仙鹤看到桓景战胜了瘟魔，便辞别了桓景飞回去。从此以后，民间农历九月初九登高避瘟疫的风俗年复一年地流传下去。

2. 插茱萸：驱虫去湿

古代还风行在农历九月九日插茱萸的习俗，因此九月九日重阳节又叫茱萸节。茱萸入药，可制酒养生祛病。茱萸香味浓，有驱虫去湿、逐风邪的作用，并能消积食，治寒热。

晋朝周处《风土记》中记载："以重阳相会，登山饮菊花酒，谓之登高会。"由于登高望远时有插茱萸、佩茱萸囊的习俗，因此登高会又称作"茱萸会"或"茱萸节"。

到了唐朝，茱萸按照唐代民俗，可以将茱萸作为重阳的节日礼物送给亲朋好友，如孟浩然的《九日得新序》一诗中所写的，就有两句"茱萸可佩，折取寄情亲"的叙述。王维的《九月九日忆山东兄弟》记载了重阳登高、插茱萸两种风俗习惯。张说的《湘州九日城北亭子》一诗也提到："西楚茱萸节，南淮戏马台。"

插茱萸、佩茱萸的意义普遍解释是辟恶气、御初寒。《风土记》中记载："九月九日律中无射而数九。俗以此日茱萸气烈成熟，尚此日折茱萸以插头，言辟恶气而御初寒。"唐朝郭震的《秋歌》卷二也描写："辟恶茱萸囊，延年菊花酒。"

总之，人们在重阳插茱萸，或佩带于臂，或作香袋把茱萸佩带在贴身衣服上，还有插在头上的。佩带茱萸大多是妇女、儿童，有些地方，甚至男子也佩带茱萸。

3. 饮菊花酒——祛病延年

重阳节饮菊花酒，菊花酒就是用菊花作为原料酿制而成的美酒。《西京杂记》中记载：每年菊花盛开的时候，采集菊花的茎叶，杂以黍米酿成，至来年九月九日始熟。由于饮用菊花酒对身体可以达到延年益寿的功效，因此汉代达官显贵们常饮菊花佳酿。为此，沈佺期的《九日临渭亭侍宴应制得长字》一诗中写道："魏文颂菊蕊，汉武赐萸囊。……年年重九庆，日月奉天长。"

酿菊花酒，早在汉魏时期就已经盛行。民俗有在菊花盛开时，将之茎叶并采，和谷物一起酿酒，藏至第二年重阳饮用。菊花酒清凉甘美，是强身益寿佳品。从医学角度看，菊花酒具有明目、补肝气、安肠胃、利血、轻身、治头昏、降血压，有减肥之功效。陶渊明的诗云"往燕无遗影，来雁有余声，酒能祛百病，菊解制颓龄"，便是称赞菊花酒的祛病延年功效。

4. 登高望远

每年到了农历九月九日重阳节，民间有一个普遍习俗就是老百姓在这一天里外出登高望远。登高望远的来源有以下两种说法：

（1）来源一。古代人们崇拜山神，以为山神能够使人免除灾害。因此人们在"阳极必变"的重阳日子里，要前往山上登高望远游玩，以避灾祸。或许最初还要祭拜山神以求吉祥，后来才逐渐转化成为一种娱乐活动了。古人认为"九为老阳，阳极必变"，九月九日，月、日均为老阳之数，不吉利。故而衍化出一系列重阳节登高望远避不祥、求长寿的习俗活动。

（2）来源二。重阳时节，五谷丰登，农忙秋收已经结束，农事相对比较轻闲。这时山野里的野果、药材之类又正是成熟的季节，农民纷纷上山采集野果、药材和植物原料。这种上山采集活动，人们把它叫作"小秋收"。登高望远的风俗最初可能就是从此演变而来的，至于集中到重阳这一天则是后来的事，那是后来逐渐演变而来。就像春天宜于植树，人们就定了个植树节的原理一样。此外重阳节期间天气晴朗，气温凉爽，比较适宜于登高望远。

延续到后来，宫廷皇室也常举办重阳节登高望远活动。顾禄《清嘉录》中记载了唐代以前的宫廷登高时情况："孟嘉从桓温游龙山，亦九日登高之举，后遂相承为故事。《南齐书·礼志》，宋武帝在鼓城时，九日，上项羽戏马台登高。《齐武帝本纪》，九日，孙陵风商飙馆登高宴群臣。《全唐诗话》，唐中宗临渭水登高。"《唐诗纪事》中记载，"景龙三年（公元709年）九月九日，唐中宗李显临幸渭亭登高，令臣下赋同题四韵五言诗一首，先成者赏，后成者罚"。魏晋隋唐时期，每逢重阳节，在民间不但普通百姓热衷于登高望远活动，就连文人墨客也情绪高涨、乐此不疲加入此项习俗活动，因此，重阳节登高望远这个习俗渐渐成为一项综合性的民间娱乐活动。

5. 赏菊：各种菊花荟萃

九九重阳节里，各种各样的菊花盛开，观赏菊花就成了节日的一项重要内容。传说赏菊习俗起源于晋代大诗人陶渊明。陶渊明不为五斗米折腰回归田园后，以隐居、赋诗、饮酒、爱菊出名；后人效仿他，于是就有重阳赏菊的风俗。古代文人士大夫，还将赏菊与宴饮结合起来，希望自己和陶渊明的风格更加接近。随后，北宋京师开封重阳赏菊之风日益盛行。

《梦粱录》中记载，宋代每年重阳节都要"以菊花、茱萸，浮于酒饮之"。还给菊花、茱萸起了两个雅致的别号，称菊花为"延寿客"，称茱萸为"辟邪翁"，"故假此两物服之，以消阳九之厄"。依照每年的惯例，皇宫中与达官显贵都要在重阳节观赏菊花；即使普通的士庶平民也要购买一两株菊花玩赏自娱。当时市场上出售的名优品种菊花达到七八十种之多。这些菊花，不但花朵硕大而艳丽，而且香味馨郁耐久。如有白黄色蕊，状如莲花的是"万龄菊"；粉红色的是"桃花菊"；白而檀心的是"木香菊"；纯白且大的是"喜客菊"，诸如此类，花色名目繁多，令人眼花缭乱。

九月九日重阳节就仿佛是一次各色、各类、各种菊花荟萃的盛大花会。《乾淳岁时记》的记载："每年九月八日宫中就开始做重九，届时在庆瑞殿分列菊花万株，名花珍品，五彩缤纷，灿烂眩目。并且还要点燃菊灯，其盛况决不亚于元宵庆典。同时举办赏花赏灯之宴，席间丝竹悠扬，乐鼓并作，大庆重阳节。"

6. 吃重阳糕：步步高升、祛病健身

九月九重阳节的代表性食品是重阳糕，作为节日食品，最早是庆祝秋粮丰收、喜尝新粮的用意，之后民间才有了重阳节吃重阳糕习俗，古人坚信"百事皆高"的说法，又由于"高"和"糕"谐音，取步步登高的吉祥之意。宋代时对重阳糕的制作十分讲究。《梦粱录》中记载："此糕是以糖面蒸糕，上以猪羊肉鸭子为丝簇订，插小彩旗，故名曰'重阳糕'。"还有一种，"蜜煎局以五色米粉�成狮蛮，以小彩旗簇之，下以熟栗子肉杵为细末，入麝香糖蜜和之，捏为饼糕小段，或如五色弹儿，皆人韵果糖霜，名之曰'狮蛮栗糕'。"《乾淳岁时记》中记载，"以苏子微渍梅卤，杂和蔗霜、梨、橙、玉榴小颗，名曰'春兰秋菊'"。由此可见，重阳糕是一种极为特殊的重阳食品，不但食糕制作考究精美，而且命名奇特。民间传说在重阳节吃了重阳糕，不仅可以步步高升，而且还可以祛病健身。

寒露民俗：爬香山赏红叶，吃芝麻延缓衰老

1. 观红叶——北京传统习惯

寒露时节，秋风飒飒，黄栌叶红。寒露节气的连续降温催红了京城的枫叶。金秋的香山层林尽染，漫山红叶如霞似锦、如诗如画。爬香山观看红叶，这个习俗活动很早已成为北京市民的传统习惯与秋游的重头戏。

红叶，学名黄栌，是观赏树木，主要观看树叶，为历代文人墨客所青睐，最早有关记载见于司马相如《上林赋》。事实上，人们在观赏红叶的时候，不仅仅是黄栌，还有乌桕、丹枫、火炬、红叶李等树种。漫步在通幽曲径上环顾周围，便会自然看到一簇簇、一片片色彩斑斓的红叶美景。满山遍野的红叶是秋天最为壮观的自然景观。

寒露时节，最适合观看红叶的地方是黄河以北地区。我国幅员辽阔，跨越纬度范围比较大，各地观看景点的红叶呈现时间是不同的，有的红叶景点已是红叶铺满小路，处处层林尽染；有的景点还是碧绿无穷尽；有的景点已经过了红叶的最佳观赏时机，渐渐步入了秋风扫落叶的阵营。

2. 吃芝麻——延缓衰老

寒露时节，气温由凉爽转为寒冷。这个时节养生应养阴防燥、润肺益胃。民间有"寒露吃芝麻"的习俗。在北方地区，与芝麻有关的食品都成了寒露前后的抢手货，例如芝麻酥、芝麻绿豆糕、芝麻烧饼等时令小食品。

芝麻，具有健脾胃、利小便、和五脏、助消化、化积滞、降血压、顺气和中、平喘止咳、抗衰老之功效，还可以治疗神经衰弱。常见芝麻食疗方法有以下几种：①芝麻、早稻米各半，加入紫河车，研成细末，做成蜜丸，早晚服用，可以治疗阳痿、腰酸腿软等症状；②黑芝麻、枸杞子、何首乌、杭菊花，用水煎服，可以治疗肾虚眩晕、头发早白；③黑芝麻炒焦研末，用猪蹄汤冲服，可以治产后乳少；④黑芝麻炒熟，加入等量核桃肉，研末，早晚各服两汤匙，用蜜糖水送服，可以治疗头晕眼花、大便燥结等。芝麻广泛应用于常见病的食疗防治。

芝麻一般分为白芝麻和黑芝麻两种类型。白芝麻主要是食用，黑芝麻主要是药用。白芝麻通常称为"芝麻"，而黑芝麻的"黑"字一般是不能省略的，黑芝麻又称作胡麻、胡麻仁。在中医处方中，常见的胡麻仁就是黑芝麻。黑芝麻不仅有保养黑发效果，而且还有护肤美容的作用，常吃黑芝麻，能够使干燥、粗糙的皮肤变得柔嫩、细致和光滑，从而延缓衰老。

寒露民间宜忌：忌刮风和霜冻，注意身体保暖

1. 寒露忌刮风和霜冻

寒露时节，对于农作物来说，寒露最忌刮风。寒露刮风，地里的庄稼会遭殃。寒露刮风根据其天气特点可分为以下两种类型。

一种是干冷型寒露风，以晴冷干燥为特点，日平均气温比较低，白天日照较多，太阳辐射较强，气温高，而夜间气温低，受冷空气南下影响，相对湿度小。由于低温干燥，影响晚稻正常抽穗、扬花、灌浆，形成空壳粒，降低结实率，甚至出现"包颈穗"等现象，稻谷产量将会大幅度下降。

另一种是湿冷型寒露风，以低温阴雨、少日照为特点，连日的低温阴雨和光照不足，使得晚稻生长受阻，颖壳闭合，花药不能开裂，无法授粉，对晚稻的光合作用产生不利影响，影响晚稻抽穗、开花、灌浆，形成空秕粒。民间有谚语云："禾怕寒露风，人怕老来穷。"形象指出寒露风的较大危害。有的地区寒露时忌霜冻，"寒露有霜，晚谷受伤"，即下霜会冻伤晚秋即将收割的稻谷。

总之，寒露时节刮风和霜冻都会造成稻谷减产。因此，寒露时节，要做好刮风和霜冻的防御

措施。

2. 白露身不露，寒露脚不露

白露、寒露时节，民间常说："白露身不露，寒露脚不露。"这是在提醒人们白露、寒露时节，天气变凉了，要注意穿衣了，不要像夏天那样随意穿衣了，否则将会患病的。民间谚语用穿衣和穿鞋来表达气温的变化，形象、具体、带有淡淡的关爱温情。"寒露脚不露"是一门养生保健知识。寒从足底生，人的两脚离心脏最远，因而血液供应较弱，而人的脚部位，脂肪层薄，保温性差，一旦受凉，就会引起毛细血管收缩，从而纤毛运动减弱，人体抵抗力就会下降。因此，寒露时节足部保暖也格外重要。

寒露饮食养生：既要进补，也要排毒

1. 寒露须进补，更要排毒

寒露时节，天气越来越冷，为了增强抵抗力，很多人开始进补，这样体内将会加快新陈代谢。毒素如果不能及时排出体外，就会严重影响身体健康。所以寒露不仅要进补好，而且更要排好毒。

寒露时节宜食养生汤水以润肺生津、健脾益胃，如红萝卜无花果煲生鱼、太子参麦冬雪梨煲猪瘦肉、淮山北芪煲猪横脷等。宜多选甘寒滋润之品如选用西洋参、燕窝、蛤士蟆油、沙参、麦冬、石斛、玉竹等。其中西洋参味苦，微甘，性凉，入心、肺、肾经，有补气养阴、清虚火、生津液的作用，适用于气阴不足、津少口渴、肺虚咳嗽、虚热烦躁等症；燕窝味甘，性平，入肺、胃、肾经，有益虚补损、滋阴润燥、化痰止嗽之功，常用于肺肾不足引起的咳嗽气急等症；哈士蟆油味甘、咸，性平，入肺、肾经，有填精益阴润肺的作用，适用于体虚羸弱、肺痨咯血、燥咳日久等症；石斛（枫斗）味甘、性微寒，入肺、胃、肾经，具有滋阴润肺，益胃补肾，健脑明目，降火良药，并具生津止渴、补五脏虚劳、清肺止咳、预防感冒之功效，这些都是适合寒露时节进补的精品。

在进补的同时，我们也要选择合适的排毒食品来帮助排出毒素，以促进正常的新陈代谢运行。以下几种常见食物都是不错的选择：

（1）新鲜果蔬汁。新鲜果蔬汁中富含膳食纤维、维生素等营养素，对排出体内毒素有着非常重要的作用。

（2）猪血。猪血是一种常见的排毒食品，其中含有丰富的血浆蛋白，在人体胃酸和消化液中多种酶的作用下会分解出一种解毒、润肠作用的物质，还能把肠胃中的粉尘、有害金属微粒等物质结合成人体不能吸收的废物，通过大肠排到体外。

（3）菌类食物。菌类富含的硒元素可以帮助人体清洁血液，清除废物，长期食用可以起到很好的润肠、排毒、降血压、降胆固醇、防血管硬化以及提高机体免疫力的效果，同时菌类食物也是较好的抗癌食品。

2. 寒露时节喝凉茶会加重"秋燥"症状

寒露时节，由于昼夜气温变化较大，往往容易出现口舌干燥、牙龈肿痛等症状。人们就会自然而然采取饮用凉茶以达到降火的目的。凉茶降火的功效在于它的配方中含有多种中草药，如金银花、菊花、桑叶、淡竹叶等。从这一点我们能看出来，凉茶和普通茶饮料有很大区别，它实际上是一种中药复方汤剂。夏天喝些凉茶，会有很好的败火清热、滋阴补阳的作用，不过到了秋天，喝凉茶却可能会损伤人体内的阳气，而且阴液的滞腻会导致脾、胃等器官功能失调，使人体质变虚弱。这是因为和夏天不同，秋天人们上火主要是因为气阴两虚或气不化阴，而喝凉茶则会加重"秋燥"的症状，耗气伤阴。由此看来，凉茶并非什么时节都有利于清热降火，特别是寒露时节，更要慎重饮用。建议寒露时节，冲泡饮用枸杞子、麦冬等有滋阴清热功效的中草药。

3. 强身健脑、丰肌泽肤可吃些鹌鹑蛋

鹌鹑蛋具有补血益气、强身健脑、丰肌泽肤等功效。另外还有润肤抗燥的作用，适合"凉燥"肆虐的寒露时节食用。挑食以大小适中，而且花斑的颜色、形状都较均匀的为佳。煮鹌鹑蛋的时间一般不要超过5分钟为宜。

强身健脑、丰肌泽肤可以饮用银耳鹌鹑蛋汤。

银耳鹌鹑蛋汤

材料：熟的鹌鹑蛋100克，水发银耳、口蘑、西红柿各50克，葱花、盐、姜末以及味精等适量。

制作：①煮熟的鹌鹑蛋去壳；②水发银耳洗干净，撕成小朵；③口蘑去根，淘洗干净，切成块；④西红柿洗干净，切成块；⑤锅中加入清水烧开，放入银耳、口蘑、西红柿、鹌鹑蛋，煮10分钟左右；⑥撒入姜末、盐、味精搅匀，出锅前撒入葱花。

4. 润肺、清理胃肠可食用木耳

木耳是一种排毒效果非常好的食品，它所含的胶质有很强的吸附力，能够将人体消化系统内的杂质吸附聚集，从而起到润肺和清理胃肠的功效。挑时以手抓时容易碎、颜色自然、正面黑而近似透明、反面发白并且似乎有一层绒毛附在上面的为上品。浸泡木耳时，向温水中适当加入两勺淀粉，稍加搓洗，就可去除褶皱中的各种杂质。

润肺、清理胃肠可以食用山药炒木耳。

山药炒木耳

材料：山药1根，木耳150克，枸杞子15颗，盐、鸡精、胡椒粉、蚝油、蒜片、葱花、花椒粒、干淀粉、植物油等适量。

制作：①山药去皮，切成滚刀块；②木耳撕成小片；③枸杞子泡软切碎；④山药加干淀粉拌匀；⑤炒锅放植物油烧热，放山药炸至金黄色捞出；⑥锅内留适量油烧热，放花椒粒炸香后取出，放蒜片、葱花爆香，放木耳、枸杞子、山药；⑦加入蚝油，撒入胡椒粉、盐、鸡精，炒匀即可食用。

禁忌：刚采摘的新鲜木耳不能食用，否则会发生中毒。

寒露起居养生：预防感冒哮喘，夜凉勿憋尿

1. 寒露以后要注意足部保暖

到了寒露时节，就不要再赤足穿凉鞋了，要给予足部保暖。传统中医学认为："病从寒起，寒从脚生。"由于足部是足三阳经脉以及肾脉的起点，这个部位受寒，寒邪就会侵入人体，对肝、肾、脾等脏器造成伤害。现代医学理论也证实了足部保暖对健康的重要性。足部仅有血管末梢，血流量少，循环差，脚的皮下脂肪又很薄，因此足部对寒冷比较敏感。并且，一旦足部受冷，还会迅速影响到鼻、咽、气管等上呼吸道黏膜的正常生理功能，将会大大减弱这些部位抵抗病原微生物的能力，进而导致致病菌活性增强，人体很容易患上各种疾病。

寒露以后，一方面要做好足部的保暖工作：①选择保暖效果好的鞋袜、透气的鞋垫；②要注意不要久坐久站，经常活动肢体，以促进血液循环；③不要把脚在冷水里浸泡，不要穿湿鞋袜，因为湿鞋袜会消耗掉足部大量热量；④每天临睡前，最好用热水泡泡脚。另一方面，要注意对足部进行一些耐寒锻炼。有人曾经做过实验，让一个缺乏耐寒锻炼的人，足部浸在14℃的凉水里，很快就会出现鼻黏膜充血、鼻塞、流鼻涕等现象，经过一段时间的锻炼以后，逐渐适应，不再产生以上反应，但是如果再让他把足部浸到更凉的水里，以上反应又会发生。这个实验说明了脚部受寒，却能引起呼吸道感染，同时也说明了足部能够通过耐寒锻炼来提高对温度变化的适应能力。因此，足部的保暖也不可过于娇气，应在人体的适应能力限度内。

2. 寒露时节要预防感冒哮喘

进入寒露时节，伴随着气温的逐渐变冷，空气比较干燥，流行性感冒进入高发期。科学研究发现，当环境气温低于15℃时，上呼吸道抗病能力将下降。因此，着凉是伤风感冒的重要诱因，这个时节要适时增添衣物，加强锻炼，增强体质。此时，感冒引起的哮喘会越来越严重，慢性扁桃腺炎患者易引起咽痛，痔疮患者也较前加重。据调查，老年慢性支气管炎病人感冒后大多数会导致急性发作。因此，应采取综合措施预防感冒：①积极改善居室环境，定时开窗通风换气，保持室内空气流通、新鲜，防止烟尘污染；②要科学调节饮食，少盐、多醋，不要吃过分辛辣、油腻食物；③合理用药防治。

3. 寒露时节，夜凉切勿憋尿

进入寒露节气，许多人为了防止晚上口干，睡觉前会饮用不少水。这样一来，夜尿的频率就会增加。深夜或者凌晨感觉到了尿意，由于嫌起床较冷，常常下意识地憋尿继续睡觉，这是非常不好的坏习惯。尿液中含有毒素，如果长时间储存在体内不能及时排出，就易诱发膀胱炎。高血压患者憋尿会使交感神经兴奋，导致血压升高、心跳加快、心肌耗氧量增加，引起脑出血或心肌梗死，严重的还会导致猝死。如果不习惯半夜起床到卫生间小便，不妨在卧室放个小桶以便排尿，也可以备用类似于医院一些行动不便的住院患者用的小便器。

寒露运动养生：倒走强身健体，注意安全

1. 寒露倒走健身，安全第一

寒露时节，正是阴阳交汇之时，因此运动健身的重点是保持机体各项机能的平衡。比起跑步，倒走健身则是一项非常好的锻炼机体平衡的运动。如果能够在寒露时节经常进行倒走健身，对于我们的身心健康将会大有裨益。

倒走健身是一种反序运动。平时我们都是正走，因此倒走对我们来说是一个全新的动作，运动时存在一定的难度和危险性，这样就会刺激大脑，使我们进行一个学习和练习新事物的过程。现代医学证实，倒走时，可以使一些我们平时很少活动的关节和肌肉得到充分的运动，例如腰脊肌、股四头肌以及踝膝关节旁边的肌肉、韧带等。这样一来，脊柱、肢体的运动功能就能得到调整，血液循环更顺畅，机体平衡能力也更强。而且倒走还有很好的防治腰酸腿痛、抽筋、肌肉萎缩、关节炎等疾病的功效。同时，如果能够长期坚持，人体的小脑对方向的判断力以及对人体机能的协调力都将得到很好的锻炼。

虽然倒走健身好处很多，但是弊端也是很突出的，主要是危险较大，盲目往后倒走，容易发生不可预测的事故。因此倒走健身因注意以下几个方面：

（1）倒走健身要选择行人较少，没有机动车和非机动车通过的活动场地，例如像公园的草坪等平坦、四周无障碍的地方。

（2）倒走健身最好结伴进行锻炼，互相有个安全提醒、照应。

（3）老年人每天倒走1～2次为宜，体质稍弱者要根据个人身体状况调整运动时间。

（4）倒走健身运动不适合结核病人。

倒走健身运动时，运动前可以先正向散步10分钟，做好准备活动。这样可以使全身放松，各个关节、肌肉以及韧带都活动舒展开，身体的各部分都进入倒走的最佳状态。年老体弱和刚刚开始练习倒走的人，可以用拇指朝后、四指朝前的姿势叉腰走，待熟练后，便可以摆臂走，摆臂方法随个人喜好，即可以甩手，又可以握拳屈肘。倒走健身属于有氧运动，为了达到预期的锻炼效果，倒走时要注意以下几点：

（1）倒走时要挺胸抬头、身体挺直、双眼平视前方；走的时候先迈左脚，左腿尽量后抬并迈出，身体重心随之后移，前脚掌先着地，左脚全脚着地后，把重心移到左脚，再换右脚，同样的标准要求，这样左右轮流迈步即可。

（2）倒走时要保证质的要求。在"质"上建议做到：倒走时要保证心率比正常时适当快一些。

（3）倒走时要保证量的要求。在"量"上建议做到：每次不少于20分钟，每周活动4~6次。

（4）进行倒走健身运动时要和正走健身运动相结合着交替进行，这样才能达到较好的锻炼效果。

2. 走跑健身要根据气温、运动量适当休息

进入寒露后天气渐渐地变凉，这个时节比较适合走跑健身运动。在走跑健身锻炼的同时，要注意以下几点：

（1）要注意气温的变化。寒露时节的气温忽热忽凉，因此，走跑锻炼前要根据自己的身体情况及当时的气温情况安排活动量和增减衣服，同时要预防运动创伤。

（2）寒露时节的运动量可以在平时跑步的基础上适当加大。增加走跑的时间、距离和速度时，切不可盲目过大、过快、过猛，以免超量而适得其反，得不偿失。

（3）寒露时节也容易疲乏、犯困。因为夏天炎热吃不好，睡不好，所以到了这个节气，人反而感到疲乏想睡觉，走跑后要注意适当休息。

寒露时节，常见病食疗防治

1. 多吃生津增液食物防治哮喘

哮喘是一种常见的呼吸道疾病。引起哮喘发作的过敏原很多，有花粉、尘埃、冷空气等。发作前，多有咳嗽、胸闷或喷嚏不断等症状，如果治疗不及时，很快有可能就会出现气急、哮鸣、咳嗽、呼吸困难、多痰等症状，严重时还会出现口唇、指甲发紫的可怕现象。寒露时节，冷空气活动较为频繁，每次冷空气过后，都伴随着气温、气压、降水、空气湿度的明显变化。因此，在寒露时节要注意哮喘病的发作。

寒露时节，哮喘病患者应适当吃些生津增液的食物，如梨、藕、萝卜、蜂蜜等，另外瘦肉、蛋类、豆类等蛋白质含量丰富的食物和豆腐、芝麻酱等钙元素含量高的食物，也有一定的预防效果。哮喘病患者可以食用百合啤梨白藕汤食疗，百合啤梨白藕汤具有平喘止咳、除热利湿之功效。

百合啤梨白藕汤

材料：莲藕、鲜百合各100克，梨1个，啤酒300毫升，盐适量。

制作：①将鲜百合洗净，掰成小片。②莲藕洗净，切块，焯水，沥干。③梨洗净，去皮、核，切块。④砂锅中放入适量清水，加啤酒、梨、莲藕，小火煲2小时，加鲜百合，煮10分钟左右，撒入盐调味。

哮喘病预防措施：

（1）生活作息要有规律，养成良好的生活习惯，不要过度操劳，也不要过于激动。

（2）根据天气的变化随时增减衣服，睡觉时也要注意被子的薄厚，不要受寒。

（3）有过敏体质的人要尽量避开灰尘、花粉、霉菌、螨虫等过敏源，实在无法避免可以戴上口罩，尽量不去人多的地方，远离宠物等，以防引发哮喘。

（4）改善家居环境。平时应当多开窗通风，家居用品尽量少选择一些羊毛制品，同时，患者的内衣物还可以用开水烫洗，以减少尘螨的存在。

（5）调整饮食结构，多参加体育锻炼。一是平时要养成不挑食、平衡饮食的好习惯；应多吃润燥食品，如梨、荸荠、柚、甘蔗等，对过敏性哮喘有预防作用；还要注意不要多吃大闸蟹等高蛋白食物。二是加强体育锻炼，增强体质。

2. 饮用山药甘蔗汁食疗防治慢性支气管炎

寒露时节，天气逐渐由凉转冷。这个时节，许多慢性支气管炎患者病情也就开始复发或加重了。慢性支气管炎多由急性支气管炎未能及时治疗转变而成，临床以咳嗽、咯痰、喘息为主要症状。慢性支气管炎可以饮用山药甘蔗汁来防治。

（1）山药甘蔗汁具有补脾益气、润肺生津之功效，适用于老年慢性支气管炎、咳嗽痰喘症状。

山药甘蔗汁

材料：山药适量，甘蔗汁250毫升。

制作：将山药洗干净，去皮，切碎捣烂，加入甘蔗汁，和匀，炖热服食。

用法：每日2次。

（2）罗汉果茶具有清热凉血、润肺化痰之功效，适用于慢性支气管炎咳嗽痰多症状。

罗汉果茶

材料：罗汉果20克。

制作：罗汉果用开水冲泡，代茶饮用。

用法：每日2次。

（3）双仁粥具有健脾利湿、化痰之功效；适用于慢性支气管炎症状。

双仁粥

材料：冬瓜子仁24克，薏苡仁18克，粳米100克。

制作：按常规方法煮粥食用即可。

用法：每日1次。

寒露耳熟能详谚语

1. 白露身不露，寒露脚不露

人们常说的"白露身不露，寒露脚不露"是一则保健知识谚语，它提醒大家：白露节气一过，穿衣服就不能再赤膊露体；寒露节气一过，应注重足部保暖。因"白露"之后气候冷暖多变，特别是一早一晚，更添几分凉意。如果这时再赤膊露体，就容易受凉，以致诱发伤风感冒或导致旧病复发。体质虚弱、患有胃病或慢性肺部疾患的人更要做到早晚添衣，睡觉莫贪凉。"寒露脚不露"指出寒露之后，要特别注重脚部的保暖，切勿赤脚，以防"寒从足生"。由于人的双脚离心脏最远，因此血液供应较弱，而人脚脂肪层又薄，保温性也差，一旦受凉，就会引起毛细血管收缩，从而使纤毛运动减弱，造成人体免疫力和抵抗力下降。因此在深秋季节和寒冷的冬季，需要采取一定的御寒措施，以预防寒气入侵。

2. 寒露不摘棉，霜打莫怨天

寒露时节，应趁天晴抓紧采收棉花，如遇降温早的年份，还可以趁气温不算太低时把棉花收回来。江淮及江南的单季晚稻此时即将成熟，双季晚稻也正在灌浆，此时要注意间歇灌溉，保持田间湿润。

3. 寒露民间谚语荟萃

八月寒露抢着种，九月寒露想着种。

吃了寒露饭，单衣汉少见。

豆子寒露动镰钩，骑着霜降收芋头。

豆子寒露使镰钩，地瓜待到霜降收。

过了寒露节，黄土硬似铁。

寒露百草枯，霜降见麦茬。

寒露北风小雪霜。

寒露不出头，晚稻喂黄牛。

寒露不勾头，割草喂老牛。

寒露不刨葱，必定心里空。

寒露不摘烟，霜打甭怨天。

寒露蚕豆霜降麦，种了小麦种大麦。

寒露到，割晚稻；霜降到，割糯稻。

寒露到立冬，翻土冻死虫。

寒露到霜降，种麦就慌张。

寒露到霜降，种麦日夜忙。

寒露风，霜降雨。

寒露降了霜，一冬暖洋洋。

寒露节到天气凉，相同鱼种要并塘。

寒露前，六七天，催熟剂，快喷棉。

寒露前后看早麦。

寒露前头播油菜，霜降前头种萝卜。

寒露三日无青豆。

寒露时节人人忙，种麦、摘花、打豆场。

寒露柿红皮，摘下去赶集。

寒露柿子红了皮。

寒露收豆，花生收在秋分后。

寒露收谷忙，细打又细扬。

寒露收山楂，霜降刨地瓜。

寒露霜降，赶快抛上。

寒露霜降，日落就暗。

寒露霜降麦归土。

寒露无青稻，霜降一齐倒。

寒露下葡萄，白露打核桃。

寒露畜不闲，昼夜加班赶，抓紧种小麦，再晚大减产。

寒露油菜霜降麦。

寒露有霜，晚谷受伤。

喝了寒露水，蚊子挺了腿。

粮食冒尖棉堆山，寒露不忘把地翻。

棉怕八月连阴雨，稻怕寒露一朝霜。

人怕老来穷，禾怕寒露风。

时到寒露天，捕成鱼，采藕芡。

小麦点在寒露口，点一碗，收三斗。

要得苗儿壮，寒露到霜降。

第六章

霜降：冷霜初降，晚秋、暮秋、残秋

霜降是秋季最后一个时节，书写着沧桑。冷霜初降，等一叶红透的枫香。霜降一过，虽然仍处在秋天，但是已经是"千树扫做一番黄"的暮秋、残秋、晚秋。

霜降气象和农事特点：露水凝成霜，农民秋耕、秋播和秋栽忙

1. 天气逐渐变冷，露水凝结成霜

霜降是秋季的最后一个节气，霜降含有天气渐冷、开始降霜的意思，是秋季到冬季的过渡节气。每年阳历10月23日前后，太阳到达黄经210°时为二十四节气中的霜降。晚上地面上散热很多，温度骤然下降到0℃以下，空气中的水蒸气在地面或植物上直接凝结形成细微的冰针，有的形状为六角形的霜花，色白且结构疏松。

霜是怎样形成的呢？霜并非从天而降，而是近地面空中的水汽在地面或地物上直接凝结而成的白色疏松冰晶。在黄河中下游地区，阳历10月下旬到11月上旬一般会出现初霜，与霜降节气完全吻合。随着霜降的到来，不耐寒的农作物已经收获或者即将停止生长，草木开始落黄，呈现出一派深秋景象。

《月令七十二候集解》中关于霜降的记载：九月中，气肃而凝，露结为霜矣。此时，中国黄河流域已出现白霜，千里沃野上，一片银色冰晶熠熠闪光，此时树叶枯黄，开始落叶了。古籍《二十四节气解》中说："气肃而霜降，阴始凝也。"可见，霜降表示天气逐渐变冷，露水凝结成霜。我国古代将霜降分为三候：一候豺乃祭兽；二候草木黄落；三候蛰虫咸俯。豺这类动物开始捕获猎物过冬；大地的树叶枯黄掉落；冬眠的动物也藏在洞中不动不食进入冬眠状态中。

"霜降始霜"这一自然现象反映的是黄河流域的气候特征。就全年霜日而言，青藏高原上的一些地方即使在夏季也有霜雪，年霜日都在200天以上，是我国霜日最多的地方。西藏东部、青海南部、祁连山区、川西高原、滇西北、天山、阿尔泰山区、北疆西部山区、东北及内蒙古东部等地，年霜日都超过100天，淮河、汉水以南、青藏高原东坡以东广大地区的年霜日均在50天以下，北纬25°以南和四川盆地只有10天左右，福州以南及两广沿海平均年霜日不到1天，而海南和台湾南部西双版纳及南海诸岛则是没有霜降的地方。

人们常说"霜降杀百草"，意思是指严霜打过的植物，一点生机也没有。这是由于植株体内的液体，因霜冻结成冰晶，蛋白质沉淀，细胞内的水分外渗，使原生质严重脱水而变质。霜和霜冻虽形影不离，但危害庄稼的是"冻"而不是"霜"。有人曾经做了一个试验：把植物的两片

叶子分别放在同样低温的箱子里，其中一片叶子盖满了霜，另一片叶子没有盖霜，结果无霜的叶子受害极重，而盖霜的叶子只有轻微的霜害痕迹。这说明霜不但危害不了庄稼，相反，水汽凝结时，还可放出大量的热量，1克0℃的水蒸气凝结成水，放出的汽化热会使重霜变轻霜、轻霜变露水，会使植物免除冻害。

2. 大江南北秋收、秋耕、秋播、秋栽

霜降节气期间，在农业生产方面，北方大部分地区已在秋收扫尾，即使耐寒的葱，也不能再长了，因为"霜降不起葱，越长越要空"。在南方，却是"三秋"大忙季节：单季杂交稻、晚稻在收割；种早茬麦，栽早茬油菜；摘棉花，拔除棉秸，耕翻整地。"满地秸秆拔个尽，来年少生虫和病。"收获以后的庄稼地，要及时把秸秆、根茬收回来，因为那里潜藏着许多过冬的虫卵和病菌，以免来年的庄稼遭虫灾。

霜降农历节日：祭祖节——送寒衣

每年农历十月初一是民间的祭祖节，人们又称之为"十月朝"。祭祀祖先有家祭，也有墓祭。祭祀时除了食物、香烛、纸钱等一般供物外，还有一种不可缺少的供物——冥衣。在祭祀时，人们把冥衣焚化给祖先，叫作"送寒衣"。所以，祭祖节也叫"烧衣节"。

人们把送寒衣节与春季的清明节、秋季的中元节并称为一年之中的三大"鬼节"。为使先人们在阴曹地府免掉挨冷受冻的痛苦，这一天，人们要焚烧五色纸，为其送去御寒的衣物，并连带着给孤魂野鬼送温暖。十月一，烧寒衣，寄托着今人对逝去之人的怀念，承载着生者对逝者的悲悯。

随着时间的推移，"烧寒衣"的习俗在有些地方慢慢有了一些变迁，不再烧寒衣，而是"烧包袱"。人们把许多冥纸装进一个纸袋里，写上收者和送者的名字以及相应称呼，这就叫"包袱"。

1. 孟姜女哭长城

给逝去之人送御寒衣服这一习俗，据说是由孟姜女首开先河。

传说秦始皇在统一中国之后，为了抵御北方少数民族入侵，向全国征调壮丁修筑万里长城，孟姜女的夫君范杞梁年轻力壮，也被抽中做壮丁。当时，两人才成婚不久，正是如胶似漆的好光景，闻此噩耗，如雷轰顶。无奈王命难违，夫妻俩只得抱头痛哭，最后依依分别。

自从范杞梁被征调走后，孟姜女的公婆思儿心切，积郁成疾，不久便双双亡故，撇下孟姜女一人，孤苦伶仃，举目无亲，于是她决定去找丈夫。她不知道范杞梁具体在何处，只知道他在北方修长城，便抱上为他缝制的一套棉衣，一路向北方走去。

连走了几个月，带的干粮吃完了，盘缠也花完了，孟姜女沿街乞讨，终于在农历十月初一来到了长城脚下。可是眼前除了新修的长城，就是荒草中堆积的累累白骨，哪有半个人影？此情此景，令孟姜女心灰意冷。她明白，自己的丈夫十有八九已经死了，于是瘫坐在地，对着长城大哭起来。她的哭声感天动地，竟把长城震塌了一大段。塌下来的城墙中，赫然看到成堆的白骨。孟姜女认定，丈夫的尸首肯定就在这些白骨之中，便把给丈夫做的那套棉衣摆在地上，想焚烧了祭奠亡夫。正待点火，忽又想起地下那么多的冤魂，若要抢丈夫的棉衣怎么办。于是，她抓了一把灰土，在棉衣周围撒了个圆圈，以警告那些孤魂野鬼：这是俺丈夫的领地，你们不要来抢。

圈好领地后，孟姜女烧着棉衣，边哭边祷告："夫君呀，你死得好惨！天冷了，你把这身儿衣裳换上吧！"她的泪已经流干了，眼里流出的是血。这血滴在别的白骨上一滑而过，落到离她最近、最完整的一具白骨上，却像是不愿意走了，径直渗入骨中。孟姜女心想，这肯定是俺夫君的遗骨，于是就将尸骨与棉衣灰烬一起掩埋，之后伏在坟头痛哭不已，泪尽而逝。

从此，孟姜女千里寻夫的故事流传到民间，百姓深受感动。此后每到十月初一这天，众人便焚化寒衣，代孟姜女祭奠亡夫。此风日盛，后来，此风俗逐渐形成了追悼亡灵的寒衣节。

2. 烧寒衣——祭奠死者

在民间流传着一种说法，认为"十月一，烧寒衣"起源于商人的促销伎俩，这个精明的商人生逢东汉，就是造纸术的发明人——蔡伦的大嫂。

传说这位大嫂名慧娘，她见蔡伦造纸有利可图，就鼓动丈夫蔡莫去向弟弟学习。蔡莫是个急性子，功夫还没学到家，就张罗着开了家造纸店，结果造出来的纸质量低劣，乏人问津，夫妻俩对着一屋子的废纸发愁。眼见就得关门大吉了，慧娘灵机一动，想出了一个鬼点子。

在一个深夜里，惊天动地的鬼哭声从蔡家大院里传出。邻居们吓得不轻，赶紧跑过来探问究竟，这才知道慧娘暴病身亡。只见当屋一口棺材，蔡莫一边哭诉，一边烧纸。烧着烧着，棺材里忽然传出了响声，慧娘的声音在里面叫道："开门！快开门！我回来了！"众人呆若木鸡，好半天才回过神儿来，上前打开了棺盖。只见一个女人跳出棺来，此人就是慧娘。

只见那慧娘摇头晃脑地高声唱道："阳间钱路通四海，纸在阴间是钱财，不是丈夫把钱烧，谁肯放我回家来！"她告诉众人，她死后到了阴间，阎王发配她推磨。她拿丈夫送的纸钱买通了众小鬼，小鬼们都争着替她推磨——有钱能使鬼推磨啊！她又拿钱贿赂阎王，最后阎王就放她回来了。

蔡莫也装出一副莫名其妙的样子，说："我没给你送钱啊！"慧娘指着燃烧的纸堆说："那就是钱！在阴间，全靠这些东西换吃换喝。"蔡莫一听，马上又抱了两捆纸来烧，说是烧给阴间的爹娘，好让他们少受点苦。

夫妻俩合演的这一出双簧戏，可让邻居们上了大当！众人见纸钱竟有让人死而复生的妙用，纷纷掏钱买纸去烧。一传十，十传百，不出几天，蔡莫家囤积的纸张就卖光了。由于慧娘"还阳"的那天是十月初一，后来人们便都在这天上坟烧纸，以祭奠死者。

说起过寒衣节，必不可少的东西有三样：饺子、五色纸、香箔。洛阳俗语云："十月一，油唧唧。"意思是说，十月初一这天，人们要烹炸食品、剁肉、包饺子，准备供奉祖先的食品。这些东西油膏肥腻，不免弄得满手、满脸皆是，所以说是"油唧唧"。

寒衣节这天准备供品一般在上午进行。供品张罗好后，家人打发小孩到街上买一些五色纸及冥币、香箔备用。五色纸乃红、蓝、白、黑五种颜色，薄薄的。午饭后，主妇把锅台收拾干净，叫齐一家人，这时就可以上坟烧寒衣了。

人们到了坟前，便开始焚香点蜡，把饺子等供品摆放齐整，一家人轮番下跪磕头，然后在坟头画一个圆圈，将五色纸、冥币置于圈内，点火焚烧。

送寒衣时晋南地区有个风俗，那就是人们会在五色纸里夹裹一些棉花，说是为亡者做棉衣、棉被使用。

霜降民俗：赏菊、打霜降、摘种子，祈求吉祥平安

1. 赏菊——人们对菊花的崇敬和爱戴

霜降时节正是秋菊盛开的时候，很多地方在这时候都举行菊花会，以表示人们对菊花的喜爱之情。

北京地区的菊花会一般在天宁寺、陶然亭、龙爪槐等处举行。菊花会的菊花不仅品种多，而且多为珍品。有的散盆，有的数百盆四面堆积成塔，称作九花塔，红、蓝、白、黄、橙、绿、紫，色彩缤纷。品种有金边大红、紫凤双叠、映日荷花、粉牡丹、墨虎须、秋水芙蓉等几百种以上。文人墨客在此期间边赏菊，边饮酒、赋诗、作画。还有一种小规模的菊花会，主要是从前富贵人家举办的，是不用出家门的。他们在霜降前采集百盆珍品菊花，架置广厦中，前轩后轾，也搭菊花塔。菊花塔前摆上好酒好菜，先是家人按长幼为序，鞠躬作揖祭菊花神，然后共同饮酒赏菊。

2. 打霜降——祈求吉祥

霜降节气，是每年秋后农业丰收的一大节气。农谚曰："霜降到，无老少。"意思是此时田

里的庄稼不论成熟与否，都可以收割了。

在清代以前，霜降日还有一种鲜为人知的风俗。在这一天，各地的教场演武厅例有隆重的收兵仪式。按古俗，每年立春为开兵之日，霜降是收兵之期，所以霜降前夕，府、县的总兵和武官们都要全副武装，身穿盔甲，手持刀枪弓箭，由标兵开路，鼓乐前导，浩浩荡荡、耀武扬威地从衙门出发，列队前往旗纛庙举行收兵仪式，以期拔除不祥、天下太平。霜降日的五更清晨，武官们会集庙中，行三跪九叩首的大礼。礼毕，列队齐放空枪三响，然后再试火炮、打枪，谓之"打霜降"，此时百姓观者如潮。

相传，武将在"打霜降"之后，司霜的神灵就不敢随便下霜危害本地的农作物了。农民们还常以听到枪响与否和声音的高低来预测当年的丰歉。

霜降节气是秋季到冬季的过渡节气，此时北方最低气温下降到0℃左右，最突出的特点就是下霜。在我国南方，此节气后进入了秋收秋种的大忙时段。民间谚语"霜降见霜，米谷满仓"，也正反映出了劳动人民对霜降这个节气的重视。

在广东高明地区，霜降前有"送芋鬼"的习俗。当地小孩以瓦片垒梵塔，在塔里放柴点燃，待到瓦片烧红后，毁塔以煨芋，叫作"打芋煲"，然后将瓦片丢至村外，称作"送芋鬼"，以辟除不祥，表现了人们的祝愿以求得吉祥的观念。

3. 摘柿子、摞桑叶——寓意事事平安

俗语说："霜降摘柿子，立冬打软枣。霜降不摘柿，硬柿变软柿。"全国各地凡是出产柿子的地方，都流行霜降摘柿子、吃柿子。南方地区的民俗认为，霜降吃柿子，冬天就不会感冒、流鼻涕。闽南有句俗语就是"霜降吃了柿，寒冬不流鼻涕"。这句谚语也是有一定根据的，其原因是：柿子一般在霜降前后完全成熟，这时候的柿子皮薄肉鲜味美，营养价值高。但是，尽管柿子好吃，也不能多吃，尤其注意不能空腹吃。

霜降节气的到来意味着秋天就要结束，这个时候很多水果开始丰收，过去普通百姓家中，霜降这天都会买一些苹果和柿子来吃，寓意事事平安。而商人们则买栗子和柿子来吃，意味着利市。这些民俗包含着人民对美好生活的向往。

霜降时节是民间摞桑叶的季节。中医认为，霜降后采摘霜打落地的桑叶最好，称"霜桑叶"或"冬桑叶"，老百姓也把桑叶称为"神仙叶"。

桑叶指的是桑科植物桑的干燥老叶，栽培或野生。全国大部分地区都有生产，尤以长江中下游及四川盆地的桑区为多。桑喜温暖湿润气候，稍耐阴，耐旱，耐贫瘠，不耐涝，对土壤适应性强。味苦、甘，性寒。归肺、肝经。可疏散风热、清肺润燥、清肝明目。中医习惯认为经霜者质佳。据说用霜桑叶煮水泡脚可以改善手脚麻木，解除脚气水肿，利大小肠。霜降节气摞桑叶也成为了民俗养生的活动之一。

4. 歌节——纪念抗倭女英雄岑玉音

每年的霜降节气这一天，广西壮族人民家中都会举行盛大的歌节。举办霜降歌节的有两个地方，分别是下雷霜降歌节和向都霜降歌节。

霜降节气这天，广西大新县下雷镇下雷街举行盛大的歌圩，街上和附近村屯的壮民家家户户杀鸡宰鸭，做粽做糍，欢欢喜喜、热热闹闹庆祝这个传统的民间节日。隆重而盛大的歌圩设在仅有300多户人家的下雷街上，故名曰"下雷霜降歌节"。

关于下雷霜降歌节还有一个传说。

相传在300多年前，倭寇常常侵犯我国南部边陲的许多壮村，他们烧杀掠夺，强奸妇女，无恶不作，弄得边境壮村鸡犬不宁，民不聊生，许多村民被迫举家外逃，壮村田园荒芜、村屯萧条。当时的土州州官许文英的妻子岑玉音智勇双全，武功超人，她组织街上30多个年轻力壮的男子成立了"下雷抗倭民团"，日夜苦练杀敌本领，不到两个月，个个身怀绝技，等待赴边抗倭。一天早晨，得到倭寇又入侵边境的情报，岑玉音披头散发骑着一头大水牛率领民团团员，挥戈举刀开赴边境。团员们占据有利地势，等到敌人入侵边境，岑玉音一声令下，带头骑牛冲向敌阵，挥舞大刀，直刺敌人。愚蠢的倭寇看到岑玉音这身装扮，认为是天上的观音娘娘下来惩罚他们，

个个吓得魂飞魄散，不敢抵抗，纷纷下跪求饶。岑玉音和众团员轻易地砍下敌人首级，边境之战大获全胜。岑玉音得胜之日正值农历九月霜降节。下雷街村民敲锣打鼓，燃放鞭炮大唱山歌，热烈庆祝这个有意义的胜利日子，于是大家就将每年霜降日定为歌圩，一连唱三天三夜的山歌，此习俗一直沿袭至今。

霜降民间宜忌：忌无霜和秋冻

1. 霜降之日忌讳无霜

我国江苏太仓地区，有忌讳霜降日不见霜之说，有句谚语："霜降见霜，米烂陈仓。"如果未到霜降而下霜，稻谷收成受到影响，米价就高，有谚语说："未霜见霜，粜米人像霸王。"云南谚语说："霜降无霜，碓头没糠。"霜降无霜，来年可能闹饥荒。也有谚语云："霜降无霜，来年吃糠"意思为霜降无霜，主来岁饥荒。彝族还忌霜降日用牛犁田，否则将会导致草枯。

2. 霜降之后忌讳秋冻

"霜降"之时已进入深秋。民间历来有"春捂秋冻"一说，但霜降后温差变化较大，霜降期间，昼夜温差很大。一旦有寒潮来袭，昼夜温差可达10℃以上。在寒冷的刺激之下，人体的植物神经功能容易发生紊乱，胃肠蠕动的正常规律或被扰乱。人体的血管也会在受到寒冷刺激后，出现相应的收缩，使血压骤升。因此，在霜降时节肠胃不好的人，心、脑血管疾病，如心梗、心绞痛、脑梗、脑血管意外等病症的发病率也开始上升。此外，霜降时节也是易犯咳嗽的季节，也是慢性支气管炎容易复发或加重的时期。因此，这个时节忌讳秋冻，尤其要注意保暖。

霜降饮食养生：食用坚果要适量，食豌豆提高免疫力

1. 霜降时节，食用坚果要适量

坚果类食品的品种很多，如花生、核桃、腰果、松子、瓜子、杏仁、开心果等富含油脂的种子类食物都属于坚果。因为它们营养丰富，对人体健康十分有益，所以美国《时代》周刊将坚果评为健康食品中的第三名。

坚果不但营养丰富而且美味可口，不过在霜降时节，食用坚果要适量，否则反而有损健康。这是由于坚果中都含有非常高的热量，举个例子来说，50克瓜子就和一大碗米饭所含的热量相当，所以我们吃坚果不要过量，一般一天30克是比较合适的。如果一次吃太多，消耗不完的热量就会转化成脂肪贮存在我们体内，而导致肥胖。

除了适量吃坚果外，食用坚果时还需注意以下几点：

（1）南瓜子含有丰富的膳食纤维，但胃热患者食用后会有腹胀感。

（2）花生衣有增加血小板数量、抗纤维蛋白溶解的作用，会加重高脂血症患者的病情。

（3）松子存放过久由于脂肪氧化酸败会产生哈喇味，不可食用。

（4）腰果虽美味可口，但同时也含多种过敏原，过敏体质者慎食。

2. 霜降时节宜补充蛋白质

从立秋节气到霜降节气只有短短90天，但气温降了15℃～20℃。讲究养生的人们为了御寒，会在霜降前后开始进行食补。这一做法在民间流传甚广，相关的民谚不胜枚举，如"补冬不如补霜降"、"一年补到头，不抵补霜降"、"霜降进补，来年打虎"等等。

根据研究显示，蛋白质摄入人体后会释放出30%～40%的热量，而脂肪、糖类的释放量则分别为5%～6%和4%～5%，蛋白质的这种特性被称为"特殊热力效应"。这说明，多摄入富含蛋白质的食物可增强人体的抗寒能力，因此蛋白质是最适合霜降时节补充的营养物质。另外，充足的蛋白质还能提高人的兴奋度，使人精力充沛。根据营养学分析，肉类蛋白质含量由少到多依次

为：猪肉、鸭肉、牛肉、鸡肉、兔肉、羊肉。

但是，我们在选择进补食材时不能仅依据这些数据，更重要的是要根据自己的身体状况。如慢性病患者、脾胃虚寒者以及老年人进补时要遵循健脾补肝清肺的原则，选择汤、粥等气平味淡、作用缓和的温热食物，其所含的营养物质容易被人体吸收，能更好地保持精力充沛、提高人体免疫力和防治疾病的功效。

3.健脾、止血可吃些柿子

霜降时节也是柿子成熟的季节，此时适当食用些柿子，可濡养脾胃，更有益于秋冬进补。应挑选个大色艳、无斑点、无伤烂、无裂痕的柿子食用。柿子最好在饭后吃，还要注意应尽量少吃柿子皮。空腹吃柿子，容易患胃柿石症。

柿子饼具有健脾、涩肠、止血的功效。

柿子饼

材料：新鲜柿子两个，面粉、豆沙馅各100克，植物油适量。

制作：①将柿子洗净后去皮、蒂，果肉盛入碗中，加入面粉，揉成面团，盖上保鲜膜，饧发15分钟。②取出饧好的面团，切成剂子，搓圆后按扁，包入适量豆沙馅，收口捏紧，做成柿子饼坯。③平底锅放植物油烧热，放入柿子饼坯，盖上锅盖，用中小火煎至柿子饼两面金黄。

4.吃豌豆可提高人体免疫力

在霜降期间，气温变化幅度较大，此时多吃些富含维生素C的豌豆，可以提高人体免疫力，预防疾病发生。挑选豌豆时以粒大饱满、圆润鲜绿、有弹性者为佳。豌豆营养丰富，而且含有谷物所缺乏的赖氨酸，将豌豆与各种谷物食品混合搭配食用，是最科学的食用方法。

食用豌豆菜饭可以提高人体免疫力。

豌豆菜饭

材料：大米250克，小白菜100克，豌豆100克，广式香肠50克。

调料：植物油、盐、味精各适量。

制作：①大米淘洗干净，沥掉水分。②广式香肠、豌豆洗净，切丁。③小白菜洗净，切段。④炒锅中放入植物油烧热，放入香肠丁、豌豆翻炒均匀，盛出备用。⑤将炒锅洗净，倒入适量冷水，放入大米、香肠丁、豌豆，大火煮至米汤快干时改用小火焖。⑥另起锅放植物油烧热，放小白菜炒至变色，加盐、味精翻炒均匀。⑦倒入盛有米饭的锅中，小火焖5分钟。

霜降起居养生：注意腹部保暖，洗澡不要过频

1.霜降过后，注意腹部保暖

霜降是秋季的最后一个节气。此时由于脾脏功能处于旺盛时期，因而易导致胃病的发生，所以此节气是慢性胃炎和胃、十二指肠溃疡病容易复发的高峰期。

因为霜降期间天气寒冷，人体经冷空气的刺激，植物神经功能发生紊乱，胃肠蠕动的正常规律被扰乱；人体新陈代谢增强，耗热量随之增多，胃液及各种消化液分泌增多，食欲改善，食量增加，必然会加重胃肠功能负担，影响已有溃疡的修复；深秋和冬天外出，气温很低，且难免会吞入一些冷空气，引起胃肠黏膜血管收缩，致使胃肠黏膜缺血缺氧，营养供应减少，破坏了胃肠黏膜的防御屏障，对溃疡的修复不利，还可导致新溃疡的出现。因此，为了防止发生以上情况，应做到以下几点：要特别注意起居中的保养，保持情绪稳定，防止情绪消极低落；注意劳逸结合，避免过度劳累；适当进行体育锻炼，改善胃肠血液供应；注意做好防寒保暖措施。

人们常说"寒从脚生"，因为霜降过后就是更冷的立冬，所以这个时候人们一般都会穿厚的鞋袜，给脚部保暖。不过要提醒大家的是，脐腹部的保暖同样重要。脐腹部指的是上腹部，这个部位的特点是面积大、皮肤血管密集、表皮薄，而且这个部位皮下没有脂肪，有很多神经末梢和神经丛，所以脐腹部是个非常敏感的部位。若不采取恰当的保暖措施，寒气就很容易会由此侵入

人体。

由于人的肠胃都在脐腹部附近，所以此处受寒后极易发生胃痛、消化不良、腹泻等症状，严重时还会使胃剧烈收缩而产生剧痛感。若寒气侵害到小腹，还会很容易导致泌尿生殖系统的各种疾病。因此，脐腹部的保暖不能忽视。不仅要适时增添衣服、睡觉时用被子盖好腹部，还可以多用手掌顺时针按摩肚脐。如果已经受了寒气，而且病情比较重，可以把半斤到一斤粗盐炒热，然后装进用毛巾缝制的口袋里，趁热敷在肚脐上，以加强肚脐的保暖。

2. 秋天保护皮肤要减少洗澡次数

霜降时节，洗澡的次数不宜过于频繁。因为在秋季洗澡次数过多，容易把身体表面起保护作用的油脂洗掉，皮肤会变得更干燥。秋季洗澡还要注意以下几点：

（1）洗澡的最佳时间间隔不要少于两天。秋季风大灰尘多，人们出的汗量减少，空气十分干燥。此时，人们暴露在外的皮肤出现紧绷绷的感觉、缺乏弹性，甚至还会起皮。这是由于皮肤水分蒸发加快，皮肤角质层水分缺少的缘故。进入秋季以后，可以减少洗澡的次数。

（2）选择合适的沐浴产品。在秋季，应选用一些碱性小、偏中性的浴液。此外，沐浴后最好再涂一层具有润肤、保湿作用的护肤品。

（3）每次洗澡的时间都不宜过长。洗澡除了能清洁之外，还能使身心获得彻底放松，疲劳的身体得以迅速恢复。但专家指出，沐浴方法要注意适度适量，否则会造成更大的疲劳。洗澡每次15分钟最好。此外，洗澡如果用较热的水，会使肌肤变得更干燥，出现发红甚至脱皮的现象，不利于皮肤适应气候的变化。

3. 秋天孕妇洗澡的水温不宜太高

霜降时节，气候干燥，气温虽然下降得很快，但此时孕妇洗澡不宜水温太高，否则对胎儿不利，高温可造成胎儿神经细胞死亡，使脑神经细胞数目减少。实践证明，脑神经细胞死亡后是不能再生的，只能靠一些胶质细胞来代替。这些胶质细胞缺乏神经细胞的生理功能，因此影响智力和其他脑功能，将会使孩子智力低下，反应能力差，总之，即使天气较凉，孕妇洗澡的水温也不宜太高。

霜降运动养生：量力而行选择活动，健身须循序渐进

1. 根据年龄、体质选择运动项目

霜降是秋季的最后一个节气，此时常有冷空气侵袭，而使气温骤降，此时在运动调养上都需应时谨慎。霜降前后是呼吸系统疾病的发病高峰，常见的呼吸道疾病如过敏性哮喘、慢性支气管炎、上呼吸道感染等。为预防这些疾病，就要加强体育锻炼，通过锻炼增加抗病能力，不同人应根据年龄、体质、爱好等不同，选择不同的健身项目。可以选择登山、散步、慢跑、冷水浴、健身操和太极拳等方式进行锻炼。

人们常说的登高，也就是爬山运动。登高能使肺通气量、肺活量增加，血液循环增强，脑血流量增加，小便酸度上升。登山时，随着高度在一定范围内的上升，大气中的氢离子和被称为"空气维生素"的负氧离子含量越来越多，加之气压降低，能促进人的生理功能发生一系列变化，对哮喘等疾病还可以起到辅助治疗的作用，并能降低血糖，增高贫血患者的血红蛋白和红细胞数。登高时间要避开气温较低的早晨和傍晚，登高速度要缓慢，在上下山时应根据气温的变化来适当增减衣物。

慢跑也是一项很理想的秋季锻炼运动项目。它能增强血液循环，改善心肺功能，改善脑的血液供应和脑细胞的氧供应，减轻脑动脉硬化，使大脑能正常工作。跑步还能有效地刺激代谢，增加能量消耗，有助于减肥健美。对于老年人来说，跑步能大大减少由于不运动引起的肌肉萎缩及肥胖症，减少心肺功能衰老的现象，可以降低胆固醇，减少动脉硬化，还有助于延年益寿。

2. 秋季运动健身要循序渐进

秋季锻炼要不急不躁、按部就班，不要急于求成。运动由简到繁，由易到难。运动量要循序渐进，由小到大。

必须做好运动健身之前的准备活动。因为机体在适应运动负荷前，有一个逐步适应的变化过程。关节及肌肉等如果没有做准备活动就进行高强度运动，这样非常容易受到损害。

不可忽略锻炼后的整理运动，机体运动后处于较高的工作状态，如果立即停止运动，坐下或躺下休息，易导致眩晕、恶心、出冷汗等症状。

霜降时节，常见病食疗防治

1. 食用牛奶、鸡蛋、瘦肉防治胃溃疡

胃溃疡是一种常见的消化系统疾病，其临床特点为反复发作的节律性上腹痛，常有嗳气、返酸、灼热、嘈杂，甚至恶心、呕吐、呕血、便血等症状。此病在秋末冬初发病率较高，因为这时的气候会刺激人体产生更多的胃酸，进而破坏胃黏膜。胃溃疡患者多为青壮年，男性的患病率要比女性患病率稍高。

胃溃疡患者要选择易消化，而且能提供必要的热量、蛋白质及维生素的食物，如粥、面条、软米饭、牛奶、鸡蛋、豆浆、瘦肉、豆制品等都是不错的选择，这些食物既能增强机体的抵抗力，又能帮助修复溃疡面。

罗汉果糙米粥具有补虚益气、健脾和胃，促进消化的功效，适用于胃溃疡、体虚瘦弱等。

罗汉果糙米粥

材料：糙米150克，罗汉果两个，盐适量。

制作：①糙米淘洗干净，用清水浸泡两小时。②罗汉果洗净。③锅中加入1500毫升清水，加入糙米，大火烧沸，改用小火煮至米软烂，加入罗汉果煮5分钟，加入盐调味即可食用。

胃溃疡防护措施：

（1）不要过度疲劳，要保持良好的心态和精神状态。

（2）养成良好的饮食起居习惯，应按时用餐，生活工作要张弛有度，远离烟酒。

（3）坚持经常锻炼身体，促进身体新陈代谢，提高机体免疫力。

2. 前列腺炎多吃维生素E含量丰富的坚果

秋季是泌尿系统疾病的高发季节，其中前列腺炎是一种尿路逆行感染，通常因患者不注意个人卫生或生活方式不科学而引起。这种病的症状主要有尿频、尿急、尿痛、排尿不畅、排泄时有白色分泌物、腰酸、会阴部酸胀不适等，严重者甚至还会出现血尿、尿潴留等症状。

前列腺炎患者日常饮食最好以清淡、易消化为原则，多吃新鲜的水果、蔬菜。另外南瓜子、葵花子等维生素E含量丰富的坚果类可以有效保护前列腺周围的细胞，平时可以多吃一些。

菟丝核桃炒腰花有温补肾阳、润肠通便的功效，适用于腰膝酸软、慢性前列腺炎等症。

菟丝核桃炒腰花

材料：核桃仁50克，水发木耳30克，菟丝子15克，蒜苗150克，猪腰两个，葱花、姜末、盐、味精、料酒、干淀粉、水淀粉、植物油各适量。

制作：①将核桃仁清洗干净。②菟丝子磨成粉。③木耳洗净，去蒂，撕成瓣状。④猪腰处理干净，洗净，切腰花。⑤蒜苗洗净，切段。⑥将腰花放入碗中，加入葱花、姜末、干淀粉、料酒拌匀，腌制片刻。⑦炒锅放植物油烧热，下入核桃仁炸香，捞出控油。⑧原锅留底油烧至八成热，下入姜末、葱花、木耳、蒜苗、腰花，翻炒至八分熟，加入菟丝子粉、盐、味精、料酒，勾入水淀粉，撒入核桃仁后炒匀即可食用。

前列腺炎预防措施：

（1）坐时间长了，要起来活动活动，因为久坐不动会压迫前列腺，导致前列腺充血或前列腺炎。

（2）养成平时多喝水的习惯，这样可以促进前列腺分泌物排出，保持尿路通畅，从而有效预防泌尿系统疾病。

（3）不吸烟、不饮酒，少食用辛辣刺激的食物。

（4）积极参加体育锻炼，运动不但能改善人体的代谢功能，而且还能提高机体免疫力。

霜降耳熟能详谚语

1. 霜降杀百草

这句谚语的意思是说，被严霜打过的植物，一点生机也没有。这是由于植株体内的液体，因霜冻结成冰晶，蛋白质沉淀，细胞内的水分外渗，使原生质严重脱水而变质，所以人们此种现象称为"霜降杀百草"。

2. 霜降见霜，米烂成仓；未得见霜，粜米人像霸王

有些农村，人们常以霜降日是否能见到霜，来预测未来一年的收成，所以华中一带的谚语说："霜降见霜，米烂成仓；未得见霜，粜米人像霸王"，意思说，如果霜降当天见霜，就表示来年收成会很好，米太多在仓库中堆着都快烂了；如果没出现霜，农民免不了会为荒年发愁，而粜（米）人，指的是卖米的人会像霸王一样，胡乱哄抬米价。

3. 霜降不割禾，一天少一箩

霜降时节，晚稻已成熟，这时要抓紧收割，否则，会遭遇雀害和落粒的影响，从而导致粮食减产。

4. 霜降民间谚语荟萃

几时霜降几时冬，四十五天就打春。

九月霜降无霜打，十月霜降霜打霜。

霜打两匹荚，到老都不发。

霜降变了天。

霜降不见霜，还要暖一暖。

霜降不降霜，来春天气凉。

霜降不刨葱，到时半截空。

霜降不晒菜，无吃不见怪。

霜降采柿子，立冬打晚枣。

霜降抽勿齐，晚稻牵牛犁。

霜降当日霜，庄稼尽遭殃。

霜降见霜，谷米满仓。

霜降快打场，抓紧入库房。

霜降露凝霜，树叶飘地层。蛰虫归屋去，准备过一冬。

霜降没下霜，大雪满山岗。

霜降南风连夜雨，霜降北风好天公。

霜降气候渐渐冷，牲畜感冒易发生。

霜降晴，风雪少。

霜降晴，晴到年暝（除夕）。

霜降霜降，日落就暗。

霜降霜降，移花进房。

霜降无雨，清明断车。

霜降下雨连阴雨，霜降不下一季干。

霜降腌白菜。

第七章

秋季穿衣、美容、两性健康、心理调适策略

秋季穿衣策略：衣物暴晒后再穿，慎穿裙装

1. 秋季穿衣要科学，考虑舒适、保健、防护

秋季，在选择服装时，不能只着眼于实用、美观、得体，而应从有利于活动和健康的角度，充分考虑到舒适、保健、防护等方面的因素。否则，不仅会造成不便，甚至还会危及身体健康。

市面上有一些合成纤维的面料，吸湿性和透气性差，汗液不易蒸发和吸收，且具有较强的静电作用，若皮肤长期受到汗液以及来自衣服上的物理、化学刺激，很容易发生皮炎。

若服装款式选择不当，或穿着紧身的服装，尤其是穿着质地粗糙、坚硬的衣服，会影响机体血液循环，很容易引起局部皮肤破损和浸渍发炎，若胸罩过紧还会使乳房下皮肤发生糜烂。因此，秋季服装款式以宽松为好，衣料以柔软下垂或棉衣料为好。穿薄而多层套装的，比穿厚而单层的衣服保暖性能更好，最外层的衣服应选用轻而且能够容纳大量气体的衣料为好。

一些经过抗皱处理、漂白过的服装，或颜色过于鲜艳和易褪色的服装，所使用的化学物质较多。特别是带有浓重的刺激性气味时，则说明残留的有毒化学物质较多，对人体健康十分有害。

若情绪不好时，最好穿针织、棉布、羊毛等质地柔软的衣料做的服装，不要穿易皱的麻质衣服，以免看起来一团糟，产生不舒服的感觉，而硬质衣料会让人感到僵硬和不快。新衣买回来后，不要急于穿上身，最好先放在清水中浸泡几小时，再充分漂洗干净，晒干后再穿。若不能清洗的，最好置于通风处晾晒几天后再穿。

2. "秋冻"也要讲科学

人们常说"春要捂，秋要冻"。"秋冻"是老祖宗留给我们的一种养生方法。秋天天气变凉，人体皮肤正处于疏泄与致密交替的状态。如果能适当接受一些冷空气的刺激，有利于皮肤保持致密，防止阳气过度外泄，正顺应了秋季阴精内蓄、阳气内收的需要。

（1）秋天需慢添衣。秋冻就是秋天不要急于添加衣物。秋天的降温是一个渐进的过程，如果人们过早地穿上棉衣，不经适度寒冷的刺激，对健康是很不利的。在初秋时穿衣要有所控制，有意让身体"冻一冻"，使机体的防御机能得到锻炼；晚上盖被不要太厚、太多；洗澡、洗脸和洗脚水的温度都不要太高，一般控制在35℃左右为宜。

（2）秋冻不等于"瞎冻"。秋冻有好处，但是"瞎冻"有害处。由于秋天早晚温差比较大，当气温骤降，或到晚秋寒凉时，要及时添衣加被，以防感冒或腹泻。如果到了深秋，还穿得过于单薄，这对健康是非常不利的。此时应该顺应秋季养生的原则，要适当增加衣服。

在秋季，应随时注意天气的变化，平时要加强体育锻炼，增强自身的抵抗力。如果有关部门预测有某种疾病流行时，应提前注射相关疫苗，防患于未然。

（3）秋冻时重点保护脚。脚是人体各部位中离心脏最远的地方，血液流经的路程最长，而脚部又汇集了全身的经脉，因此老话常说"脚冷，则冷全身"。全身如果发冷，我们的身体抵抗力就会下降，就会生病。因此，秋冻时一定要保护好自己的脚。最好的方法就是在晚上临睡前用热水每天泡脚一次。

秋季美容护理：加强保湿，按摩面部养容颜

1. 秋季皮肤开始干燥，加强保湿是关键

入秋以后，由于人体新陈代谢的速度变缓，就容易产生皮肤干燥、粗糙、晦暗等问题，甚至出现黑斑、雀斑。季节转换的温差变化，会让皮肤更加敏感，在这个季节，防止皮肤干燥，加强保湿是关键。使用化妆品保湿是一方面，但是更应该采取一些更天然的保湿策略：

（1）秋季多喝白开水是最好、最简单的护肤方法。早上一起床，先喝上一大杯白开水，不但可以加速新陈代谢，把多余的废物排出体外，还能让皮肤一天都保持水润。

（2）秋季可以在房间里放一盆水，维持室内的湿度，如果觉得放个水盆在室内不太雅观，不妨选择一个小鱼缸，兼顾美观、实用双重功效。

（3）秋季可以在家里或者办公室中，摆放一些自己喜欢的盆景，不但可以净化空气，而且可以保持空气湿度。

（4）自制一些时尚保湿面膜。①啤酒面膜：把啤酒倒在化妆棉上，直至湿透，分别敷于额头、鼻子、面颊、下巴位置，半个小时后用清水冲洗干净，具有很好的保湿效果。②蜂蜜面膜：把蜂蜜、蛋白、麦片调匀搅拌，成糊状，敷面半个小时后用清水冲洗干净，可以减少色素的沉着，有效滋润肌肤。③番茄面膜：把番茄汁、蜂蜜调匀后，均匀敷在脸上半个小时，用清水冲洗干净，可以有效地预防暗疮。

2. 补足肺气，皮肤润泽

肺气与秋气是相通应，在秋季，肺的制约和收敛功效强盛。要想保持皮肤清洁，就要养好肺。人体通过肺的宣发肃降，把气血精微物质源源不断地输送到全身肌肤毛窍之中。如果其功能失效日久，则毛发干燥、面容憔悴。这是由于肺是主管人体皮肤和毛发的，通过肺的宣发肃降，把气血精微物质源源不断地输送到全身肌肤毛窍之中。所以要保持皮肤润泽，一定要靠补足肺气。调养肺可以采用以下两种方法：

一是肺津不足。表现是皮肤没有光泽，且干燥有皱纹，此时可多喝杏仁露，吃甜杏仁、百合、蜂蜜、藕粉、梨子、苹果等食品。

二是肺气虚。表现是皮肤松弛，没有弹性。可以多吃富含胶原蛋白的食物，如阿胶、鹿胶等。还可以多吃一些白色食物，如白梨、白果、百合、银耳、豆浆、杏仁等补肺食物。

另外，润泽、美白皮肤也可以吃薏仁。吃薏仁可以让皮肤变得细滑美白，而且它还能促进疤痕及伤口的愈合，避免疮肉、赘肉增生。薏仁在辅助治疗淋巴癌、胃癌、皮肤癌方面也有卓著的功效。用黄豆、薏仁、糙米各3等份，最好留一点薏仁皮。前一天晚上用水全部浸泡，第二天用来熬粥。这种吃法既简单，效果又好。

3. 按摩面部，通经络、养容颜

在气候干燥的秋季，肌肤难免要受到阳光的照射，再加上年龄增长、不良的生活习惯等种种因素，可能会使脸上的肌肤失去弹性，出现细纹与皱纹。此时最好的保养方法就是多按摩面部，它能使局部皮肤血液通畅、代谢旺盛、皮脂腺和汗腺的功能增强，使皮肤滋润、容颜焕发，对防治秋季皮肤干燥，防止和推迟皱纹的出现具有良好的功效。秋季可以采取以下几种面部

按摩方法：

（1）干洗脸。干洗脸就是不需要水，直接用手在脸上搓洗。面部是经络密布的部位，经常干洗脸就相当于按摩面部的经脉穴位。每天可以将双手搓热后擦脸，顺序为脸部正中、下颌、唇、鼻子、额头，然后双手分开各自摩擦左右脸颊，脸部发红微热即可。此法一天之中随时都可以做，但以清晨为佳，清晨干洗脸有振奋精神的作用。经常干洗脸可以疏通气血，促进五脏精气滋养皮肤，面部皮肤将会光润细腻。

（2）秋天面部按摩方法除了干洗脸外，还有一些特殊的面部按摩法，效果不错。具体有：①洗脸后，在面部涂上一些杏仁甘油合剂或其他润肤霜，特别是在额部、眼角等易出现皱纹处，应认真涂抹。②将两手的中指、无名指自然并拢，放在鼻翼两旁的迎香穴（在鼻翼最宽处的两边），点按多次，并沿鼻梁逐渐上推揉至前额，两手分开，横推揉至面部两侧的太阳穴，点按多次。③再用这两指点按迎香穴，沿口角轻抹至下唇下正中的承浆穴（当颏唇沟的正中凹陷处），点按多次，并沿下颌推揉至耳前，再顺面颊上至太阳穴，点按多次。面部微红发热即可。

面部按摩注意事项：①面部按摩须分清肤质，脸部的按摩时间要根据年龄和皮肤的性质、状况来决定，应适度，不宜太长或太短。②干性皮肤多按摩，按摩时间为8～15分钟。③油性皮肤少按摩，按摩时间为5～10分钟。④过敏性皮肤最好不要按摩。

从洗脸判断自己肤质小窍门：①洗脸后不擦任何化妆品，一整天脸都会很干燥，一般为干性肌肤。②洗脸后感觉还很油腻，一般为油性肌肤。③使用了护肤品脸会干、红、痒，甚至长疹子，一般为敏感性皮肤。

4. 嫩滑肌肤是吃出来的

在秋季，由于干燥气候会消耗皮肤的水分，使皮肤的柔韧性和光泽度逐渐下降，人体内部进行自我调节可以解决这些问题。可以通过饮食调养来获得嫩滑肌肤。因此，嫩滑肌肤是吃出来的。秋季饮食护肤可以采用以下策略：

（1）秋季饮食护肤应以养阴清热、润燥止渴、清心安神的食品为主。基于此，可以多吃一些含大量水分、维生素、微量元素的蔬菜和水果，如冬瓜、豆芽、胡萝卜、西红柿、梨子、苹果等，以及各种干果类，如干桂圆、枣、核桃等。此外，还要多吃一些芝麻、蜂蜜、银耳、乳制品等滋润食品。需要提醒的是，脾胃虚弱的人应避免吃生冷的食物，否则容易引起秋季腹泻疾病。

（2）自己制作养颜粥、膏。①自制芝麻粥：常食芝麻可以驻颜乌发，防治秋季肌肤干燥、头发脱落等症状。取黑芝麻适量，淘洗、晒干、炒熟、研末，每次取20克与粳米50克一同煮粥，早晚服用。②自制樱桃膏：用鲜樱桃1000克，加水煮烂，去果核，再加入白糖500克，拌匀，装瓶，放入冰箱内。每次1匙，每天2次。具有补血养颜的功效。

5. 调理五脏，护养头发

秋季气候干燥，人的头发会变得枯槁、容易脱落。中医认为，发为血之余。头发的生长，全赖于精和血，肾主藏精。《素问·五脏生成篇》记载："肺者，其华在毛，其主在皮"，"肾者，其华在发，其主在骨"。意思是说，肺与皮肤相合，它的精华反映到毫毛上；而肾与骨相合，它的精华还反映到头发上。这表明古人很早就认识到了五脏与体表毛发的内在必然联系。肺气旺于秋，秋季头发的护养，首先要注意调理五脏，其次应选择使用合适的护养头发方法。

（1）给头发做按摩。头部有很多经络、穴位和神经末梢，按摩头皮能有效调理五脏，从而改善头发质量。用双手手指抓挠头皮，从额骨的攒竹穴位抓起，经神庭穴（前发际正中直上0.5寸）、前顶穴（前发际正中直上3.6寸）到后脑的脑户穴位，直到头皮感到微微发热、发麻再停止。最好能够养成每天进行按摩的习惯：洗澡后、睡觉前、早上梳头时，都可以做一次短暂的头发按摩。

（2）采用蜂蜜来滋润头皮。秋季，头发更容易受到污浊的空气、尘埃等侵袭，堆积的污垢会增加头发之间的摩擦，造成头发受损。干燥的气候还会使头发变得暗淡、枯燥、开叉，失去原有的自然光泽和柔顺，甚至大量地断裂脱落。秋天里，既要保持头发的干净卫生，又不宜洗发过勤，每周洗两次为宜。在洗发时，可以用1匙蜂蜜及2匙洗发液混合使用，每周两次。这样洗发、滋润头发，对干燥、易脱落的头发有很好的滋润功效。

（3）洗发后一定要进行正确的护发保养。①用1茶匙橄榄油涂在吹干发的发梢上，再将头发包在一条潮湿的热毛巾里，待半小时后，用洗发精将头发洗干净。②用1个蛋黄、半茶匙橄榄油、两滴柠檬汁和1滴醋混合均匀，将此混合液涂满头发，与发根稍稍保持一些距离为宜，涂好后把头发用一块塑料布包好，半小时后再用洗发精洗干净。③将适量的酸奶搓进头发中，半小时后用温水洗干净。④对于受损发质，还可以用香蕉来养护，将一只熟透的香蕉捣碎，混合几滴杏仁油，涂于头发中，滞留十多分钟以后用清水洗干净。

6. 秋季养手护手策略

秋季天气干燥，要想双手保持光滑美观，一定要花点工夫养护双手。秋季养护双手应该注意以下几个方面：

（1）要想保持指甲坚韧光洁，首先要保证足够的睡眠及均衡饮食。人的指甲是由一种名叫角朊的坚硬蛋白质组成的，在化学成分上和头发的质地相似。因此，一些对头发的生长及营养有益的食物，同样有助于指甲的健康生长，例如，果仁类、贝壳类、豆类、谷类海藻及牛奶等。

（2）要想保持手部皮肤的细致柔润和指甲的整洁，还有赖于平时的自我保洁和护理，最简单也是最有效的方法是洗手。洗手后，及时抹上护手霜或润肤露，轻轻按摩搓揉一会儿，让滋润成分被肌肤充分吸收，特别要着重按摩指甲周围的区域。

（3）尽量不要用肥皂来洗手，如果遇上顽固污渍，可用一茶匙糖，加少许食油，以双手摩擦，可收到清洁之效。接触冷热水、洗洁精、洗衣粉及漂白水时，要先带上手套。别忘记随身备一小瓶润肤膏，以便每次洗手后涂用。除了经常性的保养之外，每次接触水后，把手擦干，在食醋中蘸一下，可以使皮肤表面形成一层酸性保护膜，对手的保护作用很有效。

（4）定期修剪指甲，可防止指缝内积存污垢而破坏双手的美观。若要留指甲，应将指甲边缘摩擦修饰光滑并修剪成椭圆形。过尖的指甲形状会削弱指甲的韧性，从而变得易折断。

（5）洗衣、洗碗时，如果要接触像洗涤灵、洗衣液等清洁剂时，最好戴上手套来阻隔化学品对肌肤的伤害，或者在碰水前先擦上一层护手霜也具有隐形手套的保护功能。

（6）深秋时要注意手的保暖，以免受冷空气的侵袭，导致经络气血运行不畅，从而产生关节的病变。寒冷天气外出时，要准备质地柔软的保暖手套。

秋季两性健康知识：要养精蓄锐

1. 秋季性生活要注意养精

秋季主收，即秋季天气肃杀，人体的精气也与自然界相应而内收。秋季气候干燥，燥热易伤津耗气。所以，秋季性生活要注意养精。

（1）精是生命的根本。很多人把精理解为男性的精子，其实并不全面。精是指具有生命活力的精微物质，是构成人体维持生命活力的基本物质之一。《素问·金匮真言论》中记载："夫精者，身之本也。"这两句的意思是说，精是生命的根本。

（2）男人有精，女人也有精。人进入成年以后，体内的精主要源于性器官。男性体内的精主要存于精子及雄性激素中，女性体内的精主要存于卵子和雌性激素中。精液的流失会消耗男性大量的精，女性精的消耗主要是月经。阴精不足的人，最好借助秋冬收藏之性以涵养阴精，这样效果最佳。

（3）养精的关键在于节欲。《素问·四气调神大论》中指出秋天的摄生要领是"使志安宁"、"收敛神气"、"无外其志"。对于性生活的调摄来说也应遵守这一原则。这里的"志"不仅有神志的意思，它还是肾精的表现。正由于"肾藏志"，因此秋天里应该"使志安宁"，此时进行性生活时，要有所节制，性生活应有所减少。只有这样节欲，才能达到《黄帝内经》中秋季养生的原则"精神内守"、"以恬愉为务"，保持精神安静愉悦。

另外，秋季新婚夫妻要节制性欲。不少人喜欢在秋天结婚。然而，精生于肾，肾是生命之本。如果新婚夫妻过于纵欲，就会伤了肾精，精伤则神伤，生命之本受损，就会显得精疲力竭。所以，秋季新婚夫妻一定要控制性生活频率。

2. 秋季要预防前列腺炎

每年秋季都是男性泌尿系统疾病的高发季节，而前列腺炎又是泌尿科最常见、最让人头疼的病。一旦患上这种病，尿频、尿急、尿痛、排尿不畅、腰酸等问题都会找上门来，更有严重者还可能会出现血尿等问题。

秋季是前列腺疾病高发期。前列腺疾病的发生与秋天气候干燥有关，气候一干燥就会导致人体排尿减少，因此尿道得不到正常的冲洗而导致前列腺发病率的增高。因此，男性在秋季应注意多饮水，多排尿。如果出现上述症状应尽快就医，以免延误病情而转变为慢性前列腺炎。

（1）前列腺疾病的预防对策如下。①男性平时可以多吃滋阴补肾的食物，如海鲜等，要少吃辛辣食物。②平时不要太懒，要养成良好的个人卫生习惯，性生活要有规律。③定期进行热水坐浴可预防前列腺炎，最好使用低于40℃的热水坐浴消炎。④加强体育锻炼可增强自身免疫功能，提高抗病能力。

（2）男人秋季养性锻炼法。入秋后日常运动量应比夏季时要有所加强，尤其秋季需要"养性"。因此，如果想保持自己的"实力"，最好每天抽出时间做以下的动作，次数因人而异。①俯卧舒展：趴在地板上，将双臂尽量向前伸直，头部轻微抬起，双脚尽量向后伸展，每次伸展动作维持10～15秒，再慢慢放松。重复整个动作10次。②猫姿伸展：这个动作很像猫儿伸展。双臂向前伸展，手掌触地，再将膝盖以上身体向后拉坐至臀部接触脚，双腿呈跪状，尽量舒展手臂和背部，维持10～15秒，然后慢慢放松。将整个动作重复10次。

（3）要学会自测前列腺疾病。①早晨起床小便后，尿道口有乳白色黏液。②尿频、尿急、尿痛、尿不尽、尿滴沥、尿分叉、尿道口灼热。③性功能减退、阳痿、早泄、不育；会阴胀痛、下腹部坠痛。④精液呈现淡红色或灰黄色。以上都是前列腺炎的基本症状，若发现有以上症状，请及时就医。

3. 秋季女人房事要慎重

秋天的燥气重，人体精血多见不足。中医认为，女性以血为本。女性经期，精血下入胞宫以行经；孕期精血集中以育养胎儿；产期分娩失血耗气；哺乳期精血化乳汁以哺育孩子。

根据"秋冬养阴"的原则，以及女性精血相对亏损的生理特点，女性在秋季体质更加虚弱，这时病邪就很容易侵入人体，从而患病。尤其是经期、怀孕前后的3个月、产后百日期间都应该远离房事。

女性秋季患病期间更应该慎重房事。秋季是很多旧病容易复发的季节，因此在患病期间或病后康复期应慎房事，重病应忌房事，尤其是传染性疾病、生殖或泌尿系统感染等，以免耗损身体之正气，使身体更加虚弱。病中一旦强行受孕，不仅会损害双方的身体，还会导致婴儿先天不足、智力障碍或易患某些遗传性疾病等危害。

4. 秋季性生活可适当延长性前戏

秋季性生活对女性而言，还会出现性欲减退的现象，常常表现为性交时出现阴道干燥的现象，这是秋季燥气当令所致。因为，燥气干涩，易于耗损津液。阴道干涩不仅影响行房的情绪和欢悦，还会导致性交时发生疼痛和损伤。因此，秋季行房前可适当延长性前戏的时间，以充分调动激发女性的性欲，也可使用一些润滑剂。此时，女子不可因此而情欲消沉，否则会更进一步抑制阴道分泌腺的分泌，造成恶性循环。另外，秋燥当令，房事也应该有所收敛，以养神气。而且，对阳事渐衰、阴道干涩等对房事不利的因素应有正确的认识，并采取相应的措施，并且要处之泰然。

秋季心理调适：保持心情舒畅防秋愁

1. 老年人保持心情舒畅防秋愁

有些老年人易多愁善感，在风起叶落和秋雨绵绵的季节，常易引起凄凉、垂暮之感，产生悲秋的情绪，致使其精神不振。这是因为松果体能分泌褪黑激素，诱人入睡，使人消沉抑郁。褪黑激素的分泌与光照有关，秋凉以后，常常是阴沉沉天气，阳光少且弱，松果体分泌的褪黑激素相对增多。除此之外，褪黑激素还能抑制甲状腺素和肾上腺素的分泌，而甲状腺素和肾上腺素又是唤起细胞工作的激素，如果它们的分泌量不足，易导致情绪低沉。再加上外界景色萧瑟，只见"枯藤老树昏鸦"，难免会使人触景生情，悲凉之感便油然而生。

要想克服悲秋的情绪，在精神调养上，应培养乐观豁达的胸襟，保持心情舒畅，因势利导，宣泄积郁之情，以避开肃杀之气。同时，还应收敛神气，以适应秋天容平之气。

在饮食上，应多吃一些有健脑活血功效的食物，如核桃仁、鱼类、牛奶、鸡蛋、瘦肉、豆制品等。绿茶、咖啡、巧克力等富含苯乙氨和咖啡因，可以兴奋神经系统，从而改善心境。

在晴朗的天气里，应多参加户外活动，如假日郊游、登高赏景等，饱览秋日美景。同时，还可接受阳光的沐浴，会对神经系统起到调节安抚的作用，从而可以消除秋愁。

还可进行适当的体育运动防止秋愁，用肌肉的紧张去消除精神的紧张。此外，要少一些怀旧情绪，多想想美好的未来，多参加一些有意义的活动，以丰富自己的业余生活。

2. 秋季养生需清静养神

《素问·四气调神大论》中记载："使志安宁，以缓秋刑；收敛神气，使秋气平；无外其志，使肺气清。"意思是说，秋季要保持精神上的安宁，以减缓肃杀之气的影响；注意不断地收敛神气，不使神志外驰，以保肺之清肃之气。所以，秋季要做到清静养神，尽量排除心中杂念，可达心境宁静的状态。

常言道："常人不可无欲，又复不可无争。"这是人之常理，但不可欲望太高，超越现实。私心、嗜欲出于心，私心太重、嗜欲不止，则会扰动神气，破坏神气的清静。

古人云："酒色财气四道墙，人人都在里边藏，若能跳出墙外去，不是神仙也寿长。"所以，在生活中，应把精力多用在事业上，而不要"争名在朝，争利于市"。

3. 保持内心宁静，驱散秋季忧郁

秋季是忧郁症的高发期。忧郁症是现代紧张病的代表性疾病，其症状包括失眠、疲倦、身体不适、头痛、食欲不振等。轻者，适当放松、舒解压力，不致妨碍工作；重者，还可能出现腹痛，甚至还会晕倒。

一些年轻人患忧郁症，有些人仅仅是轻微的情绪障碍，有些人可出现精力缺乏、自我评价低、精神迟滞等。若不能及时宣泄或加以疏导，就可积郁成疾，甚至还会产生自杀倾向。

人在心情愉快时，机体的功能和神经细胞的兴奋都调节到最佳状态，有利于身心健康。相反，终日郁闷忧伤，会导致内分泌紊乱，内脏功能失调，从而引发胃痉挛、高血压、冠心病等疾病。

预防忧郁症要养成早起的习惯，吃顿营养丰富的早餐，装扮整洁出门。不宜整日持续工作，除了中午外，上午10时，下午3时宜放下工作，喝杯茶，休息片刻。

在工作上遇到的问题和烦恼，千万不要总放在心里，应提出来与上司或同事商量解决。责任心强的人不要过于追求完美，免得身心负荷太重。每日不宜过于劳累，以免患上忧郁症。应积极参与各种社交活动，扩大生活圈子，多交工作以外的朋友，以增长见闻，促进人际关系，培养兴趣、爱好，舒缓工作上的压力，这是松弛神经、预防忧郁症最好的良方。

除此之外，在日常生活中，要注意培养自己的乐观情绪，以理智的眼光看待自然界的变化，或外出秋游，登高赏景，或静练气功，收敛心神，时常保持内心的宁静。

第八章

秋季养花、钓鱼、爱车保养、旅游温馨提示

秋季养花：停车坐爱枫林晚，霜叶红于二月花

1. 进行抗寒锻炼，适时入室

进入秋天，天气渐渐变冷，每种花卉的抗寒能力不同，故入室时间也因花而异。一般来讲，不要急着把花卉搬回房间，让其经历一个温度变化的过程，即抗寒锻炼，有利于植株的养分积累和明年的生长发育。

冬季休眠的花卉不用进行抗寒锻炼，抗寒锻炼是针对一些冬季不休眠的花卉而言的。

（1）增强花的抗冻能力。经过抗寒锻炼的花卉，在生理上形成对低温的适应性，自然就增强了抗冻能力，为安全过冬打下了基础。

（2）抗寒锻炼要有限度。当气温下降剧烈或出现霜冻时，要及时把花搬回房间，防止突然的低温对其造成伤害。但不是所有花都能进行抗寒锻炼的，如红掌、彩叶芋等喜高温的花卉，应在气温未下降前移至室内进行养护。

（3）花儿进房也有讲究。因秋季仍是病虫害的高发季节，植株易遭受介壳虫、红蜘蛛、蚜虫、白粉虱等害虫危害，病害有叶斑病、枝干的腐烂病等。将花搬入室内前，要清洗一下盆壁和盆底，防止将病虫害带入室内。把花卉搬进室内后要将它放置在有光照处，同时注意通风。室温不宜太高，超过25℃时，要打开门窗进行散热，以免因室内温度高造成徒长。

2. 给予适量水肥，还需区别对待

进入秋季后的水肥管理，需要根据不同花卉的习性区别对待。对于春天开花的腊梅、山茶、杜鹃等花卉，要及时追施2~3次以磷、钾肥为主的液肥，能提高花卉的抗寒性能。对于秋季开花的秋菊、桂花和一年多次开花的月季、米兰、茉莉等，要继续供给较充足的水肥，防止出现落蕾现象，同时还可促使其不断开花。观果类花卉在秋季是结果季节，应继续施用以磷肥为主的复合肥。

秋冬或早春开花的花卉，以及秋播的草本花卉，可根据实际需要正常浇水施肥，而对于其他花卉要逐渐减少浇水施肥次数和数量，以免徒长而遭受冻害。

3. 及时修剪整形，以保留养分

入秋后的气温在20℃左右时，大多数花卉易萌发较多的嫩枝，应将过高、过密和所有病害或有虫害的枝条剪去。除根据需要保留部分外，其余的均要及时剪除，以减少养分消耗，对于保留的嫩枝也应及时进行摘心修剪,以促使枝干生长充实。对于开花结果的花卉,秋季修剪有利于翌年多开花结果。

(1)短剪。茉莉、月季、大丽花等在新生枝条上开花的花木,北方地区入秋以后还要继续开一次花,应及时进行适当短剪,以利促发新枝,届时开花。此外,秋天要注意及时摘除黄叶、病虫叶,并集中销毁,以防病虫蔓延。对于观叶植物上的老叶、伤残叶片,也要注意及时摘除,以促发新叶,方能保持其观赏价值。

(2)除蕾疏果。菊花、月季、茉莉、大丽花等,秋季现蕾后待花蕾长到一定大小时,除保留顶端1个长势良好的大蕾外,其余侧蕾均应摘除。金橘等观果花木若夏果已经坐住,在剪除秋梢的同时,要将秋季孕育的花蕾及时除去,以利夏果发育良好。当果实长到蚕豆粒大小时还要对其进行疏果。

4. 及时采种,以利来年发芽

有许多花卉的种子,在仲秋前后陆续成熟,需要及时采收。采收后及时晒干、脱粒,除去杂物后选出籽粒饱满、粒形整齐、无病虫害、具有本品种特征的种子,放室内通风、阴暗、干燥、低温的地方贮藏。一串红、翠菊、茑萝、牵牛等种子收获后去杂晾干,装入布袋内放低温通风处,但切忌将种子装入封严的塑料袋内贮藏,以免缺氧而降低或丧失发芽能力。对于一些种皮较厚的种子,如牡丹、芍药、玉兰、含笑等,采收后最好将种子用湿沙土埋好,对其进行层积沙藏,以利来年发芽。睡莲、王莲的种子必须泡在水中贮存,水温以保持在5℃左右为宜。

5. 适期播种,以便来年赏花

二年生或多年生草花、部分温室花卉及一些木本花卉都宜进行秋播,牡丹、芍药、郁金香、风信子等球根花卉宜于中秋节栽种。如雏菊、金鱼草、仙客来、瓜叶菊等花卉,以及采收后易丧失发芽能力的非洲菊、秋海棠、飞燕草等花卉都适宜进行秋播。盆栽后放在3℃~5℃的低温室内越冬,使其接受低温锻炼,以利来年开花。

6. 秋季养护冬眠花卉

在冬季休眠的花卉品种很多,如腊梅、月季、凌霄等,秋季养护应保证其在寒冬来临前进入休眠状态。可以参考以下三点来做:

(1)盆栽这些花卉时不要将其放在封闭的阳台内,因为阳台内温度较高,会推迟其进入休眠的时间。要将它们放在室外栽培,随着气温的下降,这些花卉逐步进入休眠状态。休眠后不要过早地移入室内,以防温度过高,休眠芽重新萌发,会影响到第二年的开花。

(2)对这些花应以磷、钾施肥为主,尽量减少氮肥的施用量。这样可以促进养分的转化和贮藏,为明年春天的重新生长提供充足的养料。

(3)如果冬季室内温度较高,可以不让花休眠,在保证充足的光照和水肥的条件下,有些花在冬季也会开花。

7. 秋季养花小常识

(1)秋天应注意给花翻盆换土。进入秋季以后,是盆花翻盆、换土的好时机。凡是花盆过小、根系密布盆壁的花卉,这时候应注意及时调换大盆,以利于花卉的生长。不需要换盆的花卉也应注意翻盆换土。适时给盆花松松土、换换盆土,可以给花卉一个舒适的成长空间,也可以及时补充花土中的养分,以使花卉长得更加健壮和繁茂。

(2)应彻底进行病虫防治。秋季是病虫害的高发季节,植株易遭受介壳虫、红蜘蛛、蚜虫、白粉虱等害虫的危害。病害包括叶枯病、枝干的腐烂病等。盆花入室前,必须彻底防治这些病虫害。未发现病虫害的花卉,也可对其喷洒药物进行预防。

(3)秋天的光照依旧非常重要。部分夏季开花的喜光木本花卉,如茉莉、扶桑、米兰等,在秋季仍应放在阳光充足的地方,让叶片更好地进行光合作用,及时供给营养,促进当年生枝条成熟,使其能够安全过冬,从而保证明年依然花繁叶茂。

春节前后开花的君子兰、杜鹃、一品红、仙客来、蟹爪莲等盆花,也应放于阳光充足处,接受全天日照,否则花期将会推迟,甚至造成不会开花的现象。

一般观叶植物较耐阴，可适当给一些光照，但要避免中午的强光直射。

（4）增加花卉的营养成分。腊梅、菊花、蟹爪莲、白玉兰、瑞香、兜兰等此时正将孕蕾，月季、君子兰等花卉即将长枝叶也将孕蕾，此时应注意追加以磷为主的氮、磷、钾肥2～3次。否则，很难孕蕾、长蕾，也不会开花。茉莉、米兰等香花，坚持每月施入上述肥料1~3次。这样，花卉就可以在入冬前再度开花。

8.秋季养花禁忌

（1）忌入室过晚。11月后一些喜热的花卉要注意防寒，应提早入室过冬。

（2）忌肥料不够、温度过低。冬季开花的植物如在秋季时供给的肥料不够、温度过低，花卉的营养生长会受到影响，花蕾也会少而小；有些植物花期会推迟。如：茶花易落蕾，君子兰会夹箭等现象。

（3）忌室内通风差、修剪不及时。秋季气温较温和、雨水较多，花木生长旺盛，枝叶易繁乱。如不及时疏剪和抹芽，在通风不良处易引发病虫害。

秋季钓鱼：钓鱼人追梦的黄金季节

1.秋季气象、水情和鱼情有利钓鱼

秋季是垂钓的黄金季节，秋风送爽，稻菽飘香，是钓鱼人追梦的日子，秋天鱼好钓，是大自然赐予了很多有利因素。

（1）气象的稳定性。入秋后，气温从第二个节令起便逐渐回落，水温亦降，对于淡水中的鲤鱼、鲫鱼来说，可谓是"温而不躁，热而不倦"。因此，秋季是鱼频咬饵食的时期。

秋天由于气象条件较佳，在选钓点上不仅可在平坦处做窝，也可以选一些地形险峻而人迹罕至的水域做大窝。良好的气象条件，也使鱼的觅食活动趋于积极、稳定，一改其他季节时咬时停的情况，咬钩既快又狠，中鱼率较高，而且可从清晨延续到黄昏。

适宜的自然环境为钓鱼创造了优势条件，但并不等于一到水边随便投竿就能钓到很多鱼，仍需要技巧，以找到鱼在水下活动的踪迹和经常逗留的居所。

（2）水情的适应性。天然的湖库乃至坝塘，几乎都靠雨季蓄水，才有了水天世界的壮观和辽阔，鱼才有了更大的觅食空间。水情的最佳状态为鱼提供了有利的生活环境。①满足了生存和生长的需要。雨季注入大量的新水，不仅含有较高的氧分，促进鱼体的新陈代谢，保障了鱼机体的健康，而且随水涌入了丰富的天然饵食，促进了鱼的快速生长。②相对的恒温性。小塘、小池水温极易上升，其原因就是水量少，水位浅，阳光一照，很快把光热"洞穿"到底，并且随着光热长时间的维持，水温趋高，致使这些塘池中的鱼厌食而难钓。但大水面却与之大相径庭，由于新鲜水的流入和不断汇聚，水面的宏大，以及水位的升高，秋季白天已较弱的光热仅能渗透水体数十厘米的表层，而对更下层的浸透是一个漫长的积累过程，这样上下水层不同温度的水流循环变得十分缓慢，形成一个相对平衡的水温体系，所以钓鱼人有了"数米深处是清凉世界"的认识。这一时期，水温的相对稳定就成了鱼活动的最佳推动力。③安全性。可从两方面来看，一是在近岸边，因水满期淹没了许多障碍物，为鱼抵近活动（觅食）提供了躲藏、隐蔽的天然屏障；二是在深水区，由于水量的充盈，使深水区域离岸更远，使较大的鱼类也有了安全稳定的居所，形成了群聚之势，更适合远投海竿钓鱼。

（3）鱼的需要性。秋季是鱼饱食壮体的最佳季节。由于秋季的诸多客观条件为鱼的觅食提供了便利，也是鱼蕴育生命的起始。这一阶段，鱼觅食不仅是为了长大、长壮，更重要的是为了滋养、孕育下一代。例如鲫鱼、鲤鱼都是在这一时段开始怀子，以待来年繁殖后代。

2.秋季钓鱼地点选择技巧

秋天分为早秋、仲秋、晚秋，早秋的气温和夏天差不多，选钓点的方法应同夏天选钓点方法接近，如早晚可选近一点的水域下钓，中午宜在树荫处和深水区下钓。仲秋的平均气温也在

20℃以上，所以仍应"钓荫"。"秋钓荫"就是指这个时间的选点方法。晚秋已快接近冬天了，钓点的选择就要根据当天的阴晴情况、风力情况灵活选点。早晚宜选向阳的暖水域，中午则"钓荫"。若是阴天，应选深水区，因深水区的水温变化通常小于浅水区。

3. 秋季钓鱼用饵秘籍

因秋季水中的植物已经纤维化，鱼是咬不动了，但是秋季昆虫特别多，蚂蚱、螳螂、青虫等在树枝上和草丛中都可以捕捉到，此时用昆虫作钓饵，主要钓草鱼，常常会有令人意想不到的收获。

早秋钓鱼时，要以素饵为主。这时，红薯也已收获。把红薯蒸熟，捣成红薯泥，加入面粉、麸粉和少量的糖，可作为钓青鱼、鲤鱼的饵料，尤其是钓青鱼，收获会很大。到了秋季，鱼儿已很少在近岸区游动，多生活在深水区，此时宜用海竿钓鱼。

晚秋时节，钓鱼应以荤饵为主。若是在肥水塘钓鱼仍应用面团类素饵。

4. 秋季短竿近钓常有收获

秋季湖库水满为钓鱼人提供了更多的钓点选择，那些往日裸露的高坎、石埂和山崖陡壁以及石砌大坝，如今已水系"腰间"或漫至"胸颈"，成了良好的天然钓台。此时如用一支3～4米的短竿近钓，常常会有惊喜的收获。

（1）鱼不滑。上述钓点因平时不被人看重，少有人下竿下饵，故在这一水域的鱼儿少有抗钓性。大多数情况下，投饵不久，就会有较清晰的漂讯，而且动作大而稳，鱼中钩也牢。

（2）个体大。钓久后的长竿钓点，个大的鲫鱼较少，而近处短竿钓到的鲫鱼普遍个体较大，二三斤重的鲤鱼也会咬钩。

（3）小杂鱼不闹钩。由于长期在较远处投饵垂钓，已形成小杂鱼定点寻食的习惯，会围着窝点转。当近处做了新窝后，小杂鱼短时内难以发现，而活动量大的鲫鱼、鲤鱼、草鱼会很快入窝，此时漂一动多是可钓之鱼。

（4）休闲性更强。竿短窝近，减少了钓者投起竿的强度，一般情况下仅靠坐在椅上就能轻而易举地将钓饵投到窝中。在风天，不必起身投竿，可用甩大鞭方法投准钓饵，减轻眼睛看漂的疲劳，即使在风浪大的天气下也能准确观察鱼汛，尤其适合中老年人或视力较差的钓者使用。

（5）更易提竿和遛鱼。短竿在鱼咬钩的同时，因提竿快捷，所以对提高钓鲫鱼的中钩率特别有效，对钓大鱼也不会错过最佳时机，使钩扎得更稳。从遛鱼角度看，由于钓点近，能及时扬竿，使竿的角度变得很大，对掌握鱼的冲击力也非常有利。

5. 中秋时节适宜钓鲫鱼

鲫鱼是一种淡水鱼种，在我国大江南北各类水域中分布最广。鲫鱼之所以成为钓鱼人最钟情的垂钓对象，是因为有水就有它的踪迹，大湖小塘，远水近岸，无处不在，为广大钓鱼爱好者带来了渔趣和欢乐。

在秋季，中秋时节是鲫鱼一年中最肥美的时候。在天高水阔、风清气爽的日子，许多钓友携竿奔赴自然水域，可钓出畅快与收获的喜悦。

（1）出钓日子多。从阳历9月下旬起，随着秋分的到来，炎热逐渐退去，爽而不冷成为这一时段的主要天气特征。对于不受时间限制的钓鱼人几乎可以天天出钓，即使在秋雨连绵的日子出钓，也会有鲫鱼大咬的情况。若连续晴朗四五天后，由于气温，水温不断上升，再出现风弱浪小，势必会有鱼咬钩不勤的情况。在这种气候条件下，即使出钓了，也要避开午前、午后的三四个小时，或者找数米深的水域下钩。

（2）选好钓场。鲫鱼一般喜在浅滩、近岸活动，更喜欢在水草多的地方游荡觅食。但中秋以后的自然水域，由于大雨季已经过去，水色清亮，在一米左右深的浅滩和近岸处，如果不是因水面小、鱼密度大而被鱼闹浑水体的话，一般的湖库大水域，在靠近岸边的三五米水深处几乎可以见底了，此时鱼到这样的浅滩几乎是不可能的。当然如果离岸不远就有几十厘米到一米多的深坎下陷，也不失为钓边的好钓点。当然在水草密布的浅滩，如果底泥深厚，倒会呈现出上清下浊的现象。因此常会遇到一大早到湖边，草棵中有鱼活动，水色泛黄，做窝不久就咬钩的情况。选深、选远是这一阶段垂钓的明智选择。这个深是相对的，以钓场最深五六米、中度三四米、浅处一二米为例，首选的必然是中度的三四米水域，这是一个鱼进可觅食、退可安全的环境，不仅有鲫鱼可钓，还经常会遇到大鲤鱼、大草鱼。所谓的远，也不是海竿投到的地方，更不是离岸三四米就叫远，而是七八米合适，十余米更佳。

6. 中晚秋用饵适口钓大鱼

若想在大面积的水库中钓到一斤以上的野鲤鱼、大鲩鱼难度较大，因而需要寻求更加有效的钓法。

（1）熟知鱼的生活习性。到了中晚秋，天气好，气温适宜，此时正是鱼活动最为频繁的时期，许多大鱼游动范围较大，只要水域深浅度合适，会有大鱼光临甚至停留。但如果我们仅用常规钓法，很难留住它们在某一水域转游或停留一定时间，能钓到的鱼即为"过路鱼"，不易获得上乘收获。因此做一个有特色的窝，把鱼招来并且留住，成为了钓者的首要任务。

（2）用饵要适口。鱼对应季的植物最为敏感，这也许是出于一种本能，如常见的用秋季的蚂蚱、蝈蝈等昆虫钓大草鱼和鲤鱼效果最佳，用湖边成熟的果实浮钓大草鱼、大鳊鱼最奏效等。而作为底层鱼的鲤鱼，这一阶段尤对青苞玉米粒最感兴趣。青苞玉米甜、色白、浆鲜、颗粒饱满，对鲤鱼具有极强的诱惑力，就连很小的鲫鱼也很钟情这种饵料，故在施用这种钓饵时，上钩的多是个体大的鲤鱼、鲫鱼和草鱼。

（3）专一性要强。中晚秋时节是各类鱼觅食最为频繁的时期，因而在良好的气象条件下，鱼对饵食的需求欲望比其他季节都强烈。钓过鱼的人都有体会，这一阶段在水库钓鱼，小鱼闹钩的情况比较严重，如果你钓鲫鱼用蚯蚓，那必会被小鱼闹得烦不胜烦。此时若把饵料换作青苞玉米，因它的针对性变强了，特别是在提前做了窝的地方下竿，只要下了守钓的决心，必定会遇到大鱼来咬。在守钓的过程中，可静静等待，不必频繁提竿，营造一个安宁的环境，这样更有利于大鱼咬钩。

（4）灵活用饵。用青苞玉米钓大鱼最有效的办法是提前打窝。在垂钓过程中灵活运用饵料，更能增加鱼的进窝量和加快咬钩速度。具体方法是：首先在试钓中，用挂双粒增大饵形的办法加大对大鱼的诱惑力，往往会有几斤重的大鱼来咬。此后，如果鱼汛变弱，改变饵形，在大钩上仅挂一粒中号大小的玉米粒，并且把饵置于钩尖部位，以使个体偏小的鱼较方便吸饵入口；其次要采取边钓边诱的钓法，间隔二三十分钟就向窝里投少许诱饵，最有效的饵是嚼碎后连浆粒一起准确地投入窝中。由于碎饵浆汁溢出，青苞的清香甜味扩散于水中，很容易招引鱼入窝。

秋季爱车保养：注意车内清洁，更新机油、冷却液体和玻璃水

1. 注意驾驶室的清洁和消毒

经过一个炎热的夏季后秋季来临，由于高温和潮湿，汽车的驾驶室内或多或少地滋生了致病的细菌和霉菌。如果平时不太注重清洁，座椅下面、地毯下面等各处卫生死角还会积聚了较多的灰尘和污物。这些灰尘、污物、细菌和霉菌对驾乘人员的健康有很大危害，因此，在即将进入秋季的换季时节，对驾驶室进行一次彻底的清理保养，是非常有必要的。

（1）驾驶室内部的常规清理保养。在一般情况下，整套的驾驶室清理保养包括：座椅、内饰、地毯、地胶、操控台面板、后备箱等的清洁、除臭和上光养护。

①对驾驶室的清洁。有很多驾驶员认为，将车内整理得井井有条，不乱放东西，就算干净了，其实不然。仪表台操作面板、座椅缝隙、地毯死角、门板边缘或内饰表面等部位，如果不做深入、彻底的清洁，就会积存大量灰尘或污渍，成为细菌、病毒理想的"生长环境"，从而危害车内驾乘人员的健康。在对内室进行清洁时，要注意针对车内部件的不同材质，选用相应的清洁剂进行清洁。对于皮革和塑料饰件还要根据实际情况，进行必要的上光处理，以免褪色、老化。此外，在清洁时，还要注意清洁剂的选择，要选用中性清洁剂，否则，会对部件造成损害。

②对皮革的养护。车内加装皮革座椅，会给人以高贵、豪华的感觉，然而，由于皮革的材质特性原因，座椅表面使用时间久了，与人体接触的部位就很容易积存油脂和污垢，如不及时清洁、养护，不仅会使皮革座椅失去其美观性，还会在皮革表面出现龟裂和老化。所以，对皮革座椅进行清洁、养护也是十分必要的。对皮革座椅进行清洁，不能直接用水清洗，也不能用含油或酒精的清洁剂清洗，否则，会对皮革产生氧化作用。正确的做法是，先用专门的清洁剂去除掉皮革表面沾染的污渍，然后再喷上皮革保养剂，以保持皮革亮泽柔软。

③对内饰的布置。当车内清洁完毕后，就可以根据驾驶员的意愿来布置内饰了，但必须把握一个原则，即一切美观的布置都不要影响驾驶安全。

（2）驾驶室内部的消毒。有些平时不太注意卫生的驾驶员所驾驶的汽车，常规的清理保养可能只是解决了表面的脏乱问题，而内部的较为严重的污染并没有得到彻底消除。对于这类汽车，还应做一次驾驶室内部的整体消毒。

一般来讲，车内污染不仅会导致空气的味道难闻，更严重的是，这些有害物质可能会对神经系统、免疫系统、内分泌系统以及生殖系统产生不利影响，甚至有可能致癌。特别是在夏季，由于开空调，车窗紧闭，导致车内空气不能及时流通，进一步加剧了车内空气的污染。长期在污染的环境中驾车，会导致驾驶员头晕、困倦、咳嗽等不良反应，进而导致情绪压抑烦躁、注意力无法集中而酿成交通事故。

借用紫外线消毒是一个不错的办法。在车内无人的状况下，用紫外线灯照射车厢内部，消毒完成后，开窗通风5～6小时。

对车厢内的设施进行消毒后，应先用清水擦拭，再用清洁的干布擦干，以便去除残留的消毒剂。需要提醒各位驾驶员朋友，虽然秋季天气凉爽，不用长时间开窗透气，但如果长期关闭车窗，就会使车内空气不流通，从而使顶篷、座椅、空调风道积存的灰尘、细菌留在车内，极易使车内驾乘人员患各类呼吸道疾病，因此，虽然到了凉爽的秋天，还是应该经常开窗通风。另外，秋高气爽，艳阳高照，有时间的话也可以找一个安静的地方，打开车门和后备箱盖，利用阳光给你的爱车进行一次自然消毒。

2. 注意轮胎的轮压和老化痕迹

当一个人坐进汽车，就等于把自己交给了汽车，而汽车在行驶过程中，实际上就交给了四个轮胎。如果轮胎出现问题，后果将不堪设想。因此，切不可忽视对轮胎的保养。

（1）检查轮胎气压。不适当的胎压可能在行驶时导致爆胎或制动不灵。目前大多数汽车都使用了低压轮胎，由于这种轮胎固有的特性，目测并不能及时准确地发现胎压不足，所以驾驶员最好准备一个气压表，自己可以每周检测一下胎压。

（2）检查轮胎胎面和胎侧壁。秋季天气转凉，轮胎的橡胶会变硬，相对也会变得比较脆，行驶时不但摩擦系数会降低，也较易于漏气、扎胎，因此应该经常检查轮胎胎面和胎侧壁上是否有明显的外伤、刮痕等。同时，要经常清理胎纹内的杂物。有些驾驶员对汽车的轮胎不太在意，甚至有了外伤还在行驶，这样就很容易导致轮胎爆裂。为了保证驾车安全，当气温下降的时候，你一定要仔细检查轮胎，如果轮胎表面有扎伤必须及时进行修补，应尽量避免使用修补过的轮胎。

（3）检查胎面的磨损。当磨损超过轮胎标志时，就要更换轮胎。尤其是在北方，进入秋季后，雨雪天气也会增多，路面容易湿滑，尤其是雨雪后，由于温度偏低，路面容易结冰，驾车行驶要特别小心，同时对轮胎的要求也相应提高。检查一下轮胎花纹的磨损程度，如果磨损较强，建议更换冬季型的轮胎。另外，也可以在轮胎的表面经常喷一些轮胎保护剂，以减少磨损。

3. 秋季要对空调彻底清洁保养

秋风送爽，随着气温的逐渐下降，汽车空调的使用次数也开始减少，到了深秋季节，汽车空调更是可以停用了。这时的空调经历了整个夏季里雨水和灰尘的侵蚀，如果不注意加以保养，会严重影响空调的使用寿命，所以，秋季要对空调做好彻底的清洁保养。

（1）购买专用的汽车空调清洗剂对空调外循环系统进行清洁消毒。消毒前，应将车内的食品、纸巾取出，避免吸附异味。找到汽车的空气导入口，如有必要再打开发动机罩；启动发动机，打开窗户；将空调的AC开关置于OFF（关）位置，将循环挡调至外循环位置，风扇开至最大；向空气导入口吸力最强的位置注入空调清洗剂。这时，清洗剂将沿着风道向蒸发器方向流动，清洗吸附在蒸发器上的霉菌、灰尘。等清洗剂全部注入后，让风扇继续转动10~15分钟。最后，可以看到底盘下面空调的排水管排出污液，这时再感受一下空调出风口的送风是否已经洁净。

（2）清理空调滤芯（空调滤清器）。大部分汽车的空调滤芯安装在驾驶室操控台的储物盒后面。取下滤芯后，启动车辆，打开空调并把空调置于外循环挡，把泡沫状的清洗剂喷到滤芯上，空调的外循环风会把清洗剂吸入风道内。清理工作完成后，车内出风口就会吹出清新的空气。如果滤芯污垢严重的话，建议及时更换新滤芯。

4. 及时为发动机更换冬季型润滑油

进入秋季后，气温将会从夏季的酷热转向凉爽甚至寒冷，夏季使用的润滑油已经不能满足发动机工作的需要了，所以应该为汽车更换冬季型的润滑油。但是，许多驾驶员并不知道该为自己的爱车选用什么样的润滑油，其实，如果掌握了润滑油使用的基本原则，更换润滑油的事情也很简单。

（1）秋季应选用黏度较小的润滑油，以提高泵送能力，降低冷启动磨损。因为在低温下，如果润滑油黏度过高，流动性变差，发动机启动的瞬间有些零件之间就可能缺乏润滑，加剧发动机的磨损。相反，如果润滑油黏度适当就可以起到保护发动机的作用。因此，需要根据季节变化适时更换润滑油，最好是在保持同一品牌和质量等级的前提下，在冬季，选用黏度较低的润滑油，比黏度较高的润滑油更容易在冷启动的瞬间为发动机提供保护。

目前市场上的润滑油有多级和单级之分。一般来说，单级发动机润滑油仅限于一个温度，价格相对便宜，多适合气温变化小的区域使用。多级润滑油产品，同时满足高温和低温下的黏度要求，各个季节都适用。由于不同发动机散热效果不一样，因此选择发动机润滑油时，厂方提供的说明书是最基本的参考。同时，要根据所处地区的温度条件来进行选择。

（2）可以考虑选择比汽车使用手册中规定的更高等级的润滑油。也就是说，高等级的润滑油可以兼容较低级别的同类产品。不同级别的润滑油质量和适应性也有所不同，高等级润滑油的质量优于较低级润滑油的质量。

如今越来越多的发动机采用了新技术，如涡轮增压、中冷技术等，如果采用质量等级高的润滑产品将有助于减少磨损，延长发动机寿命。对于润滑油换油知识比较匮乏的消费者，这是一种选择润滑油时比较简单的方法。

在更换润滑油的同时，要注意同时更换润滑油滤芯，这样才能让新更换的润滑油发挥更好的功效。另外还要注意，不同品牌间的润滑油产品是不可以混合使用的。

5. 冷却液和玻璃水更换为冬季型

入秋以后，广大驾驶员换季保养的一项重要内容就是更换汽车的冷却液和玻璃水。为了适应日渐降低的气温，这两种用品都要换成冬季型的防结冰类型。冬季防结冰类型的冷却液和玻璃水的选择有以下两种方法：

（1）冷却液以品牌为参考。冷却液是发动机冷却液的俗称，又叫"不冻液"，是汽车发动机正常运转不可缺少的散热介质，直接影响到汽车的使用寿命。知名品牌冷却液一般采用进口高纯度、腈纶级乙二醇和高纯净去离子软化水为原料，从源头上确保冷却液的质量。同时在工艺方面也非常考究，严格按照ISO质量体系的要求组织生产，生产工序非常严格，并独有过滤、渗透、滴定等质量强化技术，从而保证产品在防冻、防沸、防腐、防垢等性能上表现突出。而一些杂牌冷却液，质量难以保证。劣质冷却液的主要原料是工业甲醇或各种杂醇等化工下脚料，这些东西一般都有刺鼻的气味，且挥发性较强，最重要的是起不到应有的防冻效果。因此，面对鱼龙混杂的冷却液市场，消费者在选择冷却液时，最好以知名品牌为主。

（2）选择玻璃水要考虑使用效果。汽车风挡玻璃清洗与其他的养护项目相比是一个小维护。但是，这个小维护和行车安全息息相关，能在关键时刻保持风挡玻璃干净、视野清晰的才是好的玻璃水。

第一，秋冬季节使用的玻璃水应该具备优秀的清洗和防冻性能。冬季玻璃水是以防冻性能作为选择的基准，应该选择冰点低于当地最低温度10℃以上的玻璃水，不然会造成玻璃水冻住、喷水壶水泵故障等问题。因此，要根据所在地的温度进行选择，正规品牌的产品会以温度划分出不同的级别，根据季节变化进行合理选择。

第二，尽量选择具备快速融雪融冰和防眩光、防雾气、防静电功效的产品。由于秋季以后的气候特性，在行车过程中，驾驶者的视线很容易受到光的折射和雾气、静电的影响，给行车带来安全隐患。因此，驾驶员在购买玻璃水的时候，最好选择能有效对付上述不利因素的产品。

第三，质量好的玻璃水还应该具备对风挡玻璃和雨刷器的保护性能。也就是说，在正常使用过程当中对车辆进行保护与护理。目前市场上，一些品牌玻璃水通过调配多种表面活性剂及添加剂，具备修复风挡玻璃表面细微划痕的作用，通过形成独特的保护膜，以达到对风挡玻璃的全面呵护。有些玻璃水产品还特别添加多种缓蚀剂，对各种金属都没有腐蚀作用，保护了汽车面漆、雨刷器及橡胶等零部件。

秋季旅游：赏花、观鸟、探胜、观潮

1. 赏花观鸟之旅：扎龙湿地，沙家浜

（1）齐齐哈尔扎龙湿地——鹤的故乡

齐齐哈尔扎龙湿地位于黑龙江省齐齐哈尔市境内，这里河道纵横，水草丛生，曾被评为中国最美的六大沼泽湿地之一。每年8～9月，有二三百种野生珍禽云集于此，其中尤以丹顶鹤居多。在每年8月份举行的观鹤节期间，众多的游客纷至沓来，场面十分壮观。

①沼泽中的舞蹈家。人们把扎龙湿地称为"鹤的故乡"，其实没有任何夸耀之词。全世界共有15种鹤，而在扎龙就有6种，其中丹顶鹤的数量约占全世界的1/4。说扎龙是水禽的"天然乐园"也名副其实，这里除丹顶鹤以外，还有大天鹅、小天鹅、大白鹭、草鹭、白鹳、鸳鸯等150多种珍稀水禽。每年的4～5月、8～9月为观鸟的最佳季节，此时到扎龙湿地来会听到丹顶鹤引颈高歌。登上望鹤楼凭栏远眺，绿色的芦苇荡一直铺展到遥远的地平线，三五成群的丹顶鹤在芦苇荡与湖边翩翩起舞。它们迈着轻盈的脚步，时而引颈向天，时而相互凝望。那神情，动人心弦，摄人心魄。尤其是在夕阳或是晨光的照耀下，它们的姿态更加显得超凡脱俗。当它们展翅腾飞的时候，就像一道道闪亮的白光，那份洒脱与悠闲的姿态，实在令人叹为观止。

②独特的求爱方式。丹顶鹤独特的求爱方式是扎龙湿地最吸引人之处。每天清晨或黄昏，丹顶鹤成双成对地聚集在沼泽浅滩上，开始一场场情歌对唱。这时，每一只丹顶鹤都会响亮而频繁地鸣叫着，向"恋人"表达着绵绵的爱意。在唱情歌的时候，雄丹顶鹤会展开漂亮的双翅，围着雌丹顶鹤翩翩起舞，嘴里还"嗝嗝"叫个不停，似乎在征得"恋人"的同意。而雌丹顶鹤若真的有意，也会走上前去，与"恋人"亲密地跳起双鹤舞，而且还会做出各种各样的舞蹈动作。在双方对歌对舞，你来我往之中，丹顶鹤便会选中自己中意的伴侣，从此头白偕老，海枯石烂。

（2）沙家浜芦花——红色旅游及阳澄湖大闸蟹

沙家浜位于江苏常熟的阳澄湖畔，这个因样板戏《沙家浜》而出名的小镇，不仅是红色旅游的热门景区，更是观赏芦花的极佳之处。这里有占地一千多亩的芦苇荡，每到芦花飘放的季节，色如白雪的芦花摇曳生姿，风情万种，呈现出了一幅多姿多彩的江南美景。

①秋后芦花赛雪飘。芦花之美不是一瓣之芬芳，也不是一朵之娇羞，是一望无际的气势之美，是顾盼生姿的摇曳之美。沙家浜景区里，有华东地区最大的芦苇生态湿地。纵横交错的河巷和茂密的芦苇荡，构成了一个辽阔、幽深而又曲折的水上迷宫。"春夏芦荡一片绿，秋后芦花赛雪飘。"深秋时节，这里的芦苇渐渐变黄，摇曳的芦花开始吐絮，沙家浜最美的季节也随之开始了。如果你有兴趣在芦花飘香、岸柳成行、大雁低鸣的秋天，泛一叶轻舟在芦苇荡中穿梭，便可以看到那随风摇曳的芦花，如铺天盖地的白雪，煞是迷人。每当日落西山的时候，晚霞中的芦花

瑟瑟而动，显得浪漫又伤感。那密密匝匝的芦苇成片成片，风吹过，花穗摇曳生姿，随秋风飞扬；疾风一起，芳香扑鼻的芦花又像汹涌的波涛连绵起伏，给游人带来无限的遐思和畅想，流连忘返。

②赏花品蟹两相宜。沙家浜位于阳澄湖畔，这里河湖密布，水草丰茂，食饵充裕，是螃蟹栖息的理想场所，全国闻名的阳澄湖大闸蟹即产于此。这种蟹不仅健壮有力，而且肉质鲜嫩，脂厚膏盈，蟹黄凝结成块，其中尤以"九月团脐（雌蟹）十月尖（雄蟹）"为珍。每年9~10月是在沙家浜吃蟹的最佳季节，谚语有"吃了大闸蟹，百菜无滋味"之说。如果选择在10月份前往沙家浜，正好可以赶上雄蟹黄白鲜肥，其色、香、味妙不胜言。著名学者章太炎夫人曾用诗赞曰："不是阳澄湖蟹好，此生何必住苏州。"由此可见，阳澄湖的大闸蟹是其他地方无法比拟的。

2. 民俗之旅：曲阜和凯里

（1）山东曲阜——孔子的故乡

山东曲阜是儒家学派的创始人孔子的故乡。它以悠久的历史文明和灿烂的东方古文化而蜚声中外。每年9月26日至10月10日举行的国际孔子文化节，是海内外文人墨客、旅游爱好者纪念先哲、交流文化、旅游观光的隆重盛会。

①中国国际孔子文化节。这个伟大的文化节始创于1989年9月，其前身是孔子诞辰故里游，该活动主要是以纪念孔子、弘扬民族优秀文化为主题，达到纪念先哲、交流文化、发展旅游、促进改革开放等目的组织举办的。每年节日期间，海内外华人齐集曲阜市，于9月26日举行隆重热烈、异彩纷呈的开幕式。于9月28日在孔庙大成殿前举行孔子诞辰纪念集会，进行别开生面的祭孔活动，以发思古之幽情，实现敬仰、怀念先师孔子之夙愿。整个活动文化特色显著，乡土气息浓郁。孔子文化节期间，常常还会举办多项观赏性和参与性相结合的活动。例如游览名胜古迹，开展独具特色的文艺演出，组织进行高层次的儒学研讨，举办大规模的经贸洽谈和人才交流等大会。

②世人尊崇的三孔。孔子是世界历史上最伟大的哲学家之一，同时也是中国儒家思想的创始人。在两千多年漫长的历史长河中，儒家文化逐渐成为中国的正统文化、传统文化的基石，构成了东方文化的高峰。特别是对中华民族品格和特性的形成，产生了至关重要的影响。曲阜的孔府、孔庙、孔林，统称"三孔"，它是中国历代纪念孔子，推崇儒学的象征。三孔以丰厚的文化积淀、悠久的历史、宏大的规模和丰富的文物珍藏，被世人尊崇为世界三大圣城之一。1994年"三孔"被列入世界文化和自然遗产。

（2）凯里芦笙节——吹芦笙、跳迪斯科

凯里是芦笙演奏的故乡，素有"百节之乡"的美称。每年举办一次的凯里国际芦笙节集民族风情之精华，苗侗服饰之斑斓，侗族大歌之绝唱于一体。它将民族文化、民间传统活动、风情旅游一一展现在了海内外无数游人的眼前。

①东方迪斯科。在芦笙节期间，周围的苗寨人们都要组织表演队伍在这里搭起擂台，上演一出出精彩纷呈的好戏。例如百牛大战、唱飞歌、吹芦笙、斗鸡、斗狗、斗鸟等活动。当然最引人注目的还是吹奏芦笙。作为一种古老的吹奏乐器，每逢苗族的传统节日都要吹芦笙，并伴以舞蹈，故称芦笙舞。由于这种舞蹈是由十几个甚至几十个盛装打扮的芦笙手围成一个圆圈，边吹边跳，所以又称"踩堂舞"。每次跳芦笙舞的时候，人们汇集在一起，或男吹女跳，或自吹自跳。芦笙音域宽阔，乐声悠远，笙歌洪亮，令人回味无穷。踩堂舞的苗族姑娘常常由数十人，甚至几百人组成，她们穿着以银角为代表的银饰盛装，随着芦笙曲调翩翩起舞，尽情欢跳，似乎是一片银色的海洋，场面极为壮观，被美誉为"东方迪斯科"。

②绚丽的民族盛装。在少数民族中，苗族是服饰文化最为丰富的民族之一，而贵州又是苗族服饰最为精美之地，刺绣、蜡染、纺织、银饰都极为出色。尤其是那挂满了银饰的银衣，用绉绣、散绣、堆绣等手艺把银片缀在前襟、后背、衣袖、下摆等位置。这些银灿灿的装饰映衬着苗族姑娘的笑脸，更加顾盼生辉。赶在芦笙节去凯里观光，除了能欣赏到载歌载舞的"东方迪斯科"外，还可以观摩绚丽多彩的苗族服饰。在芦笙节上表演歌舞的苗家姑娘们，一个个身着叮叮当当作响的银饰。苗家姑娘们在比赛歌舞的同时，也在"炫耀"着自己的盛装，令观赏者目眩神

迷，如同进入仙境般体验。

3. 避暑之旅：河南云台山

河南云台山由于终年被云雾围绕而得美名。满山覆盖的原始森林、深邃幽静的沟谷溪潭、千姿百态的飞瀑流来、如诗如画的奇峰异石、千古绝唱的茱萸峰，以及众多名人墨客的碑刻，形成了云台山独特完美的景观，古往今来，无数游客慕名而来。

（1）云台山以山为奇，景区奇峰秀岭连绵不断，主峰茱萸峰海拔1308米。踏着层层叠叠的栈道登上茱萸峰，可以使人领略到"会当凌绝顶，一览众山小"的意境。极目远望，可以看到黄河如一条银带，俯视脚下，群峰如海浪，连绵不绝。在茱萸峰的山腰，有一个药王洞，相传是唐代药王孙思邈采药炼丹的地方，药王洞口有古红豆杉一株，高约20米，树干粗达需要三个人才能合抱，枝繁叶茂，树龄在千年左右，是国内极为罕见的名木。

（2）云台山以水为绝，以"三步一泉，五步一瀑，十步一潭"而著称。落差314米的云台天瀑是全国最高的瀑布。远远望去，瀑布上吻蓝天，下蹈石坪，犹如擎天玉柱，宛如白练当空。当飞流直下的瀑布从高空中一泄而下时，有如银河倾泻，吼声震耳，地裂天崩，十多米宽的瀑面，拍石打浪，风驰电掣地落入碧水潭中，气势恢宏壮观。除了云台天瀑外，云台山还有天门瀑、黄龙瀑、丫字瀑等，形成了云台山独有的瀑布奇观。

（3）以峡谷称美。在云台山的众多峡谷中，最有名的要数红石峡，它因峡中的岩石都呈红色而得名。峡谷中，山岩层层叠叠，整整齐齐，全是深浅不一的红色，形成红石峡独特的地质风貌。这一层层的红色岩石中，保存着各种各样的大海波浪，也保存着波浪作用下形成的岩石层理，如同一页页可以翻看的史书。在红石峡的谷底，有一条清澈的溪流，夹在红色的山岩中间，溪水像一位少女，变幻着不同的姿态向人们展现她的魅力。时而俏皮、欢快地从高处一跃而下，时而温柔、妩媚地缓缓游动，让人的心情也渐渐地飘离，舒畅起来。

4. 瀑布之旅：贵州黄果树

贵州黄果树瀑布是我国最大的瀑布，也是世界上唯一可以从上、下、前、后、左、右六个方位观赏的瀑布。丰水季节，飞流而下的瀑布从断崖顶端凌空坠落，倾入岩下的犀牛潭中，势如翻江倒海，堪称天下一绝。

（1）天下第一瀑。贵州黄果树瀑布是白水河上九级瀑布中最大的一级，素有"天下第一瀑"之称。除了这一瀑布外，还有众多的瀑布可以观赏。诸如瀑顶最宽的陡坡塘瀑布，滩面最长的螺丝滩瀑布，落差最大的滴水滩瀑布，形态最美的银练坠滩瀑布等。在雨季到来之时，瀑布的水量大增，那撼天动地的磅礴气势，简直令人惊心动魄。有时瀑布激起的水雾，高达数百米，漫天浮游，竟使其周围经常处于纷飞的细雨之中。即使在冬天少水的季节里，它也显得妩媚秀丽，如一条白色的缎子挂在山崖，轻轻下泻，坠落在犀牛潭内。此时，满潭为瀑布所溅起的水珠所覆盖，与峡谷两侧的植物勾勒成一幅美丽的自然风情山水画，其景色颇为壮观、清幽迷人。

（2）天然水帘洞。黄果树瀑布的奇巧之处还在于瀑布后的天然水帘洞，它让黄果树瀑布成了世界瀑布家族中唯一有天然水帘洞贯穿瀑身的瀑布。水帘洞洞内有6个洞窗，5个洞厅，3个洞泉和1个洞内瀑布，6个洞窗均被稀疏不同、厚薄不一的水帘所遮挡。穿梭于昏暗的洞中，透过水帘向外看去，巨大的水流轰然从面前跌下，阳光下的虹霓若隐若现。每当日薄西山，站在水帘洞凭窗眺望，犀牛潭里彩虹缭绕，云蒸霞蔚，瀑布从山上飞流而下，苍山顶上绯红一片，让人赏心悦目、心旷神怡。

5. 石窟之旅：敦煌莫高窟

甘肃省敦煌市境内的莫高窟，又名"千佛洞"，是我国著名的四大石窟（敦煌莫高窟、大同云冈石窟、洛阳龙门石窟、天水麦积山石窟）之一，也是世界上现存规模最宏大，保存最完好、内容最丰富的佛教艺术宝库。

（1）巧夺天工的壁画——墙壁上的图书馆。富丽多彩的壁画是敦煌石窟的灵魂，西方学者美其名曰为"墙壁上的图书馆"。这些画有的雄浑宽广，有的瑰丽华艳，体现了不同时期的艺术风格和特色。所描绘的内容多是当时的一些社会生活场景，反映了我国古代狩猎、耕作、纺织、交通、作战以及音乐舞蹈等各个方面的内容。在莫高窟的壁画中，最吸引人的就是飞天，抬头望上空，处处可见漫天飞舞的飞天。墙壁之上，飞天在无边无际的茫茫宇宙中飘舞，有的手捧莲蕾，直冲云霄；有的从空中俯冲下来，势若流星；有的穿过重楼高阁，宛如游龙，有的则随风悠悠漫卷，那些蜿蜒曲折的长线、舒展和谐的意趣，为人们打造了一个优美而空灵的想象世界。这些壁画艺术是中国古代美术史的光辉篇章，为中国古代史研究提供珍贵的形象史料。

（2）技艺精湛的彩塑。莫高窟的彩塑堪称为佛教彩塑艺术博物馆，多属佛教人物及其修行涅槃的造像，包括佛像、菩萨像、弟子像以及天王、金刚、力士、神像等。除此之外，彩塑的形状也丰富多彩，有圆塑、浮塑、影塑、善业塑等，最高34.5米，最小仅2厘米左右，而且栩栩如生，题材之丰富和手艺之高超。彩塑是石窟艺术的重要组成部分，它是在我国数千年雕塑艺术传统的基础上，吸收和融汇了外来艺术，从而发展起来的具有中国风格和气派的彩塑艺术。

（3）标志性建筑——"九层楼"（"北大像"）。莫高窟最高的一座洞窟是第96窟，在其外面建造的"九层楼"是莫高窟的标志性建筑。它高33米，外形是一个九层的遮檐，也称作"北大像"，正处在崖窟的中段，与崖顶等高，巍峨壮观。它的木构为土红色，外观轮廓错落有致，檐角系铃，随风而响。里面有弥勒佛坐像，高35.6米，由石胎泥塑彩绘而成，在国内属于第三大佛，仅仅次于乐山大佛和荣县大佛。

6. 观潮之旅：海宁钱江潮

浙江海宁潮又称钱塘江涌潮，以"一线横江"被誉为"天下奇观"。每当涌潮在天边出现时，数米高的潮水涌入喇叭形状的杭州湾，像一堵无比高大的水墙，犹如万马奔腾之势，雷霆万钧，呼啸而来，发出雷鸣般的吼声。古往今来，吸引无数中外游客不顾性命安危前来观赏钱江涌潮。

（1）钱江涌潮的形成。潮涌的形成原因除了日、月吸引力之外，还与钱塘江地理形状类似喇叭形有关。从地形上看，钱塘江南岸赭山以东近50万亩围垦大地，像半岛似的挡住江口，使钱塘江酷似肚大口小的瓶子，而江口东段河床又突然上升，滩高水浅。当大量潮水从钱塘江口涌进来时，由于江面迅速缩小，潮水来不及均匀上升，就只得后浪推前浪，层层相叠。此外。钱塘江水下有很多沉沙，这些沉沙对潮水起着阻挡和摩擦作用，也使潮水前坡变陡，速度减缓，形成后浪赶前浪，一浪叠一浪，一浪高一浪的涌潮，从而形成世界上极少见的自然现象。

（2）瞬息万变的涌潮。在海宁观潮，可以看到交叉潮、一线潮、回头潮，在晚上还能看见夜潮。大缺口是观看十字交叉潮的绝佳地点。由于长期的泥沙淤积，在江中形成一片沙洲，将从杭州湾传来的潮波分成两股，两股潮头在绕过沙洲后，就像两兄弟一样交叉相抱，形成变化多端、壮观异常的交叉潮。看过大缺口的交叉潮之后，可到盐官等待一线潮。在观看一线潮时，常常未见潮影，便可先闻潮声。当潮水袭来时，远处雾蒙蒙的江面出现一条白线，迅速西移。这时，要不了几分钟，白线便会变成一堵水墙迅速向前推移，形成雷霆万钧之势，那涛声也似万马奔腾般，响彻云霄。看了一线潮，还可以看回头潮。在老盐仓的河道上，出于围垦和保护海塘的需要，建有一条很长的拦河丁坝，咆哮而来的潮水遇到障碍后将被折回。在那里，它猛烈撞击对面的堤坝，然后以泰山压顶之势翻卷回头，落到西进的急流上，形成一排"雪山"，风驰电掣地向东回奔。于是，老盐仓就成了观潮爱好者看回头潮的最佳位置。

7. 度假之旅：九寨沟、珠海

（1）四川九寨沟，一步一色，变化无穷

四川九寨沟位于四川省阿坝藏族羌族自治州九寨沟县境内，是白水沟上游白河的支沟，因沟内有九个藏寨而得名。这里大大小小的海子碧蓝澄澈，水中倒映着红叶、绿树、雪峰、蓝天，一步一色，变幻无穷。置身沟内，无论仰望俯视，还是左顾右盼，迎接你的无处不是如诗如画的美景。九寨沟为全国重点风景名胜区，并被列入世界遗产名录。

九寨沟的水不但是九寨沟的精灵，也是九寨沟美景的精髓所在。这里的水将湖、泉、溪、瀑、河、滩连成一体。达到了飞动与静谧结合的境界，刚烈与温柔相济的特色。尤其是那高低错落的群瀑，自丛林或峭壁跌落，大大小小的海子置身于高山深谷之中恬静秀美。远远望去，水在树间流，树在水中长，花树开在水中央。春秋两季，在水中不是倒映出百花簇拥的雪山，就是雪山衬映下的枫叶，使人一时难以分辨出究竟是冬日春景，还是秋景冬日。因而被人们称为"中华水景之王"，赢得了"九寨归来不看水"的崇高赞誉。

九寨沟著名的景点分布在呈"丫"字形的三条主沟中。树正沟是九寨沟的第一个景区，从沟口起到诺日朗，全长14公里。沟内有40多个大小不同的海子犹如40多面晶莹的宝镜，顺沟叠延而去。主要看点有诺日朗瀑布、犀牛海、卧龙海、火花海、芦苇海等景点。从诺日朗往左拐是则查洼沟，这里有季节海、五彩池和长海。五彩池是九寨沟湖泊中的精粹，也是九寨沟色彩最斑斓的湖泊。长海则是九寨沟所有湖泊中最大、最深的湖泊，一年四季从不干涸，因此被人们称之为"装不满，漏不干"的宝葫芦。从诺日朗瀑布向西南方行进就是日则沟，这一路景点密集，是九寨沟景区的精华部分。主要景观有珍珠滩、金铃海、孔雀海、五花海、熊猫海、箭竹等。这里，有的海子色彩艳丽，如变幻莫测的万花筒。步入沟中，犹如走进了一个世外桃源般的"童话世界"，使人如梦如幻、使人痴迷、使人沉醉，分不清是在人间还是进入了天国。

（2）珠海——百岛之市，四季鲜花盛开

广东珠江三角洲珠海是新兴的花园式海滨旅游度假城，地接澳门，水连香港，自然环境优美，山清水秀，海域广阔，四季鲜花盛开，满目苍翠，被誉为中国最浪漫的城市。这里依山傍海，海岛众多，奇峰异石随处可见，海湾沙滩连绵不断，是著名的度假胜地，也是中国南海之滨的一颗璀璨的明珠。

珠海有一百多个海岛，素有"百岛之市"美称。众多的海岛风景优美，气候宜人，是旅游度假的上选之地。其中最为著名的是东澳岛，它以"丽岛银滩"之名列入珠海十景；蜜月阁眺海、南沙湾冲浪、镜城访古、深海潜水等观光旅游项目也同样引人入胜。除了东澳岛，还有九洲岛、伶仃岛、高栏岛、淇澳岛等岛屿，都是著名的度假胜地，其中伶仃岛更是无人不晓。它分为外伶仃和内伶仃，外伶仃岛位于万山群岛之前沿，曾是南宋爱国将领文天祥"伶仃洋里叹伶仃"的地方。如今，岛上建造了舒适的度假村，全无当年伶仃漂泊的氛围了。淇澳岛风光旖旎，古迹众多；高栏岛拥有众多的摩崖石刻，它反映了原始部落的图腾崇拜，颇有观赏价值。九洲岛以山光水色为胜，环岛漫步，可以忘却尘世的喧嚣与繁杂，登上九洲岛，可环视珠海市区和澳门三岛，眺望南中国海，游乐项目甚多，或戏水，或冲浪或垂钓，围炉烧烤；又或夏夜宿营，弹唱歌舞，或登山爬坡，欣赏风景。

情侣路又被誉为珠海的"万里长城"，几十公里的路面全是由一块块方方正正的砾岩铺成的，不是千篇一律，而是始终如一，秀雅恬静；它雄伟，由始到终不论是碰到大山，还是遇到巨石，从不间断，蜿蜒的石栏杆，日夜经受着风吹浪打，可几十年来，从没一处被巨浪摧毁过，一根根，一排排犹如哨兵傲然挺立；它美丽，峰回路转间，南国的树依然故我翠绿整齐，路旁始终茂盛着花草，蜂蝶环绕期间，翩翩起舞。几乎所有去珠海旅游的人都会去那里走一走。在情侣路中段的香炉湾畔，是珠海城市的标志性建筑——珠海渔女。说起这位高举珍珠的渔家少女，还有一段动人的爱情传说。

很久以前，海龙王的女儿看上了这里风光，就打扮成渔女，在当地渔村生活，并与渔家青年海鹏相爱。可海鹏轻信别人谗言，坚持要龙女摘下戴着的手镯。龙女摘下手镯后，即刻就昏死过去。海鹏悔恨不已，痛不欲生。九洲长老被这份真情打动，引领海鹏找到起死回生的"还魂草"，只是这草要用鲜血浇灌才能长大。海鹏义无反顾，用自己的鲜血养大了"还魂草"。龙女活了，并成了真正的渔女。成亲那天，她在海边采到一颗宝珠，献给了长老。那尊珠海渔女石雕的造型便源于这个美丽的传说，她颈戴项珠，身揄渔网，裤脚轻挽，双手高高擎举一颗晶莹璀璨的珍珠，带着喜悦而又含羞的神情，向世界昭示着光明，向人类奉献珍宝。

8. 皇家之旅：北京紫禁城

北京故宫始建于明代永乐年间，曾经居住过24个皇帝，是明清两代的皇宫，也称紫禁城。它是中国现存最大、最完整的古建筑群，被称为"殿宇之海"。其外廷气势宏大、庄严肃穆，内廷类似江南园林，生活气息十分浓厚，是世界文化遗产之一。

（1）太和殿、中和殿和保和殿。故宫是一座长方形的城池，均是砖木结构、黄琉璃瓦顶、青白石底座饰以金碧辉煌的彩绘，是世界上现存规模最大、最完整的古代皇家建筑群。占地72万平方米，里面的屋宇近万间。它的四个角上矗立着风格绮丽的角楼。进出这座森严的城堡，只有四座大门，分别为午门、东华门、西华门和神武门。在故宫内部，最吸引人的建筑是太和殿、中和殿和保和殿。太和殿俗称"金銮殿"，是皇帝举行大典的地方。殿内有沥粉金漆木柱和精致的蟠龙藻井，殿中间是封建皇权的象征——金漆雕龙宝座。中和殿是皇帝前往太和殿举行大典前稍事休息和演习礼仪的地方。它位于太和殿后面，建筑布局呈正方形，殿内外檐均饰金龙和玺彩画，天花为沥粉贴金正面龙。保和殿在中和殿后面。在建筑形式上，保和殿采用了减柱造作法，将殿内前檐金柱减去六根，使空间宽敞，也向世人展示了超前的建筑水平。保和殿于明清两代用途不同，明代大典前皇帝常在此更衣，册立皇后、太子时，皇帝在此殿受贺。清代每年除夕、正月十五，皇帝赐宴外藩、王公及一二品大臣，场面十分壮观。赐额驸之父、有官职家属宴及每科殿试等均于保和殿举行。每岁终，宗人府、吏部在保和殿填写宗室满、蒙、汉军以及各省汉职外藩世职黄册。

（2）故宫内廷。从故宫建筑布局来说，乾清门广场以南的三大殿，文华殿、武英殿为外朝。广场以北包括后三宫和东西六宫等建筑为故宫内廷。以乾清宫、交泰殿、坤宁宫为中心，东西两翼有东六宫和西六宫，是皇帝与后妃居住生活的地方。这里的建筑多富有生活气息，有花园、书斋、馆榭、山石等。位于内廷最前面的是乾清宫，它是皇帝批阅奏报，选派官吏和召见臣下的地方。交泰殿在乾清宫和坤宁宫之间，含天地交合、安康美满之意。明、清时期，该殿是皇后生日举办寿庆活动的地方。坤宁宫在明代是皇后的寝宫，其东暖阁为皇帝大婚的洞房，清代的康熙、同治、光绪三帝，均在此举行婚礼。在坤宁宫北面的是御花园，这里建筑布局对称而不呆板，舒展而不零散；园中奇石罗布，佳木葱茏，其古柏藤萝，皆数百年物，将花园点缀得情趣益然；彩石路面，古朴别致。御花园是皇帝与后妃们平时游乐的场所。

9. 古镇之旅：湖南凤凰古城

凤凰古城是国家历史文化名城，曾被新西兰著名作家路易·艾黎称赞为中国最美丽的小城。凤凰古城并不大，却是一座充满了诗意的小城。临水而建的吊脚楼，缓缓流淌的沱江水，不仅催生了文学大师沈从文，画家黄永玉，也吸引了众多的游客纷至沓来。漫步在古城那青石板铺就的小街上，感受到的是古意益然的印象。凤凰古城建于清康熙时，这座小城小到城内仅有一条像样的东西大街，可它却是一条绿色长廊。

（1）沈从文故居。世人知道凤凰古城，了解凤凰古城，是源自沈从文。1902年12月28日，沈从文先生诞生在凤凰古城中营街的一座典型的南方古四合院里。四合院是沈从文先生的祖父沈宏富（曾任清朝贵州提督）于同治五年（1866年）购买旧民宅拆除后兴建的，是一座火砖封砌的平房建筑。四合院分前后两进，中有方块红石铺成的天井，两边是厢房，大小共11间。房屋系穿斗式木结构建筑，采用一斗一眼合子墙封砌。马头墙装饰的鳌头，镂花的门窗，小巧别致，古色古香。沈从文故居现陈列有沈老的遗墨、遗稿、遗物和遗像，成为凤凰最吸引人的人文景观之一。故居始建于清同治五年（1866年），系木结构四合院建筑，占地600平方米，分为前后两栋共有房屋10间，沈先生在此度过了童年和少年时代，1988年沈老病逝于北京，骨灰葬于凤凰县听涛山下，同年，故居进行了大修并向广大游人开放。1991年被列为省人民政府重点文物保护单位，2006年被国务院批准列入第六批全国重点文物保护单位名单。

（2）临水而建的吊脚楼。凤凰古城的吊脚楼起源于唐宋时期。唐垂拱年间，凤凰这块荒蛮不毛之地王化建县，吊脚楼便有零星出现，至元代以后渐成规模。随着岁月沧桑，斗转星移，旧的去了新的来了，建筑物在日月轮回中不断翻新更替。凤凰古城老城区，依山傍水，清浅的沱江穿城而过。这里的山不高而秀丽，水不深而澄清，峰岭相摩，河溪索回，碧绿的江水从古老的城墙下蜿蜒而过。一幢幢临河而建的吊脚楼，参差错落地分布在沱江两岸，充满了浓郁的诗情画意。这种独特的建筑分上下两层，俱属五柱六挂或五柱八挂的穿斗式木结构，具有很高的工艺价值。它上层宽大，下层占地很不规则，上层制作工艺复杂，做工精细考究，屋顶歇山起翘，有雕花栏杆及门窗。下层不作正式房间，但雕刻也很精美，有金瓜或各类兽头、花卉图样，并通过承挑使之垂悬于河道之上，形成一道独特的风景。在凤凰古城，这种吊脚楼主要集中在回龙阁一带，如今还居住着十几户人家。它们前临古官道，后悬于沱江之上，是凤凰古城最有特色的建筑群之一。目前凤凰古城的吊脚楼多是保留着明清时代的建筑风格。凤凰古城河岸上的吊脚楼群以其壮观的阵容在中华国土上的存在是十分稀罕的。它在形体上不单给人以壮观的感觉，而且在内涵上不断引导着人们去想象去探索。它在风风雨雨的历史长河中代表着一个地域民族的精魂，如一部歌谣，一段史诗，记载着风雨飘摇的历史，记载着寻常的百姓故事。

（3）充满情调的小城。在凤凰古城，漫步在沱江岸边的青石路上，映入眼帘的是，道路两旁随处可见的酒吧茶馆，许多具有乡土气息的商店更是比肩而立。偶尔还可以看见三三两两的外国人，在这里寻寻觅觅，或坐在酒吧里浅酌慢饮，或钻在工艺品店里精挑细选，一幅悠然自得的样子。再看那红灯高悬的酒吧，一如这座恬静典雅的小城，散发着悠闲、古朴、自然气息。怪不得有人说，凤凰不是一个可以寻幽探奇的好去处，因为它总是那么平淡。但如果要想寻找一份城市里久违的自然情调，那么凤凰古城则是一个不可不去的好地方。

10. 碉楼之旅：广东开平

广东开平碉楼是中国乡土建筑的一个特殊类型，它是一种集防卫、居住和中西建筑艺术于一体的多层塔楼式建筑。截至19世纪末20世纪初发展成为表现中国华侨历史、社会形态与文化传统的一种独具特色的群体建筑形象。

（1）开平碉楼的兴起。根据现存史料，开平碉楼约产生于明代后期（16世纪）。开平是举世闻名的侨乡，第一次鸦片战争爆发后，大批的开平人为了生计背井离乡远赴海外。"衣锦还乡"、"落叶归根"的情结使他们中的大多数人挣到钱后，首先想到的就是汇钱回家：买地、建房、娶老婆。于是，在20世纪二三十年代，开平形成了侨房建设的高峰期。但由于开平地势低洼，河网密布，而过去水利失修，每遇台风暴雨，常有洪涝之忧。加上开平所辖之境，原为新会、台山、恩平、新兴四县边远交界之地，向来有"四不管"之称，社会秩序较为混乱。因此，在这种险恶的社会环境下，防卫功能显著的碉楼便应运而生。当时，在开平境内，碉楼星罗棋布，城镇农村，举目皆是，多者一村十几座，少者一村二三座。从水口到百合，又从塘口到蚬冈、赤水，纵横数十千米连绵不断，蔚为大观。可以说，开平作为华侨之乡、建筑之乡和艺术之乡，它的特色在碉楼上都得到了鲜明的体现。开平现存的碉楼，大多是民初开始建立，建碉楼的本意不是让人观赏，而是御贼和走避洪水。建国前，开平境内盗贼蜂起，洪涝不断，民不聊生，不少华侨、归侨、侨眷被害，苦不堪言。鉴于此，许多人乃在侨居国请人设计好碉楼蓝图，带回家乡建造。

（2）形式多样的碉楼。开平碉楼为多层建筑远远高于一般的民居，便于居高临下地防御；碉楼的墙体比普通的民居厚实坚固，不怕匪盗凿墙或火攻；碉楼的窗户比民居开口小，都有铁栅和窗扇，外设铁板窗门。碉楼上部的四角，一般都建有突出悬挑的全封闭或半封闭的角堡（俗称"燕子窝"），角堡内开设了向前和向下的射击孔，可以居高临下地还击进村之敌；同时，碉楼各层墙上开设有射击孔，增加了楼内居民的攻击点。开平碉楼千姿百态、形式多样。从建筑结构与材料上分，碉楼分为石楼、三合土楼、青砖楼、钢筋混凝土楼四种。从使用功能看，分为众人楼、居楼和更楼三大类。众人楼，就是由村中多户或全村共同集资兴建的碉楼，产权属于集资户共同拥有。众人楼造型简单，装饰朴实，多数房间仅有一张床供躲土匪的人家过夜使用。居楼，是以家庭为单位独资建造，投资成本高，比众人楼高大，造型复杂讲究。各村中，最漂亮的碉楼往往是居楼，将防卫与居住功能很好地结合在一起。更楼，主要用于打更放哨的。一种在村口，又叫门楼、闸楼。它控制着进出村落的关键要道。另一种叫灯楼，建在村外山冈上、交通要道旁和田野间，是由相邻几个村落因共同防御的需要合伙出资建造的，它是乡村自治团防的基地。造型独特的开平碉楼，既是侨乡人民艰苦奋斗的见证，同时也是活生生的近代建筑博物馆，一条别具特色的艺术长廊。

第五篇

冬雪雪冬小大寒

——冬季的 6 个节气

第一章

立冬：蛰虫伏藏，万物冬眠

在呼啸而至的北风中，大家都感受到了初冬的寒意。我们的立冬节气也就到来了。立冬节气在每年的11月7日或8日，我国民间习惯以立冬为冬季的开始，其实，我国幅员广大，除全年无冬的华南沿海和长冬无夏的青藏高原地区外，各地的冬季并不都是于立冬日开始的。按气候学划分四季标准，以下半年候平均气温降到10℃以下为冬季，"立冬为冬日始"的说法与黄淮地区的气候规律基本吻合。我国最北部的漠河及大兴安岭以北地区，9月上旬就已进入冬季，北京于10月下旬也已一派冬天的景象，而长江流域的冬季要到小雪节气前后才真正开始。"。"立冬"那天冷不冷，直接关系到未来的天气状况："立冬那天冷，一年冷气多"。一般会冷到什么程度呢？"大雪罱河泥，立冬河封严"。如果"冬前不结冰，冬后冻死人"。

立冬气象和农事特点：气温下降，江南抢种、移栽和灌溉忙

1. 冬季到来，万物收藏、规避寒冷

据天文学专家介绍，立冬不仅预示着冬天的来临，而且有万物收藏、规避寒冷之意。古人对"立"的理解与现代人一样，是建立、开始的意思。但"冬"字就不那么简单了，《月令七十二候集解》中对"冬"的解释是"冬，终也，万物收藏也"，意思是说秋季作物全部收晒完毕，收藏入库，动物也已藏起来准备冬眠。看来，立冬不仅仅代表冬天的来临，完整地说，立冬是表示冬季开始、万物收藏、规避寒冷的意思。盛传于民间关于"立冬"的谚语，不仅极富情趣，饱含民众智慧，而且也足见世人对"冬天到来"的重视。

2. 东北越冬、江南抢种、移栽、播种和浇水

说到"冬"，自然就会联想到冷。而立冬作为冬天的开始，此时太阳已到达黄经225°，北半球获得的太阳辐射量越来越少。但是由于地表半年贮存的热量还有一定的剩余，所以一般还不太冷。晴朗无风之时，常有温暖舒适的天气，不仅十分宜人，对冬作物的生长也十分有利。但是，这时北方冷空气已具有较强的势力，常频频南侵，有时形成大风、降温并伴有雨雪的寒潮天气。因为立冬后期多有强冷空气侵袭，气温常有较大幅度下降，如果播后气温低，出苗缓慢，分蘖不足，就会影响产量。从多年的平均状况看，1月是寒潮出现最多的月份。根据天气变化，注意气象预报，及时做好防护和农作物寒害、冻害等的防御，显得十分必要。同时降温幅度很大，天气的冷暖异常会对人们的生活、健康以及农业生产产生不利的影响。

我国大部分地区在立冬前后，降水会显著减少。东北地区大地封冻，农林作物进入越冬期；

江淮地区"三秋"已接近尾声；江南正忙着抢种晚茬冬麦，抓紧移栽油菜；而华南却是"立冬种麦正当时"的最佳时期。此时，水分条件的好坏与农作物的苗期生长及越冬都有着十分密切的关系。华北及黄淮地区一定要在日平均气温下降到4℃左右，田间土壤夜冻昼消之时，抓紧时机浇好麦、菜及果园的冬水，以补充土壤水分不足，改善田间小气候环境，防止"旱助寒威"，减轻和避免冻害的发生。江南及华南地区，及时开好田间"丰产沟"，搞好清沟排水，是防止冬季涝渍和冰冻危害的重要措施。另外，立冬后空气一般渐趋干燥，尤其是高原地区这时已是干季，湿度迅减，风速渐增，对森林火险必须高度警惕。

立冬农历节日：下元节——水官解厄之辰

农历十月十五，为中国民间传统节日，下元节，亦称"下元日"、"下元"。此时，正值农村收获季节，在民间有做糍粑等食俗，人们在家中做糍粑并赠送亲友。武进一带几乎家家户户用新谷磨糯米。做小团子，包素菜馅心，蒸熟后在大门外"斋天"。又，旧时俗谚云："十月半，牵砻团子斋三官。"原来道教谓是日是"三官"（天官、地官、水官）生日，道教徒家门外均竖天杆，杆上挂黄旗，旗上写着"天地水府"、"风调雨顺"、"国泰民安"、"消灾降福"等字样；晚上，杆顶挂三盏天灯，做团子需三官。民间则祭祀亡灵，并祈求下元水官排忧解难。清以后，此俗渐废，唯民间将祭亡、烧库等仪式提前在农历七月十五"中元节"时举行。

这一节日严格来说是一个道教节日，来源于道教所谓上元、中元、下元"三元"的说法。道教认为，"三元"是"三官"的别称。上元节又称"上元天官节"，是上元赐福天官紫微大帝诞辰；中元节又称"中元地官节"，是中元赦罪地官清虚大帝诞辰；下元节又称"下元水官节"，是下元解厄水官洞阴大帝诞辰。《中华风俗志》也有记载："十月望为下元节，俗传水官解厄之辰，亦有持斋诵经者。"这一天，道观做道场，民间则祭祀亡灵，并祈求下元水官排忧解难。古代又有朝廷是日禁屠及延缓死刑执行日期的规定。宋吴自牧《梦粱录》："（十月）十五日，水官解厄之日，宫观士庶，设斋建醮，或解厄，或荐亡。"又河北《宣化县新志》："俗传水官解厄之辰，人亦有持斋者。"此外，在民间，下元节这一日，还有民间工匠祭炉神的习俗，炉神就是太上老君，大概源于道教用炉炼丹。人生在世，难免遭遇苦厄，而信仰道教的那些古代人民，或者说，虽不信仰却对其文化内涵有一定程度认同的老百姓，都很看重水官大帝"除困解厄"的神通。

1. 水官大禹的诞辰

下元节的来历和道教密切相关。道教认为："三元"是"三官"的别称。道教诸神中有三官大帝三位神仙，分别是天官职责是赐福，地官职责是赦罪、水官职责是解厄。

关于三官的来历在民间有这样的有一种说法是，道教最高天神元始天尊"飞身到太虚极处，取始阳九气，在九土洞阴，取清虚七气，更于洞阴风泽中，取晨浩五气，总吸入口中，与三焦合于一处。九九之期，觉其中融会贯通，结成灵胎圣体"。后分别于农历正月十五日、七月十五日、十月十五日从中吐出三子。三子"皆长为昂藏丈夫，元始语以玄微至道，悉能通彻"。三子降临人间为三位传说中的帝王尧、舜、禹，"皆天地莫大之功，为万世君师之法"。尧规定了天时，使七政相等，因此被任命为天官；舜把中国分为十二州，使全体百姓安居乐业，因此被任命为地官；后来，禹治理洪水，使家家户户安全，因此被任命为水官；于是三人就被元始天尊敕封为三官大帝。

话说"三官神"各有生日："天官"是正月十五日生，"地官"七月十五日生，"水官"十月十五日生。民间把这三天称为上元节、中元节、下元节。由于下元节是水官的诞辰，也是水官解厄之辰，即水官根据考察，上报天庭，为人解厄，民间为了纪念他的功德，便在这一天举行祭祀活动。

2. 水官生日的相关习俗

农历十月十五，是古老的"下元节"，又称"下元日"，旧时人们又尊是日为"水官生日"。在江南水乡——常州，农村多种水稻，副业捕鱼捉虾、驶舟航船等，而这些都是与"水"有着很大的关系，所以农家对"水官生日"特别重视，多于此日"斋三官"（祭祀天官、地官、水官），祈求风调雨顺、国泰民安。"斋三官"之俗起源甚早。南宋吴自牧《梦粱录》载："十月十五日，水官解厄之日。官观士庶设斋建醮，或解厄，或荐亡。"可见唐宋时代道教对此已极为重视。而道教诸神之中，"三官"地位颇高，特别是在黎民百姓之中影响较大，其起源乃是土生土长的原始民间信仰中人们对天、地、水的自然崇拜。另据《典略》，东汉时早期的道教就吸收了传统的原始民间信仰，奉天、地、水"三官"为主宰人间祸福的神灵了。至宋代又将"三官"与"三元"（正月十五"上元"为天官生日，七月十五"中元"为地官生日，十月十五"下元"为水官生日）联系起来，称"三官"为"三元"。"三官大帝"全名为"三元三品三官打的"。后来，随着道教的逐步衰落，百姓对"三元"的认识逐步模糊，三官生日也越来越淡化了。

立冬民俗：补冬、养冬和迎冬，保一冬健康

1. 补冬：冬季进补增强体质

冬天进补，在中国人心目中是根深蒂固的。为了适应气候季节性的变化，调整身体素质，增强体质以抵御寒冬，全国各地在立冬日纷纷进行"补冬"。按照中国人的习惯，冬天是对身体"进补"的大好时节，俗称"补冬"。闽南地区家家杀鸡宰鸭，并加入中药合炖，以增加香味和营养素；也有的把西洋参或高丽参切片，包在鸡、鸭肚之中缝好合炖，让小孩子吃了长身体；有的用党参、川七合炖，以使骨骼健壮。总之，大家都是想方设法大力进补。出嫁的女儿给父母送去鸡、鸭、猪蹄、猪肚之类营养品，让父母补养身体，聊表对父母的孝敬之心。在立冬时补一下，是为了适应气候季节性的变化，调整身体素质，增强体质以抵御寒冬。

2. 养冬：提高机体抗病能力

中医认为："万物皆生于春，长于夏，收于秋，藏于冬，人也亦之。"也就是说冬天是一年四季中保养、积蓄的最佳时机。浙江地区将立冬称为"养冬"，要吃各种营养品进补，这天要杀鸡或鸭给家人补身体；也有吃猪蹄进补的，说是吃前蹄可补手，吃后蹄可补脚。在台湾基隆，称立冬为"入冬"，当地的习俗为杀鸡鸭或买羊肉，加当归、八珍等补药共炖；也有的将糯米、龙眼干、糖等蒸成米糕而食。冬令进补不仅能调养身体，还能增强体质，提高机体的抗病能力。

3. 吃甘蔗、炒香饭：岭南特色

入冬进补是深谙养生之道的汕头人的"传统节目"。立冬日，汕头人还少不了甘蔗，潮汕谚语说："立冬食蔗不会齿痛"。据说这一天吃了甘蔗，可以保护牙齿，也有滋补的功效。

立冬时节除了吃甘蔗之外，岭南有些地方还保持着吃"香饭"的习俗。立冬日，用花生、蘑菇、板栗、虾仁、红萝卜等做成的香饭，深受潮汕民众喜爱。营养价值丰富，口感浓郁香脆的板栗，是炒香饭的上等佐料，也是市场上的抢手货。

潮汕地区俗谚说"十月十吃炣饭"，潮汕有的地区立冬还有吃"炣饭"的习俗，这种食俗在远古时期就有了。10月初是新米上市的时候，加上当时的白萝卜、小蒜、新鲜的猪肉等，一道简单美味的炣饭就做成了。据介绍，"炣"是指烹饪的方式，指用火烧，它体现了潮菜丰富的烹饪方式。

4. 吃咸肉菜饭：江南的风俗

苏州人传统的风俗，过了立冬，该是品味咸肉菜饭的时候了。届时，苏州的家家户户都要烧上二三回咸肉菜饭尝鲜，其热衷程度仅次于五月端午裹粽子吃。咸肉菜饭用正宗霜打后的苏州大青菜及肥瘦兼有的咸肉，以及苏州白米精制而成。过去苏州人家烧咸肉菜饭非常考究，都在砖灶上烧。砖灶是用砖砌成的烧稻草的灶头。灶上有根长烟囱穿过屋面，其灶头拔风性能好，火候可

根据柴薪多少进行调节，烧出的咸肉菜饭又香又糯。咸肉菜饭色泽十分艳丽，咸肉红似火，青菜鲜碧可爱，米饭雪白味鲜香，风味独特，食之令人胃口大开，欲罢不能。

5. 吃饺子：补补耳朵

在北方，立冬吃饺子已有上百年的历史。饺子有"交子之时"的意思，除夕夜吃饺子代表新旧两年的交替，而立冬则是秋冬季节的交替，所以也有吃饺子的风俗。另外，立冬意味着冬天的到来，冬天到了天凉了，耳朵暴露在外边很容易就被冻伤了，因此，吃点长得像耳朵的饺子，补补耳朵，这可是家里人对亲人最贴心的关怀了。

6. 扫疥：杀死身上的寄生虫

疥疮是由于疥虫感染皮肤引起的皮肤病，本病传播迅速，疥疮的体征是皮肤剧烈瘙痒（晚上尤为明显），而且皮疹多发于皮肤皱褶处，特别是阴部。《诸病源候论》云："疥者……多生于足，乃至遍体……干疥者，但痒，搔之皮起干痂。湿疥者，小疮皮薄，常有汁出，并皆有虫，人往往以针头挑得，状如水内瘑虫。以皮肤皱褶处隧道、丘疹、水疱、结节，夜间剧痒，可找到疥虫为临床特征。"疥疮是通过密切接触传播的疾病。疥疮的传染性很强，在一家人或集体宿舍中往往相互传染。疥虫离开人体能存活2～3天，因此，使用病人用过的衣服、被褥、鞋袜、帽子、枕巾也可间接传染。性生活无疑是传染的一个主要途径。

上海人有在立冬时"扫疥"的习惯。明代，民间以各色香草及菊花、金银花煎汤沐浴，称为"扫疥"。胡德编著《沪谚外编》上卷也曾记录说："立冬日，以菊花、金银花、香草，煎汤沐浴，曰'扫疥'。"华北、华中一带，冬日天冷，洗澡不便，疥虫、跳蚤等寄生虫便乘机在人身上繁殖起来，皮肤病也容易流行、传染，上海人在立冬这天洗药草香汤浴，正是希望一举把身上的寄生虫全部杀死洗干净，整个冬天不得疥疮。

7. 腌菜：立冬腌菜正当时

立冬刚过，正是制作腌菜的好时节。立冬这天有的地方会祭拜地神，表示欢迎冬天的来临，更把初熟的新鲜蔬菜加以腌藏，以备冬日之需。北宋孟元老《东京梦华录》卷九形容当时汴京人在十月立冬时忙着腌菜的情景说："是月立冬，前五日，西御园进冬菜。京师地寒、冬月无蔬菜，上至宫禁，下及民间，一时收藏，以充一冬食用，于是车载马驮，充塞道路。"立冬腌菜正当时，爱吃腌菜的你不妨学一手。

8. 吃糕：冬季的特色美味

在立冬的时候，各地的食俗不一，在陕北、山西一带盛行吃糕。

在中国大江南北很多地方都吃叫作"糕"的食物，但各不相同。这里的糕用的材料叫作软谷和黍子，碾去皮后，软谷的称之为小黄米，黍子的就叫大黄米，淘洗干净，加工成黄米面，略掺水后上锅蒸熟，出锅后，乘热可以包上糖、豆馅、酸菜等放入油锅中炸，叫作炸糕；将包好的糕在放少量油的锅中煎制，叫作煎糕；也可以蒸出来后直接食用，并辅以豆面蘸着吃，叫作面惺糕。当然，也可以像吃著名的蔚县毛糕那样蘸菜汤吃。虽然名称和做法各不相同，但是都代表了中国的一种食俗文化。

随着社会的发展，人们都是到街上去买，很少有人会自己做了。山西有"三十里莜面，四十里糕"的说法，糕这种东西吃了特别耐饿，又便于贮藏，是农村冬季少不了的食物。一次做很多冻起来，平时吃的时候放在锅里蒸热，外出或下地干活时带上它，饿时拢把火烤着吃，既填饱了肚子又烤暖了身子。

在闽南地区，立冬日会吃用糯米做的麻糍糕，这是一种用糯米、白糖、花生粉做的甜品。

冬令进补吃膏滋是苏州人过立冬的老传统。旧时，苏州一些大户人家还用红参、桂圆、核桃肉在冬季烧汤喝，有补气活血助阳的功效。每到立冬节气，苏州中医院以及一些老字号药房都会专门开设进补门诊，为市民煎熬膏药，销售冬令滋补保健品。无锡则盛行吃团子。立冬时节恰逢秋粮上市，用新粮食做成的团子特别好吃。其中乡下以自己做团子为主，而城市人则买现成的。团子的馅有豆沙的、萝卜的、猪油的，尤其是用酱油做成的馅，味道特别好。

9. 祭祖：缅怀先人

立冬，秋粮一入库，便是辽宁本溪地区满族八旗和汉军八旗人家烧香祭祖的季节。满八旗人家称烧荤香。烧荤香要大操办5～7天，宰三口猪，一般农家3～5年才能筹办一次烧荤香的还愿香。而烧太平香则是差不多一年一次，不宰猪而是以鸡代替，中等人家宰21只鸡，一般人家宰7只鸡，称为烧素香。同姓同宗者于冬至或前后约定之早日，集到祖祠中照长幼之序，一一祭拜祖先，俗称"祭祖"。祭典之后，还会大摆宴席，招待前来祭祖的宗亲们。大家开怀畅饮，相互联络久别生疏的感情。

居住在新宾地区的满八旗、汉军八旗人家，将烧香祭祖通称为唱家戏。汉军旗人家烧旗香跳虎神是十分热闹的祭祖仪式，其中唱、念、做、打俱全，特别是虎神装扮得活龙活现，翻滚跳跃，能者可穿房越脊，在房脊上滚动、翻动。还有光着脚穿着一层布的虎爪，跑跳着登刀（是在高梯子上一层层绑上铡刀）而上房脊。看热闹的人从十里八村纷纷而至，一饱眼福。观众不但饱观跳虎神的全貌，而且可看到摆腰铃、顶水碗、耍鼓绝活，即头顶水碗，两臂上伸支起鼓来团团转，两臂弯曲、手腕端平、食指各挂一鼓旋转，甩起腰铃、鹞子翻身接鼓打在点上。同时还能看到霸王鞭的各种翻滚跳蹦，鲤鱼卧莲，一支花棍玩耍于手掌、手背、左肩、右肩、左膝、右膝上、二郎担山、脚踢花棍、轱辘毛就地十八滚、站打四面、卧打八方，这条棍花样繁多，为此亦称花棍。一般三鼓神匠可打三十九节，精悍神匠能打五六十节。汉军八旗人家"烧旗香跳虎神"是吸引观众的大好家戏。

在中国人心目中，"冬至"更似一个含蓄的美好祝福，祭祖是其中最重要的活动，是对先人的缅怀，因而显得更加温馨且相对低调。

10. 迎冬：皇族的仪式

《后汉书·祭祀志中》："立冬之日，迎冬于北郊，祭黑帝玄冥，车旗服饰皆黑。"在古代，古人以冬与五方之北、五色之黑相配，故于立冬日，皇帝有出郊迎冬的仪式，并赐群臣冬衣、抚恤孤寡。立冬前三日掌管历法祭祀的官员会告诉皇帝立冬的日期，皇帝便开始沐浴斋戒。立冬当天，皇帝率三公九卿大夫到北郊六里处迎冬。回来后皇帝要大加赏赐，以安社稷，并且要抚恤孤寡。

11. 吃倭瓜：洗涤肠胃

在天津一带，立冬节气历来有吃倭瓜饺子的习俗。倭瓜即南瓜，又称窝瓜、番瓜、饭瓜和北瓜，是北方一种常见的蔬菜。一般倭瓜是在夏天买的，存放在小屋里或窗台上，经过长时间糖化，在冬至这天做成饺子馅，味道与夏天吃的倭瓜馅不同，还要蘸醋加蒜吃，别有一番滋味。其实倭瓜本身性味甘温，有健脾消食、荡涤肠胃的作用。

立冬民间宜忌：立冬晴五谷丰，立冬忌盲目"进补"

1. 立冬晴，五谷丰

有不少关于立冬方面的谚语：如"立冬晴，五谷丰"、"立冬晴，养穷人"等说法，意思是说：立冬如果天气晴朗，这年的收成就很好，穷人才能够得以休养生息；如果立冬下雨。则预示这一年的冬天将会多雨、气温寒冷。古人以立冬作为秋天的结束和冬天的开始，所以十分重视这个节气，并且相信立冬之日的天气能预示着整个冬季的天气走向，对以后的收成也会有很大的影响，其实这种做法缺乏科学依据，是不可取的。

2. 立冬补冬，切忌盲目"进补"

人类虽然没有冬眠之说，但是民间有立冬补冬的习俗。人们在这个进补的最佳时期，为抵御冬天的严寒补充元气而进行食补。进补时应少食生冷，尤其不宜过量的补。一般人可以适当食用一些热量较高的食品，特别是北方，可以吃些牛、羊肉，但同时也要多吃新鲜蔬菜，还应当吃一些富含维生素和易于消化的食物。在这个时节，切忌盲目"进补"，否则惹病上身。

立冬饮食养生：黑色食品补养肾肺，身体虚弱多食牛肉

1. 补养肾肺可多食用黑色食品

四季与五行、人体五脏相互对应。按照中医理论，冬天合于肾；在与五色配属中，冬亦归于黑。因而在11月上旬的立冬时节，用黑色食品补养肾脏无疑是最好的选择。现代医学认为：黑色食品不但营养丰富、且多有补肾、防衰老、保健益寿、防病治病、乌发美容等独特功效。

所谓黑色食品，是指因内含天然黑色素而导致色泽乌黑或深褐的动、植物性食品。黑色食品种类繁多，有的外皮呈黑色，有的则骨头里面是黑色的。除了众所周知的黑芝麻、黑枣以外，黑米、紫菜、香菇、海带、发菜、黑木耳等植物性食品及甲鱼、乌鸡等动物性食品都属于黑色食品。经大量研究表明，黑色食品保健功效除与其所含的三大营养素、维生素、微量元素有关外，其所含黑色素类物质也发挥了特殊的积极作用。如黑色素具有清除体内自由基、抗氧化、降血脂、抗肿瘤、美容等作用。

2. 老人、妇女可吃特制养阴护阳暖身餐

立冬过后，阳气不足会导致一部分人格外怕冷，引起感冒、手脚冰冷等病症。其中抵抗力弱、作息不规律、缺乏运动且脏器功能衰退的老年人和长期偏食、减肥的中青年女性是最易出现上述情况的群体。"冷女人"的血行不畅，不仅冬天会手脚冰凉，而且面部容易长斑。同时，体内的能量不能润泽皮肤，皮肤就缺乏生气。

对此养生专家建议，老年人宜常喝胡萝卜洋葱汤，此汤可滋补暖身、调理内脏，增强身体的免疫力，保障血液的畅通运行；而年轻女性和中年妇女应先看医生，若非肾虚，则可常食豆腐烧白菜，通过获取充足的维生素B_2，减少体内热量的快速流失，从而提高机体的抗寒能力。建议女性冬季注意养阴护阳，多喝莲子粥、枸杞粥、牛奶粥以及八宝粥等，要适当补食牛、羊、狗肉，以补阳滋阴、温补血气、增强体质和抵抗力，更起到润泽脏腑、养颜护肤的效果。

3. 立冬时节吃火锅有讲究

冬天到了，吃火锅的市民也开始多起来了。但吃火锅和平时吃的各式菜式有点不一样，虽然口腹之欲满足了，却总是会出现这样那样的"后遗症"：不是吃上火了，就是吃完后腹泻，很少有人了解火锅的健康吃法。

第一，吃火锅时应本着少荤的原则。用大量解腻、去火和止渴的蔬菜、豆腐及菌类佐以适量的肉类，才是最佳的搭配。各种食材搭配在一起吃，才能把火锅吃得既营养又美味。

第二，掌握火候很关键。以保证既不流失营养又充分杀灭食物中的细菌为标准，尤其是水产品，在开锅后煮15分钟以上方能入口。

第三，忌喝火锅汤。火锅汤多由肉类、海鲜和青菜等多种食物混合煮成，含有一种高浓度的名为嘌呤的物质，易诱发或加重痛风病。

第四，切勿吃过辣及过烫的火锅，以免造成食道充血或水肿。

第五，火锅也不宜吃得过久，否则极易导致肠胃功能紊乱。

4. 利尿润肠可吃些核桃

核桃既可利尿润肠，又可温肺祛病。在以养肾为先的立冬时节，多食核桃无疑能够益肾固精、强身健体。

挑选核桃时要选用上等核桃壳薄圆整，其通体有光泽；桃仁白净味香，含油量极高。

在吃的时候不要只吃核桃的白色果仁，其实表面的褐色薄皮也含有丰富的营养，食之亦佳。同时生桃仁入菜比熟桃仁入菜更能够保持水分和口感。

核桃仁莴苣炒胡萝卜丁具有利尿润肠之功效。

核桃仁莴苣炒胡萝卜

材料：胡萝卜200克，核桃仁30克，莴苣20克，姜片、葱段、盐、鸡精、植物油各适量。

制作：①胡萝卜、莴苣去皮，洗净，切丁；核桃仁入油锅炸香。②炒锅放植物油烧热，下姜

片、葱段爆香，加莴苣丁、胡萝卜丁、核桃仁、盐、鸡精，炒熟即可。

5. 身体虚弱者易多食牛肉

牛肉能够迅速补充因气温降低而消耗的热量。立冬时节多食牛肉，不仅能暖身暖胃，更能益气滋脾，因而特别适合身体虚弱者。

就保存营养来说，清炖是烹饪牛肉最佳的方式。在选用牛肉的时候要注意，好的牛肉表面不含过多水分，弹性极佳，摸上去有油油的黏性；脂肪呈白色；通体色泽以均匀的深红色为宜，且没有异味。但是牛肉虽好，也要注意适可而止，不能一次吃太多，最好能够保持在80克/次左右。

桂圆红枣煲牛肉可益气滋脾。

桂圆红枣煲牛肉

材料：桂圆肉10克，红枣6颗，牛肉250克，土豆200克，姜片、葱段、盐、植物油各适量。

制作：①桂圆肉洗净；红枣洗净，去核；牛肉洗净，切块；土豆洗净，去皮，切块。②炒锅放植物油烧至六成热，下葱段、姜片爆香，加牛肉、土豆、盐、400毫升水，大火烧沸，改小火煲45分钟即可。

立冬起居养生：睡前温水泡脚，室内温度要提高

1. 立冬时节临睡前温水泡脚

肾之经脉起于足部，足心涌泉穴为其主穴，立冬时节睡觉时，先用温水泡洗双脚，然后用力揉搓足心，除了能除污垢、御寒保暖外，还有补肾强身、解除疲劳、促进睡眠、延缓衰老，以及防止感冒、冠心病、高血压等多种病发生的功效。如果所泡的药水改用中草药甘草、元胡煎剂，可以防治冻疮；用茄秆连根煎洗，可控制冻疮发展；用煅牡蛎、大黄、地肤子、蛇床子煎洗，可治疗足癣；用鸡毛煎洗，可治顽固性膝踝关节麻木痉挛；用白果树叶煎洗，小儿腹泻也能治愈。从足部强健肾经，相当于养护树木的根基，可以让肾脏中的精气源源不断。

2. 立冬后适当增加室内湿度

俗话说："三分医，七分养，十分防。"可见养生的重要性。在很多人的意识里只有老人才需要养生，其实不然，养生是条漫长的路，越早走上这条路，受益越多。立冬后，我国北方室内开始安置炉火或供应暖气了。冬季漫长，长时间生活在使用取暖器的环境中，往往会出现干燥上火和易患呼吸系统疾病的现象。科学研究表明，人生活在相对湿度40%～60%、湿度指数为50～60的环境中感觉最舒适。冬季，天寒地冷，万物凋零，一派萧条零落的景象，对此，人们首先想到的是防寒保暖。而冬季养生仅防寒保暖是远远不够的。

冬天，气候本来就非常干燥，使用取暖器使环境中相对湿度大大降低，空气更为干燥，会使鼻咽、气管、支气管黏膜脱水，弹性降低，黏液分泌减少，纤毛运动减弱，在吸入空气中的尘埃和细菌时不能像正常时那样迅速清除出去，容易诱发和加重呼吸系统疾病。冬天虽然天气很冷，但人们通常穿得厚，住得暖，活动少，饮食方面也偏好温补、辛辣的食物，体内积热不容易散发，容易导致"上火"。尤其是在我国北方，本身气候就非常干燥，再加上室内普遍使用暖气，"上火"更是随时可能发生。另外，干燥的空气使表皮细胞脱水、皮脂腺分泌减少，导致皮肤粗糙起皱甚至开裂。因此，使用取暖器的家庭应注意居室的湿度。最好有一只湿度计，如相对湿度低了，可向地上洒些水，或用湿拖把拖地板，或者在取暖器周围放盆水，或配备加湿器，把房间湿度维持在50%左右，使湿度增加。如在居室内养上两盆水仙，不但能调节室内相对湿度，还会使居室显得生机勃勃和春意盎然。

此外，居室中应勤开窗通风。通风可使室外的新鲜空气更换室内污浊空气，减少病菌的滋生。不通风的情况下，室内二氧化碳含量超过人的正常需要量，会使人头痛，脉搏缓慢，血压增高，还有可能出现意识丧失。因而，勤开窗很重要。不过应当只开朝南面的窗子，不能使居室中有穿堂风。平时应注意随时补充人体水分。常喝温水或薄荷、苦茶、菊花、金银花等花草茶，冷

却体内燥热，促进表皮循环，同时也可以饮用一些去燥热的饮料，比如凉茶。

立冬运动养生：规律运动身体好，早睡晚起多活动

1. 立冬时节，规律运动身体好

立冬时节，天气逐渐转冷，许多动物开始冬眠，不少人只想待在温暖的家中，很少走出户外，更不用提参加体育锻炼了。事实上，这样对健康有害无利，在立冬时节坚持体育锻炼，不但能使人的大脑保持兴奋状态，增强中枢神经系统的体温调节功能，而且还能提高人的抗寒能力。因此在立冬以后坚持有规律运动健身的人一般很少患病。但是，立冬时节锻炼身体还要注意，由于气温的降低，人在立冬以后新陈代谢的速度会放缓，所以在此时节运动锻炼不宜太激烈，以防止适得其反。健身操、太极拳、跳舞或打球等运动均是立冬锻炼不错的选择。

2. 立冬时节，早睡晚起多运动

立冬时节，往往会呈现气候干燥、天气变化频繁等特点，也是心脑血管疾病、呼吸系统疾病、消化系统疾病的高发期。每年立冬后，受冷空气影响，患感冒、痛风、胃病的病人都有所增加。建议人们进入立冬后，作息要早睡晚起，让睡眠的时间长一点，促进体力的恢复。最好是等到太阳出来以后再起床活动。运动前要做热身运动，运动量逐渐增加，避免在严寒中锻炼。中老年人冬季锻炼若安排不当，容易引起感冒。尤其是患有慢性病的老年人，可能会引起严重的并发症。平时要保持室内空气流通，要多晒太阳。临睡前如果坚持用热水洗脚，对消除疲劳、改善睡眠大有裨益。坚持每天清早或傍晚用冷水浴鼻，能减少患感冒的概率。关节疼痛的患者要注意保暖，适当休息并与运动相配合。

由于立冬后气温低、气压高、人体的肌肉、肌腱和韧带的弹力及伸展性均会降低，肌肉的黏滞性也会相应增强，从而造成身体发僵不灵活，舒展性也随之大打折扣。因此在立冬后进行体育锻炼时，立冬运动健身要注意以下几个方面：

（1）室内运动时应保持空气流通。一些人习惯在冬天选择室内运动，并把门窗紧闭，以防止寒冷空气的入侵。但实际上，这样很容易因缺氧而导致头晕、恶心等症状。所以在室内运动时切记保持空气的流通。

（2）运动时衣物的薄厚要适度。立冬过后气温降低，在运动前要穿厚实些的衣服，在热身后再除去外衣；锻炼结束后应尽快回到室内，不要吹冷风，以及擦去汗水并更换衣服，以防止感冒。

（3）运动之前要充分热身。由于人的身体在低温环境中会发僵，运动前若不充分热身，极易造成肌肉拉伤或关节损伤。因此应在正式运动锻炼前先进行预热运动。

（4）运动时应适时调整呼吸。由于冬天常有大风沙，因此建议在运动时最好采用鼻腔呼吸的方式，也可以采用鼻吸气、口呼气的呼吸方式，但切忌直接用口吸气。这是因为鼻腔黏膜能对吸进的空气起到加温的作用，在一定程度上减轻了寒冷空气对呼吸道的刺激；同时鼻毛亦可有效阻挡有害细菌。

立冬时节，常见病食疗防治

1. 食用鲫鱼汤食疗防治急性肾炎

急性肾小球肾炎常简称急性肾炎，是指感染后免疫变态反应引起的急性弥漫性肾小球炎性病变。引发感染的原因不一，表现出的症状为全身浮肿、尿少及尿血。冬天是感冒的高发期，感冒后若不及时治疗，病情就很容易加重，从而引发急性肾炎。可发生在任何年纪，但是以抵抗力较弱的儿童是急性肾炎的高危人群，因此孩子们在立冬过后更应注意此病的防治。

急性肾炎患者应该严格控制盐、水和蛋白质的摄入量。伴有水肿、血压高症状的患者应该坚

持无盐或低盐饮食；水肿严重者应严格控制水的摄入量；氮质血症的患者则应严格限制蛋白质的摄入。

冬瓜皮鲫鱼汤具有补脾益气、利水消肿之功效，适用于各种急、慢性肾炎的调治。

冬瓜皮鲫鱼汤

材料：鲫鱼1条，冬瓜皮30克，盐适量。

制作：①鲫鱼处理干净；冬瓜皮切块。②鲫鱼和冬瓜皮入锅加适量水炖烂，加盐调味即可。

急性肾炎防治措施：

（1）积极防治呼吸道传染病，并对已患病者采取必要的隔离措施。

（2）立冬后要坚持体育锻炼，以提高免疫力。

（3）不酗酒，不吸烟，不熬夜。

（4）适量饮水，不憋尿，以防肾脏负担过重。

（5）定期体检，及时排查糖尿病和高血压病，以防止肾炎的发生。

2. 吃牛、羊、猪肉食疗防治缺铁性贫血

缺铁性贫血，是因人体内铁元素的储存量不能满足正常红细胞生成的需要，从而引发的贫血。在立冬时节，很多人怕冷，是由于铁摄入量不足、吸收量减少、需要量增加、铁利用障碍或丢失过多所致。缺铁性贫血不是一种疾病，而是疾病的症状，症状与贫血程度和起病的缓急相关。在缺铁性贫血患者中，婴幼儿和孕产妇占有很高的比例，表现为心烦意乱、气闷头晕、皮肤干燥、毛发脱落等。患儿会因贫血而发育迟缓，影响日后的学习和生活。

山药干贝猪红粥具有补益脾胃、强壮身体、补充营养之功效，适用于白血病和贫血症。

山药干贝猪红粥

材料：水发干贝25克，山药15克，猪血、腐竹各100克，大米250克，胡椒粉、葱花、酱油各适量。

制作：①猪血切块；山药切片；水发干贝、腐竹洗净；大米淘净。②锅中放入大米、山药、腐竹和干贝，加水适量，煮50分钟，放入猪血略煮，加胡椒粉、葱花、酱油调味。

缺钙性贫血预防措施：

（1）调整饮食结构，多吃富含铁元素的食物，特别是作为缺铁性贫血的高危人群——婴幼儿和孕产期妇女，更应在日常三餐中多摄入含铁量高的食物。

（2）家长应特别注意婴儿断奶期的营养补充。正常婴儿自4个月起就应添加含铁较多的食品，以保证铁的摄入量。

（3）缺铁性贫血患者应在立冬后多吃瘦猪肉、牛肉、羊肉、动物肝脏、蛋黄、各种谷类等富含铁元素的食物。另外，富含维生素C的新鲜水果和蔬菜也可促进血红素的产生。

立冬耳熟能详谚语

1. 立冬前犁金，立冬后犁银，立春后犁铁

立冬前要掌握好虫子蛰伏冬眠的物候规律，及时除虫，立冬后也要及时除虫为明年的丰收打下一个好的基础。因此立冬前是犁地的黄金时期，要把握住此良机，立冬后犁的效果稍差一些，如果立春后再来犁地，就已经晚了。这句谚语主要强调人们要把握好翻犁、扳田、扳土、除虫的最佳时机。

2. 立了冬把地耕，能把地里养分增

要把握住立冬以后、封冻以前或冻结尚不严重的最佳时期，及时耕翻春播预留地和其他冬闲地，多耕翻几次更好。对春播预留地和其他冬闲地进行耕翻有以下好处：可以疏松土壤，使土壤中的空气流通，增加氮气，以利作物根瘤菌固氮，增加氮素；可以切断土壤毛细管，减少水分蒸发；保墒蓄水；可将地面的杂草、枯枝烂叶翻入地里沤烂成肥；可将潜伏在浅层的病虫翻出地面曝晒，或冻死，或让鸟类啄食，或翻入深层使其窒息死亡；可使降落的雨雪翻入或渗入土壤中，以防止其蒸发或流失，充分利用自然水源滋润土壤。这样做将会使土地的养分增加。

3. 冬上金，腊上银，立春上粪是哄人

要想给过冬农作物（如冬小麦、油菜等）上好底肥（基肥），特别是农家有机肥（如畜圈粪、厩粪和人粪尿），建议越早越好，最好在播种时施入。假如在播种后施肥，也应该尽早施入，最迟在阳历的年前也要施入，这样才能给有机肥充分的时间腐烂、分解，以便于开春后农作物吸收利用。如果晚于这个时间施肥，肥料不能及时分解，农作物利用不上其中的养分，因此立春以后施肥效果就不太明显了。

4. 立冬民间谚语荟萃

冬前不结冰，冬后冻死人。

冬前不下雪，来春多雨雪。

立冬，青黄刈到空。

立冬白菜赛羊肉。

立冬白一白，晴到割大麦。

立冬北风冰雪多，立冬南风无雨雪。

立冬补冬，补嘴空。

立冬不砍菜，受害莫要怪。

立冬不撒种，春分不追肥。

立冬不使牛。

立冬打雷三趟雪。

立冬打雷要反春。

立冬打霜，要干长江。

立冬到冬至寒，来年雨水好；立冬到冬至暖，来年雨水少。

立冬刮北风，皮袄贵如金；立冬刮南风，皮袄挂墙根。

立冬交十月，小雪河封上。

立冬雷隆隆，立春雨蒙蒙。

立冬那天冷，一年冷气多。

立冬前犁金，立冬后犁银，立春后犁铁。

立冬晴，好收成。

立冬晴，一冬凌。

立冬晴，一冬晴；立冬雨，一冬雨。

立冬晴，一冬阴；立冬阴，雪迎春。

立冬食蔗不齿痛。

立冬太阳睁眼睛，一冬无雨格外晴。

立冬田头空。

立冬无雨满冬空。

立冬无雨一冬晴，立冬有雨春少晴。

立冬无雨一冬晴，立冬有雨一冬阴。

立冬西北风，来年哭天公。

立冬西北风，来年五谷丰。

立冬雪花飞，一冬烂泥堆。

立冬一片寒霜白，晴到来年割大麦。

立冬阴，一冬温。

立冬有雨防烂冬，立冬无雨防春旱。

立冬蔗，食不病痛。

第二章

小雪：轻盈小雪，绘出淡墨风景

小雪节气是我国二十四节气之一，传统上为冬季第二个节气。即视太阳在黄道上自黄经240°至255°的一段时间，约14.8天，每年11月22日（或23日）开始，至12月7日（或8日）结束。狭义上，指小雪开始，每年11月22日~23日，此时太阳达到黄经240°。《月令七十二候集解》："十月中，雨下而为寒气所薄，故凝而为雪。"小雪表示降雪的起始时间和程度，此后气温开始下降，开始降雪，但还不到大雪纷飞的时节，所以叫小雪。我国地域辽阔，"小雪"代表性地反映了黄河中下区域的气候情况。这时北方已进入封冻季节。

小雪气象和农事特点：开始降雪，防冻、保暖工作忙

1. 气温开始下降，开始降雪

小雪节气，东亚地区已建立起比较稳定的经向环流，西伯利亚地区常有低压或低槽，东移时会有大规模的冷空气南下，我国东部会出现大范围大风降温天气。小雪节气是寒潮和强冷空气活动频数较高的节气。强冷空气影响时，常伴有入冬第一次降雪。

小雪节气，南方地区北部开始进入冬季。但是风景各不相同。"荷尽已无擎雨盖，菊残犹有傲霜枝"已呈初冬景象。因为北面有山峰阻挡冷空气入侵，剎减了寒潮的严威，致使华南"冬暖"显著。全年降雪日数多在5天以下，比同纬度的长江中下游地区少得多。大雪以前降雪的机会极少，即使隆冬时节，也难得观赏到"千树万树梨花开"的迷人景色。由于华南冬季近地面层气温常保持在0℃以上，所以积雪比降雪更不容易。偶尔虽见天空"纷纷扬扬"，却不见地上"碎琼乱玉"。然而，在寒冷的西北高原，10月份就开始降雪了。高原西北部全年降雪日数可达60天以上，一些高寒地区全年都有降雪的可能。小雪节气里的第一候为虹藏不见，二候为天腾地降，三候闭塞成冬。意思是说：由于气温降低，北方以下雪为多，不再下雨了，雨虹也就看不见了；又因天空阳气上升，地下阴气下降，导致阴阳不交，天地不通；所以天地闭塞而转入严寒的冬天。

2. 农作物越冬防冻、牲畜防寒保暖工作忙

小雪时节已进入初冬，天气逐渐转冷，地面上的露珠变成严霜，天空中的雨滴就成雪花，流水凝固成坚冰，整个大地披上了一层洁白的素装。但这个时候的雪，常常是半冻半融状态，气象上称为"湿雪"，有时还会雨雪同降，这类降雪称为"雨夹雪"。北方地区小雪节气以后，果农开始为果树修枝，以草秸编箔包扎株杆，以防果树受冻。冬日蔬菜多采用土法贮存，或用地窖，或用土埋，以利食用。俗话说"小雪铲白菜，大雪铲菠菜"。白菜深沟土埋储藏时，收获前10天

左右即停止浇水，做好防冻工作，以利贮藏，尽量择晴天收获。收获后将白菜根部向阳晾晒3～4天，待白菜外叶发软后再进行储藏。沟深以白菜高度为准，储藏时白菜根部全部向下，依次并排放入沟中，天冷时多覆盖白菜叶和玉米秆防冻。而半成熟的白菜储藏时沟内放部分水，边放水边放土，放水土之深度以埋住根部为宜，待到食用时即生长成熟了。

小雪时节，秋去冬来，冰雪封地天气寒。要打破以往的猫冬坏习惯，农事仍不能懈怠。小雪期间，华南西北部一般可见初霜，要预防霜冻对农作物的危害。小雪节气要加强越冬作物的田间管理，促进麦苗生长，以便安全越冬。人们要注意寒潮及强冷空气降温对生产和生活的影响，同时也要利用好现代的科学知识。

小雪民俗：祭神、腌菜、风鸡，祈求平安

1. 祭水仙尊王——航海者祈祷平安

水仙尊王，简称水仙王，是中国海神之一，以贸易商人、船员、渔夫最为信奉。台湾四面环海，在台湾民间信仰中，与水有关的神祇，计有水仙尊王、水官大帝及水德星君等。水德星君属于自然崇拜的神祇，水官大帝是民间俗称"三官大帝"、"三界公"之一的大禹，而水仙尊王就是海神，《海上纪略》说"水仙者，洋中之神"。原来是水神或海神，因迷信驱使而编出神话，把水神或海神人格化了，因此水仙尊王是由自然神演变为人格神。

各地供奉的水仙尊王各有不同，以善于治水的夏禹为主。各地奉祀的水仙尊王各有不同。一般为伍子胥、屈原等人，或其他英雄才子、忠臣烈士与大禹合并供奉，称为"诸水仙王"。大禹是古时帝王，因治水有功而受后人爱戴。伍子胥是春秋楚人，忠诚报楚却遭人陷害，最后自刎浮尸于江中。屈原是战国楚人，正欲施展抱负却因奸臣谗言，被贬长沙，有志难伸，忧民忧国而投汨罗江自尽。才华洋溢的王勃，27岁溺死于南海。李白因捞水中之月而溺死。上述四人的死，与水有密切的关系，并且都是忠臣和有才能的人，所以把这四人奉为水神，配祀在水仙正庙中。

划水仙，是早期船员一种向水仙王祈祷的方式，据说早先往来台湾与大陆的船只在海上遇到暴风雨，如果"划水仙"就可脱离险境。所谓"划水仙"，就是求救于水仙王。《台湾县志·外编》记载说：作"划水仙"之法时，船上的所有人，都要披头散发站在船舷两边，拿着筷子做划水的动作，口中还要发出类似征鼓的声音，就跟农历五月初五划龙舟比赛一样，这个时候，就算是船的桅杆被暴风雨打折，船也能乘风破浪，迅速靠岸。据传，这种"划水仙"的做法每次都能应验，得到水仙王的救助，顺利靠岸。

2. 腌菜：增进食欲，促进消化

腌菜，是一种利用高浓度盐液、乳酸菌发酵来保藏蔬菜，并通过腌制，增进蔬菜风味的发酵食品，泡菜、榨菜都属腌菜系列。老南京逢小雪前后必腌菜，称之为腌元宝菜。南京各家各户都会在这时节买上一百来斤的青菜，专供腌制用，晾晒、吹软、洗净腌制。虽然每一家都有自己的特色，但是大体的方法是不变的。冬季蔬菜供应紧张时，腌菜就能派上大用场。腌菜一般要吃到来年春天，蚕豆上市时用新鲜蚕豆烧腌菜也是一绝。吃不完的腌菜还可以在天好时拿出晒干，制成干菜，以便保存。夏天炎热时节人们出汗多、口味淡，吃一吃用干菜烧五花肉也是很鲜美的食物。干菜还可以邮寄给远在他乡的亲人品尝，让他们不要忘掉家乡乡情。腌菜就像客家人煲汤一样，讲究文火细煎慢熬，体现的是一种真功夫。一坛腌菜从制作到成熟需要时日，没有半月以上的时间是腌制不出来的。腌制的时间越久，腌菜越是晶莹剔透，越是浓郁纯正。

由于其加工方法与设备简单易行，所用原料可就地取材，故在不同地区形成了许多独具风格的名特产品，腌制雪里红，有人家整棵腌，有的切碎后腌制。雪里红啥菜都能配，深受家庭主妇们喜爱，所以各家也都会腌制些。

古代制腌菜的是有很原因的，那时候不像现在这样科技发达、交通发达，很多蔬菜可以跨越季节和地区障碍，成为桌上的菜肴。夏天，蔬菜太多，吃不完，烂在了田地里。而冬天却不够

菜吃。现在冬季蔬菜供应很丰富，而腌菜很费工，加上人们生活水平提高了，腌菜的家庭少了许多，就是腌也是腌得很少，只为尝个鲜。腌菜确是一种开胃、大众食品，它给人们最终的实惠是增进身体健康，这是人人都希望的。吃起来能增进食欲，吃了觉得舒服，意味着肠胃愿意受纳，纳而化之，使食物顺利进入人体正常新陈代谢轨道。

3. 风鸡：提高免疫力

风鸡是福建省金门县烈屿乡特有的产物。

这里的风鸡指的是风干的鸡。利用冬季朔气腌制肉、鱼、鸡，并悬于室外檐下，不让日光照射，只让自然风吹，故叫作"风"，值得一提的要数风鸡。选用当年肥鸡，公母皆可，宰杀前断食12~24小时，喂以清水。这样出血干净，肉质比较新鲜。喉部放血后，沥尽余血，不去毛，在翅膀下或肛门处开一5~6厘米长的口子，拉出全部内脏，并剜去肛门，待鸡余温散尽。取鸡体重5%~8%的细盐，下锅炒热后加15克左右的花椒粉、五香粉或十三香粉拌匀，用手抹入腹腔、口腔、眼睛和放血的口子处。擦好盐后，将鸡仰卧桌上，两腿以自然姿势压向腹部，将鸡头拉到翅下开口处，鸡嘴要塞进去，再将尾羽向下兜压在腹部，两翅交叉包住后，用细麻绳纵横扎好，鸡背向下，悬挂于室外檐下阴凉、干燥通风处。悬挂一个半月后花椒香盐入骨，即成风鸡。其腊香馥郁，鸡肉鲜嫩，最宜佐酒。南北方风鸡的制作方法大同小异。风鸡性温，它的功效是通乳生乳，壮阳壮腰，补肾虚，止泄，提高免疫力，健脾，养阴补虚。

在两湖地区有吃泥风鸡的习惯。泥风鸡是湖南省的著名特产，已有悠久历史。这种鸡的做法是用黄泥将鸡体连毛糊住风干。风鸡在初冬之时腌制，俗语有"交小雪，腌风鸡"之说。风鸡在春节前后食用，过了正月十五天气转暖，风鸡易变质，最迟不能迟于正月底。食用时将风鸡干拔去毛，洗净，放在大盘子里，加入花椒、桂皮、茴香、葱姜、糖、料酒，上笼旺火蒸40分钟左右取出，晾凉后，剖开斩成数块装盘即可。泥风鸡可存放半年左右。食用时，轻轻打碎泥壳，则泥毛尽去，用温水洗净鸡身，改刀后，蒸、炒、炖，其肉质鲜嫩，色、香、味俱全，老少皆宜，是佐酒、下饭的佳肴，既别具风味，又有滋补吉祥的意味，让人余香满口，不忍放手。

小雪民间宜忌：忌讳天不下雪

1. 小雪时节忌讳不下雪

古籍《群芳谱》中说："小雪气寒而将雪矣，地寒未甚而雪未大也。"这就是说，到小雪节气由于天气寒冷，降水形式由雨变为雪，但此时由于"地寒未甚"故雪量还不大，所以称为小雪。但是小雪忌讳天不下雪。农谚说，"小雪不见雪，来年长工歇"，其意是到了小雪节气，还未下雪，我国北方冬小麦可能缺水受旱，病虫害也易于越冬，影响小麦生长发育而欠产，故不必请长工。民间也有"小寒大寒不下雪，小暑大暑田开裂"，这也从另一角度说明了"瑞雪兆丰年"的道理。

2. 小雪时节饮食宜忌

小雪时节，天气阴暗，容易引发抑郁症，因此，要选择性地吃一些有助于调节心情的食物。适宜多食一些热粥。热粥不宜太烫，亦不可食用凉粥。昆时适宜温补，如羊肉、牛肉、鸡肉等；同时还要益肾，此类食物有腰果、山药、白菜、栗子、白果、核桃等，而水果首选香蕉。切忌食过于麻辣的食物。

小雪饮食养生：适当吃些肉类、根茎类食物御寒

1. 可御寒食物：肉类，根茎类，含碘、含铁量高的食物

一般的小雪节气里，天气越来越寒冷，天气阴冷晦暗光照较少，此时容易引发或加重抑郁

症。依靠食物来补充能量是一种让身体快速变暖的好方法。我们应多吃一些能够有效抵御寒冷的食物。以下四类食物能够迅速让人感觉温暖：

肉类：肉类，是动物的皮下组织及肌肉，可以食用。蛋白质、脂肪和碳水化合物被称为产热营养素，狗肉、羊肉、牛肉和章鱼肉都富含这些营养素。在小雪节气适当进食这几种肉类食物，可促进新陈代谢，加速血液循环，从而起到御寒的作用。肉类几乎是最普遍受人喜爱的食物。肉类营养丰富，味美，食肉使人更能耐饥；长期食用，还可以帮助身体变得更为强壮。此外，人食用肉类食物，可以刺激消化液分泌，助于消化。

根茎类：研究表明，富含矿物质的根茎类蔬菜，根茎类蔬菜就是指使用部分为根或者茎，如胡萝卜、山芋、藕、菜花、土豆等能够有效提高人体的抗寒能力。

铁含量高的食物：铁是人体内必需的微量元素之一，有着重要的生理功能。铁元素不足常常会引发缺铁性贫血，而缺铁性贫血引起的血液循环不畅可使机体产热量减少，从而导致体温偏低。我们日常的食物中多数含铁量较少，有的基本测不到，有些含铁食物不利于吸收。因此，常食用动物血、蛋黄、猪肝、牛肾、黄豆、芝麻、腐竹、黑木耳等富含铁质的食物，对提高人体的抗寒能力大有裨益。

碘含量高的食物：含碘量高的食品有例如海带、紫菜、贝壳类、菠菜、鱼虾等。一般含碘量高的食物都可以促进甲状腺素分泌，甲状腺素能加速体内组织细胞的氧化，提高身体的产热能力，使基础代谢率增强、血液循环加快，从而达到抗冷御寒的目的。

2. 调节情绪有妙招

在阴冷的小雪节气前后，不少人的情绪都会出现不同程度的波动，这是由于气温骤降、光照不足的缘故，其具体表现为无缘由地发脾气、坐立不安、心情失落等。

那么我们应该在平时怎么样通过食补来解决呢？在勃然大怒时，应多食瓜子。因为瓜子中富含的B族维生素和镁能够消除心火、平稳血糖，让心情趋于平和。在感到委屈时，吃香蕉是最佳的选择。有调查显示，意志消沉和情绪低落均是由体内的5-羟色胺含量低所致，而香蕉正是富含5-羟色胺的水果，因而食用香蕉能很快使你的心情好转；感觉焦虑不安，多半是人的中枢神经系统出了问题，此时的首选食品是燕麦。燕麦不仅能够延缓能量释放，还能抑制大脑因血糖突然升高而过度亢奋，其富含的维生素B$_1$更是平衡中枢神经系统的润滑剂，能使人尽快恢复平静。因此，如果我们能通过进食一些具有安神去躁功能的食物，以达到调理效果，这对我们的身体是很有好处的。

3. 润肠排毒、消除抑郁可吃些香蕉

香蕉不仅能够缓解紧张情绪、消除抑郁，还能润肠排毒、养胃除菌，小雪时节多食香蕉，对调节情绪和调理肠胃大有裨益。

润肠排毒、消除抑郁可以尝试一下香蕉百合银耳羹。

香蕉百合银耳羹

材料：香蕉2根，鲜百合100克，水发银耳15克，枸杞子5克，冰糖末适量。

做法：①香蕉去皮，切片；百合洗净，撕片；银耳洗净，撕成小朵；枸杞子洗净，用温水泡软。②取一蒸盆，放入香蕉、百合、银耳、枸杞子，加适量水、冰糖末调匀，上笼，蒸半个小时即可。

注意：选用优质香蕉的果皮呈金黄色，无黑褐色的斑点，并会散发浓郁的果香。另外，挤压、低温均会使香蕉表皮变黑，此时香蕉极易滋生细菌，应该丢弃，切莫因怕浪费而食之。在睡前吃些香蕉可以平稳情绪，帮助提高睡眠质量。

4. 解毒、清肺可食用豆腐

豆腐具有涤尘、解毒和清肺的功效。小雪节气雾天频发，雾气中含有酸、碱、酚、尘埃、病原微生物等多种有害物质，此时多食豆腐，无疑会对健康大有益处。

上等的豆腐形状完整且富有弹性，软硬度适中，通体为略带光泽的淡黄色或乳白色。在烹饪的时候，最好将鱼肉、鸡蛋、海带或排骨同豆腐搭配在一起食用，营养均衡易吸收。

海带豆腐汤

材料：海带100克，豆腐200克，植物油、葱花、姜末、盐各适量。

制作：①海带洗净，切片；豆腐切大块，入沸水焯烫后捞出放凉，切成小方丁。②锅中放植物油烧热，放入葱花、姜末煸香，下入海带、豆腐，加入适量清水、盐，大火烧沸，改用小火煮至海带、豆腐入味即可。

小雪起居养生：御寒保暖，早睡晚起

1. 小雪时节要做好御寒保暖

小雪时节已进入初冬，天气逐渐转冷，地面上的露珠变成严霜，天空中的雨滴就成雪花，流水凝固成坚冰，整个大地穿上了一层洁白的衣服。但是雪也不大，因此叫小雪。此时的黄河以北地区会出现初雪，其雪量有限，但还是给干燥的冬季增添了一些乐趣。空气的湿润对于呼吸系统的疾病会有所缓和。但雪后会出现天气温度下降，因此起居要做好御寒保暖，注意身体的健康，以及补食一些食物，避免感冒的发生。

2. 早睡晚起，日出而作

冬季，由于气温骤降、光照不足的缘故，应适当增加睡眠，要早睡晚起，日出而作。

俗话经常会说，冬季的时候，不要扰动阳气，会破坏人体的阴阳转换的生理机能。这是因为冬天，阳气潜藏，阴气盛极，草木凋零，蛰虫伏藏，万物活动趋向休止，以养精蓄锐。所以，冬天我们是以养为主的。

早睡可养人体阳气，迟起能养人体阴气，那么晚起是不是就是赖床不起呢？不是的，这是以太阳升起的时间为度。因此，早睡晚起有利于阳气潜藏、阴精蓄积，为第二年春天生机勃发做好准备。

而且，这也与冬季气候十分寒冷有关，因此这也要求人们尽量做到早睡晚起，在养生上要注意保暖避寒。正如《寿亲养老新书》中所说："唯早眠晚起，以避霜威。"

另外，在冷高压影响下，冬天的早晨往往有气温逆增现象，即上层气温高，地表气温低，大气对流活动停止，地面上有害污染物停留在呼吸带。如过早起床外出，会呼吸到有害的空气，不利于人的身体健康。

小雪运动养生：运动前要做足准备活动

1. 长跑要注意热身、呼吸、放松等环节

小雪时节，天气不时出现阴冷晦暗的景象，气温进一步下降，黄河流域开始下雪，鱼虫蛰伏，人体新陈代谢处于相对缓慢的水平，运动养生应以温和的有氧运动为主。此时人们的心情也会受其影响，特别容易引发抑郁症，因此，调节自己的心态，保持乐观态度，经常参加一些户外活动，坚持耐寒锻炼，多运动，以增强体质。这样可以有效预防感冒发烧。这个时节，长跑就是不错的运动养生选择。长跑运动时，要注意热身、跑姿、呼吸、放松等几个环节：

（1）热身。长跑之前的热身运动是非常重要。小雪时天气严寒，身体处于僵硬的状态，若是在没有热身的情况下贸然进行剧烈运动，运动损伤的概率会比其他季节更大些。一般要持续5分钟以上。足尖点地，交替活动双侧踝关节；屈膝半蹲，活动双侧膝关节；交替抬高和外展双下肢，以活动髋关节；前后、左右弓箭步压腿，牵拉腿部肌肉和韧带。

（2）跑姿。不要小看跑的姿势，很多时候，姿势会对你的速度和身体的健康产生影响。上身稍微前倾，两眼平视，两臂自然摆动，脚尖要朝向正前方，不要形成八字，后蹬要有力，落地要轻柔，动作要放松。

当脚前掌着地时，跑的速度快，但比较费力；若是全脚掌落地过渡到前掌蹬地，则腿后面的肌肉比较放松，跑起来省力，但速度较慢。

（3）呼吸。长跑属于有氧代谢运动，一般情况下以四步一呼吸为宜。刚开始时，氧气供应落后于肌肉活动的需要，会出现腿沉、胸闷、气喘等现象，这属于正常的生理反应。如果感觉比较难受，可停下来步行几百米；若感到特别不适，则应停止长跑。如果呼吸调整不当，会对人的肺部等器官产生很大的影响。同时，冬季空气较冷，呼吸的时候尽量不要使用口腔呼吸。

（4）放松。长跑后不要马上停下休息，应慢走几百米放松，再做一些腰、腹、腿、臂等部位的放松活动。

需要提醒的是，不是所有的人都适合在冬季进行长跑运动的，比如患有心脑血管疾病、高血压和糖尿病的患者，就不宜进行长跑运动。

2. 小雪时节，跳舞、跳绳有利于身心健康

小雪节气到来，北方的大部分地区逐渐开始寒气逼人，而南方的天气也很湿冷，因此感伤、落寞和惆怅等情绪很可能会随之而来。按照传统的养生理论，心情的悲喜会在一定程度上影响身体健康；同样，身体的好坏也会直接影响情绪的变化。所以在小雪时节，应注意保持心情的乐观开朗，并多参加一些体育活动，如跳舞和跳绳就是不错的健身运动选择。

（1）跳舞

随着美妙的音乐翩翩起舞，十分有益于人的身心健康。由于跳舞能够促进血液循环，加快新陈代谢，使身体各个器官都得到充分的舒展和锻炼，并能有效滋养肌肉组织；同时，在欢快和舒缓的乐曲中舞动身体，能够使人忘记疲劳和紧张，不仅感到轻松愉悦、无限惬意，更得到了一份美的享受。因此，跳舞对人的生理、心理所起到的双重调节作用是其他运动所不能比拟的。

虽然跳舞这项活动好处多多，但在气温寒冷的小雪时节，跳舞时应注意以下几个方面：

①宜选择人群密度较小、空气循环较畅通的场所跳舞，不宜去人群密度较大的场所"扎堆"跳舞。

②不要在吃过饭后立即跳舞。这是由于饱腹起舞会影响消化，容易诱发胃肠类疾病。

③跳舞前，不要因为想要"轻装上阵"而一次脱掉过多的衣服，而是应当在跳了一段时间、身体渐渐发热时再逐渐脱掉一些衣物。在出汗后要格外注意保暖，切莫长时间穿着汗水浸透的湿衣服继续跳舞，以防着凉感冒。

④跳舞的时间要根据体质量力而行，应注意及时休息。如在跳舞过程中感觉头晕、胸闷、呼吸急促或心跳过快时，应及时坐下来休息调整。

⑤尽量避免参与节奏过快的舞蹈。由于在天气寒冷时人的血管弹性会变得较差，节奏过快的舞蹈会使人呼吸变得急促、血压骤然升高、心跳加快，容易诱发心血管类疾病，有相关病史的人还有可能因此而加重病情，甚至出现生命危险。

（2）跳绳

跳绳能够增强心血管系统、呼吸系统和神经系统的功能，能有效预防关节炎、肥胖症、骨质疏松等多种疾病，还可放松心情，有利于心理健康，也能起到减肥的作用。小雪时节，跳绳就是一项不错的运动，但是参与此项运动时要注意以下几个方面：

①跳绳的运动场地以木质地板和泥土地为佳，切莫在很硬的水泥地上跳绳，以免损伤关节，且易引起头昏脑涨。

②跳绳者应穿质软、轻便的高帮鞋，以避免脚踝受伤。

③对于初学者来说，最好选用硬绳，熟练后再改为软绳。同时也要调整好呼吸。另外，还要注意跳的时间不宜过长。

④跳绳时全身的肌肉和关节应放松，脚尖和脚跟应协调用力。

⑤身体较胖和中年妇女宜采用双脚同时起落。上跃不要太高，以免关节过于负重而受伤。

⑥跳绳是耗能较大的需氧运动，活动前应做好热身运动，适度活动足部、腿部、腕部和踝部等，跳绳后也应做些放松活动。

小雪时节，常见病食疗防治

1. 食用川芎黄芪蒸鲫鱼防治肩周炎

现在随着电脑的普及，很多人得肩周炎。肩周炎又称"五十肩"，患者多为50岁左右的中年人，其主要症状为肩关节疼痛和活动不便。但是，现代的年轻人长时间坐在电脑前不动，也会得肩周炎。传统中医以为，肩部受风受寒是导致肩周炎发病的主要原因，所以肩周炎也被称为"漏肩风"。

小雪时节，气温逐渐减低。此时，风寒湿邪很容易侵入人体，导致血液凝固且经络拘急，导致关节变僵硬不灵活，因而大大提高了患上肩周炎等病症的概率。在这个时节，应该及时给予治疗和调养。

川芎黄芪蒸鲫鱼具有活血行气、祛风止痛之功效，适用于肩周炎等症。

川芎黄芪蒸鲫鱼

材料：川芎10克，黄芪20克，鲫鱼300克，料酒、姜片、葱段、盐、味精、醋、酱油、香油各适量。

制作：①川芎、黄芪润透，切片；鲫鱼处理干净，用盐、味精、酱油、料酒、醋、葱段、姜片腌30分钟。②加黄芪、川芎，大火蒸7分钟，淋香油即可。

肩周炎预防措施：

（1）避免疲劳过度及在出汗后受风。

（2）注意肩部的保暖防寒，在阴天和雪天时，女士们可在肩部多围一条披肩；男士们尽量多穿有护肩的衣服。另外睡觉时尽量不要把肩膀露在被子外面。

（3）多进行一些体育锻炼和家务劳动，保持身体的灵活性，但要注意防止肩关节扭伤。

（4）可经常对肩部进行简单的按摩。

2. 冻疮饮用黄芪当归瘦肉汤食疗防治

在小雪时节前后，由于气温低和气候潮湿，容易发生冻疮。冻疮指人体受寒邪侵袭所引起的全身性或局部性损伤，表现为手、足、脸颊等暴露部位出现充血性水肿红斑，温度升高时患处会感到瘙痒，严重者会出现患处皮肤糜烂及溃疡等现象。但是，当春天来临，冻疮会随着天气转暖不治自愈。

冻疮患者应注意提高机体的抗寒能力，可多食阿胶、人参之类的补品。另外，食用药膳可起到疏通脉络、散除寒气、理气补血和清热解毒的功效，从而加快冻疮的治愈。

黄芪当归瘦肉汤可疏通脉络、散除寒气。

黄芪当归瘦肉汤

材料：黄芪30克，当归15克，猪瘦肉350克，料酒、盐、鸡精各适量。

制作：①当归、黄芪分别洗净，润透，切片；猪瘦肉洗净，切丝。②锅内放入当归、黄芪、猪瘦肉、料酒，加入适量水，大火烧沸，改小火煮35分钟，加入盐、鸡精调味。

冻疮预防措施：

（1）注意加强体育锻炼，以改善血液循环。

（2）注意保暖防寒，特别是注意局部保暖，在出门时要戴好围脖、手套和口罩。

（3）尽量选择宽松的鞋子和袜子，以保持足部血液循环的畅通。

（4）受冻的部位切莫马上烘烤或用热水泡，以防止患处溃烂。

小雪耳熟能详谚语

1. 小雪不怕小，扫到田里就是宝

我国北方很多地区缺乏水源、雨水也很少，容易发生干旱灾害，冬春的干旱则更为频繁，使得越冬的农作物备受煎熬，如果此时得不到充分的生长发育，造成的后果常常是灾难性的。60%的旱地冬小麦不能以冬灌来补充地墒。开春以后越冬作物要返青起身，却迟迟没有雨水，在这种情况下，只要有一点水，便是它们的救命水。扫雪归田，也是我国种田人爱惜水源的一种表现。保住作物渡过"旱关"，将来的收成就有了一定的希望。所以农谚有云："小雪不怕小，扫到田里就是宝"。此时农业生产的一项重要任务就是能够保墒保苗，这样就等于保住了明年的收成。

2. 小雪花满天，来岁必丰年

我国古时，人们把雪称为"谷之精"，这是因为小雪的降雪对田间的作物，尤其是冬小麦的生长大有裨益。关于雪的农谚也有很多，如"小雪花满天，来岁必丰年"、"今年雪水多，明年麦子好"、"今冬麦盖三层被，来年枕着馍馍睡"、"雪下三尺三，来年囤囤尖"、"瑞雪兆丰年"等。这些谚语都是农民千百年来经验的结晶，也是对"小雪"节气中雪之作用的高度概括。雪可以起到为田间作物保温，利于土壤的有机物分解，增强土壤肥力，雪还有防风干的作用，又可在开春融化成水分，冻死土地表层的害虫和虫卵，减轻明年病虫害的发生，雪水中还含有丰富的氮，可以为禾苗生长提供所需的养分。所以民间流传着"小雪花满天，来岁必丰年"的说法。

3. 小雪不收菜，必定要受害

这句谚语是农民经过长期实践，根据当地气候总结储存白菜等蔬菜的经验，意思是说，小雪节气期间，北方各地最低气温多在零度以下，若这时还不收获白菜等蔬菜，也必定会受到不收获的祸害。

4. 小雪民间谚语荟萃

节到小雪天下雪。

小雪不分股，大雪不出土。

小雪不封地，不过三五日。

小雪不耕地，大雪不行船。

小雪不见雪，大雪满天飞。

小雪不见雪，来年长工歇。

小雪不畏寒，建设丰产田。

小雪不下看大雪，小寒不下看大寒。

小雪大雪，炊烟不歇，

小雪大雪，种麦歇歇。

小雪大雪不见雪，来年灭虫忙不撤。

小雪大雪不见雪，小麦大麦粒要瘪。

小雪地能耕，大雪船帆撑。

小雪点青稻。

小雪封地，大雪封河。

小雪封地地不封，大雪封河河无冰。

小雪封地地不封，老汉继续把地耕。

小雪见晴天，有雨在年边。

小雪见晴天，有雪到年边。

小雪节到下大雪，大雪节到没了雪。

小雪满田红，大雪满田空。

小雪棚羊圈，大雪堵窟窿。

小雪晴天，雨至年边。

小雪收葱，不收就空。

小雪无云大旱。

小雪无云大雪补，大雪无云百姓苦。

小雪西北风，当夜要打霜。

第三章

大雪：大雪深雾，瑞雪兆丰年

二十四节气之一的大雪节气，通常在每年的12月7日（个别年份的6日或8日），其时太阳到达黄经255°。

大雪时节，我国大部分地区的最低温度都降到了0℃或以下。往往在强冷空气前沿冷暖空气交锋的地区，会降大雪，甚至暴雪。可见，大雪节气是表示这一时期，降大雪的起始时间和雪量程度，它和小雪、雨水、谷雨等节气一样，都是直接反映降水的节气。

我国古代将大雪分为三候："一候鹖鴠不鸣；二候虎始交；三候荔挺出。"这是说此时因天气寒冷，寒号鸟也不再鸣叫了；由于此时是阴气最盛时期，正所谓盛极而衰，阳气已有所萌动，所以老虎开始有求偶行为；荔挺为兰草的一种，也感到阳气的萌动而抽出新芽。

大雪节气人们要注意气象台对强冷空气和低温的预报，注意防寒保暖。越冬作物要采取有效措施，防止冻害。注意牲畜防冻保暖。

大雪气象和农事特点：北方千里冰封、万里雪飘，

南方农田施肥、清沟排水

1. 千里冰封，万里雪飘

大雪时节的降雪天数和降雪量比小雪节气增多，地面渐有积雪。《月令七十二候集解》说："至此而雪盛也。"大雪的意思是天气更冷，降雪的可能性比小雪时更大了。大雪前后，黄河流域一带渐有积雪；而北方，已是"千里冰封，万里雪飘"的严冬了。大雪相对于小雪来说，气温也会更低。

2. 江淮以南农作物施肥、清沟排水

大雪时节，我国辽阔的大地已披上冬日盛装，华南和云南南部无冬区除外。此时东北、西北地区平均气温已达零下10℃，黄河流域和华北地区气温也稳定在0℃以下，冬小麦已停止生长。江淮及以南地区小麦、油菜仍在缓慢生长，要注意施好腊肥，为安全越冬和来春生长打好基础。华南、西南小麦进入分蘖期，应结合中耕施好分蘖肥，注意冬作物的清沟排水。这时天气虽冷，但贮藏的蔬菜和薯类要勤于检查，适时通风，不可将窖封闭太死，以免升温过高、湿度过大导致烂窖。在不受冻害的前提下应尽可能地保持较低的温度，这样才有利于蔬菜的存储。

大雪民俗：藏冰、腌肉、打雪仗和赏雪景，其乐融融

1. 藏冰：为夏日消暑做准备

古时，为了能够在炎炎夏日享用到冰块，一到大雪节，官家和民间就开始储藏冰块。这种藏冰的风俗历史悠久，我国冰库的历史至少已有3000年以上，《诗经》《豳风·七月》曰："二之日凿冰冲冲，三之日纳入凌阴。"据史籍记载，西周时期的冰库就已颇具规模，当时称之为"凌阴"，管理冰库的人则称为"凌人"。《周礼·天官·凌人》载："凌人，掌冰。正岁十有二月，令斩冰，三其凌。"这里的"三其凌"，即以预用冰数的3倍封藏。西周时期的冰库建造在地表下层，并用砖石、陶片之类砌封，或用火将四壁烧硬，故具有较好的保温效果。当时的冰库规模已十分可观。1976年，在陕西秦国雍城故址，考古人员曾发现一处秦国凌阴，可以容纳190立方米的冰块。

在古代，由于没有制冰设备，所以冰库之冰均采自天然，史书中称"采冰"或"打冰"。为了便于长期贮存，对采冰有一定的技术要求，如尺寸大小规定在三尺以上，太小则易于融化。《唐六典》卷十九就明文规定藏冰法："每岁藏一千段，方三尺，厚一尺五寸。"天然冰块最好是采集于深山溪谷之中，那里低温持久，冰质坚硬，正午时也不会融化，而且没有污染。《唐六典》卷十九载："凡季冬藏冰……所管州于山谷凿而取之。"要在山谷里采冰也绝不是一件容易的事情，有时候要跑到很远的地方才能找到。

唐人李肱《冰井赋》曰："徒远自穷谷，而纳于凌阴。其道有恒，其迹无固。"同时，打冰块与挖冰库都要付出大量的人力物力。韦应物《夏冰歌》云："当念阑干凿者苦，腊月深井汗如雨。"清人富察敦崇《燕京岁时记》云："冬至三九则冰坚，于庭内凿之，声如磐石，曰打冰。"看来，古人为了建冰库、采冰和贮冰，花费很多心血。

在南方，受温热气候的影响，很少有大块坚冰，所以，冰库往往在北方居多。据文献记载，古代藏冰最南到金陵（今南京）一线。到南宋时，北方的藏冰法才开始在南方逐渐推广，并因地制宜建造冰库。宋庄绰《鸡肋编》卷中记载："二浙旧少冰雪，绍兴壬子，车驾在钱唐，是冬大寒屡雪，冰厚数寸。北人遂窖藏之，烧地作荫，皆如京师之法。临安府委诸县皆藏。率请北人教其制度。"这是北方贮冰法南移的成功事例。由于南方冰薄，难以久贮，若遇暖冬，更难结成硬冰，所以当地人民巧运智思，创造了一些人工厚冰法。明人朱国桢《涌幢小品》卷十五记载："南方冰薄，难以久藏。用盐撒水上，一层盐，一层冰，结成一块，厚与北方等。次年开用，味略咸，可以解暑愈病。"这种撒盐厚冰之法是我国劳动人民智慧的结晶。

古代藏冰已有多种用途，如祭祀荐庙、保存尸体、食品防腐、避暑冷饮等。《周礼·天官·凌人》载："祭祀，共冰鉴；宾客，共冰；大丧，共夷盘冰。"指的就是冰的多种用途。"共夷盘冰"，指用冰保存尸体，使之不腐臭。古时，每值宗庙大祭祀，冰也是首位的上荐供品，不可缺少。冰盛鉴内，奉到案前，与笾豆一列，史称"荐冰"。当然，古代用冰量最大的还是夏日的冷饮和冰食。

古代的劳动人民已能用冬贮之冰制作各种各样的冷饮食品了。从屈原《楚辞》中所吟咏的"挫糟冻饮"，到汉代蔡邕待客的"麦饭寒水"，以及后来唐代宫廷的"冰屑麻节饮"、元代的"冰镇珍珠汁"等，几千年来，冰制美食的品种不断增多。当然，古代能享受冰食冷饮、大量用冰的，多为权贵富豪。《开元天宝遗事》卷上载有杨国忠以冰山避暑降温之举："杨氏子弟，每至伏中，取大冰，使匠琢为山，周围于宴席间。座客虽酒酣而各有寒色，亦有挟纩者，其娇贵如此。"难怪历代帝王和豪门富户都大力营建冰库了。

大约到了唐朝末期，人们在生产火药时开采出大量硝石，发现硝石溶于水时会吸收大量的热，可使水降温到结冰，从此人们可以在夏天制冰了。以后逐渐出现了做买卖的人，他们把糖加到冰里吸引顾客。到了宋代，市场上冷食的花样就多起来了，商人们还在里面加上水果或果汁。元代的商人甚至在冰中加上果浆和牛奶，这和现代的冰淇淋已是十分相似了。

到了14世纪，中国人又发明了深井贮冰法，大大延长了天然冰块的贮存期。人们利用打井的技术，往地下打一口粗深的旱井，深度在八丈以下，然后将冰块倒入井内，封好井口。夏季启用时，冰块如新。唐人史宏《冰井赋》云："凿之冰井，厥用可观；井因厚地而深。"又云："穿重壤之十仞，以表藏固。"当时八尺为一仞，十仞即为八丈，此即唐代冰井的建造深度。韦应物《夏冰歌》亦云："出自玄泉杳杳之深井，汲在朱明赫赫之炎辰。"所以，在唐代，用来贮藏冰块的冰库又被称为"冰井"。

经过数百年的发展，17世纪的冰库又被改良为了"冰窖"。冰窖亦建筑在地下，四面用砖石垒成，有些冰窖还涂上了用泥、草、破棉絮或炉渣配成的保温材料，进一步提高了冰窖的保温能力。冰窖以京城最多，以皇家冰窖最为宏大。徐珂《清稗类钞·官苑类》记载："都城内外，如地安门外、火神庙后、德胜门外西、阜城门外北、宣武门外西、崇文门外、朝阳门外南皆有冰窖。"此外，民间也建筑了许多小型冰窖，还出现了专门以贮冰和卖冰为业的冰户，这就使冰库的数量大为增加。清代冰窖按照其用途被分为了三种：官冰窖，府第冰窖，商民冰窖。

尽管古代的冰库多为皇室和权贵所拥有，用冰者多为上层社会的人物，但冰库的发明和营造，藏冰的超群技术，则是古代劳动人民血汗与智慧的结晶，并在中华民族的科学史上留下了光辉的篇章。

2. 腌肉：未曾过年，先肥屋檐

有一句俗语，叫作"未曾过年，先肥屋檐"，说的是到了大雪节气期间，家家户户都会到大街小巷随便走走，会发现许多小区居民楼的门口、窗台都挂上了腌肉、香肠、咸鱼等腌菜挂在屋檐上，形成一道亮丽的风景。尤其是南京一带，更有着"小雪腌菜，大雪腌肉"的习俗。

腌肉的时候要先用大子盐，加上八角、花椒等香料，放在铁锅里炒香，凉后把盐往肉上搓，搓好后放到坛子里，把剩下的盐撒到腌肉上，找块石头压好。腌一个星期左右，把肉拿出来，把腌肉的卤子烧开，把血水去掉之后继续腌。这是腌肉的一个小窍门，用这种方法腌出来的肉不仅颜色不会发黑，而且味道特别香。

灌香肠也是大雪节气中常见民俗，灌香肠最好挑前腿肉，切成块状，根据口味加上盐、糖、姜末、葱末及少许五香粉，准备好这些原材料后送到菜场请人加工即可。很多人家在灌好香肠之后都会挂在竹竿上晾晒，也可以用缝衣服的针戳很多小孔，以缩短风干的时间。

那么，大雪腌肉的习俗从何而来呢？这就不得不提在中国传说中非常著名的怪兽——年兽了，相传年兽是一种头长尖角的凶猛怪兽。"年"长年深居海底，但每到除夕，都会爬上岸来伤人。人们为了躲避伤害，每到年底就足不出户。因此，在"年"出来前，就必须储备很多食物。肉、鱼、鸡、鸭等肉食品无法久存，人们就想出了将肉食品腌制存放的方法。对于新鲜的菜，人们就用风干的办法。

"冬天进补，开春打虎。"大雪提醒人们要开始进补了，进补的作用是提高人体的免疫功能，促进新陈代谢，使畏寒的现象得到改善，健康过冬。老南京大雪进补爱吃羊肉，驱寒滋补，益气补虚，促进血液循环，增强御寒能力。羊肉还可以增加消化酶，帮助消化。冬天食用羊肉进补，可以和山药、枸杞等混搭，营养更丰富。

3. 吃饴糖：锡锣一敲，甘甜如饴

我国北方很多地区，在大雪的时候均有吃饴糖的习俗。每到这个时候，街头就会出现很多敲锡锣卖饴糖的小摊贩。锡锣一敲，便吸引许多小孩、妇女、老人出来购买。妇女、老人食饴糖为的是在冬季滋补身体。

4. 打雪仗、赏雪景

大雪期间，如恰遇天降大雪，人们都热衷于在冰天雪地里打雪仗、赏雪景。南宋周密《武林旧事》卷三有一段话描述了杭州城内的王室贵戚在大雪天里堆雪山雪人的情形："禁中赏雪，多御明远楼，后苑进大小雪狮儿，并以金铃彩缕为饰，且作雪花、雪灯、雪山之类，及滴酥为花及诸事件，并以金盆盛进，以供赏玩。"

5. "夜作饭"——夜宵

大雪的时候白天已经短过夜晚了，人们便利用这个特点，各手工作坊、家庭手工就纷纷利用夜间的闲暇时间开夜工，俗称"夜作"，如手工的纸扎业、刺绣业、纺织业、缝纫业、染坊，到了深夜要吃夜间餐，这就是"夜作饭"的由来。为了适应这种需求，各饮食店、小吃摊也纷纷开设夜市，直至五更才结束，生意十分兴隆。

大雪民间宜忌：瑞雪兆丰年，无雪可遭殃

1. 大雪时节忌讳无雪

雪对农作物有许多好处，严冬积雪覆盖大地，可保持地面及作物周围的温度不会因寒流侵袭而降得很低，为冬作物创造了良好的越冬环境，起到保暖、提升地温的作用；同时积雪待到来年春天融化，为农作物的生长提供充足的水分，可起到保墒、防止春旱的作用，有助于冬小麦返青；可冻死泥土中的病毒与病虫；正由于有这些好处，所以在大雪时，忌讳无雪。"冬无雪，麦不结"、"大雪兆丰年，无雪要遭殃"，这是辛勤劳作的农民千百年来经验的总结，也是对"大雪"作用的概括。并且，降雪时从大气中吸收了大量的游离氮、液态氮、二氧化碳、尘埃和杂菌，这等于对污染的大气进行了一次"清洗"。而且吸附在雪花中的含氮物质，随着积雪的融化而渗入土壤，与土壤中的一些酸态合成盐类，这便成了优质肥料。因而，雪是天然的环保卫士和天然的化肥，能提高农作物的质量和产量。

2. 大雪时节饮食宜忌

大雪时节宜温补助阳、补肾壮骨、养阴益精。同时此时也是食补的好时候，但切忌盲目乱补。适宜温补助阳、补肾壮骨、养阴益精。应多吃富含蛋白质、维生素和易于消化的食物。宜食高热量、高蛋白、高脂肪的食物。温补食物有萝卜、胡萝卜、茄子、山药、猪肉、羊肉、牛肉、鸡肉、鲫鱼、海参、核桃、桂圆、枸杞、莲子等。切忌乱补，不宜食用性寒的食品，如绿豆芽、金银花均属性寒，尤其脾胃虚寒者应忌食；螃蟹属大凉之物，也不宜在此时食用。

大雪饮食养生：不可盲目进补，消瘀化痰、理气解毒吃萝卜

1. 大雪时节，不可盲目进补

大雪时节，天气寒冷，许多人喜欢在这段时期进行"大补"。但是进补不能盲目进行，更不能随心所欲，如不根据自身的体质进补，很可能会事与愿违，损害身体健康。因此在进补之前我们应多做"功课"，要"补"得健康，"补"得安全。

第一，进补要因体质而异。体态偏瘦、情绪容易激动的人，应本着"淡补"的原则，多选择能够滋养血液、生津养阴的饮食，切忌辛辣；而体态丰满、肌肉松弛的人，适宜多食甘温性的食物，忌食性辛凉、油腻和寒湿类的食物。

第二，大雪节气最适合三类人进补。一是阳气虚弱的人群，他们通常表现为非常怕冷，手脚冰凉，尿频便稀，食欲不振；二是年老体衰并患有慢性病的人群，此时进补对其康复很有帮助；三是身有旧疾的人群，比如慢性支气管炎患者和关节炎患者，若能在此时把身体调养好，烦人的"老病"或许就不会在换季时来扰。

第三，进补要有度有节。若补过了头，进食太多高热量的食物，很有可能会导致胃火上升，从而诱发上呼吸道、扁桃体、口腔黏膜炎症及便秘、痔疮等疾病。

2. 多吃御寒食品

寒冷的天气会使脂肪的分解和代谢速度变快、胃肠的消化和吸收能力增强、出汗减少，进而导致排尿增多等。这种种变化都需要通过补充相应的营养素来进行调节，以保证机体能够适应大

雪时节的寒冷天气。具体做法有：

第一，多吃温热且有利于增强御寒能力的食物，如羊肉、狗肉、甲鱼、虾、鸽、海参、枸杞子、韭菜、糯米等。

第二，增加蛋白质、脂肪和碳水化合物等产热营养素的摄入，多吃富含脂肪的食物。

第三，增加蛋氨酸的摄入量。富含蛋氨酸的食物包括芝麻、葵花子、乳制品、酵母以及叶类蔬菜等。

第四，补充维生素A和维生素C。维生素A多存在于动物肝脏、胡萝卜和深绿色蔬菜中；新鲜的水果和蔬菜则是最主要的维生素C来源。

第五，补充钙质，多喝牛奶，多吃豆制品和海带。

3. 大雪时节进补可多吃羊肉

羊肉性温，不仅能够促消化，还能在保护胃壁的同时修补胃黏膜。若在大雪时节进补，不妨多吃羊肉。

在挑选羊肉食材的时候要注意，上等羊肉色泽鲜红、表面具有光泽且不黏手，肉质紧密富有弹性，没有异味为佳。同时，在烹饪的过程中，为了去除羊肉膻味，可在煮羊肉时加入几颗山楂，或放入萝卜、绿豆；在炒羊肉时可多放葱、姜、孜然等调味料。

枣桂羊肉汤

材料：羊肉200克，红枣10颗，桂圆5颗，水发木耳50克，姜片、盐各适量。

制作：①羊肉洗净，切块，焯5分钟后捞出，沥水。②红枣去核，洗净；桂圆去壳；水发木耳洗净，撕成小朵。③砂锅中加适量清水，大火烧沸，放入羊肉、红枣、木耳、桂圆肉、姜片，改用中火煲3小时。④加盐调味即可。

4. 消瘀化痰、理气解毒可多吃白萝卜

白萝卜具有消瘀化痰、理气解毒的功效。在寒冷的大雪时节多吃一些白萝卜，既能败火，又能滋补，对身体健康十分有益。

优质的白萝卜个体丰满、外表白净且没有黑点，萝卜叶呈嫩绿色。而且萝卜皮和萝卜叶中也都含有丰富的营养，千万不要把它们扔掉。

在吃白萝卜时，应做到"细细品味"，因为只有细嚼才能将其中的营养物质完全释放出来。

山楂萝卜排骨煲可消瘀化痰、理气解毒。

山楂萝卜排骨煲

材料：山楂20克，白萝卜、排骨各500克，料酒、盐、姜片、味精、胡椒粉、葱段、棒骨汤各适量。

制作：①山楂洗净，去核；白萝卜洗净，去皮，切块；排骨洗净，剁段。②高压锅内放入山楂、白萝卜、排骨、料酒、盐、味精、姜片、葱段、胡椒粉、棒骨汤，大火烧沸，煮30分钟即可。

大雪起居养生：洗澡水不宜烫、时间不宜长，睡觉要穿睡衣

1. 洗澡水温不宜过高，时间不宜过长

（1）水温不宜过高。热水能使体表血管扩张，加快血液循环，促进代谢产物的排出，去脂作用也比冷水强。但冬季洗热水澡，水温宜控制在35℃～40℃。

水温过高可引起交感神经兴奋，血压升高，然后周身皮肤血管扩张，血压又开始下降。老人血压调节机制减弱，血压下降过低会引起脑梗死。

尤其是在高温浴池中待的时间过长，而浴室窗户紧闭，空气稀薄，再加上出汗多，血液黏稠度增高，使心脏负担加重，从而引起心律失常，甚至导致更严重后果。

（2）时间不宜过长。入浴时间不宜过长，最好不超过半小时。因为，热水浴能使血液大量

集中于体表，时间过长易使人疲劳，还会影响内脏的血液供应，大脑功能也易受到抑制。

（3）次数不宜过多。冬季是阳气潜藏的季节，不宜过多地出汗，以免发泄阳气。因此，冬季洗热水浴的频度不宜过高，以每周一次为好。否则，会因汗出过多而扰动阳气，从而不利于冬季养生。

（4）选好时机。饭后不要立即进行热水浴，以免消化道血流量减少，影响食物的消化吸收，时间长了，还可能引起胃肠道疾病；空腹时不宜进行热水浴，以免引起低血糖，使人感觉到疲劳、头晕、心慌，甚至引起虚脱，过度疲劳时也不宜进行热水浴，以免加重体力消耗，引起不适。

（5）其他注意事项。冬季洗澡时，打肥皂不宜过多，以免刺激皮肤，产生瘙痒。

另外，为安全起见，尤其是高龄者入浴，池水不宜太满，以半身浴为宜，水深没胸部以上时，会加重心肺负担。

浴后应及时擦干穿衣，以防着凉，并静卧休息，补充水分。

2. 穿睡衣入睡，消除疲劳、预防疾病

由于皮肤能分泌和散发出一些化学物质，若和衣而眠，无疑会妨碍皮肤的正常呼吸和汗液的蒸发，而且衣服对肌肉的压迫还会影响血液循环。因此，冬天不宜穿厚衣服睡觉。

睡觉时，穿着贴身的内衣内裤，这也不利于健康，因为这样会将细菌和体味带到被窝里；如果穿着紧身内衣，这将不利于肌肉的放松和血液循环，极大地影响了休息的效果。

另外，冬季的气温较低，温差增大，睡眠期间因肌体抵抗力和对冷环境的适应能力降低，如果穿很少的衣服，甚至·丝不挂地入睡，很容易受凉感冒。

穿睡衣则不同，由于睡衣宽松肥大，有利于肌肉的放松和心脏排血，使人在睡眠时可达到充分休息的目的，有助于消除疲劳，提高睡眠质量，并能预防疾病，保护身体健康。

穿睡衣崇尚舒适，以无拘无束、宽柔自如为宜。其面料以自然织物为主。如透气吸潮性能良好的棉布、针织布和柔软护肤的丝质料子为佳，最好不要选用化纤制品。

大雪运动养生：运动最好在下午做

1. 冬季游泳锻炼血管

随着时代的进步，被体育专家称为本世纪最受人们欢迎的运动——游泳，已不再是夏季的运动了，一年四季都可以使人在健身的同时，感受到亲和与优雅。

北方寒冷干燥的冬季，最适合游泳，其健身价值比夏季更高。游泳时，由于冷水对皮肤的刺激，使得皮肤的血管急剧收缩，大量血液被驱入内脏和深部组织，血管一次大力收缩后，必定随之一次相应地舒张，这样一张一缩血管就能得到锻炼，使人体能更快地适应这种冷热交替的变化。所以，冬泳又被称为"血管体操"。冬季游泳在一定程度上还能有效地提高人体的免疫能力，可以使人抵御冬季和春季的流感。同时，人在游泳时身体处于水平状态，心脏和下肢在一个平面上，使得血液从大静脉流回心房时不必克服重力的作用，为血液循环创造了有利的条件。心室充满了流回心脏的血液，有利于提高心血管系统的机能。另外，水的流动和肌肉的运动，都会起到按摩小动脉的作用。这种经常性的按摩，能减少小动脉的硬化，使心脏泵血时所遇到的外围阻力减少，可以防止高血压、心脏病的发生。

游泳运动除了有以上诸多优点外，同时还可塑造健美的身材。冬泳时有以下几点需注意：

第一，下水前一定要让各个关节充分活动，用手掌在腰、膝、肩、肘等主要关节部位快速摩擦。多做向上纵跳、拉肩、振臂等肢体伸展运动，尤其对腿部、臂部、腰部进行重点热身，以免在游泳过程中突然抽筋。准备活动时间为5~10分钟。对老年人来说，应尽量避免跳跃入水，以免因瞬间加快心率和增高血压而导致疾病。另外，当水温接近0℃时，入水应采取渐进方式，即脚、下肢、腰、胸逐步入水。

第二，严格把握冬泳的运动量。冬泳锻炼的安全体温是出水后5～10分钟内测得腋下体温不低于27.4℃，低于这个温度对身体不利。

第三，游泳后，注意保暖并立即运动以恢复体温。出水后，用毛巾擦干全身，并且不断用手按摩皮肤。穿衣服也应先下后上，因为下肢离心脏较远，体温恢复较慢。穿好衣服，慢跑或原地跳动，直到体温基本恢复。

2. 冬季运动的最好时间在下午

最佳时间14：00~19：00。

人体活动受"生物钟"控制，按生物钟规律来安排运动时间，对健康更有利。冬季健身在下午的14：00～19：00之间比较理想。此时，室外温度比较高，人体自身温度也比较高，体力也比较充沛，很容易兴奋，比较容易进入运动状态。

下午（14：00~16：00）：是强化体力的好时机，肌肉承受能力较其他时间高出50%。

黄昏（17：00~19：00）：特别是太阳西落时，人体运动能力达到最高峰，视、听等感觉较为敏感，心跳频率和血压也上升。

不宜运动的时间。进餐后：这时较多的血液流向胃肠部，以帮助食物消化及吸收。此时运动会妨碍食物消化，时间一长会导致肠胃系统的疾病，影响身体的健康。因此，饭后最好静坐或半卧30～45分钟后运动。

饮酒后：酒精吸收到血液中，进入脑、心、肝等器官。此时运动将加重这些器官的负担。同餐后运动相比，酒后运动对人体产生的消极影响更大。

大雪时节，常见病食疗防治

1. 鼻窦炎多吃动物肝脏、瘦猪肉、胡萝卜

鼻窦炎是一种常见的鼻科疾病，主要症状为鼻塞流涕，头疼脑热等。鼻窦炎在寒冬时节的发病率居高不下，主要原因是人体抵抗力在气温降低时会随之下降，此时风寒湿邪便会侵入体内，使得伤风感冒在冬季甚为常见，而伤风感冒极易发展为鼻窦炎。

大雪时节，气温温差大，鼻子容易受到天气的影响，随着气温、湿度、气压开始发生变化，再加上空气污染不易扩散等各种因素的影响，鼻窦炎进入高发季节。

鼻窦炎患者要在三餐中增加维生素A和B族维生素的摄入量，多吃动物肝脏、瘦猪肉、胡萝卜和西兰花等食物，另外不要抽烟、酗酒。

西兰花豆酥鳕鱼具有发散风寒、温中通阳之功效，适合感冒、鼻窦炎患者食用。

西兰花豆酥鳕鱼

材料：鳕鱼1条，西兰花30克，姜末、葱花、豆豉、盐、味精、料酒、白砂糖、胡椒粉、植物油各适量。

制作：①鳕鱼洗净；西兰花切块焯熟。②盆中放鳕鱼、盐、料酒略腌，上笼蒸10分钟。③炒锅放植物油烧热，下葱花、姜末、豆豉炒香，加盐、味精、胡椒粉炒匀，浇入鳕鱼盘中，用西兰花围盘即可。

鼻窦炎预防措施：

（1）积极锻炼身体，增强体质，提高免疫力，促进鼻腔中的血液循环。

（2）改正挖鼻孔的习惯，防止使鼻腔感染病菌。

（3）戴上口罩，以防止冷空气刺激鼻黏膜。

（4）注意采取措施预防感冒，防治鼻窦炎。

（5）一旦鼻子周围的器官出现不适，要及早治疗，以免这些病症诱发鼻窦炎。

2. 冠心病人少吃高胆固醇和高脂肪食物

冠心病是由冠状动脉粥样硬化所引起的心肌缺血、缺氧。中老年人易患此病，特别是40岁

以上的男性及脑力劳动者。由于低温、低气压和温差大的环境会使人的机体持续处于应激状态，其中又以心脑血管系统最甚，因此冬天往往是冠心病的高发期，其主要症状包括心绞痛、心肌梗死、心肌缺血或坏死。

患上冠心病以后，要格外注重饮食。注意均衡营养、少吃高胆固醇和高脂肪的食物，严控摄入的总热量，防止体重超标。

冬虫夏草蒸鹌鹑具有补虚损、益气血之功效，用于辅助治疗气血两虚型冠心病。

冬虫夏草蒸鹌鹑

材料：冬虫夏草10克，白条鹌鹑2只，料酒、姜片、葱段、盐、鸡精、鸡油各适量。

制作：①冬虫夏草用白酒浸泡片刻；鹌鹑洗净。②盆中放盐、鸡精、姜片、葱段、料酒、鸡油、鹌鹑拌匀，腌30分钟，除去姜片、葱段。③蒸盘中放鹌鹑、冬虫夏草，上笼大火蒸20分钟。

冠心病防治措施：

（1）日常作息要有规律，保持平和的心态并保证充足的睡眠，善于发现生活中的美好，培养情趣，不要动辄发火或者情绪低落。

（2）经常参加体育锻炼，以增强体质。

（3）长期吸烟饮酒极易引发冠心病，因此要戒烟戒酒。

（4）注意防治高血压、高脂血症、糖尿病等慢性疾病，因为这些病症很容易诱发冠心病。

大雪耳熟能详谚语

1. 麦盖三床被，麦子成堆堆；麦盖三床雪，瓮里粮不缺

若冬天时雪多、雪大，明年的粮食必然丰收。"三床被"，就是下了三场大雪。雪对越冬作物尤其是冬小麦的好处很多：一是增加农田水分，改善地墒，有利于小麦扎根。贮存底墒；二是冬季里的积雪覆盖着越冬禾苗，对禾苗起着保温防寒的作用；三是降雪时可将高空中的游离氮素带入地里，可增加土壤中的氮肥；四是雪融化后的水分渗入地下，还可以疏松土壤，冻死过冬的害虫。

2. 大雪飞，好攒肥

大雪节气正值数九寒冬，大雪纷飞的时期，地里的农活较少，冬闲时间较多。此时正是积肥、攒肥的好时节。具体措施有堆积烂叶、枯枝、杂草等以沤肥，亦可趁此机会更换陈墙、旧炕以攒肥，还可以清理畜禽圈舍、清理垃圾等用以堆肥，还可以积极地推广和实施沼气工程，以综合解决肥料和燃料的问题。

3. 腊雪是宝，春雪不好

雪对农作物的作用很广，腊雪就有利于农作物的生长发育。因雪的导热本领很差，土壤表面盖上一层雪被，可以减少土壤热量的外传，阻挡雪面上寒气的侵入，所以，受雪保护的庄稼可安全越冬。积雪还能为农作物储蓄水分并增强土壤的肥力。根据测定，每1升雪水约含氮化物7.5克。雪水渗入土壤就等于施了一次氮肥。用雪水饲喂家畜家禽、灌溉庄稼都可收到明显的效益。雪下得适时对农业生产的确会有很大的帮助，如果雪下的时机不对就会对田里的作物有害。若在三四月份的仲春季节，如果气温突然因寒潮侵袭而降了大雪，就会造成冻寒，这时的雪对农作物来说就是一种灾害，所以就有"腊雪是宝，春雪不好"的说法。

4. 大雪民间谚语荟萃

白雪堆禾塘，明年谷满仓。

大雪半融加一冰，明年虫害一扫空。

大雪不冻，惊蛰不开。

大雪不冻倒春寒。

大雪不寒明年寒。

大雪不寒明年旱。

大雪冬至雪花飞，搞好副业多积肥。

大雪纷纷落，明年吃馍馍。

大雪纷纷是丰年。

大雪封地一薄层，拖拉机还能把地耕。

大雪封了河，船民另找活；大雪河未封，船只照常通。

大雪河封住，冬至不行船。

大雪年年有，不在三九在四九。

大雪晴天，立春雪多。

大雪三白，有益菜麦。

大雪天寒三九暖。

大雪下雪，来年雨不缺。

大雪阴雪九里寒。

大雪兆丰年，无雪要遭殃。

到了大雪无雪落，明年大雨定不多。

冬不白，夏不绿。

冬春雪多，夏天雨少。

冬季雪打雷，夏季涨大水。

冬季雪满天，来岁是丰年。

冬前不下雪，来春多阴雨。

冬天霜雪多，春天定暖和。

冬无雪，麦不结。

冬雪回暖迟，春雪回暖早。

冬雪如浇。春雪如刀。

冬雪少，害虫多。

冬雪是个宝，春雪是根草。

冬雪消除四边草，来年肥多害虫少。

冬雪一层面，春雨满囤粮。

冬有大雪是丰年。

冬有三尺雪，人有一年丰。

寒风迎大雪，三九天气暖。

化雪地结冰，上路要慢行。

积雪如积粮。

今冬大雪飘，来年收成好。

今冬麦盖一尺被，明年馒头如山堆。

今冬雪不断，明年吃白面。

今年的雪水大，明年的麦子好。

今年麦子雪里睡，明年枕着馒头睡。

腊雪是被，春雪是鬼。

落雪见晴天，瑞雪兆丰年。

麦盖三层被，头枕馍馍睡。

麦盖三床被，守着馒头睡。

麦浇小，谷浇老，雪盖麦苗收成好。

沙雪打了底，大雪蓬蓬起。

第四章

冬至：冬至如年，寒梅待春风

冬至是中国农历中一个非常重要的节气，也是中华民族的一个传统节日，冬至俗称"冬节"、"长至节"、"亚岁"等。早在2500多年前的春秋时代，中国就已经用土圭观测太阳，测定出了冬至，它是二十四节气中最早制订出的一个，时间在每年的阳历12月21日至23日之间，太阳黄经到达270°。天文学上也把"冬至"规定为北半球冬季的开始。冬至这一天是北半球全年中白天最短、夜晚最长的一天。

天文学上把冬至作为冬季的开始，这对于我国多数地区来说，显然偏迟。冬至期间，西北高原平均气温普遍在0℃以下，南方地区也只有6℃~8℃。不过，西南低海拔河谷地区，即使在当地最冷的1月上旬，平均气温仍然在10℃以上，真可谓秋去春平，全年无冬。

冬至气象和农事特点：数九寒冬，农田松土、施肥和防冻

1. 气温持续下降，进入数九寒冬

冬至以后，北半球白昼渐短，气温持续下降，并开始进入数九寒天。而冬至以后，阳光直射位置逐渐向北移动，北半球的白天就逐渐长了，谚云：吃了冬至面，一天长一线。

冬至是日照斜度最大的日子，北半球的日照时间达到最短，所以，接收的太阳辐射量也最少，但是，由于地面在夏半时积蓄的热量还可提供一定的补充，故这时气温还不是最低。"吃了冬至饭，一天长一线"，冬至后白昼时间日渐增长，但是地面获得的太阳辐射仍比地面辐射散失的热量少，所以在短期内气温仍继续下降。除了少数海岛和海滨局部地区外，在我国，1月份是最冷的月份，民间有"冬至不过不冷"的说法。

2. 农田松土、施肥、除草、防冻做不完

一过冬至，就是所谓的"数九寒冬了"，但是由于我国地域辽阔，各地气候差异较大。当东北大地千里冰封、万里雪飘，黄淮地区也是银装素裹的时候，江南的平均气温可能已经5℃以上了，这个时候冬作物仍继续生长，菜麦青青，一派生机，正是"水国过冬至，风光春已生"；而华南沿海的平均气温则在10℃以上，更是鸟语花香，满目春光。冬至前后是兴修水利、大搞农田基本建设、积肥造肥的大好时机，同时要施好腊肥，做好防冻工作。江南地区更应加强冬作物的管理，清沟排水，培土壅根，对尚未犁翻的冬壤板结要抓紧耕翻，以疏松土壤、增强蓄水保水能力，并消灭越冬害虫。已经开始春种的南部沿海地区，则要认真做好水稻秧苗的防寒工作。

在这个节气，主要农事有以下这些：一是三麦、油菜的中耕松土、重施腊肥、浇泥浆水、

清沟理墒、培土壅根；二是稻板茬棉田和棉花、玉米苗床冬翻，熟化土层；三是搞好良种串换调剂，棉种冷冻和室内选种；四是绿肥田除草，并注意培土壅根，防冻保苗；五是果园、桑园继续施肥、冬耕清园；果树、桑树整枝修剪、更新补缺、消灭越冬病虫；六是越冬蔬菜追施薄粪水、盖草保温防冻，特别要加强苗床的越冬管理；七是畜禽加强冬季饲养管理、修补畜舍、保温防寒；八是继续捕捞成鱼，整修鱼池，养好暂养鱼种和亲鱼；搞好鱼种越冬管理。

冬至民俗：过冬节、祭祖、祭天、拜师祭孔

1. 过冬节：冬节大于年

冬至是我国一个传统节日的名称，也叫冬节，长至节、贺冬节、亚岁等。和清明一样，又被称为活节，之所以有如此称谓，是因为它并没有固定于特定一日。称其"长至"，是基于古人对天象变化的观察，冬至是北半球一年中白昼最短、黑夜最长的一天，所谓"日南之至，日短之至，日影长之至，故曰冬至"，此后的白昼，便一天天延长了。而我国民间更有"冬节大于年"的说法，或者称其"亚岁"，把它当做仅次于元旦（即今之春节）的节日。

冬至是一个历史悠久的节日，可以上溯到到周代。当时即有于此日祭祀神鬼的活动，以求其庇佑国泰民安。到了汉代，冬至正式成为一个节日，皇帝于这一天举行郊祭，百官放假休息，次日吉服朝贺。这个规矩一直沿袭。魏晋以后，冬至贺仪"亚以岁朝"，并有臣下向天子进献鞋袜礼仪，表示迎福践长；唐、宋、元、明、清各朝都以冬至和元旦并重，百官放假数日并进表朝贺，特别是在南宋，冬至节日气氛比过年更浓，因而有"肥冬瘦年"之说法。由上可见，由汉及清，从官方礼仪来讲，说冬至是"亚岁"，甚至"大过年"，绝非虚话。究其原因，主要是周朝以农历十一月初一为岁首，而冬至日总在十一月初一前后。此外，也与古人认为冬至是"阴极之至，阳气始生"观念有关。

而在民间，冬至节俗要比官方礼仪更加丰富。东汉时，天、地、君、师、亲都是冬至的供贺对象。南北朝时，民间又有了于冬至日食赤小豆以避邪的习俗。唐宋时冬至与岁首并重，于是穿新衣、办酒席、祀祖先、庆贺往来等，几同过新年一样。明清时，官方仍然维持着一些基本的冬至贺仪，民间却不似过年那样大事操办了，主要集中在祀祖、敬老、尊师这几个项目上，由此衍生出裹馄饨、吃汤圆、学校放假、百工停业、慰问老师、相互宴请及全家聚餐等活动，因而相对过年来讲，更富有个性。

到了今天，冬至已经不似过去那样正式，但是在南方和一些少数民族地区，冬至依然是一个很重要的节日。

在贵州、湖南、广西侗族的聚居地，每年过冬节依然是一个隆重的节日，没到农历十一月初一，人们会按照姓氏或血缘关系，从初一到初九，每天去一房族轮流过节，还有从十一月初一一直到月尾，各家轮流过节。节日里，人们宰鸡杀鸭，吃糯米糍粑，喝重阳节酿的酒，吃早稻时腌制的荷花酸鱼，全寨休息，小孩、妇女、客人都穿新衣、打糍粑，就连出嫁的女儿也要带着女婿"回娘家"。

2. 吃冬节丸——祈求家人团聚

冬至是一个内容丰富的节日，经过数千年发展，形成了独特的食文化。

"冬至霜，月娘光；柏叶红，丸子捧。"这是福建地区冬至时的一首儿歌。《八闽通志·兴化府风俗·冬至》载："前期糯米为丸，是日早熟，而荐之于祖考。"福建有冬至时吃汤圆的民俗，也叫吃冬节丸。

《中华全国风俗志》下篇卷五载有这种风俗起源的传说：

相传古时候有一才子，父亲早逝，剩下母子相依为命。母亲为了让儿子念书，靠上山砍柴和帮人做工赚钱维持生计，她含辛茹苦，一心盼望儿子长大成人，能够考取个功名。儿子十六岁时，正逢朝廷举考，儿子决定赶往京城参加考试。临行时，他跪向母亲保证，一定要考取状元报

答母亲的养育之恩。由于家住边远山区，道路崎岖难行，又是第一次出远门，等到儿子到京城时，已过考试时间，回家已经没有路费了。儿子无奈，只好在外面边打工边自学，三年过去，他参加了科考，结果落榜了，只好再等三年，可第六年还是没有考上。儿子感觉无颜回去，决定继续等待下届再考，但那时交通不便，无法告诉母亲。可怜天下父母心，儿子一去六年，毫无音信，母亲日夜思念，精神恍惚，于是就独自一人漫无目标地出门找儿子。

一直等到第九年，儿子终于考上了状元，他骑着骏马，敲锣打鼓，前呼后拥，高高兴兴赶回家里准备向母亲报喜，却发现家里门锁已锈，母亲不见，问及邻居，都说老母三年前就已出门，不知去向。儿子闻后如同晴天霹雳，泪流满面，他立即派人四处寻找，孝心感天。三天后，果然有士兵在深山老林发现一白发人，此人对山里的地形非常熟悉，且动作敏捷，见到人就跑，常人无法追上。儿子断定此人就是母亲。为了不让母亲受到更大的惊吓，儿子想起母亲过去最喜欢吃糯米粉做成的食品。于是他吩咐下去，做了大量的糯米圆子，从树林深处到家里沿途的树木、柱子、门上都粘上糯米圆子。白发人在树上寻找食物时，发现还有这么多好吃的"果子"，于是就沿着食物一路走出山里。由于吃到了粮食，精神越来越好，头脑逐渐清醒，刚好到了冬至这一天，母亲最终回到了家里与儿子团圆。

为了纪念儿子对母亲的一片孝心，闽南人在冬至节的这一天，都有吃汤圆和祭墓的习惯，而且在吃汤圆之前，先要捞一些粘在家里擦洗干净的柱子、柜子和门上，那粘上去的汤圆要等到三天之后才可以把它摘下。这种习俗一直被闽南人延续下来，并代代相传。

这个传说，是在精神寄托的层次上对冬至吃糯米丸习俗的诠释。潮汕人多从福建迁移而来，冬至吃糯米丸与福建同俗。而潮汕人通过这种民俗活动，把祈求家人团聚、家族和谐团结的愿望，表现得更为鲜明。冬至前几天，家家户户都要先将糯米舂成米粉末儿晒干。冬至前一天，吃过晚饭后，家中主妇就开始张罗着把一只大箍（浅沿的筐箩）摆在桌上或地上，用开水把糯米粉和成粉团，然后，一家子无论大人小孩就围坐在箍四周，各自捏取粉团搓成弹珠样的冬至丸，放入箍里晾晒。

冬节丸以搓得大大小小参差不齐为好，这叫"父子公孙丸"，象征着岁暮之际一家子圆圆满满。冬至日一早，家庭主妇煮好红糖汤，将丸子下锅，煮成汤丸。先盛一大钵祭祖，家里的地主爷、公婆母、司命君、井神、碓神也各用一碗甜丸祭过。然后主妇叫醒全家老少起来食汤丸，俗称"汤丸唔食天唔光"，"食了汤丸大一岁"。尤其是孩子们最盼吃这碗圆，常是半夜里醒来好几回。然而，天好像要与孩子们作对似的，老是不亮。其实这也是因为到了冬至前这天，夜的时间最长，过了这一天，夜便开始逐渐变短。冬至的夜最长，而孩子们睡不着，天未亮，就吵着要吃丸子汤，故有"爱吃丸子汤，盼啊天未光"的童谣。

主妇把丸子倒进锅里，和生姜、板糖（姜、糖能祛寒开胃）加水一起煮成香、甜、黏、热"甜丸子汤"。祭祖后，全家人分而食之。要把丸子粘在门框之上，以祀"门丞户尉"，保一家平安。还要把"（饲）喜鹊丸"丢在屋顶（一般是12粒，闰年为13粒，寓意全年月月平安），等喜鹊来争食时，噪声哗然，俗叫"报喜"，寓意五福临门。

在潮汕地区，一家人如有在外地工作的，还要留一些糯米粉等他（或她）回家时做汤丸吃，以示一家团圆。另外，还要经常留些糯米粉待客人，客人来了，便煮甜丸敬客。潮汕人在海外的很多，旧时华侨多在冬天回乡，明年春再出洋，所以留糯米粉以待亲人回乡，也是一种风俗，取甜蜜团圆之意。

3. 贴冬至丸：祈盼平安

在潮汕地区的农村，"冬节丸"除了用来食用外，它还有一个更特别的用途，就是在门框、碓臼、炉灶、米缸、犁耙、水车以及鸡、鹅、牛等牲畜身上粘贴，祷祝牲畜平安过冬，新年健旺。在牛角上贴丸，这是对老牛表功。有些地方还要在水果树上贴上冬节丸，在树干上划破一点点树皮，把丸汤淋在上面，祈望明年果树能贴枝，结的果实像汤圆一样圆润饱满。

至于为什么要在门环上贴冬节丸，当地流传着这样一个美丽的民间传说。有一年冬至，闽南来了三个衣衫褴褛的逃荒者。由于饥寒交迫，老妇饿死了，只剩下父女两人。父亲向人家讨了一碗冬节丸给女儿吃，女儿却坚决不吃，要让父亲吃。推来让去，最后父亲流泪说："女儿，为父不能养活你，眼看你忍饥受饿，不如在这里择一人家嫁了，图一口之食。"女儿就含泪答应，两人分食了一碗冬节丸后便各奔东西了。后来，女儿嫁了一户好人家，日子过得不错，但她天天思念父亲，到了冬节的时候，更是忧伤万分。丈夫问起原因，她就详情告知。后来，夫妻俩想了一个方法，在大门环上贴了两颗大大的冬至丸，心里想父亲若看到，定会触景生情，前来找女儿团聚。就这样，这成了当地的习俗，一代代沿袭了下来。

潮汕还有一种奇特的习俗，就是要用汤丸给老鼠吃，也就是府县志多次提到的"谓之饲耗"一事，很少人能懂得其中道理。相传，稻谷的种子是先前住在田里的老鼠从很远的地方叼来给农民的。农民为答谢老鼠的辛劳，约定每年收割时，在一片土地的路边，总要留下几株稻谷不割，给老鼠食，饲耗即由此而来。后来有一个较贪心的人，割稻时一株也不留，割得净尽。老鼠没东西可吃，饿着肚皮跑到观音大士那里控诉，说农民忘恩失信。观音大士便叫它搬进农民家中去住，并赐了它一口坚硬的金牙，使它能咬破东西寻食物，从此老鼠就到处为害了。其实，稻谷是劳动人民在长期实践中从野生原稻培育出来的，精收细打，颗粒归仓是对的，饲老鼠反而是不应该的，不过这毕竟是千百年来的民间传说而已。

4. 数九：传统的智力游戏

在冬至这天，民间流行填字来作为消遣。九九消寒图通常是一幅双钩描红书法，上有繁体的"庭前垂柳珍重待春风"九字，每字九画，共八十一画，从冬至开始每天按照笔画顺序填充，每过一九填充好一个字，直到九九之后春回大地，一幅九九消寒图就算大功告成。填充每天的笔画所用颜色根据当天的天气决定，晴则为红，阴则为蓝，雨则为绿，风则为黄，落雪填白。此外，还有采用图画版的九九消寒图，又称作"雅图"，是在白纸上绘制九枝寒梅，每枝九朵，一枝对应一九，一朵对应一天，每天根据天气实况用特定的颜色填充一朵梅花。元朝杨允孚在《滦京杂咏》中记载："试数窗间九九图，余寒消尽暖回初。梅花点遍无余白，看到今朝是杏株。"

最雅致的九九消寒图是作九体对联。每联九字，每字九画，每天在上下联各填一笔，如上联写有"春泉垂春柳春染春美"，下联对以"秋院挂秋柿秋送秋香"。不管哪种九九消寒图，在消磨时日、娱乐身心的同时，也简单记录了气象变化。

总之，各家具体采用什么形式，往往根据主人的爱好和文化素质而定。民间还留有九九消寒图民谚："下点天阴上点晴，左风右雾雪中心。图中点得墨黑黑，门外已是草茵茵。"

民间还流行九九歌，这首歌由于地域不同、风俗不同，便产生了不同的版本。北京地区广泛传唱："一九二九不出手，三九四九冰上走，五九六九河堤看柳，七九河开，八九雁来，九九又一九，耕牛遍地走。"在内蒙古的边远乡村里，则唱成："一九二九门叫狗，三九四九冻死狗，五九六九消井口，七九河开，八九雁来，九九又一九，犁牛遍地走。"而在河北的蔚县地区则流传："一九二九门叫狗，三九四九冻破碌碡，五九六九开门大走，七九河开，八九雁来，九九又一九，犁牛遍地走。"民谣中微妙的变化，反映了不同地区不同的气候条件和生活习俗。

5. 祭祖：人不能忘祖

冬至是中国传统阴节之一，所以，一到冬至那一天，在民间就是祭奠祖先的日子，活着的人要到死去亲人的坟前祭拜，以示纪念。人不能忘祖忘宗，在重视传承的中华民族尤其如此。

冬至祭祖的方式和内容存在地域间的差异性，带有浓郁的地方色彩。

在福建、潮汕地区，每年上坟扫墓一般在清明节和冬至节，谓之挂春纸和挂冬纸。一般情况下，人死后前三年都应行挂春纸俗例，三年后才可以行挂冬纸。但人们大多喜欢挂冬纸，原因是冬节气候较为干燥，上山的道路易行，也便于野餐。冬节扫墓的祭品，普通是五牲或三牲，添以鲜蚶、柑橘等物。鲜蚶是必要的，取其吉利的意义。拜墓之时，还须拜墓旁的土地爷，即后土之神。祭拜仪式过后，人们就在墓前聚餐。野外的聚餐轻松又热闹，儿童嬉闹，长者举杯闲谈，山野间荡漾着家族的融洽与和谐。祭品中那盘鲜蚶一定要吃完，并把蚶壳撒在墓堆上。潮人把蚶壳称为"蚶壳钱"，撒在坟头，是将它作为冥钱之用。另外，祭品盘中的大鱼，全尾或截分两段的，照例是留给办理饮酌者的家属，野餐时什么人都不许吃它。如果你不明规例而错吃了，恐怕会招来别人异样的眼光。

而在海南岛东北部的文昌市，冬至祭祖活动又有不同的表现形式。文昌人把祭祖看得很重，每到这天，出门在外的人都要尽量争取回到老家，很多港澳同胞和海外侨胞也千里迢迢赶回来。冬至和春节都是农村人口最多的时候，不过冬至时人们在家待的时间短，扫墓归来，合家在一起吃顿饭便各奔东西了，而春节则会在家待上十多天时间。

在文昌市，祭拜祖先往往以家庭或家族为单位，祭祀的祖先一般不超过三代，直系男丁的所有家庭人员都要参加。首先各户祭拜各自的祖先，相同祖先则在一起合祭。祭祀品荤品有鸡、鱼、蛋、肉，素品有饭、糕，饮品有茶、酒，用品有冥币、冥衣、香、鞭炮等，一应俱全，这些东西要提前准备好，祭拜日挑上山。

到了祖先坟前，祭祀活动就正式开始了，一般而言，要按照以下的步骤来进行：

一是清理墓地。海南地处热带，阳光雨水充足，每次祭拜都要用刀清理杂草杂木，避免其疯长。

二是呈奉祭品。祭品摆放在簸箕中，顺序有讲究，最前面是五杯酒，接着是五杯茶、五碗饭，最后也是五碗，分别为一块肉、两条鱼、五个红蛋、一块糕和一只鸡。

三是焚香祭拜。所有到场人员按男先女后、长先晚后顺序每人焚香五支，分别三拜土地公和祖先，拜毕将香插于坟头。

四是送金银。将准备好的冥币、冥衣、冥裤堆放于坟旁，用火烧尽。据说烧干净了祖先才能收到，才能"不差钱"。

五是放鞭炮。鞭炮是人们喜爱的东西，逢年过节、婚娶嫁女、入宅添丁离不开鞭炮；祭祀拜祖、送葬入土也要放鞭炮，只是这种文化始于何朝何代至今也没人明白。

六是给墓志铭添漆。方法是用毛笔给墓碑上的铭文上红漆，使碑文更加鲜艳醒目。

到此为止，冬至的祭祖仪式才算是全部进行完毕，之后便是收拾可利用的东西如鸡、鱼、肉、蛋等，回到供奉祖先牌位的老宅，再在室内祖先的牌位前进行一番祭拜，敬酒敬茶、上香叩拜这些仪式自然是少不了的。

所有的祭祖仪式完成后，各家各户取回各自的祭品，稍作加工之后便上桌供人们食用。大人小孩围坐在一起，热热闹闹吃顿团圆饭，这个时候最开心的便是老人和小孩。饭后，人们该上班的上班，该做生意的去做生意，该上学的去上学，从哪里来又到哪里去，都散去了，村中恢复了往日的平静，人们又将企盼的目光转向了春节。

南方为何有冬至墓祭的习俗呢？经专家研究，福建泉州安溪长坑乡的扫墓习俗很有代表性。安溪大部分人家都是在清明扫墓，与泉州大多地方无异。但是安溪长坑较为特殊，老百姓是在冬至扫墓。经调查，长坑冬至扫墓原因其实很简单——为了避开春耕大忙时。据当地老人讲，清明时节，长坑雾气很重，土地湿润，常是阴雨连绵，加上地僻山高，山路不好走，又逢春耕大忙，遂改清明祭扫为冬至祭扫，这是祖祖辈辈流传下来的。

所以，在南方形成的冬至祭扫风俗，是老百姓根据中国墓祭的传统习俗和当地实际情况结合的产物，是南方民间生活历史的一种沉淀，也是中华民族文化之根的呼唤。

6. 祭天：与天地沟通

在古代，祭祀可以说是一项严肃而不可缺少的仪式，上至君王，下至百姓对此都非常重视。古代帝王亲自参加的最重要的祭祀有三项：天地、社稷、宗庙。所谓宗庙，主要指的就是天坛、社稷坛、太庙；除此之外，还有其他一些祭祀建筑。

在所有的祭祀仪式当中，最隆重的祭祀便是祭天了。皇帝于每年冬至祭天，登位也须祭告天地，表示"受命于天"。祭天起源很早，周代祭天的正祭是在国都南郊圜丘举行。《周礼·大司乐》云："冬至日祀天于地上之圜丘。"不过，周礼的仪式真正被用于祭天，其实是在魏晋南北朝的事情了。

由于祭天的仪式都是在郊外举行，所以也被称为郊祀。祭祀仪式在圜丘上举行，那是一座圆形的祭坛，古人认为天圆地方，圆形正是天的形象。祭祀之前，天子与百官都要斋戒并省视献神的牺牲和祭器。祭祀之日，天子率百官清早来到郊外。天子身穿大裘，内着衮服（饰有日月星辰及山、龙等纹饰图案的礼服），头戴前后垂有十二旒的冕，腰间插大圭，手持镇圭，面向西方立于圜丘东南侧。这时鼓乐齐鸣，报知天帝降临享祭。接着天子牵着献给天帝的牺牲，把它宰杀。这些牺牲随同玉璧、玉圭、缯帛等祭品被放在柴垛上，由天子点燃积柴，让烟火高高地升腾于天，这样做的目的是使天帝嗅到气味，也就等于享用了祭祀。

随后，在一片乐声中，被称为"尸"的参与者登上圜丘。所谓的尸不是指尸体，它是由活人扮饰，作为天帝的化身，代表天帝接受祭享的。"尸"就坐，面前陈放着玉璧、鼎、簋等各种盛放祭品的礼器。先向"尸"献牺牲的鲜血，再依次进献五种不同质量的酒，称作五齐。前两次献酒后要进献全牲、大羹（肉汁）、铏羹（加盐的菜汁）等。第四次献酒后，进献黍稷饮食。荐献后，"尸"用三种酒答谢祭献者，称为酢。饮毕，天子与舞队同舞《云门》之舞，相传那是黄帝时的乐舞。最后，祭祀者还要分享祭祀所用的酒醴，由"尸"赐福于天子等，称为"嘏"，后世也叫"饮福"。天子还把祭祀用的牲肉赠给宗室臣下，称"赐胙"。后代的祭天礼多依周礼制定，但以神主或神位牌代替了"尸"。

7. 祭窑神：保佑井下平安

冬至是极寒冷的"数九天"的开始，这天在过去是开始生火炉驱寒取暖的日子，石炭（即煤）和木炭是生火的重要燃料，而木炭是在窑中烧成的，石炭是窑里开掘来的，所以人们对窑神崇拜有加，冬天在围炉向火、身上消尽寒气、暖意融融的时刻，不能忘记窑神赐给煤炭的深恩大义，于是敬祭窑神就是顺理成章的。

宋尚学在《蔚县风情》一书中写道："冬至祭窑神，白天进行。相传窑神是一位神通广大的神仙，专门管理地下的变迁，冬至日是他的生日。冬至这天，各小煤窑都要停工一天，披红挂彩，张贴对联，响鞭放炮，大摆酒宴。把宰好的整猪、整羊供放在窑门口，给窑神爷庆寿，并祈求窑神爷保佑井下平安、消灾免难。"

岳守荣著《寿阳民俗》一书也记载了山西寿阳祭煤炭神的习俗，并记载了当地流传煤炭神的神话传说。相传，七峰山中居住着一位孤苦伶仃的姑娘，独自住在一所窑洞里，养一只小羔羊做伴。她在引着小羊羔上山打柴时，遇到一个凶暴阴险的财主。财主见姑娘长得俊秀，想掠为己有，就命令打手们去抢捉姑娘。姑娘跑上山，财主和打手们也追上了山。山上忽然寒风怒吼，大雪纷飞。不长时间，财主和打手们全被冻死。小羊羔却把姑娘领进一个山洞里去避风雪。山洞里走出一位老爷爷，给了姑娘一块乌黑发亮的石头，姑娘立刻感到浑身暖烘烘。姑娘想问黑石头是什么宝贝，老爷爷却不见了。姑娘回到家，就把黑石头砸开分给乡亲们，送到谁家，谁家就不冷了。从此，天一冷，姑娘便去山洞里向老爷爷要黑石头，拿回去分给乡亲们驱寒取暖。传说，那老爷爷就是煤炭神。

这虽然是神话传说，不可尽信，但也可以看出煤炭在从冬至开始的"数九寒天"里占有多么重要的地位。

8. 拜师祭孔：最早的教师节

尊师重教一向是我国的传统美俗，而冬至祭孔和拜师就是它的一种集中表现。

根据《新河县志》载："长至日拜圣寿，外乡塾弟子各拜业师，谓'拜冬余'。"拜圣寿，"圣"指圣人孔子，就是给孔圣人拜寿。因为"冬至"曾是"年"，过了冬至日就长一岁，谓之"增寿"，所以需要拜贺，举行祭孔典礼。

《南宫县志》当中也有记载说："冬至节，释菜先师，如八月二十七日礼。奠献毕，弟子拜先生，窗友交拜。""释菜先师"就是一种祭孔的形式，是指以芹藻之礼拜先师孔子。古时始入学，行"释菜"礼。春秋二季祭孔则用"释奠"礼。"释菜"礼比"释奠"礼轻。为什么冬至祭孔较"春秋二祭"礼轻呢？因冬至祭孔是沿用的年礼，过年是开学学生要入学，祭圣人只是例行公事，不是专门举行的典礼仪式。

在过去，小学生会穿新衣、携酒脯，前去拜师，以此表示对老师的敬意。冬至节，旧俗是由村里或者族里德高望重的人牵头，宴请教书先生。先生要带领学生拜孔子牌位，然后由长老带领学生拜先生。山西民间有"冬至节教书的"的谚语，说的就是这种尊师风俗。民间至今仍有冬至节请老师吃饭的习俗，山西西北，招待老师的菜肴往往是炖羊肉等肉食。

在过去，冬至节又称豆腐节。被称为豆腐节，也跟拜师的习俗有关。据山西《虞乡县志》记载："冬至即冬节……各村学校于是日拜献先师。学生备豆腐来献，献毕群饮，俗呼为'豆腐节'。"

除了拜师，祭拜至圣先师孔子也是冬至日里一项重要的活动。祭孔子拜圣时，有的悬挂孔子像，下边写一行字："大成至圣先师孔子像。"有的是设木主牌位，木牌上的字是"大成至圣文宣王之位"。不过这"大成至圣文宣王"的称号是后世皇帝封的。

据《清河县志》记载，在冬至祭孔时还要"拜烧字纸"。爱惜字纸、不许乱用有字的纸擦东西，在民间尤其在士子文人阶层非常看重，因为爱惜字纸是对圣人尊重的表现，如乱用字纸揩抹脏东西就是对先师的亵渎不恭，所以把带字的废纸收集起来，在祭孔时一齐烧掉，烧字纸时也要师生一齐跪拜。

冬至还要"隆释"，隆有"尊崇"之义，"隆释"就是敬师、拜师。此俗流行很广。民国前，各书院、学院和私塾均非常重视这一习俗；民国后，一些私塾还在奉行"隆释"。为什么冬至日要"隆释"呢？《藻强县志》解释说："冬至士大夫拜礼于官释，弟子行拜于师长。盖去迎阳报本之意。"看来这种说法比较接近事实。

如今，各地在冬至都不进行"隆释"活动了，这种习俗已经销声匿迹。但是，冬至节还是给人留下了"我国最早的教师节"的好名声，获得了后人的纪念。

9. 送鞋敬老：献鞋袜于尊长

我国历来有敬老的优良传统，民国以前的冬至节实际是我国历史上最早、沿袭最久的敬老节。

冬至曾是"年"，在黄帝时就曾作为岁首，称作朔旦；周朝也曾以冬至所在之月为岁首，所以冬至节俗如祭祖祀仙、拜尊长等，都是相沿古年俗。祭祖是对已故去的老人、先辈长上表示尊敬不忘，数典忘祖被认为是不赦之罪。为了按时参加祭祖先、拜长上仪式，在外地工作或旅行的人必在冬至前赶回家，冬至和过年一样，要求在外的家人一定在节前赶回家来团聚。

在台湾还流行着"冬节没返没祖宗"的说法，就是说外出的人到冬节一定要回家拜年祭祖宗，否则就是忘祖、心里没有祖宗。冬至还要蒸九层糕拜祭祖先。九层糕包括甜糕、咸糕、萝卜糕、芋头糕、松糕等，在龟背形的糕面上砌成"寿"和用糯米分捏成的鸡、鸭、鹅、猪、牛、羊，用蒸笼分层蒸成，其用意是用自己的劳动果实向先人"荐新"、进飨，表示对祖先的敬意。在拜祭祖先时，全家跪在祖先神主木牌前，由家长述说自己的"根"在什么地方，如这家人的祖先是福建某地，家长就祷告说："我们家是从福建某地过来的，现在已经是第几代了。"冬至拜祖就这样在台湾代代相传，永不忘"根"。

女人出嫁后，在娘家看来也成了"外人"，所以冬至节出嫁的女儿不能在娘家过，托词说在娘家过冬至会使娘家家业衰落、克公公。冬至这天，媳妇要把自己缝好的鞋袜奉给翁姑，表示祝愿老人长寿之意。这种敬老习俗，今天仍需要继承和发扬光大。

《山东民俗》一书载："曲阜的妇女于节前做好布鞋，冬至日赠送舅姑（即公公婆婆）。"冬至日向老人"荐袜履"在历代都是普遍流行的，很多古籍、方志有记载。如《梦华录》："京师最重冬至，更易新履袜，美饮食，庆贺，往来一如年节。"

冬至献鞋袜于尊长的习俗由来已久，值得注意的是三国魏时代的曹植，其《冬至献袜履表》反映的是朝廷活动的仪礼，于我们认识"践长"和献鞋袜的真实含义很有帮助。

曹植说："仪见旧仪，国家冬至，献履贡袜，以迎福践长。先臣或为之颂（指东汉章帝时崔姻的《袜铭》）。臣既玩其嘉藻，愿述朝庆……并献纹履七量，附袜若干。"贡献鞋袜是为了"践长"，而"践长"的含义，是冬至日为了接受太阳的力量、践踏地上日影的古俗。因为这是接受太阳的气于身，所以产生了消灾迎福、得以长久的观念。

10. 鸡母狗粿——祈求六畜兴旺、五谷丰登

在澎湖海岛地区，有冬至吃鸡母狗粿的习俗。

鸡母狗粿是一种米塑，就是用米粉捏成小巧玲珑的动物和瓜果造型。冬至节，人们以鸡母狗

馃祭拜上天，祈求六畜兴旺、五谷丰登。捏制鸡母狗馃，磨米粉是首道工序。磨粉分干湿两种磨法。磨干粉，直接把米放到磨盘里，边磨边加米。磨湿粉，要先将米放水里浸泡二三天，然后洗净放簸箩里晾干，磨的时候再加水，水里放点红色食用粉，这样，磨出来的粉是淡红色的，很好看。粉磨好后，倒进布袋里，扎紧口子，压上一块大石头，把水榨出来。也可放小木桶里，盖上一层纱布，然后压上草灰包，慢慢吸干水。

冬至前一天，主妇们把米粉揉好后，便招呼孩子们一起捏制鸡母狗馃。鸡母狗馃，顾名思义，形状都以鸡、鸭、狗、羊、牛、兔等家畜为主，也有黄鱼、虾、龟等海洋生物以及南瓜、玉米、菠萝等瓜果。捏出动物、瓜果的轮廓后，再剪出四肢、嘴巴、耳朵、鳞片、叶子等细节，眼睛用细竹签点出，如用黑芝麻点上就更栩栩如生了。全家合作捏母鸡孵小鸡是鸡母狗馃中不可缺少的内容。主妇们压好圆饼形粉团作鸡窝，再捏只翅膀半张的母鸡放在窝中央，孩子们有的揉些小圆粒作鸡蛋，围在母鸡身边；有的捏一些在壳里欲出不出的小鸡，有的捏憨态可掬的小鸡叠放在母鸡身上和身边，不一会儿，一幅亲子乐融融的景象就呈现在眼前了。

鸡母狗馃做好后，放到蒸笼里蒸，米香溢出后，还要再焖会儿才起锅，不然做好的动物、瓜果，容易塌脖子或掉瓜蒂。

祭完天后，这些鸡母狗馃都由主妇平均分给孩子们。孩子们早就垂涎欲滴，此时便迫不及待地啃起来。舍不得吃的，就藏起来。过一两天，鸡母狗馃变得硬硬的，嚼起来，很有劲道，味道也特别，除了米香，似乎还能嚼出瓜果的滋味。

冬至的鸡母狗馃已被列入非物质文化遗产名录。现在冬至，幼儿园里的老师会准备好米粉让孩子们学捏鸡母狗馃。

11. 吃馄饨——冬至节气风俗

我国许多地方有冬至吃馄饨的风俗。据《燕京岁时记》载："冬至馄饨夏至面。"冬至这天，京师人家多食馄饨。南宋时，当时临安（今杭州）也有每逢冬至这一天吃馄饨的风俗。宋朝人周密说，临安人在冬至吃馄饨是为了祭祀祖先。到了南宋，我国开始盛行冬至食馄饨祭祖的风俗。

12. 吃"捏冻耳朵"——耳朵不被冻烂

"捏冻耳朵"是冬至河南人吃饺子的俗称。相传南阳医圣张仲景曾在长沙为官，他告老还乡时正是大雪纷飞的冬天，寒风刺骨。他看见南阳白河两岸的乡亲衣不遮体，有不少人的耳朵被冻烂了，心里非常难过，就叫其弟子在南阳关东搭起棚，用羊肉、辣椒和一些驱寒药材放置锅里煮熟，捞出来剁碎，用面皮包成像耳朵的样子，再下锅里煮熟，做成一种叫驱寒矫耳汤的药物给百姓吃。服食后，乡亲们的耳朵都治好了。后来，每逢冬至人们便模仿做着吃，故形成"捏冻耳朵"这种习俗。至今南阳仍有"冬至不端饺子碗，冻掉耳朵没人管"的谚语。

13. 吃赤豆糯米饭——防灾祛病

江南水乡有冬至之夜全家欢聚一堂共吃赤豆糯米饭的习俗。相传，有一位叫共工氏的人，他的儿子不成才，作恶多端，死于冬至这一天，死后变成疫鬼，继续残害百姓。但是，这个疫鬼最怕赤豆，于是，人们就在冬至这一天煮吃赤豆饭，用以防灾祛病。

14. 吃菜包——象征团圆

菜包是用糯米磨成粉，和熟烂的鼠曲、蓬蒿等物，揉和做成米浆，待半干手工做成半月形的外皮，里面包笋丝、豆干、菜脯等，是自古以来祭冬的祭物，古人叫作环饼（晋代时叫作寒具）。冬至清早，家庭主妇必须早起"浮圆仔"（用糖水煮汤圆）、"炊菜包"（蒸菜包）并准备祭拜神明、祖先，并且享用"冬至圆"。吃"冬至圆"，带有象征团圆及添岁之意。以前，祭拜之后还把"冬至圆"粘在门户、器具上，称为"饷耗"。

15. 吃狗肉——祈求好兆头

冬至吃狗肉的习俗据说是从汉代开始的。相传，汉高祖刘邦在冬至这一天吃了樊哙煮的狗肉，觉得味道特别鲜美，赞不绝口，从此在民间形成了冬至吃狗肉的习俗，民间也有"冬至吃狗肉，明春打老虎"之说。现在许多地区的人们在冬至这一天，纷纷吃狗肉、羊肉以及各种滋补食品，以求来年有一个好兆头。

16.吃年糕——年年长高

从清末民初直到现在，杭州人在冬至都爱吃年糕。每逢冬至，杭州人做三餐不同风味的年糕，早上吃的是芝麻粉拌白糖的年糕，中午是油墩儿菜、冬笋、肉丝炒年糕，晚餐是雪里红、肉丝、笋丝汤年糕。冬至吃年糕，年年长高，图个吉利。

北方还有不少地方，在冬至这一天有吃羊肉的习俗，因为冬至过后天气进入最冷的时期，中医认为羊肉有壮阳补体之功效，民间至今有冬至进补的习俗。在我国台湾还保存着冬至用九层糕祭祖的传统，用糯米粉捏成鸡、鸭、牛、羊等象征吉祥如意、福禄寿的动物，然后用蒸笼分层蒸成，用以祭祖，以示不忘老祖宗。同姓同宗者于冬至日或前后约定之早日，集中到祖祠中，照长幼之序，一一祭拜祖先，俗称祭祖。祭奠之后，还会大摆宴席，招待前来祭祖的宗亲们。大家开怀畅饮，相互联络生疏的感情，称之为食祖。

17. 火锅——清代起就很盛行

老北京自清代起有吃"九九火锅"、"九九酒肉"等九九消寒的饮食习俗。据《王府生活实录》所载，每逢冬至入九后，皇宫王府内盛行吃以羊肉为主的珍馐火锅，"凡是数九的头一天，即一九、二九直到九九，都要吃火锅，甚至九九完了的末一天也要吃火锅，就是说，九九当中要吃十次火锅，十次火锅十种不同的内容，头一次吃火锅照例是涮羊肉……"

这种吃冬至肉火锅之俗，在清代就很盛行，很多富家子弟、文人雅士们，自冬至日起常去著名老字号饭庄"八大春"、"八大堂"及"东来顺"、"又一顺"等去消寒饮酒吃涮肉火锅。也有些人每逢九日相约九人一同饮酒吃肉，旧京时称为"九九酒肉"。席间要摆九碟九碗，成桌酒宴时要用"花九件"（餐具）入席，以取九九消寒之意，旧时称"消寒会"，故冬至又有"消寒节"之称。

冬至民间宜忌：忌无雨

冬至之日吃饺子，忌讳无雨

河南一带忌冬至不吃饺子，否则会冻掉耳朵，且对农事收获不利。谚语说："冬至不过冬（指不吃饺子），扬场没正风。"湖北一带忌无雨。谚语说："立冬无雨看冬至，冬至无雨一冬晴。"意思是指来年天将大旱。

冬至饮食养生：冬至吃饺子、喝鸡汤、吃狗肉有讲究

1.冬至吃饺子，馅要"对号入座"

我国北方有"冬至不端饺子碗，冻掉耳朵没人管"的俗语，可见在冬至那天吃饺子是流传已久的传统习俗。由于饺子的馅料荤素搭配，营养丰富，且蒸和煮的烹调方式也能够最大限度地保证营养不流失，可以说它是一种非常健康的食品。在此，营养专家们根据不同人群的特点推荐了几种饺子馅，大家不妨"对号入座"，在冬至前后多吃饺子。

胡萝卜馅：胡萝卜含有丰富的胡萝卜素，能起到消食、化积、通肠道的作用，且极易吸收，因此特别适合老年人食用。

虾仁馅：虾肉富含蛋白质、微量元素和不饱和脂肪酸，脂肪含量低且容易消化，适合儿童、老人及血脂异常的人群食用。

牛肉芹菜馅：牛肉富含蛋白质，芹菜富含膳食纤维，具有降血压的功效，因而此馅特别适合高血压患者食用。

羊肉白菜馅：羊肉是冬季养生的"法宝"之一。此馅有利于提高人体的御寒能力，在冬至节气特别适合阳虚者食用。

猪肉萝卜馅：具有润燥补血、利气散寒的功效，特别适合体力劳动者食用。

韭菜鸡蛋馅：含有丰富的膳食纤维，适合口味清淡者食用。

2. 冬至宜喝煲鸡汤

大家都知道在冬季要"数九"，而冬至正是"数九"的第一天，所谓"提冬数九"，就是指从冬至这天起，每隔九天即过一九，一共九九。九九过后春天即将来到。"逢九一只鸡，来年好身体"是民间流传的一种冬季补养方法。冬至过后，天气日渐寒冷，人体对热量和营养素的需求量大大增加，此时适当多吃营养丰富的鸡肉，可以抵御寒冷，强身健体，保证人们健康地迎接春天的到来。

鸡肉是公认的冬季进补佳品。若冬至前后选择食用鸡肉进补，最好的方法是煲鸡汤。鸡汤可以提高身体的免疫力，帮助健康人群抵御流感病毒的侵袭；对于已患流感的人群来说，多喝鸡汤亦能缓解鼻塞、咳嗽等症状。但要特别注意的是，大部分热量及多种营养成分仍然"藏"在鸡肉里，因此要一边喝汤一边吃肉，这样进补的效果才会更明显。

3. 温肾助阳可食用些狗肉

狗肉能够起到补气和温肾助阳的作用，是冬季进补的最佳选择之一。

在挑选狗肉的时候要注意，优质狗肉的表皮呈白色，肉质呈鲜红色且膻气比较重。在烹饪之前，最好先用白酒和姜片反复揉搓狗肉，再用稀释后的白酒浸泡狗肉1~2小时，最后将处理好的狗肉用清水洗净，放入热油锅中微微炸制再行烹调，能够有效减轻狗肉的腥味。

玉米须附片狗肉汤具有温肾助阳的作用。

玉米须附片狗肉汤

材料：狗肉250克，玉米须50克，附片10克，料酒、姜片、葱段、盐、味精、鸡油、胡椒粉各适量。

制作：①附片用清水煮1小时，捞出；狗肉洗净，焯去血水，切块；玉米须洗净。②炖锅内放玉米须、附片、狗肉、料酒、姜片、葱段，加水1500毫升，大火烧沸，改小火炖50分钟，加入盐、味精、鸡油、胡椒粉即可。

4. 补肾、御寒可吃些花生

冬至养生重在固本扶阳，因此养肾是冬至养生的重中之重。花生具有补肾、润燥和御寒的功效，十分适合在冬至食用。

在挑选花生米的时候要挑选个体饱满、果仁外包衣颜色鲜艳的花生米，烹饪的时候最好采用煮的方式，煮花生易于消化，且能最大程度地保证营养不流失。

五香花生米具有补肾、御寒的功效。

五香花生米

材料：花生米250克，盐、花椒粉、小茴香、桂皮各适量。

制作：①盆中放入花生米、盐、花椒粉、小茴香和桂皮，加水至没过花生米，搅匀，腌2天左右，捞出花生米，滗出卤水备用。②锅中放入花生米和卤水，大火煮沸后再煮30分钟，捞出花生米，沥干。③将花生米放凉或风干即可。

冬至起居养生：勤晒被褥，注意头部保暖和防风

1. 冬至期间，应勤晒被褥

经日光曝晒后的被褥，会更加蓬松、柔软，还具有一股日光独有的香味，盖在身体上会使人感到更加舒服。

2. 防冻准备要在冬至先防寒和防湿

低温寒冷的天气容易造成人体冻伤，所以防冻准备在小大寒之前的冬至时期就要做好。具体来说，防冻要做好以下三点：

一是防寒。在气温下降时，要及时增添衣服，衣裤既要保暖性能好，又要柔软宽松，不宜穿得过紧，以防血流不畅。除利用口罩、手套、耳套、帽子等对裸露的皮肤进行保护外，还可以涂抹一些油性的护肤品来降低皮肤的散热量。

二是防湿。衣服、鞋袜等要保持干燥，一旦受潮应及时更换。如果脚部容易出汗，可以每次洗完脚后，在擦干的脚掌和脚趾缝间擦一些硼酸粉或滑石粉，使脚部保持干燥。

三是要适当活动，避免长时间静止不动，特别是在寒冷的户外，活动量少很容易造成血液循环不畅，从而导致体温下降。另外，还要注意不要蹲过长时间，以免造成血液回流不畅。

此外，还可以用生姜片涂擦容易冻伤的皮肤部位，每天擦两次就能有效防止或减轻冻伤。

3. 冬至时节要注意头部的保暖和防风

中医上有"头是诸阳之会"的说法，就是说人体内的阳气很容易上升而聚集在头面部，也最容易通过这个部位向体外散发。在寒冷的冬天，如果不注意保护头面部，令其长期暴露在外，我们的体热就会从这里向外散，导致能量消耗、阳气受损。另外，在外界冷空气的刺激下，头部的血管很容易收缩，肌肉也会跟着紧张，极易引起风寒感冒、咳嗽、头痛、鼻炎、牙痛、面瘫、三叉神经痛等症，甚至诱发脑血管疾病，严重时则有可能导致死亡。

所以，冬至时节，一定要注意头部的保暖和防风。俗话说"天天戴棉帽，胜过穿棉袄"，在户外最好戴上帽子、口罩等对头面部加以保护，尤其不要让头部迎风吹，而且要尽量避开过道风。即使不在户外，也要注意防风，比如在车里不要大开车窗，晚上不要在打开窗户的房间睡觉。出汗后不要吹冷风，更不要马上到户外去，以免着凉感冒。洗头发时水温最好不要低于35℃，洗完头发后，等头发自然干透或用电吹风吹干后再到户外去。

冬至运动养生：溜冰、滑雪和冬泳，切忌过分剧烈

1. 时尚运动：溜冰、滑雪和冬泳

（1）溜冰：冰面驰骋魅力难挡。溜冰能增强人的平衡能力、协调能力以及身体柔韧性，提高有氧运动能力。溜冰看似在冰面上轻盈滑行，其实并不轻松。它需要双腿控制来完成动作，也是锻炼下肢力量的极好方式。溜冰能训练人的平衡感，还有助于儿童的小脑发育。经常参加溜冰运动，不仅能改善心血管系统和呼吸系统的机能，更能有效地培养人的勇敢精神。

但是，强身健体的同时，安全问题也不容忽视。另外，溜冰的时候身上不要带硬器，如钥匙、小刀、手机等，以免摔倒时伤到自己。

（2）滑雪：放松身心体验极速。滑雪运动能锻炼身体的平衡能力、协调能力和柔韧性。在滑雪的过程中，需要身体各个关节的协调配合，对于腕、肘、臂、肩、腰、腿、膝、踝等几乎所有的关节，都能起到比较好的锻炼作用。

（3）冬泳：搏击寒冷考验意志。冬泳不仅是对身体机能的锻炼，也是对人的意志的锻炼。冬泳一分钟的运动散热量，大约相当于在陆上跑步半个小时的散热量。

冬泳时因为不出汗，因此体内矿物质没有失散。想尝试冬泳的人一定要从夏天高水温时开始游，逐渐适应较低的水温，坚持不懈地游到秋天，方可进行冬泳锻炼。不可心血来潮、突然在17℃以下的低温水中冬泳，这样非但无益，反而对身体还有损害。另有较严重疾病的人，如药物不能控制的高血压病人、先天性心脏病人、风湿性心瓣膜病人、癫痫病人等，以及感冒初期和中期患者、尚未发育完全的孩子冬季运动量不宜过大，以免发生危险。

（4）常见的运动损伤与处理。①擦伤。处理：伤口干净者一般只要涂上红药水或紫药水即可自愈。②鼻部受外力撞击而出血。处理：应使受伤者坐下，头后仰，暂时用口呼吸，鼻孔用纱布塞住，用冷毛巾敷在前额和鼻梁上，一般即可止血。③脱臼。处理：可以先冷敷，扎上绷带，保持关节固定不动，再请医生矫治。④骨折。处理：首先应防止休克，注意保暖，止血止痛，然后包扎固定，送医院治疗。

2. 健身运动要适当，不要过分剧烈

坚持冬练，可减少感冒等疾病的发病率。俗话说："冬天动一动，少闹一场病；冬天懒一懒，多喝药一碗。"也说明了冬季锻炼的重要意义。但是，冬季锻炼宜讲究科学性。具体来说，应注意以下几点：

（1）运动不宜过于剧烈。《养生延命录》中说："冬月天地闭，阳气藏，人不欲劳作出汗，发泄阳气，损人。"适当活动，微微出汗，可增强体质，提高耐寒能力。若大汗淋漓，则有悖于冬季养藏之道。

（2）做好准备活动。冬季气温较低，体表血管遇冷收缩，血流缓慢；肌肉的黏滞性增高，韧带的弹性和关节的灵活性降低。如果没有做充分的准备活动就突然进行剧烈运动，极容易发生损伤。

因此，锻炼前要做好充分的准备活动，比如甩手、伸臂、踢腿、转体、扩胸等，以提高肌肉与韧带的伸展性和关节的灵活性，尽量避免运动时发生损伤。

（3）注意呼吸。鼻腔能对空气起加温作用，并可挡住空气里的灰尘和细菌，对呼吸道起保护作用。在运动过程中，由于耗氧量不断增加，仅靠鼻来呼吸难以满足人体需要，此时可用口鼻混合呼吸：口宜半张，舌头卷起抵住上腭，让空气从牙缝中出入，以减轻冷空气对呼吸道的不良刺激。

（4）心境应平和。冬季，阴精阳气均处于藏伏之中，机体功能呈现出"内动外静"的状态。锻炼时要保持心境平和，注意精神内守，做到心静与身动的有机结合，以保养元气。

（5）冰雪天宜防滑。坚持冬跑者，遇冰雪天气，要特别注意防止滑跌，以避免发生意外。

（6）健身宜在日出后。冬季空气的洁净度差，尤其是在上午8时以前和下午5时以后空气污染最为严重。因为这个季节清晨的地面温度低于空气温度，空气中有一个逆温层，接近地面的污浊空气不易稀释扩散；再加上冬季绿色植物减少，空气洁净度会更差。若此时锻炼身体，不但无益反而会有损健康。所以，冬季锻炼不宜起得过早，最好等待日出之后再进行。

（7）注意保暖。晨起室外气温低，宜多穿衣，待做些准备活动，身体温和以后，再脱掉厚重的衣裤进行锻炼；锻炼后要及时加穿衣服，尤其是冬泳后，宜迅速擦干全身，擦红皮肤，穿衣保暖。

（8）适当摄食饮水。晨起后最好饮杯温开水，以稀释血液黏度，并洗涤体内聚积的毒素；进行健身锻炼之前，可适当吃几片面包，或喝点牛奶等，以避免发生低血糖的症状。

（9）择好场地。冬季室外锻炼，应选择向阳、避风、安全而无污染的场地。大风、大雾的天气不宜在室外锻炼，室内锻炼时要保持空气流通。

冬至时节，常见病食疗防治

多吃新鲜水果、蔬菜防治牙痛

牙痛的发病原因多种多样，最主要的是龋齿及各种牙周病变，有些脏器的病变也会间接引发牙痛。冬至时节，天气寒冷干燥，极易上火，所以要特别注意养护牙齿及牙周部位，否则极易出现牙痛的症状。轻微的牙痛只会影响进食，如果症状比较严重，则可能导致无法咀嚼，甚至局部面颊肿胀、说话困难等。

如果已经患有牙痛，要注意调整饮食，多摄入些新鲜的水果、蔬菜，补充维生素和纤维素，适量摄入一些绿茶、生姜等泻火止痛的食物，同时还应避免吃辛辣、坚硬、刺激性强的食物，尽量不要喝酒。

京糕拌梨丝

材料：梨1000克，京糕100克，白砂糖适量。

制作：①梨洗净，去皮、核，切粗丝；京糕切粗丝。②取一盆，放入梨丝、京糕丝，加入白砂糖拌匀，装盘即可。

牙痛预防措施：

（1）定期进行口腔检查，及时发现病变。

（2）保持口腔清洁。坚持每天早晚刷牙，每次3分钟，饭后要漱口。

（3）少吃甜食，以防止龋齿的发生。

（4）避免牙齿损害。成人的牙齿不会再生，所以我们要爱护牙齿，不要咬过于坚硬的物品，减少对牙齿及牙龈的伤害。

冬至耳熟能详谚语

1. 吃冬节，上冬天；吃清明，下苦坑

此句是一句农谚，其大意是冬至节气后，气温继续下降，农活也很少，到了农闲季节，可以歇一歇透口气了。而到了清明节，气温开始回暖，草木渐渐萌生，农业生产也要开始进行了。因为春耕春种是农民最劳累的阶段，所以这一阶段被称之为"入苦坑"。

2. 夜冻昼消，麦地好浇

冬至节气刚刚进九，此时我国关中灌区的麦田还没有完全被封冻，正是夜冻昼消的阶段。应趁白天消冻时间浇灌冬水，径流容易渗入地里。到了晚上经冻结，可疏松土壤，保住墒。故阳历的12月份是我国关中地区冬灌的最佳时期。

3. 冬至数头九，九九八十一

人们常说的"数九"，是以冬至为临界点的。从时间上来说，白昼渐长，黑夜渐短，直至夏至，周而复始。陕北农家在表示这种昼夜时段时，多以谚语标示之。黄陵、富县、洛川一带以农具权齿、权把和房椽之长短作比喻："过一冬至，长一权齿；过一腊八，长一权把；过一年，长一椽；过了正月十五，长的没模（即"没谱"之意）。"还有"交一九，长一手"、"过了五豆（腊月初五），长一斧头"等。虽然说冬至时节阳气始生，但从气温上来讲，一定时间内还要下降，这样就有了"数九"的讲究。"数九"与"三伏"是两相对应的农家计算冷暖的方式，约定俗成为冬至日数九。历经九九八十一天，届时寒气全消，艳阳高照，所以还有"九九艳阳天"之称。

4. 冬至民间谚语荟萃

不到冬至不寒，不至夏至不热。

大雪冬至后，篮装水不漏。

冬节丸，一食就过年。

冬节夜最长，难得到天光。

冬天不喂牛，春耕要发愁。

冬在头，冷在节气前；冬在中，冷在节气中；冬在尾，冷在节气尾。

冬在头，卖被去买牛；冬在尾，卖牛去买被。

冬至不离十一月。

冬至不下雨，来年要返春。

冬至出日头，过年冻死牛。

冬至过，地皮破。

冬至后头七朝霜，一个稻把两人扛。

冬至见三白，来年见两白。

冬至江南风短，夏至天气干旱。

冬至萝卜夏至姜，适时进食无病痛。

冬至前后，冻破石头。

冬至前犁金，冬至后犁铁。

第五章

小寒：小寒信风，游子思乡归

小寒是一年二十四节气中的倒数第二个节气。在小寒时节，太阳运行到黄经285°，时值公历1月6日左右，也正是从这个时候开始，我国气候进入一年中最寒冷的时段。根据中国的气象资料，小寒是气温最低的节气，只有少数年份的大寒气温低于小寒的。

可见，小寒时节要比大寒更冷，但为什么依然叫"小寒"呢？原来，这和节气的起源有关。因为节气起源于黄河流域。《月令七十二候集解》中说"月初寒尚小……月半则大矣"，就是说，在黄河流域，当时大寒是比小寒冷的。由于小寒处于"二九"的最后几天，小寒过几天后，才进入"三九"，并且冬季的小寒正好与夏季的小暑相对应，所以称为小寒。位于小寒节气之后的大寒，处于"四九夜眠如露宿"的"四九"，也是很冷的，并且冬季的大寒恰好与夏季的大暑相对应，所以称为大寒。

中国古代将小寒分为三候："一候雁北乡，二候鹊始巢，三候雉始鸲。"古人认为候鸟中大雁是顺阴阳而迁移，此时阳气已动，所以大雁开始北迁；此时北方到处可见喜鹊，喜鹊感觉到阳气而开始筑巢；第三候"雉鸲"的"鸲"为鸣叫的意思，雉在接近四九时会感阳气的生长而鸣叫。

小寒气象和农事特点：天气寒冷，农田防冻、清沟、追肥忙

1. 天气寒冷，还未到最冷

根据气象专家的观测资料，我国大部地区的全年最低气温就出现在从小寒到大寒节气这一时段，"三九、四九冰上走"和"小寒、大寒冻作一团"及"街上走走，金钱丢手"等民间谚语，都是形容这一时节的寒冷。由于气温很低，小麦、果树、瓜菜、畜禽等易遭受冻寒。

有人会有这样一个疑问，既然冬至是北半球太阳光斜射最厉害的时候，那为什么最冷的节气不是冬至而是小寒到大寒这段时间呢？确实，一个地方气温的高低与太阳光的直射、斜射有关。太阳光直射时，地面上接受的光热多；斜射时，地面接受的光热就少，这是决定气温高低的主要原因；其次，斜射时，光线通过空气层的路程要比直射时长得多，沿途中消耗的光热就多，地面上接受的光热也就少了。冬天，北半球的太阳光是斜射的，所以各地天气都比较冷。太阳斜射最严重的一天是冬至，但是，冬至过后，太阳光的直射点虽北移，但在其后的一段时间内，直射点仍然位于南半球，我国大部地区白天吸收的热量还是不如夜间向外放出的热量多，所以温度就会继续降低，直到吸收和放出的热量趋于相等为止。这也是一天中最高温度不是出现在中午而是在下午2点左右的原因。至于小寒和大寒节气哪个更冷，在不同的地区甚至不同的年份，这个问题

并没有一个确切的答案。历史资料统计表明，南方小寒节气的平均最低气温要低于大寒节气的平均最低气温，而在北方则相反。

2. 小寒农田防冻、清沟、追肥忙

由于中国南北地域跨度大，所以，即使是在同样的小寒节气，不同的地域也产生了不同的生产农事、生活习俗。农事上，北方大部分地区地里已没活，都进行歇冬，主要任务是在家做好菜窖、畜舍保暖，造肥积肥等工作。过去，牛马等牲畜就是一家的主要劳力，需特别养护。小寒天气最冷，更要注意牲畜的保暖。民间多在牛棚马厩烧火取暖。小牲畜御寒要更加谨慎，要单独铺上草垫，挂起草帘挡风。讲究的人家会用温水给牲畜饮，尽量减少牲畜的体能消耗，预防疾病，并且在饮水中加入少许盐，补充牲畜体内盐分的流失，增强牲畜的免疫力。平日我们见到牲畜舔墙根、喝脏水，其实主要目的就是为了从墙根泥土的盐碱中或者脏水中摄取盐分。

而在南方地区则要注意给小麦、油菜等作物追施冬肥，海南和华南大部分地区则主要是做好防寒防冻、积肥造肥和兴修水利等工作。在冬前浇好冻水、施足冬肥、培土壅根的基础上，寒冬季节采用人工覆盖法也是防御农林作物冻害的重要措施。当寒潮成强冷空气到来之时，泼浇稀粪水，撒施草木灰，可有效减轻低温对油菜的危害，露地栽培的蔬菜地可用作物秸秆、稻草等稀疏撒在菜畦上作为冬季长期覆盖物，既不影响光照，又可减小菜株间的风速，阻挡地面热量散失，起到保温防冻的作用。遇到低温来临再加厚覆盖物作临时性覆盖，低温过后再及时揭去。大棚蔬菜要尽量多照阳光，即使是雨雪低温天气，棚外草帘等覆盖物也不可连续多日不揭，以免影响植株正常的光合作用，营养缺乏，等天晴揭帘时导致植株萎蔫死亡。对于小寒时节的高山茶园，尤其是西北向易受寒风侵袭的茶园，要以稻草、杂草或塑料薄膜覆盖棚面，以防止风吹引起枯梢和沙暴对叶片的直接危害。雪后，应及早摇落果树枝条上的积雪，避免大风造成枝干断裂。

由于每年的气候都有其相关性，如山东地区就有"小寒无雨，大暑必旱"、"小寒若是云雾天，来春定是干旱年"的俗语，所以，有经验的老农往往根据往年的小寒气候推测这一年的气候，以便早早做好农事计划。

小寒农历节日：腊八节——喝腊八粥

腊，本为每年年底祭祀的名称。汉蔡邕《独断》："腊者，岁终大祭。"据《礼记·郊特牲》记载："伊耆氏始为蜡。蜡也者，索也，岁十二月，合聚万物而索飨之也。"应劭《风俗通》云："《礼传》：腊者，猎也，言田猎取禽兽，以祭祀其祖也。或曰：腊者，接也，新故交接，故大祭以报功也。"《史记·秦本纪》中就有"惠文君十二年初腊"的记载。后来，就把农历十二月叫作了腊月。

可以说，"腊月"之名从原始社会狩猎时期刚进入农业初期的时候——也就是在传说中的神农时代就已经有了。据传说，从周代开始，称农历十二月为腊月的习俗在民间已经很普及了。

腊月，说到底，就是一年的结尾。在农业社会，忙了一年一定要把五谷杂粮、各种蔬菜吃全了，这样才能有全面的营养。吃得全、收得全。这是祈求人体安康、合家兴旺之意。过了腊月，就到了新的一年，而腊八粥可以把当年地里长出来的五谷杂粮、各种蔬菜全包括进去，什么都不浪费，表明农家对土地上收获到的一切都是爱惜的。也希望在新的一年里，什么庄稼都能长得好，都能获得丰收，有个好年景，所以，腊月的种种饮食习俗，其实也是对未来的一种企盼。

腊月最重要的节日，就是每年腊月初八——我国汉族传统的腊八节。腊八节又称腊日祭、腊八祭、王侯腊或佛成道日。古代腊八节欢庆丰收、感谢祖先和神灵（包括门神、户神、宅神、灶神、井神）的祭祀仪式，除祭祖敬神的活动外，人们还要驱逐除疫。这项活动来源于古代的傩（古代驱鬼避疫的仪式）。古时的医疗方法之一即驱鬼治疾。腊月击鼓驱疫之俗，今在湖南新化等地区仍有留存，后演化成纪念佛祖释迦牟尼成道的宗教节日。夏代称腊日为"嘉平"，商代称"清祀"，周代称"大蜡"；因在十二月举行，故称该月为腊月，称腊祭这一天为腊日。先秦的腊日在冬至后的第三个戌日，南北朝开始才固定在腊月初八。

1. 祭祀：年的气氛越来越浓

祭祀是腊八节的传统节目，在最早的时候，腊八节祭祀的对象只有八个：先啬神——神农，司啬神——后稷，农神——田官之神，邮表畦神——始创田间庐舍、开路、划疆界之人，水庸与坊神——水沟、猫虎神、堤防、昆虫神。到了唐宋，腊八节被蒙上神佛色彩。相传释伽牟尼成佛之前，绝欲苦行，饿昏倒地。一牧羊女以杂粮掺以野果，用清泉煮粥将其救醒。释伽牟尼在菩提树下苦思，终在十二月八日得道成佛，从此佛门定此日为佛成道日，诵经纪念，相沿成节。到了明清，敬神供佛更是取代祭祀祖灵、欢庆丰收和驱疫禳灾，成为腊八节的主旋律。其节俗主要是熬煮、赠送、品尝腊八粥，并举行庆丰家实。同时许多人家也由此拉开春节的序幕，忙于打豆腐、腊制风鱼腊肉，采购年货，过年的气氛也越来越浓了。

2. 腊八节喝腊八粥

中国农历十二月称作腊月，十二月初八，古代称为"腊日"，俗称"腊八节"。腊八节在中国有着很悠久的传统和历史，在这一天喝腊八粥是全国各地老百姓最传统、也是最讲究的习俗。

中国喝腊八粥的历史已有一千多年，最早开始于宋代。每逢腊八这一天，不论是朝廷、官府、寺院还是黎民百姓家都要做腊八粥。到了清朝，喝腊八粥的风俗更是盛行。在宫廷，皇帝、皇后、皇子等都要向文武大臣、侍从宫女赐腊八粥，并向各个寺院发放米、果等供僧侣食用。在民间，家家户户也要做腊八粥，祭祀祖先，同时，合家团聚在一起食用，馈赠亲朋好友。

全国各地腊八粥的花样，争奇竞巧，品种繁多。其中以北京的最为讲究，掺在白米中的物品较多，如红枣、莲子、核桃、栗子、杏仁、松仁、桂圆、榛子、葡萄、白果、菱角、玫瑰、红豆、花生……总计不下二十种。人们在腊月初七的晚上，就开始忙碌起来，洗米、泡果、剥皮、去核、精拣，然后在半夜时分开始煮，再用微火炖，一直炖到第二天的清晨，腊八粥才算熬好。

比较讲究的人家，还要先将果子雕刻成人形、动物、花样，再放在锅中煮。比较有特色的就是在腊八粥中放上"果狮"。果狮是用几种果子做成的狮形物，用剔去枣核烤干的脆枣作为狮身，半个核桃仁作为狮头，桃仁作为狮脚，甜杏仁用来做狮子尾巴。然后用糖粘在一起，放在粥碗里，活像一头小狮子。如果碗较大，可以摆上双狮或是四头小狮子。更讲究的，就是用枣泥、豆沙、山药、山楂糕等具备各种颜色的食物，捏成八仙人、老寿星、罗汉像。

腊八粥做好之后，要先敬神祭祖，之后要赠送亲友，一定要在中午之前送出去，最后才是全家人食用。吃剩的腊八粥保存着，吃了几天还有剩下来的，却是好兆头，取其"年年有余"的寓意。如果把粥送给穷苦的人吃，那更是为自己积德。在东北也有谚语"腊八腊八，冻掉下巴"之说，意指腊八这一天非常冷，吃腊八粥可以使人暖和、抵御寒冷。"腊八粥，吃不完，吃了腊八粥便丰收。"关中一带到了这一天，家家户户都要煮上一锅腊八粥，美餐一顿。不光大人、小孩吃，还要给牲口、鸡狗喂一些，在门上、墙上、树上抹一些，图个吉利。

3. 吃冰、冻冰冰——祈求来年风调雨顺

除了腊八粥，有些地方还有"吃冰"的习俗。腊八前一天，人们往往会用钢盆舀水结冰，等到了腊八节就把盆里的冰敲成碎块。据说这天的冰很神奇，吃了它在以后一年里肚子都不会疼。

在有的地方，每年腊月初七夜，家家都要为孩子们"冻冰冰"。在一碗清水里，大人用红萝卜、萝卜刻成各种花朵，用芫荽作绿叶，摆在室外窗台上。第二天清早，如果碗里的水冻起了疙瘩，便预兆着来年小麦丰收。将冰块从碗里倒出，五颜六色，晶莹透亮，煞是好看。孩子们人手一块，边玩边吸吮。也有的人清晨一起床，便去河沟、水池打冰，将打回的冰块倒在自家地里或粪堆上，祈求来年风调雨顺、庄稼丰收，这些习俗其实都是表达了劳动人民期望丰收的美好愿望。

4. 赏梅、喝腊梅花茶，全年不生病

在四川车溪，腊八节也叫腊梅节。这一天，车溪人不分男女老少，都要登上峡谷两岸的高坡赏梅。赏梅的时候要对歌，年轻的姑娘和小伙子你唱我答，歌词多是借咏梅来表达年轻人之间的爱慕之情。赏梅结束后，车溪人回到家里，取出新采集的腊梅花，泡上一壶浓香的腊梅花茶，全家人都喝上一杯，据说可以全年不生病。这天，车溪人还要吃腊八粥，不过车溪的腊八粥跟其他

地方有点不同，就是加进了腊梅花。所以，比起其他地区而言，车溪的腊八粥更加清香，使人垂涎欲滴。

小寒民俗：杀年猪、磨豆腐，欢欢喜喜过年了

1. 杀年猪：小寒大寒，杀猪过年

小寒和大寒是一年中最后两个节气，所以，中华民族最重要的传统节日往往都在这两个节气之间，民间有一种说法，叫"小寒大寒，杀猪过年"。杀猪过年说的就是杀年猪。

猪是中国饲养最普遍的家畜，根据考古学家的研究发现，生活在黑龙江、松花江流域的原始部族早在二三千年前就已有了很发达的养猪业。猪适应性强、长肉快、繁殖多，所以农村一直把养猪作为家庭经济的重要组成部分。过去，大多数人家都在院门侧垒砌猪圈养猪，少者可供自给，多则可出卖换钱，"肥猪满圈"是普通农家的美好愿望，而"圈里养着几口大肥猪"也被视为家道殷实的标志之一。

过去在中国农村，养猪虽然很普遍，但一般的农户一年到头也吃不上几回猪肉。原因是家里养的猪起码要长过一百二三十斤才能出圈杀或卖，平时家里人杀猪一时半会吃不完，一般都是卖了换钱花，只是在五月节（端午节）和八月节（中秋节）才舍得花钱到集市上买几斤肉解解馋，所以过去东北人把"猪肉炖粉条管吃够"看成一种莫大的享受。

只有春节的时候是个例外。进了腊月，大部分人家都要杀猪，为过年包饺子、做菜准备肉料，民间谓之"杀年猪"。东北童谣中说"小孩小孩你别哭，进了腊月就杀猪；小孩小孩你别馋，过了腊月就是年"，从一定程度上反映了人们盼望杀年猪吃肉的心情。

2. 磨豆腐：中国特色的美食

一般情况下，小寒节气都已经进入了腊月了，这个时候，家家户户都在忙着迎接新年，其中一项必备民俗项目就是磨豆腐。

由于做豆腐的程序相对比较复杂，所以在做豆腐的时候，邻里之间便会相互切磋、相互帮助，工作现场始终融合在一片欢笑声中，倒也增添了节前的喜庆气氛。做豆腐首先要用干磨，把豆粒碾成2~4瓣，俗称拉豆碴子。豆碴拉好后，加水浸泡，直到豆瓣全部泡透、放开，才能上磨去磨。豆腐磨俗话叫水磨或湿磨，不常设，都是临到年节附近几家邻居商量，用旧磨支架起来。磨床上不搭磨盘，直接支磨。磨床下面放只大盆或者旧锅，磨豆碴时，一边推磨一边用勺子连豆带水舀进磨眼，磨好的豆粕儿直接落进大盆或锅里。如果大盆豆粕满了，另一个人把豆粕便舀进桶里，倒进家中的锅里。豆粕全磨完，便用热水稀释，然后舀进面袋反复揉搓，叫纳豆腐。这样，豆粕就变成了豆浆和豆腐渣。

纳豆浆是在锅上的豆腐床上进行的，豆浆会直接落进锅里。当豆粕全部纳完后，把豆浆烧开，舀进非常洁净的缸里，准备用湛。点豆腐用卤水，俗话叫湛子。下湛子点豆腐，十分讲究技术，首先要掌握浆的温度，其次掌握用湛子的数量。卤水加早了、加多了，豆腐老、粗涩、口感不好、颜色泛黄，出豆腐也少；卤水加晚了、加少了，豆腐嫩、易碎、切不成块，口感同样不好。所以，湛豆腐一般都请有经验的老年人操作。下湛后，操作人密切注视着缸内变化，全家人也屏声敛气，仿佛喘口气就会殃及豆腐似的。直到缸里豆腐变成豆腐脑，大家才喜笑颜开。家长们也毫不吝啬地满足孩子们的期望，给每个人一碗豆腐脑儿。当孩子们狼吞虎咽的时候，大人将豆腐脑舀进铺好白包袱的筐里，盖上盖，压上石头，一家人在浆水的滴答声中酣然入睡。

3. 吃菜饭——南京风俗

所谓菜饭就是青菜加油盐煮米饭，佐以矮脚黄青菜、咸肉、香肠、火腿、板鸭丁，再剁上一些生姜粒与糯米一起煮，十分香鲜可口。其中矮脚黄是南京的著名特产，可谓是真正的"南京菜饭"，甚至可与腊八粥相媲美。

4.吃糯米饭——广东风俗

在广东，小寒这一天的早上要吃糯米饭。糯米饭并不只是把糯米煮熟那么简单，里面会配上炒香的"腊味"（广东人统称腊肠和腊肉为"腊味"）、香菜、葱花等材料，吃起来特别香。"腊味"是煮糯米饭必备的，一方面是脂肪含量高，耐寒；另一方面是糯米本身黏性大，饭气味重，需要一些油脂类掺和吃起来才香。为避免饭做得太糯，一般是60%的糯米加40%香米，把腊肉和腊肠切碎炒熟，花生米炒熟，加一些碎葱白，拌在饭里面吃。

小寒民间宜忌：忌天暖和无雪

1.小寒忌讳天暖

小寒前后，来自北方的强冷空气及寒潮频袭中原大地，气候十分恶劣。这时候忌讳天暖，"小寒天气热，大寒冷莫说"，大寒会更冷。

2.小寒忌讳无雪

小寒节气，忌讳不下雪，谚语说，"小寒大寒不下雪，小暑大暑田干裂"，第二年会出现干旱。

小寒饮食养生：喝腊八粥有益健康，补肾阳、滋肾阴可多食虾

1.小寒喝腊八粥有益健康

我国有每年农历腊月初八喝腊八粥的风俗，这个时间恰逢小寒时节。传统的腊八粥以谷类为主要原料，再加入各种豆类及干果熬制而成。对于腊八粥，现代营养专家建议，各种谷物豆类等原料都有不同的食疗作用，因此一定要结合自己的身体状况，选择合适的原料。

腊八粥常用的谷类主料有大米、糯米和薏米。其中大米有补中益气、养脾胃、和五脏、除烦止渴以及益精等作用。糯米可以辅助治疗脾胃虚弱、虚寒泻痢、虚烦口渴、小便不利等症。而薏米则能够防治慢性肠炎、消化不良等症及高脂血症、高血压等心脑血管疾病。

腊八粥中的豆类通常有黄豆、红豆等。其中黄豆具有多种保健功效，比如降低胆固醇、预防心血管疾病、抑制肿瘤、预防骨质疏松等。而红豆则可以辅助治疗脾虚腹泻、水肿等病症。

腊八粥中有一类重要的原料——干果，其中比较常用的有花生、核桃等。花生有润肺、和胃、止咳、利尿、下乳等功效。而核桃则有补肾纳气、益智健脑、强筋壮骨的作用，同时还可以增进食欲、乌须生发，更为可贵的是核桃仁中还有医药学界公认的抗衰老成分维生素E。

2.虚不受补有对策："冬令进补，先引补"

脾胃虚弱是"虚不受补"的主要原因。进补所用的补品多营养丰富，滋腻厚重，而脾胃虚弱的人食用后往往无法很好地消化和吸收，甚至会因消化不良致使身体更加虚弱。另外脾有湿邪也是导致"虚不受补"的一个原因。各种滋补品对脾有湿邪的人不仅没有任何补虚的功效，反而容易引起腹胀便溏、嗳气呕吐的不良反应，严重时还会出现湿蕴化火、衄血、皮疹等副作用。

针对"虚不受补"的现象，中医学在总结了几千年的进补经验后，得出"冬令进补，先引补"的对策，包括食疗引补以及中药底补。食疗引补，就是用芡实、红枣、花生加红糖炖服，或服用生姜羊肉红枣汤，先调节脾胃。而中药底补则适用于脾有邪湿的人，在进补前至少一个月就开始服用健脾理气化湿浊、开胃助消化的中药，先恢复脾胃功能，等到冬令时节再进补。

3.补肝益肠胃可吃些金针菇

金针菇不仅具有补肝益肠胃的作用，还可补益气血，因此是一种非常好的小寒养生进补蔬菜。

在食用金针菇的时候有一点要注意，那就是金针菇一定要煮熟煮透，这样可以避免鲜金针菇中的有害物质进入人体。而在挑选食材的时候也要注意，鲜金针菇最好选择菌柄均匀整齐、15厘米左右长、新鲜无褐根、基部粘连较少而且菌伞没打开的。

金菇海鲜酱汤具有补肝益肠胃的作用。

金菇海鲜酱汤

材料：金针菇350克，虾仁、鱿鱼各200克，绿豆芽、菠菜、豆腐泡各150克，盐、白砂糖、胡椒粉、醋、黄酱、葱花、姜末、植物油各适量。

制作：①鱿鱼洗净，切丝，加醋腌制5分钟；虾仁、金针菇、绿豆芽分别洗净；菠菜洗净，掰开；豆腐泡洗净，切小块。②炒锅放植物油烧热，下葱花、姜末爆香，倒入适量水，放入黄酱，烧开后放入金针菇、豆腐泡、菠菜、绿豆芽煮5分钟，再放入虾仁、鱿鱼，加盐、白砂糖、胡椒粉、醋调味，煮熟即可。

4. 补肾阳、滋肾阴可多食虾

小寒进补最好阴阳同补，虾肉既可补肾阳又能滋肾阴，具有补而不燥、滋而不腻的特点，是小寒时节的最佳进补食物。

优质的虾应大小适中，身形周正，附肢完整，壳带光泽，不易翻开，体表呈现青色或青白色，在水里能够喷出气泡，勿食用体色发红、身软、无头的不新鲜虾，在处理虾的时候要注意，应挑去虾背上的虾线。

虾仁炒百合有补肾阳之功效。

虾仁炒百合

材料：虾仁300克，百合、西芹各100克，胡萝卜半根，干淀粉、蛋清、胡椒粉、盐、白酒、鸡精、葱花、植物油各适量。

制作：①虾仁去虾线；百合撕小瓣；西芹去叶，切段，焯后沥水；胡萝卜去皮，切丝。②大碗中放虾仁、干淀粉、蛋清、胡椒粉、盐、白酒、鸡精拌匀，腌制2分钟。③炒锅放油烧热，放入葱花爆香，放西芹、胡萝卜、百合翻炒，加入虾仁炒至变色，撒盐、鸡精，翻炒片刻即可。

小寒起居养生：防止冷辐射伤害

1. 小寒时节应防止冷辐射伤害

因为小寒的时候是一年天气中开始最冷的时候，所以，防止冷辐射对身体的伤害非常重要。

据环境医学指出，在我国北方严寒季节，室内气温和墙壁温度有较大的差异，墙壁温度比室内气温低3℃～8℃。当墙壁温度比室内气温低5℃时，人在距离墙壁30厘米处就会感到寒冷。如果墙壁温度再下降1℃，即墙壁温度比室温低6℃，人在距离墙壁50厘米处就会产生寒冷的感觉，这是由于冷辐射或称为负辐射所导致的。

人体组织受到负辐射的影响之后，局部组织出现血液循环障碍，神经肌肉活动缓慢且不灵活。全身反应可表现为血压升高，心跳加快，尿量增加，感觉寒冷。如果原先患有心脑血管疾病、胃肠道疾病、关节炎等病变，可能诱发心肌梗死、脑出血、胃出血、关节肿痛等多种症状。

所以，在寒冷的气候条件下，人们应特别注意预防冷辐射以及其所带来的不良影响。因此，最好的方法是远离辐射源，也就是过冷的墙壁和其他物体，在睡觉时至少要离开墙壁50厘米。如果墙壁与室内温度相差超过5℃，墙壁就会出现潮湿甚至小水珠。此时可在墙前置放木板或泡沫塑料，以阻断和减轻负辐射。

2. 严冬时节外出、睡前洗头有损健康

许多人都有睡前洗头的习惯，头发在外面露了一天，确实会沾上许多尘埃，而且洗头也能消除的疲劳。但是，这样的做法会对健康造成不好的印象，因为在经过一天的劳累后，晚上是人体最疲劳、抵抗力最差的时候。晚上洗完头发如果不擦干，湿气就会在头皮滞留，长期这样就会使气滞血瘀，经络阻闭，郁积成患。尤其小寒时节气温低，寒湿交加，使得睡前洗头对于身体健康带来的伤害更大。

因此，严寒冬季最好不要在睡觉前洗头，如果实在需要洗，那洗后应马上擦干或是用电吹风吹干头发，这样，至少能够防止湿气在头上滞留导致受寒或者经络阻塞。

既然临睡前洗头对健康不利，那早晨出门前洗可以吗？答案是否定的。因为天气寒冷，万一头发没有彻底擦干，出门后被寒风吹到，就非常容易感冒。如果经常这样做，就不只是感冒了，还可能使关节出现疼痛等不适，严重者还会出现肌肉麻痹的现象。

小寒运动养生：公园或庭院步行健身

1. 冬练三九要先做好准备活动

俗话说"冬练三九，夏练三伏"，但是，在气温极低的三九寒冬人体各器官会发生保护性收缩，而肌肉、肌腱以及韧带的弹力和延展力也都会降低，同时关节灵活性也变得较差。此时我们的身体愈发僵硬、不易舒展，还有干渴烦躁的感觉。在这种状态下，如果直接进行锻炼，非常容易发生肌肉拉伤、关节扭伤等意外。所以冬天锻炼身体的时候，一定要做好准备活动，先热身，使身体的各部位充分进入兴奋状态，这样，才能既保证了"冬练三九"的效果，也防止了由此带来的健康隐患。

热身一般分为两步：首先要进行5~10分钟的动态有氧活动，活动强度不宜加大，一般为最大运动的20%~40%，锻炼者感觉心律稍有增加即可，适当的活动有慢跑、快走等。这一步可使身体略微发热，为接下来的活动做准备。

在这之后，需要做的是把肌肉和关节伸展一下。通常我们的大肌肉群、关节、下背部以及锻炼时涉及到的肌肉和关节都需要伸展，以便达到更好的锻炼效果。我们可以通过压腿、压肩和下腰等简单动作来伸展肌肉，并充分活动各个关节。伸展运动要使肌肉有轻微的拉伸感，而且每个动作维持15~30秒才会有效果。

一般而言，热身的时间只需10~15分钟就可以。不过锻炼者要根据自己的实际情况适当调整，如老年人锻炼或者锻炼环境温度低、锻炼强度较大时，热身的时间应该稍加延长，同时要注意的是准备活动应避免蹦跳和过于激烈的动作。

2. 公园或庭院步行健身，老少皆宜

比起其他的健身活动，步行健身锻炼有其独到之处，它不需要任何体育设施，在公园或庭院都可进行，还可活跃人的思维，使灵感频频来临，是一项老少皆宜的健身运动。

步行能加快体内新陈代谢过程，消耗多余的脂肪；能降低血脂、血压、血糖以及血液黏稠度，提高心肌功能；刺激足部穴位，增强和激发内脏的功能。

轻松而愉快的步行，给人以悠然自得、无拘无束的感觉，是一种精神享受，还有助于缓解紧张情绪，对安神定志也有良好的调适作用。

冬季步行健身，可根据体质、年龄和爱好加以选择，是散步还是走健身步等。建议中老年人最好走健身步——步子要大些，速度宜慢些，每分钟走60~70步是比较好的选择。

小寒时节，常见病食疗防治

吃排骨、蛋黄、番茄食疗防治面瘫

人们常说"冷在三九，热在三伏"，而"三九天"就在小寒的节气内，因此说小寒是全年最冷的节气。这个时节人们从暖和的室内走到寒冷的室外，面部被冷风直吹，面部血管受刺激后会自动收缩，如果受风时间长，就非常容易诱发口眼歪斜，也就是人们平时所说的面瘫。面瘫是一种以面部表情肌群运动功能障碍为主要特征的常见病。

排骨、深绿色蔬菜、蛋黄、奶制品、番茄等富含钙和B族维生素的食物能促进面部肌肉群以及面神经功能恢复正常，面瘫患者应多食。防风葱白粥能够促进面部肌肉群恢复正常。

防风葱白粥

材料：大米100克，防风12克，葱白50克，盐适量。

制作：①大米淘净，防风洗净，葱白切段。②砂锅中倒入清水，放防风、葱白，大火烧开，改小火煎汁，盛出过滤后备用。③砂锅中倒入清水，放入大米，大火烧开，倒入药汁，改用小火煮至粥成。撒盐，搅匀即可。

面瘫、肌肉酸痛预防措施：

（1）保暖防风，不要让冷风直接吹到面部。

（2）锻炼身体，提高机体免疫力。

（3）按摩面部，多做面部按摩，并经常活动面部，锻炼面部肌肉，降低患面瘫的风险。

（4）预防感冒，感冒会增加患面瘫的风险。

（5）调节情绪，精神紧张会使人更容易患面瘫，所以要注意自我调节，保持心情愉悦。

小寒耳熟能详谚语

1. 到了小寒，预防严寒

小寒、大寒所处的阳历元月份一般是一年中天气最冷的一个月份。此时气候严寒且持续时间长，影响范围广，对农业生产构成了威胁。大风降温易造成温室大棚和畜禽圈舍等设施受损，幼仔畜冻死，作物受冻，因此农牧渔业生产都要注意做好保温防寒工作。

2. 小寒不寒寒大寒

小寒节气正处在三九前后，俗语说"冷在三九"，其严寒程度也就可想而知了，各地流行的气象谚语，可做佐证。每年的大寒小寒虽说寒冷，但寒冷的情况也不尽相同。有的年份小寒不是很冷，这往往预示着大寒会很冷，广西地区就有"小寒不寒寒大寒"的谚语。

3. 小寒民间谚语荟萃

今年冬令进补，明年三春打虎。

人到小寒衣满身，牛到大寒草满栏。

小寒不寒，清明泥潭。

小寒大寒，滴水成冰。

小寒大寒，杀猪过年。

小寒大寒不冷，小暑大暑不热。

小寒大寒不下雪，小暑大暑田开裂。

小寒大寒多南风，明年六月早台风。

小寒大寒寒得透，来年春天天暖和。

小寒大冷人马安。

小寒冻土，大寒冻河。

小寒寒，惊蛰暖。

小寒节日雾，来年五谷富。

小寒蒙蒙雨，雨水还冻秧。

小寒暖，春多寒；小寒寒，六畜安。

小寒暖，立春雪。

小寒胜大寒。

小寒天气热，大寒冷莫说。

小寒无雨，小暑必旱。

小寒小寒，无风也寒。

小寒雨蒙蒙，雨水惊蛰冻死秧。

第六章

大寒：岁末大寒，孕育又一个轮回

大寒是二十四节气之一。每年1月20日前后太阳到达黄经300°时为大寒。《月令七十二候集解》："十二月中，解见前（小寒）。"《授时通考·天时》引《三礼义宗》："大寒为中者，上形于小寒，故谓之大……寒气之逆极，故谓大寒。"这个时期，铁路、邮电、石油、海上运输等部门要特别注意及早采取预防大风降温、大雪等灾害性天气的措施。农业上要加强牲畜和越冬作物的防寒防冻。

我国古代将大寒分为三候："一候鸡乳；二候征鸟厉疾；三候水泽腹坚。"就是说到大寒节气便可以孵小鸡了；而鹰隼之类的征鸟，却正处于捕食能力极强的状态中，盘旋于空中到处寻找食物，以补充身体的能量抵御严寒；在一年的最后五天内，水域中的冰一直冻到水中央，且最结实、最厚。

大寒气象和农事特点：天寒地冻，积肥堆肥为春耕做准备

1. 一年中最冷的时节

大寒时节，寒潮南下频繁，是我国大部地区一年中的最冷时期，风大，低温，地面积雪不化，呈现出冰天雪地、天寒地冻的严寒景象。大寒就是天气寒冷到了极点的意思，大寒前后是一年中最冷的季节。大寒正值三九，谚云："冷在三九。"

同小寒一样，大寒也是表征天气寒冷程度的节气。近代气象观测记录虽然表明，在我国绝大部分地区，大寒不如小寒冷，但是，在某些年份和沿海少数地方，全年最低气温仍然会出现在大寒节气内。

2. 北方积肥、堆肥，南方田间管理捉鼠

大寒节气，全国各地农活依旧很少。北方地区老百姓多忙于积肥堆肥，为开春做准备，或者加强牲畜的防寒防冻。南方地区要仍加强小麦及其他作物的田间管理。广东岭南地区有大寒联合捉田鼠的习俗。因为这时作物已收割完毕，平时见不到的田鼠窝显露出来，大寒也成为岭南当地集中消灭田鼠的重要时机。

大寒农历节日：小年——祭灶

　　小年是相对大年（春节）而言的，又被称之为小岁、小年夜。大部分地区在农历十二月二十四日过节，不过在有些地区也略有差异。北京、河南等地区十二月二十三日过节。东汉崔寔《四民月令》记载："腊月日更新，谓之小岁，进酒尊长，修贺君师。"在宋代，过小年不出门拜贺，《太平御览》卷三十三引徐爰《家仪》说："惟新小岁之贺，既非大庆，礼止门内。"这天合家团聚，欢宴饮酒，就像过大年一样。清代姚兴泉《龙眠杂忆》记安庆桐城县（今属安徽）腊月过小年的情景："二十四晚，设酒醴以延祖先，自密室达门面，内外洞澈，灯烛辉煌，而花炮之声达于四巷，几与除夜无异，士人谓之小年。"

　　小年有许多习俗，体现了民间对它的重视。

1. 祭灶：送灶王爷

　　祭灶的祭祀对象是灶君。所谓灶君，就是民间俗称的灶君菩萨、灶王爷、灶公灶母、东厨司命。早在春秋时期，孔子《论语》就说了"与其媚于奥，宁媚于灶"的话。先秦时期，祭灶位列"五祀"之一（五祭祀为祀灶、门、行、户、中霤五神，中霤即土神）。

　　在民间传说当中，灶王爷是玉皇大帝派到人间察看善恶的大神。这位神仙的由来有几种说法。一种认为灶君是黄帝，《淮南子·微旨》中说："黄帝作灶，死为灶神。"一种认为灶君是祝融，《周礼》中说："颛顼氏有子曰黎，为祝融，祀以为灶神。"一种认为灶君是老妇，《礼记·礼器》中有"燔柴于奥"的记载。郑玄注说奥或作灶。孔颖达疏：奥即灶神。在春秋时，于孟夏之月祭祀，"以老妇配之"，其祭"设于灶陉"。一种认为灶君是神仙，灶神是天上星宿之一，因为犯了过失，玉皇大帝把他贬谪到人间当了灶神，号为"东厨司命"。一种认为灶君是浪子，灶神姓张，是一位负情浪子，因羞见休妻而钻入灶内，后成为灶神。一种认为灶君是虫子变成的，《庄子·达生》中说："灶有髻。"司马彪注："髻音结，灶神名。赤衣如美女。"髻是一种虫。长年栖息在灶上，其身呈暗红色，头小，有丝状触角，善跳跃。俗称"灶马"或"灶鸡"。

　　相传灶君掌握一家的祸福，每年农历腊月二十三或二十四，要上天向玉皇大帝禀告人间善恶，所以家家户户在这一天将酒、糖、果等供品放在厨房灶神牌位下祭祀。

2. 赶婚：诸神上天，百无禁忌

　　过了腊月二十三，民间认为诸神上了天，百无禁忌。娶媳妇、出嫁不用挑日子，称为赶乱婚。直至年底，举行结婚典礼的非常多。民谣说"岁晏乡村嫁娶忙，宜春帖子逗春光。灯前姊妹私相语，守岁今年是洞房。"

3. 梳洗：不留一点污秽

　　小年以后，大人、小孩都要洗浴、理发。民间有"有钱没钱，剃头过年"的说法。山西吕梁地区婆姨女子都用开水洗脚。未成年的少女，大人们也要帮她把脚擦洗干净，不留一点污秽。

4. 腊月扫尘：新年新气象

　　腊月扫尘是民间素有的传统习惯，有为过年做准备的特殊意义，这种习俗一般始于腊月初，盛于腊月二十三，终于月底最后一天。特别是在有"小年"之称的腊月二十三，意味着一只脚已经踏进新年的门槛。旧时人们从这天开始就正式地大扫除，扫尘土、倒垃圾、粉刷墙壁、糊裱窗纸等，以保证屋里屋外整洁一新，喜迎新年，民间俗谚有"二十四，扫房子"的说法。因此，每年的腊月二十三日到除夕这段时间被称作"扫尘日"。由于大部分人在小年就开始大规模地搞卫生工作，因此扫尘又称"扫年"。

　　山西民间流传着两首歌谣，其一是："二十三，打发老爷上了天；二十四，扫房子；二十五，蒸团子；二十六，割下肉；二十七，擦锡器；二十八，沤邋遢；二十九，洗脚手；三十日，门神、对联一齐贴。"体现了时间紧迫和准备工作的紧张。其二是一首童谣："二十三，祭罢灶，小孩拍手哈哈笑。再过五、六天，大年就来到。辟邪盒，要核桃，滴滴点点两声炮。五子登科乒乓响，起火升得比天高。"反映了儿童盼望过年的心理。

另外，民间人们认为"尘"与"陈"谐音，陈是陈旧之意，包括过去一年里所有的东西。人们在新春扫尘，就有"除陈布新"的寓意，认为扫尘就可以把过去的""晦气"都统统扫地出门，这一习俗寄托着人们辞旧迎新的美好愿望。其实，从科学上分析，大凡垃圾灰尘、污水废物等肮脏的环境多带有病菌，且春节后天气要逐渐变暖，各种病毒害虫滋生，更易泛滥，此时扫尘除菌尤为及时合理。因此，人们利用腊月的农闲时间，在年前把清理卫生的工作做好，进行彻底的大扫除，既显示了新年的新风貌、新气象，也符合科学卫生的规律。

5. 贴窗花：民间的艺术

在所有过年的准备工作中，剪贴窗花是最盛行的民俗活动。窗花内容有各种动、植物掌故，如喜鹊登梅、燕穿桃柳、孔雀戏牡丹、狮子滚绣球、三羊（阳）开泰、二龙戏珠、鹿鹤桐椿（六合同春）、五蝠（福）捧寿、犀牛望月、莲（连）年有鱼（余）、鸳鸯戏水、刘海戏金蝉、和合二仙等。也有各种戏剧故事，谚语说："大登殿，二度梅，三娘教子四进士，五女拜寿六月雪，七月七日天河配，八仙庆寿九件衣。"体现了民间对戏剧故事的偏爱。刚娶新媳妇的人家，新媳妇要带上自己剪制的各种窗花，到婆家糊窗户，左邻右舍还要前来观赏，看新媳妇的手艺如何。

6. 蒸花馍：一展巧手的机会

腊月二十三后，家家户户要蒸花馍。花馍分为敬神和走亲戚用的两种类型。前者庄重，后者花哨。特别要制作一个大枣山，以备供奉灶君。"一家蒸花馍，四邻来帮忙。"这是女性一展灵巧手艺的大好机会，一个花馍，就是一件手工艺品。

7. 吃饺子、炒玉米：北京、山西习俗

祭灶节，北京等地讲究吃饺子，取意于"送行饺子迎风面"。山西东南部吃炒玉米，民谚有"二十三，不吃炒，大年初一锅倒"的说法。人们喜欢将炒玉米用麦芽糖粘结起来，冰冻成大块，吃起来酥脆香甜。

大寒民俗：尾牙祭、糊窗户、赶年集，辞旧迎新忙团圆

1. 尾牙祭：祭拜土地公

民间将农历十二月十六日称之为"尾牙"，源自农历每月初二、十六拜土地公"做牙"（用供品"打牙祭"）的习俗，由于腊月十六是第二次也就是最后一次"做牙"，所以就被称为"尾牙"。

在中国台湾，每年的腊月商人都会祭拜土地公神，便称之为"做牙"，有"头牙"和"尾牙"之分。二月二日为最初的做牙，叫作"头牙"；十二月十六日的做牙是最后一个做牙，所以叫"尾牙"。尾牙是商家一年活动的尾声，也是普通百姓春节活动的先声。这一天，台湾的平民百姓家要烧土地公金以祭福德正神（即土地公），还要在门前设长凳，供上五味碗，烧经衣、银纸，以祭拜地基主（对房屋地基的崇拜）。这一天，妇女们傍晚都会准备各种各样的供品去供奉神明土地公。一般多见的是肉、豆腐干和水果、糕饼、米酒等。很多企业也不例外，在福建莆田，80%以上的公司企业（特别是台商企业与当地私人企业）在建厂之时，都会在自己的厂里建一所土地公庙。在做牙的这一天，公司老板自己或叫员工在自家庙中，备好牲醴、祭品，点上香烛、金纸、贡银，最后燃放爆竹，祭拜时口念"通词"，态度非常虔诚地祈求土地爷赐福，希望公司日后生意兴隆、财源广进。

那些开店的商家，由于自己的店面前一般没有土地公庙，他们就直接在店面口备好供品，焚香祭拜。商家祭拜是以地基为主（房舍所在地上的地神）。

在商界还有一句俗谚："吃头牙粘嘴须，吃尾牙面忧忧。"说的是每到头牙或尾牙时，一些公司会摆丰盛的酒菜宴请员工们，以慰劳他们平日的辛苦。每个职员吃头牙时心情都很好，因为代表着一年新的工作又要开始，自己已经得到公司的肯定与留任。而吃尾牙，很多人则是提心掉胆、愁绪满面，担心吃了这餐饭之后，过了年老板就把自己解雇了，故而会愁容满面。

近年来，尾牙聚餐开始盛行起来，按照传统习俗，全家人围聚在一起"食尾牙"，主要的食物是润饼和刈包。润饼是以润饼皮包豆芽菜、笋丝、豆干、蒜头、蛋燥、虎苔、花生粉、辣酱等多种食料。刈包里包的食物则是三层肉、成菜、笋干、香菜、花生粉等，都是美味可口的乡土食品。

在中国福建地区，做尾牙之后的日子——也就是农历十二月十七日到二十二日——往往会作为赶工结账时间，所以，也称二十二日为尾期。尾期前可以向各处收凑新旧账，延后则就要等到第二年新年以后才收账了。所以尾牙的饭吃完后，就有几天要忙。过了尾期，即使身为债主，硬去收账的话，也可能会被对方痛骂一场，说不定还会挨揍，但不能有分毫怨言。

2. 糊窗户：糊上来年好盼头

在天津，有"二十四，扫房子；二十五，糊窗户"的民谣。扫房子和糊窗子都是大寒的两项重要民俗活动。过去糊窗户非常讲究，不仅要糊窗户，还要裱顶棚，糊完窗户还要再贴上各式各样的窗花，之后房间会焕然一新。在这一扫、一糊、一裱、一贴之间，天津的年味儿也就取出来了。

扫房子扫掉的是去年的不顺心，糊窗户糊上的是来年的好盼头。过去的窗户都是糊上一层纸，这层纸要经一年的风吹日晒雨淋，难免会出现破损，有了破洞，人们就拿一张白纸抹上糨糊补上，一年下来窗户上会出现很多补丁，看起来不美观，所以过年前一定要换层新窗户纸。旧时房屋均采用四梁八柱的结构形式，墙壁不承重，因为砖非常贵，民间建房多将房屋前窗台的上部用木板装饰。窗户为百眼窗格，外面或油或漆，屋里则糊粉连纸，下层窗格的面积较大，无论如何，中间必然会留出一块大空白，这片空白要用朱纸来糊，因朱纸比较薄，可以透出光亮来，室内的光线也就更充足了。为了美观，就剪一些寓意美好的图案张贴在上面，这项习惯渐渐演变成了现在各式各样的窗花。

3. 赶年集：购置年货

大寒节气往往和每年岁末的日子相重合。所以，在这样的日子中，除要干农活外，还要为过年奔波——赶年集，买年货，写春联，准备各种祭祀供品，扫尘洁物，除旧布新，腌制各种腊肠、腊肉，或煎炸烹制鸡、鸭、鱼、肉等各种菜肴，同时还要祭祀祖先及各种神灵，以祈求来年风调雨顺。

每到赶年集的时候，也是农村集市一年中最热闹的时候，平时由于平时农忙，老百姓赶集都是行色匆匆，买了需要的东西就急急回来，因为老百姓最关心的就是田里的庄稼。进入腊月，庄稼该收的收到家里了，该种的已经种上，所以才会有赶年集的心情。

每到集市的那天，无论男女老幼都会穿戴整齐，呼朋引伴，提个布兜去集市逛逛。与其说是赶集，还不如说是去赶会。因为在集市上除了可以采购一些过年的必需品外，还可以消遣消遣，逛逛街，和熟人聊聊天。当然，赶集最重要的一件事情还是购置年货。

由于农村的集市绝大部分是露天的，摊点沿路设置，路两边设摊，中间走人，所以往往热闹非凡。特别是人多的时候，摩肩接踵，车水马龙，路边商贩吆喝声不绝于耳，或者突然有人推着车子，大声喊着"哎，让一让，油一身啊，大家闪开了"，吓得路人匆忙让路。当然，也不乏以此骗人让路的情形。对此，人们总是宽容的，一笑了之。因为大家来赶集，本来就是图个乐子。

集市上的商品可以说是琳琅满目，什么烟酒糖茶、衣帽鞋袜，吃的、用的应有尽有。每个集市都自然形成几个固定的区域，什么菜市、鞭炮市、肉市、牛羊交易市等。经常赶集的，需要买什么东西自然就去相应的市场转转，有合适的就可以买下。

4. 蒸供儿：待过年祭神用

大寒节气期间，家家户户蒸供品，俗称蒸供儿。供品的种类很多，包括家堂供儿、天地供儿等，大小不一，最大的当属家堂供的饽饽，要蒸十个，每个底部直径起码一尺，高6~7寸，顶部三开，插枣，每个少说也在5斤左右，俗称枣饽饽。也可以蒸光头饽饽，蒸熟后在顶上打个红点儿，俗称点饽饽点儿，以示鲜亮，但大小同枣饽饽一样，数量也都是十个。过去，由于经济条件有限，农民蒸大饽饽只好偷工减料。发面时，头罗面和二罗面同时发。做饽饽时，先把发好的二罗面团成团儿，在外面裹上一层头罗面，顶部厚些，底部薄些，因为摆供品时，都是底部朝下，第四个虽然朝上，但又被第五个底部遮住，没人看得见。不过，饽饽蒸得太好，顶部会露出黑面，但人们也见怪不怪，因为家家如此，谁也不笑话谁。天地供儿小一些，比拳头大点，俗称小枣饽饽，因为个头小，所以全用头罗面。年糕蒸成板状，俗称板糕，有插枣的，有不插枣的，在糕面上点红饽饽点儿，鲜亮、美观。当供品的，切成大小一致的方状两块，摞在一起，家堂供儿个头大，蒸时加屉，烧火计时用香，一炷香尽，饽饽蒸熟。

供儿蒸好后，先放到盘子上、簸箕里，待凉透了，再拾到柳条筐箩里，上面盖好红包袱，以待过年祭神用。如果凉不透，饽饽之间会粘皮，便会影响供儿的美观。

5. 办年菜：年前的重头戏

在准备完了供品和在大寒节目食用的主食之后，接下来的重头戏就是办年菜了。年菜分两种：人食和神供。人食的蔬菜，包括白菜、萝卜、菠菜、葱、香菜等。白菜扒去老叶，萝卜切成萝卜丝儿，菠菜、香菜也择去黄叶儿。神供的蔬菜，除以上这些外，沿海人家还备有染成红色的龙须菜。腊月二十九日这天，除把人食和神供的菜肴制成半成品外，主要是油炸食物。山东荣成人过年或遇有喜庆事，很讲究吃"化鱼"，就是把老板鱼干或鲨鱼干用水泡软，剁成小块，加鸡蛋面粉调成糊儿，拌匀，入油锅炸熟，然后与白菜一起烩食，实际就是烧溜鱼块。既然炸鱼了，索性把想炸的东西全炸了，如炸小丸子，包括猪肉丸子、萝卜丸子、豆腐丸子等，甚至连走亲戚、压包袱用的面鱼儿、麻花扣也一起炸了。这一天，孩子们都不愿上街玩，而是围着锅台瞅。母亲们总是把那炸老了或炸得不漂亮的塞给他们。等到吃晚饭时，可能小孩儿们早已饱得吃不下饭了。

6. 吃糯米：暖身御寒

在我国南方广大地区，有大寒吃糯米的习俗，这项习俗虽听来简单，却蕴涵着前人们在生活中积累的生活经验，因为进入大寒天气分外寒冷，糯米是热量比较高的食物，有很好的御寒作用。

7. 喝鸡汤、炖蹄髈、做羹食

大寒节气已是农历四九前后，南京地区不少市民家庭仍然不忘传统的"一九一只鸡"的食俗。做鸡一定要用老母鸡，或单炖，或添加参须、枸杞、黑木耳等合炖，寒冬里喝鸡汤真是一种享受。然而更有南京特色的是腌菜头炖蹄髈，这是其他地方所没有的吃法，小雪时腌的青菜此时已是鲜香可口；蹄髈有骨有肉，有肥有瘦，肥而不腻，营养丰富。腌菜与蹄髈为伍，可谓荤素搭配，肉显其香，菜显其鲜，极有营养价值又符合科学饮食要求，且家庭制作十分方便。到了腊月，老南京还喜爱做羹食用，羹肴各地都有，做法也不一样，如北方的羹偏于黏稠厚重，南方的羹偏于清淡精致，而南京的羹则取南北风味之长，既不过于黏稠或清淡，又不过于咸鲜或甜淡。南京冬日喜欢食羹还有一个原因是取材容易，可繁可简，可贵可贱，肉糜、豆腐、山药、木耳、山芋、榨菜等，都可以做成一盆热乎乎的羹，配点香菜，撒点白胡椒粉，吃得浑身热乎乎的。

8. 辞旧迎新——岁岁平安

大寒节气，时常与岁末时间相重合。因此，这样的节气中，除顺应节气干农活外，还要为过年奔波——赶年集、买年货，写春联，准备各种祭祀供品，扫尘洁物，除旧布新，腌制各种腊肠、腊肉，或煎炸烹制鸡鸭鱼肉等各种年肴。同时祭祀祖先及各种神灵，祈求来年风调雨顺。

大寒民间宜忌：忌天不下雪

1. 大寒时节忌讳天晴无雪

民间在大寒节气忌天晴不雪。农谚说："大寒三白定丰年。""大寒见三白，农人衣食足。"三白指下三场大雪。大寒忌晴宜雪的说法早在唐朝时就有了。唐代张文成《朝野金载》中说："一腊见三白，田公笑赫赫。"为什么腊月下雪就预兆丰收呢？《清嘉录》卷十一《腊雪》说得好："腊月雪，谓之腊雪，亦曰'瑞雪'，杀蝗虫、主来岁丰稔。"腊雪杀了蝗虫，次年不闹虫灾，自然丰收在望。

2. 大寒时节饮食宜忌

大寒时节是感冒等呼吸道传染性疾病高发期，因此应注意防寒。适宜多吃一些温散风寒的食物以防风寒邪气的侵袭。饮食方面应遵守保阴潜阳的原则。饮食宜减咸增苦，宜热食，但燥热之物不可过食；食物的味道可适当浓一些，但要有一定量的脂类，保持一定的热量。宜食用的食材同"小寒"。适当增加生姜、大葱、辣椒、花椒、桂皮等作料。切忌黏硬、生冷食物，尽量少吃海鲜和冷饮等食物。

大寒饮食养生：御寒就吃红色食物，滋补就食用桂圆

1. 大寒时节宜多吃红色食物御寒

天气寒冷时我们是不是应该多选择些可以生热、保暖的食物呢？营养学家给了我们肯定的答案，并提示说，颜色红润、具有辛辣味及甜味的食物都有这样的效果。

在冬天可多吃一些辛辣的食物，如辣椒、生姜、胡椒等，它们分别含有辣椒素、芳香性挥发油、胡椒碱等物质，有增强食欲、促进血液循环、驱寒抗冻的作用，还能改善咳嗽、头痛等症状。

红色食物不仅能从视觉上吸引人，刺激食欲，而且从中医学角度分析，这类食物还有非常好的驱寒解乏之功效。更可贵的是，红色食物可以帮助我们增强自信心、意志力，提神醒脑，补充活力。其中枸杞搭配桂圆肉或生姜，直接冲泡饮用，就能很好地驱寒发热。另外，香甜的红枣也是极佳的驱寒食品。由于气虚而导致手脚冰凉的患者，可以把枣肉和黄芪、大米一起煮制，喝前也可再加入少许白糖，便有很好的益气补虚、健脾养胃的功效。

2. 多喝红茶或黑茶有益健康

大寒时节，人的新陈代谢减慢，各项生理活动均不是十分活跃。这时候多喝些红茶或黑茶可以起到扶阳益气的功效，对身体非常有利。

红茶种类繁多，主要有祁红、闽红、川红、粤红等。红茶性味甘温，蛋白质含量较高，具有蓄阳暖腹的作用；红茶中黄酮类化合物含量也丰富，可以帮助人体清除自由基，杀菌抗酸，还能预防心肌梗死。此外，红茶还有去油、清肠胃的功效。冲泡红茶最好用沸水，并加盖保留香气。红茶一天喝也是越陈越好。黑茶在存放时可产生近百种酶类，使它具有补气升阳、益肾降浊的作用，能很好地辅助治疗肾炎、糖尿病肾病。黑茶还能帮助肠胃消化肉食和脂肪，并调整糖、脂肪和水的代谢，因此非常适宜在大寒时节饮用。专家建议，由于黑茶为发酵茶，冲泡时第一杯水应倒掉，不宜饮用。

3. 降低胆固醇、预防心血管疾病可多食用燕麦

燕麦有很好的健脾开胃之功效，这恰好符合大寒时节调养脾胃的需求。另外燕麦是一种对心血管十分有利的食物，它有助于降低胆固醇，促进血液循环，能有效预防心血管疾病。

在挑选燕麦的时候要注意，优质的燕麦应呈浅土褐色，颗粒完整，并有淡淡的清香味，另外，燕麦片的煮制时间不宜过长，否则会造成营养成分的损失。

虾皮燕麦粥可降低胆固醇、预防心血管疾病。

虾皮燕麦粥

材料：燕麦60克，虾皮、水发紫菜、大米各20克，鸡蛋1个，盐、味精各适量。

制作：①虾皮洗净；紫菜洗净，撕小片；大米淘净，浸泡30分钟，沥水；鸡蛋磕入碗内打散。②大米、燕麦入砂锅，加水，大火煮沸，下入虾皮、紫菜，改小火熬至粥稠，加入蛋液、盐、味精搅匀，改大火煮沸即可。

4. 桂圆滋补有妙用

桂圆不仅可以抵御风寒，还能帮助人体更好地适应春天的生发特性，因此非常适合在大寒时节食用。

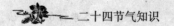

蜜饯姜枣桂圆

材料：桂圆肉、红枣各250克，蜂蜜、姜汁各适量。

做法：①桂圆肉、红枣分别洗净。②锅内放入桂圆肉、红枣，加适量水，大火烧沸，改小火煮至七成熟，加入姜汁和蜂蜜，搅匀，煮熟，起锅放冷即可。

大寒起居养生：早睡晚起，室内通风，防煤气中毒

1. 大寒时节，早睡晚起有利于健康

冬季是一年中的最后一个季节，也是阴气盛极、万物肃杀的季节，在冬季，自然界生物处于休眠的状态，等待来年春天的生机。所以，为了顺应自然的规律，冬季正是人体休养的好时节，应当注意保存阳气，养精蓄锐。冬季起居，应该与太阳同步，早睡迟起，避寒就暖，最好是太阳出来后起床，才能不扰动人体内闭藏的阳气。特别是老年人，冬天不宜早起。老年人气血虚衰，冬季锻炼，绝不可提倡"闻鸡起舞"。《黄帝内经》在论述冬季养生时说："早睡晚起，必待日光。"意思是说，冬天要早些睡，早晨不要起得太早，要等到太阳出来以后才能出门。除了中医理论中提到的原因之外，冬季不宜早起的另一个原因，是因为冬天气候寒冷，气压较低，污浊的空气聚集在靠近地面的空间，太阳出来以后，气温升高，污浊空气会逐渐上浮、飘散，这个时候出门，才不至于吸入太多的污浊空气。

2. 冷天也要通风换气，预防煤气中毒

在冬季，一方面是因为户外风大，另一方面也是因为室内有暖气，所以人们总喜欢待在封闭的室内，所以，冬季常常是有害气体中毒的高发季节。其中煤气中毒在家庭生活中最为常见。每年冬天都有煤气中毒导致的伤亡事件发生。

日常生活中，有很多方法可以避免煤气中毒的危害。不过也有一些方法并不科学，起不到预防的作用。比如用水来"吸煤气"——放盆水或泼些凉水，之所以说这个方法没有效果，是因为煤气的主要成分是一氧化碳，而一氧化碳是很难溶于水的。还有一些民间的方法，比如说在炉子上放白菜叶、橘子皮之类的，都是没有科学依据的。

所以，一定要采用安全科学的方法，比如安装风斗，既通气又挡风。另外，最重要也是最根本的方法是要经常对炉火设备比如烟囱、管道及胶皮管等进行检查，避免堵塞、漏气或倒烟的状况发生。同时一定要保证室内空气的流通，勤通风换气，不要紧闭门窗，窗户上最好能留通风口。睡觉的时候不要开着煤气，如果要在汽车里面睡觉的话，一定要记得关闭引擎，同时不要让车窗紧闭。

一旦发现有人出现有毒气体中毒症状，应马上把中毒者转移到空气新鲜的地方，为他解开领口，并确保其呼吸顺畅。万一发现中毒者呼吸已经停止，要立即进行人工呼吸，并马上送往医院进行抢救。

大寒运动养生：运动前做好热身活动

1. 大寒晨起运动前应做搓脸慢跑热身活动

有一句老话，叫"大寒大寒，防风御寒"，因此，在大寒时节要注意防风防寒。衣着要随着气温的变化随时增减，比如在出门时可以根据自身情况适当添加外套，并戴上口罩、帽子和围巾等。有心脑血管疾病和呼吸系统疾病的患者，在大寒节气应尽量避免在早晨和傍晚出门，以防昼夜温差较大，引起疾病发作。此外，大寒时节，运动的时候要顺应"冬藏"的特性，早睡晚起，养精蓄锐。

与此同时，由于大寒节气里气温过低，尤其是在寒冷的清晨，是心脑血管疾病的高发时段，

因此，最好等到太阳出来以后再进行户外锻炼，而且在运动前先要做一些准备活动，比如慢跑、搓脸、拍打全身肌肉等。这是因为户外气温比室内低，人的韧带弹性和关节柔韧性都没有之前灵活，如果不限舒展韧带肌肉马上进行大运动量活动，极易造成运动损伤。

2. 冬季健身禁忌：用口呼吸、戴口罩等

（1）忌用口呼吸。冬季锻炼不宜大张着嘴呼吸，因为寒冷的空气会直接吸进口腔而刺激咽喉、气管引起咳嗽感冒，甚至进入胃部，引发胃痛。因此，在锻炼时，最好鼻子呼吸，或用半开口腔（牙齿咬紧）和鼻子同时呼吸的"混合呼吸"。

（2）忌戴口罩锻炼。口罩会挡住鼻子，影响呼吸顺利进行，从而影响氧气的吸入，使人产生憋气、胸闷、心跳加快等不适感，因此，运动的时候即使要戴面罩御寒，也不要堵住鼻孔。

（3）忌不做预备运动。在气温很低的冬季，运动前的准备活动时间一定要增加，因为气温的降低，人体的肌肉、肌腱及韧带的弹力和伸张力也降低，各关节活动的范围减少，突然活动，易发生肌肉、肌腱、韧带和关节挫伤或撕裂。如果平时只做15分钟准备活动的，在大寒时节最好能增加到30分钟，这是为了提高处于抑制状态的中枢神经系统的兴奋性和促使各内脏器官的协调及活动各关节。充分的准备活动，就是提高肌肉、肌腱、韧带的弹性和伸张性，有效地防止损伤。

（4）忌忽视保暖。在锻炼的时候，由于运动量比较大，后期身体发热出汗，所以往往穿的衣服会比较少，有些人甚至会选择单衣、薄袜，然而，这样的衣着往往会导致着凉、受冻、感冒。对于一些持续性的运动，比如长跑锻炼等，也不能急于脱衣，更不能一次脱去很多，要等到身体开始感到发热时再逐渐脱下，跑完预定距离后，应立即用干毛巾擦干汗水或换下湿衣，迅速穿好衣服保暖。

（5）忌门窗紧闭，不通风换气。冬季，为了防寒，人们会习惯性地把健身的房间门窗关得紧紧的。然而，在运动的时候，人会呼出大量的二氧化碳，如果多人在一起锻炼——比如在健身房内，那么二氧化碳的含量就更高了，如果再加上汗水的分解产物，消化道排除的不良气体等，室内空气受到的污染远远超过一般的想象。人在这样的环境中会出现头昏、疲劳、恶心、食欲不振等现象，锻炼效果自然不佳。因此，在室内进行锻炼时，一定要保持室内空气流通、新鲜。另外，冬季也不宜在煤烟弥漫、空气浑浊的庭院里进行健身锻炼。同时要注意，气候条件太差的天气，如大风沙、下大雪或过冷天气，暂时不要到室外锻炼。若想到室外锻炼，应注意选择向阳、避风的地方。

大寒时节，常见病食疗防治

1. 脂溢性皮炎多吃富含维生素C、维生素E、维生素B族食物

脂溢性皮炎是一种慢性皮肤炎症，好发于皮脂腺分布较多的地方。典型症状为皮肤上有边缘清楚的暗黄红色斑、斑片或斑丘疹，其表面被覆油腻性鳞屑或痂皮，常伴有不同程度的瘙痒。冬天寒冷、干燥、多风的气候容易使皮肤变得干燥，破坏皮肤的水油平衡，导致脂溢性皮炎的发病率升高。

富含维生素C、维生素E和B族维生素的食物对改善脂溢性皮炎非常有效，另外茅根茶、蒺藜消风粥、薏米山楂粥等也可以起到辅助治疗的作用。而食用辛辣、油腻食品、甜食或浓茶、浓咖啡则会导致病情恶化。

脂溢性皮炎预防措施：

（1）多到户外呼吸新鲜空气，同时保持室内的空气新鲜，多开窗，勤通风。

（2）保持皮肤的清洁，尽可能减少手和脸部的接触，因为污垢最容易引发感染。但任何清洁用品都不可过度使用。

（3）肠胃功能不好也容易引发脂溢性皮炎，所以不宜多食高热量、辛辣刺激的食物。

2. 辅助治疗脂溢性皮炎饮用茅根五味豆浆饮

茅根五味豆浆饮具有清热利尿、活血散瘀之功效，对脂溢性皮炎有辅助治疗作用。

茅根五味豆浆饮

材料：白茅根30克，五味子15克，豆浆250毫升，白砂糖适量。

制作：①五味子、白茅根分别洗净。②锅中放入五味子、白茅根，加水250毫升，小火煎煮25分钟，去渣取汁。③原锅洗净，倒入豆浆，小火煮5分钟，加入药汁烧沸，撒入白砂糖，搅匀即可。

大寒耳熟能详谚语

1. 小寒接大寒，麦苗要冬苫

若冬小麦在过冬时，遇上干冷的气候或强寒潮的天气，致使最低气温低于零下15℃的情况下，冬小麦麦苗将会遭受冻害损失。为了保护麦苗安全过冬，应酌情进行冬苫。农事上常用大粪、圈粪遮盖。冬苫可以保温防寒，还可以增加肥力，减少农田水分蒸发，保持地墒，在一定程度上可防止畜禽伤害麦苗，是一举多得的护青措施。当然。如果冬九天气偏暖，麦苗有冬旺现象时也可以不苫，故也应因地制宜。

2. 小寒大寒，严防火险

进入寒冬以后，由于气候干燥、降水稀少，林地的枯枝烂叶较多，草原上的牧草枯黄，加上林牧区冬季生活取暖火源较多，最容易出现火险，而发生火灾。所以在小寒、大寒时期还要严防火灾。

3. 小寒大寒，冷成一团

中国南方大部分地区在大寒时节的平均气温多为6~8℃，比小寒高出近1℃。民间有"小寒大寒，冷成一团"的谚语，说明大寒节气也是一年中的寒冷时期。所以，继续做好农作物防寒工作，特别应注意保护牲畜，抵抗严寒，安全过冬。

4. 大寒日怕南风起，当天最忌下雨时

大寒节气当天的天气曾经是农业的重要指标。只要这一天吹起北风，并且让天气变得寒冷，就表示来年会丰收，相反，如果这一天是吹南风而且天气暖和，则代表来年作物会歉收；如果遇到当天下雨，来年的天气就可能会不太正常，进而也会影响到农作物的生长。

5. 大寒民间谚语荟萃

大寒不冻，冷到芒种。

大寒不寒，春分不暖。

大寒不寒，人马不安。

大寒到顶点，日后天渐暖。

大寒东风不下雨。

大寒见三白，农人衣食足。

大寒牛眠湿，冷到明年三月三。

大寒天气暖，寒到二月满。

大寒雾，春头早；大寒阴，阴二月。

大寒一夜星，谷米贵如金。

大寒猪屯湿，三月谷芽烂。

冬不冷，夏不热。

冬当春天过，来年虫子多。

冬风南霜北雪。

冬寒有雾露，无水做酒醋。

冬后南风无雨雪。

第七章

冬季穿衣、美容、两性健康、心理调适策略

冬季穿衣策略：导热性越低的衣服保暖效果越好

1. 怎样穿衣最保暖

冬天怎样穿衣服才会暖和？有人说，多穿几件衣服，不就暖和了吗？然而问题看起来很容易，事实上还有一定的学问。衣服的主要功能不是产生热量，而是防止人体热量散逸，当人体穿上衣服后，就像把身体放在一个温度比室温高，变化比室温小的空气层里，衣服既不能减少人体热量的散失，也不能保存人体中的热量，它所起到的作用只是让体内的热量缓慢散发出去而已。所以说，冬季选择一件合适的衣服很有讲究。

首先，衣服的导热性要低，导热性越低的衣服保暖效果越好。

这就是物理学中热能传递的道理。正因为此，冬天羊毛衫最保暖，在众多的衣料中，羊毛、氯纶、腈纶、蚕丝、醋脂粘胶棉导热性最低，最保暖。因此，能买羊毛尽量买羊毛，不要因贪图便宜而选择锦纶、涤纶的衣服，这些衣服的保暖效果差，即使穿两件，或许也不如一件羊毛衫。

其次，外衣尽量深色，内衣尽量穿浅色。

衣服的颜色与吸收日光辐射热量有密切关系。各种颜色吸热量由大到小的顺序是：黑、紫、红、橙、绿、灰、蓝、黄、白。可以看出，黑色衣服最吸收太阳热量。所以冬天想要暖和一点，最好外衣选深色，中间穿浅色衣服，这样身体吸收热量大，保暖效果好。而且，深色的衣服穿上能让人心神收敛，更有利于冬天的闭藏。

最后，要纠正穿得多就是穿得暖的错误印象。

衣服的保暖程度不在于穿了多少，而在于其质地、舒展性等。有的人上上下下穿了几层衣服，光裤子就有三四条，不是个好方法。在室内，衣服的穿法是：上装为内衣+薄毛衣+厚毛衣，下装为内裤+薄毛裤+厚毛裤即可，外出再加上外套、外裤，如果过多则会让自己的活动大受限制，甚至闷出病来。

冬天，由于气温低，气候干燥，皮肤处于收敛状态，血液大部分集中到皮肤深层，而且皮肤的皮脂腺与汗腺分泌减少，皮肤变得干瘪，缺少弹性，受寒冷刺激易发生冻伤和皲裂。

但冬季防寒保暖，须根据"无扰乎阳"的养藏原则，做到恰如其分。衣着过少过薄，既耗阳气，又易感冒；衣着过多过厚，则腠理开泄，阳气不得潜藏，寒邪亦易于入侵。

《保生要录》中说："冬月棉衣莫令甚厚，寒则频添重数，如此则令人不骤寒骤热也。"就

是说，使人体经常接受稍低于体表温度的冷刺激，以增强对外界寒冷气候的适应能力。

在冬季着装的时候，要注意"衣服气候"，即指衣服里层与皮肤间的温度保持在32℃~33℃，在皮肤周围创造一个良好的"小气候区"，以缓冲外界寒冷气候的侵袭，使人体维持比较恒定的温度。

由于青年人代谢能力强，自身的体温调节能力比较健全，对寒冷的刺激，皮肤血管能进行较大程度的收缩来减少体热的散失，因此穿衣不可过厚。

对于婴幼儿来说，因其身体较稚嫩，体温调节能力差，应注意保暖。但婴幼儿代谢旺盛，也不可捂得过厚，以免出汗过多而影响健康。

老年人生理功能减退，代谢水平低，对外界环境适应能力差，活动能力及抗寒能力减弱。因此老人选择冬装，原则上应以防寒保暖为主，并力求宽松、轻便，切忌紧裹身体。

外衣宜选择羊毛和羽绒织品，服装的衣领、袖口宜用封闭型结构，可增加保暖性；内衣不宜选用套式，尽可能选用对襟开扣式，这样穿脱起来比较方便。

就内衣的衣料而言，应选吸湿性能好、透气性强、轻盈柔软的纯棉针织物为宜。化纤织品易刺激皮肤，引起瘙痒，一般不宜用来做内衣。为保暖起见，老年人还可选用绒衬裤。

患有气管炎、哮喘、胃溃疡的人，最好再增加一件背心；患关节炎、风湿病的人，制作冬衣时在贴近肩胛、膝盖等关节部位用棉层或皮毛加厚，也可单独制作棉垫或皮毛垫。

2. 把全身上下武装起来

虽然每个人的衣着品味各不相同，尤其是在这个张扬个性的时代，每个人都希望能够穿出自己的风格，但是，相比于其他季节的服饰，冬装的实用特性更加明显，所以，在冬装的选择上，要根据自己的年龄、性别、习惯、生活方式、个人爱好、经济条件等不同情况来考虑。

（1）冬季围围巾。

缠绕在颈间的围巾，如漫空飞舞的彩蝶，风情万种，并具有防风御寒之效，能使颈部免受寒冷的刺激，预防感冒和颈肩部疾病，对高血压、心血管疾病患者也有益处。

需要提醒的是，围巾大多是由动物毛或混纺毛线织成。其纤维极易脱落，且易吸附灰尘和病菌。因此，戴围巾时不要连脖子带嘴一块捂，以免吸入脱落的纤维、灰尘与病菌。

（2）冬季穿鞋。对于好生冻疮者，应及早穿棉鞋；足部常出汗者，宜选透气性好的棉鞋和棉线袜；袜子和鞋垫汗湿后，要及时烤干，棉鞋内也应常烘晒。鞋袜干燥，方具有较好的保暖性。

在冬季穿鞋还有一个误区，有些人喜欢把鞋子穿得紧紧的，以为这样更暖和。其实，这样做很不科学。

因为空气本身就具有极好的隔热保暖作用。让鞋子和脚之间充斥一些空气可以更好地起到保暖效果，如果冬季穿紧鞋，袜子和鞋内的棉絮、绒毛等弹性纤维受到挤压，鞋袜中静止空气的储量就会大幅度下降，保温性能随之下降。

而且，鞋穿得太紧，足部皮肤血管受到挤压，影响血液循环，从而降低足的抗寒能力，容易发生冻疮。因此，冬季穿鞋大小应适宜，只有这样才具有较好的保暖效果。

另外，冬季的鞋底要适当增厚，因为鞋底厚可增强鞋的防寒性能。若长期在冰天雪地里工作，则应穿带毛的高帮皮鞋或长筒皮靴。

另外，还有一点需要提醒，冬季的时候许多女性喜欢穿高筒靴，既美观又保暖，但是，长期穿高筒靴，可能会因靴筒过紧或鞋跟过高等使足部血管、神经受到挤压，提供足部、踝部和小腿处的部分组织血液循环不良。

而且，由于高筒靴透气性差，行走后足部散发的水分无法及时消散，会给厌氧菌、霉菌提供良好的生长和繁殖环境，从而易患足癣和造成足癣感染。

未成年少女最好不要穿高跟皮鞋，如果一定要穿，也不要穿得太久，一有机会就要及时换上便鞋，以改善足部的血液循环。如果穿了一天，晚上临睡前最好用热水洗脚，以缓解足部疲劳。

（3）冬季戴帽。俗话说："冬季戴棉帽，如同穿棉袄。"在数九寒冬，由于身上穿着厚厚的衣服，所以人体热量的主要散逸渠道就是暴露在外的头部和双手。据相关测试发现，处于静止状态下不戴帽的人，在环境气温为15℃时，从头部散失的热量约占总热量的30％，环境气温为4℃时散失的热量占总热量的60％。因此，冬季头部保暖较为重要。

冬季戴的帽子最好能护住耳朵，并与外套、围巾、手套及其他服装、饰件相搭配，使之在颜色、式样与风格上浑然一体，给人一种和谐统一的美感。

选择帽子时，应注意使帽檐和帽顶与自己的脸形、身材相配，如长脸形的人宜戴宽边帽，而对于身材较矮的人来说，则不宜戴大帽子。此外，帽子的式样还需和年龄相称。

（4）冬季戴手套。除了头部之外，双手也是身体热量散逸的重要渠道，因此，带一双手套也能起到极好的御寒作用。在选购手套时，尺码要适宜，尺码太大达不到保暖效果，尺码太小易影响手部血液循环。手套不宜和别人共用，以免某些疾病通过手套传染。

老年人血液循环功能差，手足怕冷，所以，在选购手套的时候应挑选轻软的毛皮、棉绒、绒线手套。小孩手小皮肤薄嫩，手套材料以柔软的棉绒、绒线，或者弹性尼龙制品为好。

手足皲裂者，由于需要擦药，最好戴双层手套，里层手套宜用薄织品，便于经常洗涤；手上出汗比较多的人最好选用棉织手套，既保暖又有良好的吸水性，并且可以常洗换。

在冬季骑自行车的时候，不宜选用人造革、尼龙或者过厚的材料制作的手套。因为人造革易发硬、尼龙太滑，易滑手；材料过厚使手指活动不便，这些都不利于骑车安全。

3. 几种冬装的收藏方法

冬装收藏得当，即使来年使用，也可延长寿命。

（1）棉布服装——洗涤前将衣物用清水浸泡半个小时，用开水冲碱水或肥皂水，待温热时再将衣物放入盆中搓洗，油污多的地方可再加肥皂搓洗，晒干烫平后就可收藏。

（2）皮、毛衣物——皮毛怕潮，不宜水洗，用专门的溶液清洗干净后，放在通风处吹干，不可直接在太阳下曝晒，以免皮毛失去光泽。较高档次的皮衣，还应打蜡上光。

（3）化纤衣物——洗涤化纤衣物时不要使劲搓洗，以防起球，水温一般在25℃左右为宜。洗涤时一定要漂洗干净，以免肥皂微粒等碱性物质使衣物发黄。洗净后应吹干，用电熨斗烫平，熨斗温度以50℃为宜，最好在衣服的反面熨烫，选用蒸气量较大的熨斗为宜。

冬季美容护理：预防皮肤干燥，注意滋阴养颜、护发

1. 将皮肤从干燥中解救出来

常言道"女人是水做的"，事实也确实如此，科学研究表明，女人体内含有比男人更多的水分，因此，比起男人，女人更离不开水的滋润。天寒气燥的季节是体内水分的大敌，平日饮食补水不足、熬夜劳神损耗体液，已经使得水分大大缺失，冬日干冷的气候更会加重水分的流失。面对寒冷干燥的空气，以下四个步骤可以帮助广大爱美的女性挽救干燥的皮肤。

（1）挽救干裂双唇。我们的嘴唇没有油脂分泌功能，在寒冷干燥的冬季，嘴唇是最容易干燥开裂的部位，因此除了内在健脾外，还要依靠润唇膏的"人工"滋润，以减少水分的流失。

如果嘴唇干裂、爆皮，甚至流血，最好的应对方法是马上用维生素B油涂抹干裂的双唇，伤口会很快愈合。另外，即使双唇再干，也不要舔唇，一方面这种动作很不雅观，另一方面，这样只能起到"饮鸩止渴"的作用，因为水分很快蒸发后，反而会令双唇更加干燥。

（2）打理脱皮鼻尖。大多数人都有过冬季鼻尖鼻翼脱皮的经历，这种情况导致的尴尬结果就是，令涂上粉底后的皮肤表面出现一块块深色的部分。

解决这一问题，首先要用优质磨砂膏和上水，在鼻尖上轻轻打圈，然后涂上不含油分的果酸面霜或水质面霜。涂好后，再用粉扑把湿粉一下印在鼻子上。千万不能抹，一定要用印的动作，这样才能令脱皮的部分看起来不显眼。不过，此方法果酸过敏的人要慎用。

（3）修护干痒面颊。天气变得干燥后，皮肤水分流失加剧。女性很容易感到面部干燥，痛痒难忍，发生脱皮现象。这是皮肤缺水的症状。

对此，有条件的女性朋友可以尝试一下用牛奶来为自己的面部保湿。方法很简单，先将将纱布或脱脂棉蘸着牛奶涂满整个面部和颈部，等牛奶结成薄膜、干成粉状后，用清水将其洗净。或者在晚上临睡前，取半盆热水加入几勺牛奶，用水蒸气熏蒸面部，15～20分钟后，趁毛孔张开时，用此水洗脸，并轻轻按摩面部，以帮助皮肤吸收。

（4）科学洗浴防干燥。冬季洗浴有四忌：不要太勤、水别太烫、别揉搓过重、别用碱性太强的肥皂。否则，非常容易破坏皮肤表层原本不多的皮脂，让皮肤更为干燥，因而也更易发痒、皲裂。一般说来，冬季洗澡次数以每周一两次为宜。洗浴后可擦些甘油、润肤霜等，以保持皮肤湿润，防止皮肤表层干燥、脱落。

2. 男士皮肤冬季更需要保养

说到皮肤的保养与护理，很多人都认为这是女性的事。事实上，男性的皮脂腺和汗腺都比女性大，皮肤酸度也比女性高，分泌的皮脂和汗液多，脸上和身上的毛发也粗而浓。再加上春节期间男人吃喝比较随意，皮肤更容易受污染、变黑、变粗糙。因此，男性更应该对皮肤进行科学、合理的护理和保养。男士护肤掌握以下几个要点：

首先，对于男士来说，按摩皮肤很重要，适当的按摩可以让皮肤表层的衰老细胞及时脱落，促进面部血液循环，改善皮肤的呼吸，利用皮脂腺及汗液的分泌增加皮肤营养，提高皮肤深层细胞的活力，从而使皮肤光泽而有弹性。正确的按摩的方法是：

（1）先在脸上涂一些男士专用按摩膏。

（2）用手指顺着面部肌肤的纹理由下而上划圈式进行按摩。

（3）每天早、晚洗脸时进行，每次按摩10分钟左右。

（4）按摩后，用清水洗净擦干，涂上收敛水即可。

其次，要掌握正确的"剃须法"。

剃须是男人的一项非常重要的"面子工程"，然而，不当的剃须法很有可能会对皮肤造成不良的影响，所以，学会正确剃须非常重要。

（1）早晨是剃须的最佳时间，因为此时脸部和表皮都处于放松状态。

（2）要选择品质好、刺激性小的剃须膏、皂和温和的剃须水。先净面，待毛孔放松张开、胡须变软再开始剃须。

（3）操作时顺序应从鬓角、脸颊、脖子到嘴唇周围及下巴。剃须后，用温水洗脸，再用凉水冲一遍，以利于张开的毛孔收缩复原。

（4）涂一些滋润液、霜等，以滋润皮肤，减少刺痛。另外，平时切忌用手或镊子乱拔胡须，以免因细菌入侵引起毛囊炎、疖、毛孔外翻等皮肤病，从而损伤皮肤。

3. 冬季最滋阴养颜的食物

冬天应多补充水分、盐分，多喝白开水或含盐矿泉水，多吃富含维生素及纤维素的水果蔬菜，尤其是下面提到的几种。

（1）黄瓜。黄瓜含有多种糖类，氨基酸，维生素C、维生素A等，除具有一定的治病作用外，黄瓜的润肤美容效果还十分突出。

用黄瓜润肤美容可以参考以下的方法：①将黄瓜洗净，去瓤、子，捣碎取汁，用汁涂抹面部，每天1次，可使皮肤清洁光滑而柔嫩。②将黄瓜切成薄片，贴在眼角鱼尾纹处，1个小时后取下，常用可祛除皱纹。③将黄瓜片贴满面部，可使油性皮肤去除油脂，防止青春期分泌物旺盛而产生粉刺。④身体如果被晒伤后，可将黄瓜切成片放于晒伤的部位，具有很好的止痛及恢复晒伤皮肤的效果。

（2）绿豆。绿豆含有丰富的糖、氨基酸、维生素C和维生素A等。取绿豆250克用文火熬汤，等绿豆煮成花样即可，冷却后用汤擦洗面部及身体四肢，半个小时后，再用清水清洗。若长期使用，可使皮肤白皙。

（3）丝瓜。丝瓜具有清热解毒、活血化瘀的功能，丝瓜外用还有保护皮肤、防止日晒的作用。将丝瓜捣碎，用汁抹面部，可以去除皱纹、雀斑。此外，如果在丝瓜中加少许甘油涂抹在皮肤上，更能使皮肤柔嫩有光泽。用丝瓜络洗澡擦身，可起到按摩皮肤的作用。

（4）西红柿。将西红柿捣碎，挤出汁，加入少许蜂蜜或甘油，每天早晚涂擦于面部，10～30分钟后洗净，常用可使皮肤增白，还可使黄褐斑、雀斑渐渐变淡，甚至完全消失。

（5）百合。经常食用百合能增加皮肤营养，促进皮肤新陈代谢，使皮肤变得细嫩、洁白、红润而富有弹性，并减少皱纹。尤其对于各种发热症治愈后遗留的面容憔悴，神经衰弱，失眠多梦，更年期女性的面色苍白，有较好的恢复作用。

4. 冬季护发

头发虽然不是人体最重要的部位，但也绝不是可有可无的。头发不但可保护头皮和大脑，也是人体健美的标志之一，是人体健康的晴雨表。贫血、内分泌失调、精神过度紧张和疲劳、免疫功能异常等病症，易引发头发脱落、早白等现象。

头发的健康程度是和人的心身健康紧密挂钩的，所以如果想要从根本上改善发质，只靠洗、烫、擦、润是不够的，必须从改善体内环境着手，才可治本，使头发健康生长，乌黑油亮。

蛋白质是组成头发的头重要成分，因此保证合理膳食是护发的首要措施，尤其是要重视蛋白质的摄入，应适当补充核桃、板栗、虾仁、木耳、首乌、枸杞等补肾养发的食物，并适当增加含能量较高的食物的摄入。

另外，还要注意生活规律，不熬夜，不睡懒觉，坚持吃早餐，不抽烟，不喝酒；保持心情舒畅，搞好人际关系；适当做一些户外活动，多晒太阳。以上措施都有利于护发。

冬季两性健康：既要"藏而不泄"，也要讲究"天时、地利、人和"

1. 冬季"藏而不泄"，性生活要有节制

为了顺应自然，冬季养生的一个重要原则就是"藏而不泄"，这个"泄"指的就是人体的精气，因此，保精少泄是冬季房事调摄的首要任务。

（1）冬季不保精，来年可能生大病。冬季常有一些人自结婚后，出现腰酸、腿软、眼花、精神不振、食欲不佳、甚至白带增多等一系列肾虚亏损症状，有的因性生活过频而出现尿频、尿急……究其原因，均为房事过频，有的1～2日一次，有的一夜数次。这是因为天气寒冷，性生活过度可致心肾之火妄动，加上射精，使心肾阴精耗伤。

因此，冬季强壮体质、祛病防老的重要一环就是节制房事。如果违反这一自然规律，"冬不藏精，春必病温"，体质虚弱的人会很快发生疾病；强壮的人也许不会马上生病，但到了春天也容易诱发隐疾。不过，"藏而不泄"可并不意味着"忍精不射"。

不少男性误认为冬季"藏而不泄"就是应该少射精，性生活中常常故意中途"休战"，以为留住精液就是留住了精力和身体的能量，对身体有益。其实这种想法是错误的。

性的刺激，已经让男性的精液积聚到尿道的前列腺部，随着膀胱和尿道括约肌的闭合，尿道的前列腺部变成了一个蓄精池。如果此时结束性生活，会使精液逆流，形成的高压也会使细菌出现逆流感染，增加发生前列腺炎的概率。

（2）如何掌握冬季性生活频率。如果在整个冬季打破了固有的性生活规律，很少甚至不过性生活，会对夫妻双方造成身心不适。如何掌握冬季性生活的频率？关于这一点，可因人而异。年轻力壮的人，冬季性交次数可多一些，每周2次左右；而年老体弱的人，性交次数可少一些，每周1次即可；有严重疾病的，应禁止性生活。

当然，这也不是固定的方法，自测的方法是：性生活第二天，如果双方身心愉快，精力充沛，说明性频率是合适的；如果双方感到疲倦乏力，头昏眼花，甚至畏寒怕冷，说明性生活频率不合适。对于有些性欲过于旺盛的人，冬季为了避免不必要的体力消耗，建议分床、分被而卧，减少身体接触后的刺激。

（3）女性也要防房事过度。许多女性认为房事过度专指男性，其实并非如此，对女性来说，性交过频可导致植物神经功能失调，出现一系列植物神经功能紊乱的表现，如精神萎靡不振、头晕、头昏、面色苍白、眼眶周围灰暗、心烦、口干、腰膝酸软、白带增多，个别女性可出现月经不调。由此可见，女性也需防房事过度。

2. 做好保暖工作，以防感冒

由于性生活是一项激烈的体能运动，会伴随着大量的热量流失，所以，冬季性生活更要注意面临寒冷干燥的"考验"，实现做好更多的御寒准备，而性生活会消耗人较多的能量，如果不掌握分寸，容易影响身体。

（1）天冷当心感冒"偷袭"。在精泄疲倦之时，往往也是身体抵抗力降低、最容易感冒的时候。冬季气候寒冷，如果在性生活过程中不注意防寒，高潮过后全身发热，有的人全身出汗后不注意及时穿衣，一旦受凉感冒病程会较长，对身体健康会带来很大的危害。

因此，在冬季过性生活，一定要注意保暖防寒，避免感冒。在卧室内准备空调或电暖气，把室内温度调高之后再过性生活，可以避免因气温低而导致受冷。

（2）冬季性爱：身体暖和再开始。你是否属于手脚冰凉不能很快暖过来的人？虽然天气寒冷容易使手脚感到冷，但是这种情况如果一到冬天就出现，而且不容易暖过来，很可能是肾阳虚，这就是中医所说的"畏寒"。如果肾阳气不足，男性会出现阳痿、早泄，女性也会出现性冷淡等性功能障碍，夫妻双方就不能正常进行性生活。有些女性进入更年期，对同房的兴趣不大，也可能是肾阳虚的表现。

在寒冷的季节，夫妻之间最好先相互温暖身体，用真情和温情激发对方的"性"趣，让身体暖了再开始过性生活，这样更加有利于健康。

3. 冬季性生活要讲究"天时、地利、人和"

《黄帝内经》中说，"冬不藏精，春必病温"，说的是冬季气候寒冷，人体需要许多能量来御寒，因此冬季性生活不可过度；另一方面，性生活虽然洋溢着爱慕、深情、温存，但性生活的过程中也不能过于急切，而是需要准备，慢慢享受。

（1）冬季性生活：从夜晚入睡前开始。清晨醒来，因为要筹划当天的事务，心中往往烦乱，而且也不如夜晚心境宁静，此时要行房事，性生活的质量未必理想，而且对身体也是有害的。特别是在寒冷的季节，由于性交后身体御寒能力较差，起床后很容易招致病邪。性生活的时间最好在夜晚入睡之前，一旦完成了性交活动便可安然入睡，这样能使体力得到恢复。

（2）冬至不宜行房事。《遵生八笺》中说："至（冬至）后阳气始萌……在下不可动泄。"冬至是阴极而阳生，阴气才刚刚开始生长，极其微弱，与夏至一样，是一年中最虚的时候，人的气血也易发生相应的紊乱。如果此时行房事，不但有害于生育，而且还会影响人的寿命。

（3）注意避免酒后行房事。有些人认为"酒可助性"，再加上冬季天寒地冻，许多人都喜欢利用喝酒来御寒。事实上，酒确实会让人产生性兴奋的感觉，而且多喝一些酒，可以使皮肤血管扩张，使人有热烘烘的感觉。但如果酒后行房事或以酒助性，那是不健康的。自古以来医学家们就告诫人们不要"醉以入房"。酒精含有一种毒素，过量饮酒可使性腺中毒，严重者甚至可能导致阳痿不育等症状。

（4）防止汗过多是护阴之关键。中医理论认为，汗出过多就会损人体之"阴"，所以在性生活的过程中，应该注意避免大汗淋漓，防止汗过多是护阴之关键。起居方面应注意除作息时间规律外，还应早睡晚起。这是因为在寒冷的冬季，应该保证充足的睡眠时间，早睡晚起有利于人体阳气的潜藏和阴精的积蓄，可以达到"阴平阳秘，精神乃治"的健康状态。

冬季心理调适：养心宜藏，防止抑郁

1. 冬季养心宜藏

冬季的寒气达到了一年中的顶峰，而阳气则一直处于蛰伏状态，所以，为了顺应自然的变化，使神气内收，在冬季养生的时候要尽量做到"无扰乎阳"，以养精蓄锐，有利于来春的阳气萌生，生理上如此，心理上也是一样的道理。

在现实生活中，如果经过重大精神挫折而未能作出适当的调整，那么患病率较高；而如果经常保持思想清静，注意精神调摄者，则其抗病力较强。正如《黄帝内经》中所说："精神内守，病安从来。"所以，一定要注意让心灵宁静，而想要做到这一点，就要使加强道德修养。因为良好的道德修养，有利于神志安定，气血调和，生理功能正常而有序地进行，即养德可以养气、养神。正如儒家创始人孔子所提倡的"仁者寿"。

要让心灵宁静，还必须少私寡欲。若私心太重，嗜欲不止，而又达不到目的时，就会产生忧郁、苦闷等不良情绪，从而扰乱心神，导致百病丛生。

2. 冬季要预防季节性情感失调症

一到冬天，抑郁症的患者数量就会增加，很多人都会显示出无精打采，甚至精神沮丧，意志消沉的状态，并且年复一年地出现。这就是所谓的季节性情感失调症，多见于青年，尤其是女性。

现代医学气象学的研究表明，人的心理、生理会与外界环境产生"共鸣"，而季节性情感失调症就是由于冬季特有的气候作用于人体所致。

主要原因包括两个方面，一是由于寒冷的气候，机体的新陈代谢和生理功能处于抑制和降低状态，导致血液循环变慢，脑部供血不足，植物性神经功能发生紊乱。

另一方面，还牵扯到人脑中一个非常重要的器官：松果腺。松果腺可以说是人脑中主管理性情绪的司令部，它能分泌褪黑激素，转而调节其他激素的含量，从而影响人的情绪。在强光的直射下，褪黑激素的分泌能够得到一定的抑制，而冬季由于光照不足，褪黑激素的分泌量有可能增高，从而导致情绪失调。

改变这种不良情绪，要多晒太阳，多吃富含维生素C和维生素B的新鲜蔬菜和水果等，以调节大脑的功能和情绪；多参加各种娱乐活动，以激起对生活的热情和向往。

平时可听听音乐，让美妙的旋律为生活增添乐趣；积极参加体育锻炼，调整植物神经功能，缓解因植物神经功能失调所致的紧张、焦虑、抑郁等症状。

祖国医学对季节性情感失调亦有所认识，并强调在枯木衰草、万物凋零的冬季，仍要保持心情愉快和乐观的情绪。当然，具体的精神调养方法还应因人而异。

3. 幽默——生活的润滑剂

生活质量与生命长短都与平日的情绪有很大关系。情绪稳定、心胸豁达、轻松愉快的人，不但事业成功、家庭和睦、人际关系协调，而且健康方面很少出问题。

刻意的批评和无意的中伤，有时会给他人造成伤害；幽默的指点和温和的批评，却能激发出他人心中宽容与温情的火花，既能使对方领悟，又不伤和气。

面对困难时，幽默的语言能点燃人们的信心之火，创造融洽的气氛，激发出智慧之光，能把紧张的气氛冲淡，把难以解开的心结松开，把一触即发的战火熄灭。

以幽默风趣的态度对待生活，能从生活中捕捉到光明和欢乐，发掘出更多的勇气和智慧来领悟生活、面对挫折，能够感染和鼓舞他人。

幽默就像一个杠杆，利用一个合适的支点，就可以把沉重的生活变得轻松有趣。特别是在万物萧条的冬季，人们的心情较为抑郁，生活中更需要善用幽默来加以调节。

4. 冬季要心存希望

希望是乐观的源头，承载着人们的理想和追求，引导人们前行，让人们能够精神勃发地生活。

把握希望就是要修炼心性，随时保持清醒的理智。即使身处逆境，也要坚定信念，咬紧牙关，勇敢地面对挫折和挑战，以求实现心中的理想。

希望能给心灵插上翩翩双翅，让人在有限的生命中领略无限的精神领域的风光。尤其是在冬季这个让人消沉的季节里，更应适时调整心态，让每一天都充满着希望，只有保持希望，才能够远离无止境的悲观落寞。

第八章

冬季养花、钓鱼、爱车保养、旅游温馨提示

冬季养花：梅须逊雪三分白，雪却输梅一段香

1. 节日新时尚——年宵花卉

在春节之际装饰居室、增加节日喜庆气氛、走亲访友时赠送的时令花卉，称为年宵花卉。

（1）年宵花卉的特点：①大部分年宵花卉为自然花期，观赏价值非常高。如大花蕙兰、一品红、仙客来、瓜叶菊、蟹爪莲、腊梅等。②还有许多年宵花卉是通过促成栽培和延迟栽培，调节花期达到春季开花目的的。如杜鹃花、蝴蝶兰、牡丹、长寿花、郁金香、风信子等。③年宵花卉大部分都在温室内养护，栽培技术规范，温度、光照、水分、肥、土控制严格，植株生长健壮，花繁叶茂，加上容器和豪华的包装，其观赏效果极佳。

（2）年宵花卉养护方法：①从温室搬回到家里的年宵花卉，因环境条件变化大，往往时间不长就会失去生机，因此要根据不同花卉的生长习性及特点，给予精心的管理。温度保持在10℃以上，放到光照充足的窗台前，同时还要注意向盆花周围洒水，以补充室内的空气湿度，尽量满足类似温室里的环境条件。②不要天天浇水，年宵花卉大多用的是保水性能极强的泥炭土、椰糠等，浇一次透水可保持一周左右。浇水次数太多，会导致一些怕水湿的花卉烂根烂茎。③不施肥，植物在开花期内以及冬季低温期要暂停施肥，因此购回的年宵花在观赏期无须施肥，待清明后移至室外时再恢复施肥。④室内要注意通风，在冬季也应注意在晴朗天气的中午经常开窗通风换气，这样既可减少花卉病虫害的发生，又有利于花卉的健壮生长。

（3）挑选年宵花卉：①根据年宵花卉的外观、功能和寓意进行挑选。②根据花的价格和品质挑选年宵花卉，如价格合理、叶色碧绿、株型美观、花朵含苞待放和基质干净卫生等花卉为首选。③蟹爪莲的花期为9月至翌年4月，其花冠妖娆美丽，颜色绚丽夺目，非常适合在春节期间烘托喜庆气氛。

2. 寒冬腊月，注意防冻保暖

（1）给花儿们穿上保暖衣。冬季，可把喜欢温暖或冬季仍在生长的常绿花卉，放在靠近南窗处，保证更充足的阳光和较高温度。不耐寒的常绿木本花卉，避免放在经常开启的门窗附近，以免冷风侵袭，造成植株受冻。如家中温度低，可自制一些简易保温的设施以帮助植物顺利过冬。①用几根细竹条，将两端插于花盆四周边缘，使顶部呈半圆形，并要高于植株10厘米，然后套上塑料袋，在花盆边缘下方扎紧，然后，在塑料薄膜罩上扎几个小洞，以利通风和换气，可起

到保温防寒的作用。用竹条做支撑时，要先把细竹条上的毛刺去掉，以避免刮破塑料袋，影响其保温效果。②利用套盆保温。用一只稍大的花盆，在盆内填上一些保温材料或放上些土，再将栽有花卉的花盆嵌在大花盆内即可。③若盆栽花卉比较矮小，家里有大口径的瓶罐，也可直接将其罩在植株上，晴天中午将罩子取下片刻，增加空气的流通性。

（2）准备温床。将花盆放置在一个较大的空盆内，在花盆和空盆之间放些锯末、谷糠或珍珠岩等物，可起到防寒保暖的作用。

（3）多晒太阳增加营养。冬天的光照强度不高，而花卉恰恰又需要多加光照，以利光合作用生成有机养分，以提高植株的抗寒性。对于一些冬季开花的花卉，增加光照也更利于其枝叶繁茂，花大而色美。

3. 施肥、浇水要加以控制

冬季气温降低，大部分的植物此时生长缓慢或为半休眠状态，植物养分吸收能力下降，应降低肥、水供给，可停止施肥或施薄肥。除了秋冬或早春开花的仙客来、菊花、瓜叶菊以及一些秋播的草本花卉可继续浇水、施肥外，一般盆花都要严格控制水肥。盆土如果不是太干，就不要浇水，尤其是耐阴或放在室内较阴冷处的盆花，更要避免因浇水过多而引起烂根、落叶。梅花、金橘、杜鹃等木本盆花也应控制肥水，以免造成幼枝徒长，影响花芽分化和减弱抗寒力。多肉植物需停肥并少浇水，整个冬季基本上保持盆土干燥，或每月浇1次水。没有加温设备的居室更应减少浇水量和浇水次数，使盆土保持适度干燥，以免烂根或受冻害。

冬季要在中午前后给花浇水，浇花用的自来水一定要经过1~2天日晒后才可使用，因为水温和室温相差5℃以上时，很容易伤根。尤其不可多施氮肥，因为冬季花卉的吸收能力不强，施过多氮肥，会伤害根系，使枝叶变嫩，抗寒、抗病能力下降，不利于植物过冬。

4. 增湿、防尘要注意

进入冬季后，需将盆花移入室内过冬，入室后的干燥环境对于喜湿润的花卉生长和越冬十分不利，极易引起花卉叶片干尖或落花落蕾，应采用向叶片喷水和地面洒水的方法增加湿度。可参照以下3种方法：

（1）不要将盆花直接放在暖气片上；如果家里有火炉，要放在离火炉较远的地方，并注意防煤烟。

（2）经常用与室温接近的清水喷洗枝叶，喷水量不宜过多，以喷湿叶面为宜。喷水以在晴天中午前后进行为好（傍晚喷水易使花受冻害）；喷水的同时还要注意通风，保持室内空气流通。

（3）对于一些喜湿又较名贵的花卉，如君子兰、杜鹃、兰花、山茶等，可用塑料薄膜罩起来，既有利于保持和增加空气湿度，又有利于防尘、防寒，使枝叶更加清新。但也要注意时常摘下罩子，适当地为其通风。

5. 冬季可在室内养护的花卉

冬季耐低温花卉：温度低于0℃的地区，室内温度一般在0℃~5℃的，可培养一些稍耐低温的花卉。如一叶兰、南洋杉、文竹、天竺葵、天门冬、常春藤、橡皮树、鹅掌柴等。

适宜8℃左右的花卉：室内温度如维持在8℃左右时，除可培养以上花卉外，还可培养发财树、君子兰、香龙血树、凤梨、合果芋、绿萝等花卉。

适宜10℃以上的花卉：室内温度维持在10℃以上时，还可培养红掌、仙客来、一品红、瓜叶菊、紫罗兰、万年青、报春花等花卉。

6. 冬季室内因花卉特性摆放位置

到了深秋或初冬，盆栽花卉要陆续搬进室内，在室内放置的位置要考虑到花卉的特性。通常在冬、春两季开花的花卉如蟹爪莲、仙客来、瓜叶菊、一品红等和秋播的草花，如三色堇、金鱼草等，以及性喜光照、温暖的花卉如米兰、茉莉、扶桑等，应放在窗台或靠近窗台的阳光充足处；有些夏季喜半阴而冬季喜光照的花卉如君子兰、倒挂金钟等也要放在阳光充足的地方。

（1）喜欢温暖、半阴的花卉，如文竹、四季海棠、杜鹃等，可放在离窗台较远的地方；耐低温的常绿花木或处于半休眠状态的花卉如金橘、桂花、兰花、吊兰可放在有散射光照的地方。

（2）其他一些耐低温而已落叶的木本花卉，如石榴、月季、海棠等需放在室外-5℃条件下冷冻一段时间，以促进休眠，然后再移入冷室内（0℃左右）保存，不需要光照。

（3）有些畏寒盆花在搬入室内时，最好清洗一下盆壁与盆底，防止将病虫带入室内。发现枯枝、病虫枝条应剪去，对米兰、茉莉、扶桑等可以剪短嫩枝。进室后，在第一个星期内，不能紧关窗门，应使盆花适应由室外移至室内的环境变化，否则易使叶子变黄而脱落。

（4）如果盆花多而集中在一起的，则植株高的可放在后排，植株矮的放在前排；喜阳的放在前排，耐阴或半耐阴的放在中间或者放在后排，并定期或不定期地转换盆的朝向。这样既有利于对过冬盆花的管养，创造光合作用条件，又有利于保暖增湿。如室温超过20℃以上时，应及时半开或全开门窗，以散热降温，防止闷坏盆花或引起徒长，削弱抗寒能力。遇暖天或下雨天，不能将盆花随意搬到室外晒太阳或淋雨，以防患上"感冒"。

注意不要将盆花放在窗口的漏风处，以免冷风直接吹袭受冻，也不能直接放在暖气片上或煤炉附近，以免温度过高灼伤叶片或烫伤根系。

7. 冬季养花小常识

在寒冷的冬季，要注意调整室温，以保证花卉能够安全过冬。

（1）观花植物过冬：①冬、春两季开花的盆花，大部分都喜光。应放在窗台或靠近窗台的阳光充足处养护。②花卉入室后要注意通风，使室内温度相对平衡，室温宜保持在10℃～20℃。③每隔10～15天用喷雾清洗枝叶；但需注意的是，花期时喷水不可将水雾喷到花朵上。浇水要本着"宁干勿湿"的原则，花期时一般不适宜施肥。

（2）观叶植物过冬：①温度。白天室温不低于18℃，夜间室温不低于8℃，大部分观叶植物都能安全越冬。②光照和湿度。观叶植物应放在向阳的南窗附近，在充足光线照射下，冬季也能保持枝叶碧绿。冬季室内湿度不可低于50%，否则会影响植株的生长及叶片的美观。

8. 家庭养花禁忌

（1）忌养花漫不经心。不少养花者对待植物缺乏应有的细心和勤勉态度。第一，脑子懒，不爱钻研养花知识，长期甘当门外汉，管理不得法；第二，手懒，不愿在花卉上花过多的时间和精力。花卉搬进家后，便被冷落一旁，使其长期缺水、少肥，受病虫害的折磨。即使是再好的花儿，这样下去也会渐渐枯萎。

（2）忌爱花过切。有些养花者对花卉表现得过于喜爱，给花浇水、施肥毫无规律，想起来就浇水、施肥，使花卉过涝、过肥而死。有的随便把花盆搬来搬去，使得花卉要不断适应新的环境，打乱了其原有的生长规律，自然会使花卉感到疲惫，从而阻碍了生长。

（3）忌追逐名花。一些人盲目地认为养花就要养名花，因为名花观赏价值高，市场获利大。在这种心理支配下，他们不惜重金，四处求购名贵花木。结果由于缺乏良好的养护条件和管理技术，致使花买来后不久就夭折了。

（4）忌"良莠不分"。有些养花者不管什么品种就往家里买。不仅给管理带来了难度，还会把一些不宜养的花卉带进家中，污染了环境，损害了家人的健康。如：有些花卉的气味对人的神经系统有影响，容易引起呼吸不畅，甚至产生过敏反应；有些花卉生有利刺，对人体的安全存在着一定的威胁等。

（5）忌"朝秦暮楚"。一些养花者家中的花卉品种经常换来换去。由于种类更换过快，种养时间短，不利于培养出株形优美、观赏性高的花木，也不利于养花水平的提高。

（6）忌观念陈旧。如今养花业的新品种名目繁多新技术的层出不穷，而许多养花者却在花器使用，水、肥管理，种苗培育等方面，不善于利用新技术、新设备、新方法，仍然拘泥于传统的花卉养护方法。

冬季钓鱼：孤舟蓑笠翁，独钓寒江雪

1.冬季钓鱼地点选择技巧

冬天是钓鱼的淡季。因为水温低鱼的活动量大减，常卧于水底不动，当气温、水温在5℃时，鱼基本上不觅食了。但是，鲫鱼例外，在5℃时仍有食欲。

冬季钓鱼收获虽然差些，但是仍然可以钓到鱼，尤其是初冬，气温与晚秋接近，若是天气晴朗无风时，钓点选在向阳处，还是可以钓到鱼的。

"冬钓暖"，顾名思义其道理大家都会明白。除了向阳的水域外，深水区的水温较浅水区高，所以冬天应钓深水区。

若在池塘钓，应选择环境开阔、太阳一出来就可以照到水面的池塘。有些山中的池塘，四周环山，或三面环山，到上午十点以后太阳仍照不到水面，这样的池塘水温上升慢，叫"寒水塘"，是不适宜冬季垂钓的。

水库、湖泊到了冬季水位下降明显，鱼已聚集在湖中心的深水区了。通常情况下，接近堤坝处的水最深，所以钓点应选在坝埂附近，要远投，将钓饵投到几十米以外的深水区。天气晴朗，气温回升时或连续几天高温时，仍可以将稍浅的水域作钓点。

冬天鱼虽不活跃，但都集中到了深水区，若钓点选准了，钓鱼仍会有收获。

2.冬季钓鱼用饵秘籍

冬季，是一年中最寒冷的季节，也是钓鱼的淡季，但是，并不是说鱼不咬钩了。在江淮流域，人们穿着羽绒服、戴着棉帽去钓鱼是常有的事。近年来，由于全球气候变暖，除三九天较寒冷外，冬季的气温比过去高多了，晴朗的时间长，外出钓鱼的人更多。特别是无风、阳光充足的天气，钓鱼会有收获。

在冬季钓鱼，调制饵料时应多加一些气味类添加剂，无论是香味料或是甜味料都应适当加大用量，芳香的饵料无论是作为诱饵还是作为钓饵，钓鱼效果都好一些。

冬季钓鱼，像早春一样，应以荤饵为主。蚯蚓、红虫、蛆芽是首选的钓饵。

诱饵的投放量应适当加大，以增强诱鱼效果。投放诱饵后应耐心等待，除非池中鱼多，否则不可能在短时间内就会有鱼上钩，有时需等待一个多小时才会有鱼游到窝里。若有鱼上钩了，钓到半个小时到一个小时时，应补充诱饵。

3.冬季钓鱼串钩钓法方便、省力

冬钓串钩是诸多钓法中最省力、最方便的一种钓法，特别适合在自然水域中较大水面远投使用，是一种老少皆宜的野钓方法。

串钩钓法具有以下特点：

一是冬季近岸水色渐清，鱼出于安全本能，不敢靠边觅食，游向二三十米甚至五六十米远的水域。从长期的垂钓实践来看，在近岸一二米深的水域，如果没有水草以及障碍物的遮掩，或者是水底淤泥少，不易形成上清下浊水色的话，鱼群的活动范围便多出现在距岸10~100米的范围。

二是以大（竿、钩、线、饵的相对粗大）攻大（个体较大的鱼），鱼获效果有可靠保障。冬天，在自然水域中，由于个体较大的鱼体力强健以及所需食物量大，即使是在水温较低的日子里，也会在一定的时间段寻找食物，因而冬天也会钓上大鲤鱼和草鱼。

三是由于没有小杂鱼闹钩，不需频繁起竿换饵，只需在钩上穿上固态饵，或者用商品饵做成较黏的团饵，在短时间内无须换饵。这对于垂钓者来说，减少了频繁扬竿的麻烦和劳累，支竿后无须两眼盯着竿尖，只需将小铃挂在竿梢即可。一般情况下，鱼汛在串钩上的表现是敏锐的，即便是很小的鲫鱼也会把铃摇响。

四是不需要事前做窝，也没有必要刻意寻找下钩的窝点。水底相对平缓、不挂钩、水位不太深，特别是大面积浅滩的远水处都是投钓串钩的好地方。根据冬季水温升得较慢的情况，可直接把钓饵投向相对远的水域，因为鱼在低温下很少觅食，这时即便你把饵投到它的身边，也难以引起它的食欲，所以投诱饵便成了"多此一举"。在正常的天气条件下，中午前后相对暖和，对温度敏感的鱼便会游动起来，容易咬钩。

4. 冬季适宜钓鲤鱼

在自然淡水域中垂钓，主钓对象鱼除了鲫鱼以外，要数鲤鱼对自然环境的适应性最强，一年四季都能钓到它。冬季钓鲤鱼具有以下几个方面的优势：

（1）鲤鱼适应性强。鲤鱼之所以能发展成大家族，是因为它们对生存的环境条件不挑剔，无论是水质的优劣，还是食物的丰歉，抑或气候的差异，水温的不同等，都能活得自在。冬季，最能表现鲤鱼的适应特点，其对气温的适应能力强，即使是深冬的12月和次年的1月都会在较好的气象情况下游动觅食。

（2）鲤鱼活动时间长。这一时期的鲤鱼，特别是大个的鲤鱼，一反其他季节间歇觅食的常态，几乎整天都在水底活动，不过其活动的范围相对小些，游动的速度也较缓慢。这种情况表现在钓场水域常常泛起鱼泡。在鲤鱼多的水体，遇到风和日丽的天气（或气候正常），水泡的情形会接连不断，最密集、最多量的要数初冬这个阶段，一直到残冬末、来年初。

（3）水情较佳。①水位高，是水体面积一年中最宽广的时期，也是水最深的时期，使易惊的鲤鱼有安全感。②水质尚好，使鲤鱼生存的环境更具富氧性，对其体能强健十分有利。水质好还体现在一些略有富营养的水域。由于气温、水温的相对平和，或者昼夜稍大的温差，使肥泥水底的腐殖物不易形成，从而稳定了水质，尤其对底层活动的鲤鱼的索饵产生积极作用。③易使鲤鱼群聚。群居是鲤鱼的生活特点，由于水深，水底覆盖了许多高坎洼塘和洞穴等复杂地形，正好成了鲤鱼的天然藏身之所，选择复杂的水底做窝，会钓到许多鲤鱼。④水温平衡期长。对于湖库几百亩、几千亩的大水域，颇具有自动平衡各层水温的功能，故一两天的寒冷是难影响到大面积水域的降温，至多对一米左右深水层产生影响，而二三米以下的水温，变化是微弱的，这可从晴好天气转为寒冷天气的一二天内仍可从深水区钓到大鲤鱼得出结论。

5. 冬季钓鱼筏钓的基本条件

冬钓是一种很有趣的休闲钓法，早在宋元明清时期，许多大画家的笔下就描绘了古代渔者冬雪泛舟、寒水垂钓的情景，唐代文学家柳宗元的"千山鸟飞绝，万径人踪灭。孤舟蓑笠翁，独钓寒江雪"形象地描绘出了冬钓的情景。

（1）冬季筏钓的地理条件。从11月份起，我国几乎所有地域都进入寒冷季节，因地理位置的不同，呈现出南北气温的较大差异。季节对钓鱼的影响是客观存在的，冬季由于天寒地冻，草枯水冷，鱼的活动能力下降到最低点，因而形成这一时段鱼不好钓的现实。

但在南方，尤其是两广和滇黔川以及江南等温带、热带、亚热带区域，冬季带来的气温下降不是十分明显，形成了夏无酷暑、冬无严寒，为四季垂钓提供了极好的自然条件，为冬季筏钓提供了良好条件。

（2）冬季筏钓的气象条件。南方大部地区的冬季，12月底前的气温都在十几、二十几度，鱼类活动频繁。气象条件适合冬季筏钓的另一个重要因素是，这一时节晴天较多，没有大寒大冷的天气。

（3）冬季筏钓的水情条件。①湖库水势已处于最盛阶段，水位已蓄到大坝所能承受的限度，使鱼本能感到安全，从而大胆活动觅食，增大了钓到鱼的机会。而江河水色已趋于清中带浊，水势平稳，正好驶筏到深潭做窝垂钓。②良好的水情为鱼提供了群聚条件，那些水位较深的区域成了鱼群聚集的场所。再次，水满淹没的大片浅滩，积累和滋生鱼类食物，冬季的良好气象条件亦使这些食物不断衍生，促使鱼择时游至宽水之域，放心觅食。

（4）冬季筏钓的风力条件。风为湖库营造了一派活水，丰富了水体溶氧，使鱼更具活力。许多情况下，冬季的风起始于上午9~10时，可延长至傍晚时分。风力小时一二级，大时三四级，均属库钓的最佳风力。风力的作用，使江河中流动的水在温暖阳光的照射下，营造了适合鱼活动的条件。

（5）冬季筏钓的鱼情条件。同万物一样，鱼经历了春的复苏，夏的大量觅食，秋的强壮体质，到了冬季，仍在合适的条件下不断补充养分，积储能量。因而，冬季仍可钓到鱼，甚至可以钓到大鱼。由于鱼类喜聚集性，利用筏钓的办法，可主动到深远之水寻找它们的踪迹，投饵诱之。冬天的鱼普遍肥壮，个体大，其挣扎力亦不因冬季的寒冷而减弱，这就使冬季筏钓更富挑战性和刺激性。

适合筏钓的另一个原因是，由于此时已过雨季，注入湖库的水已经很少，并且随着水色的澄清，加之水温偏低，鱼活动的区域已由近岸浅水退至远处深水，江河中的鱼也会随着水温的下降而聚集在深水区。因此，除了要找深水以外，更有效的办法就是划着舟船、轮胎到湖库江河中去垂钓。

冬季爱车保养：注意胎压和磨损，空调、发动机、电瓶勤保养

1. 冬季气温低，注意轮胎的胎压和磨损

冬季由于户外气温降低，路面干冷，如果遇到雨雪天气，路面又会变得湿滑。可以说，对于行车而言，冬季的路面危机四伏。为了行车安全，应该更加注重汽车的制动性能、操控性以及轮胎的牵引力，因此，轮胎的保养就显得格外重要。

每年 10 月份过后，大部分地区的室外气温会普遍低于 10℃，此时普通轮胎的橡胶将逐渐变硬，弹性会减弱，轮胎的干路性能、湿路制动性能降低，随之就是制动、操控及静音问题出现，时间一长就会出现浮滑现象。

另外，由于冬季气温下降明显，对汽车轮胎的另一个直接的影响就是胎压会因为空气的热胀冷缩而降低。因此，降温后要检查轮胎胎压，不足的话及时充气。

由于上述原因，冬季成了对汽车轮胎损害特别大的一个季节，如果夏季型的轮胎在冬天使用，不但磨损严重，而且也不能充分发挥车辆性能，甚至会影响行驶安全。

一般来说，夏季轮胎在雨天和干地使用能提供很好的操控性，但当面对冬天的冰雪路面时，反而更容易打滑。而冬季型轮胎则是专门针对冬天的冰雪路面设计的，可以更好地避免行驶中的打滑现象。胎面上花纹的一些特殊设计，还能改善在松软雪地里的横向操控性以及汽车行驶的稳定性。

（1）冬季型轮胎的优点。冬季型轮胎在设计时则更多地考虑了低温和冰雪气候条件，采用了特殊的橡胶配方（如含硅）和花纹设计，使其无论在冬季冰冻、干冷、湿滑还是积雪的路面上都能提供更好的制动性能和操控性能。通过获得更好的抓地力，冬季型轮胎对牵引力的控制得以明显的加强。冬季型轮胎设计的最高时速比四季型轮胎、夏季型轮胎都要低，保证了冰天雪地下的行车安全。

（2）升级冬季型轮胎注意事项：

①同轴要安装同规格、品牌、结构和花纹的轮胎。

②不要盲目升级，切忌出现轮胎与轮毂、轮胎与整车动力不匹配的问题。

③想获得良好操控性和稳定性，最好在四个车轮上都安装冬季型轮胎。

升级冬季型轮胎时，一是要根据自己的车型选择适合的轮胎品牌；二是要很好地解决新轮胎与原车轮胎尺寸，以及与整车动力性能的匹配问题；三是要挑选胎质和花纹俱佳的轮胎；四是找一个信誉度高的升级店完成最后的装配、试车工作。

随车附赠的用户手册或汽车轮胎告示牌上一般都会注明适用于该辆汽车的原装轮胎和备用轮胎的型号与规格，选择冬季型轮胎时，这些数据是重要的参照。冬季型轮胎不能用于夏季，冬季过后，要及时更换。

（3）冬季要做好轮胎保养工作。低温会对胎压测量产生一定影响。气温低时，胎压值也会偏低，此时不妨给轮胎适当增加点胎压，以弥补轮胎与地面摩擦变小、制动性能减弱的不足。但要注意，充气过度也会导致轮胎抓地力下降，影响到操控的舒适性。

冬季路面因干冷而变硬，驾车时应尽量避免轧上玻璃、钉子、带棱角石子等坚硬的异物，以防胎面磨损加剧。清洗时，要以清水、肥皂水清洗轮胎上污物。

在冰雪路面驾驶汽车时，为保护轮胎，还应该做到以下几点：缓慢启动，严禁轮胎空转，启动后逐渐提速，缓慢制动；转弯时减速并充分利用发动机制动，严禁急制动或急转弯；准备应付紧急情况的轮胎防滑链，但无积雪或非冻结路面下不要使用。

（4）冬季使用轮胎的误区。不少人会在冬天下雪时换上宽大的轮胎，以提高行驶时轮胎的牵引力。其实这是一个误区。实际上，在积雪路面上行驶，反而是较窄的轮胎能提供更大的牵引力。因为在积雪路面上，牵引力不是靠轮胎与地面的摩擦来提供的，它靠的是轮胎花纹深入冰雪里与冰雪相互咬合而获得。而较宽的轮胎接触地面面积大，压强小，其胎面的花纹更难深入冰雪里，因此牵引力反而小于窄胎。只有当积雪完全盖住车轮，积雪相当深厚的情况下，使用宽胎才具有提高牵引力的优势。

2. 寒冷天气防止空调被氟酸腐蚀

南方地区，汽车空调制冷系统几乎全年启动，不存在冬季维护保养的问题；而北方过了10月份，气温就可能降到10℃以下，汽车空调制冷系统基本进入冬眠，时间长达5个月。不过，空调制冷系统的停用并不意味着不用保养和维护，如不得养和维护，空调系统的蒸发器、压缩机有可能发生损坏。另外，汽车空调中的制冷剂在制冷系统停止工作后，会与制冷系统中分离出来的水分化合，生成腐蚀性很强的氟酸，将蒸发器或冷凝器（俗称散热网）等金属件腐蚀穿孔，尤其在蒸发器内。管道拐角多，金属壁薄，就更加容易造成蚀孔而泄漏。制冷系统停置时间越久，这种腐蚀作用的累积效果越严重。一旦制冷系统启动，水分被分散并随制冷剂循环，就不会形成局部的腐蚀。而且制冷剂在循环流动过程中，不断地流过干燥瓶，会将水分吸除。

如果汽车空调制冷系统长时间停置，运动部件就会因为缺乏充分的润滑而出现卡住现象，造成启动阻力增人，不仅使空调电磁离合器打滑、过度磨损，还会使轴封干枯、黏连而失效，造成泄漏。

（1）冬季保养汽车空调制冷系统方法。在冬季，每个月将空调制冷系统启动两三次，可以选择在气温高于10℃以上有阳光的日子，每次10分钟左右。在行驶途中开启制冷系统即可。

（2）汽车空调制冷系统在冬季的除雾作用。寒冷的冬天，遇到雪、雾天气，车窗玻璃很容易起雾，最简单的方法就是开空调消除。汽车空调控制着冷热两个通风管道，热风管道的另一端连接着散热器，冷风管道的另一端连接着空调压缩机，这两条管道在靠近空调出风口的一方会融合成一条。如果风挡玻璃出现了起雾现象，可以先打开制冷空调，然后通过调整进风冷热旋钮，适当地增加冷空气的排风量来很好地解决这一问题。这样的话，车内空气中的水分会在空调制冷系统内被液化和过滤出去，从而使车内空气变得干燥起来，同时，又由于很好地控制了冷热风的搭配比例而不会使车内温度过低。

3. 用预热和预防积炭来保护发动机

进入冬季，一般来说，电喷发动机和化油器发动机在启动后都要怠速暖车，只是时间长短和温度高低不同。发动机经过一段时间的静置，各摩擦面上的润滑油基本消失，失去了油膜的保护；低温使润滑油的黏度大大增加，附着力和流动性变差，此时，启动发动机的运动阻力大大增加。另外，低温下，金属会呈现较小的弹性和抗磨性。只有在工作温度下，发动机才能达到正常的配合间隙，保持最佳工作状态。所以，发动机在冷机状态下启动的话，是需要预热的。权威的研究成果表明，发动机在冷启动时的磨损量与其他工况下的磨损量大体相同。换句话说，发动机在冷启动时的磨损量占整个磨损量的一半左右。正常的怠速预热可以减少这种磨损，延长发动机的使用寿命。低温启动发动机后，如果随即起步行车，不但会出现发动机输出动力不足，更为严重的还会因为燃油在低温时雾化不充分而容易形成积炭。同时，部分没有雾化的汽油还会从缸壁直接流入曲轴箱与润滑油混合，降低润滑油的品质，也更加剧了机件的磨损。

当然，发动机预热的时间并非越长越好。过长时间的预热，发动机做无用功，浪费燃料还不利于环保。一般情况下，可以通过观察转速表来判断预热的合适时间，以能够正常怠速运转，水温表指针也开始上升即可行车。

4. 防止低温损害蓄电池

汽车蓄电池的主要作用是启动发动机，并在发动机低转速下，给全车电气设备供电。蓄电池如果不能正常供电，则发动机和车上电器系统就会跟着出问题或者停转。冬季环境温度低，汽车的用电损耗比其他季节要大得多。就以冬季气温的急速下降后车辆在冷态时的启动性差来说，很多时候早上要打几次车才能启动，严重时根本无法启动车辆。而导致冬季车辆冷启动困难的原因很多，但是比较常见的原因是由于蓄电池性能减弱引起的。每到此时很多驾驶员才想起检查蓄电池或进行更换。为了避免出现启动故障或电器故障，在进入冬季后，对蓄电池进行特殊的护理是非常必要的。

（1）蓄电池的常规检查。蓄电池应经常检查，保证蓄电池牢固地固定在机舱内，防止由于震动引起的电池壳体的破裂。注意清洁电池的外部，包括极柱和夹头，确保极柱和夹头连接紧固，没有任何腐蚀、烧损和间隙。除此以外，还应该检查电池盖上的排气孔有无堵塞，正常状态下应保持排气孔通畅。如果车辆使用的不是免维护电池，还要检查蓄电池内电解液的液面高度，一般在电池上都标有最低液面的刻度，如果发现液面低于最低限度时应及时补充。在寒冷的冬季节来临之后，应该经常注意检查蓄电池的存电情况，必要时还要进行充电。在汽车上对蓄电池充电电流大小的控制是由调节器来完成的，而充电电压过大或过小都会影响蓄电池的寿命，因此除了检查蓄电池本身外，还应该对调节器定期做检查。

（2）蓄电池的维护。冬季冷车启动时，如遇到车辆不好启动，启动时间不要过长，以防止长时间大电流放电导致电池能量的严重损失。一般建议启动时间应控制在3~5秒，而每两次启动之间应保证停歇20~30秒后再启动。

5. 注意火花塞积炭和点火间隙

冬季发动车子的时候，有时会听到"噼噼啪啪"的响声，可发动机就是不能启动。其实这都是因为火花塞疏于保养的缘故。极有可能是火花塞积炭和点火间隙故障。点火系统是发动机工作的关键，而点火系统的关键则是火花塞。它的任务是在准确的时间产生火花，点燃受压缩的混合气使之快速燃烧，为发动机提供动力。可以说火花塞是汽油发动机心脏的起搏器，它的性能的好坏直接影响着发动机的工作状况。不过，火花塞的工作环境十分恶劣，高温、高压使火花塞成为发动机的易损件之一。

如果由于火花塞积炭、积油故障导致汽车无法启动，火花塞本身并没有损坏时，可以用汽油或煤油、丙酮溶剂浸泡火花塞的电极部位，待积炭软化后，用非金属刷刷净电极上和瓷芯与壳体空腔内的积炭，再用压缩空气吹干。切不可用刀刮、砂纸打磨或蘸汽油烧，以防损坏电极和瓷质绝缘体。

如果是火花塞间隙故障，可以用专用量规或厚薄规检查火花塞的间隙，不过厚薄规所测值往往不太准确。调整时应用专用工具扳动侧电极，不能扳动或敲击中心电极。调整多极火花塞间隙时，应尽可能使各侧电极与中心电极间隙一致。另外，各缸火花塞间隙应基本保持一致。

6. 冬季注意风挡玻璃保养——除冰和防炸裂

冬季汽车如果停放在露天，夜间气温下降后，风挡玻璃上常常会结一层薄薄的冰，对视线造成一定的影响。这层冰虽不算厚，但用雨刷器很难除去，且很容易损坏雨刷器的胶条。不少人的做法是汽车启动后，马上打开后风挡的电加热。由于后风挡的电加热功能主要在秋季和冬季气温较低时启用，而且产品设计时也考虑了玻璃的骤冷和骤热，一般不会产生炸裂的情况，炸裂的情况常常发生在一些老化的汽车身上。由于汽车后风挡玻璃内的电阻丝是快速加热，如果室外温度过低，后风挡突然受热，会导致老化玻璃炸裂。另外，随着汽车的老化，电阻丝也会发生一些化学变化，这样汽车玻璃的受热就不均匀，也会导致玻璃炸裂。当然，也有的炸裂情况是由于驾驶员使用不当所致，比如冬季冲洗汽车时忘记关掉后风挡的电加热就很容易炸裂玻璃。因此，冬季气温较低时，不要启动汽车后马上就打开后风挡的电加热，如果后风挡上有冰雪等覆盖物，要尽量除去后再行车。最为妥当的方法是将电加热开一会儿就关掉，然后再开，反复2~3次，以保证后风挡受热均匀，以避免出现玻璃炸裂。

当然，最为妥善的办法是防止冬季玻璃结冰现象的出现，或者采取一些其他的办法迅速解除冰冻。

（1）预防结冰。风挡玻璃结冰是由于车内外的温差造成的，车内温度较高时，风挡上的冰雪融化。当汽车停放后，车内温度迅速下降，这些融水最终在风挡玻璃上结成了冰。因此，在停车时如果打开车门，将车内温度降低到与车外温度相当，就可以大大减少风挡上的结冰程度，甚至不结冰。此外，在风挡玻璃上铺盖报纸或者塑料膜也可以在一定条件下防止风挡上结冰。但是，这种办法如果使用不当，可能会带来更大麻烦，由于气温过低，报纸或者塑料膜也可能被冻在风挡玻璃上，很难取下。

（2）物理除冰。可以准备一个硬质塑料刮片，当玻璃上有雪和冰时，使用塑料刮片除去。除冰雪时要防止把玻璃刮伤，塑料刮片不能来回刮，应该向同一方向推。当然，使用专用的玻璃冰霜铲就更加方便、快捷了，而且还不会冻手。

（3）化学除冰。例如，普通防冻玻璃水中，添加有防冻剂，将防冻玻璃水喷在结冰的玻璃上，风挡上的冰就会开始融化，然后用塑料刮片将其除去就可以了。还有一种风挡玻璃除冰雪浓缩添加剂，可以直接加入到普通的清洗液中，能使之变成有效的除冰雪清洗液，融化薄冰和霜，减少再次冰冻引发的危害。此外，还有一种喷雾式的除冰雪剂，这是一种专为结冰的车窗和雨刷器解冻的高速防冰喷洒浓缩液，不损伤车身表面，还能防止再次结冰和弄脏车身。

冬季旅游：观鸟、赏花、探险、美食

1. 观鸟赏花之旅：鄱阳湖，威宁草海，荔波

（1）江西鄱阳湖——百万候鸟的乐园

鄱阳湖是世界上最大的越冬白鹤栖息地，每年11月到翌年5月，水落滩出，各种形状的湖泊星罗棋布，美丽的水乡泽国风光吸引了大批来自内蒙古大草原、东北沼泽地和西伯利亚荒野的珍禽候鸟来此越冬。在这足以容纳数百万候鸟的水面上，有无比壮观的"天鹅湖"，更有令人叹为观止的"鹤长城"。

曾有诗人这样描述鄱阳湖的候鸟："鹤飞千百点，日没半红轮"。在寒冬时节，当你走进保护区，仿佛走进了一个鸟的王国、鹤的乐园。一群群白鹤，远眺像点点白帆在天边飘动，近观似玉在水中亭亭玉立。它们时而信步倘佯，时而窃窃私语，时而引颈高歌，时而展翅腾飞。在这万籁俱寂的天水之间，仿佛是世界上最伟大的交响乐指挥乐队演奏出的最美妙的音乐。

《滕王阁序》中有这样一个千古名句："落霞与孤鹜齐飞，秋水共长天一色。"每当夕阳西下的时候，这里是一个金碧辉煌的世界，鹤群伴着悦耳的鸟鸣，在湖区上空飞来飘去。当夜幕降临，月明星稀的时候，湖区内成千上万的白鹤、天鹅、雁鸭竞相鸣唱，仿佛是朋友们在叙旧谈情，又像是在共同载歌载舞，庆祝迁徙的胜利。如果这时你住在保护区内，定会被这百万水禽的大合唱所陶醉，而绝无吵闹之感。

鄱阳湖有"白鹤王国"的美称，这里拥有世界上最大的白鹤群，白鹤的数量占全世界总数的2/3以上。在鄱阳湖保护区众多的鸟类中，最珍贵的保护对象就是白鹤。它在地球上已经生活了6000万年，堪称鸟类中的"活化石"。它脸红眼黄，全身羽毛洁白无瑕，整个轮廓显出一种优雅的曲线美。

据统计，每年冬天在鄱阳湖越冬的白鹤达2000只左右，是全世界最大的白鹤集中越冬地。仅大湖池、常湖池就有白鹤1350只。用国际鹤类基金会主席乔治-阿基波博士的话来说："这是世界上仅有的一大群白鹤，其价值不亚于中国的万里长城。"

"晴空一鹤排云上，便引诗情到碧霄。"白鹤不仅是吉祥、长寿、华贵的象征，而且还是诗人为之吟颂的对象。如今，鄱阳湖区域内的吴城镇附近修建了完善的观鸟点，在这里不仅可以观看到数量众多的白鹤，还有小天鹅、白琵鹭、东方白鹳、鸿雁等众多漂亮的鸟类，可以使观鸟者大饱眼福。

（2）贵州威宁草海——冬季的鸟类王国

威宁草海是真正的"鸟类王国"，是国家鸟类保护区之一。草海的鸟类资源特别丰富，每年在这里栖息的候鸟、留鸟达140多种，有黑颈鹤、白腹锦雉等珍禽，每年在这里越冬的鸟类多达185种10余万只。其中黑颈鹤、金雕、白尾海雕等7种是国家一级保护鸟类，灰鹤、白琵鹭等20余种是国家二级保护鸟类。每年12月份左右，世界各地的鸟类专家和观鸟者纷至沓来，因此这里被誉为"世界最佳观鸟区"。

每到冬天，数以万计的涉禽和游禽云集于此，其中就有国家一级保护鸟类——黑颈鹤。

它是世界上唯一生活在高原沼泽的鹤类。每年初冬时节，青藏高原上"千里冰封"的时候，黑颈鹤举家南迁，飞往草海越冬。草海水质优良、水草茂密、鱼虾众多，自然成为了黑颈鹤栖息密度最大的越冬地，它们直到次年春回大地之后才飞回故地。此时，也是观鸟爱好者前往草海观鸟的最佳季节。草海，除了拥有特别珍稀的黑颈鹤外，还有大量的灰鹤、丹顶鹤、黄斑苇鳽、黑翅长脚鹬和草鹭栖息于此，是世界人禽共生、和谐相处的十大候鸟活动场地之一，在科学界又被称为"物种基因库"和"露天自然博物馆"。

威宁草海是贵州最大的天然淡水湖。素有"高原明珠"之称，它与青海湖、滇池齐名，是国家级自然保护区，以水草繁茂而得名，这里四季气候宜人，温暖如春。每当暮春时节，草海周围开放着大面积、千姿百态、绚丽动人的杜鹃花。到了冬天，草海则成为了观鸟的胜地，这时也是观赏黑颈鹤的最好季节。特别是在风和日丽的时候，站在岸边极目远眺，草海水天一色，烟波浩淼，鸢飞鱼跃，大雁横秋，让人分不清是画是诗还是景色。

（3）贵州荔波——野生梅之乡、梅花的海洋

每年中原大地银装素裹，"无边落木萧萧下"之时，贵州荔波却是"千树万树梅花开"，成为了冬季赏梅的旅游胜地。这里一向是冬季旅游的热门之地，每年1月底至2月初，这里的梅花白茫茫一片，偶尔还夹杂着一朵朵红梅、绿梅、黄梅，成为一道道眩人眼目的风景。

被誉为"中国野生梅之乡"的荔波分布着世界上最大的一片野生梅林，"隆冬十二月，寒风西北吹。独有梅花落，飘荡不依枝"。寒冬腊月，来到荔波的梅原景区，那漫山遍野的梅花芳香四溢，让人怎能不赞赏大自然的妙笔生花，不迷醉这方土地的慷慨赠与。虽然寒风依然凛冽，冷空气依然肆虐，但是就在这梅花的暗香盈袖之间，仿佛早已带来了大地回春的消息。

每年到了梅花盛开的时候，当地政府都会举办隆重的梅花节。也正因为荔波野生梅花的独特魅力，在每届梅花节举办期间，这里总是游人如织。在这个时候，徜徉在荔波县城的街头，你能感受到浓浓的节日气氛，未见梅花影，便能闻到梅花香。

除了梅花，荔波还被称为"地球之花，山水天堂"，这里一年四季都是山青水绿，鸟语花香。从景色来看，没有旅游淡季和旺季之分，也就是人们常说的"冬天不冷，淡季不淡"。

荔波除了山水和花草美丽无比之外，民族风情也很浓郁。自2006年举办第一届梅花节大获成功之后，冬季赏梅已成为了荔波旅游的名片。

在持续一个月左右的梅花节期间，还会举办少数民族特技表演、猛牛争霸赛、龙狮表演等活动。游客不仅能赏红梅、品梅酒，饮梅汁，还能感受布依族、水族、苗族、瑶族等民族的民风民俗，充分体验荔波的民族文化和独特的自然风光。

2. 民俗之旅：南宁民歌节，山西乔家大院

（1）南宁国际民歌节——"歌海"之誉、歌仙刘三姐的故乡

作为壮族歌仙刘三姐的故乡，广西素有"歌海"之誉，每年11月在南宁举行的国际民歌艺术节，是南宁一年一度的民歌会。南宁国际民歌艺术节的前身是创办于1993年的广西国际民歌节，1999年正式改为现名。它以浓郁的民族风情、开阔的国际视野和强劲的现代气息，赢得了社会各界的赞誉。艺术节期间，国内外著名艺术家、歌手纷纷登场，为南宁这个"天下民歌眷恋的地方"增添了无穷的色彩。已连续成功举办了9届的南宁国际民歌艺术节，每年都会给观众带来耳

目一新的感觉。

在每年艺术节期间，"中国—东盟博览会"也同期举行，这个时候，东南亚时装秀、东南亚美食节、国际龙舟赛、南宁经贸洽谈活动和着精彩的民歌，犹如一颗颗闪亮的珍珠，编织起东南亚各国人民的友谊与交流，串出多姿多彩的"东南亚文化链"。

（2）山西乔家大院——清代著名金融资本家的宅第

始建于清代乾隆年间的乔家大院是清代著名金融资本家乔致庸的宅第，可以说是当年的"金融中心"。乔家大院先后曾两次增修，一次扩建。外视威严高大，宛如城堡，内视则富丽堂皇，既有跌宕起伏的层次，又有变化的意境，无论是从建筑美学还是从民俗研究来看，都有很高的价值。

乔家大院的格局是由甬道将六座大院分为南北两排组成的。北面三座大院均为暗棂柱走廊，便于车、轿出入。大门外侧有拴马柱和上马石。从东往西数，一、二院为三进五联环套院，是祁县一带典型的里五外三穿心楼院。从正院门到上面正房，需连登三次台阶，它不但寓示着"连升三级"和"平步青云"的吉祥之意，也是建筑层次结构的科学安排。

南面三院为二进双通四合斗院，西跨为正，东跨为偏。中间和其他两院略有不同，正面为主院，主厅处有一旁门和侧院相通。其正院为族人所住，偏院为花庭和佣人宿舍。南院每个主院的房顶上盖有更楼，并修建有相应的更道，把整个大院连了起来。

乔家大院的六座大院内随处可见的是各种精致的砖雕、木刻、彩绘，每座大院的正门上都雕有各种不同的人物。如一院正门为滚檩门楼，有垂柱麻叶，垂柱上月梁斗子、卡风云子、十三个头的旱斗子，当中有柱斗子、角斗子、混斗子，还有九只乌鸦，堪称一等的好工艺。

二门和一门一样，为菊花卡口，窗上也有旱纹，中间为草龙旋板。三门的木雕卡口为葡萄百子图。砖雕工艺更是到处可见，题材非常广泛。此外，还有壁雕、脊雕、屏雕、扶栏雕。

乔家大院各个门庭所悬的牌匾很多，内有四块最有价值。其中有三块牌匾最值得乔家自豪和感到荣幸。那就是光绪四年由李鸿章亲自书写的"仁周义溥"，山西巡抚丁宝铨受慈禧太后面谕送的"福种琅环"及民国年间祁县东三十六村送给乔映奎的"身备六行"。

前两块表明乔家在那个时期对官府的捐助，又经朝廷大员题词推崇，因此倍加荣耀光彩。后一块也从另一个侧面反映了乔家的一些善举和对人处事的方法。此外，其他各院的门匾，如彤云绕、慎俭德、书田历世、读书滋味长、百年树人等都具有深刻的寓意。

3. 探险之旅：武隆天坑地缝

武隆天坑地缝以天然的天坑群、天生桥群、地缝奇观、溪泉飞瀑为主要特色。公园内的岩溶地质、地貌尤为突出，拥有世界最大的天生桥群和世界第二大天坑群，2007年，武隆天坑地缝被列入世界自然遗产名录。

武隆天坑地缝集南方喀斯特地貌为一体，是经亿万年地质裂变而形成的自然奇迹，其"三桥夹两坑"是景区内最壮观、最奇特的景点。在1.2千米距离内，连续生成三座天然石拱桥，即天龙桥、青龙桥和黑龙桥。这三座桥的高、宽、跨度分别在150米、200米、300米以上，是"世界上最大的天生桥群"。

在三桥之间，连续生成两个世界罕见的岩溶天坑，即天龙坑和神鹰坑，形成坑与坑以桥洞相连，桥与桥以坑隔望的完美组合，构成了世界上独一无二的地质奇观，达到了移步换景的理想境界。走进天坑景区如同走进了一座自然的地质物馆，使人叹为观止。

在武隆天坑地缝景区，有许多奇特的峡谷地缝，其中最有名的当数龙水峡，它全长2千米，最窄处仅1米，从谷顶到谷底高差达200～400米。它与武隆天坑景区是同生在洋水河大峡谷上的姊妹景区，但风光迥然不同，是探险觅幽的好去处。地缝中老树藤萝盘绕，在谷顶与谷底之间设有我国第一部80米室外景区观光电梯，站在电梯中，可以将缝外秀色尽收眼底。

4. 古文明之旅：广汉三星堆，西安兵马俑

（1）广汉三星堆——青铜器艺术绝品、七大千古之谜

地处成都平原的三星堆是辉煌的古蜀国文明遗址，被称为20世纪人类最伟大的考古发现之

一。在三星堆博物馆里陈列的青铜神树、美轮美奂的玉璋、流光溢彩的金杖，无不诉说了数千年前三星堆文明所达到的最高成就。这些文物的发掘，为巴蜀文明的研究打开了一扇神秘的窗口，将蜀国的历史推前了两千多年，填补了中国考古学、青铜文化、青铜艺术史上的诸多空白。

和世界闻名的秦始皇兵马俑一样，三星堆遗址的发现纯属偶然，1929年的一个春天，当地农民在宅旁掏水沟时发现一坑精美的玉石器，因其浓厚的古蜀地域特色引起世人广泛关注。1933年，前华西大学美籍教授葛维汉及其助手林名均首次对三星堆进行发掘，其发掘成果得到当时旅居日本的郭沫若先生的高度评价，由此拉开了对三星堆半个世纪的发掘研究历程。

经过考古学家的努力，现在已经确认，三星堆遗址文化距今4800～2800年，该遗址从新石器时代晚期延续发展至商末周初，时间跨度达到了近2000年，三星堆文明曾是古蜀国都邑所在地，而这一遗址的发掘也揭开了古蜀国的面纱，打开一扇通往四千年前的历史大门。

以三星堆为中心的古蜀王国兴盛于中原地区的殷商时代，青铜器文明的巅峰时代，其在进行祭祀活动中大量使用了青铜器，由此出现了一大批人和动物、植物的立体塑像和人兽形状的饰件，成为早期巴蜀青铜器特有的典范之作。在相对独立的发展历程中，巴蜀青铜器孕育了自己奇特新颖的艺术风格，创造了别具一格的美学传统，成为古代东方艺术中的一朵奇葩。三星堆青铜器系列中的国宝文物"青铜立人像"、"突目面具"，形体硕大、形象奇特、内涵深邃，不仅为中国青铜文化所稀有，即使是在全世界青铜艺术中也极为罕见。

而伴随着三星堆中一个又一个震惊世界的奇迹，许多谜团也在专家面前一一呈现，虽然专家学者对这些千古之谜争论不休，但终因无确凿证据而成为悬案，例如三星堆文化来自何方？三星堆遗址居民的族属是哪里的？三星堆古蜀国的政权性质及宗教形态如何？三星堆青铜器群高超的青铜器冶炼技术及青铜文化是如何产生的？三星堆古蜀国何以产生，持续多久，又何以突然消亡？出土上千件文物的两个坑属何年代及什么性质？三星堆出土的金杖等器物上的符号是文字？是族徽？是图画？还是某种宗教符号……

这些疑团自三星堆挖掘以来，考古界就为此进行了长达半个多世纪的叩问。三星堆的千古之谜既令人神往，也令人遐想。或许在谜底解开之时，就是重新认识三星堆之日。

（2）秦始皇兵马俑——世界第八大奇迹

1974年，秦始皇兵马俑的发现震惊了世界。这一建于公元前3世纪的地下雕塑群，以恢弘磅礴的气势、威武严整的军阵、形态逼真的陶俑向人们展示出了古代东方文化的灿烂辉煌，因此被称为"世界第八大奇迹"。

在秦始皇兵马俑内部，总共有三个兵马俑坑，其中，一号坑是主力阵容，规模最大。现已出土陶俑1000余尊，战车8辆，陶马32匹，各种青铜器近万件。根据出土兵俑的排列密度估计一号坑共埋葬兵马俑6000余件。凭栏俯视，东端3列步兵俑面向东方，每列68尊，是军阵的前锋，后面接着战车和步兵相间的38路纵队构成军阵主体；俑坑南北两侧和西端各有1列分别面南、面北和面西的横队，是军阵的翼卫和后卫。

而位于一号坑北侧约20米处的二号坑则是秦俑坑中的精华，因为它为我们揭开了古代扑朔迷离的军阵的面纱。二号坑整个平面呈曲尺形，东西最长处96米，南北最宽处84米，深约5米，面积约6000平方米，共由四个单元组成：第一单元即东边突出部分由持弓弩的跪式和立式弩兵俑组成；第二单元即俑坑南半部由驷马战车组成的车兵方阵；第三单元由车兵、步兵、骑兵俑混合编制组成长方阵；第四单元即俑坑北半部由众多骑兵组成的长方阵。这四个方阵有机组合，由战车、骑兵、弩兵混合编组，进可以攻，退可以守，严整有序。

相比于前面两个，三号坑的规模最小，它位于一号坑西端北侧，与一号坑相距25米，东距二号坑约120米，三个坑呈"品"字状排列。展出的兵马俑，其场面之壮观，其气势之威武，其规模之巨大，使人震撼。

5.滑雪之旅：黑龙江亚布力，哈尔滨冰雪节

（1）黑龙江亚布力——国内最大最好的滑雪场地

亚布力滑雪场山高林密，冬季积雪达30～50厘米，最厚可达1米。整个滑雪场可分为竞技滑雪区和旅游滑雪区。每到冬天，这里银装素裹，雪压青松，是国内最大、条件最好的滑雪场地。

在清朝，亚布力曾是皇室和满清贵族的狩猎场所。亚布力原名亚布洛尼，即俄语"果木园"之意，被称为"中国的达沃斯"，这里每年的积雪期达170天，滑雪期120天，无论从雪道的数量、长度、落差还是其他各项滑雪设施的综合水平来看，亚布力无疑是中国最好的滑雪场。

在亚布力滑雪场，除了滑雪外，还有雪地摩托、狗拉雪橇、滑轮胎、雪滑梯等游玩项目。在这里，你可以看到从各地来此玩雪的游客，无不是一脸兴奋，抑或发出开心的尖叫……

当你乘坐这里的缆车到达山顶，放眼望去，整个亚布力银装素裹，峰峦起伏的雪山尽收眼底。尤其是那些勇敢的滑雪者从山顶沿着开阔的滑道俯冲下去，欢呼声、叫喊声此起彼伏，在蜿蜒的山谷中回荡。

那一刻，即使你是一个没有任何经验的滑雪者，也恨不得扑进厚厚的积雪中，像他们那样来一次彻底的狂欢。

（2）哈尔滨——冰灯游园会

每年冬天，几场大雪过后，哈尔滨就成了一个晶莹剔透的世界。走在飘雪的街上，就像走在梦幻般的童话里。路面有厚厚的冰层，树上有长长的冰凌，五颜六色的路灯也镶嵌在冰块里。在冰的折射下，这些路灯便变得绚丽多彩而又变幻莫测。

尤其是在美丽的松花江畔，人们用坚硬而又晶莹无瑕的冰块打造出了广场、走廊、建筑、塑像。白日里，这些雪白的建筑向人们昭示着纯净无邪。只有夜晚的灯光才是它们"生命"的开始：流光溢彩、姹紫嫣红。因为，它们是夜色的主宰，它们是这座城市的主角，引领着每一位游客走进晶莹的世界。

被誉为"冰城"的哈尔滨是世界冰雪文化的发源地之一。一年一度的"哈尔滨冰雪节"更是冰雪资源的大聚会。每年冰雪节期间，市内冰峰林立、银雕玉砌的冰灯雕比比皆是。尤其是在冰雪大世界、兆麟公园，以及松花江上，各种各样的冰雪活动异彩纷呈，成为冰雪运动爱好者们流连忘返的最佳场所。

在哈尔滨的冰雪大世界，这里每年的冰雕都有不同的主题。园内的所有建筑都是围绕这个主题进行设计与创作的。比如，2006年是中国与俄罗斯友好年，冰雪大世界的建筑主要以列宁广场、克里姆林宫、彼得广场、十月广场为主。那些惟妙惟肖的城堡、教堂、钟楼和十字架带来了浓郁的异国风情，而梦幻般的彩色灯光又给它们披上了一层神秘的外衣。

除了冰雪之外，哈尔滨的冬天还有一个十分值得称道的旅游场所，那就是每年在兆麟公园举办的冰灯游园会。冰灯游园会一般从1月5日开始，一直延续到2月末。每年冬天，众多的冰雪艺术家汇集在哈尔滨，在占地6万多平方米的场地上，雕塑出千姿百态的冰雕艺术作品，再辅以现代科技手段，将天然冰块变成了一件件灵气活现的艺术品，变成了冰奇灯巧、玉砌银镶的世界，这一切构成了独具北国特色的冰灯艺术。